랑데뷰★수학

기출과 변형

수학 II

기출과 변형

•

수학 II

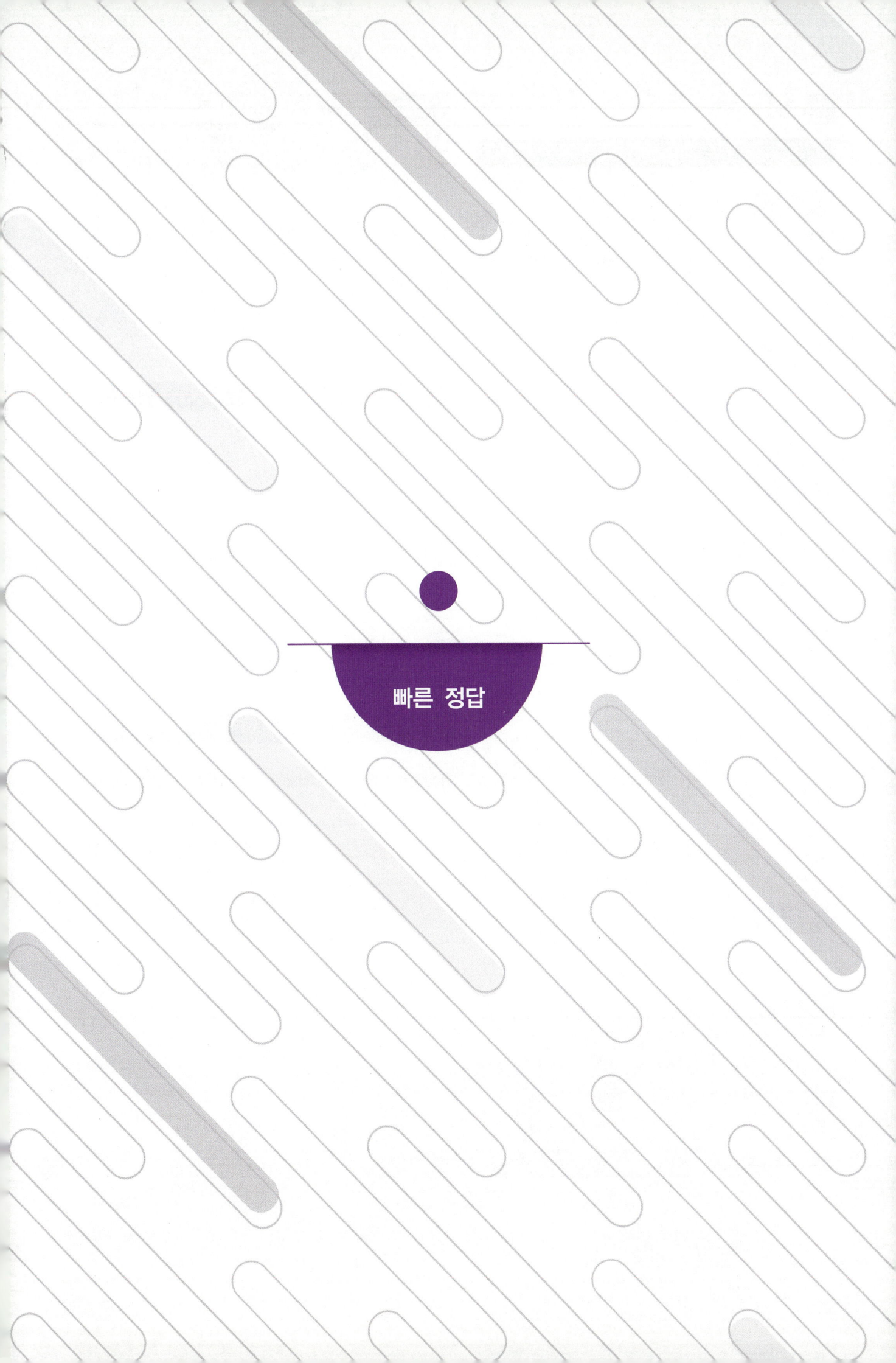

빠른 정답

1 함수의 극한

유형 1   함수의 좌극한과 우극한

01	①	02	②	03	④	04	⑤	05	②
06	③	07	⑤	08	⑤	09	⑤	10	①
11	④	12	③	13	④				

유형 2   함수의 극한에 대한 성질

14	③	15	①	16	10	17	①	18	1
19	8	20	⑤	21	①	22	①		

유형 3 $\dfrac{0}{0}$꼴과 $0 \times \infty$꼴의 극한값의 계산

23	④	24	②	25	①	26	16	27	⑤
28	⑤	29	①	30	③	31	②		

유형 4 $\dfrac{\infty}{\infty}$, $\infty - \infty$ 꼴의 극한값의 계산

32	②	33	④

유형 5   미정계수의 결정

34	②	35	30	36	②	37	5	38	26
39	③	40	①	41	②	42	13	43	②
44	6	45	③	46	③	47	③	48	21
49	⑤	50	①	51	②	52	③	53	④
54	12	55	12						

유형 6   함수의 극한의 활용

56	①	57	③	58	2	59	②

유형 7   함수의 연속

60	②	61	③	62	①	63	②	64	①
65	⑤	66	④	67	④	68	6	69	⑤
70	①	71	7	72	7	73	④	74	1
75	2	76	6	77	③	78	3	79	②
80	②	81	②	82	8				

유형 8   연속함수의 성질

83	③	84	①	85	①	86	13	87	⑤
88	④	89	②	90	①	91	⑤	92	③
93	①	94	③	95	⑤	96	④	97	⑤
98	12	99	1	100	③	101	①	102	⑤

유형 9   최대 · 최소 정리와 사잇값 정리

103	①

104	16	105	288	106	③	107	①	108	③
109	④	110	②	111	①	112	③	113	④
114	6	115	8	116	③	117	①	118	24
119	4	120	⑤	121	④	122	④	123	⑤
124	②	125	③	126	②	127	①	128	④
129	④	130	③	131	⑤	132	②	133	②
134	⑤	135	③	136	⑤	137	③		

138	④	139	②	140	③	141	③	142	③
143	③								

2 미분법

Level 1

유형 1 미분계수의 뜻과 정의

144	28	145	①	146	④	147	③	148	3
149	③								

유형 2 미분가능과 연속

150	④	151	②	152	③	153	⑤	154	③
155	2	156	⑤	157	②	158	④	159	②
160	③								

유형 3 도함수와 미분법

161	④	162	①	163	5	164	8	165	③
166	11	167	③	168	①	169	24	170	12
171	⑤	172	24	173	25	174	14	175	14
176	④	177	10	178	14	179	3	180	①
181	②	182	4	183	2	184	2	185	①
186	1	187	9	188	1				

유형 4 접선의 방정식

189	④	190	①	191	①	192	10	193	13
194	②	195	2	196	21	197	⑤	198	20
199	②	200	20	201	①	202	6	203	23
204	②	205	②	206	12				

유형 5 함수의 증가와 감소

207	③	208	6	209	13	210	①	211	13
212	②								

유형 6 함수의 극대와 극소

213	41	214	4	215	⑤	216	6	217	③
218	②	219	⑤	220	2	221	③	222	11
223	①	224	①	225	②	226	⑤	227	32
228	④	229	⑤	230	14	231	①	232	②
233	⑤	234	②	235	4	236	②	237	27
238	⑤	239	5	240	2	241	8	242	80
243	①								

유형 7 함수의 그래프와 최대, 최소

244	13	245	③	246	②	247	11	248	④
249	①	250	3	251	5	252	27	253	6

유형 8 방정식에의 활용

254	④	255	③	256	7	257	4	258	③
259	15	260	31	261	②	262	③	263	①
264	②	265	33	266	④	267	④	268	②
269	④								

유형 9 부등식에의 활용

270	⑤	271	⑤

유형 10 속도와 가속도

272	8	273	12	274	①	275	②	276	30
277	①	278	①	279	③	280	④	281	6
282	①	283	10	284	④	285	①	286	3
287	②	288	①	289	8				

Level 2

290	②	291	⑤	292	①	293	③	294	31
295	15	296	⑤	297	③	298	15	299	3
300	①	301	②	302	25	303	125	304	③
305	①	306	③	307	④	308	⑤	309	②
310	⑤	311	①	312	21	313	10	314	①
315	②	316	①	317	②	318	②	319	③
320	③	321	7	322	3	323	②	324	④
325	①	326	④	327	⑤	328	27	329	270
330	②	331	⑤	332	21	333	32	334	⑤
335	②	336	3	337	5	338	22	339	20
340	①	341	⑤	342	④	343	③	344	10
345	7	346	④	347	③	348	③	349	④
350	⑤	351	④	352	③	353	③	354	12
355	35	356	97	357	45	358	16	359	12
360	16	361	③	362	④	363	18	364	④
365	①	366	④	367	④	368	①	369	3
370	5	371	③	372	⑤	373	①	374	②
375	④	376	①	377	⑤				

Level 3

378	②	379	⑤	380	483	381	126	382	380
383	225	384	13	385	3	386	①	387	③
388	58	389	9	390	19	391	115	392	108
393	5	394	61	395	19	396	14	397	49
398	39	399	21	400	105	401	27	402	38
403	6	404	51	405	888	406	42	407	92
408	19	409	27	410	①	411	7	412	5
413	17	414	40	415	7	416	③	417	③
418	65	419	36	420	32	421	12	422	③
423	④	424	243	425	125	426	65	427	15
428	②	429	②	430	⑤	431	④	432	186
433	25	434	⑤	435	③	436	④	437	②
438	③	439	②	440	147	441	9	442	⑤
443	44								

3 적분법

522	16	523	6	524	③	525	①	526	12
527	③	528	③	529	⑤	530	⑤	531	③
532	55								

Level 1

유형 1 부정적분의 정의와 성질

444	33	445	④	446	33	447	④	448	16
449	15	450	④	451	④	452	12	453	28
454	3	455	①	456	③	457	18		

유형 2 정적분의 성질과 계산

458	①	459	④	460	②	461	10	462	①
463	①	464	④	465	①	466	②	467	②
468	7	469	1	470	4	471	②	472	4
473	③	474	4	475	②	476	⑤	477	31

유형 3 함수의 성질을 이용한 정적분

478	②	479	25	480	①	481	1	482	12

유형 4 정적분으로 표현된 함수

483	③	484	17	485	16	486	③	487	40
488	304	489	4	490	20	491	②	492	6
493	②	494	21	495	③	496	④	497	40
498	④	499	16						

유형 5 정적분으로 표현된 함수의 극한

500	10	501	③	502	④	503	1

유형 6 곡선과 좌표축 사이의 넓이

504	4	505	②	506	14	507	6	508	③

유형 7 두 곡선 사이의 넓이

509	④	510	②	511	③	512	4	513	32
514	3	515	32						

유형 8 여러 가지 형태의 조건이 주어진 넓이

516	①	517	④	518	③	519	②	520	108
521	5								

Level 2

533	④	534	①	535	⑤	536	⑤	537	⑤
538	⑤	539	④	540	④	541	①	542	②
543	③	544	④	545	②	546	③	547	③
548	④	549	②	550	②	551	③	552	①
553	39	554	79	555	⑤	556	①	557	17
558	19	559	②	560	④	561	④	562	②
563	80	564	248	565	⑤	566	①	567	④
568	①	569	13	570	7	571	④	572	②
573	⑤	574	④	575	③	576	③	577	110
578	2	579	③	580	③	581	④	582	⑤
583	⑤	584	④	585	②	586	④	587	8
588	4	589	④	590	⑤	591	③	592	②
593	④	594	3	595	36	596	②	597	④
598	②	599	5	600	1	601	④	602	③
603	①	604	⑤	605	7	606	16	607	②
608	②	609	④	610	③	611	12	612	38
613	③	614	③	615	⑤	616	④	617	45
618	96	619	①	620	②	621	8	622	8
623	①	624	④	625	⑤	626	①	627	①
628	⑤								

Level 3

629	②	630	④	631	10	632	4	633	9
634	240	635	⑤	636	④	637	④	638	②
639	6	640	6	641	200	642	40	643	43
644	119								

기출과 변형
·
수학 II

상세 해설

함수의 극한
Level 1

유형 1 함수의 좌극한과 우극한

001 정답 ①

함수 $y=f(x)$의 그래프에서
$$\lim_{x \to -2+} f(x)=-2, \quad \lim_{x \to 1-} f(x)=0$$
이므로
$$\lim_{x \to -2+} f(x)+\lim_{x \to 1-} f(x)=-2+0=-2$$

002 정답 ②

$$\lim_{x \to -1+} f(x)+\lim_{x \to 2-} f(x)=(-1)+0=-1$$

003 정답 ④

$x \to -1-$일 때 $f(x) \to 3$이므로
$$\lim_{x \to -1-} f(x)=3$$
$x \to 2$일 때, $f(x) \to 1$이므로
$$\lim_{x \to 2} f(x)=1$$
$$\therefore \lim_{x \to -1-} f(x)+\lim_{x \to 2} f(x)=3+1=4$$

004 정답 ⑤

$$\lim_{x \to 0+} f(x)+\lim_{x \to 2-} f(x)=2+0=2$$

005 정답 ②

$$\lim_{x \to 1+} f(x)-\lim_{x \to 3-} f(x)$$
$$=1-2=-1$$

006 정답 ③

$\dfrac{t-1}{t+1}=x$라 치환하면
$$\lim_{t \to \infty} \frac{t-1}{t+1}=\lim_{t \to \infty}\left\{1+\frac{-2}{t+1}\right\}=1-$$이므로

$$\lim_{t \to \infty} f(\frac{t-1}{t+1})=\lim_{x \to 1-} f(x)=2 \quad \cdots \text{㉠}$$

$\dfrac{4t-1}{t+1}=y$라 치환하면

$$\lim_{t \to -\infty} \frac{4t-1}{t+1}=\lim_{t \to -\infty}\left\{4-\frac{5}{t+1}\right\}=4+$$이므로

$$\lim_{t \to -\infty} f(\frac{4t-1}{t+1})=\lim_{y \to 4+} f(x)=3 \quad \cdots \text{㉡}$$

㉠, ㉡에 의하여 답은 5이다.

007 정답 ⑤

주어진 함수의 그래프에서,
$$\lim_{x \to -1-} f(x)=1 \ , \quad \lim_{x \to 1+} f(x)=1$$
이 된다. 따라서 구하고자 하는
$$\lim_{x \to -1-} f(x)+\lim_{x \to 1+} f(x)=2$$

008 정답 ⑤

$$\lim_{x \to 0+} f(f(x)) = \lim_{t \to 3-} f(t)=3$$
$$\lim_{x \to 2+} f(f(x)) = f(3)=2$$
$$\therefore \lim_{x \to 0+} f(f(x)) + \lim_{x \to 2+} f(f(x))=3+2=5$$

009 정답 ⑤

$$\lim_{x \to -1-} f(x)+\lim_{x \to 0+} f(x)=1+1=2$$

010 정답 ①

문제의 주어진 그래프와 $f(-x)=-f(x)$은 원점대칭함수라는
의미이며 그래프는 다음 그림과 같다.

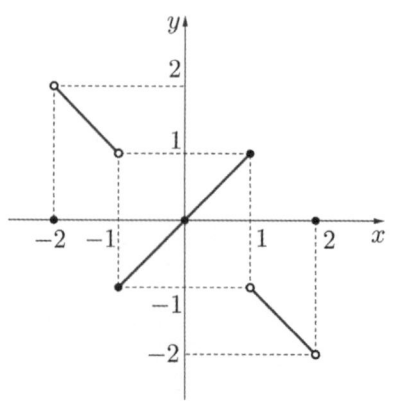

$$\lim_{x \to -1+} f(x) = -1$$
$$\lim_{x \to 2-} f(x) = -2$$
$$-1 + (-2) = -3$$
$$\therefore -3$$

011 정답 ④

$$\lim_{x \to 2-} f(x) + \lim_{x \to 1+} f(x-2) = -1 + 2 = 1$$

012 정답 ③

$$\lim_{x \to -1+} f(x) = 1$$

$x \to -1$일 때 $|x| \to 1-0$이므로 $|x| = t$라 하면

$$\lim_{x \to -1+} f(|x|) = \lim_{t \to 1-} f(t) = 1$$

$$\lim_{x \to -1+} \{f(x) + f(|x|)\}$$
$$= \lim_{x \to -1+} f(x) + \lim_{x \to 1-} f(x) = 1 - 1 = 0$$

013 정답 ④

$$\lim_{x \to 1+} f(f(x)) + \lim_{x \to -1-} f(f(x))$$
$$= f(1) + \lim_{x \to -1+} f(x) = 0 + 1 = 1$$

 유형 2 함수의 극한에 대한 성질

014 정답 ③

ㄱ. $\displaystyle\lim_{x \to 0} \frac{16|x|^2}{4|x^2|} = \lim_{x \to 0} \frac{16x^2}{4x^2} = 4$ (참)

ㄴ. $\displaystyle\lim_{x \to 0} \frac{(2x^2 + 2x)^2}{2x^4 + 2x^2} = \lim_{x \to 0} \frac{(2x+2)^2}{2x^2 + 2} = 2$ (거짓)

ㄷ. $\displaystyle\lim_{x \to 0} \frac{\left(x + \dfrac{4}{x}\right)^2}{x^2 + \dfrac{4}{x^2}} = \lim_{x \to 0} \frac{(x^2 + 4)^2}{x^4 + 4} = 4$ (참)

따라서 옳은 것은 ㄱ, ㄷ이다.

015 정답 ①

$\displaystyle\lim_{x \to 1} \frac{g(x) - 2x}{x - 1}$ 의 값이 존재하므로

$$\lim_{x \to 1} \{g(x) - 2x\} = 0$$
$$\therefore g(1) = 2$$
$$\therefore \lim_{x \to 1} \frac{f(x) \cdot g(x)}{x^2 - 1} = \lim_{x \to 1} \frac{(x-1)(g(x)-1) \cdot g(x)}{x^2 - 1}$$
$$= \lim_{x \to 1} \frac{(g(x)-1) \cdot g(x)}{x+1}$$
$$= \frac{(g(1)-1) \cdot g(1)}{2} = 1$$

016 정답 10

$$\lim_{x \to 0+} \frac{x^3 f\left(\dfrac{1}{x}\right) - 1}{x^3 + x} \quad \left(\frac{1}{x} = t \text{ 라 놓으면}\right)$$
$$= \lim_{t \to \infty} \frac{\dfrac{1}{t^3} f(t) - 1}{\dfrac{1}{t^3} + \dfrac{1}{t}} = \lim_{t \to \infty} \frac{f(t) - t^3}{t^2 + 1} = 5$$

$$\therefore f(x) = x^3 + 5x^2 + ax + b$$

또 $\displaystyle\lim_{x \to 1} \frac{f(x)}{x^2 + x - 2} = \frac{1}{3}$ 에서 $f(1) = 0$

$$\therefore f(1) = 6 + a + b = 0 \quad \therefore b = -a - 6$$

$$\lim_{x \to 1} \frac{(x-1)(x^2 + 6x + a + 6)}{(x-1)(x+2)} = \frac{1}{3} \text{ 에서}$$

$$\lim_{x \to 1} \frac{x^2 + 6x + a + 6}{x+2} = \frac{13 + a}{3} = \frac{1}{3}$$

$$\therefore a = -12, \ b = 6$$
$$\therefore f(x) = x^3 + 5x^2 - 12x + 6$$
$$\therefore f(2) = 10$$

017 정답 ①

$$\lim_{x \to 1} \frac{f(f(x))}{2x^2 - x - 1} = \lim_{x \to 1} \frac{f(f(x))}{f(x)} \cdot \frac{f(x)}{2x^2 - x - 1}$$
$$= \lim_{t \to 0} \frac{f(t)}{t} \cdot \lim_{x \to 1} \left(\frac{f(x)}{x-1} \cdot \frac{1}{2x+1}\right)$$
$$= 1 \cdot \frac{1}{2} \cdot \frac{1}{3} = \frac{1}{6}$$
$$(f(x) = t \text{ 라 하면 } x \to 1 \iff t \to 0)$$

018 정답 1

$$\lim_{x \to a+} f(x) + \lim_{x \to a-} 2f(x)$$
$$= \lim_{x \to a+} (-3x + 1) + \lim_{x \to a-} 2(x+1)$$
$$= -3a + 1 + 2a + 2 = -a + 3 = 2a$$
$$\therefore a = 1$$

019 정답 8

$x \to 0$ 일 때 $3x \to 0$ 이므로 $3x = t$ 라 하면

$\lim_{x \to 0} g(3x) = \lim_{t \to 0} g(t) = 2$

함수의 극한의 성질에 의해

$\lim_{x \to 0} \{2f(x) + g(3x)\}$

$= \lim_{x \to 0} 2f(x) + \lim_{x \to 0} g(3x)$

$= 2\lim_{x \to 0} f(x) + \lim_{x \to 0} g(3x)$

$= 2\lim_{x \to 0} f(x) + \lim_{t \to 0} g(t)$

$= 2 \times 3 + 2 = 8$

020 정답 ⑤

$x \le \langle x \rangle < x+1$ 이므로 $\dfrac{x^2}{5} \le \left\langle \dfrac{x^2}{5} \right\rangle < \dfrac{x^2}{5} + 1$

따라서 각각의 변에 $\dfrac{2}{x^2}$ 을 곱하면

$\dfrac{2}{5} \le \dfrac{2}{x^2} \left\langle \dfrac{x^2}{5} \right\rangle < \dfrac{2}{5} + \dfrac{2}{x^2}$

이때 $\lim_{x \to \infty} \dfrac{2}{5} = \lim_{x \to \infty} \left(\dfrac{2}{5} + \dfrac{2}{x^2} \right) = \dfrac{2}{5}$ 이므로

함수의 극한의 대소 관계에 의하여

$\lim_{x \to \infty} \left\{ \dfrac{2}{x^2} \left\langle \dfrac{x^2}{5} \right\rangle \right\} = \dfrac{2}{5}$

021 정답 ①

$\lim_{x \to 1} \dfrac{x^2 + 2x - 3}{f(x-1)} = \lim_{x \to 1} \dfrac{(x-1)(x+3)}{f(x-1)}$ 에서 $x+1 = t$ 라 두면

$\Rightarrow \lim_{t \to 2} \dfrac{(t-2)(t+3)}{f(t-2)} = \lim_{t \to 2} \dfrac{(t-2)}{f(t-2)} \times \lim_{t \to 2} (t+2)$

$= \dfrac{5}{3} \times 4 = \dfrac{20}{3}$

022 정답 ①

$\lim_{x \to 0+} \{f(a-x) + f(a+x)\} = \lim_{x \to a-} f(x) + \lim_{x \to a+} f(x) = 4$

이고 열린구간 $(1, 2)$ 에서 $f(x) = -x + 3$,

열린구간 $(2, 3)$ 에서 $f(x) = 2x - 3$ 이다.

따라서 $f(1) = 2$, $f\left(\dfrac{5}{2}\right) = 2$ 이므로

$a = 0$, $a = 1$, $a = \dfrac{5}{2}$ 일 때 가능하다.

따라서 $n = 3$ 이고 $S = \dfrac{7}{2}$ 이다.

$n + S = 3 + \dfrac{7}{2} = \dfrac{13}{2}$

 유형 3 $\dfrac{0}{0}$ 꼴과 $0 \times \infty$ 꼴의 극한값의 계산

023 정답 ④

$\lim_{x \to \infty} \dfrac{\sqrt{x^2 - 2} + 3x}{x + 5} = \lim_{x \to \infty} \dfrac{\sqrt{1 - \dfrac{2}{x^2}} + 3}{1 + \dfrac{5}{x}}$

$= \dfrac{\sqrt{1 - 0} + 3}{1 + 0} = 4$

024 정답 ②

$\lim_{x \to -1} \dfrac{x^2 + 9x + 8}{x + 1} = \lim_{x \to -1} \dfrac{(x+1)(x+8)}{x+1}$

$= \lim_{x \to -1} (x + 8) = 7$

025 정답 ①

$\lim_{x \to 2} \dfrac{3x^2 - 6x}{x - 2}$

$= \lim_{x \to 2} \dfrac{3x(x-2)}{x-2} = 6$

026 정답 16

$\lim_{x \to 1} \dfrac{8(x^4 - 1)}{(x^2 - 1)f(x)} = 1$ 을 풀면

$\lim_{x \to 1} \dfrac{8(x^2 - 1)(x^2 + 1)}{(x^2 - 1)f(x)} = 1$ 에서 $\lim_{x \to 1} \dfrac{8(x^2 + 1)}{f(x)} = 1$

따라서 $\dfrac{8(1^2 + 1)}{f(1)} = 1$

$\therefore f(1) = 16$

027 정답 ⑤

$\lim_{x \to 1} \dfrac{x^3 - x^2 + x - 1}{\sqrt{x + 8} - 3} = \lim_{x \to 1} \dfrac{(x-1)(x^2 + 1)\{\sqrt{x + 8} + 3\}}{x - 1}$

$= \lim_{x \to 1} (x^2 + 1)\{\sqrt{x + 8} + 3\} = 2 \times 6 = 12$

028 정답 ⑤

$\lim_{x \to 2} \dfrac{f(x) - 3}{x - 2} = 5$ 이므로 $\dfrac{0}{0}$ 꼴의 극한이 되어야 한다.

그러므로 $\lim_{x \to 2} f(x) = 3$ 이다.

$$\lim_{x \to 2}\frac{x-2}{\{f(x)\}^2-9}=\lim_{x \to 2}\frac{x-2}{\{f(x)-3\}\{f(x)+3\}}$$
$$=\lim_{x \to 2}\left\{\frac{1}{\dfrac{f(x)-3}{x-2}}\times\frac{1}{f(x)+3}\right\}$$
$$=\frac{1}{5}\times\frac{1}{6}=\frac{1}{30}$$

029 정답 ①

$$\lim_{x \to 7}\frac{\sqrt{x+7}-\sqrt{14}}{x-7}$$
$$=\lim_{x \to 7}\frac{(x+7)-14}{(x-7)(\sqrt{x+7}+\sqrt{14})}$$
$$=\lim_{x \to 7}\frac{1}{\sqrt{x+7}+\sqrt{14}}$$
$$=\frac{1}{2\sqrt{14}}=\frac{\sqrt{14}}{28}$$

030 정답 ③

$$\lim_{x \to 0}\frac{g(x)}{f(x)}=\lim_{x \to 0}\frac{x^3-4x}{2x-x^2}=\lim_{x \to 0}\frac{x(x^2-4)}{x(2-x)}$$
$$=\lim_{x \to 0}\frac{x^2-4}{2-x}=-2$$
$$\lim_{x \to 2}\frac{f(x)}{g(x)}=\lim_{x \to 2}\frac{x(2-x)}{x(x+2)(x-2)}=\lim_{x \to 2}\frac{-1}{(x+2)}$$
$$=-\frac{1}{4}$$
$$\therefore \lim_{x \to 0}\frac{g(x)}{f(x)}\times\lim_{x \to 2}\frac{f(x)}{g(x)}=(-2)\times\left(-\frac{1}{4}\right)=\frac{1}{2}$$

031 정답 ②

$$\lim_{x \to 1}\frac{x+1}{x-1}\left(\frac{x^2+x-2}{x-1}-3\right)$$
$$=\lim_{x \to 1}\frac{x+1}{x-1}\left(\frac{(x-1)(x+2)}{x-1}-3\right)$$
$$=\lim_{x \to 1}\frac{x+1}{x-1}(x-1)$$
$$=\lim_{x \to 1}(x+1)$$
$$=1+1=2$$

 유형 4
$\dfrac{\infty}{\infty}$, $\infty-\infty$ 꼴의 극한값의 계산

032 정답 ②

$-x=t$로 놓으면

$x \to -\infty$이면 $t \to \infty$
$$\therefore \text{(주어진 식)}$$
$$=\lim_{t \to \infty}\frac{-t+1}{\sqrt{t^2-t}+t}=\lim_{t \to \infty}\frac{-1+\dfrac{1}{t}}{\sqrt{1-\dfrac{1}{t}}+1}=-\frac{1}{2}$$

033 정답 ④

$$\lim_{x \to \infty}(\sqrt{x^2+9x}-x)$$
$$=\lim_{x \to \infty}\frac{(\sqrt{x^2+9x}-x)(\sqrt{x^2+9x}+x)}{\sqrt{x^2+9x}+x}$$
$$=\lim_{x \to \infty}\frac{9x}{\sqrt{x^2+9x}+x}$$
$$=\frac{9}{2}$$

유형 5
미정계수의 결정

034 정답 ②

$\displaystyle\lim_{x \to 0}\frac{f(x)}{x}=1$에서 $f(0)=0$

$\displaystyle\lim_{x \to 1}\frac{f(x)}{x-1}=1$에서 $f(1)=1$이므로

$f(x)=x(x-1)(ax+b)$로 놓으면

$$\lim_{x \to 0}\frac{x(x-1)(ax+b)}{x}=1$$
$$-b=1$$
$$\therefore b=-1$$
$$\lim_{x \to 1}\frac{x(x-1)(ax-1)}{x-1}=1$$
$$\therefore a=2$$
$$f(x)=x(x-1)(2x-1)$$
$$\therefore f(2)=2\times1\times3=6$$

035 정답 30

$\displaystyle\lim_{x \to 1}(x+1)f(x)=1$이므로

$g(x)=(x+1)f(x)$로 놓으면 $\displaystyle\lim_{x \to 1}g(x)=1$

따라서 $x \neq -1$일 때, $f(x)=\dfrac{g(x)}{x+1}$이므로

$$\lim_{x \to 1}(2x^2+1)f(x)=\lim_{x \to 1}\left\{(2x^2+1)\times\frac{g(x)}{x+1}\right\}$$
$$=\lim_{x \to 1}\frac{2x^2+1}{x+1}\times\lim_{x \to 1}g(x)$$

$$= \frac{3}{2} \times 1 = \frac{3}{2}$$

그러므로 $20a = 20 \times \frac{3}{2} = 30$

036 정답 ②

$\lim_{x \to 1}(x-1) = 0$ 이므로

$\lim_{x \to 1}(x^2 + ax + b) = 1 + a + b = 0$

$\therefore b = -1 - a \cdots$ ㉠

이때 ㉠을 주어진 식에 대입하면

$\lim_{x \to 1} \dfrac{x-1}{x^2 + ax + b} = \lim_{x \to 1} \dfrac{x-1}{x^2 + ax - (1+a)}$

$= \lim_{x \to 1} \dfrac{x-1}{(x-1)(x+1+a)}$

$= \lim_{x \to 1} \dfrac{1}{(x+1+a)} = \dfrac{1}{a+2} = \dfrac{1}{3}$

$\therefore a = 1$

한편, ㉠에서 $b = -2$ $\therefore ab = -2$

037 정답 5

$x \to 1$ 일 때 (분모)$\to 0$ 이므로 (분자)$\to 0$ 이다.

$\lim_{x \to 1}(f(x) - c) = 1 + a + b = 0$

$\therefore b = -a - 1 \cdots$ ㉠

$\lim_{x \to 1} \dfrac{f(x) - c}{x-1} = \lim_{x \to 1} \dfrac{x^3 + ax^2 - (a+1)x}{x-1}$

$= \lim_{x \to 1} \dfrac{x(x-1)(x+a+1)}{x-1}$

$= \lim_{x \to 1} x(x+a+1)$

$= a + 2 = -1$

$\therefore a = -3, \ b = 2 \ (\because$ ㉠$)$

$\therefore b - a = 5$

038 정답 26

$x \to 2$ 일 때 (분모)$\to 0$ 이므로 (분자)$\to 0$ 이어야 한다.

$\therefore \sqrt{4+a} - b = 0$

$\lim_{x \to 2} \dfrac{\sqrt{x^2 + a} - \sqrt{a+4}}{x - 2}$

$= \lim_{x \to 2} \dfrac{x^2 - 4}{(x-2)(\sqrt{x^2+a} + \sqrt{a+4})}$

$= \lim_{x \to 2} \dfrac{x+2}{\sqrt{x^2+a} + \sqrt{a+4}}$

$= \dfrac{2}{\sqrt{a+4}} = \dfrac{2}{5}$

$\therefore a = 21, \ b = 5$

$\therefore a + b = 26$

039 정답 ③

$\lim_{x \to 2} \dfrac{x^2 - 4}{x^2 + ax} = b$ 에서 $x \to 2$ 일 때 (분자)$\to 0$ 이고

$b (\neq 0)$ 로 수렴하므로 (분모)$\to 0$ 이어야 한다.

즉, $\lim_{x \to 2}(x^2 + ax) = 0$ 이므로

$4 + 2a = 0 \qquad \therefore a = -2$

$\therefore \lim_{x \to 2} \dfrac{x^2 - 4}{x^2 - 2x} = \lim_{x \to 2} \dfrac{(x+2)(x-2)}{x(x-2)} = \lim_{x \to 2} \dfrac{x+2}{x}$

$= \dfrac{2+2}{2} = 2 = b$

$\therefore a + b = -2 + 2 = 0$

040 정답 ①

(분모)$\to 0$ 일 때, (분자)$\to 0$ 이어야만 극한값이 존재한다.

따라서 $a = 4$ 이고 $\lim_{x \to 1} \dfrac{4x - 4}{x - 1} = 4$ 로부터 $b = 4$ 이다.

$\therefore a + b = 8$

041 정답 ②

$\lim_{x \to \infty} \dfrac{f(x)}{x^3} = 0$ 이므로 $f(x)$ 의 차수를 n 이라 하면

$n \le 2$ 이다.

$\lim_{x \to 0} \dfrac{f(x)}{x} = 5$ 이고, $x \to 0$ 일 때 (분자)$\to 0$ 이므로

(분모)$\to 0$ 이어야 한다.

따라서 $\lim_{x \to 0} f(x) = f(0) = 0$ 이므로

$f(x) = ax^2 + bx$ 로 놓을 수 있다.

$\lim_{x \to 0} \dfrac{f(x)}{x} = \lim_{x \to 0} \dfrac{ax^2 + bx}{x} = \lim_{x \to 0}(ax + b) = b$

이므로 $b = 5$

방정식 $ax^2 + 5x = x$ 의 한 근이 $x = -2$ 이므로

$4a - 10 = -2$ 에서 $4a = 8$

$\therefore a = 2$

따라서 $f(x) = 2x^2 + 5x$ 이므로

$f(1) = 7$

042 정답 13

$\lim_{x \to \infty} \dfrac{f(x) - x^3}{3x} = 2$ 로부터

$f(x) - x^3 = 6x + a \Leftrightarrow f(x) = x^3 + 6x + a$ (a 는 상수)라

놓을 수 있다.

$\lim_{x \to 0} f(x) = -7 \Leftrightarrow \lim_{x \to 0}(x^3 + 6x + a) = -7$

$\Leftrightarrow a = -7$

$\therefore f(x) = x^3 + 6x - 7$

$$\therefore f(2) = 13$$

043 정답 ②

$$\lim_{x \to \infty} \frac{f(x)}{x^2} = 2, \quad \lim_{x \to 0} \frac{f(x)}{x} = 3$$

따라서

$$f(x) = 2x^2 + 3x$$

$$\therefore f(2) = 8 + 6 = 14$$

044 정답 6

$$\lim_{x \to -1}(ax + a) = -a + a = 0 에서 \ x \to -1일 \ 때,$$

(분자)→0이고 주어진 분수식의 극한값이 0이 아니므로

(분모)→0이어야 한다.

즉, $\lim_{x \to -1}(x - b) = 0$이므로 $-1 - b = 0$ $\therefore b = -1$

따라서 $b = -1$를 주어진 식에 대입하면

$$\lim_{x \to -1} \frac{ax + a}{x + 1} = \lim_{x \to -1} \frac{a(x + 1)}{x + 1} = \lim_{x \to -1} a = 5$$

따라서 $a = 5$, $b = -1$이므로

$$a - b = 6$$

045 정답 ③

$(x - 1)(x + 2)f(x) = ax^2 + bx + c$에서

$x \neq 1$, $x \neq -2$일 때 $f(x) = \dfrac{ax^2 + bx + c}{x^2 + x - 2}$이므로 (가)에서

$$\lim_{x \to \infty} f(x) = \lim_{x \to \infty} \frac{ax^2 + bx + c}{x^2 + x - 2} = a = 1 \cdots ㉠$$

$(x - 1)(x + 2)f(x) = x^2 + bx + c$의 양변에

$x = 1$, $x = -2$을 각각 대입하면

연립방정식

$0 = 1 + b + c$, $0 = 4 - 2b + c$을 얻는다.

연립방정식을 풀면

$b = 1$, $c = -2$이다. $\cdots ㉡$

㉠, ㉡에서 $a + b + c = 1 + 1 + (-2) = 0$

046 정답 ③

$\lim\limits_{x \to 1} \dfrac{3x^2 + 2x - a}{x^3 - 1} = b$에서 $x \to 1$일 때 (분모) → 0

이므로 (분자) → 0 이어야 한다.

따라서 $\lim\limits_{x \to 1}(3x^2 + 2x - a) = 5 - a = 0$에서 $a = 5$

$$\therefore \lim_{x \to 1} \frac{3x^2 + 2x - a}{x^3 - 1} = \lim_{x \to 1} \frac{(x - 1)(3x + 5)}{(x - 1)(x^2 + x + 1)}$$

$$= \lim_{x \to 1} \frac{3x + 5}{x^2 + x + 1} = \frac{3 + 5}{1 + 1 + 1} = \frac{8}{3} = b$$

$$\therefore a - b = 5 - \frac{8}{3} = \frac{7}{3}$$

047 정답 ③

$x \to 1$ 일 때, (분모) → 0 이므로 (분자) → 0 이어야 한다.

$$\therefore \lim_{x \to 1}(\sqrt{x + a} - 3) = \sqrt{1 + a} - 3 = 0$$

$\sqrt{1 + a} = 3$, $1 + a = 9$

$$\therefore a = 8$$

$$b = \lim_{x \to 1} \frac{\sqrt{x + 8} - 3}{x^2 - 3x + 2}$$

$$= \lim_{x \to 1} \frac{(\sqrt{x + 8} - 3)(\sqrt{x + 8} + 3)}{(x^2 - 3x + 2)(\sqrt{x + 8} + 3)}$$

$$= \lim_{x \to 1} \frac{x - 1}{(x - 1)(x - 2)(\sqrt{x + 8} + 3)}$$

$$= \lim_{x \to 1} \frac{1}{(x - 2)(\sqrt{x + 8} + 3)} = -\frac{1}{6}$$

$$\therefore ab = 8 \times \left(-\frac{1}{6}\right) = -\frac{4}{3}$$

048 정답 21

$$\lim_{x \to \infty} (\sqrt{ax^2 + bx + 4} - 3x)$$

$$= \lim_{x \to \infty} \frac{(\sqrt{ax^2 + bx + 4} - 3x)(\sqrt{ax^2 + bx + 4} + 3x)}{\sqrt{ax^2 + bx + 4} + 3x}$$

$$= \lim_{x \to \infty} \frac{(a - 9)x^2 + bx + 4}{\sqrt{ax^2 + bx + 4} + 3x} = 2$$

이때 극한값이 존재하므로

$a - 9 = 0$ $\therefore a = 9$

즉, $\lim\limits_{x \to \infty} \dfrac{bx + 4}{\sqrt{9x^2 + bx + 4} + 3x} = 2$에서

$$\lim_{x \to \infty} \frac{b + \dfrac{4}{x}}{\sqrt{9 + \dfrac{b}{x} + \dfrac{4}{x^2}} + 3} = \frac{b}{3 + 3} = 2$$

$$\therefore b = 12$$

$$\therefore a + b = 21$$

049 정답 ⑤

$\lim\limits_{x \to 1} \dfrac{f(x)}{x^2 - 1} = 2$에서 $x \to 1$일 때 (분모)→0이므로

(분자)→0이어야 한다.

따라서 $f(1) = 0$에서 $1 + a + b = 0$ $\cdots\cdots ㉠$

$$\lim_{x \to 1} \frac{f(x)}{x^2 - 1} = \lim_{x \to 1} \frac{f(x)}{(x - 1)(x + 1)} = \frac{1}{2} \lim_{x \to 1} \frac{f(x) - f(1)}{x - 1}$$

$$= \frac{1}{2} f'(1) = 2$$

$$\therefore f'(1) = 4$$

이때, $f'(x) = 2x + a$이므로 $2 + a = 4$에서 $a = 2$

$a = 2$를 ㉠에 대입하면 $b = -3$

$$\therefore a - b = 5$$

050 정답 ①

$\displaystyle\lim_{x\to 1}\frac{f(x)+4}{x^2-1}$의 극한값이 1로 존재하고 $x \to 1$일 때

(분모)$\to 0$이므로 $x \to 1$일 때 (분자)$\to 0$이어야 한다. 따라서

$\displaystyle\lim_{x\to 1}\{f(x)+4\}=0$이므로 $f(1)=-4$

또, $\displaystyle\lim_{x\to 1}\frac{f(x)+4}{x^2-1}=\lim_{x\to 1}\frac{f(x)+4}{(x-1)(x+1)}=1$

에서 $\displaystyle\lim_{x\to 1}\frac{f(x)+4}{x-1}=2$

$$\therefore \lim_{x\to -1}\frac{f(x^2)+4}{x+1}=\lim_{x\to -1}\frac{\{f(x^2)+4\}(x-1)}{(x-1)(x+1)}$$

$$=\lim_{x\to -1}\frac{f(x^2)+4}{x^2-1}\cdot\lim_{x\to -1}(x-1)$$

$$=\lim_{t\to 1}\frac{f(t)+4}{t-1}\cdot\lim_{x\to -1}(x-1)$$

$$=2\times(-2)$$

$$=-4$$

051 정답 ②

$x \to 2$일 때, (분모)$\to 0$이므로 $f(2) = 0$이다.

이차함수 $f(x) = (x-2)(x-a)$ (a는 상수)로 놓을 수 있다.

$$\lim_{x\to 2}\frac{(x-2)(x-a)}{x-2}=3$$

$$2-a=3$$

$$\therefore a=-1$$

$$\therefore \lim_{x\to -1}\frac{(x-2)(x+1)}{x+1}=-3$$

052 정답 ③

$\displaystyle\lim_{x\to\infty}\frac{f(x)}{x^2}=1 \Rightarrow f(x)=x^2+ax+b$

$\displaystyle\lim_{x\to 1}\frac{f(x)}{x-1}=2 \Rightarrow f(x)=(x-1)(x+1)$

따라서 $f(x) = x^2 - 1$

$$\therefore f(3)=8$$

053 정답 ④

$\displaystyle\lim_{x\to\infty}\frac{f(x)}{x^2}=2$이므로

$f(x)=2x^2+ax+b$ (a, b는 상수)로 놓으면

$\displaystyle\lim_{x\to 0}\frac{f(x)}{x}=1$에서 $x \to 0$일 때

(분모)$\to 0$이므로 (분자)$\to 0$이어야 한다.

$$\therefore f(0)=b=0$$

$$\therefore f(x)=2x^2+ax$$

이때, $\displaystyle\lim_{x\to 0}\frac{2x^2+ax}{x}=a=1$이므로

$f(x)=2x^2+x$

$$\lim_{x\to -\frac{1}{2}}\frac{f(x)}{x+\frac{1}{2}}=\lim_{x\to -\frac{1}{2}}\frac{2x\left(x+\frac{1}{2}\right)}{x+\frac{1}{2}}=-1$$

054 정답 12

$\displaystyle\lim_{x\to\infty}\frac{f(x)}{x^3}=1 \Rightarrow f(x)=x^3+ax^2+bx+c$

$\displaystyle\lim_{x\to 2}\frac{f(x)}{(x-2)^2}=1 \Rightarrow f(x)=(x-2)^2(x-1)$

따라서

$$\therefore f(4)=2^2\times 3=12$$

055 정답 12

$f(1)=0$, $f(-1)=0$이므로

$f(x)=(x-1)(x+1)(ax+b)$ ($a\neq 0$, a, b는 상수)로 놓을 수 있다.

(가)에서

$$\lim_{x\to 1}\frac{f(x)}{x^2-1}=\lim_{x\to 1}\frac{(x^2-1)(ax+b)}{x^2-1}$$

$$=\lim_{x\to 1}(ax+b)=a+b=-1 \quad \cdots ㉠$$

(나)에서

$$\lim_{x\to -1}\frac{f(x)}{x^2-1}=\lim_{x\to -1}\frac{(x^2-1)(ax+b)}{x^2-1}$$

$$=\lim_{x\to -1}(ax+b)=-a+b=1 \quad \cdots ㉡$$

㉠, ㉡을 연립하여 풀면 $a=-1$, $b=0$

따라서 $f(x)=-x(x^2-1)$이므로

$f(-2)-f(2)$

$$=2\times 3+2\times 3=12$$

유형 6 함수의 극한의 활용

056 정답 ①

점 $(t, \sqrt{t})$에서 두 점 $(1, 0)$, $(2, 0)$까지의 거리 d_1, d_2는

$d_1 = \sqrt{(t-1)^2 + (\sqrt{t})^2} = \sqrt{t^2 - t + 1}$

$d_2 = \sqrt{(t-2)^2 + (\sqrt{t})^2} = \sqrt{t^2 - 3t + 4}$

$\therefore \lim_{t \to \infty}(d_1 - d_2)$

$= \lim_{t \to \infty}(\sqrt{t^2 - t + 1} - \sqrt{t^2 - 3t + 4})$

$= \lim_{t \to \infty}\dfrac{2t - 3}{\sqrt{t^2 - t + 1} + \sqrt{t^2 - 3t + 4}}$

$= \lim_{t \to \infty}\dfrac{2 - \dfrac{3}{t}}{\sqrt{1 - \dfrac{1}{t} + \dfrac{1}{t^2}} + \sqrt{1 - \dfrac{3}{t} + \dfrac{4}{t^2}}}$

$= \dfrac{2}{1+1} = 1$

057 정답 ③

직선 PQ의 방정식은

$y = -(x-t) + t + 1 = -x + 2t + 1$

$\therefore Q(0, 2t+1)$

$\therefore \overline{AP}^2 = (t+1)^2 + (t+1)^2 = 2t^2 + 4t + 2$

$\therefore \overline{AQ}^2 = (-1)^2 + (2t+1)^2 = 4t^2 + 4t + 2$

$\therefore \lim_{t \to \infty}\dfrac{\overline{AQ}^2}{\overline{AP}^2} = \lim_{t \to \infty}\dfrac{4t^2 + 4t + 2}{2t^2 + 4t + 2} = 2$

058 정답 2

기울기가 $a(a > 0)$이고 점 $P(2a, a^2)$을 지나는 직선 l의 방정식은

$y = a(x-2a) + a^2$, $y = ax - a^2$

$\therefore A(0, -a^2)$

또한 $P(2a, a^2)$을 지나고 직선 l에 수직인 직선의 방정식은

$y = -\dfrac{1}{a}(x-2a) + a^2$, $y = -\dfrac{1}{a}x + a^2 + 2$

$\therefore B(0, a^2 + 2)$

$\therefore \lim_{a \to \infty}\dfrac{\overline{AB}}{\overline{OP}} = \lim_{a \to \infty}\dfrac{a^2 + 2 - (-a^2)}{\sqrt{4a^2 + a^4}}$

$= \lim_{a \to \infty}\dfrac{2a^2 + 2}{\sqrt{4a^2 + a^4}}$

$= \lim_{a \to \infty}\dfrac{2 + \dfrac{2}{a^2}}{\sqrt{\dfrac{4}{a^2} + 1}} = 2$

059 정답 ②

점 $P(t, -t+1)$이므로

$f(t) = t(-t+1) = -t^2 + t$이다.

정사각형 PQST는 한 변의 길이가 $-t+1$인 정사각형이므로 넓이

$g(t) = (-t+1)^2 = t^2 - 2t + 1$이다.

$\lim_{t \to 1^-}\dfrac{g(t) - f(t)}{t - 1}$

$= \lim_{t \to 1^-}\dfrac{(t^2 - 2t + 1) - (-t^2 + t)}{t - 1}$

$= \lim_{t \to 1^-}\dfrac{2t^2 - 3t + 1}{t - 1}$

$= \lim_{t \to 1^-}\dfrac{(t-1)(2t-1)}{t - 1} = 1$

 유형 7 함수의 연속

060 정답 ②

함수 $f(x)$가 실수 전체의 집합에서 연속이므로 $x = -2$에서 연속이어야 한다.

즉, $\lim_{x \to -2^-}f(x) = \lim_{x \to -2^+}f(x) = f(-2)$에서

$\lim_{x \to -2^-}f(x) = \lim_{x \to -2^-}(5x + a) = -10 + a$

$\lim_{x \to -2^+}f(x) = \lim_{x \to -2^+}(x^2 - a) = 4 - a$

$f(-2) = 4 - a$

이므로

$-10 + a = 4 - a$, $a = 7$

따라서 상수 a의 값은 7이다.

061 정답 ③

[검토자 : 백상민T]

함수 $f(x) = \begin{cases} (x-a)^2 & (x < 4) \\ 2x - 4 & (x \geq 4) \end{cases}$가 $x = 4$에서 연속이면 함수 $f(x)$는 실수 전체의 집합에서 연속이다.

함수 $f(x)$가 $x = 4$에서 연속이므로

$\lim_{x \to 4^-}f(x) = \lim_{x \to 4^+}f(x) = f(4)$

이다. 이때

$\lim_{x \to 4^-}f(x) = \lim_{x \to 4^-}(x-a)^2$

$= (4-a)^2 = a^2 - 8a + 16$

$\lim_{x \to 4^+}f(x) = \lim_{x \to 4^+}(2x - 4) = 4$

$f(4) = 4$

이므로

$a^2 - 8a + 16 = 4$

$a^2 - 8a + 12 = 0$, $(a-2)(a-6) = 0$

$a = 2$ 또는 $a = 6$

따라서 조건을 만족시키는 모든 상수 a의 값의 곱은

$2 \times 6 = 12$

062 정답 ①

함수 $f(x)$가 실수 전체의 집합에서 연속이므로

$\lim\limits_{x \to 2-} (3x - a) = \lim\limits_{x \to 2+} (x^2 + a) = f(2)$가 성립해야 한다.

따라서, $6 - a = 4 + a$, $a = 1$

063 정답 ②

함수 $f(x)$가 실수 전체의 집합에서 연속이므로 $x = 1$에서도 연속이다.

즉, $\lim\limits_{x \to 1} f(x) = f(1)$이므로

$\lim\limits_{x \to 1} f(x) = 4 - f(1)$에서

$f(1) = 4 - f(1)$

$2f(1) = 4$

따라서 $f(1) = 2$

064 정답 ①

$f(x) = \begin{cases} -2x + a & (x \leq a) \\ ax - 6 & (x > a) \end{cases}$에서

$x = a$에서 연속이어야 하므로

$\lim\limits_{x \to a+} f(x) = \lim\limits_{x \to a-} f(x)$이어야 한다.

$\lim\limits_{x \to a+} (ax - 6) = \lim\limits_{x \to a-} (-2x + a)$

$a^2 - 6 = -a$, $(a+3)(a-2) = 0$

$a = -3$ 또는 $a = 2$이므로

모든 a의 값의 합은 -1

065 정답 ⑤

$\lim\limits_{x \to -1-} |f(x)| = |-1 + a|$이고

$|f(-1)| = \lim\limits_{x \to -1+} |f(x)| = 1$이므로

$|-1 + a| = 1$에서 $a = 2$ $(\because a > 0)$

$\lim\limits_{x \to 3-} |f(x)| = 3$이고 $|f(3)| = \lim\limits_{x \to 3+} |f(x)| = |3b - 2|$이므로

$|3b - 2| = 3$에서 $b = \dfrac{5}{3}$ $(\because b > 0)$

$\therefore a + b = \dfrac{11}{3}$

066 정답 ④

함수 $f(x)$가 실수 전체의 집합에서 연속이므로 $x = -1$에서 연속이어야 한다.

$\lim\limits_{x \to -1-} (2x + a) = \lim\limits_{x \to -1+} (x^2 - 5x - a) = f(-1)$

$2 \times (-1) + a = (-1)^2 - 5 \times (-1) - a$

$\therefore a = 4$

067 정답 ④

실수 전체의 집합에서 연속이 되려면

$\lim\limits_{x \to a-} \{f(x)\}^2 = \lim\limits_{x \to a+} \{f(x)\}^2$이어야 하고

i) $\lim\limits_{x \to a-} \{f(x)\}^2 = (-2a + 6)^2$

$= 4a^2 - 24a + 36$

ii) $\lim\limits_{x \to a+} \{f(x)\}^2 = a = a^2$

$4a^2 - 24a + 36 = a^2$에서

$a = 2, \ 6$

따라서 모든 상수 a의 값의 합은 8

068 정답 6

$x = 2$에서 연속이므로 $a + 2 = 3a - 2$이다.

따라서 $a = 2$이고 $f(2) = \lim\limits_{x \to 2} f(x) = 4$

$\therefore a + f(2) = 6$

069 정답 ⑤

ㄱ. $\lim\limits_{x \to 1-} f(x) = -2$, $\lim\limits_{x \to 1+} f(x) = 0$이므로

$\lim\limits_{x \to 1} f(x)$는 존재하지 않는다. (거짓)

ㄴ. $\lim\limits_{x \to 2-} f(x) = 1$, $\lim\limits_{x \to 2+} f(x) = 1$

$\therefore \lim\limits_{x \to 2} f(x) = 1$ (참)

ㄷ. 함수 $f(x)$는 $-1 < x < 1$에서 연속이므로

$-1 < a < 1$인 실수 a에 대하여 $\lim\limits_{x \to a} f(x)$가

존재한다. (참)

따라서 보기 중 옳은 것은 ㄴ, ㄷ이다.

070 정답 ①

$f(x)$가 실수 전체의 집합에서 연속이므로 $x = 1$에서 연속이다.

$f(1) = \lim\limits_{x \to 1+} f(x) = \lim\limits_{x \to 1-} f(x)$

$\Rightarrow 4 - a = 1 + a$

$\therefore a = \dfrac{3}{2}$

071 정답 7

함수 $f(x)$가 $x=a$에서 연속이어야 하므로

$$\lim_{x \to a-} f(x) = \lim_{x \to a+} f(x) = f(a)$$

즉, $a^2 - 3a = 4a$, $a(a-7) = 0$

$\therefore \ a = 0$ 또는 $a = 7$

따라서 모든 실수 a의 값의 합은

$0 + 7 = 7$

072 정답 7

$x=1$에서 연속이므로 $a+3 = 3a-1$에서 $a=2$

따라서 $f(1) = \lim_{x \to 1-} f(x) = \lim_{x \to 1+} f(x) = 5$

$a + f(1) = 2 + 5 = 7$

073 정답 ④

함수 $f(x)$가 $x=1$에서 연속이므로 $\lim_{x \to 1} f(x) = f(1)$이어야

한다.

즉, $\lim\limits_{x \to 1} \dfrac{x^2 + ax + b}{x-1} = 2$ $\cdots$ ㉠

$x \to 1$일 때 (분모)$\to 0$이므로 (분자)$\to 0$이어야 한다.

즉, $\lim\limits_{x \to 1}(x^2 + ax + b) = 1 + a + b = 0$에서

$b = -a - 1$ $\cdots$ ㉡

㉠, ㉡에서

$$\lim_{x \to 1} \frac{x^2 + ax - (a+1)}{x-1} = \lim_{x \to 1} \frac{(x-1)(x+a+1)}{x-1}$$
$$= \lim_{x \to 1}(x+a+1)$$
$$= a + 2$$

$a + 2 = 2$에서 $a = 0$, $b = -1$이므로

$a + b = -1$

074 정답 1

함수 $f(x)$가 모든 실수 x에 대하여 연속이므로 $x=1$에서도

연속이다.

따라서

$\lim\limits_{x \to 1-} f(x) = \lim\limits_{x \to 1+} f(x)$ 이 성립한다.

$\lim\limits_{x \to 1-} f(x) = \lim\limits_{x \to 1-}(x^2 + 3x - a) = 1 + 3 - a = 4 - a$

$\lim\limits_{x \to 1+} f(x) = \lim\limits_{x \to 1+}(\sqrt{x+3} + a) = 2 + a$

$4 - a = 2 + a$

$\therefore \ a = 1$

075 정답 2

$x \neq 1$일 때, $f(x) = \dfrac{x^3 + x^2 - x - 1}{x-1}$ 이고,

$x=1$에서 연속이므로 $\lim\limits_{x \to 1} f(x) = f(1)$이다.

$$\therefore \ f(1) = \lim_{x \to 1} \frac{x^3 - x^2 + x - 1}{x-1}$$
$$= \lim_{x \to 1} \frac{(x^2 + 1)(x-1)}{x-1}$$
$$= \lim_{x \to 1}(x^2 + 1) = 2$$

076 정답 6

함수 $f(x)$는 $x=a$에서 연속이므로

$\lim\limits_{x \to a+} f(x) = a^2 - a + b$

$\lim\limits_{x \to a-} f(x) = 3a + 2b$

$f(a) = a^2 - a + b$

$\lim\limits_{x \to a} f(x) = f(a)$이므로

$a^2 - a + b = 3a + 2b$

$a^2 - 4a = b$

$b = (a-2)^2 - 4$이므로

$a = 2$일 때 b의 최솟값은 -4이다.

따라서 $p = 2$, $q = -4$이다.

$p - q = 2 - (-4) = 6$

077 정답 ③

함수 $f(x)$가 $x=2$에서 연속이므로

$\lim\limits_{x \to 2} \dfrac{x^2 - 6x + 8}{x-2} = k$

$\therefore \lim\limits_{x \to 2} \dfrac{(x-2)(x-4)}{x-2} = \lim\limits_{x \to 2}(x-4) = -2$

$\therefore k = -2$

078 정답 3

함수 $f(x) = \begin{cases} x + 3a & (x \leq 1) \\ x^2 + a^2 & (x > 1) \end{cases}$ 이 실수 전체의 집합에서

연속이므로

$\lim\limits_{x \to 1+} f(x) = \lim\limits_{x \to 1-} f(x) = f(1)$

$1 + 3a = a^2 + 1$

$a^2 - 3a = 0$, $a(a-3) = 0$

$\therefore \ a = 0$ 또는 $a = 3$

따라서 구하는 모든 a의 값의 합은 $0 + 3 = 3$

079 정답 ②

(i) 함수 $f(x)$가 $x=1$에서 연속이므로

$$\lim_{x \to 1^-}(4x+a) = \lim_{x \to 1^+}(x^2+bx+2)$$

$4+a=1+b+2$

따라서 $a-b=-1$

(ii) $f(x+5)=f(x)$이므로

$f(3)=f(-2)$

$3^2+3b+2=4 \times (-2)+a$

따라서 $a-3b=19$

(i), (ii)에 의하여 $a=-11$, $b=-10$

$$\therefore f(x)= \begin{cases} 4x-11 & (-2 \le x < 1) \\ x^2-10x+2 & (1 \le x \le 3) \end{cases}$$

$f(2022)=f(404 \times 5+2)$

$\qquad = f(2)=2^2-10\times 2+2 = -14$

080 정답 ②

함수 $g(x)$는 구간 $(-\infty, 1]$, $(1, \infty)$에서 연속이므로 모든 실수 x에서 연속이려면 $x=1$에서 연속이면 된다.

즉, $g(1)=2$이므로 $\lim\limits_{x \to 1}g(x)=2$이어야 한다.

$$\lim_{x \to 1^+}g(x) = \lim_{x \to 1-0}g(x)=2 에서$$

$$\lim_{x \to 1^+}\{f(x)+a\}=2$$

함수 $f(x)$가 연속함수이므로

$$\lim_{x \to 1^+}f(x) = \lim_{x \to 1}f(x)=4$$

$$\lim_{x \to 1^+}f(x)+a = 4+a=2$$

$\therefore a=-2$

081 정답 ②

$\lim\limits_{x \to \infty}\dfrac{f(x)}{x^2+3}=1$에서 $f(x)$는 최고차항의 계수가 1인

이차함수이므로 $f(x)=x^2+ax+b$ (단, a, b는 상수)라 하자.

함수 $g(x)$가 모든 실수에 대하여 연속이 되려면 $x=1$에서도

연속이어야 하므로 $g(1)=\lim\limits_{x \to 1}g(x)$에서

$$\lim_{x \to 1}\frac{x^2+ax+b}{x-1}=2 \cdots \text{㉠}$$

㉠에서 $x \to 1$일 때, (분모)$\to 0$이므로 (분자)$\to 0$이다.

즉, $\lim\limits_{x \to 1}(x^2+ax+b)=1+a+b=0$

$\therefore b=-a-1$

이것을 ㉠에 대입하면

$$\lim_{x \to 1}\frac{x^2+ax-a-1}{x-1}$$

$$=\lim_{x \to 1}\frac{(x-1)(x+1+a)}{x-1}$$

$$=\lim_{x \to 1}(x+1+a)$$

$$=2+a=2$$

$\therefore a=0$, $b=-1$

$\therefore f(x)=x^2-1$

$$\lim_{x \to -1}\frac{f(x)}{x+1} = \lim_{x \to -1}\frac{(x-1)(x+1)}{x+1}=-2$$

082 정답 8

$x \ne 1$일 때 $f(x)=\dfrac{a\sqrt{x}+b}{x-1}$이므로 $f(x)$는 구간

$(0,1) \cup (1, \infty)$에서 연속이다.

따라서 함수 $f(x)$가 연속이려면 $f(x)$는 $x=1$에서

연속이어야 하므로

$$\lim_{x \to 1}f(x)=f(1) \ 즉, \ \lim_{x \to 1}f(x)=\lim_{x \to 1}\frac{a\sqrt{x}+b}{x-1}=1$$

$x \to 1$일 때 (분모)$\to 0$이므로 (분자)$\to 0$이어야 한다.

즉, $a+b=0$이어야 하므로 $b=-a$

이때 $\lim\limits_{x \to 1}\dfrac{a\sqrt{x}+b}{x-1}=\lim\limits_{x \to 1}\dfrac{a(\sqrt{x}-1)}{x-1}$

$$\qquad\qquad = \lim_{x \to 1}\frac{a}{(\sqrt{x}+1)}=\frac{a}{2}=1$$

이므로 $a=2$, $b=-2$

$\therefore a^2+b^2=2^2+(-2)^2=4+4=8$

유형 8 연속함수의 성질

083 정답 ③

함수 $f(x)$가 연속함수이므로 $\lim\limits_{x \to 2}f(x)=f(2)$

따라서

$$\lim_{x \to 2}\frac{(x^2-4)f(x)}{x-2}=\frac{(x-2)(x+2)f(x)}{x-2}$$

$$=\lim_{x \to 2}(x+2)f(x)=\lim_{x \to 2}(x+2) \times \lim_{x \to 2}f(x)=4f(2)=12$$

이므로 $f(2)=3$

084 정답 ①

ㄱ. [반례] $f(x)=\dfrac{1}{x^2}$, $g(x)=-\dfrac{1}{x^2}$이면

$\lim\limits_{x \to 0}\dfrac{1}{x^2}=\infty$, $\lim\limits_{x \to 0}\left(-\dfrac{1}{x^2}\right)=-\infty$이지만

$\lim\limits_{x \to 0}\left(\dfrac{1}{x^2}-\dfrac{1}{x^2}\right)=\lim\limits_{x \to 0}0=0$이다. (거짓)

ㄴ. $y=f(x)$가 $x=0$에서 연속이므로

$$\lim_{x \to 0} f(x) = f(0)$$

(i) $f(0) = 0$인 경우

$$\lim_{x \to 0+} |f(x)| = \lim_{x \to 0+} f(x) = f(0) = 0$$

$$\lim_{x \to 0-} |f(x)| = \lim_{x \to 0-} \{-f(x)\} = -f(0) = 0$$

$$\therefore \lim_{x \to 0} |f(x)| = |f(0)|$$

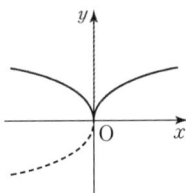

(ii) $f(0) = a\,(a > 0)$인 경우

$$\lim_{x \to 0} |f(x)| = \lim_{x \to 0} f(x) = f(0) = a = |f(0)|$$

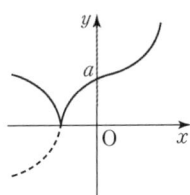

(iii) $f(0) = b \ \ (b < 0)$인 경우

$$\lim_{x \to 0} |f(x)| = \lim_{x \to 0} \{-f(x)\} = -f(0) = -b = |f(0)|$$

$$(\because \ b < 0)$$

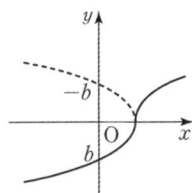

(i), (ii), (iii)에서 $y = |f(x)|$도 $x = 0$에서 연속이다. (참)

ㄷ. [반례] $f(x) = \begin{cases} 1 & (x \geq 0) \\ -1 & (x < 0) \end{cases}$

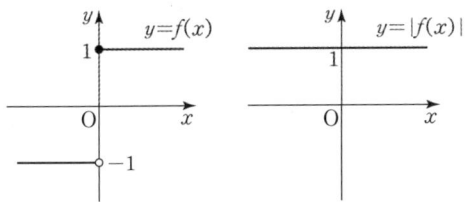

위의 그림에서 $y = |f(x)|$는 $x = 0$에서 연속이지만
$y = f(x)$는 $x = 0$에서 불연속이다. (거짓)
따라서 옳은 것은 ㄴ뿐이다.

085 정답 ①

ㄱ. $(g \circ f)(0) = g(f(0)) = g(1) = 1$

$$\lim_{x \to 0+} (g \circ f)(x) = g(1) = 1$$

$$\lim_{x \to 0-} (g \circ f)(x) = g(-1) = 1$$

$$\therefore \lim_{x \to 0} (g \circ f)(x) = (g \circ f)(0)$$

따라서 $x = 0$에서 연속 (참)

ㄴ. [반례]
문제의 보기 ㄱ에서 $(g \circ f)(x)$는 $x = 0$에서 연속이지만
$f(x)$는 $x = 0$에서 연속이 아니다. (거짓)

ㄷ. [반례]

$$f(x) = \begin{cases} \dfrac{1}{x} & (x \neq 0) \\ 0 & (x = 0) \end{cases}$$

$$\lim_{x \to 0} (f \circ f)(x) = (f \circ f)(0) = 0$$이므로

$(f \circ f)(x)$는 $x = 0$에서 연속이지만
$f(x)$는 $x = 0$에서 연속이 아니다. (거짓)
따라서 옳은 것은 ㄱ뿐이다.

086 정답 13

$y = f(x)$의 그래프를 그리면 다음과 같다.

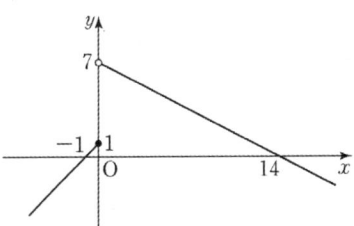

함수 $f(x)$는 $x = 0$에서 불연속이고
함수 $f(x-a)$는 $x = a$에서 불연속이다.
(i) $a = 0$일 때

$$\lim_{x \to a+} f(x)f(x-a) = \lim_{x \to 0+} (f(x))^2 = 49$$

$$\lim_{x \to a-} f(x)f(x-a) = \lim_{x \to 0-} (f(x))^2 = 1$$

$$\lim_{x \to a+} f(x)f(x-a) \neq \lim_{x \to 0-} f(x)f(x-a)$$이므로

$a = 0$일 때 함수 $f(x)f(x-a)$는 $x = a$에서 불연속이다.
(ii) $a \neq 0$일 때

$$\lim_{x \to a+} f(x)f(x-a) = 7f(a)$$

$$\lim_{x \to a-} f(x)f(x-a) = f(a)$$

$$f(a)f(0) = f(a)$$

따라서 함수 $f(x)f(x-a)$가 $x = a$에서 연속이 되기 위해서는
$7f(a) = f(a)$, $f(a) = 0$ $\therefore a = -1$ 또는 14
따라서 모든 실수 a의 값의 합은 13이다.

087 정답 ⑤

ㄱ. $\displaystyle\lim_{x\to 3+}f(x)=\lim_{x\to 3-}f(x)=0$이므로

$\displaystyle\lim_{x\to 3}f(x)=0$ (거짓)

ㄴ. $\displaystyle\lim_{x\to 1+}f(x)=2,\ \lim_{x\to 1-}f(x)=1$이므로

$\displaystyle\lim_{x\to 1+}f(x)\neq\lim_{x\to 1-}f(x)$ (참)

ㄷ. 함수 $f(x)$는 $x=1$과 $x=2$에서 극한값이 존재하지 않으므로 불연속이다.

또한, $x=3$에서 $f(3)=1$, $\displaystyle\lim_{x\to 3}f(x)=0$이므로

$f(3)\neq\displaystyle\lim_{x\to 3}f(x)$가 되어 불연속이다.

따라서 함수 $f(x)$는 3개의 점에서 불연속이다. (참)

088 정답 ④

ㄱ. $\displaystyle\lim_{x\to 0+}g(x)=\lim_{x\to 0+}\left(\frac{1}{2}x-1\right)=-1$ (거짓)

ㄴ. $f(0)=a\ (a>3)$이라 하면 $g(f(0))=g(a)$

$g(x)$는 $x>3$에서 연속이므로

$\displaystyle\lim_{x\to 0}g(f(x))=\lim_{k\to a}g(k)=g(a)$

따라서 $\displaystyle\lim_{x\to 0}g(f(x))=g(f(0))$ 이므로

함수 $g(f(x))$는 $x=0$에서 연속이다. (참)

ㄷ. $h(x)=g(f(x))$라고 하면

$h(-3)=g(f(-3))=g(1)=-\dfrac{1}{2}$

$h(3)=g(f(3))=g(3)=\dfrac{1}{2}$

$h(-3)h(3)<0$이므로 $h(x)$의 그래프는 닫힌구간 $[-3,3]$에서 x축과 적어도 한 점에서 만난다.

따라서 방정식 $g(f(x))=0$은 닫힌구간 $[-3,3]$에서 적어도 하나의 실근을 가진다. (참)

이상에서 옳은 것은 ㄴ, ㄷ

089 정답 ②

ㄱ. $\displaystyle\lim_{x\to 1+}\{f(x)+f(-x)\}=-1+1=0$ (참)

ㄴ. $g(x)=f(x)-|f(x)|$ 라고 하면

$$g(x)=\begin{cases}2x+4 & (x\leq -2)\\ 0 & (-2<x<1)\\ 2x-4 & (1\leq x<2)\\ 0 & (x\geq 2)\end{cases}$$

따라서 $g(x)=f(x)-|f(x)|$는 $x=1$에서만 불연속이다. (참)

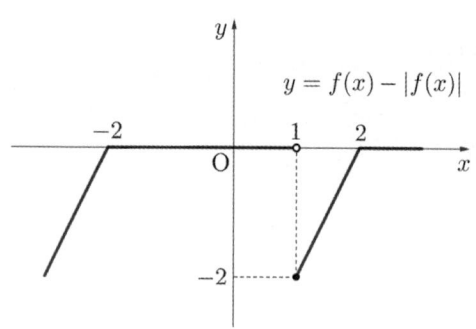

ㄷ. $a=-1$일 때, $f(x)f(x-a)=f(x)f(x+1)$은 실수 전체에서 연속이다. (거짓)

090 정답 ①

최고차항의 계수가 1인 이차함수를

$f(x)=x^2+ax+b$라 하면

(i) $x=0$에서 연속이어야 하므로

$h(0)=f(0)g(0)=b\times(-1)=-b$

$\displaystyle\lim_{x\to 0+}h(x)=\lim_{x\to 0+}f(x)g(x)$

$\qquad =\displaystyle\lim_{x\to 0+}f(x)\lim_{x\to 0+}g(x)=b\times 1=b$

$\displaystyle\lim_{x\to 0-}h(x)=\lim_{x\to 0-}f(x)g(x)$

$\qquad =\displaystyle\lim_{x\to 0-}f(x)\lim_{x\to 0-}g(x)=b\times(-1)=-b$

따라서 $b=-b$ 이므로 $b=0$

(ii) $x=2$에서 연속이어야 하므로

$h(2)=f(2)g(2)=(4+2a)\times 1=4+2a$

$\displaystyle\lim_{x\to 2+}h(x)=\lim_{x\to 2+}f(x)g(x)$

$=\displaystyle\lim_{x\to 2+}f(x)\lim_{x\to 2+}g(x)=(4+2a)\times 1=4+2a$

$\displaystyle\lim_{x\to 2-}h(x)=\lim_{x\to 2-}f(x)g(x)$

$=\displaystyle\lim_{x\to 2-}f(x)\lim_{x\to 2-}g(x)=(4+2a)\times(-1)=-4-2a$

따라서 $4+2a=-4-2a$ 이므로 $a=-2$

(i), (ii)에 의하여 $f(x)=x^2-2x$ 이므로

$f(5)=15$

091 정답 ⑤

$$f(x)=\begin{cases}x-3 & (x\neq 2)\\ 1 & (x=2)\end{cases}\ 이고,$$

$$(f\circ f)(x)=\begin{cases}x-6 & (x\neq 2,\ x\neq 5)\\ -2 & (x=2)\\ 1 & (x=5)\end{cases}$$

이므로 $y=(f\circ f)(x)$의 그래프는 다음과 같다.

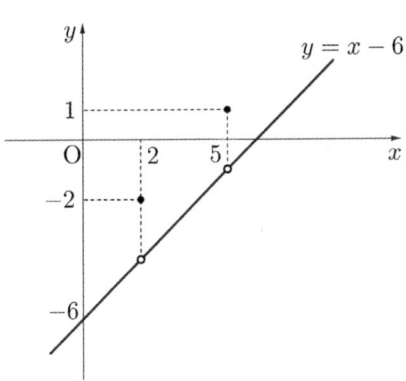

따라서 합성함수 $(f \circ f)(x)$는 $x=2$ 또는 $x=5$에서
불연속이므로 $0 \leq a \leq 6$에서 모든 a의 값의 합은 $2+5=7$

[랑데뷰팁] – 랑데뷰세미나(참고

함수 $f(x)$는 $x=2$에서 불연속이므로
합성함수 $f(f(x))$은 $x=2$와 $f(x)=2$인 점에서
연속성을 조사하면 되므로 $x=2$와 $x=5$에서만 조사하면
된다.

092 정답 ③

ㄱ. $\lim_{x \to 0+} f(x) = 1$이다. (참)

ㄴ. $\lim_{x \to 2-} f(x) = 1$이다. (거짓)

ㄷ. $|f(2)| = |-1| = 1$이고
$\lim_{x \to 2-} |f(x)| = |1| = 1, \ \lim_{x \to 2+} |f(x)| = |-1| = 1$
이므로 $|f(x)|$는 $x=0$에서 연속이다. (참)
그러므로 옳은 것은 ㄱ,ㄷ이다.

093 정답 ①

함수 $g(x) = f(x)\{f(x)+k\}$ 가 $x=0$ 에서 연속이 되기 위해
$g(0) = \lim_{x \to 0-} g(x) = \lim_{x \to 0+} g(x)$
$g(0) = \lim_{x \to 0-} g(x) = f(0)\{f(0)+k\} = 2 \times (2+k)$
$\lim_{x \to 0+} g(x) = \lim_{x \to 0+} f(x)\{f(x)+k\} = 0 \times k$
$\therefore k = -2$

094 정답 ③

$0 < x < 1$ 일 때, $f(x) = \dfrac{1-x}{x}$

$1 < x < 2$ 일 때, $f(x) = \dfrac{2-x}{x-1}$

ㄱ. $\lim_{x \to 1-} f(x)g(x) = \lim_{x \to 1-}\left\{-\dfrac{(x-1)^3}{x}\right\} = 0$,
$\lim_{x \to 1+} f(x)g(x) = \lim_{x \to 1+}(2-x)(x-1) = 0$
$\therefore \lim_{x \to 1} f(x)g(x) = 0$

이때, $f(1)g(1) = 0 \times 0 = 0$이므로
$y = f(x)g(x)$ 는 $x=1$에서 연속이다.

ㄴ. $\lim_{x \to 1-} f(x)g(x) = \lim_{x \to 1-}\dfrac{1-x}{x}\{(x-1)^3+1\} = 0$
$\lim_{x \to 1+} f(x)g(x) = \lim_{x \to 1+}\dfrac{2-x}{x-1}\{(x-1)^3+1\} = \infty$
따라서 $\lim_{x \to 1} f(x)g(x)$의 값이 존재하지 않으므로
$y = f(x)g(x)$ 는 $x=1$에서 불연속이다.

ㄷ. $\lim_{x \to 1-} f(x)g(x) = \lim_{x \to 1-}\dfrac{1-x}{x}(x^2+1) = 0$
$\lim_{x \to 1+} f(x)g(x) = \lim_{x \to 1+}\dfrac{2-x}{x-1}(x-1)^3$
$= \lim_{x \to 1+}(2-x)(x-1)^2 = 0$
$\therefore \lim_{x \to 1} f(x)g(x) = 0$

이때, $f(1)g(1) = 0 \times 2 = 0$이므로
$y = f(x)g(x)$ 는 $x=1$에서 연속이다.
따라서 연속인 것은 ㄱ, ㄷ이다.

[랑데뷰팁]

$y = \dfrac{1}{x} - 1$ 의 그래프는 $y = \dfrac{1}{x}$ 의 그래프를 y 축의

방향으로 -1만큼 평행이동한 것이고,

$y = \dfrac{1}{x-1} - 1$ 의 그래프는 $y = \dfrac{1}{x}$ 의 그래프를 x 축의

방향으로 1만큼, y 축의 방향으로 -1만큼 평행이동한
것이다.
이를 이용하여 $f(x)$ 와 $g(x)$ 의 그래프를 그려서 생각하면
좀 더 쉽게 연속성을 파악할 수 있다.

095 정답 ⑤

$f(x) = \begin{cases} x & (x > 0) \\ a & (x = 0) \\ \dfrac{1}{3}x & (x < 0) \end{cases}$

ㄱ. $f(-3) = -1$ (거짓)

ㄴ. $x > 0, \ f(x) = x$ (참)

ㄷ. $\lim_{x \to 0} f(x) = 0, \ f(0) = a$이므로

$a = 0$일 때 $\lim_{x \to 0} f(x) = 0$ (참)

따라서 옳은 것은 ㄴ, ㄷ이다.

096 정답 ④

(i) $a=0$일 때, $-4x+2=0$ $\therefore x=\dfrac{1}{2}$

즉, $f(0)=1$

(ii) $a \neq 0$일 때,

이차방정식 $ax^2+2(a-2)x-(a-2)=0$의 판별식을 D라 하면

$D/4=(a-2)^2+a(a-2)=2(a-1)(a-2)$

즉, 이 이차방정식은 $a=1$ 또는 $a=2$일 때 중근을 갖고,

$1<a<2$일 때 실근을 갖지 않고,

$a<1$ 또는 $a>2$일 때 서로 다른 두 실근을 갖는다.

따라서 함수 $f(a)$는 $f(0)=f(1)=f(2)=1$,

$1<a<2$일 때 $f(a)=0$,

$a<0$ 또는 $0<a<1$ 또는 $a>2$일 때 $f(a)=2$

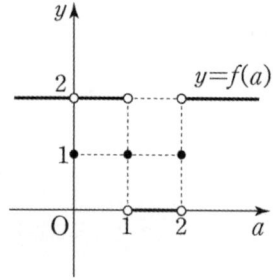

ㄱ. $\displaystyle\lim_{a\to 0}f(a)=2$, $f(0)=1$, $\displaystyle\lim_{a\to 0}f(a) \neq f(0)$ (거짓)

ㄴ. $\displaystyle\lim_{a\to c+}f(a) \neq \lim_{a\to c-}f(a)$를 만족하는 c는 1, 2의 2개다. (참)

ㄷ. 함수 $f(a)$가 불연속인 점은 $a=0$, $a=1$, $a=2$ 일 때의 3개이다. (참)

따라서 옳은 것은 ㄴ, ㄷ이다.

097 정답 ③

ㄱ. $x>1$에서 $f(x)=-x+2$이므로

$\displaystyle\lim_{x\to 1+}f(x)=\lim_{x\to 1+}(-x+2)=1$ (참)

ㄴ. $x \leq 1$에서 $f(x)=a$이므로

$\displaystyle\lim_{x\to 1-}f(x)=\lim_{x\to 1-}a=\lim_{x\to 1-}0=0$

이므로 ㄱ에서 $\displaystyle\lim_{x\to 1+}f(x) \neq \lim_{x\to 1-}f(x)$

즉, $\displaystyle\lim_{x\to 1}f(x)$의 극한값이 존재하지 않는다.

따라서 함수 $f(x)$는 $x=1$에서 불연속이다. (거짓)

ㄷ. 함수 $g(x)=(x-1)f(x)$에 대하여

$\displaystyle\lim_{x\to 1+}g(x)$

$=\displaystyle\lim_{x\to 1+}(x-1)f(x)$

$=\displaystyle\lim_{x\to 1+}(x-1)(-x+2)=0$

$\displaystyle\lim_{x\to 1-}g(x)=\lim_{x\to 1-}(x-1)f(x)=\lim_{x\to 1-}a(x-1)=0$

이므로 $\displaystyle\lim_{x\to 1}g(x)=0$이고

$g(1)=(1-1)f(x)=0$

$\therefore \displaystyle\lim_{x\to 1}g(x)=g(1)$

즉, 함수 $y=(x-1)f(x)$는 $x=1$에서 연속이다.

한편, $x>1$, $x \leq 1$에서 함수 $f(x)$는 다항함수이므로 연속함수의 성질에 의해 함수 $y=(x-1)f(x)$는 실수 전체의 집합에서 연속이다. (참)

따라서 옳은 것은 ㄱ, ㄷ이다.

098 정답 12

[풀이 김효경T]

함수 $f(x)$가 $x=a$에서 연속이면, 함수 $g(x)$는 연속함수이므로 함수 $f(x)g(x)$는 실수 전체의 집합에서 연속이 된다. 그리고 함수 $f(x)$가 $x=a$에서 불연속일 때, $g(a)=0$이면 함수 $f(x)g(x)$는 실수 전체의 집합에서 연속이 된다.

따라서

(i) 함수 $f(x)$가 $x=a$에서 연속이 되게 하는 a의 값을 구하면

$\displaystyle\lim_{x\to a-}f(x)=\lim_{x\to a+}f(x)$

$-a^2+4=4a-8$

$a^2+4a-12=0$

$(a-2)(a+6)=0$

$a=2$ 또는 $a=-6$ ···㉠

(ii) 함수 $f(x)$가 $x=a$에서 불연속일 때, $g(a)=0$이 되게 하는 a의 값을 구하면

$\displaystyle\lim_{x\to a-}f(x)g(x)=\lim_{x\to a+}f(x)g(x)=f(a)g(a)=0$ 이므로

$g(a)=a^2-2a-1=0$에서

$a^2-2a-1=0$의 두 실근의 곱은 -1이다. ···㉡

따라서 ㉠, ㉡에서 모든 실수 a의 곱은

$2\times(-6)\times(-1)=12$이다.

099 정답 1

연속함수의 곱으로 이루어진 함수는 모든 실수에서 연속이다.

$k=0$일 때, $f(x)$가 $x=0$에서 연속이므로 $f(x)f(1-x)$는 실수 전체에서 연속이다.

$g(x)=f(x)f(1-x)$라 하자.

함수 $f(x)$가 $x=0$에서만 불연속일 수 있으므로 함수 $g(x)$가 $x=0$과 $x=1$에서 연속이게 하면 된다.

(i) $g(x)$가 $x=0$에서 연속일 때,

$\displaystyle\lim_{x\to 0+}g(x)=f(0+)f(1-)=k(-1+k)=k^2-k$

$\displaystyle\lim_{x\to 0-}g(x)=f(0-)f(1+)=0$

$k^2-k=0$에서 $k=0$ 또는 $k=1$

(ii) 함수 $g(x)$가 $x=1$에서 연속일 때

$$\lim_{x \to 1+} g(x) = f(1+)f(0-) = 0$$

$$\lim_{x \to 1-} g(x) = f(1-)f(0+) = (-1+k)k = k^2 - k$$

$k^2 - k = 0$에서 $k = 0$ 또는 $k = 1$

(i), (ii)에서 k의 합은 $0 + 1 = 1$이다.

[다른 풀이]–오세준T

$$f(x) = \begin{cases} x^2 + x & (x < 0) \\ -x + k & (x \geq 0) \end{cases}$$ 이고

$$f(1-x) = \begin{cases} (1-x)^2 + (1-x) & (x > 1) \\ -(1-x) + k & (x \leq 1) \end{cases}$$

$k = 0$이면 $f(x)$와 $f(1-x)$는 실수 전체에서 연속이다.

$k \neq 0$이면 $f(x)$는 $x = 0$에서 불연속이고 $f(1-x)$는

$1 - x = 0$에서 불연속이므로

(i) $f(x)f(1-x)$가 연속이려면

함수 $f(1-x)$에서 $f(1-0) = 0$,

따라서 $f(1-0) = -(1-0) + k = 0$이므로 $k = 1$

(ii) $f(x)f(1-x)$가 연속이려면

함수 $f(x)$에서 $f(1) = 0$

따라서 $f(1) = -1 + k = 0$이므로 $k = 1$

(i), (ii)에서 $k = 0$ 또는 $k = 1$

100 정답 ③

$g(x)$는 $x = \pm 1$에서 불연속

$g(a-x)$는 $a - x = \pm 1$에서 불연속이므로

$x = a \pm 1$에서 불연속

$f(x)g(a-x)$가 연속이 되려면 $f(a \pm 1) = 0$

$f(x) = (x-1)(x-3)(x-5)$이므로

(i) $a - 1 = 1$이고 $a + 1 = 3$: $a = 2$

(ii) $a - 1 = 3$이고 $a + 1 = 5$: $a = 4$

그러므로 $2 \times 4 = 8$

101 정답 ①

ㄱ. $y = f(x)$가 $x = a$에서 연속이므로 $f(a) = b$라 하면

$\lim_{x \to a} f(x) = f(a) = b$가 성립한다. 따라서

$$\lim_{x \to a} \{f(x)\}^2$$

$$= \lim_{x \to a} f(x) \times \lim_{x \to a} f(x) \times \cdots \times \lim_{x \to a} f(x) = b^n = \{gf(a)\}^2$$

이므로 $y = \{f(x)\}^n$은 $x = a$에서 연속이다. (참)

ㄴ. [반례] $f(x) = \begin{cases} 1 & (x \geq 0) \\ -1 & (x < 0) \end{cases}$ 이면

$|f(x)| = 1$이므로 $y = |f(x)|$는 $x = 0$에서 연속이지만

$y = f(x)$는 $x = 0$에서 불연속이다. (거짓)

ㄷ. [반례] $f(x) = \begin{cases} x & (x \neq 2) \\ 1 & (x = 2) \end{cases}$, $g(x) = 2x$은

모두 $x = 1$에서 연속이다. 그러나

$$\lim_{x \to 1} f(g(x)) = \lim_{t \to 2} f(t) = 2$$

$f(g(1)) = f(2) = 2$

이므로 $y = f(g(x))$는 $x = 1$에서 불연속이다.

(거짓)

102 정답 ⑤

$h(x) = f(x)g(x)$가 실수 전체의 집합에서 연속이기 위해서는

이차함수

$g(x)$가 $f(x)$가 불연속인 $x = 1$과 $x = 2$에서 함숫값 0을

가지면 된다.

즉, $g(x) = (x-1)(x-2)$이다.

$g(-1) = -2 \times -3 = 6$

[다른 풀이]

함수 $g(x)$가 최고차항의 계수가 1인 이차함수이므로

$g(x) = x^2 + ax + b$(a, b는 상수)라 하자.

이때, 이차함수 $g(x)$는 모든 실수에서 연속이고, 함수 $f(x)$는

$x = 1$, $x = 2$에서만 불연속이므로 함수 $h(x) = f(x)g(x)$는

$x = 1$, $x = 2$인 점에서 연속이면 모든 실수에서 연속이다.

(i) 함수 $h(x) = f(x)g(x)$가 $x = 1$에서 연속이려면

$$\lim_{x \to 1+} h(x) = \lim_{x \to 1+} f(x)g(x) = 1 \cdot (1+a+b) = 1+a+b$$

$$\lim_{x \to 1-} h(x) = \lim_{x \to 1-} f(x)g(x) = 0 \cdot (1+a+b) = 0$$

$$h(1) = f(1)g(1) = 1+a+b$$

즉, $\lim_{x \to 1+} h(x) = \lim_{x \to 1-} h(x) = h(1)$을 만족해야 하므로

$0 = 1 + a + b$에서 $a + b = -1 \cdots$ ㉠

(ii) 함수 $h(x) = f(x)g(x)$가 $x = 2$에서 연속이려면

$$\lim_{x \to 2+} h(x) = \lim_{x \to 2+} f(x)g(x)$$

$$= -1 \cdot (2^2 + 2a + b) = -4 - 2a - b$$

$$\lim_{x \to 2-} h(x) = \lim_{x \to 2-} f(x)g(x) = 0 \cdot (2^2 + 2a + b) = 0$$

$$h(2) = f(2)g(2) = -4 - 2a - b$$

즉, $\lim_{x \to 2+} h(x) = \lim_{x \to 2-} h(x) = h(2)$을 만족해야 하므로

$2a + b = -4 \qquad \cdots$ ㉡

㉠, ㉡을 연립하여 풀면 $a = -3$, $b = 2$이므로

$g(x) = x^2 - 3x + 2$

$\therefore g(-1) = 1 + 3 + 2 = 6$

 **유형 9** 최대 · 최소 정리와 사잇값 정리

103 정답 ①

$h(x) = f(x) - g(x)$라 하면

$h(x) = x^3 - 3x^2 + 6x - 1$은 모든 실수 x에 대하여 연속이다.

$h(0) = -1 < 0, 0$ $h(1) = 3 > 0$에서

$h(0) \cdot h(1)$ $\boxed{<}$ 0이므로,

사잇값의 정리에 의하여 방정식 $h(x) = 0$은 0과 1 사이에 적어도 하나의 실근을 갖는다.

모든 실수 x에 대하여

$h'(x) = 3x^2 - 6x + 6 = 3(x-1)^2 + 3 \boxed{>} 0$

이므로 $h(x)$는 $\boxed{증가}$함수이다.

따라서 $h(x) = 0$은 0과 1 사이에 오직 하나의 실근을 갖게 된다.

즉, 구간 $(0,1)$에서 $f(x)$와 $g(x)$의 그래프는 오직 한 점에서 만난다.

$$= \lim_{t \to 0+} \frac{\sqrt{1+4t}-1}{t} = \lim_{t \to 0+} \frac{(\sqrt{1+4t}-1)(\sqrt{1+4t}+1)}{t(\sqrt{1+4t}+1)}$$

$$= \lim_{t \to 0+} \frac{1+4t-1}{t(\sqrt{1+4t}+1)} = \lim_{t \to 0+} \frac{4}{\sqrt{1+4t}+1} = 2$$

[다른 풀이]

$x^2 = x+t, \ x^2-x-t=0, \ x = \dfrac{1 \pm \sqrt{1+4t}}{2}$

$A\left(\dfrac{1+\sqrt{1+4t}}{2}, \ \dfrac{1+2t+\sqrt{1+4t}}{2}\right)$

$B\left(\dfrac{1-\sqrt{1+4t}}{2}, \ \dfrac{1+2t-\sqrt{1+4t}}{2}\right)$

점 A, C는 y축에 대칭이므로

$C\left(\dfrac{-1-\sqrt{1+4t}}{2}, \ \dfrac{1+2t+\sqrt{1+4t}}{2}\right)$

$H\left(\dfrac{1-\sqrt{1+4t}}{2}, \ \dfrac{1+2t+\sqrt{1+4t}}{2t}\right)$

$\overline{AH} = \dfrac{(1+\sqrt{1+4t})-(1-\sqrt{1+4t})}{2} = \sqrt{1+4t}$

$\overline{CH} = \dfrac{(1-\sqrt{1+4t})-(-1-\sqrt{1+4t})}{2} = 1$

$\therefore \ \lim_{t \to 0+} \dfrac{\overline{AH} - \overline{CH}}{t}$

$= \lim_{t \to 0+} \dfrac{\sqrt{1+4t}-1}{t} = \lim_{t \to 0+} \dfrac{(\sqrt{1+4t}-1)(\sqrt{1+4t}+1)}{t(\sqrt{1+4t}+1)}$

$= \lim_{t \to 0+} \dfrac{1+4t-1}{t(\sqrt{1+4t}+1)} = \lim_{t \to 0+} \dfrac{4}{\sqrt{1+4t}+1} = 2$

111 정답 ①

$\overline{OP}=t, \ \overline{PQ}=\sqrt{t}$ 이므로

$\overline{OQ} = \sqrt{t^2 + (\sqrt{t})^2} = \sqrt{t^2+t} = \overline{OR}$

따라서

$\overline{PR} = \sqrt{\overline{OR}^2 + \overline{OP}^2} = \sqrt{t^2+t+t^2} = \sqrt{2t^2+t}$

이므로

$\lim_{t \to \infty}\left(\dfrac{\overline{PR}}{\sqrt{2}} - \overline{OP}\right)$

$= \lim_{t \to \infty}\left(\sqrt{t^2 + \dfrac{1}{2}t} - t\right)$

$= \lim_{t \to \infty} \dfrac{t^2 + \dfrac{1}{2}t - t^2}{\sqrt{t^2 + \dfrac{1}{2}t} + t}$

$= \lim_{t \to \infty} \dfrac{\dfrac{1}{2}t}{\sqrt{t^2 + \dfrac{1}{2}t} + t} = \dfrac{1}{4}$

112 정답 ③

주어진 조건에서 $0 \le f(x) \le 1$

$f(x)=t$ 라 할 때,

$t^3 - t^2 - x^2 t + x^2 = t^2(t-1) - x^2(t-1) = (t-1)(t^2-x^2),$

$= (t-x)(t+x)(t-1)=0, \ f(x)=\pm x \ \text{or} \ 1$

$y=x, \ y=-x, \ y=1$의 그래프를 그려보면 아래 그림과 같다.

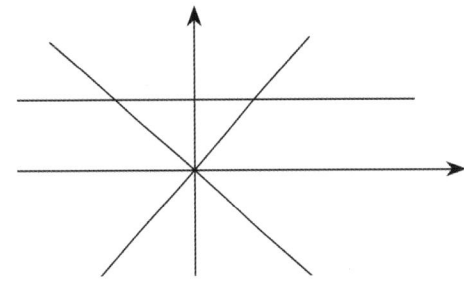

위의 그림에서 $y=1$,과 $y=\pm x$가 일정 구간에서 $f(x)$가 되어 최대, 최소는 1, 0을 만족하고, 연속인 함수가 되어야 한다. 그러므로 $y=f(x)$의 그래프는 아래의 그림과 같다.

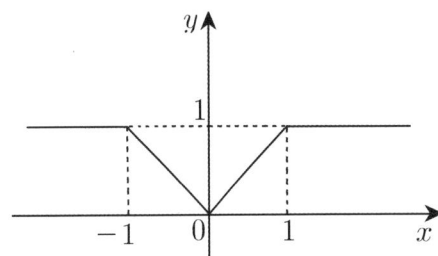

$\therefore \ f\left(-\dfrac{4}{3}\right)=1, \ f(0)=0, \ f\left(\dfrac{1}{2}\right)=\dfrac{1}{2}$

$\therefore \ f\left(-\dfrac{4}{3}\right) + f(0) + f\left(\dfrac{1}{2}\right) = 1+0+\dfrac{1}{2} = \dfrac{3}{2}$

113 정답 ④

[그림 : 배용제T]

$2^{\{f(x)\}^3 + x} - \left(\dfrac{1}{2}\right)^{-x\{f(x)\}^2 - f(x)} = 0$

$2^{\{f(x)\}^3 + x} - 2^{x\{f(x)\}^2 + f(x)} = 0$

$2^{\{f(x)\}^3 + x} = 2^{x\{f(x)\}^2 + f(x)}$

$\{f(x)\}^3 + x = x\{f(x)\}^2 + f(x)$

$\{f(x)\}^3 - x\{f(x)\}^2 - f(x) + x = 0$

$\{f(x)\}^2\{f(x)-x\} - \{f(x)-x\} = 0$

$\{f(x)-x\}\left[\{f(x)\}^2 - 1\right] = 0$

$\{f(x)-x\}\{f(x)+1\}\{f(x)-1\}=0$

$f(x)=x$ 또는 $f(x)=-1$ 또는 $f(x)=1$

함수 $f(x)$가 실수 전체의 집합에서 연속이고 최댓값이 1이고 최솟값이 -1이므로

함수 $f(x)$의 그래프는 다음 그림과 같다.

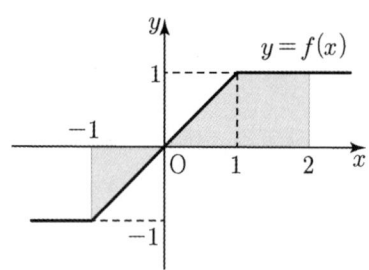

$$f(x)=\begin{cases}-1 \ (x<-1)\\ x \ \ \ (-1 \le x \le 1)\\ 1 \ \ \ (x>1)\end{cases}$$

이다.

따라서 $\displaystyle\int_{-1}^{2} f(x)dx=1$

114 정답 6

$f(1)=-3+a=\displaystyle\lim_{x\to 1+}\frac{x+b}{\sqrt{x+3}-2}$

$=\displaystyle\lim_{x\to 1+}\frac{x-1}{\sqrt{x+3}-2}=\lim_{x\to 1+}\frac{(x-1)(\sqrt{x+3}+2)}{x-1}=4$

따라서 $a=7$이고 $b=-1$이므로

$a+b=6$

115 정답 8

$\displaystyle\lim_{x\to 2-} f(x)=\lim_{x\to 2-}(2x+a)=4+a$

$\displaystyle\lim_{x\to 2+} f(x)=\lim_{x\to 2+}\frac{2x+b}{\sqrt{x+2}-2} \quad\cdots\text{㉠}$

㉠은 $\dfrac{0}{0}$꼴이므로 $4+b=0$

$\therefore \ b=-4$

$\displaystyle\lim_{x\to 2+} f(x)=\lim_{x\to 2+}\frac{2x-4}{\sqrt{x+2}-2}$

$=\displaystyle\lim_{x\to 2+}\frac{2(x-2)(\sqrt{x+2}+2)}{(\sqrt{x+2}-2)(\sqrt{x+2}+2)}$

$=\displaystyle\lim_{x\to 2+}\frac{2(x-2)(\sqrt{x+2}+2)}{(x+2)-4}$

$=\displaystyle\lim_{x\to 2+}2(\sqrt{x+2}+2)$

$=8$

함수 $f(x)$가 $x=2$에서 연속이어야 하므로

$\displaystyle\lim_{x\to 2-} f(x)=\lim_{x\to 2+} f(x)$를 만족해야 한다.

$4+a=8$

$a=4$

$\therefore \ a-b=4-(-4)=8$

116 정답 ③

$f(x)=(x+1)(x^2+ax+b)$이고

$\displaystyle\lim_{x\to -1}\frac{f(x)}{x+1}=2$에서 $1-a+b=2$

$\therefore \ b=a+1$

$f(x)=(x+1)(x^2+ax+a+1)$

$f(1)=2(1+2a+1) \le 12$에서

$\therefore \ a \le 2$

따라서

$f(2)=3\times(4+2a+a+1)=9a+15 \le 33$

117 정답 ①

$f(x)=-(x-1)(x^2+ax+b)$이고

$\displaystyle\lim_{x\to 1}\frac{f(x)}{x-1}=1$에서 $-1-a-b=1$

$\therefore \ b=-a-2$

$f(x)=-(x-1)(x^2+ax-a-2)$

$f(2)=-(4+2a-a-2) \ge -1$에서

$\therefore \ a \le -1$

따라서

$f(-1)=2\times(1-a-a-2)=-4a-2 \ge 2$

118 정답 24

(가)에서 $\dfrac{x}{f(x)}$가 $x=1, x=2$에서 불연속이므로

$f(1)=0, \ f(2)=0$

$f(x)=k(x-1)(x-2)$ 라 하면,

(나) 에서 $f'(2)=4$이므로

$f'(2)=k\times 1=4$

$\therefore k=4$

$\therefore f(x)=4(x-1)(x-2)$

$f(4)=4\times 3\times 2=24$

119 정답 4

(가)에서 $f(x)=(x-1)(x^2+ax+b)$이고

$a^2-4b<0\cdots$㉠이다.

(나)에서

$\displaystyle\lim_{x\to 1}\frac{f(x)}{x-1}=\lim_{x\to 1}\frac{(x-1)(x^2+ax+b)}{x-1}$

$=1+a+b=1$

따라서 $b=-a$이다.

㉠에 대입하면

$a^2+4a<0 \Rightarrow -4<a<0$이다.

$f(2)=4+2a-a=a+4$이므로

$0<f(2)<4$을 만족한다.

따라서 $q=4$, $p=0$이므로 $q-p$의 값은 4이다.

120 정답 ⑤

$\lim_{x \to 0} f(x) = f(0) = \alpha$ 라 하면

$\lim_{x \to 0-} \{f(x) + g(x)\} = 4$

$\lim_{x \to 0+} \{f(x) - g(x)\} = 8$

$2\alpha + (\lim_{x \to 0-} g(x) - \lim_{x \to 0+} g(x)) = 12$

$2\alpha + 6 = 12$, $\alpha = 3$

121 정답 ④

$\lim_{x \to 0} f(x) = f(0) = \alpha$ 라 하면

$\lim_{x \to 0-} \{2f(x) + 2g(x)\} = 2$

$\lim_{x \to 0+} \{f(x) - 2g(x)\} = 9$

$\alpha + 2(\lim_{x \to 0-} g(x) + \lim_{x \to 0+} g(x)) = -7$

$\alpha - 8 = -7$, $\alpha = 1$

122 정답 ④

$\lim_{x \to a} f(x) \neq 0$이면

$\lim_{x \to a} \dfrac{f(x) - (x-a)}{f(x) + (x-a)} = 1 \neq \dfrac{3}{5}$ 이므로

$\lim_{x \to a} f(x) = f(a) = 0$

따라서 $f(x) = (x-a)(x-b)$라 할 수 있다.

$\lim_{x \to a} \dfrac{f(x) - (x-a)}{f(x) + (x-a)}$

$= \lim_{x \to a} \dfrac{(x-a)(x-b-1)}{(x-a)(x-b+1)}$

$= \dfrac{a-b-1}{a-b+1} = \dfrac{3}{5} \Rightarrow 5a - 5b - 5 = 3a - 3b + 3$에서

$a - b = 4$이다.

$f(x) = (x-a)(x-b) = 0$의 두 근이 a, b이므로

$|\alpha - \beta| = |a - b| = 4$

[다른 풀이]

$\lim_{x \to a} f(x) \neq 0$이면

$\lim_{x \to a} \dfrac{f(x) - (x-a)}{f(x) + (x-a)} = 1 \neq \dfrac{3}{5}$ 이므로

$\lim_{x \to a} f(x) = f(a) = 0$

따라서 $a = \alpha$라 하면

$f(x) = (x-\alpha)(x-\beta)$이므로

$\lim_{x \to a} \dfrac{f(x) - (x-a)}{f(x) + (x-a)}$

$= \lim_{x \to \alpha} \dfrac{(x-\alpha)(x-\beta) - (x-\alpha)}{(x-\alpha)(x-\beta) + (x-\alpha)}$

$= \lim_{x \to \alpha} \dfrac{(x-\beta) - 1}{(x-\beta) + 1}$

$= \dfrac{\alpha - \beta - 1}{\alpha - \beta + 1} = \dfrac{3}{5}$

즉, $5(\alpha - \beta) - 5 = 3(\alpha - \beta) + 3$

$2(\alpha - \beta) = 8$이므로

$|\alpha - \beta| = 4$

123 정답 ⑤

$\lim_{x \to a} f(x) \neq 0$이면

$\lim_{x \to a} \dfrac{f(x) - (x^2 - a^2)}{f(x) + (x^2 - a^2)} = \dfrac{1}{2} \neq 1$이므로

$\lim_{x \to a} f(x) = f(a) = 0$

따라서 $f(x) = (x-a)(x-b)$라 할 수 있다.

$\lim_{x \to a} \dfrac{f(x) - (x^2 - a^2)}{f(x) + (x^2 - a^2)}$

$\lim_{x \to a} \dfrac{(x-a)(x-b) - (x-a)(x+a)}{(x-a)(x-b) + (x-a)(x+a)}$

$= \lim_{x \to a} \dfrac{(x-a)(x-b-x-a)}{(x-a)(x-b+x+a)}$

$= -\dfrac{a+b}{3a-b} = \dfrac{1}{2} \to 2a + 2b = -3a + b$에서

$b = -5a$이다.

따라서 $f(x) = (x-a)(x+5a)$

$\lim_{x \to a} \dfrac{f(x)}{x(x-a)} = \lim_{x \to a} \dfrac{(x-a)(x+5a)}{x(x-a)} = \dfrac{6a}{a} = 6$

124 정답 ②

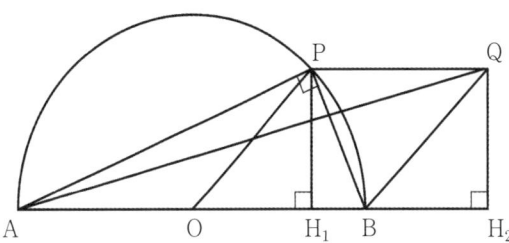

그림과 같이 두 점 P, Q에서 직선 AB에 내린
수선의 발을 각각 H_1, H_2라 하자.

직각삼각형 APB에서 $\overline{AP} = \sqrt{4 - t^2}$이고

직각삼각형 OH_1P에서 $\overline{OH_1}^2 + \overline{PH_1}^2 = 1$이므로

직각삼각형 AH_1P에서

$\overline{AP}^2 = (1 + \overline{OH_1})^2 + \overline{PH_1}^2$, $4 - t^2 = 2 + 2\overline{OH_1}$

따라서 $\overline{OH_1} = 1 - \dfrac{t^2}{2}$

$$\overline{PH_1}=\sqrt{1-\overline{OH_1}^2}=\frac{t}{2}\sqrt{4-t^2}$$

$\overline{BH_2}=\overline{OH_1}$, $\overline{QH_2}=\overline{PH_1}$이므로

직각삼각형 AH_2Q에서

$$\overline{AQ}=\sqrt{\left(2+\overline{BH_2}\right)^2+\overline{QH_2}^2}$$

$$=\sqrt{\left(2+\overline{OH_1}\right)^2+\overline{PH_1}^2}$$

$$=\sqrt{\left\{2+\left(1-\frac{t^2}{2}\right)\right\}^2+\frac{t^2}{4}(4-t^2)}$$

$$=\sqrt{9-2t^2}$$

따라서

$$\lim_{t\to 0+}\frac{3-\overline{AQ}}{t^2}=\lim_{t\to 0+}\frac{3-\sqrt{9-2t^2}}{t^2}$$

$$=\lim_{t\to 0+}\frac{9-(9-2t^2)}{t^2(3+\sqrt{9-2t^2})}$$

$$=\lim_{t\to 0+}\frac{2}{3+\sqrt{9-2t^2}}$$

$$=\frac{1}{3}$$

[다른 풀이]–미적분 선택만 참고

다음 그림과 같이 $\angle POB=\theta$라 하면

삼각형 POB에서 코사인법칙을 적용하면

$\overline{BP}=t$이므로 $t^2=2-2\cos\theta$

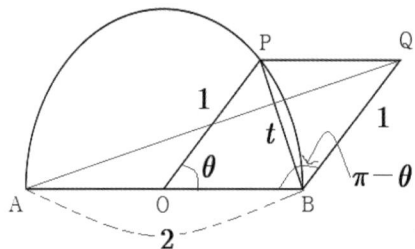

사각형 $POBQ$는 평행사변형이므로

$\overline{QB}=1$, $\angle QOB=\pi-\theta$이다.

따라서 삼각형 ABQ에서 코사인법칙을 적용하면

$$\overline{AQ}^2=2^2+1^2-4\cos(\pi-\theta)$$

$$\therefore \overline{AQ}=\sqrt{5+4\cos\theta}$$

$$\lim_{t\to 0+}\frac{3-\overline{AQ}}{t^2}$$

$$=\lim_{\theta\to 0+}\frac{3-\sqrt{5+4\cos\theta}}{2(1-\cos\theta)}$$

$$=\lim_{\theta\to 0+}\frac{4(1-\cos\theta)}{2(1-\cos\theta)\{3+\sqrt{5+4\cos\theta}\}}$$

$$=\lim_{\theta\to 0+}\frac{2}{\{3+\sqrt{5+4\cos\theta}\}}=\frac{1}{3}$$

125 정답 ③

풀이 – 서영만T

그림과 같이 $\overline{AP}$의 연장선과 $\overline{BQ}$의 연장선의 교점을 R이라

하고 점 Q에서 $\overline{PR}$에 내린 수선의 발을 H라 하자.

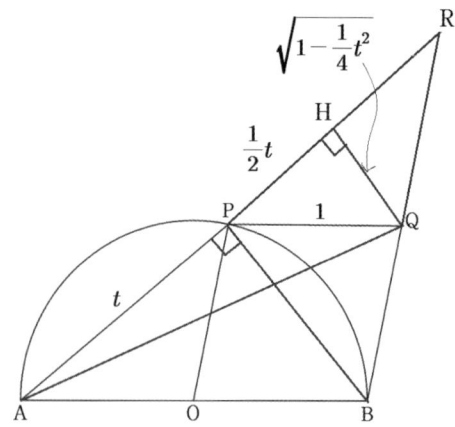

삼각형 BPA와 삼각형 QPH는 닮음비가 $2:1$인 닮은

도형이므로 $\overline{PH}=\frac{1}{2}\overline{AP}=\frac{1}{2}t$이다.

직각삼각형 QPH에서 $\overline{PQ}=1$이므로

$$\overline{QH}=\sqrt{1-\frac{1}{4}t^2}$$

직각삼각형 QHA에서

$$\overline{AQ}=\sqrt{\left(t+\frac{1}{2}t\right)^2+\left(\sqrt{1-\frac{1}{4}t^2}\right)^2}=\sqrt{1+2t^2}$$

따라서

$$\lim_{t\to 2-}\frac{4-t^2}{3-\overline{AQ}}$$

$$=\lim_{t\to 2-}\frac{4-t^2}{3-\sqrt{1+2t^2}}$$

$$=\lim_{t\to 2-}\frac{(4-t^2)\{3+\sqrt{1+2t^2}\}}{8-2t^2}=\frac{6}{2}=3$$

[다른 풀이]– 미적분 선택만 참고

다음 그림과 같이 $\angle AOP=\theta$라 하면

삼각형 APO에서 코사인법칙을 적용하면

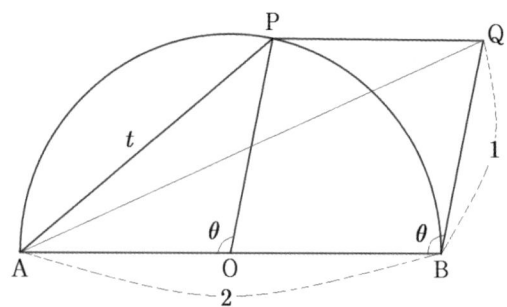

$\overline{AP}=t$이므로 $t^2=2-2\cos\theta$

사각형 $POBQ$는 평행사변형이므로

$\overline{QB}=1$, $\angle QBA=\theta$이다.

따라서 삼각형 ABQ에서 코사인법칙을 적용하면

$$\overline{AQ}^2=2^2+1^2-4\cos\theta$$

$$\therefore \overline{AQ}=\sqrt{5-4\cos\theta}$$

$$\lim_{t \to 2-} \frac{4-t^2}{3-\overline{AQ}}$$

$$= \lim_{\theta \to \pi-} \frac{2+2\cos\theta}{3-\sqrt{5-4\cos\theta}}$$

$$= \lim_{\theta \to \pi-} \frac{2(1+\cos\theta)\{3+\sqrt{5-4\cos\theta}\}}{4(1+\cos\theta)}$$

$$= \lim_{\theta \to \pi-} \frac{3+\sqrt{5-4\cos\theta}}{2} = 3$$

126 정답 ②

함수 $y=\{g(x)\}^2$이 $x=0$에서 연속이므로

$$\lim_{x \to 0-}\{g(x)\}^2 = \lim_{x \to 0+}\{g(x)\}^2 = \{g(0)\}^2$$

이 성립해야 한다.

이때 이차함수 $f(x)$는 연속함수이므로

$$\lim_{x \to 0-}\{g(x)\}^2 = \lim_{x \to 0-}\{f(x+1)\}^2 = \{f(1)\}^2 = a^2,$$

$$\lim_{x \to 0+}\{g(x)\}^2 = \lim_{x \to 0-}\{f(x-1)\}^2 = \{f(-1)\}^2 = (2+a)^2$$

,

$$\{g(0)\}^2 = \{f(1)\}^2 = a^2$$

이므로 $a^2 = (2+a)^2$ 즉, $4a+4=0$이어야 한다.

$$\therefore a = -1$$

127 정답 ①

함수 $y=\{g(x)\}^2$이 $x=0$에서 연속이므로

$\lim\limits_{x \to 0-}\{g(x)\}^2 = \lim\limits_{x \to 0+}\{g(x)\}^2 = \{g(0)\}^2$이 성립해야 한다.

이때 삼차함수 $f(x)$는 연속함수이므로

$$\lim_{x \to 0-}\{g(x)\}^2$$

$$= \lim_{x \to 0-}\{\sqrt{n}f(x+1)\}^2 = \{\sqrt{n}f(1)\}^2 = n(a-1)^2,$$

$$\lim_{x \to 0+}\{g(x)\}^2$$

$$= \lim_{x \to 0-}\left\{\frac{1}{3}f(x-1)\right\}^2 = \left\{\frac{1}{3}f(-1)\right\}^2 = \frac{1}{3^2}(a+1)^2,$$

$$\{g(0)\}^2 = \{\sqrt{n}f(1)\}^2 = n(a-1)^2$$

이므로 $n(a-1)^2 = \dfrac{1}{3^2}(a+1)^2$ 에서

$$n = \left\{\frac{\frac{a+1}{3}}{a-1}\right\}^2$$ 이다.

$$\lim_{a \to \infty}n = \lim_{a \to \infty}\left\{\frac{\frac{a+1}{3}}{a-1}\right\}^2 = \frac{1}{9}$$

128 정답 ④

$x < 2$일 때,

$$f(x) = x^2 - 4x + 6 = (x-2)^2 + 2 > 0$$

$x \geq 2$일 때,

$$f(x) = 1 > 0$$

이므로 함수 $f(x)$는 실수 전체의 집합에서 $f(x) > 0$이다.

그런데, $f(x)$는 $x=2$에서만 연속이 아니므로

함수 $\dfrac{g(x)}{f(x)}$ 가 실수 전체의 집합에서 연속이기 위해서는

$x=2$에서 연속이면 된다.

즉,

$$\lim_{x \to 2-}\frac{g(x)}{f(x)} = \lim_{x \to 2-}\frac{ax+1}{x^2-4x+6} = \frac{2a+1}{2}$$

$$\lim_{x \to 2+}\frac{g(x)}{f(x)} = \lim_{x \to 2+}\frac{ax+1}{1} = 2a+1$$

$$\frac{g(2)}{f(2)} = 2a+1$$

에서 $\dfrac{2a+1}{2} = 2a+1$이므로

$$2a+1 = 4a+2, \quad 2a = -1$$

따라서

$$a = -\frac{1}{2}$$ 이다.

129 정답 ④

$x < k$일 때,

$$f(x) = x^2 - 5x - 6 = (x+1)(x-6)$$이므로

$-1 < k < 6$에서 $f(-1)=0$이다.

따라서

$\lim\limits_{x \to -1}\dfrac{ax+1}{(x+1)(x-6)}$ 의 값이 존재하기 위해서는

$g(-1) = -a+1 = 0$이어야 한다.

$$\therefore a = 1$$

$$f(x) = \begin{cases} x^2 - 5x - 6 & (x < k) \\ -10 & (x \geq k) \end{cases}, \quad g(x) = x+1$$이다.

$$\frac{g(x)}{f(x)} = \begin{cases} \dfrac{x+1}{(x+1)(x-6)} & (x < k) \\ \dfrac{x+1}{-10} & (x \geq k) \end{cases}$$

모든 실수 p에 대하여 $\lim\limits_{x \to p}\dfrac{g(x)}{f(x)}$ 의 값이 존재하기 위해서는

$p=k$일 때만 존재하면 된다.

즉,

$$\lim_{x \to k-}\frac{g(x)}{f(x)} = \lim_{x \to k-}\frac{x+1}{(x+1)(x-6)} = \frac{1}{k-6}$$

$$\lim_{x \to k+}\frac{g(x)}{f(x)} = \lim_{x \to k+}\frac{x+1}{-10} = \frac{k+1}{-10}$$

$$\frac{1}{k-6} = \frac{k+1}{-10}$$

$(k+1)(k-6)=-10$

$k^2-5k-6=-10$

$k^2-5k+4=0$

$(k-1)(k-4)=0$

$k=1$ 또는 $k=4$

따라서 $a+k=2$ 또는 $a+k=5$

그러므로 $a+k$의 최댓값은 5이다.

130 정답 ③

ㄱ. $\lim_{x\to+0}f(x)=1$ (참)

ㄴ. $\lim_{x\to1-0}f(x)=2$, $\lim_{x\to1+0}f(x)=2$

$\therefore \lim_{x\to1}f(x)=2$, $f(1)=1$

$\therefore \lim_{x\to1}f(x)\neq f(1)$ (거짓)

ㄷ. $g(x)=(x-1)f(x)$로 놓으면

$g(1)=(1-1)\cdot f(1)=0$

$\lim_{x\to1}g(x)=\lim_{x\to1}(x-1)f(x)=0$

따라서 $g(x)=(x-1)\cdot f(x)$는 $x=1$에서 연속이다. (참)

131 정답 ⑤

함수 $f(x)$의 그래프는 다음 그림과 같다.

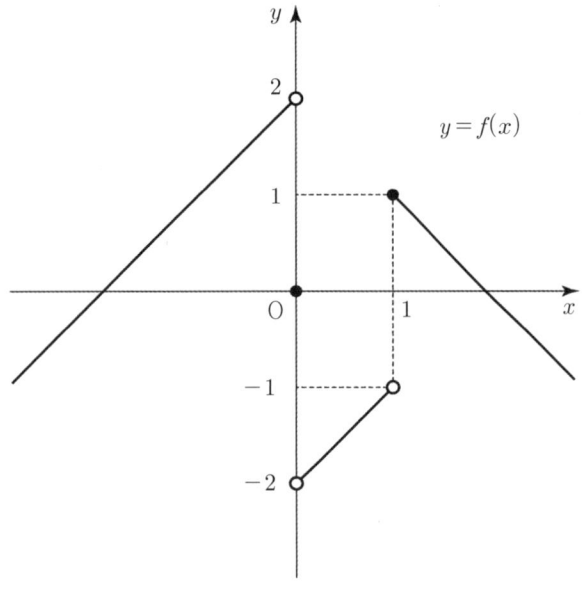

ㄱ. $\lim_{x\to0-}f(x)+\lim_{x\to0+}f(x)=2+(-2)=0$ (참)

ㄴ. $\lim_{x\to1+}f(x)=f(1)=1$ (참)

ㄷ. $g(x)=x(x-1)f(x)$로 놓으면

$g(0)=0$, $\lim_{x\to0}g(x)=\lim_{x\to0}x(x-1)f(x)=0$

으로 함수 $g(x)$는 $x=0$에서 연속이다.

또한 $g(1)=(1-1)\cdot f(1)=0$,

$\lim_{x\to1}g(x)=\lim_{x\to1}(x-1)f(x)=0$으로 함수 $g(x)$는 $x=1$에서

연속이다.

따라서 함수 $g(x)$는 실수 전체의 집합에서 연속이다. (참)

132 정답 ②

ⅰ) $nf(a)\geqq1$ 일 때,

$$\lim_{n\to\infty}\frac{-1}{2n+3}=0\neq1 \text{ 이므로 모순}$$

ⅱ) $nf(a)<1$ 일 때,

$$\lim_{n\to\infty}\frac{-2nf(a)+1}{2n+3}=-f(a)=1 \text{ 에서 } f(a)=-1$$

따라서 $f(a)=-1$ 인 a 는 2 개다.

133 정답 ②

[그림 : 최성훈T]

(i) $tf(a)\geq2$일 때,

$$\lim_{t\to\infty}\frac{-2}{t+1}=0\neq1\text{이므로 모순}$$

(ii) $tf(a)<2$ 일 때,

$$\lim_{t\to\infty}\frac{2-2tf(a)}{t+1}=-2f(a)=1\text{에서 }f(a)=-\frac{1}{2}$$

따라서 $f(0)=f'(0)=0$이고 $f(a)=-\frac{1}{2}$인 a의 개수가 2이기

위해서는 함수 $f(x)$는 극솟값 $-\frac{1}{2}$을 가져야 한다.

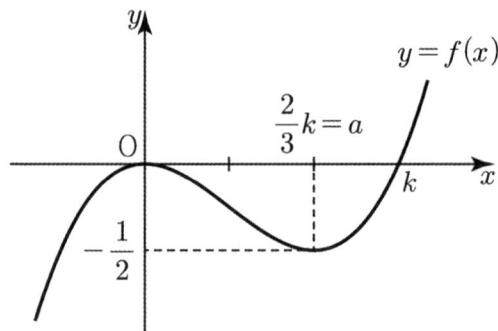

$f(x)=x^2(x-k)$ $(k>0)$라 하면 $f'(x)=3x^2-2kx$

$f'(x)=0$의 해가 $x=0$ 또는 $x=\frac{2}{3}k$이고 최고차항의 계수가

1인 삼차함수 $f(x)$는 $x=0$에서 극댓값 0을 $x=\frac{2}{3}k$에서

극솟값 $-\frac{1}{2}$을 가지므로

$f\left(\frac{2}{3}k\right)=-\frac{1}{2}$이다.

$f\left(\frac{2}{3}k\right)=\frac{4}{9}k^2\times\left(-\frac{1}{3}k\right)=-\frac{4}{27}k^3$

$-\frac{4}{27}k^3=-\frac{1}{2}$

$\therefore k=\frac{3}{2}$

따라서 $f(x)=x^2\left(x-\dfrac{3}{2}\right)$이고 방정식 $f(x)=-\dfrac{1}{2}$의 해는

$a=-\dfrac{1}{2}$, $a=1$이다. [삼차함수 비율관계 이용]

따라서 가능한 a의 값의 합은 $\left(-\dfrac{1}{2}\right)+1=\dfrac{1}{2}$

134 정답 ⑤

$n=1$일 때, $\displaystyle\lim_{x\to 1}\dfrac{f(x)}{g(x)}=0 \cdots$ ㉠

$n=2$일 때, $\displaystyle\lim_{x\to 2}\dfrac{f(x)}{g(x)}=0 \cdots$ ㉡

$n=3$일 때, $\displaystyle\lim_{x\to 3}\dfrac{f(x)}{g(x)}=2 \cdots$ ㉢

$n=4$일 때, $\displaystyle\lim_{x\to 4}\dfrac{f(x)}{g(x)}=6 \cdots$ ㉣

조건 (가)에서 $g(1)=0$이므로 최고차항의 계수가 1인 삼차함수 $g(x)$는 최고차항의 계수가 1인 이차함수 $h(x)$에 대하여 $g(x)=(x-1)h(x)$로 놓을 수 있다.

따라서 ㉠, ㉡에서 $f(x)=(x-1)^2(x-2)$이고

㉢에서 $\dfrac{f(3)}{g(3)}=\dfrac{2}{h(3)}=2$이므로 $h(3)=1 \cdots$ ㉤

㉣에서 $\dfrac{f(4)}{g(4)}=\dfrac{6}{h(4)}=6$이므로 $h(4)=1 \cdots$ ㉥

㉤, ㉥에서 $h(x)=(x-3)(x-4)+1$

$\therefore g(x)=(x-1)\{(x-3)(x-4)+1\}$

따라서 구하는 $g(5)$의 값은 $4\times 3=12$

[다른 풀이]

$n=1$일 때, $\displaystyle\lim_{x\to 1}\dfrac{f(x)}{g(x)}=0 \cdots$ ㉠

$n=2$일 때, $\displaystyle\lim_{x\to 2}\dfrac{f(x)}{g(x)}=0 \cdots$ ㉡

$n=3$일 때, $\displaystyle\lim_{x\to 3}\dfrac{f(x)}{g(x)}=2 \cdots$ ㉢

$n=4$일 때, $\displaystyle\lim_{x\to 4}\dfrac{f(x)}{g(x)}=6 \cdots$ ㉣

조건 (가)에서 $g(1)=0$이므로 최고차항의 계수가 1인 삼차함수 $g(x)$는 $g(x)=(x-1)(x^2+ax+b)$로 놓을 수 있다.

따라서 ㉠, ㉡에서 $f(x)=(x-1)^2(x-2)$이고

㉢에서 $\dfrac{f(3)}{g(3)}=\dfrac{2}{9+3a+b}=2$이므로 $3a+b+8=0 \cdots$ ㉤

㉣에서 $\dfrac{f(4)}{g(4)}=\dfrac{6}{16+4a+b}=6$이므로 $4a+b+15=0 \cdots$ ㉥

㉤, ㉥을 연립하여 풀면 $a=-7$, $b=13$

$\therefore g(x)=(x-1)(x^2-7x+13)$

따라서 구하는 $g(5)$의 값은 $4\times 3=12$

135 정답 ③

$n=2$일 때, $\displaystyle\lim_{x\to 2}\dfrac{f(x)}{g(x)}=$(발산)$\cdots$ ㉠

$n=3$일 때, $\displaystyle\lim_{x\to 3}\dfrac{f(x)}{g(x)}=-1 \cdots$ ㉡

$n=4$일 때, $\displaystyle\lim_{x\to 4}\dfrac{f(x)}{g(x)}=0 \cdots$ ㉢

조건 (가)에서 $g(4)=0$이고, ㉠에서 $f(2)\neq 0$, $g(2)=0$이므로 최고차항의 계수가 1인 삼차함수 $g(x)$는 $g(x)=(x-2)(x-4)(x+a)$로 놓을 수 있다.

㉢에서 $f(x)=(x-4)^2(x+b)$로 놓을 수 있다.

㉡에서 $\dfrac{f(3)}{g(3)}=\dfrac{3+b}{-(3+a)}=-1$이므로 $a=b$

따라서

$g(x)=(x-2)(x-4)(x+a)$, $f(x)=(x-4)^2(x+a)$

$\dfrac{g(5)}{f(5)}=\dfrac{3\times 1\times(5+a)}{1\times(5+a)}=3$

136 정답 ⑤

ㄱ. $x=\pm 1$ 에서 불연속 (참)

ㄴ. $\displaystyle\lim_{x\to 1}(x-1)f(x)=(1-1)f(1)=0$ 이므로

   $x=1$ 에서 연속 (참)

ㄷ. $y=\{f(x)\}^2=x^2$ 이므로 실수 전체에서 연속 (참)

137 정답 ③

ㄱ. 함수 $f(x)$는 $x=\pm\sqrt{2}$ 에서 불연속이다. (참)

ㄴ. $g(x)=(x^2-2)f(x)$ 라 하면

$\displaystyle\lim_{x\to\sqrt{2}}g(x)=\lim_{x\to\sqrt{2}}(x^2-2)f(x)=0$

$g(\sqrt{2})=0$

따라서 함수 $g(x)$는 $x=\sqrt{2}$ 에서 연속이다.

마찬가지로

$\displaystyle\lim_{x\to-\sqrt{2}}g(x)=\lim_{x\to-\sqrt{2}}(x^2-2)f(x)=0$

$g(-\sqrt{2})=0$

따라서 함수 $g(x)$는 $x=-\sqrt{2}$ 에서 연속이다.

함수 $g(x)$가 $x=\sqrt{2}$ 와 $x=-\sqrt{2}$ 에서 연속이므로 함수 $g(x)$는 실수 전체의 집합에서 연속이다. (참)

ㄷ. $\{f(x)\}^2=\begin{cases}(x^2-1)^2 & (|x|\le\sqrt{2}) \\ \dfrac{1}{2}x^2 & (|x|>\sqrt{2})\end{cases}$ 이므로

$h_1(x)=(x^2-1)^2=x^4-2x^2+1$, $h_2(x)=\dfrac{1}{2}x^2$라 하면

$h_1{}'(x)=4x^3-4x$, $h_2{}'(x)=x$이므로

$h_1{}'(\sqrt{2})=4\sqrt{2}$, $h_2{}'(\sqrt{2})=2\sqrt{2}$

따라서 함수 $\{f(x)\}^2$은 $x=\sqrt{2}$ 에서 미분가능하지 않다.

마찬가지로 $x=-\sqrt{2}$ 에서 미분가능하지 않으므로 함수 $\{f(x)\}^2$ 이 미분가능하지 않은 점의 개수는 2이다. (거짓)

함수의 극한
Level 3

138 정답 ④

$\lim\limits_{x \to 3} g(x) = g(3) - 1$ ······ ㉠

이므로 $x = 3$일 때, $f(3)$의 값에 따라 다음 각 경우로 나눌 수 있다.

(i) $f(3) \neq 0$일 때,

$x = 3$에 가까운 x의 값에 대하여 $f(x) \neq 0$이므로

$g(x) = \dfrac{f(x+3)\{f(x)+1\}}{f(x)}$

이때 함수 $f(x)$는 다항함수이므로 $f(x)$, $f(x+3)$, $f(x)+1$은 연속이다.

그러므로 함수 $g(x)$는 $x = 3$에서 연속이다.

즉, $\lim\limits_{x \to 3} g(x) = g(3)$

이 식을 ㉠에 대입하면 만족하지 않는다.

(ii) $f(3) = 0$일 때,

함수 $f(x)$가 삼차함수이므로 방정식 $f(x) = 0$은 많아야 서로 다른 세 실근을 갖는다.

그러므로 $x = 3$에 가까우며 $x \neq 3$인 x의 값에 대하여

$f(x) \neq 0$

이때,

$\lim\limits_{x \to 3} g(x) = \lim\limits_{x \to 3} \dfrac{f(x+3)\{f(x)+1\}}{f(x)}$ ······ ㉡

위에서 $x \to 3$일 때, (분모)→0이므로

(분자)→0에서

$\lim\limits_{x \to 3} f(x+3)\{f(x)+1\} = 0$

$f(6)\{f(3)+1\} = 0$

$f(6) = 0$

그러므로

$f(x) = (x-3)(x-6)(x-k)$ (k는 상수)

이 식을 ㉡에 대입하면

$\lim\limits_{x \to 3} g(x)$

$= \lim\limits_{x \to 3} \dfrac{x(x-3)(x+3-k)\{(x-3)(x-6)(x-k)+1\}}{(x-3)(x-6)(x-k)}$

$= \lim\limits_{x \to 3} \dfrac{x(x+3-k)\{(x-3)(x-6)(x-k)+1\}}{(x-6)(x-k)}$

$= \dfrac{3(6-k)}{-3(3-k)}$

$= \dfrac{6-k}{k-3}$

이 값을 ㉠에 대입하면 $g(3) = 3$이므로

$\dfrac{6-k}{k-3} = 3 - 1$

$6 - k = 2k - 6$

$3k = 12$

$k = 4$

따라서,

$f(x) = (x-3)(x-4)(x-6)$이고 $f(5) \neq 0$이므로

$g(5) = \dfrac{f(8)\{f(5)+1\}}{f(5)}$

$= \dfrac{5 \times 4 \times 2 \times \{2 \times 1 \times (-1) + 1\}}{2 \times 1 \times (-1)}$

$= 20$

139 정답 ②

$\lim\limits_{x \to 2} g(x) \neq g(2)$이므로 함수 $g(x)$는 $x = 2$에서 불연속이다.

따라서 $f(2) = 0$ 또는 $f(0) = 0$이다.

(i) $f(2) = 0$인 경우

$\lim\limits_{x \to 2} \dfrac{f(x)+1}{f(x)f(x-2)}$에서

(분모)→0일 때, (분자)→1이므로 극한값이 존재하지 않으므로 모순이다.

(ii) $f(0) = 0$인 경우

$\lim\limits_{x \to 2} \dfrac{f(x)+1}{f(x)f(x-2)}$에서

(분모)→0일 때, (분자)→0이어야 수렴하므로

$f(2)+1 = 0$에서 $f(2) = -1$이다.

따라서

$f(x) = x(x-2)(x-\alpha) - \dfrac{1}{2}x$라 할 수 있다.

$\lim\limits_{x \to 2} g(x) = g(2) - 1$에서 $g(2) = 3$이므로 $\lim\limits_{x \to 2} g(x) = 2$이다.

$\lim\limits_{x \to 2} \dfrac{f(x)+1}{f(x)f(x-2)}$

$= \lim\limits_{x \to 2} \dfrac{x(x-2)(x-\alpha) - \frac{1}{2}x + 1}{\{x(x-2)(x-\alpha) - \frac{1}{2}x\}\{(x-2)(x-4)(x-2-\alpha) - \frac{1}{2}(x-2)\}}$

$= \lim\limits_{x \to 2} \dfrac{(x-2)\{x(x-\alpha) - \frac{1}{2}\}}{\{x(x-2)(x-\alpha) - \frac{1}{2}x\}\{(x-2)(x-4)(x-2-\alpha) - \frac{1}{2}(x-2)\}}$

$= \lim\limits_{x \to 2} \dfrac{x(x-\alpha) - \frac{1}{2}}{\{x(x-2)(x-\alpha) - \frac{1}{2}x\}\{(x-4)(x-2-\alpha) - \frac{1}{2}\}}$

$= \dfrac{2(2-\alpha) - \frac{1}{2}}{-\{-2(-\alpha) - \frac{1}{2}\}}$

$$= \frac{4-2\alpha-\frac{1}{2}}{-2\alpha+\frac{1}{2}} = 2$$

$$-2\alpha + \frac{7}{2} = -4\alpha + 1$$

$$2\alpha = -\frac{5}{2}$$

에서 $\alpha = -\frac{5}{4}$ 이다.

따라서

$f(x) = x(x-2)\left(x+\frac{5}{4}\right)-\frac{1}{2}x$ 에서

$$f(4) = 4 \times 2 \times \frac{21}{4} - 2$$
$$= 42 - 2 = 40$$

140 정답 ③

$\lim\limits_{x \to 0}\dfrac{f(x)}{x^n}=4$ 에서 $f(x)=x^n g(x)$ 라 하면 $g(0)=4$
이다.

$\lim\limits_{x \to \infty}\dfrac{f(x)-4x^3+3x^2}{x^{n+1}+1}=\lim\limits_{x \to \infty}\dfrac{g(x)x^n-4x^3+3x^2}{x^{n+1}+1}=6$ 에서

(i) $n=1$ 일 때,

$g(x)x = 4x^3 + 3x^2 + ax$ 꼴이고 $g(0)=4$ 이므로 $a=4$

따라서 $f(x) = 4x^3 + 3x^2 + 4x$

$f(1) = 11$

(ii) $n=2$ 일 때,

$g(x)x^2 = 10x^3 + bx^2$ 꼴이고 $g(0)=4$ 이므로 $b=4$

따라서 $f(x) = 10x^3 + 4x^2$

$f(1) = 14$

(iii) $n \ge 3$ 일 때,

$g(x)x^n = 6x^{n+1} + cx^n$ 꼴이고 $g(0)=4$ 이므로 $c=4$

따라서 $f(x) = 6x^{n+1} + 4x^n$

$f(1) = 10$

(i), (ii), (iii)에서 $f(1)$의 최댓값은 14이다.

141 정답 ③

$\lim\limits_{x \to 0}\dfrac{f(x)}{x^n}=6$ 에서 $f(x)=x^n g(x)$ 라 하면 $g(0)=6$ 이다.

$\lim\limits_{x \to \infty}\dfrac{f(x)-3x^4+4x^2}{x^{n+1}-1}=\lim\limits_{x \to \infty}\dfrac{g(x)x^n-3x^4+4x^2}{x^{n+1}-1}=4 \cdots$ ㉠

(i) $n=1$ 일 때, ㉠에서

$g(x)x = 3x^4 + ax$ 꼴이고 $g(0)=6$ 이므로 $a=6$

따라서 $f(x) = 3x^4 + 6x$

$f(-1) = -3$

(ii) $n=2$ 일 때, ㉠에서

$g(x)x^2 = 3x^4 + 4x^3 + bx^2$ 꼴이고 $g(0)=6$ 이므로 $b=6$

따라서 $f(x) = 3x^4 + 4x^3 + 6x^2$

$f(-1) = 5$

(iii) $n=3$ 일 때, ㉠에서

$g(x)x^3 = 7x^4 + cx^3$ 꼴이고 $g(0)=6$ 이므로 $c=6$

따라서 $f(x) = 7x^4 + 6x^3$

$f(-1) = 1$

(iv) $n \ge 4$ 일 때,

$g(x)x^n = 4x^{n+1} + dx^n$ 꼴이고 $g(0)=6$ 이므로 $d=6$

따라서 $f(x) = 4x^{n+1} + 6x^n$

n이 짝수이면 $f(-1)=2$

n이 홀수이면 $f(-1)=-2$

(i), (ii), (iii), (iv) 에서 $f(-1)$의 최댓값은 5이다.

142 정답 ③

주어진 조건에 따라
$g(x) = f(x) + |f(x)|$, $h(x) = f(x) + f(-x)$ 의 그래프를
그리면 아래와 같다.

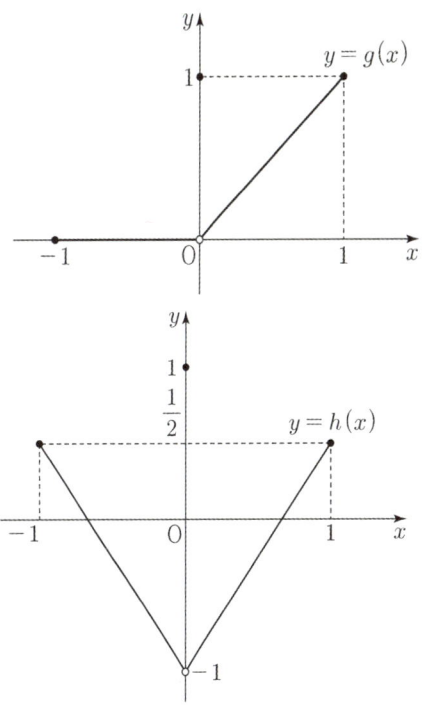

ㄱ. $\lim\limits_{x \to 0-}g(x)=0$, $\lim\limits_{x \to 0+}g(x)=0$ 이므로

$\lim\limits_{x \to 0}g(x)=0$ 이다. (참)

ㄴ. $\lim\limits_{x \to 0-}|h(x)|=|-1|=1$,

$\lim\limits_{x \to 0+}|h(x)|=|-1|=1$, $|h(x)|=1$

이므로 함수 $|h(x)|$는 $x=0$에서 연속이다. (참)

ㄷ. $\lim\limits_{x \to 0}g(x)=0$, $\lim\limits_{x \to 0}|h(x)|=1$ 에서

$\lim\limits_{x \to 0}g(x)|h(x)|=0 \times 1 = 0$

$g(0)|h(0)| = 1 \times 1 = 1$

$\lim\limits_{x \to 0}g(x)|h(x)| \neq g(0)|h(0)|$이므로 함수

$g(x)|h(x)|$는 $x=0$에서 불연속이다. (거짓)

143 정답 ③

함수 $g(x)$와 $h(x)$는 다음 그림과 같다.

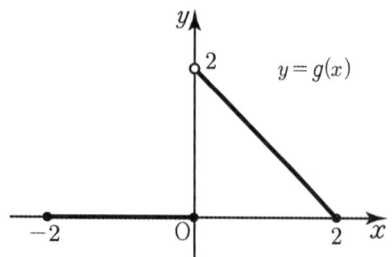

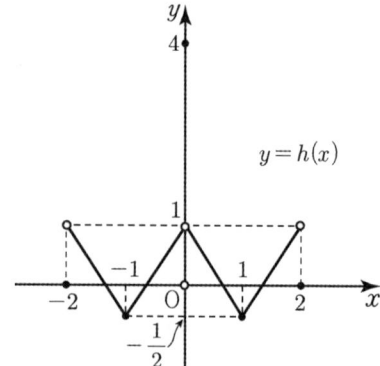

ㄱ. $\lim\limits_{x \to 0+}g(x)=2$, $\lim\limits_{x \to 0-}g(x)=0$이다. (거짓)

ㄴ. $y=h(x)$가 닫힌구간 $[-2,2]$의 $x=-2$, $x=0$,

$x=2$에서 불연속이므로 $|h(x)-1|$도 닫힌구간 $[-2,2]$의

$x=-2$, $x=0$, $x=2$에서 불연속이다. (거짓)

ㄷ. $g(x)$가 $x=0$에서 불연속이고 $|h(x)-1|$는

$x=-2$, $x=2$에서 불연속이다.

따라서 $g(x)|h(x)-1|$는 $x=0$와 $x=-2$, $x=2$에서의

연속성을 따지면 되겠다.

$\lim\limits_{x \to 0-}g(x)=0$, $\lim\limits_{x \to 0-}|h(x)-1|=0$에서

$\lim\limits_{x \to 0-}g(x)|h(x)-1|=0\times 0=0$

$\lim\limits_{x \to 0+}g(x)=2$, $\lim\limits_{x \to 0+}|h(x)-1|=0$에서

$\lim\limits_{x \to 0+}g(x)|h(x)-1|=2\times 0=0$

$g(0)|h(0)-1|=0\times 3=0$

따라서

$\lim\limits_{x \to 0}g(x)|h(x)-1|=g(0)|h(0)-1|$이므로

함수 $g(x)|h(x)-1|$는 $x=0$에서 연속이다.

같은 방법으로 조사하면

$g(2)=g(-2)=0$이므로 $g(x)|h(x)-1|$는

$x=-2$, $x=2$에서 연속이다.

따라서 닫힌구간 $[-2,2]$에서 연속이다. (참)

미분법

Level 1

미분법

유형 1 미분계수의 뜻과 정의

144 정답 28

$\lim\limits_{x\to 2}\dfrac{f(x+1)-8}{x^2-4}=5$ 에서

$x\to 2$일 때 (분모)→0이므로 (분자)→0이어야 한다.

즉, $\lim\limits_{x\to 2}\{f(x+1)-8\}=0$이어야 하므로 $f(3)=8$

$x+1=t$로 놓으면

$\lim\limits_{t\to 3}\dfrac{f(t)-f(3)}{t^2-2t-3}=\lim\limits_{t\to 3}\dfrac{f(t)-f(3)}{t-3}\times\lim\limits_{t\to 3}\dfrac{1}{t+1}$

$=\dfrac{1}{4}f'(3)=5$

$\therefore f'(3)=20$

$\therefore f(3)+f'(3)=28$

145 정답 ①

$\lim\limits_{x\to 1}\dfrac{f(x)-2}{x^2-1}=3$일 때, x가 1에 가까워질 때, 분모가 0에

가까이 가므로, 분자도 0으로 가까이 가고, $f(x)$가

다항함수이므로 $f(1)=2$

$f(x)$가 다항함수라서 미분가능하므로, 도함수의 정의를 이용할

수 있도록 주어진 식을 변형하면,

$\lim\limits_{x\to 1}\left(\dfrac{f(x)-2}{x-1}\right)\left(\dfrac{1}{x+1}\right)=f'(1)\times\dfrac{1}{2}=3$

그러므로 $f'(1)=6$

따라서 구하고자 하는

$\dfrac{f'(1)}{f(1)}=\dfrac{6}{2}=3$이 된다.

146 정답 ④

(분모)→0 이므로 (분자)→0 이어야 한다.

$\therefore f(0)=0$

$\lim\limits_{x\to 2}\dfrac{f(x-2)}{x^2-2x}=\dfrac{1}{2}\lim\limits_{x\to 2}\dfrac{f(x-2)}{x-2}=\dfrac{1}{2}\lim\limits_{t\to 0}\dfrac{f(t)}{t}$

$\qquad\qquad\qquad =\dfrac{1}{2}f'(0)=4$

$\therefore \lim\limits_{x\to 0}\dfrac{f(x)}{x}=f'(0)-8$

147 정답 ③

이차함수 $y=f(x)$의 그래프가 직선 $x=3$에 대하여

대칭이므로

$f(x)=p(x-3)^2+q$ (단, $p\neq 0$)로 놓으면

ㄱ. $f(-1)=f(7)$

$\therefore \dfrac{f(7)-f(-1)}{7-(-1)}=0$ (참)

ㄴ. $f'(x)=2p(x-3)$ 이고

$a+b=6$에서 $b=6-a$이므로

$f'(a)=2p(a-3)$

$f'(b)=f'(6-a)=-2p(a-3)$

$\therefore f'(a)+f'(b)=0$ (참)

ㄷ. ㄴ에 의해

$\displaystyle\sum_{k=1}^{15}f'(k-3)$

$=f'(-2)+f'(-1)+f'(0)+\cdots+f'(12)$

$=f'(-2)+f'(8)+f'(-1)+f'(7)$

$+f'(0)+f'(6)+f'(1)+f'(5)$

$+f'(2)+f'(4)+f'(3)$

$+f'(9)+f'(10)+f'(11)+f'(12)$

$=0+0+0+0+0+0+f'(9)+f'(10)+f'(11)+f'(12)$

$=f'(9)+f'(10)+f'(11)+f'(12)$

$=2p(9-3)+2p(10-3)+2p(11-3)+2p(12-3)$

$=60p\neq 0$ (거짓)

따라서 옳은 것은 ㄱ, ㄴ이다.

148 정답 3

x의 값이 0에서 b까지 변할 때의 평균변화율은

$\dfrac{f(b)-f(0)}{b-0}=\dfrac{b^3-6b^2+ab}{b}=b^2-6b+a$

$x=1$에서의 순간변화율은 $f'(1)$이므로

$f'(x)=3x^2-12x+a$에서 $f'(1)=3-12+a=a-9$이다.

따라서

$b^2-6b+a=a-9$

$(b-3)^2=0$

$b=3$

149 정답 ③

$\lim\limits_{h\to 1}\dfrac{g(h^2+h)-g(2)}{h-1}$

$=\lim\limits_{h\to 1}\dfrac{g(2+h^2+h-2)-g(2)}{(h-1)(h+2)}\times (h+2)$

$=\lim\limits_{h\to 1}\dfrac{g((h-1)(h+2)+2)-g(2)}{(h-1)(h+2)}\times\lim\limits_{h\to 1}(h+2)$

$= g'(2) \times 3 = 9$

따라서 $g'(2) = 3$

$g'(2) = 4 + k = 3$에서 $k = -1$

> **[랑데뷰팁]**
> 로피탈 정리를 사용하면 간편하다.

 유형 2 미분가능과 연속

150 정답 ④

$f(x)$가 실수 전체의 집합에서 미분가능하므로

$x = 1$에서 연속이고 $x = 1$에서 미분계수가 존재한다.

(ⅰ) $x = 1$에서 연속이다.

$\lim\limits_{x \to 1-} (x^3 + ax + b) = 1 + a + b$,

$\lim\limits_{x \to 1+} (bx + 4) = b + 4$, $f(1) = b + 4$이므로

$1 + a + b = b + 4$에서 $a = 3$이다.

(ⅱ) $x = 1$에서 미분계수가 존재한다.

$f'(x) = \begin{cases} 3x^2 + a & (x < 1) \\ b & (x > 1) \end{cases}$ 에서

$\lim\limits_{x \to 1+} f'(x) = 3 + a$, $\lim\limits_{x \to 1-} f'(x) = b$에서

$b = 3 + a$이고 $a = 3$이므로 $b = 6$이다.

따라서 $a + b = 9$이다.

151 정답 ②

함수 $f(x) = \begin{cases} x^3 + ax^2 + bx & (x \geq 1) \\ 2x^2 + 1 & (x < 1) \end{cases}$ 이 모든 실수 x에서

미분가능하려면 $x = 1$에서 연속이어야 하므로

$\lim\limits_{x \to 1+} f(x) = f(1)$

즉, $2 + 1 = 1 + a + b$

$\therefore a + b = 2 \cdots\cdots \unicode{x1F150}$

$x = 1$에서 미분계수가 존재해야 하므로

$f'(x) = \begin{cases} 3x^2 + 2ax + b & (x > 1) \\ 4x & (x < 1) \end{cases}$ 에서

$\lim\limits_{x \to 1-} f'(x) = \lim\limits_{x \to 1+} f'(x)$이어야 한다.

즉, $3 + 2a + b = 4$

$\therefore 2a + b = 1 \cdots\cdots \unicode{x1F151}$

㉠, ㉡을 연립하여 풀면

$a = -1$, $b = 3$

$\therefore ab = -3$

152 정답 ③

$f(x) = \begin{cases} 1 - x & (x < 0) \\ x^2 - 1 & (0 \leq x < 1) \\ \frac{2}{3}(x^3 - 1) & (x \geq 1) \end{cases}$

ㄱ. $\lim\limits_{h \to 0-} \dfrac{f(1+h) - f(1)}{h} = \lim\limits_{h \to 0-} \dfrac{(1+h)^2 - 0}{h} = 2$

$\lim\limits_{h \to 0+} \dfrac{\frac{2}{3}((1+h)^3 - 1) - 0}{h} = 2$

$\therefore f'(1)$은 존재하고 미분가능하다. (참)

ㄴ. $\lim\limits_{h \to 0-} \dfrac{|f(h)| - |f(0)|}{h}$

$= \lim\limits_{h \to 0-} \dfrac{|1 - h| - 1}{h} = -1$

$\lim\limits_{h \to 0+} \dfrac{|f(h)| - |f(0)|}{h} = \lim\limits_{h \to 0+} \dfrac{|h^2 - 1| - |(-1)|}{h} = 0$

$\therefore |f(x)|$는 $x = 0$에서 미분 불가능하다. (거짓)

ㄷ. $\lim\limits_{h \to 0-} \dfrac{h^k f(h)}{h}$

$= \lim\limits_{h \to 0-} \dfrac{h^k (1 - h)}{h}$

$= \lim\limits_{h \to 0-} h^{k-1}(1 - h)$

$\lim\limits_{h \to 0+} \dfrac{h^k f(h)}{h} = \lim\limits_{h \to 0+} h^{k-1}(h^2 - 1)$

$k = 1$이면

$\lim\limits_{h \to 0-} h^{k-1}(1 - h) = 1 \neq -1 = \lim\limits_{h \to 0+} h^{k-1}(h^2 - 1)$

$k = 2$이면

$\lim\limits_{h \to 0-} h^{k-1}(1 - h) = 0 = \lim\limits_{h \to 0+} h^{k-1}(h^2 - 1)$

이므로 미분가능하도록 하는 최소의 자연수 k는 2이다. (참)

따라서 옳은 것은 ㄱ, ㄷ이다.

153 정답 ⑤

ㄱ. $\lim\limits_{h \to 0} \dfrac{f(1+h) - f(1)}{h} = f'(1) = 0$이므로

$f(x)$는 $x = 1$에서 미분가능이고 연속이다.

$\therefore \lim\limits_{x \to 1} f(x) = f(1)$ (참)

ㄴ. $\lim\limits_{h \to 0} \dfrac{f(1+h) - f(1)}{h} = 0$이면

$\lim\limits_{h \to 0} \dfrac{f(1-h) - f(1)}{-h} = 0$이다.

$\lim\limits_{h \to 0} \dfrac{f(1+h) - f(1-h)}{2h}$

$= \lim\limits_{h \to 0} \left(\dfrac{f(1+h) - f(1)}{2h} + \dfrac{f(1-h) - f(1)}{-2h} \right) = 0$ (참)

ㄷ. $f(x) = |x - 1|$일 때

$$\lim_{h \to 0} \frac{f(1+h) - f(1-h)}{2h} = \lim_{h \to 0} \frac{|h| - |-h|}{2h} = 0 \quad (\text{참})$$

따라서 ㄱ, ㄴ, ㄷ 모두 옳다.

154 정답 ③

주어진 함수 $f(x)$가 $x=1$에서 연속이므로

$1 + a = b + 1 + 1 \cdots$ ㉠

또한 $f'(x) = \begin{cases} 3x^2 + a & (x < 1) \\ 2bx + 1 & (x > 1) \end{cases}$ 는

$x=1$에서 미분가능해야 하므로

$3 + a = 2b + 1 \cdots$ ㉡

㉠, ㉡에서 두 식을 연립하면 $a = 4$, $b = 3$

따라서 $a + b = 7$

155 정답 2

함수 $f(x)$는 $x=1$에서 미분가능하므로 $x=1$에서 연속이다.

$$\lim_{x \to 1-} f(x) = \lim_{x \to 1+} f(x) = f(1)$$

즉, $a + 1 = 1 + a$

또한, $f(x) = \begin{cases} ax^2 + 1 & (x < 1) \\ x^4 + a & (x \geq 1) \end{cases}$ 에서

미분계수 $f'(1)$이 존재해야 하므로

$$\lim_{x \to 1-} \frac{f(x) - f(1)}{x - 1} = \lim_{x \to 1-} \frac{ax^2 + 1 - (a+1)}{x - 1}$$

$$= \lim_{x \to 1-} \frac{a(x+1)(x-1)}{x-1} = \lim_{x \to 1-} a(x+1) = 2a$$

$$\lim_{x \to 1+} \frac{f(x) - f(1)}{x - 1} = \lim_{x \to 1+} \frac{x^4 + a - (1+a)}{x - 1}$$

$$= \lim_{x \to 1+} \frac{(x^2+1)(x+1)(x-1)}{x-1} = \lim_{x \to 1+} \{(x^2+1)(x+1)\} = 4$$

이므로 $2a = 4$, $a = 2$

156 정답 ⑤

$f(x)$가 실수전체의 집합에서 미분가능하므로

$x = -2$에서 미분가능하다.

$$\lim_{x \to -2-} f(x) = \lim_{x \to -2+} f(x) = f(-2)$$

$\therefore 2a - b = 8 \qquad \cdots$ ㉠

$$\lim_{x \to -2-} \frac{f(x) - f(-2)}{x + 2} = -4 + a$$

$$\lim_{x \to -2+} \frac{f(x) - f(-2)}{x + 2} = 2$$

$f(x)$는 $x = -2$에서 미분가능이므로

$-4 + a = 2$

$\therefore a = 6$

㉠에 의하여

$\therefore b = 4$

$\therefore a + b = 10$

157 정답 ②

$f(x) = |x - 1|(x + a)$

$= \begin{cases} (x-1)(x+a) & (x \geq 1) \\ -(x-1)(x+a) & (x < 1) \end{cases}$

에서 $f'(x) = \begin{cases} 2x + a - 1 & (x > 1) \\ -2x - a + 1 & (x < 1) \end{cases} \qquad \cdots$ ㉠

$\lim_{x \to 1+} f(x) = 0 = \lim_{x \to 1-} f(x)$ 이므로 $f(x)$가 $x=1$에서

연속이다.

$f(x)$가 $x=1$에서 미분가능하려면 ㉠에서 미분계수가

존재해야 하므로 $\lim_{x \to 1+} f'(x) = \lim_{x \to 1-} f'(x)$에서

$$\lim_{x \to 1+} (2x + a - 1) = \lim_{x \to 1-} (-2x - a + 1)$$

$\therefore 1 + a = -1 - a \quad \therefore a = -1$

158 정답 ④

함수 $f(x)$가 $x=1$에서 미분가능하려면 $x=1$에서

연속이어야 하므로

$$\lim_{x \to 1-} f(x) = f(1)$$

$1 + b = a + 1$

$\therefore b = a \cdots$ ㉠

$f'(x) = \begin{cases} 3ax^2 + 2x & (x > 1) \\ 4x^3 & (x < 1) \end{cases}$ 에서 $x=1$에서의 미분계수가

존재하려면

$$\lim_{x \to 1-} \frac{f(x) - f(1)}{x - 1} = \lim_{x \to 1+} \frac{f(x) - f(1)}{x - 1}$$

$\therefore 4 = 3a + 2 \cdots$ ㉡

㉠, ㉡에서 $a = b = \dfrac{2}{3}$

$\therefore ab = \dfrac{4}{9}$

159 정답 ②

$f(x) = \begin{cases} a(x-1)^2 + 1 & (x < -1) \\ bx^4 - x - 2 & (x \geq -1) \end{cases}$ 에서

함수 $f(x)$가 모든 실수에서 미분가능하므로

$x = -1$에서 연속이다.

따라서 $4a + 1 = b + 1 - 2$

$4a - b = -2 \cdots$ ㉠

$f'(x) = \begin{cases} 2a(x-1) & (x < -1) \\ 4bx^3 - 1 & (x > -1) \end{cases}$

이때, $\lim_{x \to -1-} f'(x) = \lim_{x \to -1+} f'(x)$ 이어야 하므로

$-4a = -4b - 1$

$-4a + 4b = -1 \cdots$ ㉡

㉠, ㉡에서

$a = -\dfrac{3}{4}$, $b = -1$이다.

$a + b = -\dfrac{7}{4}$

160 정답 ③

분모→0 이므로 분자→0이어야 한다.

$\lim\limits_{x \to -3} \{f(x-k) - f(k-3)\} = 0$ 이고 함수 $f(x)$가

연속함수이므로 $f(-3-k) = f(k-3)$이다.

바꿔서 대입하면 $\lim\limits_{x \to -3} \dfrac{f(x-k) - f(-3-k)}{x+3} = 2$이다. 분자에

있는 항 두 개의 모양이 같으므로 치환을 해보자.

$g(x) = f(x-k)$라고 두면

$\lim\limits_{x \to -3} \dfrac{g(x) - g(-3)}{x-(-3)} = 2$ 이고 이는 $g'(-3)$을 의미한다.

한편 $g(x)$는 $f(x)$를 x축으로 k만큼 평행 이동한 함수이므로 $x = -3$에서의 미분계수가 2이기 위해서는 $k < 0$을 만족해야 한다. 따라서 정수 k의 최댓값은 -1이다. 참고로 $k = 0$에서는 미분 불가능이기 때문에 생각할 필요가 없다.

유형 3 도함수와 미분법

161 정답 ④

$f(x) = (x^2+1)(3x^2-x)$에서

$f'(x) = 2x \times (3x^2-x) + (x^2+1) \times (6x-1)$

따라서 $f'(1) = 2 \times 2 + 2 \times 5 = 14$

162 정답 ①

$g(x) = (x^3+1)f(x)$이므로

$g'(x) = 3x^2 f(x) + (x^3+1)f'(x)$

이때 $f(1) = 2$, $f'(1) = 3$이므로

$g'(1) = 3f(1) \times 2f'(1)$

$= 3 \times 2 + 2 \times 3 = 12$

163 정답 5

$f(x) = (x^2+1)(x^2+ax+3)$에서

$f'(x) = 2x(x^2+ax+3) + (x^2+1)(2x+a)$이므로

$f'(1) = 2(a+4) + 2(a+2)$

$= 4a + 12 = 32$

따라서 $a = 5$

164 정답 8

$f'(x) = (x^2+3) + (x+1)(2x)$이므로

$f'(1) = 4 + 2 \times 2 = 8$

165 정답 ③

$g(x) = x^2 f(x)$에서

$g'(x) = 2xf(x) + x^2 f'(x)$

이때 $f(2) = 1$, $f'(2) = 3$이므로

$g'(2) = 4f(2) + 4f'(2) = 4 \times 1 + 4 \times 3 = 16$

166 정답 11

$\dfrac{\Delta y}{\Delta x} = \dfrac{f(4) - f(0)}{4-0} = \dfrac{4^3 - 6 \cdot 4^2 + 5 \cdot 4}{4}$

$\qquad = -\dfrac{12}{4} = -3$

$f'(x) = 3x^2 - 12x + 5$이고

$f'(a) = 3a^2 - 12a + 5$이므로

x의 값이 0에서 4까지 변할 때의 평균 변화율과

$f'(a)$의 값이 같다고 하였으므로 $3a^2 - 12a + 5 = -3$이다.

$3a^2 - 12a + 8 = 0$에서

$a = \dfrac{6 \pm \sqrt{36-24}}{3} = 2 \pm \dfrac{2\sqrt{3}}{3}$이므로 두 실수 a값은 모두

$0 < a < 4$이다.

따라서 근과 계수와의 관계에 의하여 두 근의 곱은 $\dfrac{8}{3}$이다.

$\therefore \quad \dfrac{q}{p} = \dfrac{8}{3}$

$\therefore \quad p + q = 3 + 8 = 11$

167 정답 ③

$g(x) = (x^2+3)f(x)$의 양변을 미분하면

$g'(x) = 2xf(x) + (x^2+3)f'(x)$이므로

$\therefore \ g'(1) = 2f(1) + 4f'(1) = 2 \times 2 + 4 \times 1 = 8$

168 정답 ①

$\lim\limits_{x \to 3} \dfrac{f(x)-2}{x-3} = 1$ 에서 $x \to 3$이면 분모→0이므로

$\lim\limits_{x \to 3} \{f(x)-2\} = 0$이고 다항함수이므로

$f(3) = 2 \cdots ㉠$

$\lim\limits_{x \to 3} \dfrac{f(x)-f(3)}{x-3} = 1$ 에서 $f'(3) = 1 \cdots ㉡$

마찬가지로 $g(3) = 1$, $g'(3) = 2 \cdots ㉢$

$y' = f'(x)g(x) + f(x)g'(x) \cdots ㉣$

$y'_{x=3}=f'(3)g(3)+f(3)g'(3)$이므로

㉠, ㉡, ㉢을 ㉣에 대입하면 $y'_{x=3}=5$

169 정답 24

$f(0)=1,g(0)=4$ 이므로

$$\lim_{x\to 0}\frac{f(x)g(x)-4}{x}=\lim_{x\to 0}\frac{f(x)g(x)-f(0)g(0)}{x}$$

$h(x)=f(x)g(x)$로 놓으면

$$(주어진\ 식)=\lim_{x\to 0}\frac{h(x)-h(0)}{x}=h'(0)$$
$$=f'(0)g(0)+f(0)g'(0)$$
$$=-24+g'(0)=0$$

$\therefore g'(0)=24$

170 정답 12

$\lim_{x\to 2}\dfrac{f(x)}{(x-2)^2}=3$에서 $\lim_{x\to 2}(x-2)^2=0$ 이므로

$\lim_{x\to 2}f(x)=0$

$\therefore f(x)=(x-2)^2(ax+b)$ (단, a, b 는 상수)

$$\therefore \lim_{x\to 2}\frac{f(x)}{(x-2)^2}=\lim_{x\to 2}\frac{(x-2)^2(ax+b)}{(x-2)^2}$$
$$=\lim_{x\to 2}(ax+b)$$
$$=2a+b=3\ \cdots\ ㉠$$

$f(3)=5$에서

$f(3)=(3-2)^2(3a+b)=5$

$\therefore 3a+b=5\ \cdots\ ㉡$

㉠, ㉡을 연립하여 풀면 $a=2$, $b=-1$

따라서 $f(x)=(x-2)^2(2x-1)$이므로

$f'(x)=2(x-2)(2x-1)+(x-2)^2\cdot 2$
$\qquad =2(x-2)(3x-3)$

$\therefore f'(3)=2(3-2)(3\cdot 3-3)=12$

171 정답 ⑤

수열 $\{a_n\}$이 등차수열일 필요충분조건은 a_n이 n에 대한 일차 이하의 다항식이다.

따라서 등차수열 $\{x_n\}$의 일반항은 $x_n=pn+q$ (p, q는 실수)로 놓을 수 있다.

ㄱ. $f'(x)=2ax+b$이므로

$f'(x_n)=2ax_n+b=2apn+2aq+b$

이때, $2ap$와 $2aq+b$는 실수이므로 $f'(x_n)$은 n에 대한 일차 이하의 다항식이다.

따라서 수열 $\{f'(x_n)\}$은 등차수열이다. (참)

ㄴ. $f(x_{n+1})-f(x_n)$

$=(ax_{n+1}^2+bx_{n+1}+c)-(ax_n^2+bx_n+c)$

$=a\{p(n+1)+q\}^2+b\{p(n+1)+q\}$
$\quad +c-a(pn+q)^2-b(pn+q)-c$

$=$ (n 에 대한 일차 이하의 다항식)

따라서 수열 $\{f(x_{n+1})-f(x_n)\}$은 등차수열이다. (참)

ㄷ. ㄱ, ㄴ에서 수열 $\{x_n\}$이 등차수열일 때 수열 $\{f(x_{n+1})-f(x_n)\}$이 등차수열이다.

이 때, 네 실수 $0, 2, 4, 6$ 은 이 순서대로 등차수열을 이루므로 세 실수

$f(2)-f(0),\ f(4)-f(2),\ f(6)-f(4)$ 도 이 순서대로 등차수열을 이룬다. 따라서 $f(6)=\alpha$라 하면

$5-3,\ 9-5,\ \alpha-9$ 즉, $2,\ 4,\ \alpha-9$는 이 순서대로 등차수열을 이루므로 $2\times 4=2+(\alpha-9)$에서 $\alpha=15$

$\therefore f(6)=15$ (참)

이상에서 옳은 것은 ㄱ, ㄴ, ㄷ이다.

172 정답 24

$f'(x)=4x^3+8x$이므로

$$\lim_{h\to 0}\frac{f(1+2h)-f(1)}{h}=\lim_{h\to 0}\frac{f(1+2h)-f(1)}{2h}\cdot 2$$
$$=2f'(1)=24$$

173 정답 25

[풀이 : 유승희T]

$\dfrac{1}{x}=t$로 치환하면 $t\to 0+$이고

$$\lim_{x\to\infty}x\left\{f\left(1+\frac{3}{x}\right)-f\left(1-\frac{2}{x}\right)\right\}$$
$$=\lim_{t\to 0+}\frac{f(1+3t)-f(1-2t)}{t}$$
$$=\lim_{t\to 0+}\left\{\frac{f(1+3t)-f(1)+f(1)-f(1-2t)}{t}\right\}$$
$$=\lim_{t\to 0+}\left\{3\times\frac{f(1+3t)-f(1)}{3t}+2\times\frac{f(1-2t)-f(1)}{-2t}\right\}$$
$$=3f'(1)+2f'(1)=5f'(1)=25$$

174 정답 14

$$f'(2)=\lim_{h\to 0}\frac{f(2+h)-f(2)}{h}=\lim_{h\to 0}\frac{h^3+6h^2+14h}{h}$$
$$=\lim_{h\to 0}(h^2+6h+14)=14$$

175 정답 14

$f(1)=5$, $f'(1)=9$ 이고 $g'(x)=f(x)+xf'(x)$ 이므로

$\therefore g'(1)=f(1)+f'(1)=5+9=14$

176 정답 ④

y축 대칭이므로 $f(x) = f(-x)$이다.

양변을 미분하면 $f'(x) = -f'(-x)$

$\therefore f'(-2) = -3, \quad f'(4) = 6$

준식) $\lim\limits_{x \to -2} \dfrac{x-(-2)}{f(x)-f(-2)} \times \dfrac{f(x^2)-f(4)}{x-(-2)}$

$= \lim\limits_{x \to -2} \dfrac{\dfrac{f(x^2)-f(4)}{x^2-4}}{\dfrac{f(x)-f(-2)}{x-(-2)}} \times (x-2)$

$= \dfrac{f'(4)}{f'(-2)} \times (-4) = 8$

177 정답 10

극한값 $\lim\limits_{x \to -1} \dfrac{2x^{10}+x^9+a}{x+1}$ 가 존재하고

(분모)$\to 0$이므로 (분자)$\to 0$이어야 한다.

곧, $\lim\limits_{x \to -1}(2x^{10}+x^9+a) = 0$ 이어야 한다.

$2-1+a = 0 \qquad \therefore a = -1$

$f(x) = 2x^{10}+x^9-1$ 로 놓으면 $f(-1) = 0$ 이므로

$\lim\limits_{x \to -1} \dfrac{2x^{10}+x^9+a}{x+1} = \lim\limits_{x \to -1} \dfrac{f(x)-f(-1)}{x-(-1)} = f'(-1)$

그런데 $f'(x) = 20x^9 + 9x^8$ 이므로

$b = f'(-1) = -20+9 = -11$

$\therefore a-b = -1-(-11) = 10$

178 정답 14

함수 $f(x)$가 실수 전체의 집합에서 연속이므로

$x = a$ 에서도 연속이다.

$\lim\limits_{x \to a-} f(x) = a^2 + 2a$

$\lim\limits_{x \to a+} f(x) = a^2 + 3a - 6$

$f(a) = a^2 + 3a - 6$ 에서

$\lim\limits_{x \to a-} f(x) = \lim\limits_{x \to a+} f(x) = f(a)$이어야 하므로

$a^2 + 2a = a^2 + 3a - 6 \quad \therefore a = 6$

따라서 $f(x) = \begin{cases} x^2 + 2x & (x < 6) \\ x^2 + 3x - 6 & (x \geq 6) \end{cases}$ 이므로

$f'(x) = \begin{cases} 2x+2 & (x < 6) \\ 2x+3 & (x > 6) \end{cases}$

$\lim\limits_{x \to a-} f'(x) = \lim\limits_{x \to 6-}(2x+2) = 14$

179 정답 3

$f(x) = (x-1)(x-2)(x^2-a^2)$에서

$f'(x) = (x-2)(x^2-a^2) + (x-1)(x^2-a^2) + 2x(x-1)(x-2)$

$f'(a) = 2a(a-1)(a-2)$

$f'(1) = (1-2)(1-a^2) = a^2 - 1$

$f'(2) = (2-1)(2^2-a^2) = -a^2 + 4$

$f'(a) = af'(1) + af'(2)$이므로 $2a^3 - 6a^2 + 4a = 3a$에서

$2a^3 - 6a^2 + a = 0 \cdots \ominus$

$a(2a^2 - 6a + 1) = 0$

$a = 0$ 또는 $2a^2 - 6a + 1 = 0$

이차방정식 $2a^2 - 6a + 1 = 0$은 서로 다른 두 실근을 가지므로

$\ominus$의 삼차방정식의 근과 계수의 관계에서 모든 실수 a의 값의

합은 3이다.

180 정답 ①

$f'(x) = 3x^2$에서 $f'(a) = 3a^2$

$[a, 2]$에서의 평균변화율은

$\dfrac{a^3 - 8}{a - 2} = \dfrac{(a-2)(a^2+2a+4)}{a-2} = a^2 + 2a + 4$

$3a^2 = a^2 + 2a + 4, \quad 2a^2 - 2a - 4 = 0$

$a^2 - a - 2 = 0$

$(a+1)(a-2) = 0$

$\therefore a = -1$ 또는 $a = 2$

따라서 $a < 2$이므로 $a = -1$이다.

181 정답 ②

조건 (나)에서 $\lim\limits_{x \to 1} \dfrac{f(x)+5}{x-1} = 4$이고,

$x \to 1$일 때 (분모)$\to 0$이므로

(분자)$\to 0$이어야 한다.

즉, $\lim\limits_{x \to 1}\{f(x)+5\} = 0$에서

$f(1) + 5 = 0$

$\therefore f(1) = -5$

따라서

$\lim\limits_{x \to 1} \dfrac{f(x)+5}{x-1} = \lim\limits_{x \to 1} \dfrac{f(x)-f(1)}{x-1} = f'(1) = 4$

$f'(-1) = \lim\limits_{h \to 0} \dfrac{f(-1+h)-f(-1)}{h}$

$= \lim\limits_{h \to 0} \dfrac{-f(1-h)+f(1)}{h} (\because \text{ 조건(가)})$

$= \lim\limits_{h \to 0} \dfrac{f(1-h)-f(1)}{-h}$

$= f'(1) = 4$

$\therefore f(1) + f'(-1) = -5 + 4 = -1$

182 정답 4

$x \to 1$ 일 때, (분모) $\to 0$ 이므로 (분자) $\to 0$ 이어야 한다. 즉,

$\lim_{x\to 1}\{f(x)-2\}=f(1)-2=0$ 이므로

$f(1)=2$이다.

$\therefore \lim_{x\to 1}\dfrac{f(x)-2}{x-1}=\lim_{x\to 1}\dfrac{f(x)-f(1)}{x-1}=f'(1)=3$

$g(x)=(x^2-3x)f(x)$ 에서 양변을 미분하면

$g'(x)=(2x-3)f(x)+(x^2-3x)f'(x)$

$\therefore g'(1)=(-1)\times f(1)+(-2)\times f'(1)=-2+6=4$

183 정답 2

$f(1)=0$이므로

$\lim_{h\to 0}\dfrac{f(1-h)+f(1+h^2)}{h}$

$=\lim_{h\to 0}\dfrac{f(1-h)-f(1)}{h}+\lim_{h\to 0}\dfrac{f(1+h^2)-f(1)}{h}$

$=-\lim_{h\to 0}\dfrac{f(1-h)-f(1)}{-h}+\lim_{h\to 0}\dfrac{f(1+h^2)-f(1)}{h^2}\times h$

$=-f'(1)+f'(1)\times 0=-f'(1)$

그런데, $f'(x)=3x^2-6x+1$ 이므로

(주어진 식)$=-f'(1)=-(3-6+1)=2$

[다른 풀이] -장세완T

$f'(x)=3x^2-6x+1$

$\lim_{h\to 0}\left\{\dfrac{f(1-h)-f(1+h^2)}{(1-h)-(1+h^2)}\times\dfrac{(1-h)-(1+h^2)}{h}\right\}$

$\lim_{h\to 0}\left\{\dfrac{f(1-h)-f(1+h^2)}{(1-h)-(1+h^2)}\times\dfrac{-h(h+1)}{h}\right\}$

$\lim_{h\to 0}\left[\dfrac{f(1-h)-f(1+h^2)}{(1-h)-(1+h^2)}\times\{-(h+1)\}\right]$

$=-f'(1)$ ($\because f(x)$가 $x=1$에서 미분가능)

$=-(3-6+1)=2$

184 정답 2

$\lim_{h\to 0}\dfrac{1}{h}\{f(1+ah)-f(1-h)\}$

$=\lim_{h\to 0}\left\{\dfrac{f(1+ah)-f(1)}{h}-\dfrac{f(1-h)-f(1)}{h}\right\}$

$=\lim_{h\to 0}\left\{\dfrac{f(1+ah)-f(1)}{ah}\times a-\dfrac{f(1-h)-f(1)}{-h}\times(-1)\right\}$

$=af'(1)+f'(1)=18$

한편 $f(x)=x^3+x^2+x$에서

$f'(x)=3x^2+2x+1$이므로 $f'(1)=6$

따라서 $(a+1)f'(1)=18$에서 $a+1=3$

$\therefore a=2$

185 정답 ①

$f(x)-x=2(x-1)f'(x)$의 양변에 $x=1$를 대입하면

$f(1)-1=0$ $\therefore f(1)=1$

$x\ne 1$일 때, $f'(x)=\dfrac{f(x)-x}{2(x-1)}$이므로

$\therefore f'(1)=\lim_{x\to 1}f'(x)$

$\qquad =\lim_{x\to 1}\dfrac{f(x)-x}{2(x-1)}$

$\qquad =\dfrac{1}{2}\lim_{x\to 1}\dfrac{f(x)-1+1-x}{x-1}$

$\qquad =\dfrac{1}{2}\lim_{x\to 1}\dfrac{f(x)-f(1)}{x-1}-\dfrac{1}{2}$

$\qquad =\dfrac{1}{2}f'(1)-\dfrac{1}{2}$

$\therefore f'(1)=-1$

186 정답 1

$f(x)$의 최고차항을 ax^n 이라 하면 $f'(x)$의 최고차항은 nax^{n-1} 이므로 주어진 항등식의 양변의 n 차항의 계수를 비교하면 $2a-na=0$ 에서

$n=2$ $(\because a\ne 0)$

즉, $f(0)=1$이므로 $f(x)=ax^2+bx+1$이라 하고 주어진 항등식에 대입하면

$2(ax^2+bx+1)-(x-1)(2ax+b)-3=0$

$2ax^2+2bx+2-2ax^2-bx+2ax+b-3=0$

$(2a+b)x+(b-1)=0$

위 식은 항등식이므로

$2a+b=0$, $b-1=0$

$\therefore a=-\dfrac{1}{2}$, $b=1$

$\therefore f(x)=-\dfrac{1}{2}x^2+x+1$

그러므로 $f(2)=1$

187 정답 9

조건 (가)에서 $x\to 1$일 때 (분모)$\to 0$이고 극한값이 존재하므로

$\lim_{x\to 1}\{f(x)-2\}=f(1)-2=0$

즉, $f(1)=2$

$\lim_{x\to 1}\dfrac{f(x)-2}{x^2-x}=\lim_{x\to 1}\left\{\dfrac{f(x)-f(1)}{x-1}\times\dfrac{1}{x}\right\}$

$\qquad\qquad =f'(1)\times 1=3$

즉, $f'(1)=3$

조건 (나)에서 $h\to 0$일 때 (분자)$\to 0$이고 0이 아닌 극한값이 존재하므로

$\lim_{h\to 0}\{g(1+h)-1\}=g(1)-1=0$

즉, $g(1)=1$

$$\lim_{h \to 0} \frac{h}{g(1+h)-1} = \lim_{h \to 0} \frac{1}{\dfrac{g(1+h)-g(1)}{h}}$$

$$= \frac{1}{\lim_{h \to 0} \dfrac{g(1+h)-g(1)}{h}}$$

$$= \frac{1}{g'(1)} = \frac{1}{3}$$

즉, $g'(1)=3$

$h(x)=f(x)g(x)$ 에서

$h'(x)=f'(x)g(x)+f(x)g'(x)$ 이므로

$h'(1)=f'(1)g(1)+f(1)g'(1)$

$\quad = 3 \times 1 + 2 \times 3 = 9$

188 정답 1

함수 $f(x)=x^2+ax+b\,(a,\,b$는 상수$)$라 하자.

함수 $g(x)$ 가 $x=-1$에서 연속이므로

$$\lim_{x \to -1} g(x) = g(-1)$$

$$\lim_{x \to -1} g(x) = \lim_{x \to -1} \frac{f(x)-f(-1)}{x+1} = f'(-1)$$

이때, $f'(x)=2x+a$ 이므로 $f'(-1)=a-2$ 이고

$g(-1)=f(-1)=-a+b+1$ 이므로

$-a+b+1=a-2$ 에서 $2a-b=3$

$\therefore \ f(-2)=4-2a+b=4-3=1$

 유형 4 접선의 방정식

189 정답 ④

$y=x^3-x+2$ 에서

$y'=3x^2-1$

이때 곡선 $y=x^3-x+2$ 위의 점 $(t,\,t^3-t+2)$에서의 접선의 방정식은

$y-(t^3-t+2)=(3t^2-1)(x-t)$

이 직선이 점 $(0,\,4)$를 지나므로

$4-(t^3-t+2)=(3t^2-1)(0-t)$

정리하면 $t^3=-1$이므로

$t=-1$

따라서 점 $(0,\,4)$에서 곡선 $y=x^3-x+2$에 그은 접선의 방정식은

$y-2=2(x+1),\ y=2x+4$

그러므로 직선 $y=2x+4$의 x절편은 -2이다.

190 정답 ①

$y=x^3-4x+5$을 미분하면

$$y'=3x^2-4$$

이므로 곡선 $y=x^3-4x+5$ 위의 점 $(1,\,2)$에서의 접선의 방정식은

$$y=-(x-1)+2=-x+3$$

이다. 이 접선이 곡선 $y=x^4+3x+a$ 에 $x=t$에서 접한다고 하면

$$t^4+3t+a=-t+3 \quad \cdots \ ①$$

$$4t^3+3=-1 \qquad\qquad\qquad \cdots \ ②$$

이고, 식 ②에서 $t=-1$이므로 이를 식 ①에 대입하면

$$\therefore \ a=6$$

191 정답 ①

곡선 $y=x^3-3x^2+2x+2$의 도함수는

$y'=3x^2-6x+2$

점 $A(0,\,2)$에서의 접선의 기울기는 $y'_{x=0}=2$이므로 수직인 직선의 기울기는 $-\dfrac{1}{2}$이다.

따라서 기울기가 $-\dfrac{1}{2}$이고 점 $A(0,\,2)$를 지나는 직선의 방정식은 $y=-\dfrac{1}{2}(x-0)+2$, 즉 $y=-\dfrac{1}{2}x+2$이다.

따라서 구하는 직선의 x절편은 $y=0$을 대입하면 $x=4$이다.

192 정답 10

$f(x)=x^3-6x^2+6$이라 할 때,

$f'(x)=3x^2-12x$이므로 $f'(1)=3-12=-9$

곡선 위의 점 $(1,\,1)$을 지나는 접선의 방정식은

$y=-9x+10$이다.

$(0,\,10)$을 지나므로 $a=10$이다.

193 정답 13

$y'=3x^2-2x$ 에서

$x=1$ 일 때, $y'=1$

기울기 1이고 접점 $(1,\,a)$에서의 접선의 방정식은

$y=x-1+a$

따라서 접선 $y=x-1+a$ 위의 점 $(0,\,12)$이므로

$12=0-1+a$

$\therefore \ a=13$

194 정답 ②

$y'=3x^2$이므로 접점의 좌표를 $A(\alpha,\,\alpha^3-2)$라 하면 점

A에서의 접선의 방정식은

$y - \alpha^3 + 2 = 3\alpha^2(x - \alpha)$

$\therefore y = 3\alpha^2 x - 2\alpha^3 - 2$

이 접선이 점 $(0, -4)$를 지나야 하므로

$-4 = -2\alpha^3 - 2$

$\therefore \alpha = 1$

따라서 접선의 방정식은 $y = 3x - 4$이므로 x절편은 $a = \dfrac{4}{3}$

195 정답 2

$y' = 3x^2 - a$이므로 점 $(1, 1)$에서의 접선의 기울기는 $3 - a$이다. 따라서 이 접선과 수직인 직선의 기울기가 $-\dfrac{1}{2}$이므로

$(3 - a) \times \left(-\dfrac{1}{2}\right) = -1,\ 3 - a = 2$

즉, $a = 1$이다.

또한, 점 $(1, 1)$은 곡선 $y = x^3 - x + b$위의 점이므로

$1 = 1^3 - 1 + b$

$b = 1$

따라서 $a + b = 2$이다.

196 정답 21

$f(x) = x^3 + 2x + 7 \cdots (가)$

점 $P(-1, 4)$에서 접선의 방정식을 l이라 하면

$f'(x) = 3x^2 + 2$

$l : y = f'(-1)(x+1) + 4 = 5x + 9$

곡선과 접선의 교점을 구하려면

$x^3 + 2x + 7 = 5x + 9$이며 이항하여 $x^3 - 3x - 2 = 0$

$(x+1)^2(x-2) = 0$

$\therefore a = 2, b = 19$이므로 구하는 값인 $a + b = 21$

197 정답 ⑤

$g'(x) = f(x)$ 이므로 $g'(2) = f(2) = 1$

따라서 구하고자 하는 접선의 방정식은 $y = x - 5$

이 접선의 x절편은 5이다.

198 정답 20

$y' = 3x^2$이므로 점 $P(t, t^3)$ 에서의 접선의 방정식은

$y = 3t^2(x - t) + t^3$

즉, $3t^2 x - y - 2t^3 = 0 \cdots \bigcirc$

직선 $\bigcirc$과 원점 사이의 거리 $f(t)$는

$f(t) = \dfrac{|-2t^3|}{\sqrt{(3t^2)^2 + (-1)^2}}$

$\therefore \displaystyle\lim_{t \to \infty} \dfrac{f(t)}{t} = \lim_{t \to \infty} \dfrac{2t^3}{t\sqrt{9t^4 + 1}} = \dfrac{2}{3}$

$\therefore 30\alpha = 20$

199 정답 ②

$y'_{x=-2} = 2(-2) = -4$ 이므로

접선의 방정식은 $y = -4(x + 2) + 4$

$\therefore y = -4x - 4 \qquad \cdots \bigcirc$

직선 $\bigcirc$과 삼차함수 $y = x^2 + ax - 2$의 교점의 x좌표를 t라 하고 하면

$t^3 + at - 2 = -4t - 4 \qquad \cdots \bigcirc\!\!\!\!\bigcirc$

$3t^2 + a = -4 \qquad \cdots \bigcirc\!\!\!\!\bigcirc\!\!\!\!\bigcirc$

을 만족해야 한다.

$\bigcirc\!\!\!\!\bigcirc$과 $\bigcirc\!\!\!\!\bigcirc\!\!\!\!\bigcirc$을 연립하면

$t^3 + (-3t^2)t + 2 = 0 \quad (\because a + 4 = -3t^2)$

$\therefore t^3 = 1 \qquad\qquad \therefore t = 1$

$\therefore a = -3 - 4 = -7$

200 정답 20

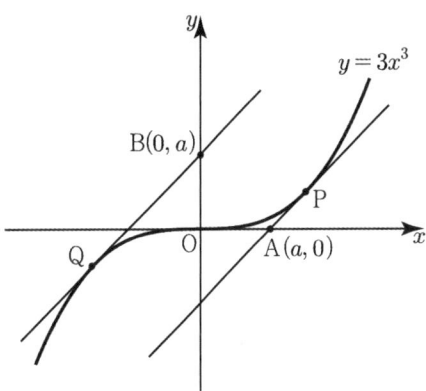

$y = 3x^3$은 기함수이므로 같은 기울기를 가지는 접점 P, Q는 원점 대칭이므로 $P(t, 3t^3)$이면

$Q(-t, -3t^3)$이다.

점 P에서의 접선의 방정식은

$y = 9t^2(x - t) + 3t^3 = 9t^2 x - 6t^3 \qquad \cdots \bigcirc$

$\bigcirc$이 점 $A(a, 0)$을 지나므로

$0 = 9t^2 a - 6t^3 \qquad \cdots \bigcirc\!\!\!\!\bigcirc$

점 Q에서의 접선의 방정식은

$y = 9t^2(x + t) - 3t^3 = 9t^2 x + 6t^3 \qquad \cdots \bigcirc\!\!\!\!\bigcirc$

$\bigcirc\!\!\!\!\bigcirc$이 점 $B(0, a)$를 지나므로 $a = 6t^3 \qquad \cdots$ ㉣

$\bigcirc\!\!\!\!\bigcirc$, ㉣에서 $9t^2 = 1 \quad \therefore t = \dfrac{1}{3}$

$a = 6 \times \dfrac{1}{27} = \dfrac{2}{9} \quad \therefore 90a = 90 \times \dfrac{2}{9} = 20$

201 정답 ①

$y = x^2 + 2$에서 $y' = 2x$이므로 점 $(a,\ a^2+2)$에서의 접선의
방정식은

$y - a^2 - 2 = 2a(x-a),\ y = 2ax - a^2 + 2$ … ㉠

또한, 원 $x^2 + y^2 - 2y = 0$, 즉

$x^2 + (y-1)^2 = 1$의 중심의 좌표는 $(0,\ 1)$이다.

따라서 직선 ㉠이 점 $(0,\ 1)$를 지날 때 이 원의 넓이를
이등분하므로 $1 = -a^2 + 2$

$\therefore\ a = 1\ (a > 0)$

202 정답 6

다항함수 $y = f(x)$의 그래프 위의 점 $(0,\ 2)$에서의 접선의
기울기가 2이므로 $f(0) = 2$이고 $f'(0) = 2$

따라서

$\displaystyle\lim_{h\to 0}\frac{f(3h)-2}{h}$

$\displaystyle =\lim_{h\to 0}\frac{f(3h)-f(0)}{h}$

$\displaystyle =3\times\lim_{h\to 0}\frac{f(3h)-f(0)}{3h}$

$= 3f'(0) = 3\times 2 = 6$

203 정답 23

주어진 조건에서 $f(1) = 2,\ f'(1) = 3$이다.

$y = f(x)\{f(x) + x\}$에서

$a = f(1)\{f(1)+1\} = 2\times(2+1) = 6$

$\therefore\ a = 6$

또, $y' = f'(x)\{f(x)+x\} + f(x)\{f'(x)+1\}$이므로

$b = f'(1)\{f(1)+1\} + f(1)\{f'(1)+1\}$

$\ \ = 3\times(2+1) + 2\times(3+1) = 9+8 = 17$

$\therefore\ a+b = 6+17 = 23$

204 정답 ②

$y = x^3 - 2x^2$에서 $y' = 3x^2 - 4x$이므로 점 $(2, 0)$에서의
접선의 기울기는 $3\cdot 2^2 - 4\cdot 2 = 4$이다.

따라서 접선의 방정식은 $y - 0 = 4(x-2)$,

즉 $y = 4x - 8$이므로 이 직선의 x절편과 y절편은 각각 2과
-8이다. 따라서 구하는 도형의 넓이는

$\dfrac{1}{2}\times 2\times |-8| = 8$

205 정답 ②

$f(x) = x^3 - 2x^2 + x$에서 $f'(x) = 3x^2 - 4x + 1$이므로
점 $(0,\ 0)$에서의 접선의 기울기는 1이다.

이때 $f'(x) = 3x^2 - 4x + 1 = 1$에서 $3x\left(x - \dfrac{4}{3}\right) = 0$

$\therefore\ x = 0$ 또는 $x = \dfrac{4}{3}$

따라서 구하는 접선의 x좌표는 $\dfrac{4}{3}$이다.

206 정답 12

$y = \dfrac{1}{3}x^3 + x^2 + 1$에서 $y' = x^2 + 2x = x(x+2)$

$y' = 0$에서 $x = 0$ 또는 $x = -2$이므로 구하는 두 직선은 각각
점 $(0,\ 1)$와 점 $\left(-2,\ \dfrac{7}{3}\right)$를 지나고 기울기가 0인 직선이다.

따라서 두 직선의 y절편은 각각 $\dfrac{7}{3}$, 1이므로

$m = \dfrac{7}{3} - 1 = \dfrac{4}{3}$

$\therefore\ 9m = 12$

 유형 5 **함수의 증가와 감소**

207 정답 ③

실수 전체의 집합에서 미분가능하므로 $f(x)$는 연속함수이다.
$1 < x < 5$인 모든 실수 x에 대하여 $f'(x) \geq 5$이므로 $f(x)$는
증가함수다.

$1 < x < 5$인 모든 실수 x에 대하여 기울기의 최솟값을 5라
했을 때

x가 4만큼 증가할 때, y는 20만큼 증가한다.

따라서 $f(5)$의 최솟값은 $20+3 = 23$이다.

208 정답 6

함수 $f(x)$가 실수 전체의 집합에서 증가하기 위해서는 모든
실수 x에 대하여 $f'(x) \geq 0$을 만족해야 한다.

$f'(x) = 3x^2 + 2ax - (a^2 - 8a) \geq 0$

$\dfrac{D}{4} = a^2 + 3(a^2 - 8a) \leq 0$

$4a^2 - 24a \leq 0$

$4a(a-6) \leq 0$

$0 \leq a \leq 6$

$\therefore$ 실수 a의 최댓값은 6

209 정답 13

$f'(x) = 3x^2 - 2(a+2)x + a$이므로 점 $(t,\ f(t))$에서의 접선의

방정식은
$$y - \{t^3 - (a+2)t^2 + at\} = \{3t^2 - 2(a+2)t + a\}(x-t)$$
$x = 0$일 때 $y = g(t)$이므로
$$g(t) - \{t^3 - (a+2)t^2 + at\} = \{3t^2 - 2(a+2)t + a\}(-t)$$
$$\therefore \ g(t) = -2t^3 + (a+2)t^2$$
$g'(t) = -6t^2 + 2(a+2)t$이므로
이차함수 $g'(t)$가
$0 < t < 5$에서 $g'(t) > 0$이려면
$g'(0) \geq 0$, $g'(5) \geq 0$이어야 한다.
$g'(0) = 0$이고,
$g'(5) = -150 + 10(a+2) \geq 0$이므로
$$a \geq 13$$
따라서 구하는 a의 최솟값은 13이다.

210 정답 ①

삼차함수 $f(x)$의 역함수가 존재할 필요충분조건은 이차방정식
$$f'(x) = x^2 - 2ax + 3a = 0$$
이 서로 다른 두 실근을 갖지 않는 것이다.
따라서 판별식을 D라 하면
$$\frac{D}{4} = a^2 - 3a \leq 0$$
이므로 $0 \leq a \leq 3$이다.
따라서 상수 a의 최댓값은 3이다.

211 정답 13

$f(x) = x^3 + nx^2 + 4nx + 1$가 실수 전체의 집합에서
증가하려면 모든 실수 x에 대하여
$$f'(x) = 3x^2 + 2nx + 4n \geq 0$$이어야 한다.
$3x^2 + 2nx + 4n = 0$의 판별식을 D라 하면
$$\frac{D}{4} = n^2 - 12n \leq 0$$
$$n(n-12) \leq 0$$
$$\therefore \ 0 \leq n \leq 12$$
따라서 구하는 정수 n의 개수는 13이다.

212 정답 ②

$f(3)$에서 최댓값을 가지기 위해서는 $-1 < x < 3$에서 함수
$f(x)$가 가장 기울기가 큰 상태로 감소해야 한다.
즉, $f(3)$의 최댓값을 m이라 할 때,
두 점 $(-1, 4)$, $(3, m)$을 지나는 직선의 기울기가 -2일 때,
$$\frac{m-4}{3-(-1)} = \frac{m-4}{4} = -2$$
그러므로 $f(3)$의 최댓값은 -4이다.

 유형 6 함수의 극대와 극소

213 정답 41

$f(x) = 2x^3 - 3ax^2 - 12a^2 x$에서
$$f'(x) = 6x^2 - 6ax - 12a^2$$
$$= 6(x+a)(x-2a)$$
$f'(x) = 0$에서 $x = -a$ 또는 $x = 2a$
$a > 0$이므로 함수 $f(x)$의 증가와 감소를 표로 나타내면 다음과
같다.

x	$\cdots$	$-a$	$\cdots$	$2a$	$\cdots$
$f'(x)$	$+$	0	$-$	0	$+$
$f(x)$	↗	극대	↘	극소	↗

함수 $f(x)$는 $x = -a$에서 극댓값을 갖고
$x = 2a$에서 극솟값을 갖는다.
함수 $f(x)$의 극댓값이 $\frac{7}{27}$이고
$$f(-a) = -2a^3 - 3a^3 + 12a^3 = 7a^3$$
이므로
$7a^3 = \frac{7}{27}$에서 $a^3 = \frac{1}{27}$
$a > 0$이므로 $a = \frac{1}{3}$
따라서 $f(x) = 2x^3 - x^2 - \frac{4}{3}x$이므로
$$f(3) = 54 - 9 - 4 = 41$$

214 정답 4

[검토자 : 백상민T]
함수 $f(x) = x^3 + ax^2 - 9x + b$가 $x = 1$에서 극소이므로
$$f'(1) = 0$$
$$f'(x) = 3x^2 + 2ax - 9$$
이므로
$f'(1) = 3 + 2a - 9 = 0$에서
$$a = 3$$
한편, $f'(x) = 0$에서
$$3x^2 + 6x - 9 = 0, \ 3(x+3)(x-1) = 0$$
$$x = -3 \ 또는 \ x = 1$$
함수 $f(x)$의 증가와 감소를 표로 나타내면 다음과 같다.

x	$\cdots$	-3	$\cdots$	1	$\cdots$
$f'(x)$	$+$	0	$-$	0	$+$
$f(x)$	↗	극대	↘	극소	↗

함수 $f(x)$는 $x = -3$에서 극대이고 극댓값이 28이다.
$$f(-3) = (-3)^3 + 3 \times (-3)^2 - 9 \times (-3) + b$$
$$= 27 + b$$

이므로
27+b=28에서
b=1
따라서 a+b=3+1=4

215 정답 ⑤

함수 $f(x)$를 미분하면
$$f'(x)=x^2-4x-12$$
$$=(x-6)(x+2)$$

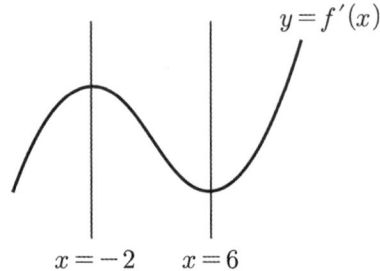

$\alpha=-2$, $\beta=6$
$\beta-\alpha=8$

216 정답 6

함수 $f(x)$가 $x=1$에서 극솟값 -2를 가지므로
$f(1)=-2$에서
$a+b+a=-2$
$2a+b=-2$ ...... ㉠
또, $f'(x)=3ax^2+b$이고 $f'(1)=0$이어야 하므로
$3a+b=0$ ...... ㉡
㉠과 ㉡을 연립하면
$a=2$, $b=-6$
그러므로
$f(x)=2x^3-6x+2$이고
$f'(x)=6x^2-6x=6(x+1)(x-1)$
이때 $f'(x)=0$에서
$x=-1$ 또는 $x=1$
함수 $f(x)$의 증가와 감소를 표로 나타내면 다음과 같다.

x	$\cdots$	-1	$\cdots$	1	$\cdots$
$f'(x)$	$+$	0	$-$	0	$+$
$f(x)$	↗	6	↘	-2	↗

따라서 함수 $f(x)$는 $x=-1$에서 극댓값 6을 갖는다.

217 정답 ③

$f(x)=x^3+ax^2+bx+1$에서
$f'(x)=3x^2+2ax+b$

이고, 함수 $f(x)$는 $x=-1$에서 극대,
$x=3$에서 극소이므로
$$3x^2+2ax+b=3(x+1)(x-3)$$
$$=3x^2-6x-9$$
따라서 $a=-3$, $b=-9$이고
$f(x)=x^3-3x^2-9x+1$
이므로 함수 $f(x)$의 극댓값은
$$f(-1)=-1+3+9+1$$
$$=6$$

218 정답 ②

$f(x)=2x^3-9x^2+ax+5$에서
$f'(x)=6x^2-18x+a$
함수 $f(x)$가 $x=1$에서 극대이므로
$f'(1)=6-18+a=0$
$a=12$
이때
$f'(x)=6x^2-18x+12=6(x-1)(x-2)$
$f'(x)=0$에서 $x=1$ 또는 $x=2$
함수 $f(x)$의 증가와 감소를 표로 나타내면 다음과 같다.

x	$\cdots$	1	$\cdots$	2	$\cdots$
$f'(x)$	$+$	0	$-$	0	$+$
$f(x)$	↗	극대	↘	극소	↗

함수 $f(x)$는 $x=2$에서 극소이므로 $b=2$
$\therefore a+b=12+2=14$

219 정답 ⑤

함수 $f(x)=x^3-3x^2+k$이므로
$f'(x)=3x^2-6x=3x(x-2)$이다.
함수 $f(x)$의 증감표는 다음과 같다.

x	$\cdots$	0	$\cdots$	2	$\cdots$
$f'(x)$	$+$	0	$-$	0	$+$
$f(x)$	↗	k	↘	$k-4$	↗

이때 함수 $f(x)$는 $x=0$에서 극댓값 $f(0)=k$를 가지므로
$k=9$이다.
따라서 함수 $f(x)$는 $x=2$에서 극솟값
$f(2)=k-4=5$를 갖는다.

220 정답 2

$x=1$에서 극소이므로
$f'(x)=4x^3+2ax$이고
$x=1$을 대입하면 $f'(1)=4+2a=0$, $a=-2$
또, $a=-2$를 대입하면

$f'(x)=4x^3-4x=4x(x-1)(x+1)=0$

이므로 $x=0$에서 극댓값을 갖는다.

따라서, $f(0)=b=4$이다.

$\therefore\ a+b=-2+4=2$

221 정답 ③

$f(x)=2x^3+3x^2-12x+1$를 미분하면

$f'(x)=6x^2+6x-12=6(x+2)(x-1)$

$f'(x)=0$을 만족하는 x의 값은 $x=-2$ 또는 $x=1$

함수 $f(x)$의 증감표는 다음과 같다.

x	$\cdots$	-2	$\cdots$	1	$\cdots$
$f'(x)$	$+$	0	$-$	0	$+$
$f(x)$	$\nearrow$	21	$\searrow$	-6	$\nearrow$

함수 $f(x)$는 $x=-2$에서 극댓값 $M=21$, $x=1$에서 극솟값 $m=-6$을 가진다.

따라서 $M+m=21+(-6)=15$

222 정답 11

$f'(x)=3x^2-3=3(x+1)(x-1)$이므로

x	$\cdots$	-1	$\cdots$	1	$\cdots$
$f'(x)$	$+$	0	$-$	0	$+$
$f(x)$	$\nearrow$	극대	$\searrow$	극소	$\nearrow$

$x=1$에서 극솟값을 가지므로 $a=1$

$f(1)=1^3-3\times1+12=10$

$\therefore\ a+f(a)=1+10=11$

223 정답 ①

$f(x)=-\dfrac{1}{3}x^3+2x^2+mx+1$에서

$f'(x)=-x^2+4x+m$

$f'(3)=-9+12+m=0$

$m=-3$이다.

224 정답 ①

$f'(x)=-4x^3+16a^2x$

$=-4x(x^2-4a^2)$

$=-4x(x+2a)(x-2a)$

이므로 함수의 증감을 조사하면

$x=2a$, $x=-2a$에서 극댓값을 갖는다.

즉, $b+(2-2b)=2a+(-2a)=0$이므로

$b=2$

또, $b(2-2b)=2a\times(-2a)$이므로

$-4=-4a^2$

$a>0$이므로 $a=1$

따라서 $a+b=1+2=3$

225 정답 ②

$f(x)=x^3-ax+6$ 이므로 $f'(x)=3x^2-a$ 이다.

$f(x)$ 가 $x=1$ 에서 극소이므로 $f'(1)=0$이다.

따라서 $3-a=0$, $a=3$

226 정답 ⑤

$f(x)=x^3-3x+a$에서

$f'(x)=3x^2-3=3(x+1)(x-1)$

$f'(x)=0$에서 $x=-1$ 또는 $x=1$

함수 $f(x)$ 는 $x=-1$에서 극대, $x=1$ 에서 극소이다.

이때, 함수 $f(x)$의 극댓값이 7이므로

$f(-1)=-1+3+a=7$

따라서 $a=5$

227 정답 32

$f(x)=ax^3+bx^2+cx+d$ (a, b, c, d는 정수)

에서 기함수 조건($\because$ (가)) 때문에 $b=d=0$

따라서 $f(x)=ax^3+cx$이다.

(나)에서 $f(1)=a+c=5$ $\cdots$ $\bigcirc$

또한 (다)에서

$1<3a+c<7$

$\bigcirc$에서 $c=5-a$로 두면

$1<3a+5-a<7$

$-2<a<1$

$\therefore$ 정수 a는 -1과 0인데 삼차함수이므로 $a=-1$

또한, $c=6$

$\therefore\ f(x)=-x^3+6x$

미분하면

$f'(x)=-3x^2+6=0$

$x=\sqrt{2}$에서 극댓값을 가지므로

$m^2=\{f(\sqrt{2})\}^2=(4\sqrt{2})^2=32$

228 정답 ④

$y=x^3-3ax^2+4a$이므로

$y'=3x^2-6ax=3x(x-2a)=0$이라면

y는 $x=0$에서 극댓값, $x=2a$에서 극솟값을 갖는다.

($\because\ a>0$)

그런데 $x=0$일 때, $f(0)=4a>0$이므로 그래프의 개형은 그림과 같다.

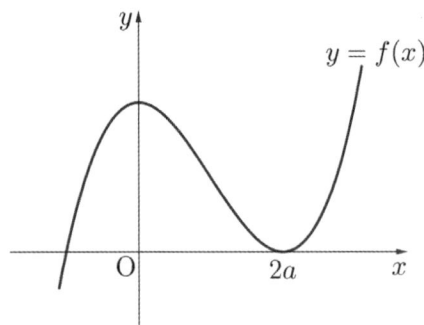

따라서 주어진 삼차함수는 $x = 2a$ 에서 x 축에 접한다.

$\therefore\ f(2a) = 8a^3 - 12a^3 + 4a = 0$ 에서 $a = 1$

229 정답 ⑤

ㄱ. [반례] $f(x) = -x^2$ (거짓)

$x = 0$에서 $y = |f(x)|$가 극솟값을 갖는다.

ㄴ. $f(|x|) = \begin{cases} f(-x)\ (x < 0) \\ f(x)\quad (x \geq 0) \end{cases}$

$f'(|x|) = \begin{cases} -f'(-x)\ (x < 0) \\ f'(x)\quad (x > 0) \end{cases}$

$x = -h$일 때, $= -f'(-(-h)) = -f'(h) > 0$

$x = h$ 일 때, $f'(h) < 0$

따라서 $x = 0$에서 극대 (참)

ㄷ. $g(x) = f(x) - x^2|x|$ 라고 하면

$g(x) = \begin{cases} f(x) + x^3\ (x < 0) \\ f(x) - x^3\ (x \geq 0) \end{cases}$

$g'(x) = \begin{cases} f'(x) + 3x^2\ (x < 0) \\ f'(x) - 3x^2\ (x > 0) \end{cases}$

$g'(-h) = f'(-h) + 3h^2 > 0$

$g'(h) = f'(h) - 3h^2 < 0$

따라서 $x = 0$에서 극대 (참)

230 정답 14

$f'(x) = 2(x-1)(x-4) + (x-1)^2$
$= (x-1)\{2(x-4) + (x-1)\}$
$= (x-1)(3x-9)$
$= 3(x-1)(x-3)$

따라서 $x = 3$ 에서 극솟값 $f(3) = (3-1)^2(3-4) + a$ 를 가지는데 조건에서 극솟값이 10 이므로

$(3-1)^2(3-4) + a = 10 \qquad \therefore\ a = 14$

231 정답 ①

$f(x) = x^3 - 3x^2 + a$에서

$f'(x) = 3x^2 - 6x = 3x(x-2)$

이므로 $f'(x) = 0$에서 $x = 0$ 또는 $x = 2$

따라서 모든 극값의 곱이 -4이므로

$f(0) \times f(2) = a(a-4) = -4$

$a^2 - 4a + 4 = 0$, $(a-2)^2 = 0$

$\therefore\ a = 2$

232 정답 ②

삼차함수 $y = f(x)$ 는

원점에 대하여 대칭이므로 $f(x) = ax^3 + bx$ 라 할 수 있다.

$x = 1$에서 극값을 가지므로 $f'(x) = 3ax^2 + b$에서

$\quad f'(1) = 3a + b = 0$

$\quad \therefore\ b = -3a$

따라서 $f(x) = ax^3 - 3ax$이므로

x축과의 교점은 $ax^3 - 3ax = 0$에서

$x = 0$ 또는 $x = \sqrt{3}$ 또는 $x = -\sqrt{3}$

그러므로 x좌표 중 양수인 것은 $\sqrt{3}$ 이다.

233 정답 ⑤

$g(x) = f(x) - kx$ 가 $x = -3$에서 극값을 갖기 위해서는

$g'(-3) = 0$이어야 한다. $g'(x) = f'(x) - k$로부터

$g'(-3) = f'(-3) - k = 0 \Leftrightarrow 8 - k = 0$

$\therefore\ k = 8$

234 정답 ②

$f(x)$는 $x = -1$에서 극솟값 -1, $x = 1$에서 극댓값 3을 갖는다.

따라서

두 점 $(-1, -1)$, $(1, 3)$을 지나는 직선의 기울기는 2이다.

235 정답 4

함수 $f(x)$가 $x = 2$에서 극소이므로 $f'(2) = 0$

이때 $f(2) = 0$이므로 삼차식 $f(x)$는 $(x-2)^2$을 인수로 갖는다.

$f(-1) = 0$이므로

$f(x) = (x+1)(x-2)^2$이다.

$f'(x) = (x-2)^2 + 2(x+1)(x-2)$
$\quad = 3x(x-2)$

$f'(x) = 0$의 해가 $x = 0$, $x = 2$이므로 함수 $f(x)$는 $x = 0$에서 극댓값을 갖는다.

따라서 $f(0) = 4$

236 정답 ②

$f'(x)=4x^3-36a^2x$
$=4x(x^2-9a^2)$
$=4x(x+3a)(x-3a)$

이므로 함수의 증감을 조사하면
$x=-3a$, $x=3a$에서 극솟값을 갖는다.
즉, $b+(4+3b)=3a+(-3a)=0$이므로
$b=-1$
따라서 사차함수 $f(x)$는 $x=-1$과 $x=1$에서 극솟값을 갖는다.
$a>0$이므로 $3a=1$에서 $a=\dfrac{1}{3}$
따라서 $a+b=\dfrac{1}{3}-1=-\dfrac{2}{3}$

237 정답 27

$f'(x)=6x^2+6x-12$이므로 $f'(x)=0$에서
$x^2+x-2=0$, $(x+2)(x-1)=0$
$\therefore x=-2$ 또는 $x=1$
함수 $f(x)$는 $x=-2$에서 극대이고, $x=1$에서 극소이다.
극댓값은
$f(-2)=2(-2)^3+3(-2)^2-12\times(-2)+a$
$\qquad =-16+12+24+a=a+20$
극솟값은
$f(1)=2+3-12+a=a-7$
따라서 $f(-2)-f(1)=27$

238 정답 ⑤

함수 $f(x)$가 극값을 가지려면
$f'(x)=3x^2+2ax+(a^2-4a)=0$이 서로 다른 두 실근을 가져야 하므로
$\dfrac{D}{4}=a^2-3(a^2-4a)>0$, $2a^2-12a<0$
$0<a<6$이므로 정수 a는 1, 2, 3, 4, 5
따라서 주어진 함수가 극값을 갖도록 하는 정수 a의 합은
$1+2+3+4+5=15$이다.

239 정답 5

삼차함수의 극점을 $(p, f(p))$, $(q, f(q))$라 하면

$f'(x)=k(x-p)(x-q)$이다.
따라서 $f(x)=\dfrac{1}{3}k(x-p)(x-q)x+mx+n\cdots\text{㉠}$
두 극점을 지나는 직선의 기울기가 -4이므로
$\dfrac{f(p)-f(q)}{p-q}=\dfrac{m(p-q)}{p-q}=m=-4$이다.
한편 $(p, f(p))$를 지나고 기울기가 -4인 직선은
$y=-4(x-p)+f(p)\ \Rightarrow\ y=-4x+4p+f(p)$
에서 $4p+f(p)=5$이다.
㉠에 $x=p$를 대입하면 $f(p)=mp+n=-4p+n$
$f(p)+4p=n$에서 $n=5$이다.
y절편은 n이므로 5이다.

240 정답 2

(가)에서 최고차항의 계수가 1인 삼차함수 $f(x)$는 원점 대칭함수이므로
$f(x)=x^3+ax$라 할 수 있다.
$(1, 0)$을 지나므로 $f(1)=1+a=0$에서 $a=-1$이다.
$f(x)=x^3-x$
이때, $f'(x)=3x^2-1$ 이므로
$g(x)=f(x)-f'(x)=x^3-x-(3x^2-1)$
$\qquad =x^3-3x^2-x+1$
이때, $g'(x)=3x^2-6x-1$에서
$3x^2-6x-1=0$의 판별식 $D>0$이므로 극값이 2개 존재한다.
또한 두 근이 α, β이므로 이차방정식의 근과 계수와의 관계에서 $\alpha+\beta=2$이다.

241 정답 8

$f'(x)=3x^2+2ax+b$이고 $x=-1$에서 극댓값, $x=1$에서 극솟값을 가지므로
$f'(-1)=3-2a+b=0$ $\qquad\cdots\text{㉠}$
$f'(1)=3+2a+b=0$ $\qquad\cdots\text{㉡}$
㉠, ㉡을 연립하여 풀면 $a=0$, $b=-3$
따라서 $f(x)=x^3-3x+c$
한편, 극댓값이 극솟값의 2배이므로 $f(-1)=2f(1)$
$f(-1)=-1+3+c=c+2$
$f(1)=1-3+c=c-2$
$c+2=2c-4$ $\qquad\therefore c=6$
따라서 $f(x)=x^3-3x+6$이다.
$f(2)=8-6+6=8$

[다른 풀이]-장세완T
함수 $f(x)$가 삼차함수이고 x^3계수가 1이므로 $f'(x)$는 이차이고 x^2계수는 3이다.
$f'(-1)=f'(1)=0$
즉, $f'(x)=3(x-1)(x+1)=3x^2-3$
$f(x)=x^3-3x+C$ (단, C는 상수)

$M = 2m$

$f(-1) = 2f(1)$

$-1 + 3 + c = 2(1 - 3 + c)$

$2 + c = -4 + 2c$

$c = 6$

$f(2) = 8 - 6 + 6 = 8$

242 정답 80

$f(-1) = 0$, $f'(0) = 0$에서 $f(x)$는 다음 세 가지 개형을 갖는다. [삼차함수의 비율 이용]

(i) $y = f(x)$가 $x = 0$에서 접하고 $x = 0$에서 극솟값 0을 가질 때 $f(x) = (x+1)x^2$이다.

따라서 $f(3) = 4 \times 3^2 = 36$

(ii) $y = f(x)$가 $x = -1$에서 접하고 $x = -1$에서 극댓값 0, $x = 0$에서 음수의 극솟값을 가질 때

$f(x) = (x+1)^2 \left(x - \dfrac{1}{2} \right)$이다. [삼차함수의 비율 이용]

따라서 $f(3) = 4^2 \times \dfrac{5}{2} = 40$

(iii) $y = f(x)$가 $x = a(a > 0)$에서 접하고 $x = a$에서 극솟값 0, $x = 0$에서 양수의 극댓값을 가질 때

$f(x) = (x+1)(x-a)^2$이다.

삼차함수 비율에서 $a : |-1| = 2 : 1$이므로 $a = 2$

따라서 $f(x) = (x+1)(x-2)^2$

따라서 $f(3) = 4 \times 1^2 = 4$

(i), (ii), (iii)에서 $f(3)$의 값으로 가능한 모든 값의 합은 $36 + 40 + 4 = 80$이다.

243 정답 ①

등차수열은 1차식으로 나타나므로

$f(x) = (x+2)x(x-2) + ax + b$
$\qquad = x^3 + (a-4)x + b$

라 둘 수 있다.

또한 $f(-2)$, $f(0)$, $f(2)$가 이 순서대로 공차가 2인 등차수열이므로

$-2a + b$, b, $2a + b$에서 $2a = 2$

$\therefore$ $a = 1$이다.

따라서 $f(x) = x^3 - 3x + b$

$f'(x) = 3x^2 - 3 = 3(x+1)(x-1)$에서

$x = -1$에서 극댓값 3을, $x = 1$에서 극솟값을 가진다.

$f(-1) = -1 + 3 + b = 3$

따라서 $b = 1$

$\therefore$ $f(x) = x^3 - 3x + 1$

$f(1) = 1 - 3 + 1 = -1$

[랑데뷰팁]

$f(-2) = k$라면 공차가 2인 등차수열이므로

$f(0) = k + 2$이다. $(-2, k)$와 $(0, k+2)$을 지나는 직선의

기울기는 $\dfrac{(k+2) - k}{2} = 1$이므로 $a = 1$임을 알 수 있다.

 유형 7 함수의 그래프와 최대, 최소

244 정답 13

$f'(x) = 3x^2 - 6x - 9 = 3(x-3)(x+1)$

이므로 $f'(x) = 0$에서

$x = -1$ 또는 $x = 3$

$x = -1$에서 극대이므로 구간 $[-2, 0]$에서 $f(x)$의 최댓값은

$f(-1) = (-1)^3 - 3(-1)^2 - 9(-1) + 8 = 13$

245 정답 ③

$f'(x) = 3x^2 - 3$
$= 3(x+1)(x-1)$

x		-1		1		3
$f'(x)$	$+$	0	$-$	0	$+$	
$f(x)$	↗	7	↘	3	↗	23

$\therefore$ $[-1, 3]$에서의 $f(x)$의 최솟값은 3

246 정답 ②

함수 $h(x) = f(x) - g(x)$라 하면 방정식 $h(x) = 0$의 두 근은 a, b이다.

$\therefore$ $h(a) = h(b) = 0$

또한, 미분가능한 함수는 주어진 구간의 양 끝값과 극값 중에서 최댓값을 갖는다.

따라서 구간 (a, b)에서 미분가능하고

$h(a) = h(b) = 0$인 함수 $h(x)$의 최댓값은 극값에서 존재해야하므로

$h'(c) = 0$

$\therefore$ $h'(c) = f'(c) - g'(c) = 0$

$\therefore$ $f'(c) = g'(c)$

247 정답 11

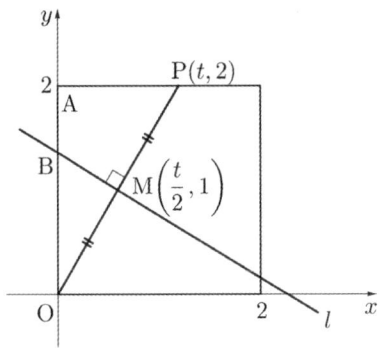

그림에서 직선 l 의 방정식은

$y = -\frac{t}{2}\left(x - \frac{t}{2}\right) + 1$

y 절편은 $\frac{t^2}{4} + 1$ 이고 점 $\mathrm{B}\left(0, \frac{t^2}{4} + 1\right)$ 이다.

$f(t) = \frac{1}{2}\left(1 - \frac{t^2}{4}\right)t = \frac{1}{2}\left(t - \frac{t^3}{4}\right)$

$f'(t) = \frac{1}{2}\left(1 - \frac{3}{4}t^2\right) = 0$ 에서

$t = \frac{2\sqrt{3}}{3}$ 에서 최댓값 $f\left(\frac{2\sqrt{3}}{3}\right) = \frac{2\sqrt{3}}{9}$ 을 갖는다.

$\therefore a + b = 11$

248 정답 ④

점 P의 x좌표를 t라 하면 $\mathrm{P}\left(t, -t^2 + 1\right)$

$\overline{\mathrm{PA}}^2 = (t - 14)^2 + \left(-t^2 + 1\right)^2 = t^4 - t^2 - 28t + 197$

$\overline{\mathrm{PA}}^2 = f(t)$ 라 하면

$f(t) = t^4 - t^2 - 28t + 197$

$f'(t) = 4t^3 - 2t - 28$

$f'(t) = 0$에서 $2t^3 - t - 14 = 0$

$(t - 2)\left(2t^2 + 4t + 7\right) = 0$

$\therefore t = 2$

사차함수 $f(t)$는 $t = 2$에서 극솟값이자 최솟값 153을 가진다. 따라서 $\overline{\mathrm{PA}}$ 의 최솟값은 $\sqrt{153}$ 이다.

249 정답 ①

$f(x) = \frac{1}{3}x^3 - ax^2 + 2$

$f'(x) = x^2 - 2ax = x(x - 2a)$

삼차함수 $f(x)$는 $x = 0$에서 극대, $x = 2a$에서 극소이다.

(i) $2a \geq 1$일 때, 즉 $a \geq \frac{1}{2}$

구간 $[1, \infty)$에서 함수 $f(x)$의 최솟값은 극솟값이므로

$f(2a) = \frac{8}{3}a^3 - 4a^3 + 2 = 2$

$a = 0$으로 모순이다.

(ii) $0 < 2a < 1$일 때, 즉 $0 < a < \frac{1}{2}$

구간 $[1, \infty)$에서 함수 $f(x)$의 최솟값은 $f(1)$이다.

$f(1) = \frac{1}{3} - a + 2 = 2$에서 $a = \frac{1}{3}$이다.

(i), (ii)에서 $a = \frac{1}{3}$

250 정답 3

$f'(x) = -12x^3 - 12x^2 + 24x$

$= -12x(x - 1)(x + 2) = 0$에서

$x = -2$ 또는 $x = 0$ 또는 $x = 1$이므로 함수 $f(x)$의 증가와 감소를 표로 나타내면 다음과 같다.

x	$\cdots$	-2	$\cdots$	0	$\cdots$	1	$\cdots$
$f'(x)$	$+$	0	$-$	0	$+$	0	$-$
$f(x)$	↗	극대	↘	극소	↗	극대	↘

따라서 $x = 1$과 $x = -2$에서 극대이고

$f(1) = -3 - 4 + 12 + a = a + 5$

$f(-2) = -48 + 32 + 48 + a = a + 32$

이므로 함수 $f(x)$는 $x = -2$에서 최댓값을 가진다.

이때, 최댓값이 35이므로 $a + 32 = 35$

$\therefore a = 3$

251 정답 5

$0 < a < 1$이므로 $x^3 - 3x$가 최소일 때 $f(x) = a^{x^3 - 3x}$은 최대이다.

$g(x) = x^3 - 3x$ $(0 \leq x \leq 3)$라 하면

$g'(x) = 3x^2 - 3 = 3(x + 1)(x - 1)$에서

$g'(x) = 0$의 해는 $x = -1$ 또는 $x = 1$이고

$x = 1$에서 극소이자 최솟값을 갖는다.

$g(1) = -2$이므로

$a^{-2} = 25$

$a = \frac{1}{5}$이므로 $\frac{1}{a} = 5$이다.

252 정답 27

조건에서 $f(x) = (x + 1)(x^2 + ax + 1)$꼴임을 알 수 있다.

모든 실수 x에 대하여 $x^2 + ax + 1 \geq 0$이므로

$\mathrm{D} = a^2 - 4 \leq 0$에서 $-2 \leq a \leq 2$이다.

$f'(x) = (x^3 + ax + 1) + (x + 1)(2x + a)$

$f'(2) = (5 + 2a) + 12 + 3a = 5a + 17$

따라서 $f'(2)$의 최댓값은 $a=2$일 때 27이다.

253 정답 6

$g(x)=\sin x=t\,(-1 \leq t \leq 1)$라 하면
$(f \circ g)(x)=f(t)=t^3+3t^2+1$
$f'(t)=3t^2+6t$
$f'(t)=0$에서
$3t(t+2)=0$
$\therefore\ t=0$ 또는 $t=-2$
함수 $f(t)$의 증가와 감소를 표로 나타내면

t	-1		0		1
$f'(t)$		$-$	0	$+$	
$f(t)$	3	↘	1	↗	5

따라서 함수 $(f \circ g)(x)=f(t)$는 $t=1$일 때 최댓값 5를 갖고, $t=0$일 때 최솟값 1를 가진다.
$\therefore\ M=5,\ m=1$
$\therefore\ M+m=6$

유형 8 방정식에의 활용

254 정답 ④

[검토자 : 필재T]

$f(x)=x^3-3x^2-9x+k$로 놓으면
$f'(x)=3x^2-6x-9=3(x+1)(x-3)$
$f'(x)=0$에서 $x=-1$ 또는 $x=3$
$f(-1)=k+5,\ f(3)=k-27$
삼차함수 $y=f(x)$의 그래프는 $x=-1$에서 극댓값 $k+5$를 갖고, $x=3$에서 극솟값 $k-27$을 갖는다.
이때 방정식 $f(x)=0$의 서로 다른 실근의 개수가 2가 되려면 극댓값 또는 극솟값이 0이어야 하므로
$k+5=0$ 또는 $k-27=0$
즉, $k=-5$ 또는 $k=27$
따라서 조건을 만족시키는 모든 실수 k의 값의 합은
$-5+27=22$

255 정답 ③

두 곡선 $y=2x^2-1$, $y=x^3-x^2+k$가 만나는 점의 개수가 2가 되려면 방정식 $2x^2-1=x^3-x^2+k$, 즉
$-x^3+3x^2-1=k$ ...... ㉠
이 서로 다른 두 실근을 가져야 한다.
방정식 ㉠이 서로 다른 두 실근을 가지려면 곡선

$y=-x^3+3x^2-1$과 직선 $y=k$가 서로 다른 두 점에서 만나야 한다.
$f(x)=-x^3+3x^2-1$이라 하면
$f'(x)=-3x^2+6x=-3x(x-2)$
$f'(x)=0$에서
$x=0$ 또는 $x=2$
함수 $f(x)$의 증가와 감소를 표로 나타내면 다음과 같다.

x	$\cdots$	0	$\cdots$	2	$\cdots$
$f'(x)$	$-$	0	$+$	0	$-$
$f(x)$	↘	극소	↗	극대	↘

함수 $f(x)$는 $x=0$에서 극솟값
$f(0)=-1$을 갖고, $x=2$에서 극댓값
$f(2)=3$을 갖는다.
이때 함수 $y=f(x)$의 그래프는 그림과 같다.

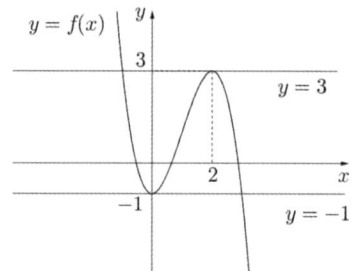

따라서 함수 $y=f(x)$의 그래프와 직선 $y=k$가 서로 다른 두 점에서 만나도록 하는 양수 k의 값은 3이다.

256 정답 7

방정식
$2x^3-6x^2+k=0$ ......㉠
에서
$f(x)=2x^3-6x^2+k$
라 하면 방정식의 실근은 함수 $y=f(x)$의 그래프와 x축이 만나는 점의 x좌표이다.
한편,
$f'(x)=6x^2-12x=6x(x-2)$
이므로
$f'(x)=0$에서 $x=0$ 또는 $x=2$
그러므로 증가와 감소를 표로 나타내면 다음과 같다.

x	$\cdots$	0	$\cdots$	2	$\cdots$
$f'(x)$	$+$	0	$-$	0	$+$
$f(x)$	↗	k	↘	$k-8$	↗

이때 ㉠이 2개의 서로 다른 양의 실근을 갖기 위해서는 다음 그림과 같아야 한다.

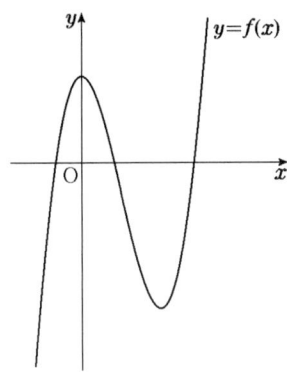

즉, 함수 $f(x)$의 극댓값은 양수이어야 하고 함수 $f(x)$의
극솟값은 음수이어야 한다.
그러므로 $k > 0$이고 $k-8 < 0$
이므로
$0 < k < 8$
따라서 정수 k는 1, 2, 3, 4, 5, 6, 7로 그 개수는 7이다.

257 정답 4

$f(x) = 3x^4 - 4x^3 - 12x^2$이라 하면
$f'(x) = 12x^3 - 12x^2 - 24x$
$= 12x(x^2 - x - 2)$
$= 12x(x+1)(x-2)$
이므로 $f'(x) = 0$에서
$x = -1$ 또는 $x = 0$ 또는 $x = 2$
이때 함수 $f(x)$의 증가와 감소를 표로 나타내면 다음과 같다.

x	$\cdots$	-1	$\cdots$	0	$\cdots$	2	$\cdots$
$f'(x)$	$-$	0	$+$	0	$-$	0	$+$
$f(x)$	$\searrow$	극소	$\nearrow$	극대	$\searrow$	극소	$\nearrow$

따라서 사차함수 $f(x)$는
$x = 0$에서 극댓값 $f(0) = 0$을 갖고,
$x = -1$, $x = 2$에서 각각 극솟값
$f(-1) = 3 + 4 - 12 = -5$, $f(2) = 48 - 32 - 48 = -32$
를 갖는다.

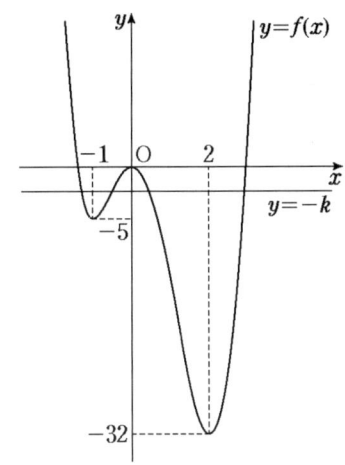

주어진 방정식의 서로 다른 실근의 개수는 곡선 $y = f(x)$와
직선 $y = -k$의 교점의 개수와 같으므로 주어진 방정식이
서로 다른 네 실근을 가질 조건은 위의 그래프에서
$-5 < -k < 0$, 즉 $0 < k < 5$
이어야 한다.
따라서 구하는 자연수 k의 개수는 4이다.

258 정답 ③

주어진 방정식의 실근의 개수는
$y = -2x^3 + 3x^2 + 12x$와 $y = k$의 교점의 개수와 같다.
$y' = -6x^2 + 6x + 12 = -6(x-2)(x+1)$이므로
$x = -1$에서 극솟값 -7, $x = 2$에서 극댓값 20을 갖는다.

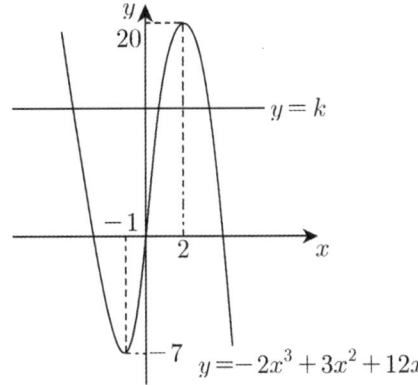

그래프를 그리면 위의 그림과 같다.
주어진 방정식이 세 실근을 가지기 위해 $-7 < k < 20$임을 알
수 있다.
$k = -6, -5, \cdots, 19$이므로 26개

259 정답 15

곡선 $y = 4x^3 - 12x + 7$과 직선 $y = k$가 만나는 점의 개수가
2가 되므로 k는 극댓값 또는 극솟값이어야 한다.
$y = 4x^3 - 12x + 7$에서 $y' = 12x^2 - 12$

$12x^2 - 12 = 0$, $12(x+1)(x-1) = 0$

$x = 1$ 또는 $x = -1$

곡선 $y = 4x^3 - 12x + 7$ 는

$x = 1$ 에서 극솟값 $y = 4 - 12 + 7 = -1$

$x = -1$ 에서 극댓값 $y = -4 + 12 + 7 = 15$

k는 양수이므로

$\therefore \ k = 15$

260 정답 31

$y = x^3 - 6x^2$ 과 $y = n$ 이 서로 다른 세 점에서 만나는 n 의 개수를 구하면 된다.

$y = x^3 - 6x^2$ 의 그래프는

$y' = 3x^2 - 12x = 3x(x-4)$ 에서 그림과 같다.

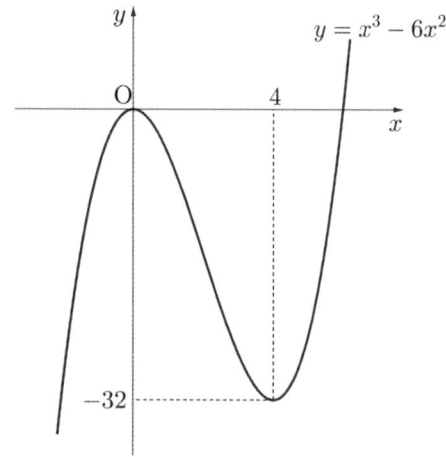

서로 다른 세 점에서 만나야 하므로 $-32 < n < 0$이다.
따라서 정수 n 의 개수는 31이다.

261 정답 ②

두 함수 $f(x) = x^4 - 4x + a$ 와 $g(x) = -x^2 + 2x - a$를 연립하여 정리하면 $x^4 + x^2 - 6x + 2a = 0$

$h(x) = x^4 + x^2 - 6x + 2a$라 하면

$h'(x) = 4x^3 + 2x - 6 = (x-1)(4x^2 + 4x + 6)$

이므로 $x = 1$에서 $h(x)$의 극솟값만 존재한다.

그런데 두 함수 $f(x)$와 $g(x)$의 그래프의 교점이 한 개이므로 $h(x)$의 그래프는 그림과 같이 x축과 한 점에서 만나야 한다.

따라서 $h(1) = 0$

$h(1) = 1 + 1 - 6 + 2a = 0$

$\therefore \ a = 2$

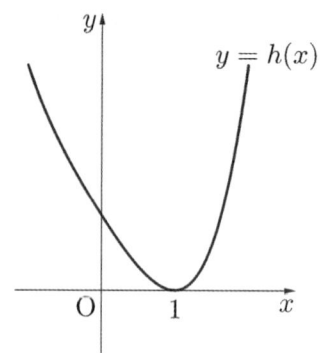

262 정답 ③

$P(1, 0)$에서 법선의 방정식을 구하면

$f'(1) = a + 1$이므로

$y = -\dfrac{1}{a+1}(x-1)$ (단, $a \neq -1$)   ㉠

($\because$ $f'(1) = 0$이면 법선이 x 축에 수직이 되어 부적합)

㉠과 $y = f(x)$가 서로 다른 세 점에서 만나므로

$x(x-1)(ax+1) = -\dfrac{1}{a+1}(x-1)$

이것이 서로 다른 세 실근을 갖는다.

$(x-1)\left\{ x(ax+1) + \dfrac{1}{a+1} \right\} = 0$

$ax^2 + x + \dfrac{1}{a+1} = 0$이 $x = 1$인 근을 갖지 않고

서로 다른 두 실근을 가지면 된다.

$a(a+1)x^2 + (a+1)x + 1 = 0$

$D = (a+1)^2 - 4a(a+1) > 0$

$(a+1)(3a-1) < 0$

$\therefore \ -1 < a < \dfrac{1}{3}$

이때 $a \neq 0$ 이므로

$-1 < a < 0$ 또는 $0 < a < \dfrac{1}{3}$

263 정답 ①

$f(x) = g(x) \Leftrightarrow 3x^3 - x^2 - 3x = x^3 - 4x^2 + 9x + a$

$\qquad\qquad \Leftrightarrow 2x^3 + 3x^2 - 12x = a$

$h(x) = 2x^3 + 3x^2 - 12x$라 놓으면

$h'(x) = 6x^2 + 6x - 12 = 0$ 이므로

$x = -2$ 일 때 극댓값 20을 갖고,

$x = 1$ 일 때 극솟값 -7을 가짐을 알 수 있다.

$y = h(x)$ 와 $y = a$가 서로 다른 두 개의 양의 실근과 한 개의 음의 실근을 가지기 위해서는 $-7 < a < 0$을 만족해야 한다.

따라서 정수 a의 개수는 6이다.

264 정답 ②

$f(x) = x^3 - 3x^2 - 9x$라 하자.

$f'(x) = 3x^2 - 6x - 9 = 3(x+1)(x-3) = 0$에서

$x = -1,\ 3$이므로

$f(x)$는 $x = -1$에서 극댓값 $f(-1) = 5$,

$x = 3$에서 극솟값 $f(3) = -27$을 갖는다.

$f(x) = k$가 서로 다른 세 개의 실근을 갖기 위해서는 k가

$f(x)$의 극솟값과 극댓값 사이의 가져야 하므로

$-27 < k < 5$가 된다.

따라서 정수 k의 최댓값은 4이다.

265 정답 33

$g(x) = f(x) + a$이므로 방정식 $g(x) = 0$의 근은 방정식

$f(x) = -a$의 근과 같다.

$f'(x) = 6x^2 - 6x - 12 = 6(x+1)(x-2) = 0$

에서 $y = f(x)$의 그래프의 개형은 아래의 그림과 같다.

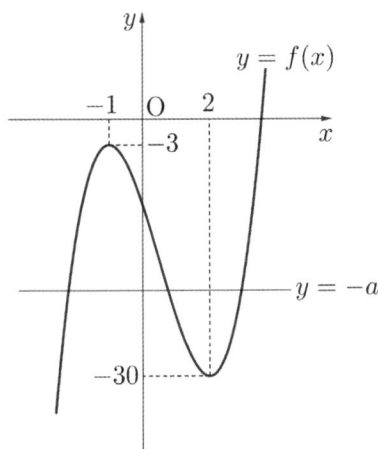

이때 방정식 $g(x) = 0$이 서로 다른 두 실근을 가질려면

$y = f(x)$의 그래프와 직선 $y = -a$가 극대점 또는 극소점에서

접해야 하므로

$-a = -30$ 또는 $-a = -3$

$\therefore\ a = 30$ 또는 $a = 3$

따라서 모든 a의 값은 합은 33

266 정답 ④

$f(a) = f'(a) = 0$이고 $f(x)$는 삼차함수이므로

$f(x) = (x-a)^2(Ax+B)$꼴로 나타낼 수 있다.

또한 $f(b) = 0$이므로 $Ab + B = 0$

$\therefore\ B = -Ab$ ······ ㉠

한편 $f'(c) = 0$이므로

$2(c-a)(Ac+B) + (c-a)^2 A = 0$

$2(Ac+B) + (c-a)A = 0$ ······ ㉡

㉠을 ㉡에 대입하고 정리하면

$A(3c - 2b - a) = 0$

$\therefore\ c = \dfrac{a+2b}{3}$

267 정답 ④

$x^4 - 2x^2 = -a$에서

두 함수 $y = x^4 - 2x^2$과 $y = -a$가 $-2 \leq x \leq 2$에서 서로

다른 두 점에서 만나게 하면 된다.

$y = x^4 - 2x^2$

$y' = 4x^3 - 4x = 4x(x+1)(x-1)$

증감표를 작성하면

x	$\cdots$	-2	$\cdots$	-1	$\cdots$	0	$\cdots$
y'	$-$	$-$	$-$	0	$+$	0	$-$
y	$\searrow$	8	$\searrow$	-1	$\nearrow$	0	$\searrow$

1	$\cdots$	2	$\cdots$
0	$+$	$+$	$+$
1	$\nearrow$	8	$\nearrow$

따라서

$0 < -a \leq 8$일 때, $y = -a$가 $y = x^4 - 2x^2$와

$-2 \leq x \leq 2$에서 서로 다른 두 점에서 만난다.

그런데 $-a = -1$일 때, 즉 $a = 1$일 때도 두 점에서 만난다.

따라서

$-8 \leq a < 0$, $a = 1$이므로 정수 a의 개수는 9이다.

268 정답 ②

(가)에서 $f(x) = ax^3 + bx$라 할 수 있다.

$f'(x) = 3ax^2 + b$이고

$3ax^2 + b = 0$의 두 실근은 $\sqrt{-\dfrac{b}{3a}},\ -\sqrt{-\dfrac{b}{3a}}$이므로

$2\sqrt{-\dfrac{b}{3a}} = 1$

$\sqrt{-\dfrac{b}{3a}} = \dfrac{1}{2}$

$-\dfrac{b}{3a} = \dfrac{1}{4}$

따라서 $b = -\dfrac{3}{4}a$이다.

$f(x) = ax^3 - \dfrac{3}{4}ax$

$\dfrac{f(2)}{f(1)} = \dfrac{8a - \dfrac{3}{2}a}{a - \dfrac{3}{4}a} = \dfrac{\dfrac{13}{2}a}{\dfrac{1}{4}a} = 26$

269 정답 ④

곡선 $y = x^3 - 11x + 1$과 직선 $y = x + k$가 서로 다른 세 점에서 만나려면 방정식
$x^3 - 11x + 1 = x + k$, 즉 $x^3 - 12x + 1 - k = 0$
이 서로 다른 세 실근을 가져야 한다.
$f(x) = x^3 - 12x + 1 - k$ 라 하면
$f'(x) = 3x^2 - 12 = 3(x+2)(x-2)$
$f'(x) = 0$을 만족시키는 x의 값은 $x = -2$ 또는
$x = 2$이므로 함수 $f(x)$의 증감표는 다음과 같다.

x	$\cdots$	-2	$\cdots$	2	$\cdots$
$f'(x)$	$+$	0	$-$	0	$+$
$f(x)$	$\nearrow$	$17-k$	$\searrow$	$-15-k$	$\nearrow$

즉 함수 $f(x)$는 $x = -2$에서 극댓값
$f(-2) = (-2)^3 - 12 \times (-2) + 1 - k = 17 - k$,
$x = 2$에서 극솟값
$f(x) = 2^3 - 12 \times 2 + 1 - k = -15 - k$
를 갖고, 삼차방정식 $f(x) = 0$이 서로 다른 세 실근을
가지려면
(극댓값)$\times$(극솟값) < 0에서
$f(-2) \times f(2) < 0$이어야 하므로
$(17-k)(-15-k) < 0$
$(k-17)(k+15) < 0$
$\therefore -15 < k < 17$
따라서 자연수 k의 최댓값은 16이다.

[다른 풀이]
곡선 $y = x^3 - 11x + 1$과 직선 $y = x + k$가 서로 다른 세 점에서
만나려면 방정식
$x^3 - 11x + 1 = x + k$, 즉, $x^3 - 12x + 1 = k$ 가 서로 다른 세
실근을 가져야 한다.
$f(x) = x^3 - 12x + 1$ 이라 하면
$f'(x) = 3x^2 - 12 = 3(x+2)(x-2)$이므로,
$y = f(x)$는 $x = 2$ 에서 극솟값을,
$x = -2$에서 극댓값을 가진다.
$x^3 - 12x + 1 = k$가 서로 다른 세 실근을 가질 경우는
$y = f(x)$와, $y = k$ 그래프가 서로 다른 세 점에서 만나는
경우이므로,
$f(2) < k < f(-2)$가 된다.
즉, $-15 < k < 17$이므로, 자연수 k의 최댓값은 16이다.

유형 9 부등식에의 활용

270 정답 ⑤

ㄱ. (반례)
$f(x) = x^2 + 2x$라 하면 $f(0) = 0$

$f'(x) = 2x + 2$이므로 $f'(0) = 2 \neq 0$ (거짓)
ㄴ. 모든 실수 x에 대하여
$g(x) = g(-x)$이므로 $g(x)$는 우함수
따라서 $g'(x)$는 기함수이고 모든 기함수의 그래프는 원점에
대칭이므로 반드시 원점을 지난다.
$\therefore g'(0) = 0$ (참)
ㄷ. 모든 실수 x에 대하여
$0 \leq |h(2x) - h(x)| \leq x^2$이므로 양변을 $|x|$로 나누면
$0 \leq \left| \dfrac{h(2x) - h(x)}{x} \right| \leq \dfrac{x^2}{|x|}$
$0 \leq \lim_{x \to 0} \left| \dfrac{h(2x) - h(0)}{2x - 0} \times 2 - \dfrac{h(x) - h(0)}{x - 0} \right| \leq \lim_{x \to 0} \dfrac{x^2}{|x|}$
$0 \leq |2h'(0) - h'(0)| \leq 0$
$0 \leq h'(0) \leq 0$
$\therefore h'(0) = 0$ (참)
이상에서 옳은 것은 ㄴ, ㄷ

271 정답 ⑤

모든 실수 x에 대하여 $f(x) \geq k(x-1) + 1$이 성립하려면
$y = f(x)$의 그래프가 직선 $y = k(x-1) + 1$보다 항상 위쪽에
있어야 한다.

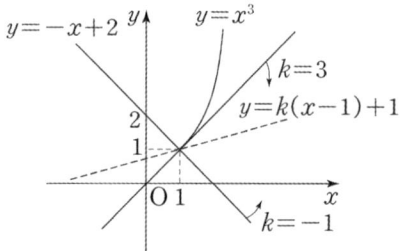

직선이 k의 값에 관계없이 $(1, 1)$을 지나므로 위의 그림과 같이
움직여보면 기울기가 -1인 직선의 기울기보다 크거나 같을 때,
즉 $k \geq -1$
$y = x^3$ 위의 점 $(1, 1)$에서의 접선의 기울기 3보다 작거나 같을
때, 즉 $k \leq 3$
$\therefore -1 \leq k \leq 3$
따라서 k의 최댓값과 최솟값의 합은 2이다.

유형 10 속도와 가속도

272 정답 8

점 P의 시각 t에서의 위치가
$x = t^3 - 5t^2 + 6t$ 이므로
시각 t에서의 속도를 v라 하면
$v = 3t^2 - 10t + 6$

또, 시각 t에서의 가속도를 a라 하면

$a = 6t - 10$

따라서 $t = 3$에서의 가속도는

$6 \times 3 - 10 = 8$

273 정답 12

P, Q의 속도를 구하면

$P'(t) = t^2 + 4$, $Q'(t) = 4t$

두 점의 속도가 같아지는 시각은

$t^2 + 4 = 4t$, $(t-2)^2 = 0$ $\therefore t = 2$

시각 t일 때 두 점 사이의 거리는

$\overline{PQ} = \left| \dfrac{1}{3}t^3 - 2t^2 + 4t + \dfrac{28}{3} \right|$ 에서

$t = 2$일 때에는 $\overline{PQ} = \left| \dfrac{8}{3} - 8 + 8 + \dfrac{28}{3} \right| = \dfrac{36}{3} = 12$

274 정답 ①

$f'(t) = 4t - 2$, $g'(t) = 2t - 8$

서로 반대 방향으로 움직이려면 $(4t-2)(2t-8) < 0$

$\therefore \dfrac{1}{2} < t < 4$

275 정답 ②

속도를 $v(t)$라 하면 $v(t) = \dfrac{dx}{dt} = -2t + 4$

$v(a) = -2a + 4 = 0$이므로 $a = 2$

276 정답 30

점 P의 시각 t $(t \geq 0)$에서의

속도 v는 $v = 6t^2 - 2kt$

가속도 a는 $a = 12t - 2k$

$t = 1$일 때, $v = 6 - 2k = 0$이므로 $k = 3$

따라서 $t = 3$에서 점 P의 가속도는

$12 \times 3 - 2 \times 3 = 30$

277 정답 ①

속도를 $v(t)$라 하고 가속도를 $a(t)$라고 하면

$v(x) = 3t^2 + 2at + b$ 이고, $a(t) = 6t + 2a$ 이다.

$t = 2$에서 점 P의 가속도는 0이므로

$a(2) = 12 + 2a = 0$, $a = -6$이다.

$v(x) = 3t^2 + 12t + b$이고 $t = 1$에서

선 P가 운동 방향을 바꾸므로

$v(1) = 3 - 12 + b = 0$, $b = 9$이다.

따라서 $a + b = 3$

278 정답 ①

$x = t^3 - 5t^2 + at + 5$를 t에 대해 미분하면

$\dfrac{dx}{dt} = 3t^2 - 10t + a$이다.

움직이는 방향이 바뀌지 않기 위해서는 $\dfrac{D}{4} \leq 0$이어야 하므로

$\dfrac{D}{4} = 5^2 - 3a \leq 0$에서 $a \geq \dfrac{25}{3}$이다.

따라서 자연수 a의 최솟값은 9이다.

279 정답 ③

(가)에 의하여 20초인 순간에 A, B는 같은 위치이고, (나)에 의하여 $10 \leq t \leq 30$에서 B의 속력이 A의 속력보다 더 크므로 $10 \leq t \leq 30$에서 A가 앞에 있었고 $20 < t \leq 30$에서 B가 앞에 있다. 즉, B가 A를 한 번 추월한다.

280 정답 ④

시각 t에서의 속도를 v라 하면

$x = t^3 + kt^2 + kt$에서 $v = 3t^2 + 2kt + k$

$t = 1$에서 점 P가 운동 방향을 바꾸므로

$t = 1$에서 $v = 0$

그러므로 $3 + 2k + k = 0$에서 $k = -1$

시각 t에서의 가속도를 a라 하면

$a = 6t + 2k = 6t - 2$

따라서 $t = 2$에서 점 P의 가속도는 $6 \times 2 - 2 = 10$

281 정답 6

점 P의 속도와 가속도가 각각 v, a라 하면

$x = t^3 - 3t^2$에서

$v = \dfrac{dx}{dt} = 3t^2 - 6t$, $a = \dfrac{dv}{dt} = 6t - 6$

출발 후 점 P의 속도가 0이 되는 순간은

$3t^2 - 6t = 0$, $3t(t-2) = 0$

$\therefore t = 2$

따라서 출발 후 점 P의 속도가 0인 시각에서의 점 P의

가속도는

$a = 6 \times 2 - 6 = 6$

282 정답 ①

점 P의 시각 t $(t \geq 0)$에서의 위치 x가

$x = t^3 - 12t^2 + mt + n$이므로 점 P의 시각 t $(t > 0)$에서의

속도 v는 $v = \dfrac{dx}{dt} = 3t^2 - 24t + m$

점 P의 시각 t $(t > 0)$에서의 가속도

a는 $a = \dfrac{dv}{dt} = 6t - 24$

점 P의 가속도가 0일 때의 시각 t를 구하면 $a = 0$에서
$6t - 24 = 0$, $t = 4$

$t = 4$일 때 점 P의 속도 v가 -30이므로
$-30 = 3 \times 4^2 - 24 \times 4 + p$, $-30 = -48 + m$, $m = 18$

$t = 4$일 때 점 P의 위치 x가 -50이므로
$-50 = 4^3 - 12 \times 4^2 + 18 \times 4 + n$,
$-50 = -56 + n$, $n = 6$

따라서 $m + n = 18 + 6 = 24$

283 정답 10

$x = 3t^4 - (40 + 4k)t^3 + 60kt^2 + 60$에서
$$x' = 12t^3 - 12(10+k)t^2 + 120kt$$
$$= 12t\{t^2 - (10+k)t + 10k\}$$
$$= 12t(t - 10)(t - k)$$

$t \geq 0$에서 x'의 부호가 바뀌지 않아야 점 P가 움직이는 방향이 바뀌지 않는다.

따라서 $k = 10$ 즉, $x' = 12t(t-10)^2$이면 $t = 10$에서 $x' = 0$이지만 $t = 10$의 좌우에서 x'의 부호가 $+ \to +$로 점 P의 움직이는 방향이 바뀌지 않는다.

284 정답 ④

물체 P가 출발한 지 t초 후의 속도 $v(t)$는
$$v(t) = x'(t) = 6t^2 - 2at + a$$
이고 물체 P가 움직이는 방향을 바꾸게 되는 순간은 $t > 0$에서 $v(t)$의 부호가 바뀌는 순간이다.

이때 $a > 0$이므로 $t > 0$에서 $v(t) = 0$이 서로 다른 두 실근을 가져야 한다. 따라서
$$\frac{D}{4} = a^2 - 6a = a(a - 6) > 0$$
$$\therefore \ a < 0 \ \text{또는} \ a > 6$$
따라서 구하는 a의 최솟값은 7이다.

285 정답 ①

$t = 1$에서 $t = 4$까지의 점 P의 평균속도는
$$\frac{(4^3 - 4^2 + 2 \cdot 4) - (1^3 - 1^2 + 2 \cdot 1)}{4 - 1} = \frac{54}{3} = 18$$

또, $v = x'(t) = 3t^2 - 2t + 2$이므로 $t = a$에서의 점 P의 속도는
$3a^2 - 2a + 2$ 이다.

따라서 $3a^2 - 2a + 2 = 18$에서
$3a^2 - 2a - 16 = 0$, $(a + 2)(3a - 8) = 0$
$$\therefore \ a = -2 \ \text{또는} \ a = \frac{8}{3}$$

그런데 $a > 0$이므로 $a = \dfrac{8}{3}$

286 정답 3

P, Q의 속도를 구하면
$$P'(t) = t^2 + 4, \quad Q'(t) = 4t$$
두 점의 속도가 같아지는 시각은
$$t^2 + 4 = 4t, \ (t - 2)^2 = 0 \quad \therefore \ t = 2$$
시각 t일 때 두 점 사이의 거리는
$$\overline{PQ} = \left| \frac{1}{3}t^3 - 2t^2 + 4t + \frac{1}{3} \right| \text{에서}$$
$t = 2$일 때에는 $\overline{PQ} = \left| \dfrac{8}{3} - 8 + 8 + \dfrac{1}{3} \right| = \dfrac{9}{3} = 3$

287 정답 ②

물체 P가 출발한 지 t초 후의 속도 $v(t)$는
$$v(t) = x'(t) = 3t^2 - 4at + 6a$$
이고 물체 P가 움직이는 방향을 바꾸게 되는 순간은 $t > 0$에서 $v(t)$의 부호가 바뀌는 순간이다.

이때 $a > 0$이므로 $t > 0$에서 $v(t) = 0$이 서로 다른 두 실근을 가져야 한다. 따라서
$$\frac{D}{4} = 4a^2 - 18a = 2a(2a - 9) > 0$$
$$\therefore \ a < 0 \ \text{또는} \ a > \frac{9}{2}$$
따라서 구하는 a의 최솟값은 5이다.

288 정답 ①

$x = 2t^3 - t^2$에서 $v = \dfrac{dx}{dt} = 6t^2 - 2t$

따라서 $t = 2$일 때 점 P의 속도는
$$v = 6 \times 2^2 - 2 \times 2 = 20$$

289 정답 8

점 P의 시각 t에서의 속도를 $v(t)$라 하면
$$v(t) = x'(t) = -4t^3 + 12t^2 = -4t^2(t - 3)$$
$v(t) = 0$에서 $t = 0$ 또는 $t = 3$이므로 $t = 3$에서 운동방향을 바꾼다.

따라서 $\alpha = 3$이므로 $t = \dfrac{1}{3}\alpha$에서의 점 P의 속력은
$$\left| v\left(\frac{1}{3}\alpha\right) \right| = |v(1)| = |-4 \times 1^3 + 12 \times 1^2| = 8$$

290 정답 ②

점 P의 시각 t에서의 속도와 가속도를 각각 v, a라 하면

$v = x' = 3t^2 - 3t - 6$

$a = v' = 6t - 3$

이때 출발한 후 점 P의 운동 방향이 바뀌는 시각은

$v = 3t^2 - 3t - 6 = 3(t-2)(t+1) = 0$

에서 $t = 2$

따라서 $t = 2$에서 점 P의 운동 방향이 바뀌므로

구하는 가속도는

$6 \times 2 - 3 = 9$

291 정답 ⑤

$x = t^4 - \dfrac{4a}{3}t^3 + 4at^2$

$v = 4t^3 - 4at^2 + 8at = 4t(t^2 - at + 2a)$

에서 점 P가 출발한 후 운동 방향이 두 번 바뀌기 위해서는

이차방정식 $t^2 - at + 2a = 0$가 서로 다른 두 개의 양의 실근을

가져야 한다.

따라서 $a > 0$, $a^2 - 8a > 0 \rightarrow a > 8$

그러므로 a의 최솟값은 9이다.

$a = 9$일 때, $v = 4t^3 - 36t^2 + 72t$, $a = 12t^2 - 72t + 72$이다.

······ ㉠

$v = 4t(t^2 - 9t + 18) = 4t(t-3)(t-6)$

$v = 0 \rightarrow t = 3$ 또는 $t = 6$

따라서 처음으로 운동 방향을 바꾸는 시각은 $t = 3$이다.

㉠에서 $a = 108 - 216 + 72 = -36$이다.

292 정답 ①

$x_1 = t^2 + t - 6$, $x_2 = -t^3 + 7t^2$이므로

$x_1 = x_2$에서

$t^2 + t - 6 = -t^3 + 7t^2$

$t^3 - 6t^2 + t - 6 = 0$, $(t-6)(t^2+1) = 0$

$t \geq 0$이므로 $t = 6$

즉, 두 점 P, Q의 위치가 같아지는 순간의 시각은 $t = 6$이다.

한편, 두 점 P, Q의 시각 t에서의 속도를 각각 v_1, v_2라 하면

$v_1 = \dfrac{dx_1}{dt} = 2t + 1$, $v_2 = \dfrac{dx_2}{dt} = -3t^2 + 14t$

두 점 P, Q의 시각 t에서의 가속도를 각각 a_1, a_2라 하면

$a_1 = \dfrac{dv_1}{dt} = 2$, $a_2 = \dfrac{dv_2}{dt} = -6t + 14$

시각 $t = 6$에서의 두 점 P, Q의 가속도가 각각 p, q이므로

$p = 2$, $q = -6 \times 6 + 14 = -22$

따라서 $p - q = 2 - (-22) = 24$

293 정답 ③

주어진 조건을 해석해보면 기울기가 양수인 직선 x_2가 삼차함수

x_1의 극대점을 지나고 접한다는 것을 알 수 있다.

삼차함수 $x_1(t)$의 도함수는 $x_1{}'(t) = -3t^2 + 12t$이고 $t = 4$에서

극대이다.

방정식 $-t^3 + 6t^2 = 0$의 세 근의 합이 6이므로

방정식 $-t^3 + 6t^2 = at + b$의 세 근의 합도 6이다.

($\because$ 삼차함수의 근과 계수와의 관계)

삼차함수와 직선의 접점의 t값을 k라 하면

$k + k + 4 = 6$이므로 $k = 1$이다.

따라서 $x_2(t) = at + b$는 접점 $(1, 5)$와 극대점 $(4, 32)$를

지난다.

$a + b = 5$, $4a + b = 32$이므로 $a = 9$, $b = -4$

$\therefore a - b = 13$

294 정답 31

$2k - 8 \leq \dfrac{f(k+2) - f(k)}{2} \leq 4k^2 + 14k$ ······㉠

에서

$2k - 8 = 4k^2 + 14k$

$k^2 + 3k + 2 = 0$, $(k+1)(k+2) = 0$

$k = -1$ 또는 $k = -2$

즉, ㉠에 $k = -1$을 대입하면

$-10 \leq \dfrac{f(1) - f(-1)}{2} \leq -10$

이므로 $f(1) - f(-1) = -20$ ······㉡

또, ㉠에 $k = -2$를 대입하면

$-12 \leq \dfrac{f(0) - f(-2)}{2} \leq -12$

이므로 $f(0) - f(-2) = -24$ ······㉢

삼차함수 $f(x)$의 최고차항의 계수가 1이므로

상수 a, b, c에 대하여

$f(x) = x^3 + ax^2 + bx + c$

로 놓으면 ㉡에서

$f(1) - f(-1) = (1 + a + b + c) - (-1 + a - b + c)$

$= 2 + 2b = -20$

$b = -11$

㉢에서

$f(0) - f(-2) = c - (-8 + 4a - 2b + c)$
$= 8 - 4a + 2 \times (-11) \ (\because b = -11)$
$= -4a - 14 = -24$
$a = \dfrac{5}{2}$

즉, $f(x) = x^3 + \dfrac{5}{2}x^2 - 11x + c$에서

$f'(x) = 3x^2 + 5x - 11$

이므로

$f'(3) = 3 \times 3^2 + 5 \times 3 - 11 = 31$

295 정답 15

[그림 : 최성훈T]

함수 $f(x)$가 최고차항의 계수가 1인 삼차함수이므로

$g(x) = \dfrac{f(x+1) - f(x)}{3}$라 하면 함수 $g(x)$는 최고차항의

계수가 1인 이차함수이다.

부등식의 양 끝값이 같은 경우는

$k = 1$, $k = 2$, $k = 3$이므로

직선 $y = |x - 2|$와 곡선 $y = (x-2)^4$은 그림과 같은 상황이다.

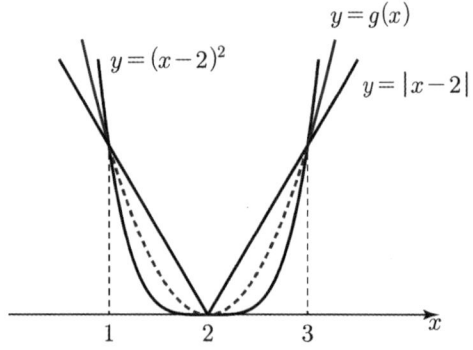

따라서 $g(x) = (x-2)^2$이다.

$\dfrac{f(x+1) - f(x)}{3} = (x-2)^2$

$f(x+1) - f(x) = 3(x-2)^2 \ \cdots\cdots \ \bigcirc$

$f'(x+1) - f'(x) = 6(x-2) \ \cdots\cdots \ \bigcirc$

$f(x) = x^3 + ax^2 + bx + c$라 하면 $f'(x) = 3x^2 + 2ax + b$이다.

$\bigcirc$의 양변에 $x = 0$을 대입하면

$f'(1) - f'(0) = -12 \rightarrow 3 + 2a = -12$에서 $a = -\dfrac{15}{2}$

$\bigcirc$의 양변에 $x = 0$을 대입하면

$f(1) - f(0) = 12 \rightarrow 1 - \dfrac{15}{2} + b = 12$에서 $b = \dfrac{37}{2}$이다.

그러므로

$f(x) = x^3 - \dfrac{15}{2}x^2 + \dfrac{37}{2}x + c$

$f'(x) = 3x^2 - 15x + \dfrac{37}{2}$

$f'(1) = 3 - 15 + \dfrac{37}{2} = \dfrac{13}{2}$

$p = 2$, $q = 13$이므로 $p + q = 15$이다.

296 정답 ⑤

삼차함수 $f(x)$의 최고차항의 계수가 1이고 $f(0) = 0$이므로

$f(x) = x^3 + px^2 + qx \ (p, q$는 상수)

로 놓을 수 있다.

이때

$f'(x) = 3x^2 + 2px + q$

삼차함수 $f(x)$는 실수 전체의 집합에서 연속이고

미분가능하므로

$\displaystyle\lim_{x \to a} \dfrac{f(x) - 1}{x - a} = 3$에서 $f(a) = 1$이고 $f'(a) = 3$이다.

한편, 곡선 $y = f(x)$ 위의 점 $(a, f(a))$에서의 접선의

방정식은

$y - f(a) = f'(a)(x - a)$이므로

$y = 3(x - a) + 1$, 즉 $y = 3x - 3a + 1$

이 접선의 y절편이 4이므로

$-3a + 1 = 4$에서 $a = -1$

이상에서 $f(-1) = 1$, $f'(-1) = 3$이므로

$f(-1) = -1 + p - q = 1$에서

$p - q = 2 \ \cdots\cdots \ \bigcirc$

$f'(-1) = 3 - 2p + q = 3$에서

$2p - q = 0 \ \cdots\cdots \ \bigcirc$

$\bigcirc$, $\bigcirc$을 연립하면

$p = -2$, $q = -4$이므로

$f(x) = x^3 - 2x^2 - 4x$

따라서 $f(1) = 1 - 2 - 4 = -5$

297 정답 ③

$\displaystyle\lim_{x \to a} \dfrac{f(x) - 1}{(x-a)^2} = 3 \rightarrow f(x) - 1 = (x-a)^2(x+b)$

라 할 수 있다.

$\displaystyle\lim_{x \to a} \dfrac{f(x) - 1}{(x-a)^2} = 3 \rightarrow a + b = 3 \ \cdots\cdots \ \bigcirc$

$b = 3 - a$이므로 $f(x) = (x-a)^2(x+3-a) + 1$

$f'(x) = 2(x-a)(x+3-a) + (x-a)^2$

에서 $f'(a) = 0$이고 $f(a) = 1$이므로

곡선 $y = f(x)$ 위의 점 $(a, f(a))$에서의 접선의 방정식은

$y = 1$이다.

따라서 직선 $y = 1$과 곡선 $y = (x-a)^2(x+3-a) + 1$로

둘러싸인 부분의 넓이는

$(x-a)^2(x+3-a) + 1 = 1$

$(x-a)^2(x+3-a) = 0 \rightarrow x = a$, $x = a - 3$

$\displaystyle\int_{a-3}^{a} |(x-a)^2(x+3-a)| dx = \dfrac{3^4}{12} = \dfrac{27}{4}$

298 정답 15

[그림 : 도정영T]

조건 (나)에서 방정식 $f(x) = k$의 서로 다른 실근의 개수가 3 이상인 실수 k이 존재하므로 삼차방정식 $f'(x) = 0$은 서로 다른 세 실근을 갖는다.

삼차방정식 $f'(x) = 0$의 서로 다른 세 실근을 각각 α, β, γ $(\alpha < \beta < \gamma)$라 하면 부등식 $f'(x) \leq 0$의 해가 $x \leq \alpha$ 또는 $\beta \leq x \leq \gamma$이므로 조건 (나)에 의하여 $\gamma = 2$

$f'(1) = 0$, $f'(2) = 0$에서 $b \neq 1$, $b < 2$인 상수 b에 대하여

$f'(x) = 4(x-1)(x-2)(x-b)$

$= 4x^3 - 4(b+3)x^2 + 4(3b+2)x - 8b$

로 놓으면

$f(x) = \int f'(x)dx$

$= x^4 - \dfrac{4}{3}(b+3)x^3 + 2(3b+2)x^2 - 8bx + C$ (C는 상수)

$f(0) = 0$에서 $C = 0$이므로

$f(x) = x^4 - \dfrac{4}{3}(b+3)x^3 + 2(3b+2)x^2 - 8bx$

$\cdots\cdots$ ㉠

이때 조건 (나)를 만족시키는 경우는 다음과 같다.

(i) $b < 1$이고 $f(b) < f(2)$인 경우

조건 (나)에 의하여 $f(2) = \dfrac{8}{3}$이어야 하므로 ㉠에서

$f(2) = 16 - \dfrac{32}{3}(b+2) + 8(3b+2) - 16b$

$\qquad = -\dfrac{8}{3}b = \dfrac{8}{3}$

$b = -1$

$f(x) = x^4 - \dfrac{8}{3}x^3 - 2x^2 + 8x$에서

$f(-1) = 1 + \dfrac{8}{3} - 3 - 8 = -\dfrac{19}{3} < \dfrac{8}{3}$이므로

조건을 만족시킨다.

따라서

$f(3) = 81 - 72 - 18 + 24 = 15$

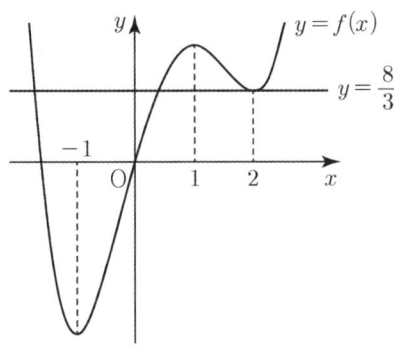

(ii) $b < 1$이고 $f(2) < f(b)$인 경우

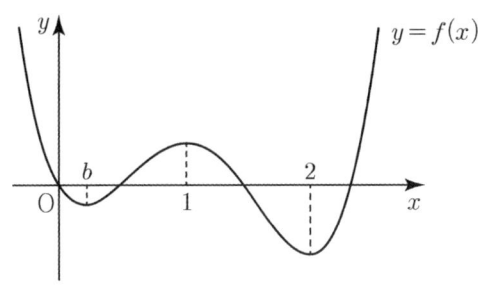

함수 $f(x)$는 $x = b$에서 극소이고 $f(0) = 0$이므로 $f(b) \leq 0$이다.

따라서 방정식 $f(x) = k$의 서로 다른 실근의 개수가 3 이상이 되도록 하는 실수 k의 최솟값은 0 또는 음수이므로 조건 (나)를 만족시키지 않는다.

(iii) $1 < b < 2$인 경우

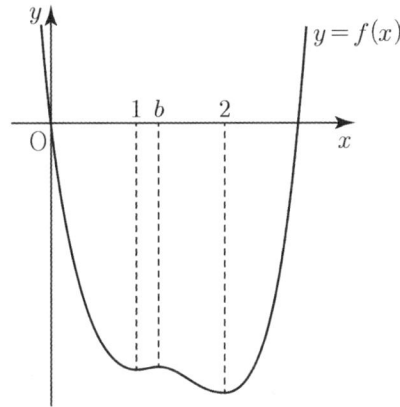

함수 $f(x)$는 $x = b$에서 극소이고 $f(0) = 0$이므로 $f(1) < 0$이다.

따라서 방정식 $f(x) = k$의 서로 다른 실근의 개수가 3 이상이 되도록 하는 실수 k의 최솟값은 음수이므로 조건 (나)를 만족시키지 않는다.

(i), (ii), (iii)에서 $f(3) = 15$이다.

299 정답 3

[그림 : 최성훈T]

[검토자 : 이진우T]

조건 (가)와 $f(2) = 0$에서 사차함수 $f(x)$는 $x = 2$에서 최솟값 0을 가진다.

따라서 $f(2) = 0$, $f'(2) = 0$이므로

$f(x) = (x-2)^2(x^2 + ax + b)$라 할 수 있다.

조건 (나)에서 함수 $f(x)$는 $x = 0$에서 극값을 갖고 조건 (다)를 만족시키는 사차함수 $f(x)$의 그래프 개형은 그림과 같다.

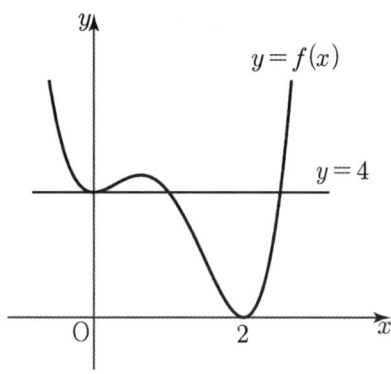

따라서 $f(0)=4$, $f'(0)=0$이다.

$f(0)=4b=4$

$\therefore\ b=1$

$f(x)=(x-2)^2(x^2+ax+1)$

$f'(x)=2(x-2)(x^2+ax+1)+(x-2)^2(2x+a)$

$f'(0)=-4+4a=0$

$\therefore\ a=1$

$f(x)=(x-2)^2(x^2+x+1)$

따라서 $f(1)=(-1)^2\times3=3$이다.

300 정답 ①

$x\le2$일 때, $f(x)=2x^3-6x+1$에서

$f'(x)=6x^2-6=6(x-1)(x+1)$

$f'(x)=0$의 해가 $x=-1$ 또는 $x=1$이다.

$f(-1)=5$, $f(1)=-3$, $f(2)=5$이므로 $x\le2$에서 함수 $f(x)$의 그래프는 다음과 같다.

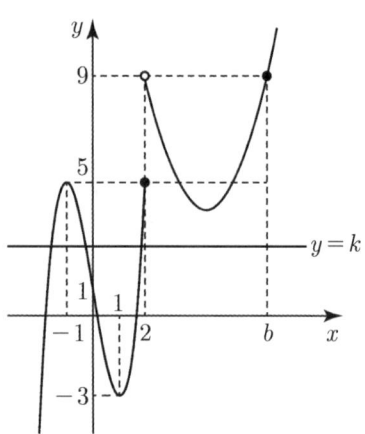

함수 $y=f(x)$의 그래프와 직선 $y=t$가 만나는 점의 개수가 $g(t)$이므로

$x>2$에서 $f(x)=a(x-2)(x-b)+9$는 a, b가 각각 자연수이므로 아래로 볼록한 그래프이고 최솟값을 m이라 할 때,

(i) $m>-3$이면

$g(k)=3$, $\displaystyle\lim_{t\to k-}g(t)=3$, $\displaystyle\lim_{t\to k+}g(t)=3$을 만족시키는 k의 값이 무수히 많으므로

$g(k)+\displaystyle\lim_{t\to k-}g(t)+\displaystyle\lim_{t\to k+}g(t)=9$을 만족시키는 실수 k의 개수가 1이어야 한다는 조건에 모순이다.

(ii) $m<-3$이면

$g(k)+\displaystyle\lim_{t\to k-}g(t)+\displaystyle\lim_{t\to k+}g(t)=9$을 만족시키는 실수 k의 개수가 존재하지 않으므로 조건에 모순이다.

따라서 $x>2$에서 $f(x)=a(x-2)(x-b)+9$의 최솟값은 -3이어야 한다.

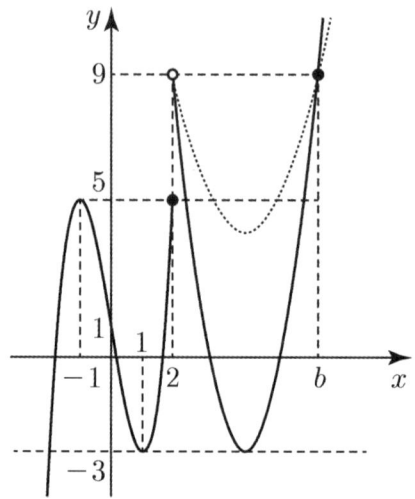

꼭짓점의 x좌표는 $\dfrac{b+2}{2}$이므로

$f(x)=a(x-2)(x-b)+9$ 에 $x=\dfrac{b+2}{2}$를 대입하면

$a\left(\dfrac{b+2}{2}-2\right)\left(\dfrac{b+2}{2}-b\right)+9=-3$이고 정리하면

$a(b-2)^2=48$이다.

가능한 자연수 a, b의 순서쌍은 $(48,\ 3)$, $(12,\ 4)$, $(3,\ 6)$의 3가지 경우만 존재한다.

따라서 $a+b$의 최댓값은 51이다.

301 정답 ②

[그림 : 배용제T]

$x<0$일 때, $g(x)=-(x+2)^2x^2+4$의 그래프는 그림과 같다.

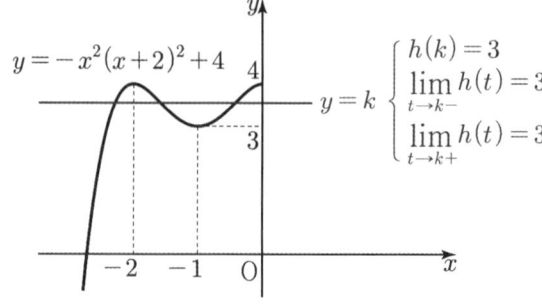

함수 $y=g(x)$의 그래프와 직선 $y=t$가 만나는 점의 개수가 $h(t)$이므로 이차함수 $f(x)$의 최솟값을 m이라 할 때,

(i) $m > 3$이면

$h(k) = 3$, $\displaystyle\lim_{t \to k-} h(t) = 3$, $\displaystyle\lim_{t \to k+} h(t) = 3$을 만족시키는 k의

값이 무수히 많으므로 조건에 모순이다.

(ii) $m < 3$이면

$h(k) + \displaystyle\lim_{t \to k-} h(t) + \lim_{t \to k+} h(t) = 9$을 만족시키는 실수 k의 개수가

많아야 1이므로 조건에 모순이다. …… ㉠

따라서 이차함수 $f(x)$의 최솟값은 3이어야 한다. …… ㉡

$h(3) = 3$, $\displaystyle\lim_{t \to 3-} h(t) = 1$, $\displaystyle\lim_{t \to 3+} h(t) = 5$이므로

$h(3) + \displaystyle\lim_{t \to 3-} h(t) + \lim_{t \to 3+} h(t) = 9$이다.

또한

$f(0) = 4$이면 $h(4) = 3$, $\displaystyle\lim_{t \to 4-} h(t) = 5$, $\displaystyle\lim_{t \to 4+} h(t) = 1$이므로

$h(4) + \displaystyle\lim_{t \to 4-} h(t) + \lim_{t \to 4+} h(t) = 9$

가 성립한다.

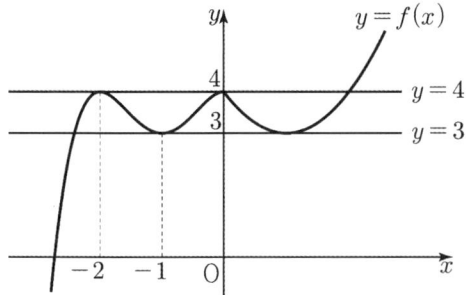

최고차항의 계수가 1이고 $f(0) = 4$이므로

$f(x) = x^2 + ax + 4 \, (a < 0)$이라 할 수 있다.

㉡에서 $f(x) = \left(x + \dfrac{a}{2}\right)^2 + 4 - \dfrac{a^2}{4}$

$4 - \dfrac{a^2}{4} = 3$

$a^2 = 4$

$\therefore \ a = -2$

따라서 $f(x) = x^2 - 2x + 4$

$g(3) = f(3) = 9 - 6 + 4 = 7$

[랑데뷰팁] – ㉠설명

최솟값이 3보다 작은 이차함수 $f(x)$의 축의 방정식을

$x = \alpha$라 할 때,

(i) $\alpha \le 0$일 때,

$f(0) < 3$이면 $h(3) = 3$, $\displaystyle\lim_{t \to 3-} h(t) = 2$, $\displaystyle\lim_{t \to 3+} h(t) = 4$이므로

$h(3) + \displaystyle\lim_{t \to 3-} h(t) + \lim_{t \to 3+} h(t) = 9$

으로 $h(k) + \displaystyle\lim_{t \to k-} h(t) + \lim_{t \to k+} h(t) = 9$을 만족시키는

$k = 3$뿐이다.

(ii) $\alpha > 0$일 때,

$f(0) = 4$이면 $h(4) = 3$, $\displaystyle\lim_{t \to 4-} h(t) = 5$, $\displaystyle\lim_{t \to 4+} h(t) = 1$이므로

$h(4) + \displaystyle\lim_{t \to 4-} h(t) + \lim_{t \to 4+} h(t) = 9$

으로 $h(k) + \displaystyle\lim_{t \to k-} h(t) + \lim_{t \to k+} h(t) = 9$을 만족시키는

$k = 4$뿐이다.

[추가 설명] – 정찬도T

(i) $x < 0$일 때, $g(x) = -(x+2)^2 x^2 + 4$의 그래프는 그림과 같다.

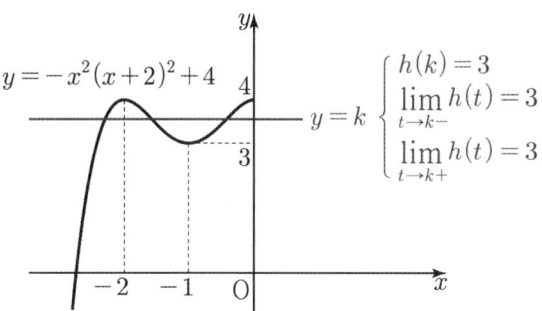

위의 그림은 $3 < k < 4$인 경우이고

$k > 4$일 때 $\begin{cases} h(t) = 0 \\ \displaystyle\lim_{t \to k-} h(t) = 0 \\ \displaystyle\lim_{t \to k+} h(t) = 0 \end{cases}$,

$k = 4$일 때 $\begin{cases} h(4) = 2 \\ \displaystyle\lim_{t \to 4-} h(t) = 3 \\ \displaystyle\lim_{t \to 4+} h(t) = 0 \end{cases}$

$k = 3$일 때 $\begin{cases} h(3) = 2 \\ \displaystyle\lim_{t \to 3-} h(t) = 1 \\ \displaystyle\lim_{t \to 3+} h(t) = 3 \end{cases}$,

$k < 3$일 때 $\begin{cases} h(t) = 1 \\ \displaystyle\lim_{t \to k-} h(t) = 1 \\ \displaystyle\lim_{t \to k+} h(t) = 1 \end{cases}$

(ii) $x > 0$일 때 이차함수 $f(x)$의 축의 방정식을 $x = \alpha$라 하자.

① $\alpha \le 0$

$k < f(0)$일 때, $\begin{cases} h(k) = 0 \\ \displaystyle\lim_{t \to k-} h(t) = 0 \\ \displaystyle\lim_{t \to k+} h(t) = 0 \end{cases}$,

$k = f(0)$일 때, $\begin{cases} h(k) = 0 \\ \displaystyle\lim_{t \to k-} h(t) = 0 \\ \displaystyle\lim_{t \to k+} h(t) = 1 \end{cases}$,

$k > f(0)$일 때, $\begin{cases} h(k) = 1 \\ \displaystyle\lim_{t \to k-} h(t) = 1 \\ \displaystyle\lim_{t \to k+} h(t) = 1 \end{cases}$

② $\alpha > 0$일 때, $f(x)$의 최솟값을 m이라 하자.

$k < m$일 때, $\begin{cases} h(k)=0 \\ \lim\limits_{t \to k-} h(t)=0 \\ \lim\limits_{t \to k+} h(t)=0 \end{cases}$,

$k = m$일 때, $\begin{cases} h(k)=1 \\ \lim\limits_{t \to k-} h(t)=0 \\ \lim\limits_{t \to k+} h(t)=2 \end{cases}$,

$m < k < f(0)$일 때, $\begin{cases} h(k)=2 \\ \lim\limits_{t \to k-} h(t)=2 \\ \lim\limits_{t \to k+} h(t)=2 \end{cases}$,

$k = f(0)$일 때, $\begin{cases} h(k)=1 \\ \lim\limits_{t \to k-} h(t)=2 \\ \lim\limits_{t \to k+} h(t)=1 \end{cases}$,

$k > f(0)$일 때, $\begin{cases} h(k)=1 \\ \lim\limits_{t \to k-} h(t)=1 \\ \lim\limits_{t \to k+} h(t)=1 \end{cases}$

302 정답 25

함수 $f(x)$의 도함수는 $f'(x) = -3x^2 + 2ax + 2$이다.

곡선 $y = f(x)$ 위의 점 $O(0, 0)$에서의 접선의 방정식은 $f'(0) = 2$이므로 $y = 2x$이다.

곡선 $y = f(x)$와 만나는 점 중 O가 아닌 점 A의 좌표는 $f(x) = 2x$

$x^3 - ax^2 = x^2(x-a) = 0$에서 $x = a$이므로 $A(a, 2a)$이다.

이때, 점 A가 OB를 지름으로 하는 원 위의 점이므로 점 A에서의 접선의 기울기는 $-\dfrac{1}{2}$이다.

따라서 $f'(a) = -a^2 + 2 = -\dfrac{1}{2}$

$\therefore a^2 = \dfrac{5}{2}$

점 A에서의 접선의 방정식은

$y = -\dfrac{1}{2}(x-a) + 2a = -\dfrac{1}{2}x + \dfrac{5}{2}a$

따라서 점 $B(5a, 0)$

$\overline{OA} = \sqrt{a^2 + (2a)^2} = \sqrt{5a^2} = \sqrt{5}\,a$

$\overline{AB} = \sqrt{(a-5a)^2 + (2a)^2} = \sqrt{20a^2} = 2\sqrt{5}\,a$

따라서 $\overline{OA} \times \overline{AB} = 10a^2 = 25$

[다른 풀이]-김가람T

$(\overline{OA} \times \overline{AB} = \overline{OB} \times A$의 y좌표$)$이므로

$5a \times 2a = 10a^2 = 25$

303 정답 125

[출제자 : 황보성호T]

$f(x) = x^3 - a^2 x$에서 $f'(x) = 3x^2 - a^2$

곡선 $y = f(x)$와 $y = -2x$가 만나는 점의 x좌표를 구하면 $f(x) = -2x$에서

$x^3 - (a^2 - 2)x = 0$, $x\{x^2 - (a^2 - 2)\} = 0$

$x = 0$ 또는 $x = \pm\sqrt{a^2 - 2}$이다.

점 A는 제2사분면의 점이므로 점 A의 x좌표는 $-\sqrt{a^2 - 2}$이다.

여기서 $\sqrt{a^2 - 2} = k$라 하면 점 A의 좌표는 $A(-k, 2k)$이다.

점 A가 선분 OB를 지름으로 하는 원 위의 점이므로

$\angle OAB = \dfrac{\pi}{2}$

이다. 즉, 두 직선 OA와 AB는 서로 수직이다.

이때, $f'(-k) = 3k^2 - a^2 = 3(a^2 - 2) - a^2 = 2a^2 - 6$

이므로 직선 AB의 기울기는 $2a^2 - 6$이다.

$-2 \times (2a^2 - 6) = -1$에서 $a^2 = \dfrac{13}{4}$

$a > \sqrt{2}$이므로 $a = \dfrac{\sqrt{13}}{2}$

점 A의 좌표는 $\left(-\dfrac{\sqrt{5}}{2}, \sqrt{5}\right)$이다.

곡선 $y = f(x)$ 위의 점 A에서의 접선의 방정식은

$y = \dfrac{1}{2}\left(x + \dfrac{\sqrt{5}}{2}\right) + \sqrt{5}$ ...... ㉠

㉠에 $y = 0$을 대입하면

$0 = \dfrac{1}{2}\left(x + \dfrac{\sqrt{5}}{2}\right) + \sqrt{5}$

$x = -\dfrac{5\sqrt{5}}{2}$

즉, 점 B의 좌표는 $\left(-\dfrac{5\sqrt{5}}{2}, 0\right)$이다.

따라서 $\overline{OA} = \sqrt{\left(-\dfrac{\sqrt{5}}{2}\right)^2 + \left(\sqrt{5}\right)^2} = \dfrac{5}{2}$

$\overline{AB} = \sqrt{\left(-\dfrac{\sqrt{5}}{2} + \dfrac{5\sqrt{5}}{2}\right)^2 + \left(\sqrt{5}\right)^2} = 5$

이므로

$10 \times \overline{OA} \times \overline{AB} = 10 \times \dfrac{5}{2} \times 5 = 125$

304 정답 ③

곡선 $y = f(x)$ 위의 점 $(2, 3)$에서의 접선이 점 $(1, 3)$을 지나므로

$f(x) - 3 = (x-a)(x-2)^2$

$f(x) = (x-a)(x-2)^2 + 3$ (단, a는 상수)

이때

$f'(x) = (x-2)^2 + 2(x-a)(x-2)$

이므로 곡선 $y=f(x)$ 위의 점 $(-2, f(-2))$에서의 접선의
방정식은
$$y-f(-2)=f'(-2)(x+2)$$
이 접선이 점 $(1, 3)$을 지나므로
$$3-f(-2)=f'(-2)(1+2)$$
$$3-f(-2)=3f'(-2)$$
$$3-\{16(-2-a)+3\}=3\{16-8(-2-a)\}$$
$$3-(-29-16a)=3(32+8a)$$
$$32+16a=96+24a,\ 8a=-64$$
즉, $a=-8$이므로
$$f(x)=(x+8)(x-2)^2+3$$
따라서
$$f(0)=8(-2)^2+3$$
$$=35$$

305 정답 ①

곡선 $y=f(x)$ 위의 점 $(3, 4)$에서의 접선이 점 $(2, 4)$를
지나므로 점 $(3, 4)$의 접선은 $y=4$이다. $y=4$와 곡선
$y=f(x)$가 만나는 점의 x좌표를 $x=\alpha$라 하면
$f(x)=(x-3)^2(x-\alpha)+4$라 할 수 있다.
$$f(0)=-9\alpha+4$$
$$f'(x)=2(x-3)(x-\alpha)+(x-3)^2$$에서
$$f'(0)=6\alpha+9$$
따라서 $(0, -9\alpha+4)$을 지나고 기울기가 $6\alpha+9$인 직선이
$(2, 4)$를 지난다.
$$y=(6\alpha+9)x-9\alpha+4$$
$$4=(12\alpha+18)-9\alpha+4$$
$$3\alpha=-18$$
$$\alpha=-6$$
따라서 $f(x)=(x-3)^2(x+6)+4$
그러므로 $f(2)=8+4=12$이다.

306 정답 ③

[그림 : 서태욱T]
$$f(x)=\begin{cases}-\dfrac{1}{3}x^3-ax^2-bx & (x<0) \\ \dfrac{1}{3}x^3+ax^2-bx & (x\geq 0)\end{cases}$$
에서
$$f'(x)=\begin{cases}-x^2-2ax-b & (x<0) \quad\cdots\cdots ㉠ \\ x^2+2ax-b & (x>0) \quad\cdots\cdots ㉡\end{cases}$$
이다.
함수 $f(x)$가 $x=-1$의 좌우에서 감소하다가 증가하고, 함수
$f(x)$가 $x=-1$에서 미분가능하므로 $f'(-1)=0$이다. $\cdots\cdots$
①
㉠에서 $-1+2a-b=0$, $b=2a-1$

따라서 $a+b=3a-1$이다. $\cdots\cdots ㉢$

함수 $f'(x)$의 그래프는 $(0, -b)$를 지나므로 두 곡선
$y=-x^2-2ax-b$와 $y=x^2+2ax-b$의 그래프에서
$(0, -b)$의 위치는 다음 두 가지 경우이다.

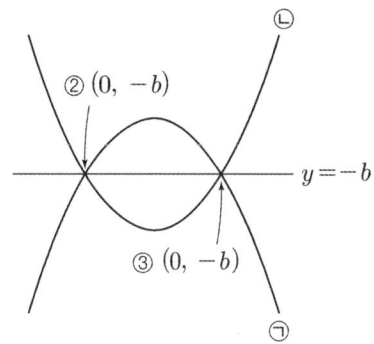

②의 경우

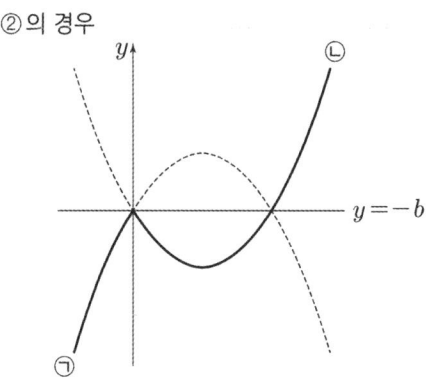

③의 경우

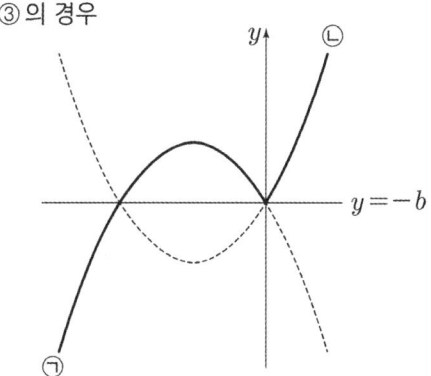

따라서
함수 $f'(x)$는 $f'(-1)=0$, $f'(0)=-b$을 만족시키므로
$f'(x)$의 그래프 개형은 ① $\cap$ ② 또는 ① $\cap$ ③인 경우에서
㉢의 a범위를 구하자.
(i) ① $\cap$ ②인 경우
$b=2a-1$이므로 다음 그림과 같다.

②의 경우

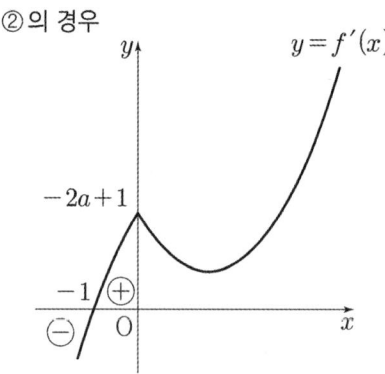

㉡의 $f'(x)=x^2+2ax-b=x^2+2ax-2a+1$에서

$y=x^2+2ax-2a+1=(x+a)^2-a^2-2a+1$

의 꼭짓점은 $(-a, -a^2-2a+1)$이고

꼭짓점의 x좌표가 양수이므로 $-a>0$에서 $a<0$이다.

꼭짓점의 y좌표가 0이상이므로 $-a^2-2a+1 \geq 0$이다.

$a^2+2a-1 \leq 0$

$-1-\sqrt{2} \leq a \leq -1+\sqrt{2}$

이다.

따라서 $-1-\sqrt{2} \leq a < 0$

(ii) ① ∩ ③인 경우

$b=2a-1$이므로 다음 그림과 같다.

③의 경우

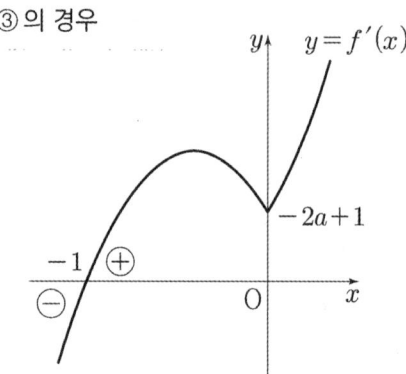

㉠의 $f'(x)=-x^2-2ax-b=-x^2-2ax-2a+1$에서

$y=-x^2-2ax-2a+1=-(x+a)^2+a^2-2a+1$

에서 꼭짓점은 $(-a, a^2-2a+1)$이고 꼭짓점의 x좌표가

0이하이므로 $-a \leq 0$에서 $a \geq 0$이다.

$y=f'(x)$의 y절편이 0이상이므로 $-2a+1 \geq 0$에서

$a \leq \frac{1}{2}$이다.

따라서 $0 \leq a \leq \frac{1}{2}$이다.

(i), (ii)에서 조건을 만족시키는 a의 범위는

$-1-\sqrt{2} \leq a \leq \frac{1}{2}$이다.

㉡에서 $a+b=3a-1$의 값의 최댓값은 $a=\frac{1}{2}$일 때 $\frac{1}{2}$,

최솟값은 $a=-1-\sqrt{2}$일 때 $-4-3\sqrt{2}$이다.

$\therefore M-m=\frac{1}{2}-(-4-3\sqrt{2})=\frac{9}{2}+3\sqrt{2}$

307 정답 ④

[그림 : 최성훈T]

$f(x)=\begin{cases} x^3+ax^2+bx+c & (x<0) \\ -x^3-ax^2+bx+c & (x \geq 0) \end{cases}$에서

$f'(x)=\begin{cases} 3x^2+2ax+b & (x<0) \\ -3x^2-2ax+b & (x \geq 0) \end{cases}$이고

$g_1(x)=3x^2+2ax+b$, $g_2(x)=-3x^2-2ax+b$라 하면

두 이차함수 $g_1(x)$와 $g_2(x)$는 축의 방정식이 $x=-\frac{a}{3}$로

동일하고 $y=b$에 서로 선대칭인 함수이다. ···㉠

정의역에 $x=2$를 포함하는 함수는 $g_2(x)$이고 $x=2$를 경계로

증감이 변하므로 $g_2(2)=0$이다.

$g_2(2)=-12-4a+b=0$

$\therefore b=4a+12$

함수 $g_2(x)$는 $x>2$일 때, $g_2(x)<0$이므로

$x<2$일 때, $f'(x)<0$이다.

따라서 구간 $[2, \infty)$에서 감소한다.

이제 $x \leq 2$일 때, $f'(x) \geq 0$가 되도록 하면 된다.

(i) ㉠에서 $0 <$ 축 ≤ 2일 때,

즉, $0 < -\frac{a}{3} \leq 2$에서 $-6 \leq a < 0$일 때

$x<2$에서 $f'(x)$의 최솟값은 $f'(0)=b$이다.

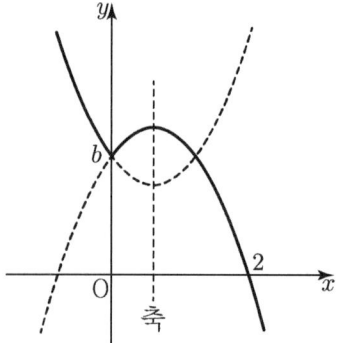

따라서 $b \geq 0$이면 된다.

$4a+12 \geq 0$에서 $a \geq -3$이다.

그러므로 $-3 \leq a < 0$

(ii) ㉠에서 축 ≤ 0일 때,

즉, $-\frac{a}{3} \leq 0$에서 $a \geq 0$일 때

$x<2$에서 $f'(x)$의 최솟값은 함수 $g_1(x)$의 최솟값이다.

따라서 방정식 $g_1(x)=0$의 실근이 없거나 중근을 가지면 된다.

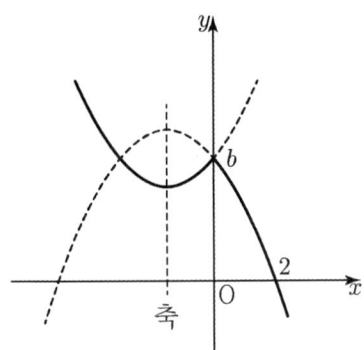

$D/4 = a^2 - 3b \leq 0$

$a^2 - 3(4a + 12) \leq 0$

$a^2 - 12a - 36 \leq 0$

$6 - 6\sqrt{2} \leq a \leq 6 + 6\sqrt{2}$

그러므로 $0 \leq a \leq 6 + 6\sqrt{2}$

(i), (ii)에서 $-3 \leq a \leq 6 + 6\sqrt{2}$ ···ⓛ

한편,

$f(1) = -1 - a + b + c$

$\quad = -1 - a + (4a + 12) + c$

$\quad = 3a + 11 + c$

ⓛ에서

$-3 \leq a \leq 6 + 6\sqrt{2}$

$-9 \leq 3a \leq 18 + 18\sqrt{2}$

$2 \leq 3a + 11 \leq 29 + 18\sqrt{2}$

$2 + c \leq f(1) \leq 29 + 18\sqrt{2} + c$이다.

$M = 29 + 18\sqrt{2} + c$, $m = 2 + c$이므로

$M - m = 27 + 18\sqrt{2} = 9(3 + 2\sqrt{2})$

308 정답 ⑤

$f(x) \geq g(x)$

$x^3 - x + 6 \geq x^2 + a$

$x^3 - x^2 - x \geq a - 6$

$h(x) = x^3 - x^2 - x$라 하자.

$h'(x) = 3x^2 - 2x - 1 = (3x + 1)(x - 1)$

$x \geq 0$의 범위에서 $h(x)$는 $x = 1$에서 최솟값을 가지므로

$h(1) \geq a - 6$이면 주어진 부등식을 만족한다.

$h(1) = 1 - 1 - 1 = -1 \geq a - 6$

$\therefore a \leq 5$

309 정답 ②

$f(x) \geq g(x)$

$-x^3 + 4x \geq 2x^2 + a$

$x^3 + 2x^2 - 4x + a \leq 0$

$h(x) = x^3 + 2x^2 - 4x + a$라 하면

$x \leq 0$에서 $h(x)$의 최댓값이 0이하이면 된다.

$h'(x) = 3x^2 + 4x - 4$

$\quad = (3x - 2)(x + 2)$

$h'(x) = 0$의 해가 $x = -2$ 또는 $x = \dfrac{2}{3}$이므로

함수 $h(x)$는 $x = -2$에서 극댓값을 갖는다.

$x \leq 0$에서 함수 $h(x)$의 최댓값은 $h(-2)$이다.

그러므로 $h(-2) \leq 0$

$h(-2) = -8 + 8 + 8 + a \leq 0$

$a \leq -8$

310 정답 ⑤

$f(x) = ax^3 + bx^2 + cx + d$라 하면 $f(0) = 0$이므로 $d = 0$,

$y = xf(x)$가 점 $(1, 2)$를 지나므로 $f(1) = 2$에서

$a + b + c = 2$, $f'(x) = 3ax^2 + 2bx + c$에서 $(0, 0)$에서의

접선의 방정식은 $y = f'(0)x$이고, $y = xf(x)$에서

$(1, 2)$에서의 접선의 방정식은

$y = \{f(1) + f'(1)\}(x - 1) + 2$이다.

두 접선이 일치하므로 $f'(0) = f(1) + f'(1)$이고,

$-f(1) - f'(1) + 2 = 0$이므로 $f'(1) = 0$, $f'(0) = 2$, $f(1) = 2$,

이므로 $3a + 2b = -2$, $a + b + c = 2$이다. 따라서 $a = -2$,

$b = 2$, $c = 2$이므로 $f'(2) = -14$이다.

311 정답 ①

$(0, 0)$이 $y = f(x)$위의 점이므로 $f(0) = 0$ ···㉠

$(1, -1)$이 $y = f(x) + x$위의 점이므로 $f(1) = -2$ ···ⓛ

곡선 $y = f(x)$위의 점 $(0, 0)$에서의 접선의 방정식은

$y = f'(0)x$

곡선 $y = f(x) + x$위의 점 $(1, -1)$에서의 접선의 방정식은

$y' = f'(x) + 1$이므로

$y = \{f'(1) + 1\}(x - 1) - 1$

$\quad = \{f'(1) + 1\}x - f'(1) - 2$

이다.

두 직선이 일치하므로

$f'(0) = f'(1) + 1$, $-f'(1) - 2 = 0$에서

$f'(1) = -2$, $f'(0) = -1$이다. ···ⓒ

삼차함수 $f(x) = ax^3 + bx^2 + cx + d$라 하면

㉠에서 $d = 0$이다.

$f(x) = ax^3 + bx^2 + cx$에서 $f'(x) = 3ax^2 + 2bx + c$이다.

ⓒ에서

$c = -1$, $3a + 2b - 1 = -2$

$3a + 2b = -1$

$f(x) = ax^3 + bx^2 - x$이고 ⓛ에서 $a + b - 1 = -2$

$a + b = -1$

따라서 $a=1$, $b=-2$
그러므로 $f(x)=x^3-2x^2-x$
$f(2)=8-8-2=-2$

312 정답 21

[그림 : 이정배T]

함수 $y=f(x)$와 $y=-x$의 그래프는 다음 그림과 같다.

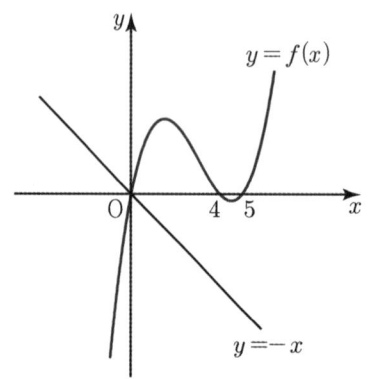

(i) $x>0$일 때, $f(x)+x>0$이므로
$f(x)+f(x)+x=6x+k$
$2f(x)-5x=k$
$g_1(x)=2f(x)-5x$라 하면
$g_1(x)=x^3-9x^2+15x$이므로
$g_1{}'(x)=3x^2-18x+15$
$\qquad =3(x-1)(x-5)$
따라서 $g_1(1)=7$, $g_1(5)=-25$
그러므로 $x>0$일 때, 곡선 $y=g_1(x)$는 $(1, 7)$, $(5, -25)$이
극대, 극소점인 삼차함수 그래프의 일부이다.
(ii) $x<0$일 때, $f(x)+x<0$이므로
$f(x)-f(x)-x=6x+k$
$-7x=k$
$g_2(x)=-7x$라 하자.

(i), (ii)에서 $g(x)=\begin{cases} g_1(x) & (x>0) \\ 0 & (x=0) \\ g_2(x) & (x<0) \end{cases}$ 라 두면

$y=g(x)$와 $y=k$가 서로 다른 네 점에서 만나도록 k의 값을
정하면 된다.

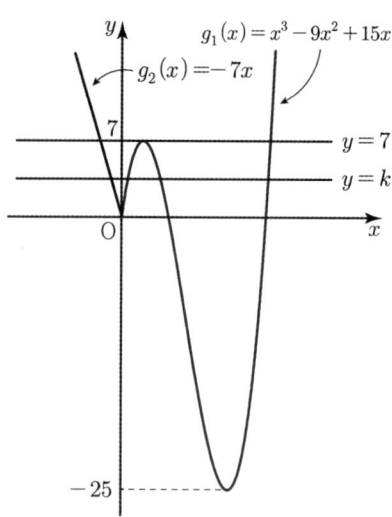

따라서 $0<k<7$
그러므로 만족하는 모든 정수 k값의 합은
$1+2+3+4+5+6=21$

313 정답 10

[그림 : 배용제T]

$y=f(x)$와 $y=x$의 교점의 x좌표는
$-x^2+2=x$
$x^2+x-2=0$
$(x+2)(x-1)=0$
$x=-2$ 또는 $x=1$

$y=f(x)$와 $y=-x$의 교점의 x좌표는
$-x^2+2=-x$
$x^2-x-2=0$
$(x-2)(x+1)=0$
$x=-1$ 또는 $x=2$
따라서 열린구간 $(-2, 2)$에서 방정식
$|f(x)+x|-|f(x)-x|=2x-f(x)+t$는 다음과 같다.
(i) $-2<x<-1$일 때, $f(x)+x<0$, $f(x)-x>0$이므로
$-f(x)-x-f(x)+x=2x-f(x)+t$
$-f(x)-2x=t$
$x^2-2x-2=t$
(ii) $-1\le x<1$일 때, $f(x)+x>0$, $f(x)-x>0$이므로
$f(x)+x-f(x)+x=2x-f(x)+t$
$f(x)=t$
$-x^2+2=t$
(iii) $1\le x<2$일 때, $f(x)+x>0$, $f(x)-x<0$
$f(x)+x+f(x)-x=2x-f(x)+t$
$3f(x)-2x=t$
$-3x^2-2x+6=t$
(i), (ii), (iii)에서
방정식

$|f(x)-x|+|f(x)-x|=2x-f(x)+t$의 해의 개수는

$$h(x)=\begin{cases} x^2-2x-2 & (-2<x<-1) \\ -x^2+2 & (-1\le x<1) \\ -3x^2-2x+6 & (1\le x<2) \end{cases}$$

일 때, $y=h(x)$와 $y=t$의 교점의 개수와 같다.

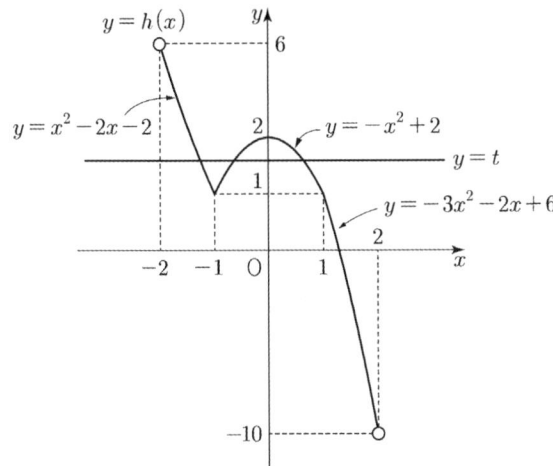

따라서 함수 $g(t)$의 그래프는 다음 그림과 같다.

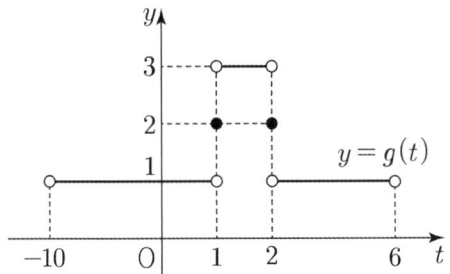

$\lim\limits_{t\to\alpha-}g(t)-\lim\limits_{t\to\beta-}g(t)=2$가 되기 위해서는 $\lim\limits_{t\to\alpha-}g(t)=3$,

$\lim\limits_{t\to\beta-}g(t)=1$이어야 한다.

그러므로 α의 최댓값은 2, β의 최댓값은 6이다.

$\therefore\ M_1=2,\ M_2=6$

$2M_1+M_2=4+6=10$

314 정답 ③

[그림 : 이정배T]

(가) 조건에 의해 $xg(x)=|xf(x-p)+qx|$이므로

$g(x)=\dfrac{|x||f(x-p)+q|}{x}\ (x\ne0)$이고

$g(x)$는 $x=0$에서도 연속이어야 하므로

$\lim\limits_{x\to0+}g(x)=\lim\limits_{x\to0-}g(x)=g(0)$

$\lim\limits_{x\to0+}g(x)=\lim\limits_{x\to0+}|f(x-p)+q|=|f(-p)+q|$,

$\lim\limits_{x\to0-}g(x)=\lim\limits_{x\to0-}|f(x-p)+q|=-|f(-p)+q|$에서

$f(-p)+q=0$

$\therefore\ f(-p)=-q$

이므로 $g(0)=0$으로 $g(x)$는 원점을 지난다.

따라서

$$g(x)=\begin{cases} \dfrac{|x||f(x-p)+q|}{x} & (x\ne0) \\ g(0) & (x=0) \end{cases}$$

$$=\begin{cases} |f(x-p)+q| & (x>0) \\ g(0) & (x=0) \\ -|f(x-p)+q| & (x<0) \end{cases}$$

한편,

$f(x)=x^3-3x^2-9x-12$

$f'(x)=3x^2-6x-9$

$\qquad=3(x+1)(x-3)$

x		-1		3	
$f'(x)$	$+$	0	$-$	0	$+$
$f(x)$	↗	-7	↘	-39	↗

이므로 함수 $f(x)$의 그래프는 다음과 같다.

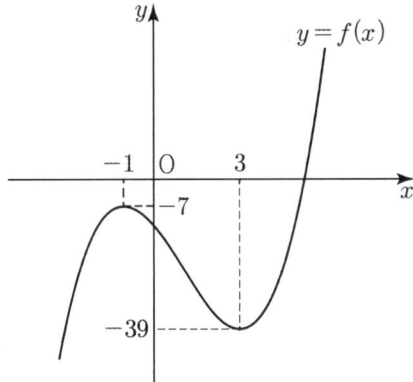

$f(x-p)+q$는 $f(x)$의 그래프를 x축의 방향으로 p, y축의 방향으로 q만큼 평행이동한 그래프이다. p와 q가 모두 양수이므로 $g(x)$의 그래프에서 미분불가능한 점이 1개가 되기 위해선 $f(x)$의 극점이 원점에 올 경우이며, 극점인 $(-1,\ -7)$이 원점으로 오기 위해선 $p=1$, $q=7$이 되어야 하고 $g(x)$의 그래프는 다음과 같다.

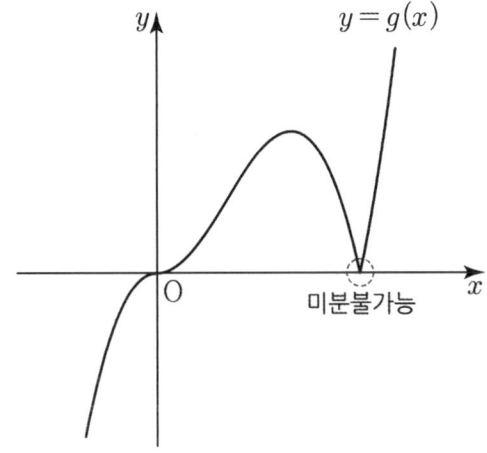

$$\therefore p+q = 1+7 = 8$$

315 정답 ②

[그림 : 이정배T]

$xg(x) = |xf(|x|-p)+qx|$ 에서

$xg(x) = |x||f(|x|-p)+q|$ 이다.

따라서 $g(x)=\begin{cases} \dfrac{|x||f(|x|-p)+q|}{x} & (x \neq 0) \\ g(0) & (x=0) \end{cases}$

실수 전체의 집합에서 함수 $g(x)$가 미분가능이므로 실수 전체의 집합에서 함수 $g(x)$는 연속이다. 따라서

$$\lim_{x \to 0+} g(x) = \lim_{x \to 0-} g(x) = g(0) \text{이어야 한다.}$$

$$\lim_{x \to 0+} g(x) = \lim_{x \to 0+} |f(x-p)+q| = |f(-p)+q|,$$

$$\lim_{x \to 0-} g(x) = \lim_{x \to 0-} -|f(-x-p)+q| = -|f(-p)+q| \text{이므}$$

로

$$\lim_{x \to 0+} g(x) = \lim_{x \to 0-} g(x) \text{에서}$$

$$|f(-p)+q| = -|f(-p)+q|$$

$$|f(-p)+q| = 0$$

$$f(-p)+q = 0$$

$$\therefore f(-p) = -q$$

$$\lim_{x \to 0+} g(x) = \lim_{x \to 0-} g(x) = 0 \text{이므로}$$

$g(0) = 0$ 이다.

그러므로

$g(x)=\begin{cases} |f(x-p)+q| & (x \geq 0) \\ -|f(-x-p)+q| & (x < 0) \end{cases}$ 이다.

따라서 $g(-x) = -g(x)$이 성립한다. 즉, 함수 $g(x)$는 원점대칭이므로 그래프는 $x \geq 0$인 부분을 그린 후 $x < 0$인 부분은 $x \geq 0$인 부분을 원점 대칭이동한 그래프이다.

사차함수 $f(x)$의 그래프는 다음 그림과 같다.

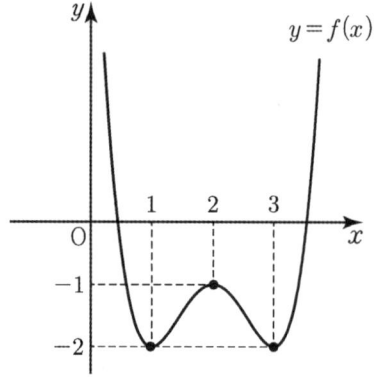

함수 $g(x)$가 원점을 지나고 $x \geq 0$에서 $|f(x-p)+q|$ 가 미분가능하기 위해서는

$p = -1$, $q = 2$ 또는 $p = -3$, $q = 2$이어야 한다.

$p = -3$, $q = 2$인 경우는 함수 $g(x)$가 실수 전체의 집합에서 증가하므로 역함수가 존재하게 된다. 따라서 $p = -1$, $q = 2$뿐이다.

$p = -1$, $q = 2$일 때, 함수 $g(x)$의 그래프는 다음 그림과 같다.

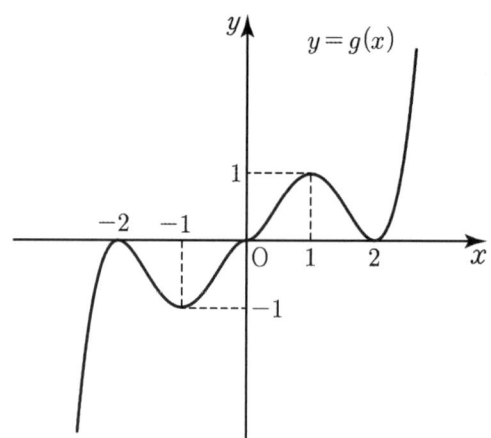

$y = g(x)$와 $y = t$의 교점의 x좌표를 a라 할 때, $g'(a) \neq 0$인 $x = a$에서 미분가능하지 않으므로 t값에 따른 함수 $h(t)$는 다음과 같다.

$$h(t)=\begin{cases} 1 & (x \leq -1) \\ 3 & (-1 < x < 0) \\ 0 & (x=0) \\ 3 & (0 < x < 1) \\ 1 & (x \geq 1) \end{cases}$$

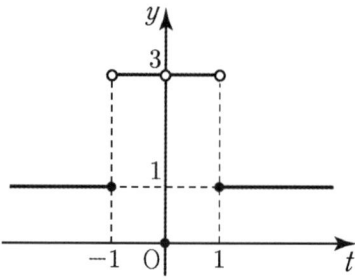

그러므로

$$\lim_{t \to p+} h(t) + h(q) = \lim_{t \to -1+} h(t) + h(2) = 3+1 = 4$$

316 정답 ①

$$\lim_{x \to 0} \frac{f(x)+g(x)}{x} = 3 \text{에서}$$

$f(0) + g(0) = 0$이고 $f'(0) + g'(0) = 3$

$$\lim_{x \to 0} \frac{f(x)+3}{xg(x)} = 2 \text{에서} \ f(0) = -3 \text{이고}$$

$f'(0) + g'(0) = 3$이므로 $g(0) = 3$, $\dfrac{f'(0)}{g(0)} = 2$, $f'(0) = 6$,

$g'(0) = -3$

$h'(0) = f'(0)g(0) + f(0)g'(0) = 6 \times 3 - 3 \times -3 = 27$

317 정답 ②

$$\lim_{x \to 1} \frac{f(x)+g(x)}{x-1} = 2 \text{에서} \ f(1)+g(1) = 0 \cdots \text{㉠ 이므로}$$

$h(x) = f(x) + g(x)$라 두면 $h(1) = 0$

$$\lim_{x \to 1} \frac{h(x)-h(1)}{x-1} = h'(1) = 2$$

즉, $f'(1)+g'(1)=2 \cdots \text{ⓛ}$

$\lim_{x \to 1} \dfrac{g(x)+2}{(x-1)f(x)} = 3$에서 $g(1)=-2$이므로 ㉠에서 $f(1)=2$

$\lim_{x \to 1} \dfrac{g(x)+2}{(x-1)f(x)} = \lim_{x \to 1} \dfrac{g(x)-g(1)}{(x-1)f(x)} = g'(1) \times \dfrac{1}{f(1)}$

$= \dfrac{g'(1)}{2} = 3$

따라서 $g'(1)=6$이다.

ⓛ에서 $f'(1)=-4$

그러므로

$f(1)=2$, $g(1)=-2$, $f'(1)=-4$, $g'(1)=6$

$k(x)=f(x)g(x)$라 두면 $k(1)=f(1)g(1)=-4$이므로

$\lim_{x \to 1} \dfrac{f(x)g(x)+4}{x-1}$

$= \lim_{x \to 1} \dfrac{k(x)-k(1)}{x-1}$

$=k'(1)$

$=f'(1)g(1)+f(1)g'(1)$

$=(-4) \times (-2) + 2 \times 6$

$=8+12=20$

318 정답 ②

대칭축이 $x=1$이므로

$f(x)=a(x-1)^2+b$라 하면

$f'(x)=2ax-2a=2a(x-1)$이다.

그래프가 아래와 같이 그려지므로 $a \geq 0$, $x \leq 1$인 경우에만 판별식을 사용하여 확인해주면 된다.

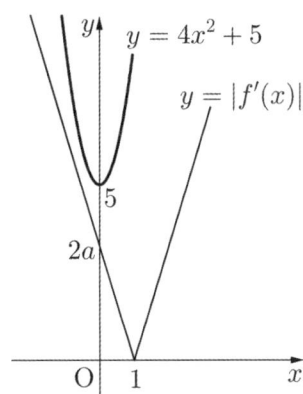

$|f'(x)| \leq 4x^2+5$

$-2ax+2a \leq 4x^2+5$

$4x^2+2ax-2a+5 \geq 0$에서

$D/4 - a^2 - 4(-2a+5) \leq 0$

$a^2+8a-20 \leq 0$

$(a-2)(a+10) \leq 0$

$-10 \leq a \leq 2$이므로 a의 최댓값은 2이다.

319 정답 ③

$g(x) = \dfrac{1}{4}|x|^3(|x|-1)+8$ 의 개형을 그리기 위해서

$s(x) = \dfrac{1}{4}x^3(x-1)+8$ 라 하자.

$s(x) = \dfrac{1}{4}x^4 - \dfrac{1}{4}x^3+8$, $s'(x) = x^3 - \dfrac{3}{4}x^2 = x^2\left(x - \dfrac{3}{4}\right)$

〈그림1〉참조

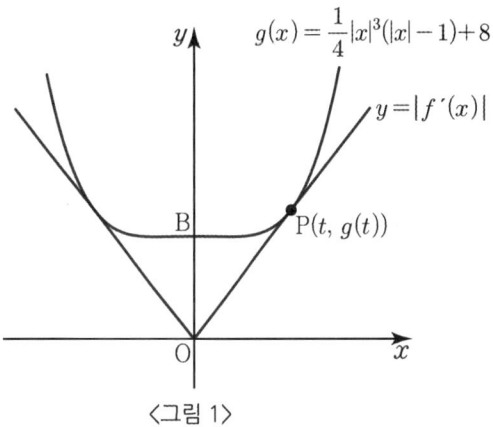

〈그림 1〉

〈그림1〉의 $g(x) = \dfrac{1}{4}|x|^3(|x|-1)+8$의 그래프는

$s(x) = \dfrac{1}{4}x^3(x-1)+8$을 $x \geq 0$을 그린후 y축대칭시킨

그림을 같이 그려주면 된다.

이 때, $f(x) = ax^2+b$ ($\because f(-x)=f(x)$)라 놓으면,

$f'(x) = 2ax$이므로,

$|f'(x)|$의 그래프는 〈그림1〉과 같이

함수 $g(x) = \dfrac{1}{4}|x|^3(|x|-1)+8$에 접할 때,

a의 최댓값이 나온다.

따라서 원점과 접점 $\text{P}(t, g(t))$ 에서 $\overline{\text{OP}}$ 의 기울기는 $g'(t)$와 같으므로,

$\dfrac{\frac{1}{4}t^4 - \frac{1}{4}t^3+8}{t-0} = t^3 - \dfrac{3}{4}t^2$ 이므로,

$\dfrac{3}{4}t^4 - \dfrac{2}{4}t^3 - 8 = 0$ 이므로, $3t^4 - 2t^3 = 32$ 이므로, $t=2$

임을 알 수 있다.

따라서 $2a = g'(2)$ 이므로, $2a = 8 - \dfrac{3}{4} \times 4$ 이므로,

$a = \dfrac{5}{2}$일 때, 최대임을 알 수 있다.

320 정답 ③

$2x^3+6x^2 = -a$에서

두 함수 $y=2x^3+6x^2$과 $y=-a$가 $-2 \leq x \leq 2$에서 서로 다른 두 점에서 만나게 하면 된다.

$y = 2x^3+6x^2$

$y' = 6x^2 + 12x = 6x(x+2)$

증감표를 작성하면

x	$\cdots$	-2	$\cdots$	0	$\cdots$	2
y'	$+$	0	$-$	0	$+$	$+$
y	↗	8	↘	0	↗	40

따라서

$0 < -a \le 8$일 때, $y = -a$가

$y = 2x^3 + 6x^2$와 $-2 \le x \le 2$에서 서로 다른 두 점에서 만난다.

따라서

$-8 \le a < 0$이므로 정수의 개수는 8이다.

321 정답 7

$f(x) = 2x^4 - 4x^2 + k$

$f'(x) = 8x^3 - 8x = 8x(x^2 - 1)$

$f'(x) = 0$의 해는 $x = -1$, $x = 0$, $x = 1$이다.

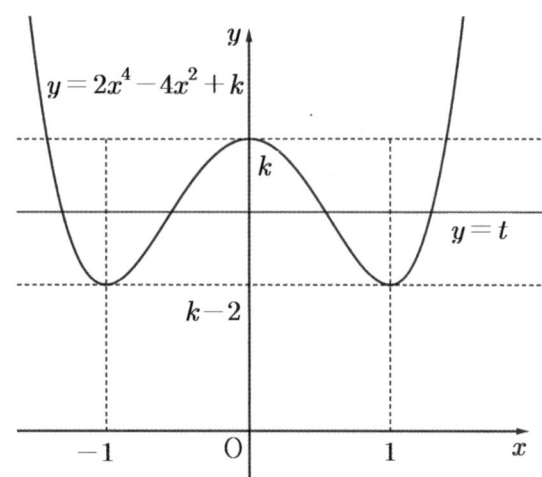

$f(-1) = f(1) = k - 2$, $f(0) = k$

따라서 함수 $f(x) = 2x^4 - 4x^2 + k$의 그래프가 직선 $y = t$와 만나는 서로 다른 점의 개수가 4가 되게 하는 t의 범위는

$k - 2 < t < k$이다.

정수 t의 최솟값이 6이기 위해서는 $5 \le k - 2 < 6$이다.

따라서 $7 \le k < 8$

그러므로 k의 최솟값은 7이다.

322 정답 3

x의 값이 0에서 a까지 변할 때의 평균변화율은

$$\frac{f(a) - f(0)}{a - 0} = \frac{a^3 - 3a^2 + 5a}{a} = a^2 - 3a + 5$$

$f'(x) = 3x^2 - 6x + 5$이므로 $f'(2) = 12 - 12 + 5 = 5$

따라서

$a^2 - 3a + 5 = 5$

$a(a - 3) = 0$

$a = 3$

323 정답 ②

$f(x) = f\left(\dfrac{1}{2}x + 1\right) + x^2 + kx$에서 $x = \dfrac{1}{2}x + 1$의

해는 $x = 2$이므로 양변에 $x = 2$을 대입하면

$f(2) = f(2) + 4 + 2k \rightarrow \therefore k = -2$

$f(x) = f\left(\dfrac{1}{2}x + 1\right) + x^2 - 2x$의 양변에

(i) $x = 3$을 대입하면

$f(3) = f\left(\dfrac{3}{2} + 1\right) + 9 - 6 = f\left(\dfrac{5}{2}\right) + 3$

(ii) $x = 4$을 대입하면

$f(4) = f(2 + 1) + 16 - 8 = f(3) + 8$

(iii) $x = 6$을 대입하면

$f(6) = f(3 + 1) + 36 - 12 = f(4) + 24$

(i), (ii), (iii)에서 $f(6) = f\left(\dfrac{5}{2}\right) + 35$이므로

함수 $f(x)$에서 x의 값이 $\dfrac{5}{2}$에서 6까지 변할 때의 평균

변화율은

$$\frac{f(6) - f\left(\dfrac{5}{2}\right)}{6 - \dfrac{5}{2}} = \frac{35}{\dfrac{7}{2}} = 10 \text{ 이다.}$$

$g(x) = ax^2 + 4x$에서 $g'(x) = 2ax + 4$에서 $x = 3$일 때

미분계수는 $g'(3) = 6a + 4$

$6a + 4 = 10$

$\therefore a = 1$

$a + k = 1 + (-2) = -1$

324 정답 ③

조건 (가), (나)에 의하여

$f(x)g(x) = x^2(2x + a)$ (a는 상수)

로 놓을 수 있다.

조건 (나)에 의하여 $a = -4$이므로

$f(x)g(x) = 2x^2(x - 2)$

이때 $f(2)$가 최대가 되는 $f(x)$는

$f(x) = 2x^2$

이므로 구하는 최댓값은

$f(2) = 8$

325 정답 ①

조건 (가), (나)에 의하여

$f(x)g(x) = 2x^4 + ax^3 + 8x^2$ (a는 상수)

로 놓을 수 있다.

$f(x)g(x) = x^2(2x^2 + ax + 8)$에서

조건 (다)에 의하여

$2x^2 + ax + 8 = 0$은 중근을 가진다.

따라서 $D = a^2 - 64 = 0$에서 $a = \pm 8$

따라서 $f(x)g(x) = 2x^2(x^2 \pm 4x + 4)$

$f(x)g(x) = 2x^2(x+2)^2$ 또는 $f(x)g(x) = 2x^2(x-2)^2$

이때 $f\left(\dfrac{3}{2}\right)$가 최소는 $f(x)$의 인수에 $(x-2)$가 포함되어야

하므로

$f_1(x) = 2x(x-2)$ 또는 $f_2(x) = 2x^2(x-2)$ 중 하나에서 생긴다.

$f_1\left(\dfrac{3}{2}\right) = -\dfrac{3}{2}$, $f_2\left(\dfrac{3}{2}\right) = -\dfrac{9}{4}$

따라서 $f\left(\dfrac{3}{2}\right)$의 최솟값은 $-\dfrac{9}{4}$이다.

326 정답 ②

ㄱ. 함수 $f(x)$는 그림과 같이 $x = 0$에서만 좌극한 우극한 값이
각각 다른 값으로 존재하므로 불연속이다. $y = p(x)$는
다항함수이고 실수 전체의 집합에서 연속이므로 $p(0) = 0$이면
$f(x)$가 $x = 0$에서 불연속이지만 $p(x)f(x)$는 $x = 0$에서
연속이 된다. 따라서 $p(0) = 0$이면 $p(x)f(x)$는 실수 전체의
집합에서 연속이다. (참)

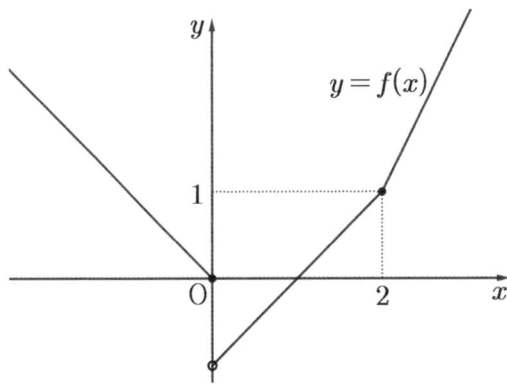

ㄴ. $\{p(x)f(x)\}' = p'(x)f(x) + p(x)f'(x)$에서
$\{p(2)f(2)\}' = p'(2)\lim_{x \to 2}f(x) + p(2)\,f'(2)$이므로
$f(x)$는 $\lim_{x \to 2}f(x)$은 존재하고 $f'(2)$가 존재하지 않으므로
$p(2) = 0$이면 $p(x)f(x)$는 $x = 2$에서 미분가능하다. 따라서
$f(x)$는 적어도 $(x-2)$항을 인수로 가져야 한다. (참)

ㄷ. 그림과 같이 $\{f(x)\}^2$은 $x = 0$에서 불연속이고
$x = 2$에서 미분가능하지 않는다.

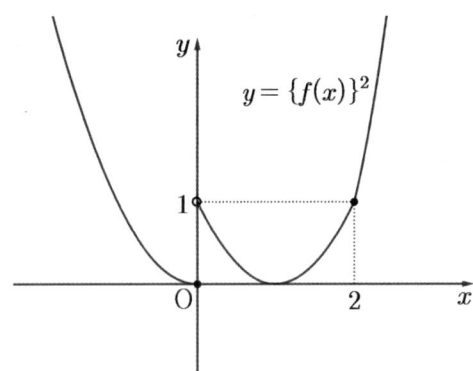

$g(x) = \{f(x)\}^2$라 하면

$\{p(x)g(x)\}' = p'(x)g(x) + p(x)g'(x)$에서

$\{p(0)g(0)\}' = p'(0)\lim_{x \to 0}g(x) + p(0)\,g'(0)$

이때 함수 $g(x)$는 $\lim_{x \to 0}g(x)$와 $g'(0)$가 모두 존재하지

않으므로 $p'(0) = 0$, $p(0) = 0$이면 $p(x)g(x)$는 $x = 0$에서

미분가능하다. 따라서 $p(x)$는 적어도 x^2항을 인수로 가져야

한다.

$\{p(2)g(2)\}' = p'(2)\lim_{x \to 2}g(x) + p(2)\,g'(2)$

$g(x)$는 $\lim_{x \to 2}g(x)$은 존재하고 $g'(2)$가 존재하지 않으므로

$p(2) = 0$이면 $p(x)g(x)$는

$x = 2$에서 미분가능하다. 따라서 $p(x)$는 적어도

$(x-2)$항을 인수로 가져야 한다.

따라서 곱함수 $p(x)g(x) = p(x)\{f(x)\}^2$가 실수 전체에서

미분가능하려면 $p(x)$는

$p(x) = x^2(x-2)\,Q(x)$꼴이다.

따라서 $p(x)$는 $x^2(x-2)^2$으로 나누어떨어진다고 할 수 없다.

(거짓)

327 정답 ⑤

ㄱ. 함수 $f(x)$는 그림과 같이 $x = 1$에서만 좌극한 우극한 값이
각각 다른 값으로 존재하므로 불연속이다. $y = p(x)$는
다항함수이고 실수전체에서 연속이므로 $p(1) = 0$이면 $f(x)$가
$x = 1$에서 불연속이지만
$p(x)f(x)$는 $x = 1$에서 연속이 된다. 따라서 $p(1) = 0$이면
$p(x)f(x)$는 실수전체에서 연속이다. (참)

ㄴ. $\{p(x)f(x)\}' = p'(x)f(x) + p(x)f'(x)$에서
$\{p(0)f(0)\}' = p'(0)\lim_{x \to 0}f(x) + p(0)\,f'(0)$이므로
$f(x)$는 $\lim_{x \to 0}f(x)$은 존재하고 $f'(0)$가 존재하지 않으므로
$p(0) = 0$이면 $p(x)f(x)$는 $x = 0$에서 미분가능하다. 따라서
$p(x)$는

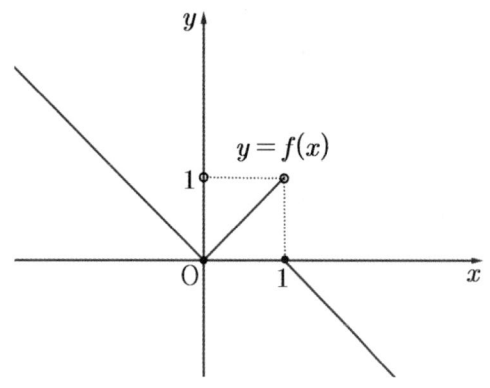

적어도 x항을 인수로 가져야 한다. …㉠

또한 $\{p(1)f(1)\}' = p'(1)\lim_{x \to 1}f(x) + p(1)\,f'(1)$ 이므로

$f(x)$는 $\lim_{x \to 1}f(x)$와 $f'(1)$이 모두 존재하지 않으므로

$p'(1)=p(1)=0$이면 $p(x)f(x)$는 $x=1$에서 미분가능하다.

따라서 $p(x)$는 적어도 $(x-1)^2$항을 인수로 가져야 한다. …㉡

㉠, ㉡에서 함수 $p(x)f(x)$가 실수 전체의 집합에서 미분가능하면 $p(x)$는 $x(x-1)^2$으로 나누어떨어진다. (참)

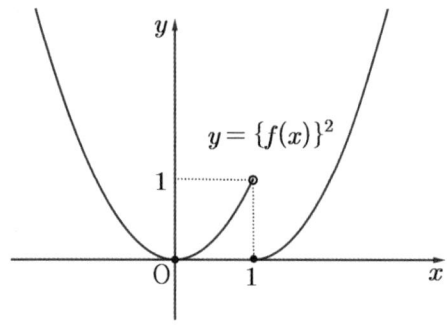

ㄷ. 그림과 같이 $\{f(x)\}^2$은 $x=1$에서만 불연속이며 미분가능하지 않는다. ($x=0$에서 미분가능하다.)

$g(x)=\{f(x)\}^2$라 하면

$\{p(x)g(x)\}' = p'(x)g(x) + p(x)g'(x)$에서

$\{p(1)g(1)\}' = p'(1)\lim_{x \to 1}g(x) + p(1)\,g'(1)$

이때 함수 $g(x)$는 $\lim_{x \to 1}g(x)$와 $g'(1)$가 모두 존재하지 않으므로 $p'(1)=0$, $p(1)=0$이면 $p(x)g(x)$는 $x=1$에서 미분가능하다. 따라서 $p(x)$는 적어도 $(x-1)^2$항을 인수로 가져야 한다. 함수 $p(x)\{f(x)\}^2$이 실수 전체의 집합에서 미분가능하면 $p(x)$는 $(x-1)^2$으로 나누어떨어진다. (참)

328 정답 27

두 점 P, Q의 시각 t에서의 속도를 각각 v_1, v_2라 하면

$v_1 = 3t^2 - 4t + 3$, $v_2 = 2t + 12$ 이므로

$3t^2 - 4t + 3 = 2t + 12$ 에서

$3t^2 - 6t - 9 = 0$

$(t+1)(t-3)=0$

$t \geq 0$이므로 $t=3$이고 이때 두 점 P, Q의 위치는 각각 18, 45이다.

따라서 구하는 두 점 사이의 거리는

$45 - 18 = 27$

329 정답 270

두 점 P, Q의 시각 t에서의 속도를 각각 v_1, v_2라 하면

$v_1 = -6t + 36$, $v_2 = 6t^2 - 36$ 이므로

$-6t + 36 = 6t^2 - 36$ 에서

$6t^2 + 6t - 72 = 0$

$6(t+4)(t-3) = 0$

$t \geq 0$이므로 $t=3$이고 이때 두 점 P, Q의 위치는 각각

$x_1 = -3 \times 9 + 36 \times 3 = -27 + 108 = 81$

$x_2 = 2 \times 27 - 36 \times 3 + a = -54 + a$

(i) $x_1 > x_2$일 때, $x_1 - x_2 = 135 - a = 100$

$\therefore\ a = 35$

(ii) $x_1 < x_2$일 때, $x_2 - x_1 = a - 135 = 100$

$\therefore\ a = 235$

따라서 가능한 a의 값은 35, 235이므로 a의 합은 270이다.

330 정답 ②

$f(x) = x^3 - 3ax^2 + 3(a^2 - 1)x$

$f'(x) = 3x^2 - 6ax + 3(a^2 - 1)$

$\qquad = 3(x - a - 1)(x - a + 1)$

$f'(x) = 0$을 만족하는 $x = a - 1$, $x = a + 1$이다.

$a - 1 < a + 1$이므로 $f(a-1)$가 극댓값이다.

따라서 $f(a-1) = 4$

$f(a-1) = (a-1)^3 - 3a(a-1)^2 + 3(a^2-1)(a-1)$

$\qquad\qquad = (a-1)^2(a - 1 - 3a + 3a + 3)$

$\qquad\qquad = (a-1)^2(a+2) = 4$

$a = -1$ 또는 $a = 2$

$a = -1$이면 $f(x) = x^3 + 3x^2$에서 $f(-2) = 4 > 0$로 만족한다.

$a = 2$이면 $f(x) = x^3 - 6x^2 + 9x$에서 $f(-2) = -14 < 0$으로 조건에 모순이다.

따라서 $a = -1$이고 $f(x) = x^3 + 3x^2$이므로

$f(-1) = -1 + 3 = 2$

331 정답 ⑤

$f(x) = x^3 - \left(3a - \dfrac{3}{2}\right)x^2 + 3(a^2 - a)x$

$f'(x) = 3x^2 - 3(2a-1)x + 3(a^2 - a)$

$\quad = 3(x - a)(x - a + 1)$

$f'(x) = 0$을 만족하는 $x = a$, $x = a - 1$이다.

$a-1 < a$이므로 $f(a)$가 극솟값이다.

따라서 $f(a)=2$

$f(a)=a^3-3a^3+\dfrac{3}{2}a^2+3a^3-3a^2$

$\quad\ =a^3-\dfrac{3}{2}a^2=2$

$(a-2)(2a^2+a+2)=0$에서 $a=2$

따라서 $f(x)=x^3-\dfrac{9}{2}x^2+6x$

$f(x)$는 $x=a-1=1$에서 극댓값을 가지므로

$f(1)=1-\dfrac{9}{2}+6=\dfrac{5}{2}$

332 정답 21

$f(x)=x^3-3x^2+2x-3$, $g(x)=2x+k$ 라 하고

$h(x)=f(x)-g(x)$라 할 때,

$h(x)=0$의 실근이 두 개이면 된다.

따라서 삼차함수 $h(x)$의 극값 두 개 중 하나가 0이면 된다.

$h(x)=x^3-3x^2-3-k$

$\Rightarrow h'(x)=3x^2-6x=3x(x-2)$

$h'(x)=0$의 해가 $x=0$ 또는 $x=2$이다.

따라서 $h(0)=-3-k=0$ $\therefore k=-3$

$h(2)=-7-k=0$ $\therefore k=-7$

모든 k의 값의 곱은 21이다.

333 정답 32

$f(x)=x^3-9x-3$, $g(x)=3x^2+k$ 라 하고

$h(x)=f(x)-g(x)$라 할 때,

$h(x)=0$의 실근이 두 개이면 된다.

따라서 삼차함수 $h(x)$의 극값 두 개 중 하나가 0이면 된다.

$h(x)=x^3-3x^2-9x-3-k$

$\Rightarrow h'(x)=3x^2-6x-9=3(x+1)(x-3)$

$h'(x)=0$의 해가 $x=-1$ 또는 $x=3$이다.

따라서 $h(-1)=2-k=0$ $\therefore k=2$

$h(3)=-30-k=0$ $\therefore k=-30$

따라서 두 실수 k의 값의 차는 $2-(-30)=32$

334 정답 ⑤

ㄱ. $g(x)$가 실수 전체의 집합에서 미분가능하므로 $g(x)$는

$x=0$에서 연속이고 미분가능하다.

따라서 $\lim\limits_{x\to 0-}g(x)=\dfrac{1}{2}$이므로 $g(0)=\dfrac{1}{2}$이고

$\lim\limits_{x\to 0-}g'(x)=0$이므로 $g'(0)=0$이다.

$g(0)+g'(0)=\dfrac{1}{2}+0=\dfrac{1}{2}$ (참)

따라서 $f(0)=\dfrac{1}{2}$, $f'(0)=0 \Rightarrow f(x)=x^2(x-k)+\dfrac{1}{2}$ 꼴이다.

ㄴ. $g(1)=f(1)=1^2(1-k)+\dfrac{1}{2}=\dfrac{3}{2}-k$에서

$g(x)$의 최솟값이 $\dfrac{1}{2}$보다 작으므로 $f(x)$의 극솟값이 $x>0$에서

나와야 하므로 $k>0$이다.

따라서 $g(1)=f(1)<\dfrac{3}{2}$ (참)

ㄷ.에서 함수 $g(x)$의 최솟값이 0이 되려면 $f(x)$의 극솟값이

0이 되면 된다.

$x>0$에서

$f'(x)=2x(x-k)+x^2=3x^2-2kx=x(3x-2k)$

$f'(x)=0$의 해는 $x=\dfrac{2}{3}k$이다.

$f\left(\dfrac{2}{3}k\right)=\dfrac{4}{9}k^2\times\left(-\dfrac{1}{3}k\right)+\dfrac{1}{2}=0$

$\dfrac{4}{27}k^3=\dfrac{1}{2}\Rightarrow k^3=\dfrac{27}{8}\Rightarrow k=\dfrac{3}{2}$

따라서 $f(x)=x^2\left(x-\dfrac{3}{2}\right)+\dfrac{1}{2}$

$g(2)=f(2)=\dfrac{5}{2}$ (참)

335 정답 ②

ㄱ. $g(x)$가 실수 전체의 집합에서 미분가능하므로 $g(x)$는

$x=0$에서 연속이고 미분가능하다.

따라서 $\lim\limits_{x\to 0+}g(x)=-1$이므로 $g(0)=-1$이고

$\lim\limits_{x\to 0+}g'(x)=0$이므로 $g'(0)=0$이다.

$g(0)+g'(0)=-1+0=-1$ (참)

따라서 $f(0)=-1$, $f'(0)=0 \Rightarrow f(x)=x^2(x-k)-1$꼴이다.

ㄴ. $g(-1)=f(-1)=(-1)^2(-1-k)-1=-2-k$에서

$g(x)$의 최댓값이 -1보다 크므로 $f(x)$의 극댓값이 $x<0$에서

나와야 하므로 $k<0$이다.

따라서 $g(-1)=f(-1)>-2$ (참)

ㄷ.에서 방정식 $g(x)=0$의 서로 다른 실근의 개수가 2가

되려면 $f(x)$의 극댓값이 양수이면 된다.

$x<0$에서

$f'(x)=2x(x-k)+x^2=3x^2-2kx=x(3x-2k)$

$f'(x)=0$의 해는 $x=\dfrac{2}{3}k$이다.

$f\left(\dfrac{2}{3}k\right)=\dfrac{4}{9}k^2\times\left(-\dfrac{1}{3}k\right)-1>0$

$-\dfrac{4}{27}k^3-1>0 \Rightarrow k^3<-\dfrac{27}{4}\Rightarrow k<-\dfrac{3}{\sqrt[3]{4}}$

$f(x)=x^2(x-k)-1$

$g(-2)=f(-2)=4(-2-k)-1=-9-4k$

이고

$k < -\dfrac{3}{2}\sqrt[3]{2} \Rightarrow -4k > 6\sqrt[3]{2} \Rightarrow -9-4k > 6\sqrt[3]{2}-9$

이므로 $g(-2) > 6\sqrt[3]{2}-9$이다. (거짓)

336 정답 3

$f(x)-3g(x) \geq 0$에서

$h(x)=f(x)-3g(x)$라 두면

$h(x)=x^3+3x^2-k-3(2x^2+3x-10)$

$\quad\quad = x^3-3x^2-9x+30-k$에서

$h'(x)=3x^2-6x-9=3(x+1)(x-3)$

$h'(x)=0$에서 $x=-1$에서 극대, $x=3$에서 극솟값을

가지므로 $h(x)$는 $[-1,4]$에서 $x=3$에서 최솟값을 갖는다.

따라서 $h(3) \geq 0$을 만족한다.

$h(3)=27-27-27+30-k=3-k \geq 0$

$\therefore\ k \leq 3$

337 정답 5

$f(x) \geq 2g(x)+1 \Rightarrow f(x)-2g(x) \geq 1\cdots\ㄱ$에서

$h(x)=f(x)-2g(x)$라 두면

$h(x)=x^3+2x^2-6x+3k-4-2(2x^2-x+k-4)$

$\quad\quad = x^3-2x^2-4x+k+4$에서

$h'(x)=3x^2-4x-4=(3x+2)(x-2)$

$h'(x)=0$에서 $x=-\dfrac{2}{3}$에서 극대, $x=2$에서 극솟값을

가지므로 $h(x)$는 $[-1,3]$에서 $x=-1$또는 $x=2$에서

최솟값을 갖고 ㄱ에서 최솟값이 1이상이면 성립하므로

$h(-1)=-1-2+4+k+4=k+5$,

$h(2)=8-8-8+k+4=k-4$ 에서

$h(x)$의 구간 $[-1,3]$에서 최솟값이 $k-4$이다.

$\therefore\ k-4 \geq 1$

$\therefore\ k \geq 5$

338 정답 22

점 P의 시각 $t\ (t \geq 0)$에서의 위치 x가

$x=-\dfrac{1}{3}t^3+3t^2+k$

이므로 점 P의 시각 $t\ (t \geq 0)$에서의 속도 v는

$v=-t^2+6t$

이고, 점 P의 시각 $t\ (t \geq 0)$에서의 가속도 a는

$a=-2t+6$

점 P의 가속도가 0이므로

$-2t+6=0$에서 $t=3$

$t=3$일 때, 점 P의 위치가 40이므로

$-\dfrac{1}{3}\times 3^3+3\times 3^2+k=40$

따라서 $k=22$

339 정답 20

점 P의 시각 $t\ (t \geq 0)$에서의 위치 $x(t)$가

$x(t)=-t^3+6t^2+at+b$

이므로 점 P의 시각 $t\ (t \geq 0)$에서의 속도 $v(t)$는

$v(t)=-3t^2+12t+a$

이고, 점 P의 시각 $t\ (t \geq 0)$에서의 가속도 $a(t)$는

$a(t)=-6t+12$

점 P의 가속도가 0이므로

$-6t+12=0$에서 $t=2$

$t=2$일 때, 점 P의 속도와 위치가 모두 20이므로

$v(2)=-12+24+a=20$

$\therefore\ a=8$

$x(2)=-8+24+16+b=20$

$\therefore\ b=-12$

따라서 $a-b=8-(-12)=20$

340 정답 ①

$f(x)=ax^2+b$, $f'(x)=2ax$ 를 주어진 식에 대입하면

$4(ax^2+b)=(2ax)^2+x^2+4$ 좌변과 우변을 각각 정리하면

$4ax^2+4b=(4a^2+1)x^2+4$ 이므로

$4a=4a^2+1$, $4b=4$ 이다.

$4a^2-4a+1=0$, $(2a-1)^2=0$ 이므로

$a=\dfrac{1}{2}$,$b=1$

$f(x)=\dfrac{1}{2}x^2+1$ 이므로 $f(2)=3$

341 정답 ⑤

$f(x)=ax^2+x+b$, $f'(x)=2ax+1$ 를 주어진 식에

대입하면

$4(ax^2+x+b)=(2ax+1)^2+x^2+cx+7$ 좌변과 우변을 각각

정리하면

$4ax^2+4x+4b=(4a^2+1)x^2+(4a+c)x+8$ 이므로

$4a=4a^2+1$, $4=4a+c$, $4b=8$이다.

$4a^2-4a+1=0$, $(2a-1)^2=0$ 이므로

$a=\dfrac{1}{2}$,$c=2$,$b=2$

$f(x)=\dfrac{1}{2}x^2+x+2$ 이므로 $f(1)=\dfrac{7}{2}$

따라서 $c \times f(1)=2 \times \dfrac{7}{2}=7$

342 정답 ④

$\lim\limits_{x \to 2}\dfrac{f(x)}{(x-2)\{f'x)\}^2}=\dfrac{1}{4}$에서

$x \to 2$일 때, (분모)$\to 0$이므로 (분자)$\to 0$이어야 한다.

즉 $f(2)=0$이므로

$f(x)=(x-1)(x-2)(x+a)$로 놓을 수 있다.

이때,

$f'(x)=(x-2)(x+a)+(x-1)(x+a)$
$\qquad\qquad\qquad +(x-1)(x-2)$

이므로

$\displaystyle \lim_{x \to 2} \frac{f(x)}{(x-2)\{f'x)\}^2} = \lim_{x \to 2} \frac{(x-1)(x+a)}{\{f'(x)\}^2}$

$\displaystyle = \frac{2+a}{(2+a)^2} = \frac{1}{2+a}$

따라서 $\dfrac{1}{2+a}=\dfrac{1}{4}$에서 $a=2$이므로

$f(x)=(x-1)(x-2)(x+2)$

즉 $f(3)=2 \times 1 \times 5 = 10$

343 정답 ③

$\displaystyle \lim_{x \to 1} \frac{(x-1)\{f'(x)\}^2}{f(x)} = 6$에서

$x \to 1$일 때, 수렴값이 6으로 0이 아니므로

(분자)$\to 0$이면 (분모)$\to 0$이어야 한다.

즉 $f(1)=0$이므로

$f(x)=(x+1)(x-1)(x+a)$로 놓을 수 있다.

이때,

$f'(x)=(x-1)(x+a)+(x+1)(x+a)$
$\qquad\qquad\qquad +(x+1)(x-1)$

이므로

$\displaystyle \lim_{x \to 1} \frac{(x-1)\{f'(x)\}^2}{f(x)} = \lim_{x \to 1} \frac{\{f'(x)\}^2}{(x+1)(x+a)}$

$\displaystyle = \frac{\{2(a+1)\}^2}{2(a+1)} = 2(a+1)$

따라서 $2(a+1)=6$에서 $a=2$이므로

$f(x)=(x+1)(x-1)(x+2)$

즉 $f(4)=5 \times 3 \times 6 = 90$

344 정답 10

$f(x)g(x)=(x-1)^2(x-2)^2(x-3)^2$에서

$g(x)$가 $x=2$에서 극댓값을 가지므로 $g(x)$는

$(x-2)^2$을 인수로 갖고, $g(x)$의 최고차항의 계수가 양의
실수이므로 삼차함수의 개형을 통해 $(x-3)$을 인수로 가짐을
알 수 있다.

($g(x)$가 $(x-1)$을 인수로 가질 때, $x=2$에서 극솟값을 갖게
된다.)

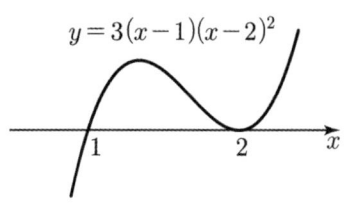

$y=3(x-1)(x-2)^2$

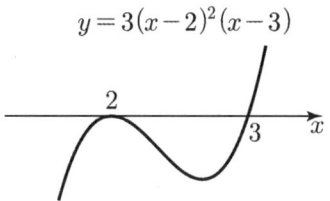

$y=3(x-2)^2(x-3)$

$g(x)$의 최고차항의 계수가 3이므로

$g(x)=3(x-2)^2(x-3)$이다.

$f(x)g(x)=(x-1)^2(x-2)^2(x-3)^2$에서

$f(x)=\dfrac{1}{3}(x-1)^2(x-3)$이다.

$f(x)$를 미분하면

$f'(x)=\dfrac{2}{3}(x-1)(x-3)+\dfrac{1}{3}(x-1)^2$이므로

$f'(0)=\dfrac{2}{3}(-1)(-2)+\dfrac{1}{3}(-1)^2=\dfrac{7}{3}$이다.

그러므로 $p=3$, $q=7$이 되고

$p+q=3+7=10$이다.

[랑데뷰팁]

$y=(x-1)(x-3)^2$꼴이 $x=2$에서 극댓값을 가지지
는 않는다. 직접 미분을 해서 확인하거나 삼차함수 비율을
생각해 보면 $x=\dfrac{5}{3}$일 때 극댓값을 갖는 함수이다.

345 정답 7

$f(x)g(x)=(x-1)^2(x-3)^2(x-5)^2$에서

$f(x)$가 $x=1$에서 극댓값을 가지므로 $f(x)$는

$(x-1)^2$을 인수로 갖는다.

따라서 $f(x)=(x-1)^2(x-3)$

또는 $f(x)=(x-1)^2(x-5)$이다.

(i) $f(x)=(x-1)^2(x-3)$일 때,

$g(x)=(x-3)(x-5)^2$이다.

따라서 $S=\displaystyle \int_3^5 (x-3)(x-5)^2 dx = \frac{1}{12}(5-3)^4 = \frac{4}{3}$

(ii) $f(x)=(x-1)^2(x-5)$일 때,

$g(x)=(x-3)^2(x-5)$이다.

따라서 $S=-\displaystyle \int_3^5 (x-3)^2(x-5) dx = \frac{1}{12}(5-3)^4 = \frac{4}{3}$

(i), (ii)에서 $S = \dfrac{4}{3}$

그러므로 $p = 3$, $q = 4$이 되고
$p + q = 3 + 4 = 7$이다.

346 정답 ④

$v = 3t^2 - 12 = 3(t-2)(t+2)$

운동 방향이 바뀔 때 $v = 0$이므로 $t = 2$에서 운동 방향이 바뀐다.

그때 위치가 원점이므로 $0 = 2^3 - 12 \times 2 + k$

$k = 16$

347 정답 ③

$v = t^3 - 3t^2 + 2t = t(t-1)(t-2)$에서

$t > 0$이므로 처음으로 운동 방향이 바뀌는 시각은 $t = 1$일 때이다.

그때의 위치가 $x = 0$이므로

$0 = \dfrac{1}{4} - 1 + 1 + k$에서 $k = -\dfrac{1}{4}$

두 번째로 운동 방향이 바뀌는 시각은 $t = 2$이므로

$\dfrac{1}{4} \times 2^4 - 2^3 + 2^2 - \dfrac{1}{4} = 4 - 8 + 4 - \dfrac{1}{4} = -\dfrac{1}{4}$

따라서 $x = -\dfrac{1}{4}$에서 두 번째로 점 P의 위치가 바뀐다.

348 정답 ③

$f'(x) = x^2 - 2kx = 0$, $x(x-2k) = 0$

$x = 0$에서 극대, $x = 2k$에서 극소 ($\because k > 0$)이고

$f'(x) = x^2 - 2kx = 3k^2$

$x^2 - 2kx - 3k^2 = 0$에서 $(x-3k)(x+k) = 0$

점 A, B의 x좌표는 $-k$, $3k$이다.

따라서 $f(0) = 1$

$\therefore f(2k) = \dfrac{8k^3}{3} - 4k^3 + 1 = 1 - \dfrac{4}{3}k^3$

$\therefore f(-k) = \dfrac{-k^3}{3} - k^3 + 1 = 1 - \dfrac{4}{3}k^3$

$\therefore f(3k) = 9k^3 - 9k^3 + 1 = 1$

이상을 정리하면 다음 그림과 같다.

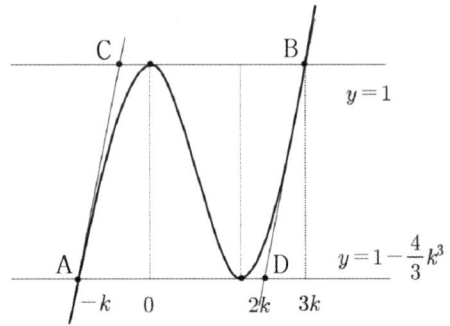

따라서 구하려는 도형의 넓이는 □ADBC의 넓이이다.

$A\left(-k,\ 1 - \dfrac{4}{3}k^3\right)$에서의 접선의 방정식은

$y - \left(1 - \dfrac{4}{3}k^3\right) = 3k^2(x+k)$

점 C의 y좌표가 1이므로 $y = 1$을 대입하면

$\dfrac{4}{3}k^3 = 3k^2(x+k)$ $\therefore x = -\dfrac{5}{9}k$ $\therefore C\left(-\dfrac{5}{9}k,\ 1\right)$

□ADBC의 밑변의 길이 $\overline{BC} = 3k - \left(-\dfrac{5}{9}k\right)$이고,

높이는 $1 - \left(1 - \dfrac{4}{3}k^3\right) = \dfrac{4}{3}k^3$이므로

□ADBC의 넓이 S는

$S = \left(3k + \dfrac{5}{9}k\right)\dfrac{4}{3}k^3 = 24$, $k^4 = \dfrac{3^4}{2^4}$ $\therefore k = \dfrac{3}{2}$

[다른 풀이]−1

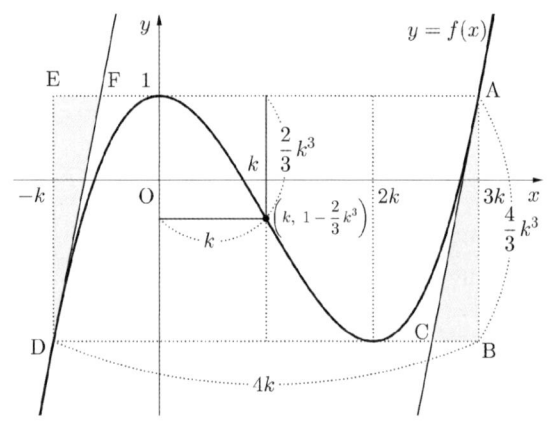

직선 AC의 기울기가 $3k^2$이고 $\overline{AB} = \dfrac{4}{3}k^3$이므로

$3k^2 = \dfrac{\overline{AB}}{\overline{BC}}$에서 $\overline{BC} = \dfrac{4}{9}k$

따라서 $\triangle ABC = \dfrac{1}{2} \times \dfrac{4}{9}k \times \dfrac{4}{3}k^3 = \dfrac{8}{27}k^4$

□AFDC = □AEDB − $2 \times \triangle ABC$

$24 = \dfrac{16}{3}k^4 - \dfrac{16}{27}k^4 \rightarrow k^4 = \dfrac{81}{16}$

$\therefore k = \dfrac{3}{2}$

[다른 풀이]−2

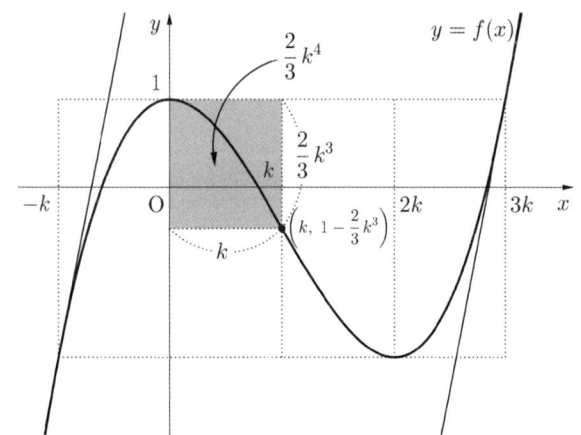

$f(x) = \frac{1}{3}x^3 - kx^2 + 1$, $f'(x) = x^2 - 2kx$에서

$f'(x) = 0$을 만족하는 해는 $x = 0, 2k$

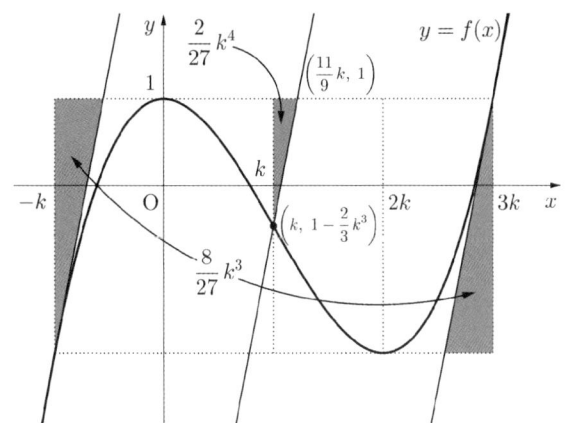

따라서 극대점 $(0, 1)$, 극소점 $\left(2k, 1 - \frac{4}{3}k^3\right)$이다.

$f''(x) = 2x - 2k$에서

$f''(x) = 0$을 만족하는 해는 $x = k$

따라서 변곡점 $\left(k, 1 - \frac{2}{3}k^3\right)$

또한, $f'(x) = 3k^2$에서

$x^2 - 2kx - 3k^2 = 0 \to (x+k)(x-3k) = 0$

접점의 x좌표는 $x = -k, 3k$이다.

첫 번째 그림에서 삼차함수의 성질에 의해 색칠된 직사각형 8개에서 두 번째 그림의 양 옆 합동인 직각 삼각형 2개를 빼면 넓이가 24이다.

직사각형 넓이 합은 $8 \times \frac{2}{3}k^4 = \frac{16}{3}k^4$이다.

두 번째 그림의 양 옆 합동인 직각삼각형 넓이를 구하기 위해 변곡점을 지나고 기울기가 $3k^2$인 직선이 $y = 1$과 만나는 점으로 만들어지는 중앙의 색칠된 직각삼각형을 넓이를 구해보면

$\frac{2}{27}k^4$이다.

따라서 두 번째 그림의 양 옆 직각삼각형의 넓이는 각각 $\frac{8}{27}k^4$

$\therefore \frac{16}{3}k^4 - 2 \times \frac{8}{27}k^4 = 24$

$\to k^4 = \frac{81}{16}$ $\therefore k = \frac{3}{2}$

349 정답 ④

$f'(x) = 3x^2 + k > 0$ 이므로 $f(x)$는 증가함수이다.

$f'(x) = 3x^2 + k = 4k$

$3x^2 = 3k$에서 점 A, B의 x좌표는 $-\sqrt{k}$, $\sqrt{k}$이다.

따라서 $f(0) = k$,

$\therefore f(-\sqrt{k}) = -2k\sqrt{k} + k$

$\therefore f(\sqrt{k}) = 2k\sqrt{k} + k$ 이다.

따라서 접점의 좌표는

점 A$(-\sqrt{k}, -2k\sqrt{k} + k)$, B$(\sqrt{k}, 2k\sqrt{k} + k)$이다.

따라서 접선 l, m은 다음과 같다.

$l : y = 4kx + 2k\sqrt{k} + k$

$m : y = 4kx - 2k\sqrt{k} + k$

l, m의 x절편을 A′, B′라 하면

A′$\left(-\frac{\sqrt{k}}{2} - \frac{1}{4}, 0\right)$, B′$\left(\frac{\sqrt{k}}{2} - \frac{1}{4}, 0\right)$

사각형은 다음 그림과 같이 평행사변형이다.

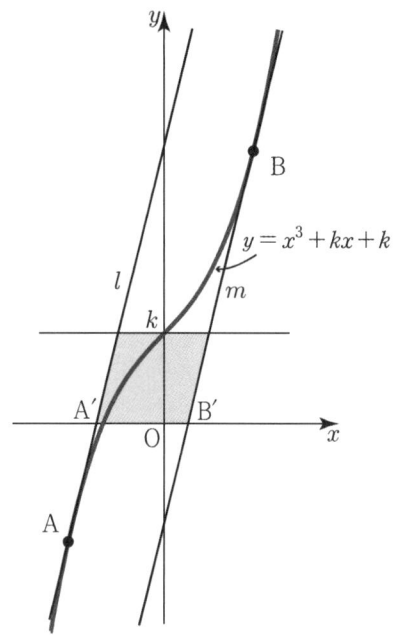

따라서 넓이는 $\overline{A'B'} \times k = 8$이다.

$\overline{A'B'} = \sqrt{k}$ 이므로 $k^{\frac{3}{2}} = 8$에서 $k = 4$

350 정답 ⑤

ㄱ. 함수 $f(x)$가 삼차함수이므로 $f'(x)$는 이차함수이고 (나)에서 축의 방정식이 $x = 0$임을 알 수 있다.

또한 (가)에서 $x = -2$에서 극댓값을 가지기에 $f'(-2) = 0$이고 이차함수 대칭성에 의해 $f'(2) = 0$이므로 $x = 2$에서 극솟값을 갖는다.

삼차함수가 극값을 갖고 극대→극소 순으로 나타나므로 삼차함수의 최고차항의 계수는 양수임을 알 수 있다. 따라서 $f'(x)$는 아래로 볼록인 포물선이므로 $x = 0$에서 최솟값을 갖는다. (참)

ㄴ. 또한 $(2, f(2))$는 극소점이므로 $y = f(x)$, $y = f(2)$는 두 점에서 만난다. (참)

ㄷ. 삼차함수 $f(x)$가 $x = -2$, $x = 2$에서 극값을 가지므로 변곡점은 $x = 0$에서 갖는다.

삼차함수 비율에 의해 $x = -2$와 $x = 0$의 중점인 $x = -1$일 때의 곡선위의 점 $(-1, f(-1))$에서의 접선은 변곡점의 반대편의 극점 $(2, f(2))$을 지난다. (참)

[다른 풀이]

ㄱ. $f(x) = ax^3 + bx^2 + cx + d\ (a \neq 0)$라고 하면

$f'(x) = 3ax^2 + 2bx + c$이므로 $f'(-3) = f'(3)$에서

$b = 0$이고 $x = -2$에서 극댓값을 가지므로

$f'(-2) = 12a + c = 0$에서 $c = -12a$이다.

따라서

$f'(x) = 3ax^2 + 2bx + c = 3ax^2 - 12a \ (a > 0)$

이므로 $f'(x)$는 $x = 0$에서 최솟값을 갖는다. (참)

ㄴ. $f'(x) = 3ax^2 - 12a = 3a(x+2)(x-2)$

이고 조건 (가)에 의하여 삼차함수 $f(x)$는

$x = 2$에서 극솟값을 갖는다.

따라서 그림과 같이 방정식 $f(x) = f(2)$는 서로

다른 두 실근을 갖는다. (참)

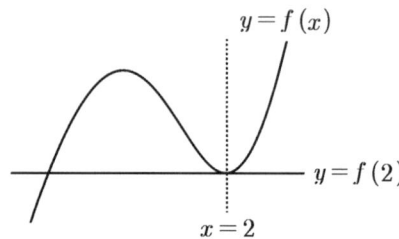

ㄷ. ㄱ, ㄴ에서 $f(x) = ax^3 - 12ax + d \ (a > 0)$

$f'(x) = 3ax^2 - 12a$ 이므로 점 $(-1, \ f(-1))$에서의

접선의 방정식은

$y - (11a + d) = -9a(x+1)$

$y = -9ax + 2a + d \quad \cdots \ \bigcirc$

$\bigcirc$에 점 $(2, \ f(2))$ 즉, $(2, \ -16a + d)$를 대입하면

등식이 성립하므로 점 $(-1, \ f(-1))$에서의 접선의

방정식은 점 $(2, \ f(2))$를 지난다. (참)

따라서 옳은 것은 ㄱ, ㄴ, ㄷ이다.

351 정답 ④

(나)에서 이차함수 $f'(x)$의 축의 방정식이 $x = 1$이고 (가)에서

$x = 2$에서 극솟값을 가지면 $x = 0$에서 극댓값을 갖는다.

따라서

$f'(x) = 3ax(x-2)$ 이다.

ㄱ. 삼차함수는 x가 증가할 때 극대, 극소 순으로 나타나면

최고차항의 계수가 양수이다.

따라서 $a > 0$이고

$f'(x) = 3a(x-1)^2 - 3a$에서 $x = 1$에서 최솟값 $-3a$를

갖는다. (거짓)

ㄴ. $f'(1) = -3a$이고 $(1, f(1))$을 지나므로 접선의

방정식은 $y = -3a(x-1) + f(1)$

또한 $f(x) = ax^3 - 3ax^2 + b$이므로

$f(1) = -2a + b$

따라서 $y = -3ax + a + b$

$-3ax + a + b = ax^3 - 3ax^2 + b$

$a(x-1)^3 = 0$이므로 삼중근을 갖는다.(교점은 1개)

(참)

ㄷ. $f'\left(\dfrac{1}{2}\right) = -\dfrac{9}{4}a$, $f\left(\dfrac{1}{2}\right) = -\dfrac{5}{8}a + b$

이므로 접선의 방정식은 $y = -\dfrac{9}{4}ax + \dfrac{1}{2}a + b$

$-\dfrac{9}{4}ax + \dfrac{1}{2}a + b = ax^3 - 3ax^2 + b$

$ax^3 - 3ax^2 + \dfrac{9}{4}ax - \dfrac{1}{2}a = 0$

$a\left(x - \dfrac{1}{2}\right)^2 (x-2) = 0$

$\therefore x = \dfrac{1}{2}, \ x = 2$

따라서 $\left(\dfrac{1}{2}, \ f\left(\dfrac{1}{2}\right)\right)$에서 접하고 $(2, f(2))$을 지난다. (참)

352 정답 ②

$f(x) = m(x-a)(x-c)(x-e)$, $g(x) = n(x-c) \ (m, \ n$은

양수)라 두면

$f'(x) = 3m(x-b)(x-d)$, $g'(x) = n$이다.

$y = f(x)g(x) \Rightarrow y' = f'(x)g(x) + f(x)g'(x)$에서

$y' = 3mn(x-b)(x-c)(x-d) + mn(x-a)(x-c)(x-e)$

$= mn(x-c)\{3(x-b)(x-d) + (x-a)(x-e)\} \cdots \bigcirc$

이고 $3(x-b)(x-d) + (x-a)(x-e) = 0$의 두 근이 p, q이다.

$l(x) = 3(x-b)(x-d)$와 $k(x) = (x-a)(x-e)$라 할 때

다음 그림과 같이 두 그래프는 $a < x < b$와

$d < x < e$에서 $k(x)l(x) < 0$이므로 그 범위에서

$k(x) + l(x) = 0$의 근이 나올 수 있다.

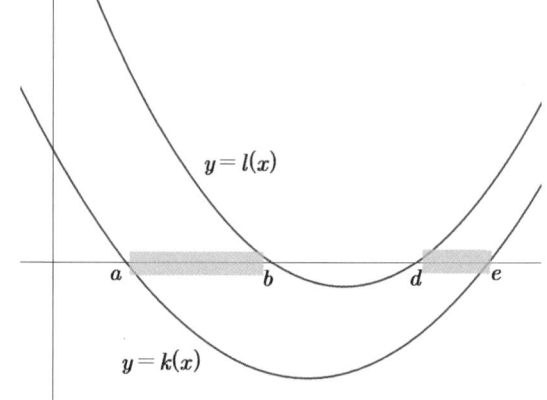

따라서 $a < p < b$이고 $d < q < e$이다.

[다른 풀이]-1

$\bigcirc$에서 $h(x) = 3(x-b)(x-d) + (x-a)(x-e)$라 두면

$h(a) > 0$, $h(b) < 0$이므로 사이값 정리에 의해 $h(p) = 0$인 p가

열린구간 $(a, \ b)$에 존재한다.

마찬가지로

$h(d) < 0$, $h(e) > 0$이므로 사이값 정리에 의해 $h(q) = 0$인 q가

열린구간 $(d, \ e)$에 존재한다.

함수 $f(x)g(x) = kl(x-a)(x-c)^2(x-e)$의 개형에서

$x = c$에서 극댓값 0을 가지므로 구간 $(a, \ b)$와 구간 $(d, \ e)$에서

극솟값을 갖는다.

[다른 풀이]-2

$(f(x)g(x))' = f'(x)g(x) + f(x)g'(x)$

에서 $x=a$, $x=b$, $x=c$, $x=d$, $x=e$에서의 부호 변화를 살펴보면 다음과 같다.

	$f'(x)$	$g(x)$		$f(x)$	$g'(x)$	결과
a	+	−		0	+	−
b	0	−		+	+	+
c	−	0	합	0	+	0
d	0	+		−	+	−
e	+	+		0	+	+

따라서 함수 $f(x)g(x)$는 구간 (a, b)와 (d, e)에서 극솟값을 갖는다.

353 정답 ④

$f(x) = m(x-a)(x-c)(x-e)$, $g(x) = n(x-a)$
$(m, n$은 양수)라 두면
$f'(x) = 3m(x-b)(x-d)$, $g'(x) = n$이다.
$y = f(x)g(x) \Rightarrow y' = f'(x)g(x) + f(x)g'(x)$에서
$y' = 3mn(x-a)(x-b)(x-d) + mn(x-a)(x-c)(x-e)$
$\quad = mn(x-a)\{3(x-b)(x-d) + (x-c)(x-e)\} \cdots \bigcirc$
이고 $3(x-b)(x-d) + (x-c)(x-e) = 0$의 두 근이
p, q이다.
$l(x) = 3(x-b)(x-d)$와 $k(x) = (x-c)(x-e)$라 할 때 다음 그림과 같이 두 그래프는
$b < p < c$와 $d < q < e$에서 $k(x)l(x) < 0$이므로
그 범위에서 $k(x) + l(x) = 0$의 근이 나올 수 있다.

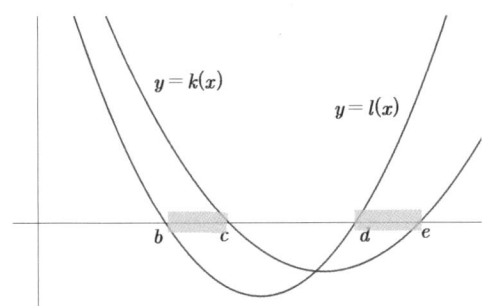

따라서 $b < p < c$이고 $d < q < e$이다.

[다른 풀이]-1

$\bigcirc$에서 $h(x) = 3(x-b)(x-d) + (x-c)(x-e)$라 두면
$h(b) > 0$, $h(c) < 0$이므로 사이값 정리에 의해 $h(p) = 0$인 p가
열린구간 (b, c)에 존재한다.
마찬가지로
$h(d) < 0$, $h(e) > 0$이므로 사이값 정리에 의해 $h(q) = 0$인 q가
열린구간 (d, e)에 존재한다.

함수 $f(x)g(x) = kl(x-a)^2(x-c)(x-e)$의 개형에서
$x = a$에서 극솟값 0을 가지므로 구간 (b, c)에서 극댓값을
갖고, 구간 (d, e)에서 극솟값을 갖는다.

[다른 풀이]-2

$(f(x)g(x))' = f'(x)g(x) + f(x)g'(x)$

에서 $x=a$, $x=b$, $x=c$, $x=d$, $x=e$에서의 부호 변화를 살펴보면 다음과 같다.

	$f'(x)$	$g(x)$		$f(x)$	$g'(x)$	결과
a	+	0		0	+	0
b	0	+		+	+	+
c	−	+	합	0	+	−
d	0	+		−	+	−
e	+	+		0	+	+

따라서 함수 $f(x)g(x)$는 구간 (b, c)에서 극댓값을 갖고, 구간 (d, e)에서 극솟값을 갖는다.

354 정답 12

$f'(x) = 3x^2 + 2ax - a^2 = 0 \Rightarrow x = -a, \frac{1}{3}a$로부터
$f(-a) = a^3 + 2$, $f\left(\frac{1}{3}a\right) = -\frac{5}{27}a^3 + 2$,
$f(a) = a^3 + 2$ 이므로
$-\frac{5}{27}a^3 + 2 = \frac{14}{27}$
$\therefore a = 2$, $M = 10$
따라서 $a + M = 12$

[랑데뷰팁]−[랑데뷰세미나(90) 참고]

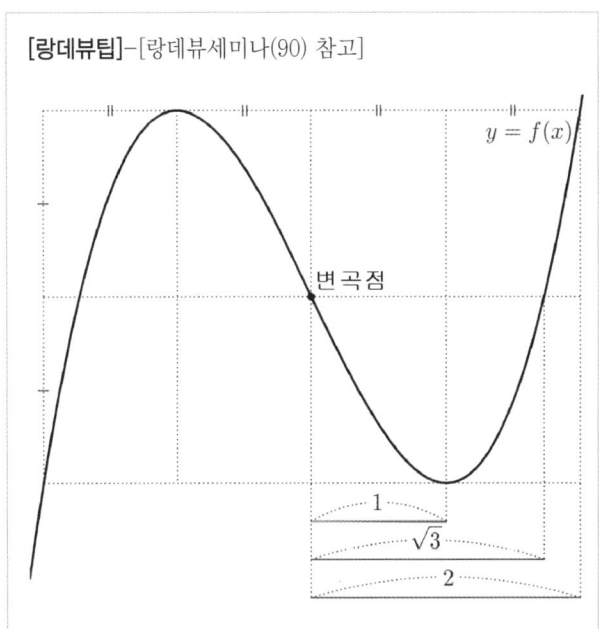

삼차함수 비율에서 $f(x)$는 극대점과 극소점의 x좌표의 차이가 $\frac{4}{3}a$이므로 위 그래프의 가로 한 칸의 간격이 $\frac{2}{3}a$이다.

즉, 극대점의 x좌표가 $-a$이면 극대점의 y좌표와 같은 값을 갖는 점의 x좌표는

$-a + 3 \times \frac{2}{3}a = a$이다.

따라서 최댓값은 $f(-a) = f(a)$이고 최솟값은 $f\left(\frac{1}{3}a\right)$이다.

355 정답 35

$f'(x) = 3x^2 + 2ax - a^2 = 0 \Rightarrow x = -a, \frac{1}{3}a$로부터

$f(-a) = a^3 + 5$, $f\left(\frac{1}{3}a\right) = -\frac{5}{27}a^3 + 5$,

$f(a) = a^3 + 5$이므로

$-\frac{5}{27}a^3 + 5 = 0$

$\therefore a = 3$, $M = 32$

따라서 $a + M = 35$

[랑데뷰팁]-[랑데뷰세미나(90) 참고]

356 정답 97

조건 (나)에서 $x \to 2$일 때, (분모)$\to 0$이므로 (분자)$\to 0$이어야 하므로 $f(2) = g(2)$

조건 (가)에서 $x = 2$를 대입하면

$g(2) = 8f(2) - 7$이므로

$g(2) = 8g(2) - 7$에서 $g(2) = f(2) = 1$

또 조건 (나)에서

$\lim_{x \to 2} \frac{\{f(x) - f(2)\} - \{g(x) - g(2)\}}{x - 2} = f'(2) - g'(2) = 2$

따라서 $f'(2) = g'(2) + 2$

조건 (가)의 양변을 x에 대하여 미분하면

$g'(x) = 3x^2 f(x) + x^3 f'(x)$

$x = 2$를 대입하면

$g'(2) = 12 \times f(2) + 8f'(2)$

$g'(2) = 12 \times 1 + 8\{g'(2) + 2\} = 8g'(2) + 28$

에서 $g'(2) = -4$

따라서 접선의 방정식은

$y - g(2) = g'(2)(x - 1)$에서

$y - 1 = -4(x - 2)$, $y = -4x + 9$이므로

$a^2 + b^2 = (-4)^2 + 9^2 = 97$

357 정답 45

조건 (나)에서 $x \to 1$일 때, (분모)$\to 0$이므로 (분자)$\to 0$이어야 하므로

$f(1) = g(1)$

조건 (가)에서 $x = 1$를 대입하면

$g(1) = 2f(1) - 3$이므로

$g(1) = 2g(1) - 3$에서 $g(1) = f(1) = 3$

또 조건 (나)에서

$\lim_{x \to 1} \frac{\{g(x) - f(1)\} - \{f(x) - g(1)\}}{x - 1} = g'(1) - f'(1) = 4$

따라서 $f'(1) = g'(1) - 4$

조건 (가)의 양변을 x에 대하여 미분하면

$g'(x) = 2xf(x) + (x^2 + 1)f'(x)$

$x = 1$를 대입하면

$g'(1) = 2 \times f(1) + 2f'(1)$

$g'(1) = 2 \times 3 + 2\{g'(1) - 4\} = 2g'(1) - 2$

에서 $g'(1) = 2$

따라서 $f'(1) = -2$

따라서

$l_1 : y - f(1) = f'(1)(x - 1)$에서 $y - 3 = -2(x - 1)$,

$y = -2x + 5$

$l_2 : y - g(1) = g'(1)(x - 1)$에서 $y - 3 = 2(x - 1)$,

$y = 2x + 1$

따라서 l_1, l_2의 교점은 $(1, 3)$이고 x축과의 교점이 $\left(\frac{5}{2}, 0\right)$, $\left(-\frac{1}{2}, 0\right)$이다.

따라서 $S = \frac{1}{2} \times 3 \times 3 = \frac{9}{2}$

$\therefore 10S = 45$

358 정답 16

함수 $g(x)$가 $x = 1$에서 극솟값 24를 가지므로

$g(1) = 24$, $g'(1) = 0$

$g(x) = (x^3 + 2)f(x)$에서

$g(1) = 3f(1) = 24$이므로, $f(1) = 8$

또, $g'(x) = 3x^2 f(x) + (x^3 + 2)f'(x)$이므로

$g'(1) = 3f(1) + 3f'(1) = 0$

$\therefore f'(1) = -f(1) = -8$ $(\because f(1) = 8)$

$\therefore f(1) - f'(1) = 8 - (-8) = 16$

359 정답 12

함수 $g(x)$가 $x = 0$에서 극값 4를 가지므로

$g(0) = 4$, $g'(0) = 0$

$g(x) = (x^3 + 2x + 1)f(x)$에서

$g(0) = f(0) = 4$이므로, $f(0) = 4$

또, $g'(x) = (3x^2 + 2)f(x) + (x^3 + 2x + 1)f'(x)$이므로

$g'(0) = 2f(0) + f'(0) = 0$

따라서 $f'(0) = -8$

$f(0) - f'(0) = 4 - (-8) = 12$

360 정답 16

$f(x-y) = f(x) - f(y) + xy(x-y)$에 $x=0$, $y=0$을 대입하면

$f(0) = f(0) - f(0)$

$\therefore f(0) = 0 \cdots \bigcirc$

$f'(0) = 8$이므로

$f'(0) = \lim_{h \to 0} \dfrac{f(h) - f(0)}{h} = \lim_{h \to 0} \dfrac{f(h)}{h} (\because \bigcirc) = 8$

$\cdots \bigcirc\!\!\!\bigcirc$

$\therefore f'(x) = \lim_{h \to 0} \dfrac{f(x+h) - f(x)}{h}$

$= \lim_{h \to 0} \dfrac{f(x) - f(-h) + x \cdot (-h)(x+h) - f(x)}{h}$

$(\because (가))$

$= \lim_{h \to 0} \left\{ \dfrac{f(-h)}{-h} - x^2 - xh \right\}$

$= 8 - x^2 (\because \bigcirc\!\!\!\bigcirc)$

$= (2\sqrt{2} + x)(2\sqrt{2} - x)$

함수 $f(x)$가 $x=a$에서 극댓값을 갖고 $x=b$에서 극솟값을 가지므로

$a = 2\sqrt{2}$, $b = -2\sqrt{2}$

$\therefore a^2 + b^2 = 8 + 8 = 16$

361 정답 ③

$f(x-y) = f(x) - f(y) - 2xy(x-y)$에

$x=0$, $y=0$을 대입하면

$f(0) = f(0) - f(0)$

$\therefore f(0) = 0 \cdots \bigcirc$

$f'(0) = -6$이므로

$f'(0) = \lim_{h \to 0} \dfrac{f(h) - f(0)}{h} = \lim_{h \to 0} \dfrac{f(h)}{h} (\because \bigcirc) = -6 \cdots \bigcirc\!\!\!\bigcirc$

$\therefore f'(x) = \lim_{h \to 0} \dfrac{f(x+h) - f(x)}{h}$

$= \lim_{h \to 0} \dfrac{f(x) - f(-h) - 2x \cdot (-h)(x+h) - f(x)}{h}$

$(\because (가))$

$= \lim_{h \to 0} \left\{ \dfrac{f(-h)}{-h} + 2x^2 + 2xh \right\}$

$= -6 + 2x^2 (\because \bigcirc\!\!\!\bigcirc)$

$= 2(x + \sqrt{3})(x - \sqrt{3})$

함수 $f(x)$가 $x = -\sqrt{3}$에서 극댓값을 갖고 $x = \sqrt{3}$에서 극솟값을 가지므로 극솟값은 $f(\sqrt{3})$이다

362 정답 ④

접점 $(t, t^3 + at^2 + bt)$에서의 접선의 방정식은

$y = (3t^2 + 2at + b)(x - t) + t^3 + at^2 + bt$

$y = (3t^2 + 2at + b)x - 2t^3 - at^2$

따라서, 접선이 y축과 만나는 점 P는

$P(0, -2t^3 - at^2)$

원점에서 점 P까지의 거리 $g(t)$는

$g(t) = |-2t^3 - at^2| = t^2 \cdot |2t + a|$

ⅰ) $a > 0$일 때   ⅱ) $a = 0$일 때

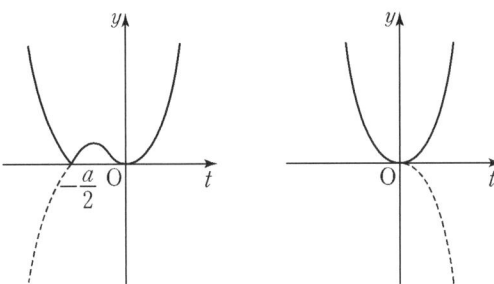

ⅲ) $a < 0$일 때

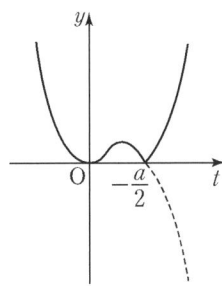

따라서, 함수 $g(t)$가 실수 전체의 집합에서 미분가능이려면

$a = 0$

조건 (가)에서 $f(1) = 1 + a + b = 2$, $b = 1$

$\therefore f(x) = x^3 + x$

$\therefore f(3) = 3^3 + 3 = 30$

363 정답 18

$f(-1) = 1 + a - b = 0$, $b = a + 1 \cdots \bigcirc$

접점 $(t, t^4 + at^2 + bt)$에서의 접선의 방정식은

$y = (4t^3 + 2at + b)(x - t) + t^4 + at^2 + bt$

$y = (4t^3 + 2at + b)x - 3t^4 - at^2$

따라서, 접선이 y축과 만나는 점 P는

$P(0, -3t^4 - at^2)$

원점에서 점 P까지의 거리 $g(t)$는

$g(t) = |-3t^4 - at^2| = t^2 \cdot |3t^2 + a|$

따라서 함수 $g(t)$가 실수 전체의 집합에서 미분가능이려면

$a \geq 0 \cdots \bigcirc\!\!\!\bigcirc$

$\bigcirc$, $\bigcirc\!\!\!\bigcirc$에서 $f(x) = x^4 + ax^2 + (a+1)x$

$f(2) = 16 + 4a + 2a + 2 = 6a + 18$

$f(2) \geq 18$

그러므로 $f(2)$의 최솟값은 18이다.

364 정답 ④

최고차항의 계수가 1이고 모든 실수 x에 대해
$f(-x)=-f(x)$를 만족시키는 $f(x)$의 그래프는 다음 두 가지
유형이 가능하다.

(i) 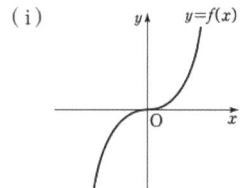　　(ii)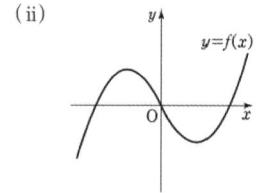

두 가지 유형 중 $|f(x)|=2$의 서로 다른 실근이 4개가 가능한
것은 (ii)의 유형이다. (그림 참조)

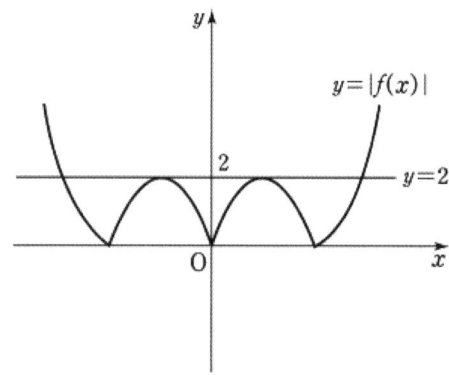

따라서, $f(x)$의 극솟값은 -2, 극댓값은 2이다.
$f(x)=x^3-bx$로 놓으면
$f'(x)=3x^2-b=0$에서 $x=\pm\sqrt{\dfrac{b}{3}}$
$f\left(\sqrt{\dfrac{b}{3}}\right)=-2$이므로
$\left(\sqrt{\dfrac{b}{3}}\right)^3-b\times\sqrt{\dfrac{b}{3}}=-2$
정리하여 계산하면 $b=3$
$\therefore\ f(3)=3^3-3\times 3=18$

365 정답 ①

최고차항의 계수가 1인 사차함수 $f(x)$가 $f(-x)=f(x)$을
만족시키고 극댓값이 양수이고 방정식 $|f(x)|=2$의 서로
다른 실근의 개수가 5이기 위해서는 $x=0$에서 극댓값 2를
갖고 극솟값이 -2인 그래프여야 한다. 즉, $f(0)=2$이므로
$f(x)=x^4+ax^2+2$라 두면
$f'(x)=4x^3+2ax=2x(2x^2+a)$이다.
$2x^2+a=0$의 해가 존재해야 하므로 $a<0$이고

$x^2=-\dfrac{a}{2}$에서 $x=\pm\sqrt{-\dfrac{a}{2}}$이다.
$f\left(\pm\sqrt{-\dfrac{a}{2}}\right)=-2$이므로
$\dfrac{a^2}{4}+a\left(-\dfrac{a}{2}\right)+2=-2$
$-\dfrac{a^2}{4}=-4$
$a^2=16$
$\therefore\ a=-4$이다.
따라서
$f(x)=x^4-4x^2+2$
$f(2)=2$

[다른 풀이]-장세완T
x^4 계수가 1인 사차함수 $f(x)$가 y축 대칭이면서
$x=0$에서 극댓값 2이고 두 개의 극솟값이 모두 -2이므로
$f(x)=(x-\alpha)^2(x+\alpha)^2-2$이다.
$f(0)=\alpha^4-2=2$
$\alpha^4=4,\ \alpha^2=2$
$f(2)=(2-\alpha)^2(2+\alpha)^2-2$
$=\left(2^2-\alpha^2\right)^2-2$
$=2^2-2=2$

366 정답 ④

$y=t$의 위치에 따라 다음과 같은 함수가 만들어진다.
$t>1$일 때, $f(t)=2$
$t=1$일 때, $f(t)=3$
$0<t<1$일 때, $f(t)=4$
$t=0$일 때, $f(t)=2$
$t<0$일 때, $f(t)=0$
$\therefore\ \lim\limits_{t\to 1-}f(t)=4$

367 정답 ④

[그림 : 이호진T]
최고차항의 계수가 1인 사차함수 $f(x)$가 (가)조건을 만족
경우는
$f(x)=x^2(x^2+ax+b)$ 또는 $f(x)=x^3(x+a)$ 이다.
직선 $y=t$와 $y=f(x)$의 그래프가 만나는 점의 개수 함수
$g(t)$가 불연속인 점이 오직 하나뿐이기 위해서는
$f(x)=x^3(x+a)$뿐이다.

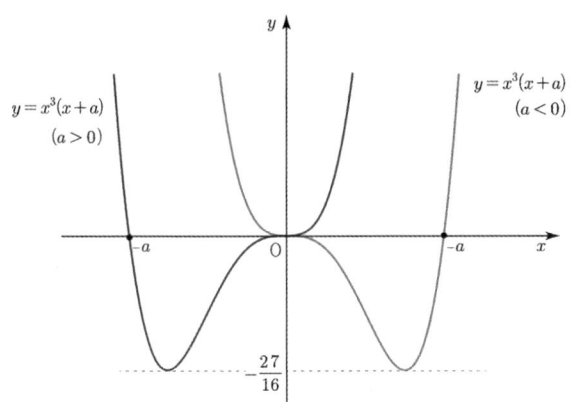

$y = x^3(x+a)$
$(a>0)$

$y = x^3(x+a)$
$(a<0)$

$-a$　　O　　$-a$　　x

$-\dfrac{27}{16}$

(나)에서 함수 $f(x)$의 유일한 극값이 극솟값 $-\dfrac{27}{16}$임을 알 수

있다.

따라서

$f(x) = x^4 + ax^3$에서 $f'(x) = 4x^3 + 3ax^2 = x^2(4x+3a)$

$f'(x) = 0$에서 0이 아닌 해는 $x = -\dfrac{3}{4}a$

$f\left(-\dfrac{3}{4}a\right) = -\dfrac{27}{256}a^4 = -\dfrac{27}{16}$

에서 $a^4 = 16$

$\therefore a = \pm 2$이다.

따라서 $f(x) = x^3(x+2)$, $f(x) = x^3(x-2)$

$f(3) = 135$ 또는 $f(3) = 27$

가능한 $f(3)$의 값 중 최댓값은 135이다.

368 정답 ①

$y = 6x - 6$ 과 $y = 2x^3 - 2$ 는 모두 $(1, 0)$ 을 지나고

$(1, 0)$ 에서의 접선의 기울기가 6이다.

모든 양의 실수 x 에 대하여

$6x - 6 \le f(x) \le 2x^3 - 2$ 이므로

$y = f(x)$ 는 $x = 1$ 에서 $y = 6x - 6$ 과 접해야 한다.

$f(x)$ 가 다항함수이므로

$f(x) - (6x - 6) = (x-1)^2 \cdot Q(x)$ 꼴이고

$x \to \infty$ 일 때, $f(x) \le 2x^3 - 2$ 이므로 $f(x)$ 의 최고차수는 3

이하이다.

(i) $f(x)$ 가 일차함수인 경우

$y = 6x - 6$ 와 접하면서 $f(0) = -3$인 함수는 없다

(ii) $f(x)$ 가 이차함수인 경우

$f(x) = (x-1)^2 + (6x - 6)$

$f(0) = 1 - 6 = -5 \neq -3$이므로 조건(가)를 만족하지 않는다.

(iii) $f(x)$ 가 삼차함수인 경우

$f(x) = (x-1)^2(x+a) + (6x - 6)$

$f(0) = a - 6 = -3$에서 $a = 3$

$f(x) = (x-1)^2(x+3) + (6x - 6)$

$\therefore f(3) = 4 \times 6 + 6 \times 3 - 6 = 36$

369 정답 3

$f(x) = x^3 + px^2 + qx + r$이라 하면 (가)에서

$\displaystyle\lim_{x \to \infty} \dfrac{x^4 + px^3 + qx^2 + rx - x^4}{x^4} = \lim_{x \to \infty} \dfrac{px^3 + qx^2 + rx}{x^4} = 0$

따라서 $f(0) = 0$이다.

(나)에서 $x - k < f(x) < (x-k)(x+3k)$에서

$\displaystyle\lim_{x \to k}(x-k) \le \lim_{x \to k}f(x) \le \lim_{x \to k}(x-k)(x+3k)$

따라서 $\displaystyle\lim_{x \to k}f(x) = 0$

$\therefore f(x) = x(x-k)(x+m)$이라 할 수 있다.

$f'(x) = (x-k)(x+m) + x(x+m) + x(x-k)$에서

$f'(k) = k(k+m) = 2k^2$

따라서 $m = k$이다.

$f(x) = x(x-k)(x+k)$이다. $\cdots \ㄱ$

$x - k < x(x-k)(x+k) < (x-k)(x+3k)$에서

$1 < x(x+k) < x + 3k$

$x = k$을 대입하면

$1 < 2k^2 < 4k$

$2k^2 > 1 \to k < -\dfrac{\sqrt{2}}{2},\ k > \dfrac{\sqrt{2}}{2}$

$2k^2 < 4k \to 2k(k-2) < 0 \to 0 < k < 2$

따라서 $\dfrac{\sqrt{2}}{2} < k < 2$이다.

ㄱ에서 $f(1) = 1 \times (1-k) \times (1+k) = 1 - k^2$

$k = \dfrac{\sqrt{2}}{2}$일 때, $f(1) = \dfrac{1}{2}$

$k = 2$일 때, $f(1) = 1 - 4 = -3$

$-3 < f(1) < \dfrac{1}{2}$

$f(1)$의 값으로 가능한 정수는 $-2, -1, 0$으로 3개다.

370 정답 5

$y = \dfrac{1}{3}x^3 + \dfrac{11}{3}\ (x > 0)$에서 $y' = x^2$

또한 직선 $y = x - 10$은 기울기가 1이므로 $x^2 = 1$에서 $x = 1$

따라서

$y = \dfrac{1}{3} + \dfrac{11}{3} = 4$이므로 점 P의 좌표는 $(1, 4)$이다.

$\therefore a + b = 5$

371 정답 ③

$y = x^3 + x\ (x > 0)$에서 $y' = 3x^2 + 1$

또한 직선 $y - 4x - 5$은 기울기가 4이므로 $3x^2 + 1 = 4$에서

$x = 1\ (\because x > 0)$

따라서

$y = x^3 + x\ (x > 0)$이므로 점 P의 좌표는 $(1, 2)$이다.

$\therefore a + b = 3$

372 정답 ⑤

$f(x) = \begin{cases} a(3x - x^3) & (x < 0) \\ x^3 - ax & (x \geq 0) \end{cases}$ 에서

$f'(x) = \begin{cases} a(3 - 3x^2) & (x < 0) \\ 3x^2 - a & (x > 0) \end{cases}$ 이다.

a의 부호에 따라서 도함수의 그래프가 달라지기 때문에 a의 범위를 나누어야 한다.

(i) $a = 0$일 때는 $f'(x) = \begin{cases} 0 & (x < 0) \\ 3x^2 & (x \geq 0) \end{cases}$ 이 되어서 $f(x)$의 극댓값이

발생하지 않는다.

(ii) $a > 0$일 때는 $x = -1, \sqrt{\dfrac{a}{3}}$ 에서 $f(x)$가 극솟값을 가지고 $x = 0$에서 극댓값을 가지지만 그 값이 0이므로 문제의 조건을 만족시키지 못한다.

(iii) $a < 0$일 때는 $x = -1$에서 극댓값을 갖는다.

이상에서 $f(-1) = a(-3 + 1) = 5$, $a = -\dfrac{5}{2}$ 이다.

$\therefore f(2) = 2^3 + \dfrac{5}{2} \cdot 2 = 13$

373 정답 ①

[그림 : 이호진T]

$f(x) = \begin{cases} a(x^4 - 4ax^3) & (x < 0) \\ ax(x - 3a)^2 & (x \geq 0) \end{cases}$ 에서

$f'(x) = \begin{cases} 4ax^2(x - 3a) & (x < 0) \\ 3a(x - a)(x - 3a) & (x > 0) \end{cases}$

(i) $a < 0$일 때,

$x < 0$일 때 최고차항의 계수가 음수인 사차함수이므로 $x = 3a$에서 극댓값을 갖는다.

$x > 0$일 때, 최고차항의 계수가 음수인 삼차함수이므로 $x = 3a$에서 극소, $x = a$에서 극댓값을 갖는데 모두 $x < 0$인 범위이므로 $x > 0$에서는 극값이 존재하지 않는다.

함수 $f(x)$의 그래프 개형은 다음과 같다.

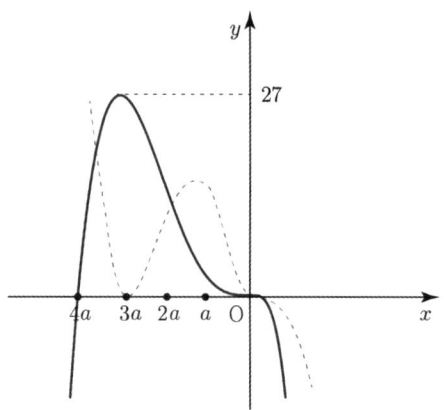

따라서 $x < 0$에서 $f(3a) = 27$이다.

$f(3a) = a(81a^4 - 108a^4) = -27a^5 = 27$

$a^5 = -1$에서 $a = -1$

(ii) $a > 0$일 때,

$x < 0$일 때 최고차항의 계수가 양수인 사차함수이므로 $x = 3a$에서 극솟값을 갖는다. $x < 0$에서는 극값이 존재하지 않는다.

$x > 0$일 때, 최고차항의 계수가 양수인 삼차함수이므로 $x = a$에서 극대, $x = 3a$에서 극솟값을 갖는다.

함수 $f(x)$의 그래프 개형은 다음과 같다.

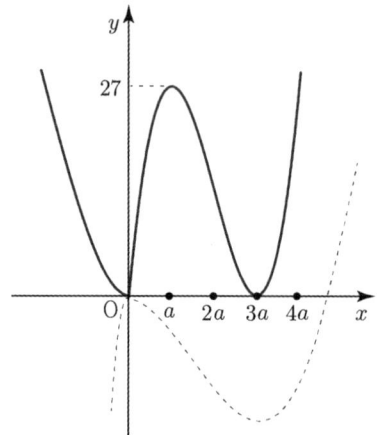

따라서 $x > 0$에서 $f(a) = 27$일 가져야 한다.

$f(a) = a \times a \times 4a^2 = 4a^4 = 27$

$a^4 = \dfrac{27}{4}$

$a = \sqrt[4]{\dfrac{27}{4}} \quad (\because a > 0)$

(i), (ii)에서 가능한 a의 값의 곱은 $-\sqrt[4]{\dfrac{27}{4}}$ 이다.

374 정답 ②

삼각형 OAP의 넓이가 최대가 되려면 점 P에서 직선 $y = x$까지의 거리가 최대이어야 한다.

이때, 점 P에서 접선은 직선 $y = x$와 평행이므로 $f'(x) = 1$에서

$a\{(x - 2)^2 + 2x(x - 2)\} = 1$

$3ax^2 - 8ax + 4a - 1 = 0$

이 이차방정식의 한 근이 $x = \dfrac{1}{2}$ 이므로

$3a \cdot \left(\dfrac{1}{2}\right)^2 - 8a \cdot \dfrac{1}{2} + 4a - 1 = 0$

$\dfrac{3}{4}a - 1 = 0$

$\therefore a = \dfrac{4}{3}$

375 정답 ④

삼각형 OAP의 넓이가 최대가 되려면 점 P에서 직선 $y = bx$까지의 거리가 최대이어야 한다.

이때, 점 P에서 접선은 직선 $y = bx$와 평행이므로 $f'(x) = b$에서

$$4x^3 - 6ax^2 + 2a^2x + b = b$$
$$2x(2x^2 - 3ax + a^2) = 0$$
$$2x(2x - a)(x - a) = 0$$

의 해는 $x = 0$, $x = \dfrac{a}{2}$, $x = a$이다.

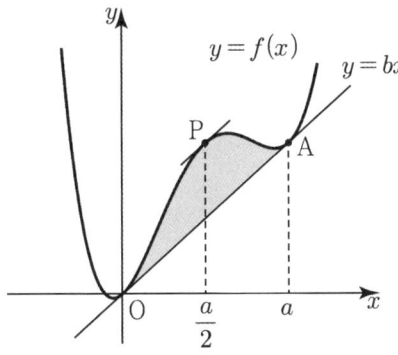

$\dfrac{a}{2} = 1$이므로 $a = 2$이다.

따라서 $f(x) = x^4 - 4x^3 + 4x^2 + bx$이고
$O(0, 0)$, $P(1, 1+b)$, $A(2, 2b)$이다.
이때, 삼각형 OAP의 넓이는

$$\frac{1}{2}\begin{vmatrix} 0 & 1 & 2 & 0 \\ 0 & 1+b & 2b & 0 \end{vmatrix} = \frac{1}{2}|2b - 2(1+b)| = 1$$

따라서 $M = 1$

$$a + M = 2 + 1 = 3$$

376 정답 ①

두 대각선의 교점이 $(0, 1)$인 정사각형을 A, 두 대각선의 교점이 $y = x^2$위에 있는 정사각형을 B라 하자.

정사각형 A의 꼭짓점 중 정사각형 B의 두 대각선의 교점에 가장 가까운 점의 좌표는 $\left(\dfrac{1}{2}, \dfrac{1}{2}\right)$이다.

정사각형 B의 중심을 (a, a^2)이라 하면 정사각형 B의 꼭짓점 중 $(0, 1)$에 가장 가까운 점의 좌표는 $\left(a - \dfrac{1}{2}, a^2 + \dfrac{1}{2}\right)$이다.

따라서
두 정사각형의 공통부분의 넓이를 $S(a)$이라 하면

$$S(a) = \left(\frac{1}{2} - \left(a - \frac{1}{2}\right)\right)\left(a^2 + \frac{1}{2} - \frac{1}{2}\right)$$
$$= (1 - a)a^2 = a^2 - a^3 \ (0 < a < 1)$$

$S(a)$의 최댓값을 구하기 위해서

$$S'(a) = 2a - 3a^2 = 0$$

$$a = 0, \frac{2}{3}$$

따라서 $S(a)$의 최댓값은

$$S\left(\frac{2}{3}\right) = \frac{4}{9} - \frac{8}{27} = \frac{4}{27}$$

377 정답 ⑤

한 변의 길이가 $\sqrt{3}$인 정삼각형의 높이는

$$\frac{\sqrt{3}}{2} \times \sqrt{3} = \frac{3}{2}$$이다.

선분 BC와 y축의 교점을 M이라 할 때, $(0, 1)$이 정삼각형 ABC의 무게중심이므로 $A(0, 2)$, $M\left(0, \dfrac{1}{2}\right)$이다.

$\overline{CM} = \dfrac{\sqrt{3}}{2}$이므로

점 C의 좌표는 $\left(\dfrac{\sqrt{3}}{2}, \dfrac{1}{2}\right)$

정사각형 DEFG의 두 대각선의 교점의 x좌표가 t이므로 교점의 좌표는 $\left(t, \dfrac{\sqrt{3}}{3}t\right)$이고 점 $D\left(t - \dfrac{2}{3}, \dfrac{\sqrt{3}}{3}t + \dfrac{2}{3}\right)$이다.

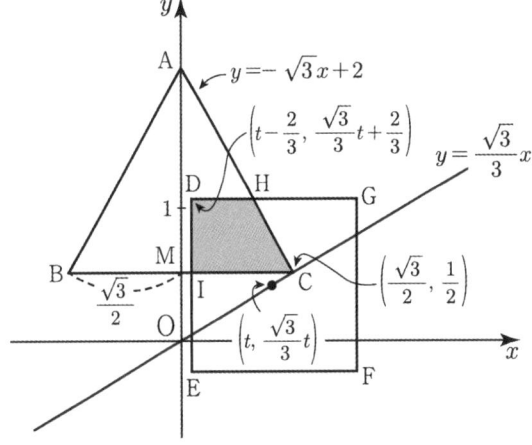

두 변 AC와 DG의 교점을 H라 하면 직선 AH는 기울기가 $-\sqrt{3}$이고 $(0, 2)$를 지나므로

점 H는 $y = -\sqrt{3}x + 2$위에 있고 y좌표가

$\dfrac{\sqrt{3}}{3}t + \dfrac{2}{3}$이므로

$$\frac{\sqrt{3}}{3}t + \frac{2}{3} = -\sqrt{3}x + 2$$에서

$$\sqrt{3}x = -\frac{\sqrt{3}}{3}t + \frac{4}{3}$$

$$x = -\frac{1}{3}t + \frac{4\sqrt{3}}{9}$$

따라서 $H\left(-\dfrac{1}{3}t + \dfrac{4\sqrt{3}}{9}, \dfrac{\sqrt{3}}{3}t + \dfrac{2}{3}\right)$이다.

그러므로 $\overline{DH} = -\dfrac{4}{3}t + \dfrac{2}{3} + \dfrac{4\sqrt{3}}{9}$

선분 DE와 선분 BC의 교점을 I라 하면

$\overline{\mathrm{IC}} = \dfrac{\sqrt{3}}{2} - t + \dfrac{2}{3} = -t + \dfrac{2}{3} + \dfrac{\sqrt{3}}{2}$

$\overline{\mathrm{DI}} = \dfrac{\sqrt{3}}{3}t + \dfrac{1}{6}$

$\overline{\mathrm{HC}} = \dfrac{2}{\sqrt{3}}\,\overline{\mathrm{DI}} = \dfrac{2}{3}t + \dfrac{\sqrt{3}}{9}$

따라서 사다리꼴 HDIC 의 둘레의 길이는

$f(t) = \overline{\mathrm{DH}} + \overline{\mathrm{DI}} + \overline{\mathrm{IC}} + \overline{\mathrm{HC}}$

$f(t) = \dfrac{\sqrt{3} - 5}{3}t + \dfrac{19\sqrt{3}}{18} + \dfrac{3}{2}$

따라서 $f'(t) = \dfrac{-5 + \sqrt{3}}{3}$

미분법

Level 3

378 정답 ②

$g(0)=7$

$x<0$일 때,

$g'(x)=3x^2+2ax+15$

이므로

$\lim\limits_{x\to 0-}g'(x)=15$

조건 (가)에서 함수 $g(x)$가 실수 전체의 집합에서

미분가능하므로

$\lim\limits_{x\to 0+}f(x)=7$

$\lim\limits_{x\to 0+}f'(x)=15$

이차함수 $f(x)$의 최고차항의 계수를 $p\,(p<0)$이라 하면

$f(x)=px^2+15x+7$

$f'(x)=2px+15$

$f'(x)=0$에서

$2px+15=0,\ x=-\dfrac{15}{2p}$

이때 $p<0$이므로 $-\dfrac{15}{2p}>0$

조건 (나)에서 x에 대한 방정식 $g'(x)\times g'(x-4)=0$의

서로 다른 실근의 개수가 4이므로

함수 $g(x)$는 $x<0$에서 극댓값과 극솟값을 가져야 한다.

즉, $x<0$에서 방정식 $g'(x)=0$은 서로 다른 두 실근 α,

$\beta\,(\alpha<\beta<0)$를 갖고

$\beta=\alpha+4,\ -\dfrac{15}{2p}=\beta+4$ ······㉠

이어야 한다.

이차방정식 $3x^2+2ax+15=0$의 서로 다른 두 실근이 α,

$\alpha+4$이므로 이차방정식의 근과 계수의 관계에 의하여

$\alpha+(\alpha+4)=-\dfrac{2a}{3}$ ······㉡

$\alpha(\alpha+4)=5$ ······㉢

㉢에서

$\alpha^2+4\alpha-5=0,\ (\alpha+5)(\alpha-1)=0$

$\alpha<0$이므로 $\alpha=-5$

$\alpha=-5$를 ㉡에 대입하면

$-5+(-5+4)=-\dfrac{2a}{3}$

$a=9$

$\alpha=-5$를 ㉠에 대입하면

$\beta=-5+4=-1$

$-\dfrac{15}{2p}=-1+4$

$p=-\dfrac{5}{2}$

따라서

$g(-2)=(-2)^3+9\times(-2)^2+15\times(-2)+7=5$

$g(2)=-\dfrac{5}{2}\times 2^2+15\times 2+7=27$

이므로

$g(-2)+g(2)=5+27=32$

379 정답 ⑤

[검토자 : 김경민T]

함수 $g(x)$가 $x=0$에서 미분가능하므로 $f(0)=7$,

$f'(0)=9$이다.

최고차항의 계수가 1인 삼차함수 $f(x)$는

$f(x)=x^3+bx^2+9x+7$

라 할 수 있다.

$f'(x)=3x^2+2bx+9$

따라서 $g'(x)=\begin{cases}2ax+9 & (x<0)\\3x^2+2bx+9\ (x>0)\end{cases}$

이다.

$a>0$이므로 $x<0$일 때, 방정식 $g'(x)=0$의 실근은

$x=-\dfrac{9}{2a}$로 개수는 1이다.

함수 $g'(x+2)$는 함수 $g'(x)$를 x축의 방향으로 -2만큼

평행이동한 함수이므로 $x<0$일 때, 방정식

$g'(x)\times g'(x+2)=0$의 실근의 개수는 적어도 2이다.

따라서 조건 (나)를 만족시키기 위해서는

$x<0$일 때, 방정식 $g'(x)\times g'(x+2)=0$의 실근의 개수가

2이고 $x>0$일 때, 방정식 $g'(x)\times g'(x+2)=0$의 실근의

개수가 2이어야 한다.

그러므로 이차방정식 $f'(x)=0$는 서로 다른 두 양의 근을 갖고

두 근의 차가 2이어야 x축의 방향으로 -2만큼 평행이동할 때

두 방정식 $f'(x)=0$과 $f'(x+2)=0$의 실근 중 중복되는 근이

생겨서 $x>0$일 때, 방정식 $g'(x)\times g'(x+2)=0$의 실근의

개수가 2일 수 있다.

따라서 이차함수 $f'(x)$의 축이 양수이어야 하므로

$-\dfrac{b}{3}>0$에서 $b<0$이다. ······ ㉠

$3x^2+2bx+9=0$의 두 양의 근을 α, β라 하면

$\alpha+\beta=-\dfrac{2b}{3}$, $\alpha\beta=3$

$(\alpha-\beta)^2=\left(-\dfrac{2b}{3}\right)^2-4\times 3=2^2$

$\dfrac{4b^2}{9}-12=4$

$b^2 = 36$

$\therefore\ b = -6\ (\because \text{㉠})$

$x \leq 0$일 때, $g(x) = ax^2 + 9x + 7$

$g'(x) = 2ax + 9$

$g'(-1) = 0 \rightarrow -2a + 9 = 0 \rightarrow a = \dfrac{9}{2}$

$g(x) = \begin{cases} \dfrac{9}{2}x^2 + 9x + 7 & (x \leq 0) \\ x^3 - 6x^2 + 9x + 7 & (x > 0) \end{cases}$

$g\left(\dfrac{2a}{3}\right) = g(3) = 27 - 54 + 27 + 7 = 7$이다.

380 정답 483

최고차항의 계수가 1이고 $f'(x) < 0$인 x가 존재하므로 삼차함수 $f(x)$는 극댓값과 극솟값을 갖는 그래프이다. 모든 정수 k에 대하여 $f(k-1)f(k+1) \geq 0$이어야 하므로 다음과 같은 세 가지 경우에 대해 알아보면 된다.

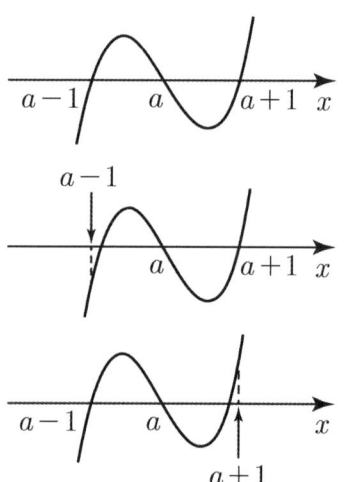

즉, 임의의 정수 a에 대하여 $f(a-1) \leq 0$이고 $f(a+1) \geq 0$이어야 하고 $f(a-2) < 0$이고 $f(a+2) > 0$이므로 반드시 $f(a) = 0$이어야 한다.

$f'\left(-\dfrac{1}{4}\right) = -\dfrac{1}{4}$, $f'\left(\dfrac{1}{4}\right) < 0$이고 $f'(0) < 0$이므로 $a = 0$이다.

(i) $f(-1) = 0$, $f(0) = 0$, $f(1) = 0$인 경우

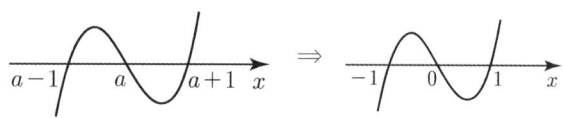

$f(x) = (x+1)x(x-1) = x^3 - x$

$f'(x) = 3x^2 - 1$

$f'\left(-\dfrac{1}{4}\right) = \dfrac{3}{16} - 1 = -\dfrac{13}{16} \neq -\dfrac{1}{4}$이므로 모순

(ii) $f(-1) < 0$, $f(0) = 0$, $f(1) = 0$인 경우

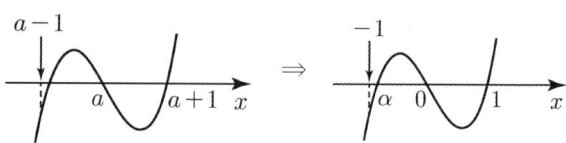

$-1 < \alpha < 0$인 α에 대하여

$f(x) = (x-\alpha)x(x-1)$

$f'(x) = x(x-1) + (x-\alpha)(x-1) + (x-\alpha)x$

$f'\left(-\dfrac{1}{4}\right) = \dfrac{5}{16} + \left(-\dfrac{1}{4}-\alpha\right)\left(-\dfrac{5}{4}\right) + \left(-\dfrac{1}{4}-\alpha\right)\left(-\dfrac{1}{4}\right)$

$= \dfrac{5}{16} + \dfrac{5}{16} + \dfrac{5}{4}\alpha + \dfrac{1}{16} + \dfrac{1}{4}\alpha$

$= \dfrac{3}{2}\alpha + \dfrac{11}{16} = -\dfrac{1}{4}$

$\dfrac{3}{2}\alpha = -\dfrac{15}{16}$

$\alpha = -\dfrac{5}{8}$

따라서 $f(x) = \left(x + \dfrac{5}{8}\right)x(x-1)$이고

$f(8) = 8 \times 7 \times \left(8 + \dfrac{5}{8}\right) = 483$이다.

(iii) $f(-1) = 0$, $f(0) = 0$, $f(1) > 0$인 경우

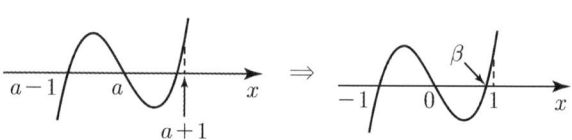

$0 < \beta < 1$인 β에 대하여

$f(x) = (x+1)x(x-\beta)$

$f'(x) = x(x-\beta) + (x+1)(x-\beta) + (x+1)x$

$f'\left(-\dfrac{1}{4}\right) = \left(-\dfrac{1}{4}\right)\left(-\dfrac{1}{4}-\beta\right) + \dfrac{3}{4}\left(-\dfrac{1}{4}-\beta\right) - \dfrac{3}{16}$

$= \dfrac{1}{16} + \dfrac{1}{4}\beta - \dfrac{3}{16} - \dfrac{3}{4}\beta - \dfrac{3}{16}$

$= -\dfrac{1}{2}\beta - \dfrac{5}{16} = -\dfrac{1}{4}$

$-\dfrac{1}{2}\beta = \dfrac{1}{16}$

$\beta = -\dfrac{1}{8}$으로 모순이다. $(\because 0 < \beta < 1)$

(i), (ii), (iii)에서 $f(8) = 8 \times 7 \times \left(8 + \dfrac{5}{8}\right) = 483$이다.

381 정답 126

[출제자 : 김 수T]

[그림 : 이정배T]

삼차함수 $f(x)$의 최고차항의 계수가 -1이고 $f'(x) > 0$인 x가 존재하므로 함수 $f(x)$의 그래프는 극점을 갖는 개형이다.

모든 정수 k에서 $f(k)f(k+2) \geq 0$ 이고 $f'\left(-\dfrac{1}{5}\right) = \dfrac{19}{25}$,

$f'\left(\dfrac{1}{5}\right) > 0$ 이므로 $f'(0) > 0$이다.

따라서 최고차항의 계수가 -1인 삼차함수 $f(x)$는 다음와 같다.

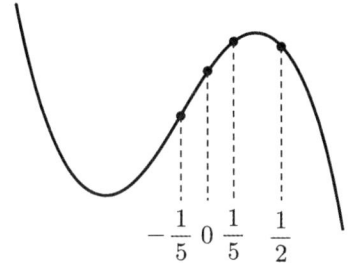

이때 치역은 실수 전체이고 $f(k)f(k+2) \geq 0$ 을 만족하려면 함숫값의 부호가 바뀌는 정수에서 해를 가져야 한다.

만일 $f(0) > 0$이라 하면 $f(-2) \geq 0$이어야 하고 $f(-2) > 0$인 경우와 $f(-2) = 0$인 경우 모두 조건을 만족하지 못한다.

($f(0) < 0$ 인 경우도 마찬가지로 조건을 만족하지 못한다.)

따라서 $f(0) = 0$ 이고 $f(k)f(k+2) \geq 0$ 을 만족할 수 있는 경우는 다음과 같이 세가지가 있다.

① $f(x) = -x(x+1)(x-1)$

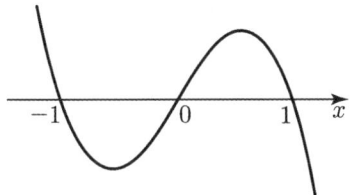

이 경우는 $f'\left(-\dfrac{1}{5}\right) = \dfrac{19}{25}$ 을 만족하지 못한다.

② $f(x) = -x(x+k)(x-1)$

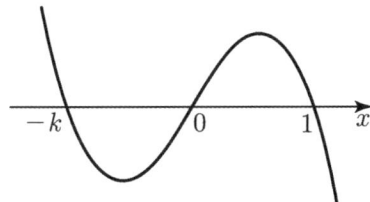

이 경우 $k = \dfrac{32}{35}$ 이나 $f'\left(\dfrac{1}{2}\right) < 0$ 을 만족하지 못한다.

③ $f(x) = -x(x+1)(x+k)$

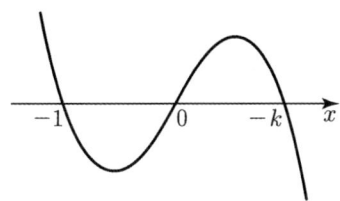

이 식에서

$f'\left(-\dfrac{1}{5}\right) = \dfrac{19}{25}$ 를 계산하면 $k = -\dfrac{4}{5}$ 로 모든 조건을 만족한다.

$-f(5) = 5 \times (5+1) \times \left(5 - \dfrac{4}{5}\right) = 126$

382 정답 380

주어진 조건을 만족시키려면 열린구간 $\left(k, k+\dfrac{3}{2}\right)$에 두 점 $(x_1, f(x_1))$, $(x_2, f(x_2))$를 지나는 직선의 기울기와 두 점 $(x_2, f(x_2))$, $(x_3, f(x_3))$을 지나는 직선의 기울기의 부호가 다른 세 실수 x_1, x_2, x_3이 존재해야 하는데, 그러려면 극대 또는 극소가 되는 점이 구간 $\left(k, k+\dfrac{3}{2}\right)$에 존재해야 한다.

이때 $f(x) = x^3 - 2ax^2$에서

$f'(x) = 3x^2 - 4ax$

이므로 함수 $y = f(x)$의 그래프의 개형을 a의 값의 범위에 따라 다음과 같이 나누어 생각할 수 있다.

(i) $a > 0$일 때

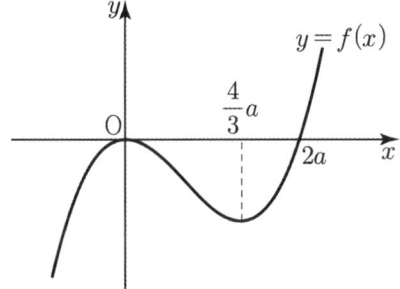

$k = -1$일 때 $x = 0$이 구간 $\left(-1, \dfrac{1}{2}\right)$에 존재하므로 조건을 만족시킨다.

또, $x = \dfrac{4}{3}a$가 구간 $\left(k, k+\dfrac{3}{2}\right)$에 존재하려면

$k < \dfrac{4}{3}a < k + \dfrac{3}{2}$

이므로

$\dfrac{4}{3}a - \dfrac{3}{2} < k < \dfrac{4}{3}a$

이어야 한다.

이때 조건을 만족시키는 모든 정수 k의 값의 곱이 -12가 되려면 이 구간에 $k = 3$, $k = 4$가 존재해야 하므로

$\dfrac{4}{3}a - \dfrac{3}{2} < 3,\ \dfrac{4}{3}a > 4$

$3 < a < \dfrac{27}{8}$

그런데 이 부등식을 만족시키는 정수 a는 존재하지 않는다.

(ⅱ) $a < 0$일 때

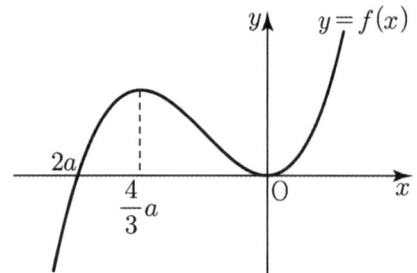

$k = -1$일 때 $x = 0$이 구간 $\left(-1,\ \dfrac{1}{2}\right)$에 존재하므로 조건을 만족시킨다.

또, $x = \dfrac{4}{3}a$가 구간 $\left(k,\ k + \dfrac{3}{2}\right)$에 존재하려면

$k < \dfrac{4}{3}a < k + \dfrac{3}{2}$이므로

$\dfrac{4}{3}a - \dfrac{3}{2} < k < \dfrac{4}{3}a$

이어야 한다.

이때 조건을 만족시키는 모든 정수 k의 값의 곱이 -12가 되려면 이 구간에 $k = -4,\ k = -3$이 존재해야 하므로

$\dfrac{4}{3}a - \dfrac{3}{2} < -4,\ \dfrac{4}{3}a > -3$

$-\dfrac{9}{4} < a < -\dfrac{15}{8}$

즉, $a = -2$

(ⅰ), (ⅱ)에서 $a = -2$이므로

$f(x) = x^3 + 4x^2$

$f'(x) = 3x^2 + 8x$

따라서

$f'(10) = 3 \times 10^2 + 8 \times 10 = 380$

383 정답 225

[그림 : 이호진T]

$f(x) = x^4 - ax^3 + \dfrac{a^2 x^2}{4} = x^2\left(x^2 - ax + \dfrac{a^2}{4}\right) = x^2\left(x - \dfrac{a}{2}\right)^2$

(i) $a > 0$일 때,

함수 $f(x)$의 그래프 개형은 다음과 같다.

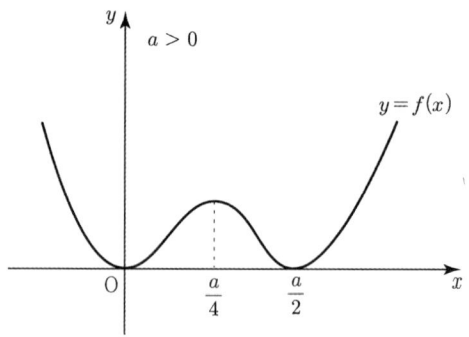

정수 $a\ (a \neq 4n,\ n$은 정수)를 다음과 같이 나눌 수 있다.

① $3 < \dfrac{a}{4} < \dfrac{7}{2}$일 때, $12 < a < 14$이다.

즉, $a = 13$일 때

k의 값은 $-1,\ 2,\ 3,\ 6$

$\alpha = -36$

② $4 < \dfrac{a}{4} < \dfrac{9}{2}$일 때, $16 < a < 18$이다.

즉, $a = 17$일 때

k의 값은 $-1,\ 3,\ 4,\ 8$

$\alpha = -96$

③ $5 < \dfrac{a}{4} < \dfrac{11}{2}$일 때, $20 < a < 22$이다.

즉, $a = 21$일 때

k의 값은 $-1,\ 4,\ 5,\ 10$

$\alpha = -200$

(ii) $a < 0$일 때,

함수 $f(x)$의 그래프 개형은 다음과 같다.

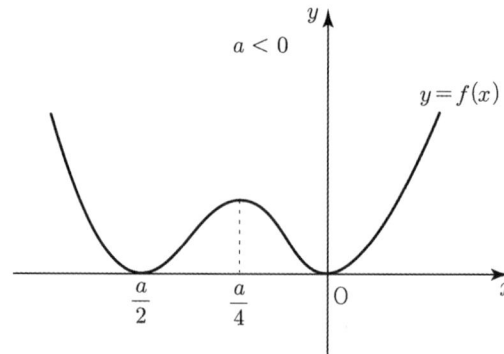

① $-3 < \dfrac{a}{4} < -\dfrac{5}{2}$일 때, $-12 < a < -10$이다.

즉, $a = -11$일 때,

k의 값은 $-6,\ -4,\ -3,\ -1$

$\alpha = 72$

② $-4 < \dfrac{a}{4} < -\dfrac{7}{2}$일 때, $-16 < a < -14$이다.

즉, $a = -15$일 때,

k의 값은 $-8,\ -5,\ -4,\ -1$

$\alpha = 160$

(i), (ii)에서

$a = -11$일 때, $||\alpha| - 80|$의 값은 8로 최소이다.

따라서 $f(x) = x^4 + 11x^3 + \dfrac{121}{4}x^2$

$f(2) = 16 + 88 + 121 = 225$

[랑데뷰팁]

$|\alpha|$의 값이 80에 가까운 값을 찾아야 하므로

$1 < \dfrac{a}{4} < \dfrac{3}{2}$, $2 < \dfrac{a}{4} < \dfrac{5}{2}$ 등일 때는 조사해서 제외하였다.

384 정답 13

[그림 : 최성훈T]

삼차함수 $f(x)$의 최고차항의 계수가 1이고 상수항이 -3이므로 ($\because f(0) = -3$)이므로

$f(x) = x^3 + ax^2 + bx - 3$이라 할 수 있다.

$f(1) = a + b - 2$, $f'(x) = 3x^2 + 2ax + b$

이다.

$f(x) - f(1)$

$= x^3 + ax^2 + bx - a - b - 1$

$= (x-1)\{x^2 + (a+1)x + (a+b+1)\}$

$f'(g(x)) = 3(g(x))^2 + 2ag(x) + b$

이므로 (가)에서

$(x-1)f'(g(x)) - \{f(x) - f(1)\} = 0$

$(x-1)\{3(g(x))^2 + 2ag(x) + b\}$

$- (x-1)\{x^2 + (a+1)x + (a+b+1)\} = 0$

$(x-1)\{3(g(x))^2 + 2ag(x) - x^2 - (a+1)x - (a+1)\} = 0$

$x = 1$ 또는 $g(x) = \dfrac{-a \pm \sqrt{a^2 + 3x^2 + 3(a+1)x + 3(a+1)}}{3}$

(나)에서 함수 $g(x)$가 최솟값이 존재하므로

$g(x) = \dfrac{\sqrt{3x^2 + 3(a+1)x + a^2 + 3a + 3} - a}{3}$이다.

최솟값이 $\dfrac{5}{2}$이므로

$\dfrac{\sqrt{3x^2 + 3(a+1)x + a^2 + 3a + 3} - a}{3} = \dfrac{5}{2}$

의 해가 중근으로 존재한다.

$\sqrt{3x^2 + 3(a+1)x + a^2 + 3a + 3} = \dfrac{15}{2} + a \cdots \ominus$

양변 제곱하고 정리하면

$3x^2 + 3(a+1)x - 12a - \dfrac{213}{4} = 0$

$D = 9(a+1)^2 - 12\left(-12a - \dfrac{213}{4}\right) = 0$

$9a^2 + 162a + 648 = 0$

$9(a^2 + 18a + 72) = 0$

$9(a+6)(a+12) = 0$

$\ominus$에서 $a \geq -\dfrac{15}{2}$이므로 $a = -6$

따라서

$g(x) = \dfrac{\sqrt{3x^2 - 15x + 21} + 6}{3}$

$g(1) = \dfrac{\sqrt{9} + 6}{3} = 3$

$f(x) = x^3 - 6x^2 + bx - 3$이고 (다) $f(g(1)) = 6$에서

$f(3) = 27 - 54 + 3b - 3 = 6$

$3b = 36$

$b = 12$

$\therefore f(x) = x^3 - 6x^2 + 12x - 3$

$f(4) = 64 - 96 + 48 - 3 = 13$

[랑데뷰팁]

함수 $g(x)$의 그래프는 그림과 같다.

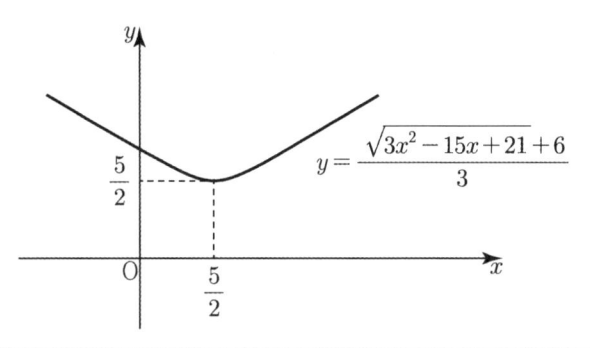

[다른 풀이]-1

주어진 (가) 조건을 정리하면 $\dfrac{f(x) - f(1)}{x-1} = f'(g(x))$이다.

즉, $(1, f(1))$과 $(x, f(x))$의 기울기(평균변화율)가 x좌표가 $g(x)$인 점에서의 접선의 기울기(순간변화율)와 같다.

이 때, $g(x)$의 최솟값이 $\dfrac{5}{2}$이므로 아래 그림과 같이

$x = 1$에서 오른쪽 반대편(변곡점 너머)으로 그린 접선의 접점이 $x = \dfrac{5}{2}$라 할 수 있다.

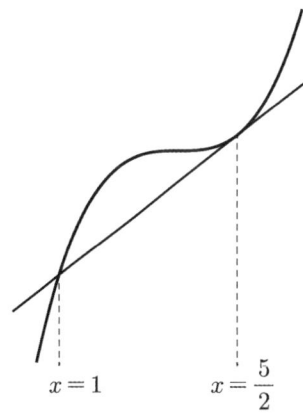

이제 (다) 조건과 삼차함수의 비율 관계 또는 근과 계수의 관계를 이용하여 식을 구하자.

근과 계수의 관계를 활용해보면 $f(x)$와 접선의 세 근의 합이

$1 + \dfrac{5}{2} + \dfrac{5}{2} = 6$ 이고 $f(0) = -3$ 이므로 변곡점은 $x = 2$,

$f(x) = x^3 - 6x^2 + ax - 3$ 이다.

마지막으로 $f(x)$ 가 다항함수이고, $g(x)$ 도 연속함수이므로

$$\lim_{x \to 1} \frac{f(x) - f(1)}{x - 1} = f'(1) = f'(g(1)) \text{이다.}$$

$g(1) \neq 1$ 이기에 $g(1) = 3$ 이고($x = 2$ 에 대칭), 따라서

$f(3) = 6$ 이다.

위 식에 대입하면 $f(x) = x^3 - 6x^2 + 12x - 3$

$\therefore f(4) = 13$

[다른 풀이]-2

조건 (다)에서 $f(0) = -3$ 이므로 두 상수 a, b 에 대하여 함수

$f(x)$ 는 $f(x) = x^3 + ax^2 + bx - 3$

한편, 조건 (가)에서

$f(x) = f(1) + (x-1)f'(g(x))$

이므로 $x \neq 1$ 일 때,

$$f'(g(x)) = \frac{f(x) - f(1)}{x - 1}$$

$$= \frac{(x^3 + ax^2 + bx - 3) - (a + b - 2)}{x - 1}$$

$$= \frac{(x^3 - 1) + a(x^2 - 1) + b(x - 1)}{x - 1}$$

$$= (x^2 + x + 1) + a(x + 1) + b$$

$$= x^2 + (a+1)x + a + b + 1 \qquad \cdots\cdots \text{㉠}$$

조건 (나)에서 함수 $g(x)$ 가 최솟값 $\dfrac{5}{2}$ 를 가지므로 이 값을 갖는

x 의 값을 α 라 하자. 이때 $f'(x)$ 는 이차함수이고 ㉠의 우변의

이차함수의 그래프가 대칭이므로 $g(x)$ 도 $x = \alpha$ 에 대칭이동

대칭이어야 한다. 이때 함수 $y = f'(g(x))$ 의 그래프는

$x = \alpha$ 에 대하여 대칭이다.

한편, ㉠의 우변의 함수

$y = x^2 + (a+1)x + a + b + 1$

의 그래프는 직선 $x = -\dfrac{a+1}{2}$ 에 대하여 대칭이다.

그러므로 $\alpha = -\dfrac{a+1}{2}$

한편, ㉠의 식에 $x = \alpha$ 를 대입하면

$f'(g(\alpha)) = \alpha^2 + (a+1)\alpha + a + b + 1$

이때 $g(\alpha) = \dfrac{5}{2}$ 이므로 대입하면

$f'\left(\dfrac{5}{2}\right) = \alpha^2 + (a+1)\alpha + a + b + 1$

한편, $f'(x) = 3x^2 + 2ax + b$ 이므로

$\dfrac{75}{4} + 5a + b = \alpha^2 + (a+1)\alpha + a + b + 1$

즉, $\dfrac{75}{4} + 5a = \alpha^2 + (a+1)\alpha + a + 1$

이때 $\alpha = -\dfrac{a+1}{2}$ 를 대입하면

$\dfrac{75}{4} + 5a = \dfrac{(a+1)^2}{4} - \dfrac{(a+1)^2}{2} + a + 1$

$75 + 5a = -\dfrac{(a+1)^2}{4} + a + 1$

$75 + 20a = -(a^2 + 2a + 1) + (4a + 4)$

$a^2 + 18a + 72 = 0$, $(a+6)(a+12) = 0$

$a = -6$ 또는 $a = -12$

한편, $a = -12$ 일 때,

$f'(x) = 3x^2 - 24x + b$

이고 이 함수 $y = f'(x)$ 의 그래프는 직선 $x = 8$ 에 대하여

대칭이므로 함수 $y = f'(g(x))$ 의 그래프의 개형은 다음과

같다.

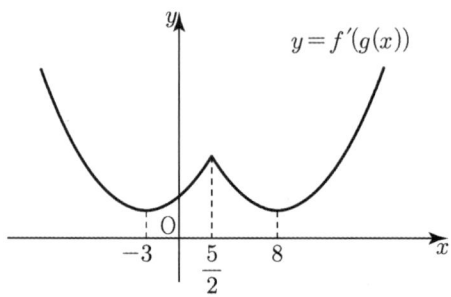

즉, 함수 함수 $y = f'(g(x))$ 의 그래프의 개형은 이차함수의

그래프의 개형이 아니다.

그러므로

$a = -6$ 이고 $\alpha = \dfrac{5}{2}$ 이어야 한다.

그러므로

$f(x) = x^3 - 6x^2 + bx - 3 \qquad \cdots\cdots \text{㉡}$

$f'(x) = 3x^2 - 12x + b \qquad \cdots\cdots \text{㉢}$

한편, ㉠에서 $f'(x)$ 와 $g(x)$ 가 연속이므로

$$\lim_{x \to 1} f'(g(x)) = \lim_{x \to 1} \frac{f(x) - f(1)}{x - 1}$$

$f'(g(1)) = f'(1)$

이때 $g(1) = k$ 라 하면 ㉢으로부터

$3k^2 - 12k + b = -9 + b$

$3k^2 - 12k + 9 = 0$

$k^2 - 4k + 3 = 0$, $(k-1)(k-3) = 0$

$k = 1$ 또는 $k = 3$

즉, $g(1) = 1$ 또는 $g(1) = 3$

이때 $g(1) = 1$ 은 $g(x)$ 가 최솟값 $\dfrac{5}{2}$ 를 갖는다는 것에

모순이다.

그러므로 $g(1) = 3$

한편, 조건 (다)에서 $f(g(1)) = 6$ 이므로

$f(3) = 6$

이때 ㉡에 대입하면

$27 - 54 + 3b = 9$, $3b = 36$

$b = 12$

따라서

$f(x) = x^3 - 6x^2 + 12x - 3$

이므로

$f(4) = 4^3 - 6 \times 4^2 + 12 \times 4 - 3 = 13$

385 정답 3

(가)에서 $f'(g(x))=\dfrac{f(x)-1}{x}$ 이고 (나)에서

$\lim\limits_{x\to 0}\dfrac{f(x)-1}{x}=0$ 이므로

$f(0)=1$, $f'(0)=0$ 이다.

따라서

$f(x)=ax^3+bx^2+1$ $(a>0)$, $f'(x)=3ax^2+2bx$ 이다.

(나)에서 $f'(g(0))=0$ 이므로

$3a(g(0))^2+2bg(0)=0$

$g(0)\{3ag(0)+2b\}=0$

따라서 $g(0)=0$ 또는 $g(0)=-\dfrac{2b}{3a}$

(다)에서 $g(0)<0$ 이므로 $g(0)=-\dfrac{2b}{3a}$ 이다.

$f(x)$ 가 $x=-1$ 에서 극값을 갖고 (나)에서 $f'(g(0))=0$ 이므로 $g(0)=-1$ 이다.

$g(0)=-1$ 이므로 $g(0)=-\dfrac{2b}{3a}$ 이고 $b=\dfrac{3}{2}a$ 이다.

$f'(g(x))=\dfrac{f(x)-1}{x}=ax^2+\dfrac{3}{2}ax$ 에서

$3a(g(x))^2+2bg(x)=ax^2+bx$

$3a(g(x))^2+3ag(x)-ax^2-\dfrac{3}{2}ax=0$

$g(x)=\dfrac{-3a\pm\sqrt{(3a)^2-12a\left(-ax^2-\dfrac{3}{2}ax\right)}}{6a}$

(다)에서 모든 실수 x 에 대하여 $g(x)<0$ 이므로

$g(x)=\dfrac{-3a-\sqrt{a^2(12x^2+18x+9)}}{6a}$ 이다.

방정식 $g(x)=-1$ 에서

$\dfrac{-3a-\sqrt{a^2(12x^2+18x+9)}}{6a}=-1$

$\sqrt{a^2(12x^2+18x+9)}=3a$

$a^2(12x^2+18x+9)=9a^2$

$12x^2+18x=0$

$6x(2x+3)=0$

$x=0$, $x=-\dfrac{3}{2}$ 이다.

그러므로 $\alpha=0$, $\beta=-\dfrac{3}{2}$ 이다.

$\alpha-2\beta=0+3=3$

[다른 풀이] -정찬도T

(가)에서 $f(x)=xf'(g(x))+1$ 에서 $f(0)=1$ 이고

(나)에서 $\lim\limits_{x\to 0}f'(g(x))=\lim\limits_{x\to 0}\dfrac{f(x)-1}{x}=0$ 이므로

$f'(0)=0$ 이다.

문제에서 $x=-1$ 에서 극값을 가지므로 $f'(-1)=0$ 이다.

따라서 $f'(x)=3ax(x+1)$ 이고 $f(x)=ax^3+\dfrac{3a}{2}x^2+1$

(가)에서 $f(x)=xf'(g(x))+1$ 이므로

$ax^3+\dfrac{3a}{2}x^2+1=x\cdot 3a\cdot g(x)\{g(x)+1\}+1$ 이다.

정리하면 $x^3+\dfrac{3}{2}x^2=x\left[3\{g(x)\}^2+3g(x)\right]$ 이다.

따라서 $3\{g(x)\}^2+3g(x)-\left(x^2+\dfrac{3}{2}x\right)=0$ 이고

$g(x)=\dfrac{-3-\sqrt{12x^2+18x+9}}{6}$ ($\because$ (다)에서 $g(x)<0$)

방정식 $g(x)=-1$ 에서

$\dfrac{-3-\sqrt{12x^2+18x+9}}{6}=-1$ 이고

$\sqrt{12x^2+18x+9}=3$ 이므로 $12x^2+18x=0$

$x=0$, $x=-\dfrac{3}{2}$

그러므로 $\alpha=0$, $\beta=-\dfrac{3}{2}$ 이다.

$\alpha-2\beta=0-(-3)=3$

386 정답 ①

ㄱ. $x>1$ 에서 $g(x)=x$ 이므로

$h(1)=\lim\limits_{t\to 0+}g(1+t)\times\lim\limits_{t\to 2+}g(1+t)$

$\quad=\lim\limits_{t\to 0+}(1+t)\times\lim\limits_{t\to 2+}(1+t)$

$\quad=1\times 3=3$ (참)

ㄴ. $h(x)=\lim\limits_{t\to 0+}g(x+t)\times\lim\limits_{t\to 2+}g(x+t)$

이므로

$x<-3$ 일 때 $h(x)=x\times(x+2)$

$x=-3$ 일 때 $h(-3)=-3\times f(-1)$

$-3<x<-1$ 일 때 $h(x)=x\times f(x+2)$

$x=-1$ 일 때 $h(-1)=f(-1)\times 1$

$-1<x<1$ 일 때 $h(x)=f(x)\times(x+2)$

$x=1$ 일 때 $h(1)=1\times 3$

$x>1$ 일 때 $h(x)=x\times(x+2)$

즉, $x<-3$ 또는 $x\geq 1$ 일 때, 함수 $y=h(x)$ 의 그래프는 그림과 같다.

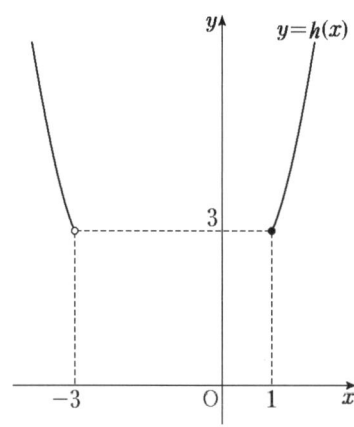

$f(-3)\neq 3$ 이면 함수 $h(x)$ 는 $x=-3$ 에서 불연속이다.

즉, 함수 $h(x)$는 실수 전체의 집합에서 연속이라 할 수 없다. (거짓)

ㄷ. 함수 $g(x)$가 닫힌구간 $[-1, 1]$에서 감소하고 $g(-1) = -2$일 때, 함수 $y = g(x)$의 그래프의 개형은 다음 그림과 같다.

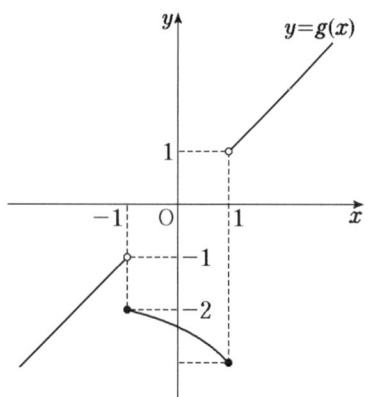

이때

$h(-3) = -3 \times f(-1) = -3 \times (-2) = 6$

$h(-1) = f(-1) \times 1 = -2 \times 1 = -2$

$-3 < x < -1$에서 $h(x) > 0$

또, $-1 < x < 1$에서

$h(x) = f(x) \times (x+2)$이므로

$h'(x) = f'(x) \times (x+2) + f(x)$

$f'(x) < 0$, $x+2 > 0$, $f(x) < 0$이므로 $h'(x) < 0$

즉, $-1 < x < 1$에서 함수 $h(x)$는 감소하고,

$f(1) = 3$이므로 함수 $h(x)$는 최솟값을 갖지 않는다. (거짓)

이상에서 옳은 것은 ㄱ이다.

387 정답 ③

[출제자 : 김진성T]

[ㄴ. 풀이 : 이소영T]

ㄱ. 함수 $g(x)$가 $x = -2$에서 연속이므로

$\lim\limits_{x \to -2+} g(x) = \lim\limits_{x \to -2-} g(x) = -2$이고

$h(-2) = \lim\limits_{x \to 0+} g(-2+x) \times \lim\limits_{x \to 3+} g(-2+x)$

이때, $x-2 = t$라 하면

$= \lim\limits_{t \to -2+} g(t) \times \lim\limits_{t \to 1+} g(t)$

$= \lim\limits_{t \to -2-} g(t) \times \lim\limits_{t \to 1+} g(t) = -2 \times 1 = -2$ (참)

ㄴ. $h(x) = \lim\limits_{t \to 0+} g(x+t) \times \lim\limits_{t \to 3+} g(x+t)$이므로 구간별로 함수식을 구해보자.

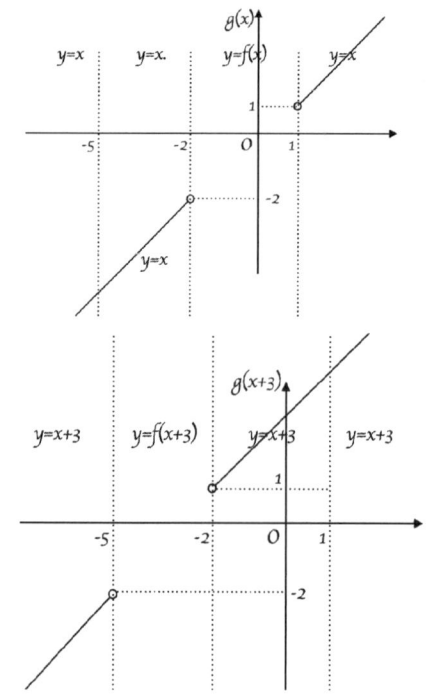

$h(x) = \begin{cases} x(x+3) & (x < -5) \\ xf(x+3) & (-5 \le x < -2) \\ f(x)(x+3) & (-2 \le x < 1) \\ x(x+3) & (x \ge 1) \end{cases}$ 임을 알 수 있다.

이때, $x = 1$에서 미분가능하므로

ⅰ) $x = 1$에서 연속이고,

ⅱ) $x = 1$의 좌미분계수와 우미분계수가 같다.

$h(x) = x(x+3)$ $(x \ge 1)$이고

$h(x)$가 $x = 1$에서 미분가능하므로

$h'(1) = \lim\limits_{x \to 1+} \dfrac{h(x)-h(1)}{x-1} = \lim\limits_{x \to 1+} \dfrac{x^2+3x-4}{x-2}$

$\qquad = \lim\limits_{x \to 1+} \dfrac{(x+4)(x-1)}{x-1} = 5$

ㄷ. 닫힌구간 $[-2, 1]$에서

$g(-2) = 1$, $g(1) = -2$, $g'(x) \ge -1$이므로

$f(x) = -x-1$이 되어야 하고

$h(x) = \lim\limits_{t \to 0+} g(x+t) \times \lim\limits_{t \to 3+} g(x+t)$

$\qquad = \begin{cases} x(x+3) & (x < -5) \\ xf(x+3) & (-5 \le x < -2) \\ f(x)(x+3) & (-2 \le x < 1) \\ x(x+3) & (x \ge 1) \end{cases}$

$\qquad = \begin{cases} x(x+3) & (x < -5) \\ x(-x-4) & (-5 \le x < -2) \\ (-x-1)(x+3) & (-2 \le x < 1) \\ x(x+3) & (x \ge 1) \end{cases}$

이고 그래프를 그려보면 $x = -5$에서 극솟값을 갖고 최솟값은 갖지 않는다. (거짓)

388 정답 58

$$g(x) = \begin{cases} f(x) & (x \geq t) \\ -f(x) + 2f(t) & (x < t) \end{cases}$$

에서

$$\lim_{x \to t-} g(x) = \lim_{x \to t+} g(x) = g(t) = f(t)$$

이므로 함수 $g(t)$는 실수 전체의 집합에서 연속이다.

함수 $f(x)$가 $x = k$에서 극솟값을 갖는다고 하자.

이때 함수 $y = -f(x) + 2f(t)$의 그래프는 함수 $y = f(x)$의 그래프를 x축에 대하여 대칭이동한 후, y축의 방향으로 $2f(t)$만큼 평행이동한 것이다.

방정식 $g(x) = 0$의 서로 다른 실근의 개수는 함수 $y = g(x)$의 그래프와 x축의 교점의 개수와 같으므로 $f(k)$의 값에 따라 나누어 생각할 수 있다.

우선, $f(k) < 0$인 경우를 생각해보면 함수 $y = g(x)$가 불연속일 때의 그래프는 다음과 같다.

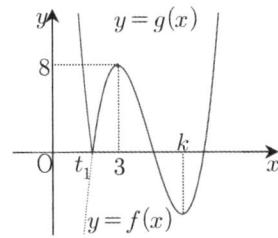

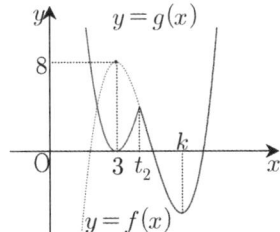

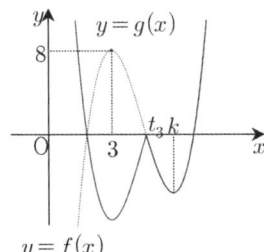

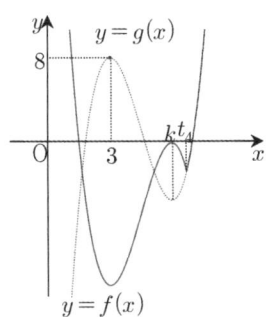

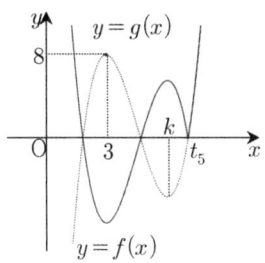

따라서 함수 $h(t)$는 $t = t_i \, (i = 1,\ 2,\ 3,\ 4,\ 5)$에서 불연속이므로 주어진 조건에 위배된다.

위와 같은 방법으로 함수 $y = f(x)$의 그래프에 따라 함수 $y = g(x)$의 그래프를 그려보면 함수 $h(t)$가 $t = a$에서 불연속인 a의 값이 두 개인 경우는 다음과 같이 $t = k$일 때 $g(3) = 0$이 되는 경우뿐이다.

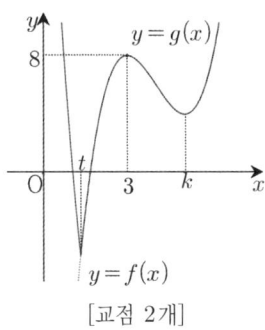

[교점 2개]

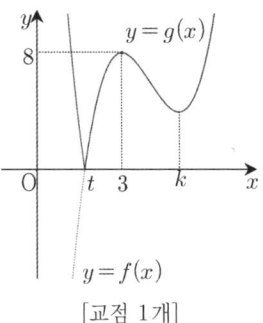

[교점 1개]

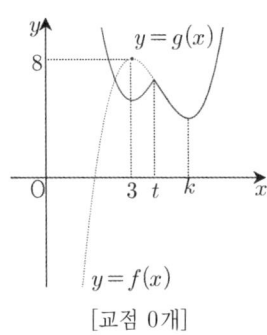

[교점 0개]

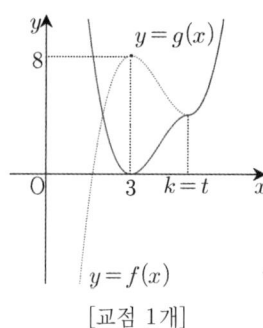

[교점 1개]

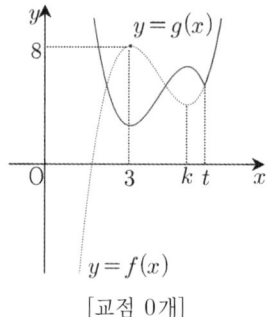

[교점 0개]

$t=k$일 때

$$g(x)=\begin{cases} f(x) & (x \geq k) \\ -f(x)+2f(k) & (x < k) \end{cases}$$

이고 이때 $g(3)=0$에서

$-f(3)+2f(k)=0$, 즉 $-8+2f(k)=0$

에서 $f(k)=4$

한편, 최고차항의 계수가 1인 함수 $f(x)$가 $x=3$에서 극댓값을 갖고 $x=k$에서 극솟값을 가지므로 $k>3$이고

$f'(x)=3(x-3)(x-k)$

$=3x^2-3(3+k)x+9k$

따라서

$f(x)=x^3-\dfrac{3}{2}(3+k)x^2+9kx+C$ (C는 적분상수)

이고 $f(3)=8$이므로

$27-\dfrac{27}{2}(3+k)+27k+C=8$

$C=\dfrac{43}{2}-\dfrac{27}{2}k$

따라서

$f(x)=x^3-\dfrac{3}{2}(3+k)x^2+9kx+\dfrac{43}{2}-\dfrac{27}{2}k$

이때 $f(k)=4$이므로

$k^3-\dfrac{3}{2}(3+k)k^2+9k^2+\dfrac{43}{2}-\dfrac{27}{2}k=4$

$k^3-9k^2+27k-35=0$, $(k-5)(k^2-4k+7)=0$

모든 실수 k에 대하여 $k^2-4k+7>0$이므로

$k=5$

따라서 $f(x)=x^3-12x^2+45x-46$이므로

$f(8)=512-768+360-46=58$

---

389 정답 9

함수 $g(x)$는 $y=f(x)$와 $y=-f(2a-x)+2a$가 $x=a$에서 연결되는 $(a, f(a))$에 대칭인 함수이다.

함수 $g(x)$의 극값의 개수가 $h(a)$, 방정식 $g(x)=0$의 서로 다른 실근의 개수를 $k(a)$에서 함수 $g(x)$의 $h(a)$의 값은 항상 짝수이고 $k(a) \geq 1$이므로

$h(a)+k(a)=4$을 만족시키는 값은 $h(a)=2$, $k(a)=2$뿐이다.

함수 $g(x)$가 극값의 개수가 2이고 극댓값이 최대가 되기 위해서는 함수 $f(x)$는 $x=a$에서 극솟값이면 된다. …㉠

따라서

$b<a$인 b에 대하여 함수 $f(x)$는

$f(x)=(x-b)(x-a)^2+f(a)$꼴이다.

또한, 방정식 $g(x)=0$이 서로 다른 두 실근을 가지므로

$x \leq a$에서 나타나는 삼차함수 $f(x)$의 극대점 $(\alpha, 8)$이 $(a, f(a))$에 대칭이동한 점이 x축에 접해야 한다.

방정식 $g(x)=4$의 모든 실근은 0, a, $2a$이므로 실근의 합은 $3a$이다. $a>0$이므로 실근의 합의 최대는 a가 최대일 때다.

따라서 $M=8$이고 극솟값이 0일 때, $\dfrac{8+0}{2}=f(a)$에서

$f(a)=4$을 만족시키는 a가 최대이다.

$f(x)=(x-b)(x-a)^2+4$이고 $f(0)=4$이므로

$f(x)=x(x-a)^2+4$이다.

한편,

$f'(x)=(x-a)^2+2x(x-a)=0$

$(x-a)(3x-a)=0$

$x=\dfrac{a}{3}$ 또는 $x=a$

함수 $g(x)$의 극댓값은 함수 $f(x)$의 극댓값과 일치하므로

$f\left(\dfrac{a}{3}\right)=\left(\dfrac{-2a}{3}\right)^2\left(\dfrac{a}{3}\right)+4=\dfrac{4a^3}{27}+4=8$

$\dfrac{4a^3}{27}=4$

$a^3=27$

$\therefore a=3$

따라서 실근의 합의 최댓값은 $3a=3 \times 3=9$

[랑데뷰팁]-㉠

$(0, 4)$가 변곡점인 경우는 $a=0$이어야 하고 $a>0$라는 조건에 모순이다.

---

390 정답 19

함수 $g(x)$가 실수 전체에서 연속이므로

$3f(0)=af(-b)$.

$\displaystyle\lim_{x \to -3}\dfrac{\sqrt{|g(x)|+\{g(t)\}^2}-|g(t)|}{(x+3)^2}$의 값이 $t \neq -3, 6$인 실수 t에 대해 존재하므로 극한 식을 정리해보자.

$$\lim_{x \to -3} \frac{\sqrt{|g(x)|+\{g(t)\}^2}-|g(t)|}{(x+3)^2} \times$$

$$\frac{\sqrt{|g(x)|+\{g(t)\}^2}+|g(t)|}{\sqrt{|g(x)|+\{g(t)\}^2}+|g(t)|}$$

$$=\lim_{x \to -3} \frac{|g(x)|}{(x+3)^2\{\sqrt{|g(x)|+\{g(t)\}^2}+|g(t)|\}}$$

$$=\lim_{x \to -3} \frac{|(x+3)f(x)|}{(x+3)^2\{\sqrt{|g(x)|+\{g(t)\}^2}+|g(t)|\}}$$

이때, 극한값이 존재하고 (분모)→0이므로 (분자)→0이어야
한다.

즉, $f(x)=(x+3)(x+k)$

$$\lim_{x \to -3} \frac{|(x+3)f(x)|}{(x+3)^2\{\sqrt{|g(x)|+\{g(t)\}^2}+|g(t)|\}}$$

$$=\lim_{x \to -3} \frac{|(x+3)^2(x+k)|}{(x+3)^2\{\sqrt{|g(x)|+\{g(t)\}^2}+|g(t)|\}}$$

$$=\lim_{x \to -3} \frac{|(x+k)|}{\{\sqrt{|g(x)|+\{g(t)\}^2}+|g(t)|\}}$$

$$=\frac{|(-3+k)|}{2|g(t)|} \quad (\because g(-3)=0)$$

이 값이 존재하지 않는 실수 t가 -3과 6뿐이라는 것은
$g(t)=0$의 해가 $t=-3, 6$뿐이라는 것이다.

$$g(t)=\begin{cases} (t+3)^2(t+k) & (t<0) \\ (t+a)(t+3-b)(t+k-b) & (t \geq 0) \end{cases}$$의 해를

조사하면,

$g(t)=0$의 해는 $t=-3, -k(k>0), b-3, b-k$이므로 해가
-3과 6뿐이기 위한 값은 $b=9, k=3$이다.

따라서 $f(x)=(x+3)^2, b=9$

연속조건 $3f(0)=af(-b)$에 대입하여 정리하면 $a=\dfrac{3}{4}$.

따라서 $g(4)=(4+a)f(4-b)=\left(4+\dfrac{3}{4}\right)\times 4=19$

391 정답 115

(가)에서 삼차함수 $f(x)=x(x-3)(ax+b)$라 할 수 있다.

(가)에서 사차함수 $g(x)=x^2(x^2+cx+d)$라 할 수 있다.

합성함수 $g(f(x))$는 다항함수이며 x^2, $(x-3)^2$, $(ax+b)^2$을
인수로 갖는다.

(나)에서 $\lim\limits_{x \to 0} \dfrac{g(x)}{g(f(x))}$의 값은 존재하지 않으므로

$$\lim_{x \to 0} \frac{g(x)}{g(f(x))}$$

$$=\lim_{x \to 0} \frac{x^2(x^2+cx+d)}{x^2(x-3)^2(ax+b)^2\{f(x)^2+cf(x)+d\}}$$

$$=\lim_{x \to 0} \frac{(x^2+cx+d)}{(x-3)^2(ax+b)^2\{f(x)^2+cf(x)+d\}}$$

에서 $x \to 0$일 때, (분모)→$9b^2d$이고 (분자)→d이므로
극한값이 존재하지 않기 위해서는 $d \neq 0$이고 $b=0$이어야 한다.

$\therefore f(x)=ax^2(x-3) \cdots \bigcirc$

$$\frac{g(x)}{g(f(x))}$$

$$=\frac{x^2(x^2+cx+d)}{a^2x^4(x-3)^2\{f(x)^2+cf(x)+d\}}$$

$$=\frac{x^2+cx+d}{a^2x^2(x-3)^2\{f(x)^2+cf(x)+d\}}$$

이고 (나)에서 $\lim\limits_{x \to 3} \dfrac{g(x)}{g(f(x))}$의 값이 존재하므로

$$\lim_{x \to 3} \frac{g(x)}{g(f(x))}$$

$$=\lim_{x \to 3} \frac{x^2+cx+d}{a^2x^2(x-3)^2\{f(x)^2+cf(x)+d\}}$$

이므로

$x^2+cx+d=(x-3)^2$이어야 한다.

그러므로 $g(x)=x^2(x-3)^2$이다. $\cdots \bigcirc\!\!\!\bigcirc$

(다)에서

$$\lim_{x \to 3} \frac{(x+\alpha)\sqrt{|f(x)|+\{f(t)-3\}^2}-|f(t)-3|}{g(x)}$$

$$=\lim_{x \to 3} \frac{(x+\alpha)|f(x)|}{g(x)\left[\sqrt{|f(x)|+\{f(t)-3\}^2}+|f(t)-3|\right]}$$

$$=\lim_{x \to 3} \frac{(x+\alpha)|ax^2(x-3)|}{x^2(x-3)^2\left[\sqrt{|f(x)|+\{f(t)-3\}^2}+|f(t)-3|\right]}$$

의 값이 존재하지 않는 실수 t의 개수가 2이고 그 외의 t값에
대해서는 극한값이 존재해야 한다.

이때, (분모)→0이므로 (분자)→0이어야 한다.

따라서 $\alpha=-3$이어야 한다.

정리하면

$$=\frac{|a|}{2|f(t)-3|}$$

즉, 방정식 $f(t)=3$의 실근의 개수가 2이어야 한다.

$\bigcirc$에서 $f(x)=ax^2(x-3)$에서 삼차함수 $f(x)$의 극댓값이
3이어야 한다.

$f'(x)=2ax(x-3)+ax^2=ax(3x-6)$

$f'(x)=0$의 해는 $x=0$과 $x=2$이다.

$f(2)=-4a=3$

$a=-\dfrac{3}{4}$

따라서 $f(x)=-\dfrac{3}{4}x^2(x-3)$, $g(x)=x^2(x-3)^2$이다.

$\alpha=-3$이므로

$f(\alpha+1)=f(-2)=-\dfrac{3}{4}\times 4 \times -5=15$

$g(\alpha+1)=g(-2)=4\times 25=100$이다.

그러므로 $f(\alpha+1)+g(\alpha+1)=115$

392 정답 108

(i) $x_1<x<x_2$ 인 모든 x에 대하여 $f(x) \geq 0$일 때,

$x_1<c<x_2$인 c에 대하여

$$\lim_{h\to 0+}\frac{\mid f(c+h)\mid-\mid f(c-h)\mid}{h}$$

$$=\lim_{h\to 0+}\frac{f(c+h)-f(c-h)}{h}$$

$$=2f'(c)$$

(ii) $x_1<x<x_2$ 인 모든 x에 대하여 $f(x)\leq 0$일 때,
$x_1<c<x_2$인 c에 대하여

$$\lim_{h\to 0+}\frac{\mid f(c+h)\mid-\mid f(c-h)\mid}{h}$$

$$=\lim_{h\to 0+}\frac{-f(c+h)+f(c-h)}{h}$$

$$=-2f'(c)$$

(iii) $f(c)=0$이고 $x=c$의 좌우에서 $f(x)$의 함숫값의 부호가
음(−)에서 양(+)으로 변하는 경우

$$\lim_{h\to 0+}\frac{\mid f(c+h)\mid-\mid f(c-h)\mid}{h}$$

$$=\lim_{h\to 0+}\frac{f(c+h)+f(c-h)}{h}$$

$$=\lim_{h\to 0+}\left\{\frac{f(c+h)-f(c)}{h}+\frac{f(c-h)-f(c)}{h}\right\}$$

$$=f'(c)-f'(c)$$

$$=0$$

(iv) $f(c)=0$이고 $x=c$의 좌우에서 $f(x)$의 함숫값의 부호가
양(+)에서 음(−)으로 변하는 경우

$$\lim_{h\to 0+}\frac{\mid f(c+h)\mid-\mid f(c-h)\mid}{h}$$

$$=\lim_{h\to 0+}\frac{-f(c+h)-f(c-h)}{h}$$

$$=-\lim_{h\to 0+}\left\{\frac{f(c+h)-f(c)}{h}+\frac{f(c-h)-f(c)}{h}\right\}$$

$$=-f'(c)+f'(c)$$

$$=0$$

따라서 함수 $g(x)$가 실수 전체에서 연속이기 위해서는 $f(x)$의
함숫값의 부호가 양(+)에서 음(−)으로 혹은 음(−)에서
양(+)으로 변하는 순간에서의 연속성을 확인해야한다.
(1) $f(c)=0$이고 $x=c$의 좌우에서 $f(x)$의 함숫값의 부호가
음(−)에서 양(+)으로 변하는 경우
충분히 작은 양수 h에 대하여

$$\lim_{x\to c+}g(x)$$

$$=\lim_{x\to c+}f(x-3)\times\frac{\mid f(x+h)\mid-\mid f(x-h)\mid}{h}$$

$$=\lim_{x\to c+}f(x-3)\times\frac{f(x+h)-f(x-h)}{h}$$

$$=2f(c-3)f'(c)$$

$$\lim_{x\to c-}g(x)$$

$$=\lim_{x\to c-}f(x-3)\times\frac{\mid f(x+h)\mid-\mid f(x-h)\mid}{h}$$

$$=\lim_{x\to c-}f(x-3)\times\frac{-f(x+h)+f(x-h)}{h}$$

$$=-2f(c-3)f'(c)$$

$$g(c)=0$$

따라서 $f(c-3)=0$또는 $f'(c)=0$이다.

(2) $f(c)=0$이고 $x=c$의 좌우에서 $f(x)$의 함숫값의 부호가
양(+)에서 음(−)으로 변하는 경우
충분히 작은 양수 h에 대하여

$$\lim_{x\to c+}g(x)$$

$$=\lim_{x\to c+}f(x-3)\times\frac{\mid f(x+h)\mid-\mid f(x-h)\mid}{h}$$

$$=\lim_{x\to c+}f(x-3)\times\frac{-f(x+h)+f(x-h)}{h}$$

$$=-2f(c-3)f'(c)$$

$$\lim_{x\to c-}g(x)$$

$$=\lim_{x\to c-}f(x-3)\times\frac{\mid f(x+h)\mid-\mid f(x-h)\mid}{h}$$

$$=\lim_{x\to c-}f(x-3)\times\frac{f(x+h)-f(x-h)}{h}$$

$$=2f(c-3)f'(c)$$

$$g(c)=0$$

따라서 $f(c-3)=0$또는 $f'(c)=0$이다.

그러므로 함수 $f(x)$의 그래프와 x축과의 교점은 함수
$f(x-3)$의 그래프와 x축과의 교점이거나 $f'(x)=0$을
만족하는 x축과 접하는 점 이어야한다.
함수 $g(x)=0$를 만족하는 근은 $f(x-3)=0$이거나 혹은
$f'(x)=0$ 이다.
삼차함수 그래프 개형 중 위 조건을 만족하는 최고차항 계수가
1(양수)인 삼차함수의 그래프 개형은 오직 아래의 개형뿐이다.

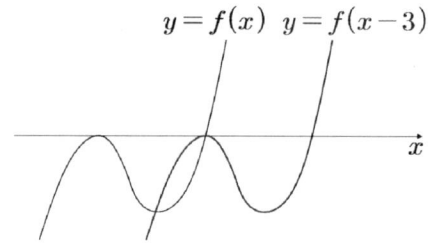

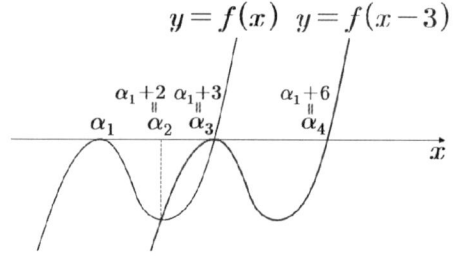

따라서
$\alpha_1+\alpha_2+\alpha_3+\alpha_4=\alpha_1+(\alpha_1+2)+(\alpha_1+3)+(\alpha_1+6)$

$= 4\alpha_1 + 11 = 7$

$\alpha_1 = -1$

$f(x) = (x+1)^2(x-2)$

$f(5) = 108$

393 정답 5

[그림 : 이현일T]

$f(x)$는 최고차항의 계수가 양수인 사차함수이므로

$\displaystyle\lim_{h \to 0} \frac{|f(x+h)| - |f(x-h)|}{h}$의 의미를 생각해보자.

$k(x) = |f(x)|$ 라 두면,

$\displaystyle\lim_{h \to 0+} \frac{k(x+h) - k(x-h)}{h}$

$\displaystyle= \lim_{h \to 0+} \frac{k(x+h) - k(x)}{h} - \frac{k(x-h) - k(x)}{h}$

$\displaystyle= \lim_{h \to 0+} \frac{k(x+h) - k(x)}{h} + \lim_{h \to 0+} \frac{k(x-h) - k(x)}{-h}$

$= k'(x+) + k'(x-)$

$\displaystyle\lim_{h \to 0-} \frac{k(x+h) - k(x-h)}{h}$

$\displaystyle= \lim_{h \to 0-} \frac{k(x+h) - k(x)}{h} - \frac{k(x-h) - k(x)}{h}$

$\displaystyle= \lim_{h \to 0-} \frac{k(x+h) - k(x)}{h} + \lim_{h \to 0-} \frac{k(x-h) - k(x)}{-h}$

$= k'(x-) + k'(x+)$

이므로 $\displaystyle\lim_{h \to 0} \frac{|f(x+h)| - |f(x-h)|}{h}$은 함수 $k(x)$에

대한 x에서의 우미분계수와 좌미분계수의 합임을 알 수 있다.

따라서 $g(x) = k'(x+) + k'(x-) \cdots \bigcirc$

[랑데뷰세미나(87), (참고]

(가)에서 함수 $f(x) = k(x-a)(x-b)^3$ $(k > 0)$꼴이다.

함수 $g(x)$는 $x = a$에서 불연속이다.

함수 $f(x+4)$는 함수 $f(x)$을 x축의 방향으로 -4만큼
평행이동한 함수이므로 방정식 $f(x) = 0$의 근인 $x = a$, $x = b$은
$a < b$이어야 한다.

따라서 곡선 $y = f(x)$의 그래프는 다음 그림과 같다.

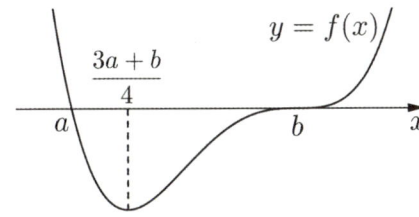

함수 $k(x)$의 그래프는 다음 그림과 같다.

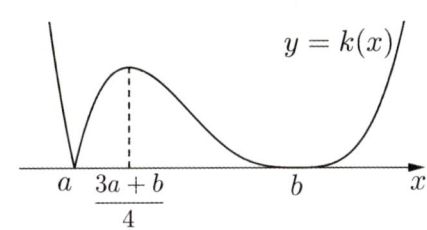

함수 $g(x) = k'(x+) + k'(x-)$의 그래프는 다음 그림과 같다.

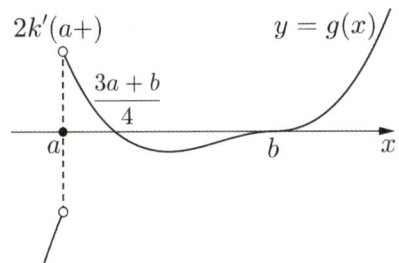

함수 $f(x+4)g(x)$가 실수 전체의 집합에서 연속이므로
$f(a+4) = 0$이다.

방정식 $f(x+4)g(x) = 0$의 해는 우선 $x = a-4$을 대입하면
$f(a)g(a-4) = 0$이므로
$x = a-4$가 해이다. 따라서 $b-4$도 해가 된다.

또한 $g(x) = 0$의 해는 $x = \dfrac{3a+b}{4}$ (사차함수 비율 이용),

$x = b$이다.

그러므로 해는 $a-4$, $b-4$, $\dfrac{3a+b}{4}$, b이고 $b-4 = a$이므로

$a-4$, a, $a+1$, $a+4$에서
$(a-4) + a + (a+1) + (a+4) = 1$
$4a+1 = 1$
$\therefore\ a = 0$, $b = 4$

따라서 $f(x) = kx(x-4)^3$이다.
$f'(x) = k(x-4)^3 + 3kx(x-4)$
$f'(0) = -64k$
$k'(0+) = \{|f'(0)|\}' = 64k$
$g(x) = 2k'(0+) = 128k$에서
$\displaystyle\lim_{x \to a+} g(x) = 128k = 128$
$\therefore\ k = 1$
$f(x) = x(x-4)^3$이다.
$f(5) = 5$

394 정답 61

(가) 조건에 의해 극값이 0인 삼차함수이므로 두 근을 α,
$\beta(\alpha < \beta)$라 하면 하나의 근에서 중근을 갖는다.

(나) 조건에 의해 $x - f(x) = \alpha$ or β

즉, $f(x) = x - \alpha$ or $x - \beta$의 서로 다른 실근의 개수가
3개이며, $f(x)$의 치역이 실수 전체이므로 각각의 직선과 2개,
1개 또는 1개, 2개의 교점을 갖는다.

이때, $f(x)$의 해인 $x = \alpha$, $x = \beta$가 방정식

$f(x-f(x))=0$의 해가 되므로 이를 종합하여 그래프를 그리면 다음과 같다.

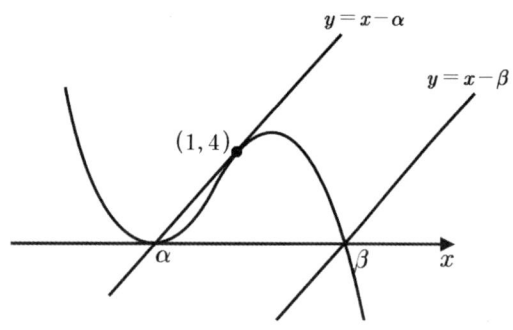

$f(x)-x+\alpha=k(x-1)^2(x-\alpha)$, $(k<0)$ 이고
이때, 직선 $y=x-\alpha$가 $(1,4)$를 지나므로 $\alpha=-3$이다.
따라서 $f(x)-x-3=k(x-1)^2(x+3)$
$f(x)=k(x-1)^2(x+3)+(x+3)$이다.
$f(x)=(x+3)\{k(x-1)^2+1\}$에서 $x=-3(=\alpha)$이
중근이므로
$k(-3-1)^2+1=0$이어야 한다.
따라서 $k=-\dfrac{1}{16}$

$\therefore f(0)=3k+3=\dfrac{(-3)+48}{16}=\dfrac{45}{16}$

$\therefore p+q=61$

[랑데뷰팁]

직선 $y=x-\alpha$가 $(1,4)$를 지나므로 $\alpha=-3$

삼차함수 비율의 접선의 성질에서 $\dfrac{\alpha+\beta}{2}=1$이므로

$\beta=5$이다.

따라서 $f(x)=a(x+3)^2(x-5)$

$f'(1)=1$을 이용하면 $a=-\dfrac{1}{16}$이다.

$\therefore f(x)=-\dfrac{1}{16}(x+3)^2(x-5)$

---

395 정답 19

[그림 : 최성훈T, 이정배T]

$g(x)=f(x)-2x$라 두면 $g(x)$는 최고차항의 계수가 양수인 삼차함수이다.

$g(0)=0$이고 $g'(x)=f'(x)-2$에서 $g'(2)=f'(2)-2=0$

방정식 $g(x)=0$은 서로 다른 두 실근을 갖는다.

따라서 $g(x)$는 다음 세 가지 개형을 갖는다. [삼차함수의 비율 이용]

양수 a에 대하여

(i) $g(x)=ax^2(x-3)$일 때, ⇦$x=2$에서 극소

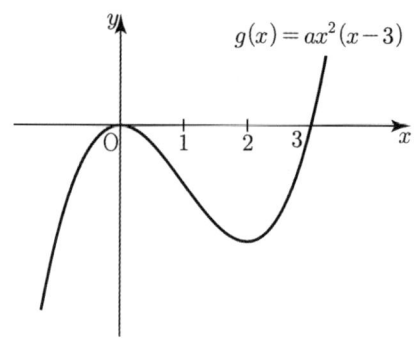

(ii) $g(x)=ax(x-6)^2$일 때, ⇦$x=2$에서 극대

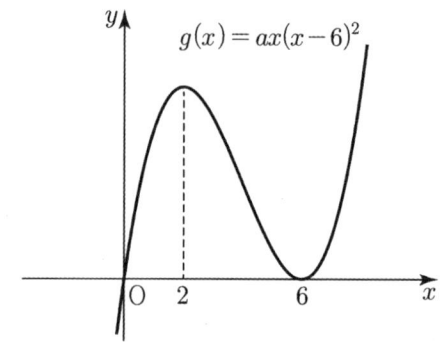

(iii) $g(x)=ax(x-2)^2$일 때, ⇦$x=2$에서 극대

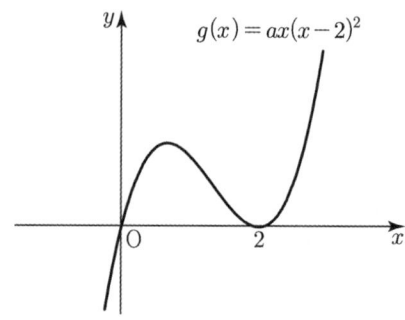

$f(x)=g(x)+2x$이고 $f(1)=g(1)+2$이다.
따라서 $g(1)$의 값이 최소일 때, $f(1)$의 값이 최소이다.
(ii), (iii)에서 $g(1)>0$이고 (i)에서 $g(1)=-2a<0$이므로
$g(x)=ax^2(x-3)$인 경우만 생각하면 되겠다. ···㉠

조건 (나)에서 $g(x)=f(x)-2x$이고 $g(x)+x=f(x)-x$이므로
$f(f(x)-x)-2f(x)+2x$
$=f(f(x)-x)-2\{f(x)-x\}$
$=f(g(x)+x)-2\{g(x)+x\}$
$=g(g(x)+x)$이므로
$g(g(x)+x)=0$의 서로 다른 실근의 개수가 3이다.
㉠에서 방정식 $g(x)=0$의 해가 $x=0$ 또는 $x=3$이므로
$g(x)+x=0$ 또는 $g(x)+x=3$을 만족하는 해의 개수의 합이
3이면 된다.
$g(x)=-x$, $g(x)=-x+3$에서

$g(x)=-x+3$의 해는 $x=3$뿐이므로 $g(x)=-x$의 해의 개수가 2이다.

따라서 곡선 $y=g(x)$와 $y=-x$는 접한다.

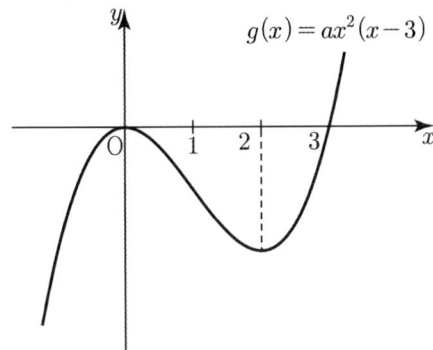

$g(x)=ax^2(x-3)$, $g'(x)=2ax(x-3)+ax^2$에서 접점의 좌표는 $\left(t,\ at^2(t-3)\right)$이라 할 때,

$$\frac{at^2(t-3)}{t}=2at(t-3)+at^2$$

$$t-3=2t-6+t$$

$$\therefore\ t=\frac{3}{2}$$

따라서 접점의 좌표는 $\left(\dfrac{3}{2},\ -\dfrac{27}{8}a\right)$이고 $y=-x$위의 점이므로

$-\dfrac{27}{8}a=-\dfrac{3}{2}$에서 $a=\dfrac{4}{9}$이다.

따라서 $f(1)$의 값이 최소가 되는 $f(x)$는

$g(x)=\dfrac{4}{9}x^2(x-3)$에서 $f(x)=\dfrac{4}{9}x^2(x-3)+2x$이다.

$$f(1)=-\frac{8}{9}+2=\frac{10}{9}$$

$p=9$, $q=10$이므로

$p+q=19$

[다른 풀이]-1

$g(x)=-x+3$의 해는 $x=3$뿐이므로 $g(x)=-x$의 해의 개수가 2이다.

따라서

$$ax^2(x-3)=-x$$

$$ax^2(x-3)+x=0$$

$$x(ax^2-3ax+1)=0$$

에서 $ax^2-3ax+1=0$이 0이 아닌 중근을 가지면 된다.

따라서 $D=9a^2-4a=a(9a-4)=0$에서

$a=\dfrac{4}{9}$이다.

[다른 풀이]-2

$g(x)=-x+3$의 해는 $x=3$뿐이므로 $g(x)=-x$의 해의 개수가 2이다.

즉, 함수 $g(x)$의 극대점 $(0,\ 0)$을 지나는 x축이 아닌 접선은 비율관계에 의해 구간 $[0,\ 2]$을 4등분한 점 중 $x=2$에 가까운 점이다. [세미나 (80) 참고]

따라서 $x=\dfrac{3}{2}$에서 $y=g(x)$와 $y=-x$는 접한다.

즉, $g'\left(\dfrac{3}{2}\right)=-1$

$$g(x)=ax^2(x-3)$$

$$g'(x)=2ax(x-3)+ax^2$$

$$g'\left(\frac{3}{2}\right)=-\frac{9}{2}a+\frac{9}{4}a=-\frac{9}{4}a=-1$$

$$\therefore\ a=\frac{4}{9}$$

396 정답 14

$f(x)=x^3-3px^2+q \rightarrow f'(x)=3x^2-6px=3x(x-2p)$

$f'(x)=0$의 해가 $x=0$과 $x=2p$이고 함수 $f(x)$는 $x=2p$에서 극솟값을 갖는다.

(가) 조건을 만족하기 위해서는 극댓값 >0, 극솟값 <0 이어야 한다.

극댓값 $f(0)=q>0$, 극솟값 $f(2p)=-4p^3+q<0$

에서 $0<q<4p^3 \cdots \bigcirc$

또한 삼차함수 비례관계에서 $f(-p)=f(2p)$임을 알 수 있고 실제로

$f(-p)=-4p^3+q$로 $f(2p)$의 값과 같음을 알 수 있다.

그러므로 $f(-2p)<f(-p)=f(2p)$

따라서 (나)조건을 만족하기 위해서는 $f(-2)$의 값의 절댓값이 $f(0)=q$의 값보다 작거나 같아야 한다.

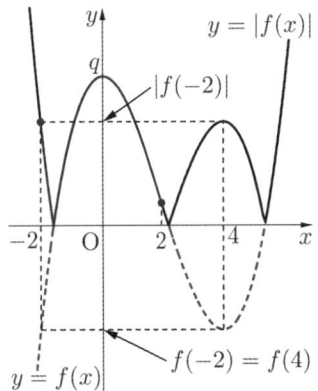

(i) $p=1$일 때, $\bigcirc$에서 $0<q<4$이고 $\cdots\bigcirc$

$f(x)=x^3-3x^2+q$

에서 $f(-2)=-8-12+q=-20+q$

$q\geq|q-20| \rightarrow q\geq -q+20 \rightarrow q\geq 10$으로 $\bigcirc$에 모순

(ii) $p\geq 2$일 때, $0<q\leq 25$이고

$f(x)=x^3-3px^2+q$

에서 $f(-2)=-8-12p+q$

$q\geq|-8-12p+q| \rightarrow q\geq -q+12p+8$

$\rightarrow q\geq 6p+4$

따라서 $6p+4\leq q\leq 25$

$p=2$일 때, $16\leq q\leq 25 \Rightarrow$ 순서쌍 $(p,\ q)$의 개수는 10

$p=3$일 때, $22\leq q\leq 25 \Rightarrow$ 순서쌍 $(p,\ q)$의 개수는 4

그러므로 $10+4=14$

397 정답 49

$f(x) = \dfrac{1}{4}x^4 - \dfrac{4}{3}px^3 + \dfrac{3}{2}p^2x^2 + q$

$\to f'(x) = x^3 - 4px^2 + 3p^2x = x(x-p)(x-3p)$

$f'(x) = 0$의 해가 $x = 0$, $x = p$, $x = 3p$이고

(가) 조건을 만족하기 위해서는 $f(0) = q > 0$이므로 $f(3p) < 0$
이어야 한다.

$f(3p) = \dfrac{81}{4}p^4 - 36p^4 + \dfrac{27}{2}p^4 + q = -\dfrac{9}{4}p^4 + q < 0$

$q < \dfrac{9}{4}p^4 \cdots \text{㉠}$

한편, $f(p) = \dfrac{1}{4}p^4 - \dfrac{4}{3}p^4 + \dfrac{3}{2}p^4 + q = q + \dfrac{5}{12}p^4 \cdots \text{㉡}$

(나)조건을 만족하기 위해서는 $f(p) \geq |f(3p)|$가 성립하면
된다.

따라서 $q + \dfrac{5}{12}p^4 \geq \dfrac{9}{4}p^4 - q \to 2q \geq \dfrac{11}{6}p^4$

$\to q \geq \dfrac{11}{12}p^4 \cdots \text{㉢}$

㉠, ㉢에서

$\dfrac{11}{12}p^4 \leq q < \dfrac{9}{4}p^4$

(i) $p = 1$일 때, $\dfrac{11}{12} \leq q < \dfrac{9}{4} \to q = 1 \sim 2$

⇨ 순서쌍 (p, q)의 개수는 2

(ii) $p = 2$일 때, $\dfrac{44}{3} \leq q < 36 \to q = 15 \sim 35$

⇨ 순서쌍 (p, q)의 개수는 21

(iii) $p = 3$일 때, $\dfrac{297}{4} \leq q \leq 100 \to q = 75 \sim 100$

⇨ 순서쌍 (p, q)의 개수는 26

(iv) $p \geq 4$일 때, $q > 100$이므로 순서쌍 (p, q)은 존재하지
않는다.

따라서 $2 + 21 + 26 = 49$

398 정답 39

함수 $h(x)$가 실수 전체의 집합에서 미분가능하기 위해서는
$x < 1$에서 $h(x) = |f(x) - g(x)|$이므로 삼차함수 $f(x)$와
일차함수 $g(x)$가 $x < 1$에서 만나지 않거나 만나더라도 두
함수가 만나는 점에서 접해야 절댓값 함수가 미분가능 일 수
있다.

그런데, $h(0) = 0$에서 $f(0) = g(0)$이므로 두 함수는 $x = 0$에서
만난다.

따라서 삼차함수 $f(x)$와 일차함수 $g(x)$는 $x = 0$에서
접한다.$\cdots \text{㉠}$

그러므로 $x < 1$에서 항상 $f(x) \geq g(x)$이거나
$f(x) \leq g(x)$이다.

따라서 $x < 1$일 때 $h(x) = f(x) - g(x)$이거나
$h(x) = -f(x) + g(x)$이다.

(i) $x < 1$에서 $h(x) = f(x) - g(x)$라면

$h(x) = \begin{cases} f(x) - g(x) & (x < 1) \\ f(x) + g(x) & (x \geq 1) \end{cases}$ 이고

$h'(x) = \begin{cases} f'(x) - g'(x) & (x < 1) \\ f'(x) + g'(x) & (x > 1) \end{cases}$ 에서 함수 $h(x)$가

$x = 1$에서 미분가능하므로

$f'(1) - g'(1) = f'(1) + g'(1)$에서 $g'(1) = 0$이다.

$g(x)$가 일차함수라는 조건에 모순이다.

(ii) $x < 1$에서 $h(x) = -f(x) + g(x)$라면

따라서 $h(x) = \begin{cases} -f(x) + g(x) & (x < 1) \\ f(x) + g(x) & (x \geq 1) \end{cases}$ 이고

$h'(x) = \begin{cases} -f'(x) + g'(x) & (x < 1) \\ f'(x) + g'(x) & (x > 1) \end{cases}$ 에서

$h(1) = -f(1) + g(1) = f(1) + g(1)$이므로 $f(1) = 0$이고

$h'(1) = -f'(1) + g'(1) = f'(1) + g'(1)$이므로

$f'(1) = 0$이다.$\cdots \text{㉡}$

㉡에서 $f(x) = (x-1)^2(x+a)$꼴이다.

$f'(x) = 2(x-1)(x+a) + (x-1)^2$이므로

$f'(0) = -2a + 1$, $f(0) = a$이다.

㉠에서 일차함수 $g(x)$는 삼차함수 $f(x)$위의 점 $(0, a)$에서의
접선이므로

$g(x) = (-2a+1)x + a$이다.

따라서 $x \geq 1$에서

$h(x) = f(x) + g(x) = (x-1)^2(x+a) + (-2a+1)x + a$이고

$h(2) = 2 + a - 4a + 2 + a = 5$에서

$\therefore a = -\dfrac{1}{2}$

따라서 $x \geq 1$일 때, $h(x) = (x-1)^2\left(x - \dfrac{1}{2}\right) + 2x - \dfrac{1}{2}$이다.

$h(4) = 9\left(4 - \dfrac{1}{2}\right) + 8 - \dfrac{1}{2} = \dfrac{63}{2} + \dfrac{15}{2} = 39$

[랑데뷰팁]-유형정리 by 김진성T

$h(x) = \begin{cases} |f(x) - g(x)| & (x < a) \\ f(x) + g(x) & (x \geq a) \end{cases}$ (단,

$f(x), g(x)$ 미분가능함수) 의 미분가능성 문제를
관찰해보자.

$x < a$인 부분에 서 두 함수 $f(x)$와 $g(x)$가 만날 때는
반드시 접하면서 만나야 미분가능하다.

$x > a$인 부분은 무조건 미분 가능하다.

그러면 $x = a$부분에서 미분가능성을 조사해 보자.

1) $f(x) \geq g(x)$ 인 경우 : $g(a) = 0$, $g'(a) = 0$

2) $f(x) \leq g(x)$ 인 경우 : $f(a) = 0$, $f'(a) = 0$

3) $x = a$에서 두 함수가 만나면서 엇갈리는 경우 :
$f(a) = g(a) = 0$, $f'(a) = g'(a) = 0$

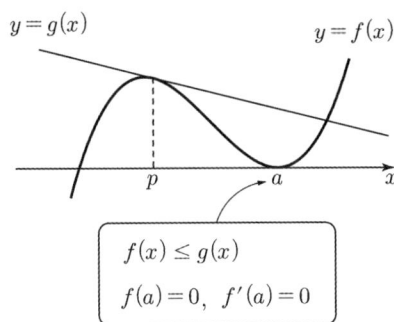

$$f(x) \leq g(x)$$
$$f(a) = 0, \ f'(a) = 0$$

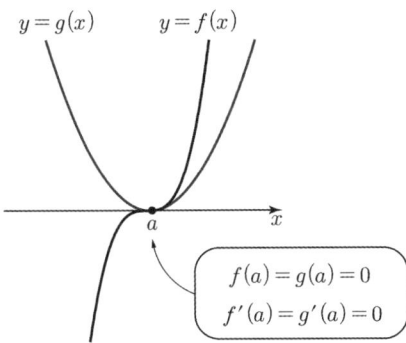

$$f(a) = g(a) = 0$$
$$f'(a) = g'(a) = 0$$

문제에 적용해보면

$h(x) = \begin{cases} |f(x) - g(x)| & (x < 1) \\ f(x) + g(x) & (x \geq 1) \end{cases}$ 이고

$f(x) = x^3 + ax^2 + bx + c$, $g(x) = mx + b$ $(m \neq 0)$이다.

$h(0) = 0$, $h(2) = 5$ 이므로 $x = 1$보다 작은 쪽에서

$f(0) = g(0)$ 이므로 접하면서 만난다.

또 $g'(1) = 0$이면 $g(x)$가 일차함수가 아니므로

$f(1) = 0$, $f'(1) = 0$을 만족해야 하고

이때 $f(x) = (x - \alpha)(x - 1)^2$ 이고

$g(x) = f'(0)(x - 0) + f(0) = (2\alpha + 1)(x - 0) - \alpha$ 가

된다.

399 정답 21

함수 $h(x)$가 실수 전체의 집합에서 미분가능하기 위해서는

$x < 0$에서 $h(x) = |f(x) - g(x)|$이므로

사차함수 $f(x)$와 일차함수 $g(x)$가 $x < 0$에서 만나지 않거나

만나더라도 두 함수가 만나는 점에서 접해야 절댓값 함수가

미분가능일 수 있다.

그런데, $h(-1) = 0$에서 $f(-1) = g(-1)$이므로 두 함수는

$x = -1$에서 만난다.

따라서 사차함수 $f(x)$와 일차함수 $g(x)$는 $x = -1$에서

접한다. ···㉠

그러므로 $x < 0$에서 항상 $f(x) \geq g(x)$이거나

$f(x) \leq g(x)$이다.

따라서 $x < 0$일 때 $h(x) = f(x) - g(x)$이거나

$h(x) = -f(x) + g(x)$이다.

(i) $x < 0$에서 $h(x) = f(x) - g(x)$라 하면

$h(x) = \begin{cases} f(x) - g(x) & (x < 0) \\ f(x) + g(x) & (x \geq 0) \end{cases}$

이고 $h'(x) = \begin{cases} f'(x) - g'(x) & (x < 0) \\ f'(x) + g'(x) & (x > 0) \end{cases}$

에서 함수 $h(x)$가 $x = 0$에서 미분가능하므로

$f'(0) - g'(0) = f'(0) + g'(0)$에서 $g'(0) = 0$이다.

$g(x)$가 일차함수라는 조건에 모순이다.

(ii) $x < 0$에서 $h(x) = -f(x) + g(x)$라 하면

$h(x) = \begin{cases} -f(x) + g(x) & (x < 0) \\ f(x) + g(x) & (x \geq 0) \end{cases}$ 이고

$h'(x) = \begin{cases} -f'(x) + g'(x) & (x < 0) \\ f'(x) + g'(x) & (x > 0) \end{cases}$

에서

$h(0) = -f(0) + g(0) = f(0) + g(0)$이므로 $f(0) = 0$이고

$h'(0) = -f'(0) + g'(0) = f'(0) + g'(0)$이므로

$f'(0) = 0$이다. ···㉡

㉡에서 $f(x) = x^2(-x^2 + ax + b)$꼴이다.

$f'(x) = 2x(-x^2 + ax + b) + x^2(-2x + a)$

$= x(-4x^2 + 3ax + 2b)$

$\displaystyle \lim_{x \to 0} \frac{f'(x)}{x} = 0$에서 $b = 0$이다.

따라서 $f(x) = x^3(-x + a)$꼴이다.

㉠에서 일차함수 $g(x)$는 사차함수 $f(x)$ 위의 점

$(-1, -1 - a)$에서의 접선이므로

$f(-1) = -1 - a$, $f'(-1) = 4 + 3a$에서

$g(x) = (4 + 3a)(x + 1) - 1 - a$이다.

따라서 $x \geq 0$에서

$h(x) = f(x) + g(x) = x^3(-x + a) + (4 + 3a)(x + 1) - 1 - a$이고

$h(1) = -1 + a + 8 + 6a - 1 - a = 0$에서

$\therefore \ a = -1$

따라서 $x \geq 0$일 때, $h(x) = -x^3(x + 1) + x + 1$이다.

$h\left(\dfrac{1}{2}\right) = -\dfrac{1}{8} \times \dfrac{3}{2} + \dfrac{3}{2} = -\dfrac{3}{16} + \dfrac{24}{16} = \dfrac{21}{16}$

따라서 $16 \times h\left(\dfrac{1}{2}\right) = 21$

400 정답 105

$f(x) = k(x - 1)(x - 3)(x - \alpha)$라 하자.

이때 $f'(x) = 0$을 만족하는 근은 $x \geq 1$에 하나만 있어야

하므로

$f(x) = 0$의 또 다른 실근 α는 1보다 작다.

$y = f(a - x)$는 $y = f(x)$ 그래프를 $x = \dfrac{a}{2}$에 선대칭이동 시킨

그래프이고

$g(x) = |f(x)f(a - x)|$가 실수 전체에서 미분가능하려면

$y=g(x)$ 그래프가 $x=1$, $x=3$, $x=\alpha$에서 접해야 한다.
따라서 $f(a-x)=0$의 실근 또한 α, 1, 3이다.
즉, $y=f(a-x)$의 그래프는 $y=f(x)$의 그래프를 α, 1, 3 중
가운데 있는 $x=1$에 대칭이동한 그래프이고 $(\alpha,\ 0)$는
$(3,\ 0)$을 $x=1$에 대칭이동 시킨 $(-1,\ 0)$이다.
$\therefore a=2$, $f(x)=k(x+1)(x-1)(x-3)$이다.
$g(x)=\left|\, k^2(x+1)^2(x-1)^2(x-3)^2 \,\right|$이므로
$$\therefore\ \frac{g(4a)}{f(0)\times f(4a)}=\frac{g(8)}{f(0)\times f(8)}=\frac{k^2\times 9^2\times 7^2\times 5^2}{k\times 3\times k\times 9\times 7\times 5}$$
$=105$이다.

401 정답 27

조건에서 삼차함수 $f(x)$는 $f(a)=0$을 만족하는 a에 대하여
$(a,\ 0)$에 대칭인 그래프이며 극댓값이 $\sqrt{3}$, 극솟값이
$-\sqrt{3}$임을 알 수 있다.
$f(2-x)$는 함수 $f(x)$를 $x=1$에 대칭이동한 그래프이므로
함수 $\left|\, f(x)f(2-x) \,\right|$이 실수 전체의 집합에서 미분가능하기
위해서는 $f(x)=kx(x-1)(x-2)$꼴이야 한다.
$f(x)=kx(x-1)(x-2)$
$f'(x)=k(x^2-3x+2)+k(x^2-2x)+k(x^2-x)$
$\quad=k(3x^2-6x+2)$
$f'(x)=0$의 해는 $3x^2-6x+2=0$에서 $x=\dfrac{3\pm\sqrt{3}}{3}$
따라서 $f\left(\dfrac{3+\sqrt{3}}{3}\right)=\left|\,\sqrt{3}\,\right|$이다.
$$f\left(\frac{3+\sqrt{3}}{3}\right)=k\left(\frac{3+\sqrt{3}}{3}\right)\left(\frac{\sqrt{3}}{3}\right)\left(\frac{-3+\sqrt{3}}{3}\right)$$
$$=k\left(\frac{\sqrt{3}}{3}\right)\left(-\frac{2}{3}\right)$$
$\left|\,k\,\right|\left(\dfrac{2\sqrt{3}}{9}\right)=\sqrt{3}$에서 $k=\pm\dfrac{9}{2}$
$f(x)=\pm\dfrac{9}{2}x(x-1)(x-2)$
$f(3)=\pm\dfrac{9}{2}\times 3\times 2\times 1=\pm 27$
$\left|\,f(3)\,\right|=27$

402 정답 38

함수 $h(x)$가 실수 전체의 집합에서 미분가능하므로 $x=0$에서
연속이다.
따라서 $f(0)=g(0)=h(0)$이고 $h(0)=q$라 하자.
$h(x)=q$의 해가 $x=0$이외에 $x<0$인 실근이 반드시
존재하므로 (가)조건을 만족하기 위해서는 $x>0$에서 적어도
하나의 실근을 가져야 한다.
또한 이차함수 $f(x)$가 위로 볼록이므로 삼차함수 $g(x)$가
$x=0$에서 미분가능하도록 연결되고 (나)의 조건을 만족하기
위해서는 삼차함수 $g(x)$의 최고차항의 계수는 반드시
양수이어야 한다.

$h(x)=\begin{cases} f(x)\ (x\le 0) \\ \\ g(x)\ (x>0) \end{cases}$ 에서 $k(x)=h(x)-q$라 두면

$k(x)=\begin{cases} f(x)-q\ (x\le 0) \\ \\ g(x)-q\ (x>0) \end{cases}$ 이고

$a<0$, $b>0$인 상수 a, b에 대하여
삼차함수 $g(x)$는 이차항의 계수가 0이므로
$g(x)-q=bx(x^2-k^2)$라 할 수 있다.
$g(x)-q=0$의 양의 실근은 $x=k$이므로 (가)조건에서
$f(x)-q=0$의 음의 실근은 $-k+1$이다.
따라서 $f(x)-q=ax(x+k-1)$이다.
그런데 이차함수 $f(x)-q$의 축이 $x=-1$이므로 $k=3$이다.
그러므로

$k(x)=\begin{cases} a(x+2)x \qquad (x\le 0) \\ \\ b(x+3)x(x-3)\ (x>0) \end{cases}$

$k'(x)=\begin{cases} 2a(x+1)\ (x<0) \\ \\ 3b(x^2-3)\ (x>0) \end{cases}$ 이므로

$x=0$에서 미분계수를 비교하면 $2a=-9b\ \cdots\text{㉠}$

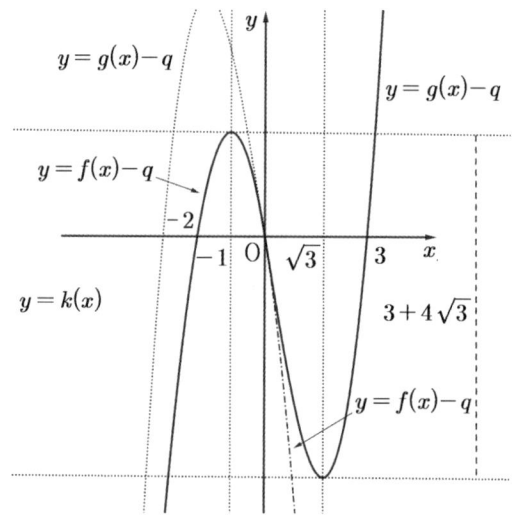

닫힌구간 $[-2,3]$에서 함수 $h(x)$의 최댓값과 최솟값의 차는
$k(x)$의 최댓값과 최솟값의 차와 같으므로
$k(-1)-k(\sqrt{3})=3+4\sqrt{3}$이다.
따라서
$k(-1)-k(\sqrt{3})$
$=-a-(-6\sqrt{3}b)$
$=-a+6b\sqrt{3}$
$=-a-\dfrac{4}{3}a\sqrt{3}\ (\because \text{㉠})$
$=-\dfrac{1}{3}a(3+4\sqrt{3})=3+4\sqrt{3}$
$\therefore\ a=-3$, $b=\dfrac{2}{3}$
$k'(x)=h'(x)$이므로
$k'(x)=\begin{cases} -6(x+1)\ (x<0) \\ \\ 2(x^2-3)\ (x>0) \end{cases}$

$h'(-3)+h'(4)=12+26=38$

403 정답 6

함수 $h(x)$가 실수 전체의 집합에서 미분가능하므로 $x=0$에서 연속이다.

따라서 $f(0)=g(0)=h(0)$이고

$h(x)=h(0)$의 해가 $x=0$이외에 (나)조건에 의해 $x<0$인 실근이 반드시 존재하고

사차함수 $f(x)$의 극값의 개수가 1개이므로 그 극값은 $x<0$에서 존재한다.

만약 $x>0$에서 $h(x)=h(0)$의 해가 존재하지 않으면

$h(x)=h(0)$의 해는 $x=-1$이어야 하고

$h'(x)=0$의 음수근은 -1보다 크고 $x>0$에서 $h(x)$의 극값이 존재 유무에 관계없이

방정식 $h'(x)=0$의 모든 실근의 합은 -1보다 큰 값이다.

따라서 $y=h(x)$의 그래프는 $y=h(0)$과 $x>0$에서 적어도 하나의 교점을 가진다.

(i) $h'(0)\neq0$일 때,

(가) 조건을 만족하기 위해서는 함수 $h(x)$의 그래프는 다음과 같이 두 가지 그래프 개형을 가진다.

(i)

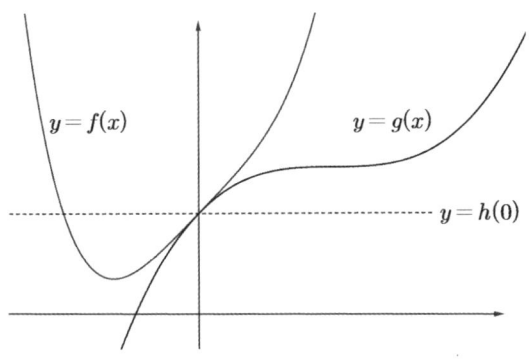

방정식 $h'(x)=0$의 모든 실근의 합은 -1이라는 조건에 모순이다.

(ii)

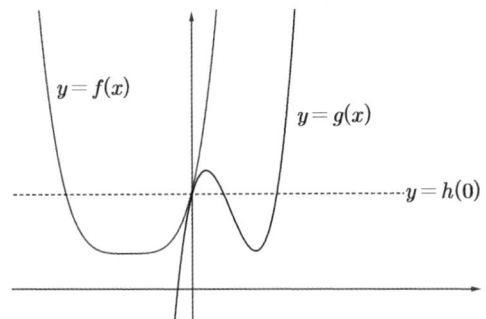

방정식 $h(x)=h(0)$의 실근의 개수는 4, $h'(x)=0$의 실근의 개수는 3이므로 두 방정식의 실근의 개수의 합이 7이므로 (나)

조건에 모순이다.

(ii) $h'(0)=0$일 때,

(가) 조건을 만족하기 위해서는 함수 $h(x)$의 그래프는 다음과 같은 그래프 개형을 가진다.

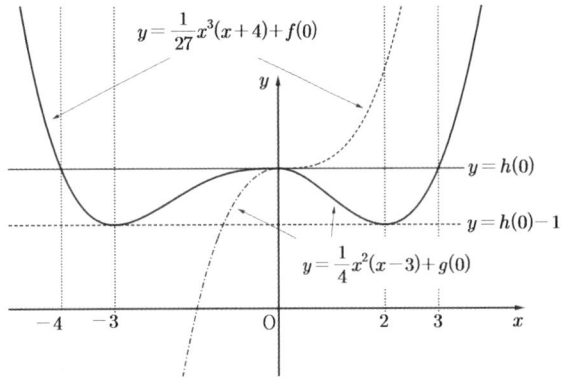

$g(x)=px^2(x-k)+h(0)\quad(p>0)$

$f(x)=qx^3(x+k+1)+h(0)\quad(q>0)$

삼차함수 비율에서 $f'(x)=0$의 해는 $x=\dfrac{2}{3}k$

사차함수 비율에서 $g'(x)=0$의 해는 $x=\dfrac{3(-k-1)}{4}$

$\dfrac{2}{3}k-\dfrac{3k+3}{4}=-1$이므로

$8k-9k-9=-12$

$k=3$

$h(x)=\begin{cases}qx^3(x+4)+h(0)\ (x\leq0)\\ px^2(x-3)+h(0)\ (x>0)\end{cases}$

닫힌구간 $[-4,3]$에서 함수 $h(x)$의 최댓값은 $h(0)$이므로 최솟값은 $h(0)-1$이다.

$h(-3)=-27q+h(0)=h(0)-1$에서 $q=\dfrac{1}{27}$

$h(2)=-4p+h(0)=h(0)-1$에서 $p=\dfrac{1}{4}$

$h(x)=\begin{cases}\dfrac{1}{27}x^3(x+4)+h(0)\ (x\leq0)\\[2mm] \dfrac{1}{4}x^2(x-3)+h(0)\ (x>0)\end{cases}$

$h'(-3)+h'(4)=0+6=6$

[랑데뷰팁]
사차함수 $f(x)$의 최고차항의 계수가 음수인 경우는 조건을 만족하지 못한다.

404 정답 51

$g(x) = f(x) - x$ 라 두면

$g(x)$는 최고차항의 계수가 양수인 삼차함수이다.

$g(0) = 0$ 이고 $g'(x) = f'(x) - 1$ 에서

$g'(1) = f'(1) - 1 = 0$

따라서 $g(x)$는 다음 세 가지 개형을 갖는다. [삼차함수의 비율 이용]

(i) $g(x) = ax^2\left(x - \dfrac{3}{2}\right)$ 일 때, ⇦ $x = 1$ 에서 극소

(나)에서

$f(x) + x = g(x) + 2x = ax^2\left(x - \dfrac{3}{2}\right) + 2x$

$\qquad = x\left(ax^2 - \dfrac{3}{2}ax + 2\right)$

$ax^2 - \dfrac{3}{2}ax + 2 = 0$ 이 0이 아닌 중근을 가지므로

$D = \dfrac{9}{4}a^2 - 8a = 0$ 에서 $a \neq 0$ 이므로 $a = \dfrac{32}{9}$

따라서

$f(x) = \dfrac{32}{9}x^2\left(x - \dfrac{3}{2}\right) + x$

$f(3) = 32 \times \dfrac{3}{2} + 3 = 51$ (정답)

(ii) $g(x) = ax(x-3)^2$ 일 때, ⇦ $x = 1$ 에서 극대

$f(x) + x = g(x) + 2x = ax(x-3)^2 + 2x$

$\qquad = x\{a(x-3)^2 + 2\}$

$a(x-3)^2 + 2 \neq 0$ 이므로 모순

(iii) $g(x) = ax(x-1)^2$ 일 때,

$f(x) + x = g(x) + 2x = ax(x-1)^2 + 2x$

$\qquad = x\{a(x-1)^2 + 2\}$

$a(x-1)^2 + 2 \neq 0$ 이므로 모순

[랑데뷰팁]

① $g(x) = f(x) - x$ 에서 $f(x) + x = g(x) + 2x$ 이므로 (i), (ii), (iii)의 $y = g(x)$ 와 $y = -2x$ 의 그래프가 접하게 되는 개형은 (i)밖에 없다.

② $g(x) = ax^2\left(x - \dfrac{3}{2}\right)$ 의 삼차함수 비율에서 변곡점의

x좌표는 $x = \dfrac{1}{2}$ 이다.

극대점 $(0, 0)$을 지나고 $g(x) = ax^2\left(x - \dfrac{3}{2}\right)$ 에 접하는

직선이 $y = -2x$ 일 때

극대점의 x좌표와 변곡점의 x좌표 사이의 거리와 변곡점의 x좌표와 접점사이 거리의 비가 $2 : 1$이므로

변곡점의 x좌표는 $\dfrac{3}{4}$ 이다. (랑데뷰 세미나 참고)

---

405 정답 888

$g(x) = f(x) + x$ 라 두면

$g(x)$는 최고차항의 계수가 양수인 삼차함수이다.

$g(0) = 0$ 이고 $g'(x) = f'(x) + 1$ 에서

$g'(2) = f'(2) + 1 = 0$

따라서 $g(x)$는 다음 세 가지 개형을 갖는다.

[삼차함수의 비율 이용]

(i) $g(x) = ax^2(x-3)$ 일 때, ⇦ $x = 2$ 에서 극소

(나)에서

$f(x) - 2x = g(x) - 3x = ax^2(x-3) - 3x$

$\qquad = x(ax^2 - 3ax - 3)$

$ax^2 - \dfrac{3}{2}ax + 2 = 0$ 은 a값에 관계없이 판별식 > 0이므로 서로 다른 두 실근을 갖는다. (모순)

(ii) $g(x) = ax(x-6)^2$ 일 때, ⇦ $x = 2$ 에서 극대

$f(x) - 2x = g(x) - 3x = ax(x-6)^2 - 3x$

$\qquad = x\{a(x-6)^2 - 3\}$

$a(x-6)^2 - 3 = 0$ 의 해가 $x = 0$ 이면 방정식

$f(x) - 2x = 0$ 은 $x = 0$ 을 중근으로 가지므로 조건에

만족한다. 따라서 $36a - 3 = 0$ 에서 $a = \dfrac{1}{12}$

$f(x) - 2x = x\left\{\dfrac{1}{12}(x-6)^2 - 3\right\}$

$\therefore\ f(x) = x\left\{\dfrac{1}{12}(x-6)^2 - 3\right\} + 2x$

$f(12) = 12 \times 0 + 24 = 24$

(iii) $g(x) = ax(x-2)^2$ 일 때, ⇦ 그래프 개형을 생각하면

$f(12)$의 최댓값이 나온다.

$f(x) - 2x = g(x) - 3x = ax(x-2)^2 - 3x$

$\qquad = x\{a(x-2)^2 - 3\}$

$a(x-2)^2 - 3 = 0$ 의 해가 $x = 0$ 이면 방정식

$f(x) - 2x = 0$ 은 $x = 0$ 을 중근으로 가지므로 조건에 만족한다.

따라서 $4a - 3 = 0$ 에서 $a = \dfrac{3}{4}$

$f(x) - 2x = x\left\{\dfrac{3}{4}(x-2)^2 - 3\right\}$

$\therefore\ f(x) = x\left\{\dfrac{3}{4}(x-2)^2 - 3\right\} + 2x$

$f(12) = 12 \times 72 + 24 = 864 + 24 = 888$

[랑데뷰팁]

$g(x) = f(x) + x$ 에서 $f(x) - 2x = g(x) - 3x$ 이므로 (i), (ii), (iii)의 $y = g(x)$ 와 $y = 3x$ 의 그래프가 접하게 되는 개형은 (ii), (iii)이다.

---

406 정답 42

등차수열은 1차식으로 나타나므로

$f(x) = (x+1)x(x-1)(x-2) + ax + b$

$$= x^4 - 2x^3 - x^2 + (2+a)x + b$$

라 둘 수 있다.

$f'(x) = 4x^3 - 6x^2 - 2x + (2+a)$에서

$f'(-1) = a-6$, $f'(2) = a+6$이다.

따라서

$(-1, f(-1))$에서의 접선의 방정식은

$y = (a-6)(x+1) - a + b \cdots \bigcirc$

$(2, f(2))$에서의 접선의 방정식은

$y = (a+6)(x-2) + 2a + b$

두 접선이 $(k, 0)$에서 만나므로

$(a-6)(k+1) - a + b = (a+6)(k-2) + 2a + b$에서

$-12k = -6$이므로

$$k = \frac{1}{2}$$

한편 $\bigcirc$에 $\left(\frac{1}{2}, 0\right)$을 대입하고 정리하면

$\frac{1}{2}a + b = 9 \cdots \bigcirc$이다.

$f(2k) = 20 \Rightarrow f(1) = 1 - 2 - 1 + 2 + a + b = 20$

에서 $a + b = 20 \cdots \bigcirc$

$\bigcirc$, $\bigcirc$을 풀면

$a = 22$, $b = -2$이다.

따라서 $f(x) = (x+1)x(x-1)(x-2) + 22x - 2$

$f(4k) = f(2) = 42$

407 정답 92

등차수열은 1차식으로 나타나므로

$f(x) = (x+2)(x+1)x(x-1) + ax + b$라 두면

$f'(x) = (x+1)x(x-1) + (x+2)x(x-1)$
$+ (x+2)(x+1)(x-1) + (x+2)(x+1)x + a$

에서

$f'(-1) = a+2$, $f'(0) = a-2$이다.

따라서

$(-1, f(-1))$에서의 접선의 방정식은

$y = (a+2)(x+1) - a + b$

$(0, f(0))$에서의 접선의 방정식은

$y = (a-2)x + b \cdots \bigcirc$

두 접선이 $(k, 1)$에서 만나므로

$(a+2)(k+1) - a + b = (a-2)k + b$에서

$4k = -2$이므로

$$k = -\frac{1}{2}$$

한편 $\bigcirc$에 $\left(-\frac{1}{2}, 1\right)$을 대입하고 정리하면

$a - 2b = 0 \cdots \bigcirc$이다.

$f(2k) = 4 \Rightarrow f(-1) = -a + b = 4$에서 $a - b = -4 \cdots \bigcirc$

$\bigcirc$, $\bigcirc$을 풀면

$a = -8$, $b = -4$이다.

따라서 $f(x) = (x+2)(x+1)x(x-1) - 8x - 4$

$f(-6k) = f(3) = 120 - 24 - 4 = 92$

408 정답 19

$x < 1$에서

$$y = \frac{ax-9}{x-1} = \frac{a(x-1) + a - 9}{x-1} = \frac{a-9}{x-1} + a$$에서

점근선이 $x = 1$, $y = a$이다.

따라서 $g(x) = t$의 근이 $t \geq 3$에서 두 개가 나오려면

분수함수의 점근선인 a값이 3이 되어야 한다.

따라서 $f(x) = \dfrac{-6}{x-1} + 3 \ (x < 1)$

그럼 삼차함수는 다음과 같은 개형이 되어야 조건을 만족할 수 있다.

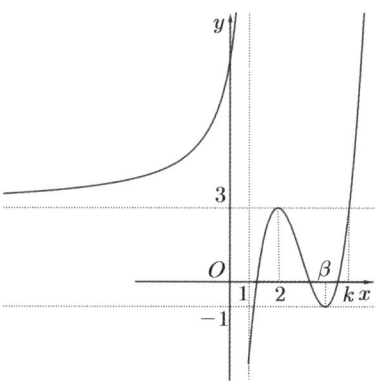

$f(x) = (x-2)^2(x-k) + 3$에서 극댓값이 3 극솟값이 -1이므로 삼차함수 $y = ax^3 + bx^2 + cx + d$와

그 도함수 $y' = 3a(x-\alpha)(x-\beta)$에서

극댓값$-$극솟값$= \dfrac{|a|}{2}(\beta - \alpha)^3$ 임을 이용하면

$a = 1$, $\alpha = 2$이므로

$$3 - (-1) = \frac{1}{2}(\beta - 2)^3$$

따라서 $\beta = 4$

$\alpha = 2$, $\beta = 3$이므로 삼차 함수 비율 관계에서

$k = \beta + 1 = 5$이다.

따라서 $f(x) = (x-2)^2(x-5) + 3$

$$g(x) = \begin{cases} \dfrac{3x-9}{x-1} & (x < 1) \\ (x-2)^2(x-5) + 3 & (x \geq 1) \end{cases}$$

$(g \circ g)(-1) = g(6) = 16 + 3 = 19$

409 정답 27

$g(0) = 17$이고 분수함수의 점근선중 하나가 $x = 1$이므로

$y = \dfrac{ax-17}{x-1}$와 $y = t$은 $x < 1$에서 한 점에서 만난다.

따라서 사차함수 $y = f(x)$와 $y = t (2 < t < 18)$가 $x \geq 1$에서 서로 다른 세 점에서 만나야 한다. $\cdots \bigcirc$

또한 $t \geq 18$에서 $y = \dfrac{ax-17}{x-1}$과 $y=t$의 교점이 없어야

하므로

$y = \dfrac{ax-17}{x-1}$의 또 다른 점근선은 $y=18$이다.

따라서 $y = \dfrac{a(x-1)+a-17}{x-1} = \dfrac{a-17}{x-1} + a$

에서 $a=18$

따라서 분수함수는 $y = \dfrac{18x-17}{x-1}$

한편, $f(1)=2$, $f'(1)=0$이므로 사차함수 $f(x)$는 ㉠을
만족하기 위해서는 $x=1$에서 극솟값 2를 갖고 $x>1$에서
극댓값을 갖고 $f(x)$의 극댓값은 18이상이고 다른 극솟값이
2이하이면 $x>1$에서 교점이 3개가 생길 수 있다. 그런데
(나)에서 극댓값이 18보다 크거나 다른 극솟값이 2보다 작으면
$h(t)$의 불연속점이 2개보다 많아진다. 따라서 극댓값 18이어야
하고, 또 다른 점($x=\alpha$)에서 극솟값 2을 가져야 한다.
예를 들어 다음 그림의 사차함수의 점선 같이 두 극솟값이
2이고 극댓값이 18보다 큰 그래프는 $h(t)$가 $t=2$, $t=18$,
그리고 $f(x)$의 극댓값에서 불연속이 된다.

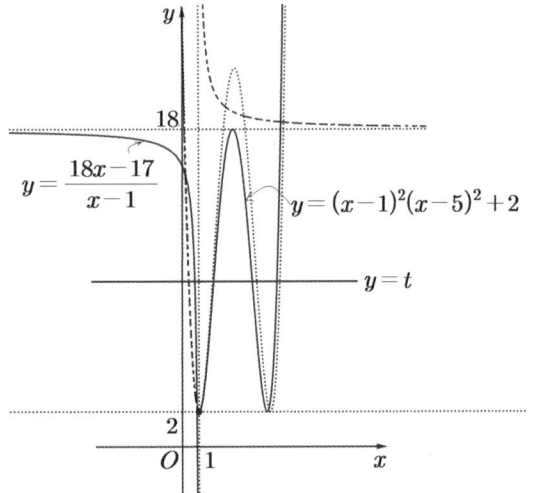

따라서 $f(x) = (x-1)^2(x-\alpha)^2 + 2$이고

극댓값 18은 $x = \dfrac{1+\alpha}{2}$에서 생기므로

$f\left(\dfrac{1+\alpha}{2}\right) = \left(\dfrac{\alpha-1}{2}\right)^2 \left(\dfrac{1-\alpha}{2}\right)^2 + 2 = 18$

$\alpha > 1$이므로 $\dfrac{\alpha-1}{2} = 2$

따라서 $\alpha = 5$이므로 $f(x) = (x-1)^2(x-5)^2 + 2$

따라서 $g(x) = \begin{cases} \dfrac{18x-17}{x-1} & (x<1) \\ (x-1)^2(x-5)^2 + 2 & (x \geq 1) \end{cases}$

$y = \dfrac{18x-17}{x-1}$에 $x = \dfrac{11}{12}$을 대입하면

$y = \dfrac{18 \times \dfrac{11}{12} - 17}{\dfrac{11}{12} - 1} = \dfrac{\dfrac{33}{2} - \dfrac{34}{2}}{-\dfrac{1}{12}} = 6$

$(g \circ g)\left(\dfrac{11}{12}\right) = f(6) = 5^2 \times 1^2 + 2 = 27$

[랑데뷰팁]
$a=2$일 때도 조건을 만족한다.

410 정답 ①

삼차함수 $f(x)$는 x축과 적어도 한 점에서 만나므로

$g(x) = \dfrac{x(x+3)}{f(x)}$로 볼 때 분모가 0이 되게 하는 인수가

생긴다. 그 인수가 x또는 $(x+3)$이면 약분되어 $g(x)$가 분모가
0이 되는 인수가 없게 되어 실수 전체에서 연속일 수 있다.

$g(x) = \dfrac{x(x+3)}{x(x+3)(x+k)}$ 꼴이면 $g(x) = \dfrac{1}{x+k}$가

되어 $x = -k$에서 불연속이다.

(i) $g(x) = \dfrac{x(x+3)}{(x+3)(x^2+ax+b)}$에서 $x^2+ax+b=0$의 해가

존재하지 않을 때 $g(x)$는 실수 전체에서 연속이다. 그런데
$g(0)=0$이므로 (나)에 모순이다.

(ii) $g(x) = \dfrac{x(x+3)}{x(x^2+ax+b)}$에서 $x^2+ax+b=0$의 해가

존재하지 않을 때 $g(x)$는 실수 전체에서 연속이다. 따라서

$a^2 - 4b < 0 \cdots$㉠이고 $g(x) = \dfrac{x+3}{x^2+ax+b}$이다.

(나)에서 $g(0) = \dfrac{3}{b} = 1$이므로 $b=3$이다.

따라서 $f(x) = x(x^2+ax+3)$이고 ㉠에서

$-2\sqrt{3} < a < 2\sqrt{3}$

$f(1) = a+4$의 값이 자연수이므로 $a > -4$인 정수이다.

따라서 $a = -3, -2, -2, 1, 0, 2, 3$이 가능하다.

$g(2) = \dfrac{5}{2a+7}$이고 $a=3$일 때 최솟값 $\dfrac{5}{13}$이다.

411 정답 7

삼차함수 $f(x)$는 x축과 적어도 한 점에서 만나므로

$g(x) = \dfrac{(x-1)(x+1)}{f(x)}$로 볼 때 분모가 0이 되게 하는 인수가

생긴다. 그 인수가 $(x-1)$또는 $(x+1)$이면 약분되어 $g(x)$가
분모가 0이 되는 인수가 없게 되어 실수 전체에서 연속일 수
있다.

(i) $g(x) = \dfrac{(x-1)(x+1)}{(x-1)(x+1)(x+k)}$ 꼴이면 $g(x) = \dfrac{1}{x+k}$가 되어

$x = -k$에서 불연속이다.

(ii) $g(x)=\dfrac{(x-1)(x+1)}{(x+1)(x^2+ax^2+b)}$ 에서 $x^2+ax+b=0$의 해가

존재하지 않을 때 $g(x)$는 실수 전체에서 연속이다.

$g(x)=\dfrac{x-1}{x^2+ax+b}$ 이고 $g(0)=\dfrac{-1}{b}=1$에서 $b=-1$

그런데 $b=-1$이면 $x^2+ax-1=0$의 판별식

$D=a^2+4>0$이므로 항상 해가 2개 존재한다.

(iii) $g(x)=\dfrac{(x-1)(x+1)}{(x-1)(x^2+ax^2+b)}$ 에서 $x^2+ax+b=0$

의 해가 존재하지 않을 때 $g(x)$는 실수 전체에서 연속이다.

$g(x)=\dfrac{x+1}{x^2+ax+b}$ 이고 $g(0)=\dfrac{1}{b}=1$에서 $b=1$

따라서 $f(x)=(x-1)(x^2+ax+1)$ 이고

$g(x)=\dfrac{x+1}{x^2+ax+1}$

$x^2+ax+1=0$의 판별식 $D=a^2-4<0$이므로

$-2<a<2$이다.

한편 $f(2)=2a+5$이 자연수 이므로

$a=-\dfrac{3}{2},\ -1,\ -\dfrac{1}{2},\ 0,\ \dfrac{1}{2},\ 1,\ \dfrac{3}{2}$ 이 가능하다.

$g(1)=\dfrac{2}{a+2}$ 에서 $a=-\dfrac{3}{2}$ 일 때 최댓값 4, $a=\dfrac{3}{2}$

일 때 최솟값 $\dfrac{4}{7}$ 을 갖는다.

(i), (ii), (iii)에서 $M=4,\ m=\dfrac{4}{7}$이므로 $\dfrac{M}{m}=\dfrac{4}{\frac{4}{7}}=7$

412 정답 5

(가)에서 최고차항의 계수가 -1인 이차함수 $g(x)$는

$g(x)=-(x-2)^2$이다.

즉, $g(x)=-x^2+4x-4$

(가)에서 최고차항의 계수가 1인 삼차함수는 극대점 또는

극소점 또는 변곡점이 $(0,0)$인 경우이다. 따라서

$f(x)=x^2(x-k)\ (k>0)$ 또는

$f(x)=x^2(x+k)\ (k>0)$ 또는 $f(x)=x^3$이다.

(i) $f(x)=x^2(x-k)\ (k>0)$

(나)조건을 만족시키기 위해서는

$f(x)=x^2(x-k)\ (k>0)$의 변곡접선의 x절편이 2가 되거나

$k=2$가 되도록 k값을 맞추면 된다. 그런데 그렇게 맞추고 나면

$f(x)$가 이차함수 $g(x)$와 서로 다른 세 점에서 만나게 되므로

(다)조건에 모순이다.

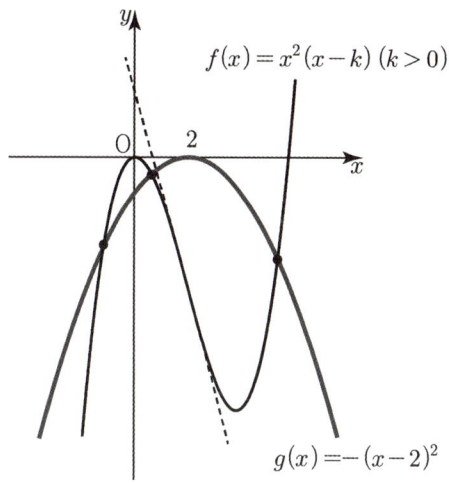

(ii) $f(x)=x^2(x+k)\ (k>0)$

그래프 개형 상 변곡접선의 x절편이 음수 값을 가지므로 점

$(2,0)$에서 곡선 $y=f(x)$에 그은 접선의 개수는 항상 3이다.

따라서 모순이다.

(iii) $f(x)=x^3$

(가), (나), (다) 조건 모두 만족한다.

따라서 $x>0$인 모든 실수 x에 대하여

$g(x)\le kx-2\le f(x)$이 성립한다는 얘기는

$y=kx-2$을 $(0,-2)$을 지나고 기울기가 k인

직선으로 볼 때, 다음 그림과 같다.

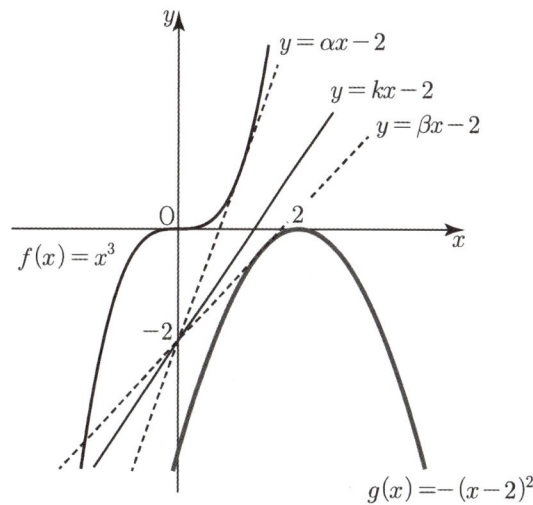

$(0,-2)$을 지나고 곡선 $f(x)=x^3$와의 접점을 (t,t^3)

이라 하면 $f'(x)=3x^2$이므로 접선의 방정식은

$y=3t^2(x-t)+t^3$이다. 이 접선이 $(0,-2)$을 지나므로

대입하면

$-2=3t^3(-t)+t^3 \Rightarrow t=1$

따라서 기울기가 최대인 α는 3이다.

$(0,-2)$을 지나고 곡선 $f(x)=-x^2+4x-4$와의 접점을

$(s,\ -s^2+4s-4)$이라 하면

$f'(x)=-2x^2+4$이므로 접선의 방정식은

$y=(-2s+4)(x-s)-s^2+4s-4$이다.

이 접선이 $(0,\ -2)$을 지나므로 대입하면

$-2 = (-2s+4)(-s) - s^2 + 4s - 4 \Rightarrow -2 = s^2 - 4$

$\Rightarrow s = \sqrt{2}$

따라서 기울기가 최소인 β는 $-2\sqrt{2}+4$이다.

이때, $\alpha - \beta = 3 - (4-2\sqrt{2}) = -1 + 2\sqrt{2}$

따라서 $a = -1$, $b = 2$이므로

$a^2 + b^2 = (-1)^2 + (2)^2 = 5$

413 정답 17

(가)에서 최고차항의 계수가 -5인 이차함수 $g(x)$는

$g(x) = -5(x-2)^2$이다.

즉, $g(x) = -5x^2 + 20x - 20$

(가)에서 최고차항의 계수가 -1인 삼차함수는 극대점 또는 극소점 또는 변곡점이 $(0, 0)$인 경우이다. 따라서

$f(x) = -x^2(x-q)$ $(q > 0)$ 또는

$f(x) = -x^2(x+q)$ $(q > 0)$ 또는 $f(x) = -x^3$이다.

(i) $f(x) = -x^2(x+q)$ $(q > 0)$

그래프 개형 상 변곡접선의 x절편이 음수 값을 가지므로 점 $(2, 0)$에서 곡선 $y = f(x)$에 그은 접선의 개수는 항상 3이다. 따라서 모순이다.

(ii) $f(x) = -x^3$

(가), (나) 모두 만족하지만 $y = -x^3$과

$y = -5(x-2)^2$의 교점의 x좌표를 p라 두면 $p < 2$이므로

(다)에 모순이다.

(iii) $f(x) = x^2(x-q)$ $(q > 0)$

(나), (다) 조건을 만족시키기 위해서는

$f(x) = -x^2(x-q)$ $(q > 0)$의 변곡접선의 x절편이 2가 되도록 q값을 맞추면 된다.

$f(x) = -x^3 + qx^2 \Rightarrow f'(x) = -3x^2 + 2qx$

$\Rightarrow f''(x) = -6x + 2q$

$f''(x) = 0$에서 변곡점의 x좌표는 $\frac{1}{3}q$이다.

따라서 변곡점의 좌표는 $\left(\frac{1}{3}q, \frac{2}{27}q^3\right)$, 변곡접선의 기울기는

$f'\left(\frac{1}{3}q\right) = \frac{1}{3}q^2$

따라서 변곡접선의 방정식은

$y = \frac{1}{3}q^2\left(x - \frac{1}{3}q\right) + \frac{2}{27}q^3$이다.

따라서 $y = 0$을 대입하면

$-\frac{2}{27}q^3 = \frac{1}{3}q^2\left(x - \frac{1}{3}q\right)$에서

$x = \frac{1}{9}q$이다. $\frac{1}{9}q = 2$에서 $\therefore q = 18$

따라서 $f(x) = -x^2(x-18) = -x^3 + 18x^2$이다.

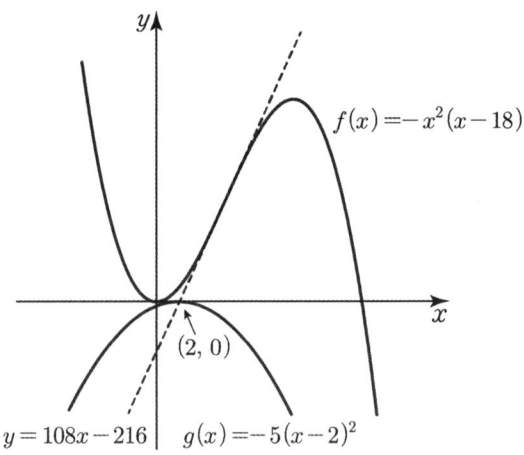

따라서 $0 \leq x \leq 12$인 모든 실수 x에 대하여

$g(x) \leq kx - 16 \leq f(x)$이 성립한다는 얘기는

$y = kx - 16$을 $(0, -16)$을 지나고 기울기가 k인 직선으로 볼 때, 다음 그림과 같다.

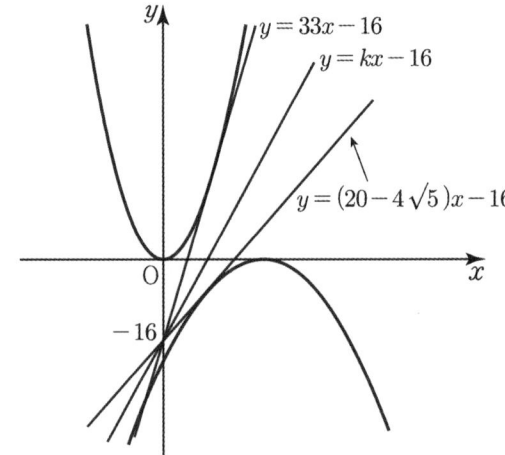

$f(x) = -x^2(x-18) = -x^3 + 18x^2$

위의 점 $(t, -t^3 + 18x^2)$과 $(0, -16)$을 잇는 직선의 기울기와

$f'(t) = -3t^2 + 36t$가 같으므로

$\dfrac{-t^3 + 18t^2 + 16}{t} = -3t^2 + 36t \Rightarrow 2t^3 - 18t^2 + 16 = 0$

$\Rightarrow t^3 - 9t^2 + 8 = 0$

$\therefore t = 1$

따라서 $f'(1) = 33$이므로 $\alpha = 33$

따라서 $(0, -16)$에서 $y = f(x)$에 그은 접선의 방정식은

$y = 33x - 16$이다.

한편,

$g(x) = -5(x-2)^2 = -5x^2 + 20x - 20$

위의 점 $(s, -5s^2 + 20s - 20)$과 $(0, -16)$을 잇는 직선의 기울기와 $g'(s) = -10s + 20$가 같으므로

$\dfrac{-5s^2 + 20s - 4}{s} = -10s + 20 \Rightarrow$

$-5s^2 + 20s - 4 = -10s^2 + 20s \Rightarrow s^2 = \dfrac{4}{5}$

$\therefore s = \dfrac{2}{\sqrt{5}}$

따라서 $g'\left(\dfrac{2}{\sqrt{5}}\right)=-\dfrac{20}{\sqrt{5}}+20=-4\sqrt{5}+20$이므로

$\beta=20-4\sqrt{5}$

따라서 $(0,-16)$에서 $y=g(x)$에 그은 접선의 방정식은

$y=(20-4\sqrt{5})x-16$이다.

$\alpha-\beta=33-(20-4\sqrt{5})=13+4\sqrt{5}$

그러므로 $a=13$, $b=4$이므로 $a+b=17$

414 정답 40

$f(f(x))=x$을 만족하는 실수 a가 존재하면 $f(f(a))=a$가
성립한다.

이때 $f(a)$가 될 수 있는 값은 a이거나 a가 아닌 어떤 수 b로
생각할 수 있다.

(i) $f(a)=a$이면 $f(f(a))=f(a)=a$이므로 항상 성립한다. ⇨
(a, a)는 $\boldsymbol{y=x}$ 위의 점이다.

(ii) $f(a)=b$이면 $f(f(a))=f(b)=a$에서 $f(b)=a$가 성립해야
한다.

⇨ (a, b)와 (b, a)는 $\boldsymbol{y=x}$에 대칭인 점이다.

(단, $a\ne b$)

(i), (ii)에서 $f(f(x))=x$을 만족하는 실수 a는

$\boldsymbol{y=f(x)}$와 $\boldsymbol{y=x}$의 교점 또는 그것의 $\boldsymbol{y=x}$에 대칭인 함수
$\boldsymbol{x=f(y)}$의 교점의 x좌표임을 알 수 있다.⇨[랑데뷰세미나
참고]

$(f\circ f)(x)=x$의 다섯 개의 실근 중 $0, a, b$는 삼차함수
$y=f(x)$와 $y=x$의 교점의 x좌표 값이다. 따라서 $f(0)=0$,
$f(a)=a$, $f(b)=b$이다.

$(f\circ f)(x)=x$의 다섯 개의 실근 중 $1, 2$는 삼차함수
$y=f(x)$와 $y=x$에 대칭인 $x=f(y)$의 교점의 x좌표 값이다.
따라서 $f(1)=2$, $f(2)=1$이다.

$f(0)=0$에서 $f(x)=px^3+qx^2+rx$라 두면

$f'(x)=3px^2+2qx+r$

따라서 $f'(0)-f'(1)=r-3p-2q-r=6$

$\therefore 3p+2q=-6\cdots$①

한편, $f(1)=2$, $f(2)=1$에서

$p+q+r=2\cdots$㉠

$8p+4q+2r=1\cdots$㉡

㉠,㉡에서 $6p+2q=-3\cdots$②

①,②에서 $3p=3$

$\therefore p=1$, $q=-\dfrac{9}{2}$, $r=\dfrac{11}{2}$

따라서 $f(x)=x^3-\dfrac{9}{2}x^2+\dfrac{11}{2}x$

$\therefore f(5)=125-\dfrac{225}{2}+\dfrac{55}{2}=40$

[다른 풀이]-유승희T

$(1, 2)$, $(2, 1)$을 지나는 직선은 $y=-x+3$이고

$f(x)$와 $y=-x+3$의 교점이 $(1, 2)$, $(2, 1)$이므로

$f(x)-(-x+3)=(x-1)(x-2)(mx+n)$이라 놓으면

$f(x)=(x-1)(x-2)(mx+n)-x+3$

$f'(x)=(x-2)(mx+n)+(x-1)(mx+n)$
$\qquad\qquad+m(x-1)(x-2)-1$

주어진 조건에서

$f(0)=2n+3=0$에서 $n=-\dfrac{3}{2}$

$f'(0)-f'(1)=(-3n+2m-1)-(-m-n-1)$
$\qquad\qquad=3m-2n=6$

$\therefore m=1$, $n=-\dfrac{3}{2}$

$\therefore f(x)=(x-1)(x-2)\left(x-\dfrac{3}{2}\right)-x+3$

$\therefore f(5)=40$

415 정답 7

$(f\circ f)(x)=x$의 다섯 개의 실근 중 $-1, a, b$는 삼차함수
$y=f(x)$와 $y=x$의 교점의 x좌표 값이다. 따라서
$f(-1)=-1$, $f(a)=a$, $f(b)=b$이다.

$(f\circ f)(x)=x$의 다섯 개의 실근 중 $\dfrac{1}{2}, 2$는 삼차함수

$y=f(x)$와 $y=x$에 대칭인 $x=f(y)$의 교점의 x좌표 값이다.

따라서 $f\left(\dfrac{1}{2}\right)=2$, $f(2)=\dfrac{1}{2}$이다.

$f(x)=px^3+qx^2+rx+s$라 두면

$f'(x)=3px^2+2qx+r$

따라서 $f'(2)-f'(0)=12p+4q+r-r=2$

$\therefore 6p+2q=1\cdots$①

한편, $f(-1)=-1$, $f\left(\dfrac{1}{2}\right)=2$, $f(2)=\dfrac{1}{2}$에서

$-p+q-r+s=-1\cdots$㉠

$\dfrac{1}{8}p+\dfrac{1}{4}q+\dfrac{1}{2}r+s=2\cdots$㉡

$$8p + 4q + 2r + s = \frac{1}{2} \cdots ㉢$$

㉠, ㉡에서 $\frac{9}{8}p - \frac{3}{4}q + \frac{3}{2}r = 3 \Rightarrow \frac{9}{4}p - \frac{3}{2}q + 3r = 6 \cdots ㉣$

㉠, ㉢에서 $9p + 3q + 3r = \frac{3}{2} \cdots ㉤$

㉣, ㉤에서 $\frac{27}{4}p + \frac{9}{2}q = -\frac{9}{2} \Rightarrow 3p + 2q = -2 \cdots ㉥$

①, ㉥에서 $3p = 3$

$\therefore p = 1,\ q = -\frac{5}{2},\ r = 0,\ s = \frac{5}{2}$

따라서 $f(x) = x^3 - \frac{5}{2}x^2 + \frac{5}{2}$

$\therefore f(3) = 27 - \frac{45}{2} + \frac{5}{2} = 7$

[랑데뷰팁]
삼차함수가 $(0, 0)$을 지나지 않기에
$f(x) - x = k(x+1)(x-a)(x-b)$로 두고 풀기가 쉽지 않다.

[다른 풀이]–유승희T

$\left(\frac{1}{2}, 2\right), \left(2, \frac{1}{2}\right)$을 지나는 직선은 $y = -x + \frac{5}{2}$이고

$f(x)$와 $y = -x + \frac{5}{2}$의 교점이 $\left(\frac{1}{2}, 2\right), \left(2, \frac{1}{2}\right)$이므로

$f(x) - \left(-x + \frac{5}{2}\right) = \left(x - \frac{1}{2}\right)(x-2)(mx+n)$이라 놓으면

$f(x) = \left(x - \frac{1}{2}\right)(x-2)(mx+n) - x + \frac{5}{2}$

$f'(x) = (x-2)(mx+n) + \left(x - \frac{1}{2}\right)(mx+n)$
$\qquad\qquad\qquad + m\left(x - \frac{1}{2}\right)(x-2) - 1$

주어진 조건에서

$f(-1) = \frac{9}{2}(-m+n) + \frac{7}{2} = -1$에서 $m - n = 1$

$f'(2) - f'(0) = \frac{3}{2}(2m+n) - \left(m - \frac{5}{2}n\right) = 2$에서

$m + 2n = 1$

$\therefore m = 1,\ n = 0$

$\therefore f(x) = x\left(x - \frac{1}{2}\right)(x-2) - x + \frac{5}{2}$

$\therefore f(3) = 7$

---

416 정답 ③

(가) 조건에 의해
$f(-1) = -1 + a - b > -1 \quad \therefore a > b$

(나) 조건에 의해
$f(1) - f(-1) = 1 + a + b - (-1 + a - b) = 2 + 2b > 8$
$\therefore b > 3$

따라서 $a > b > 3 \cdots ㉠$

ㄱ. $f'(x) = 3x^2 + 2ax + b$이고 ㉠에 의해

$a > b \rightarrow a^2 > ab > 3b \ (\because a > b > 3)$

따라서 $D/4 = a^2 - 3b > 0$ (참)

ㄴ. $y = f'(x)$의 축의 방정식이 $x = -\frac{a}{3}$이고

㉠에 의해 $-\frac{a}{3} < -1$

$f'(1) = 3 + 2a + b > 0$이므로 아래로 볼록인 이차함수
$y = f'(x)$는 $-1 \le x < 1$에서 x축과 만난다 .(거짓)

ㄷ. $f(x) - f'(k)x = 0 \rightarrow f(x) = f'(k)x$
$\qquad\qquad\qquad \rightarrow x^3 + ax^2 + bx = f'(k)x$

우선 $x = 0$이 위 삼차방정식의 근이다.
$x \ne 0$인 다른 근 하나가 존재하는 k를 찾으면 되겠다.
$x \ne 0$일 때 양변을 x로 나누면

$x^2 + ax + b = f'(k) \rightarrow x^2 + ax + b = 3k^2 + 2ak + b$

에서 $x^2 + ax - 3k^2 - 2ak = 0$이 중근을 갖거나 $x = 0$과 다른
근 하나를 가지면 된다.

(i) $x^2 + ax - 3k^2 - 2ak = 0$이 중근을 가질 때

$a^2 - 4(-3k^2 - 2ak) = 0 \rightarrow 12k^2 + 8ak + a^2 = 0$

$D = 16a^2 - 12a^2 = 4a^2 > 0$이므로 k는 2개

(ii) $x^2 + ax - 3k^2 - 2ak = 0$이 $x = 0$과 다른 근을 가질 때

$3k^2 + 2ak = 0 \rightarrow k = 0$ 또는 $k = -\frac{2}{3}a$

$a \ne 0$이므로 k는 2개

(i), (ii)에서 k는 4개다. (참)

[다른 풀이]–1

ㄴ. $f'(-1) = 3 - 2a + b = 3 - a + b - a$이고
$3 - a < 0,\ b - a < 0$이므로 $\therefore f'(-1) < 0$
$f'(1) = 3 + 2a + b > 0$ 사잇값 정리에 의해 $f'(x)$는
$(-1, 0)$에서 근을 가진다.
$f'(\alpha) = 0$이라 하면 x가 $(-1, \alpha)$에서 $f'(\alpha) < 0$이다 (거짓)

ㄷ. $f(x) = f'(k)x$라 하면 $y = f'(k)x$는 $(0, 0)$을 지나는
직선이다.
삼차함수 $f(x)$와 직선이 2개의 교점을 가지려면 직선은
$f(x)$의 접선 이어야 한다.
ㄱ.에 의해 $f'(x)$는 두 근을 갖는다. 따라서
$(0, 0)$에서 $f(x)$에 그은 접선은 l_1, l_2 두 개다.

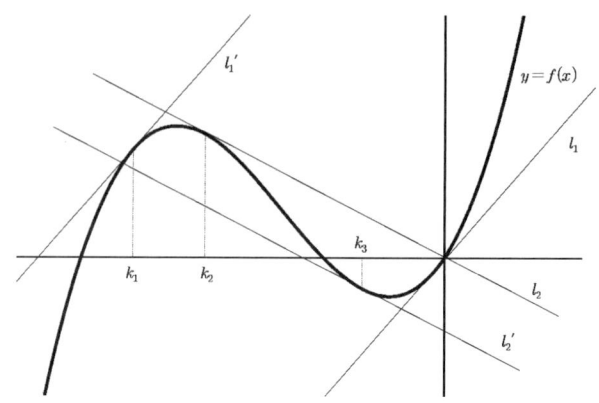

(i) l_1인 경우 $f'(k)=f'(0)$이므로

위 그림에서 $k=0$, k_1

(ii) l_2인 경우

$(0, 0)$에서 $f(x)$에 그은 접선의 접점을 k_2라 할 때

$f'(k)=f'(k_2)$이므로 $k=k_2$, k_3

따라서 k의 개수는 4개다. (참)

[다른 풀이]-2

ㄷ. 삼차함수 그래프 곡선 위의 점에서는 접선을 2개 그을 수 있다.

$y=f(x)$는 원점을 지나는 삼차함수이고 $y=f'(k)x$는 원점을 지나는 직선이므로

삼차함수 $f(x)$위의 점 $(0, 0)$에서 접선은 두 개이고 접선의 기울기를 각각 m_1, m_2라 두면

$f'(k)=m_1$과 $f'(k)=m_2$을 만족하는 k를 구하면 된다.

$f'(x)$는 아래로 볼록인 이차함수이고 $f'(x)$의 최솟값($f(x)$의 변곡접선의 기울기)

보다 m_1, m_2가 큰 값이므로 각각 2개의 k값이 존재한다.

따라서 총 4개다. (참)

⇨랑데뷰세미나 참고

417 정답 ③

(가) 조건에 의해

$f(-1)=-1+a-b+2>1$ $\therefore a>b$

(나) 조건에 의해

$f(-1)-f(1)=(1+a-b)-(3+a+b)=-2-2b \le -8$

$\therefore b \ge 3$

따라서 $a>b\ge 3$ $\cdots$ ㉠

ㄱ. $f'(x)=3x^2+2ax+b$이고 ㉠에 의해

$a>b \rightarrow a^2>ab>3b$ $(\because a>b\ge 3)$

따라서 $D/4=a^2-3b>0$ (참)

ㄴ. $y=f'(x)$의 축의 방정식이 $x=-\dfrac{a}{3}$이고

㉠에 의해 $-\dfrac{a}{3}<-1$, $f'(0)=b\ge 3$이다.

따라서 이차함수의 축의 대칭성에 의해

$f'(0)=f'\left(-\dfrac{2}{3}a\right)$이므로 $f'\left(-\dfrac{2}{3}a\right)\ge 3$이고

$a>3$이므로 $-\dfrac{2}{3}a<-2$이다.

따라서 $f'\left(-\dfrac{2}{3}a\right)>f'(-2)$이므로 항상 $f'(-2)$가 3보다 크다고는 할 수 없다. (거짓)

ㄷ. $f(x)-1=f'(k)x$라 하면 $y=f'(k)x$는 $(0, 0)$을 지나는 직선이다. 삼차함수 $y=f(x)-1$와 직선이 2개의 교점을 가지려면 직선은 $y=f(x)-1$의 접선 이어야 한다. (단, 변곡점에서의 접선은 제외)

ㄱ.에 의해 $f'(x)$는 두 근을 갖는다.

$f(x)-1=x^3+ax^2+bx+1$에서

$f'(x)=3x^2+2ax+b=3\left(x+\dfrac{a}{3}\right)^2+b-\dfrac{a^2}{3}$

삼차함수 $y=f(x)-1$는 $x=-\dfrac{a}{3}$에서 기울기가 최소인 접선을 가진다.

$f'\left(-\dfrac{a}{3}\right)=b-\dfrac{a^2}{3}$,

$f\left(-\dfrac{a}{3}\right)=-\dfrac{a^3}{27}+\dfrac{a^3}{9}-\dfrac{ab}{3}+1=\dfrac{2}{27}a^3-\dfrac{ab}{3}+1$이므로

곡선 $y=f(x)$위의 점 $\left(-\dfrac{a}{3}, f\left(-\dfrac{a}{3}\right)\right)$에서의 접선의 방정식은

[변곡접선의 방정식]

$y=\left(b-\dfrac{a^2}{3}\right)\left(x+\dfrac{a}{3}\right)-\dfrac{ab}{3}+\dfrac{2}{27}a^3+1$

$=\left(b-\dfrac{a^2}{3}\right)x+\dfrac{ab}{3}-\dfrac{a^2}{9}-\dfrac{ab}{3}+\dfrac{2}{27}a^3+1$

$=\left(b-\dfrac{a^2}{3}\right)x-\dfrac{1}{27}a^3+1$

이다.

이 접선의 y절편 $-\dfrac{1}{27}a^3+1$이고 (가), (나)조건에서

$a>b\ge 3$이므로 $-\dfrac{1}{27}a^3+1<0$이다.

따라서 다음 그림과 같이 y절편은 $-\dfrac{1}{27}a^3+1$이 음수이므로

$(0, 0)$에서 삼차함수 $y=f(x)-1$에 접선을 3개 그릴 수 있다.

따라서 $(0, 0)$에서 $y=f(x)-1$에 그은 접선은

l_1, l_2, l_3 로 3개다.

세 접선의 기울기를 각각 m_1, m_2, m_3라 하면

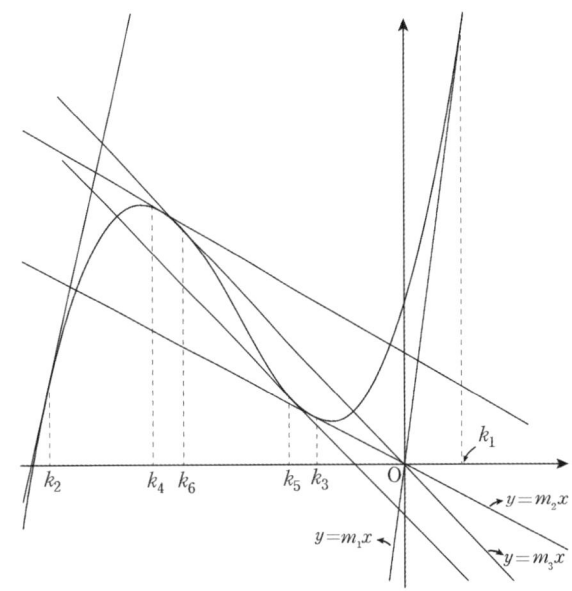

(i) $f'(k)=m_1$일 때, 위 그림에서 $k=k_1$, k_2

(ii) $f'(k)=m_2$일 때, 위 그림에서 $k=k_3$, k_4

(iii) $f'(k)=m_3$일 때, 위 그림에서 $k=k_5$, k_6

따라서 k의 개수는 6개다.(참)

418 정답 65

조건 (가)에서

$$\sum_{k=1}^{n} f(k) = f(n)f(n+1) \cdots \bigcirc$$

$$\sum_{k=1}^{n-1} f(k) = f(n-1)f(n) \cdots \bigcirc$$

$\bigcirc-\bigcirc$를 하면

$f(n) = f(n)\{f(n+1) - f(n-1)\}$이다.

즉, $f(n)\{f(n+1) - f(n-1) - 1\} = 0 \ (n \geq 2)$

따라서 $f(n) = 0$ 또는 $f(n+1) - f(n-1) = 1$[(나)의
반대상황] $\cdots \bigcirc$이어야 한다. 조건 (나)에 의해

$n=3$일 때 $\dfrac{f(5) - f(3)}{5 - 3} \leq 0$에서 $f(5) \leq f(3)$

$n=4$일 때 $\dfrac{f(6) - f(4)}{6 - 4} \leq 0$에서 $f(6) \leq f(4)$

이므로 $\bigcirc$에 의해 $f(4) = 0$, $f(5) = 0$이 된다.

조건 (가)에 $n=1$, 2, 3을 각각 대입하여 정리하면

$n=1$일 때 $f(1) = f(1)f(2)$ $n=2$일

때 $f(1) + f(2) = f(2)f(3)$

$n=3$일 때 $f(1) + f(2) + f(3) = 0 \ (\because \ f(4) = 0)$

(i) $f(3) = 0$인 경우

$f(1) + f(2) = 0$에서 $f(1) = -\{f(1)\}^2$이므로

$f(1) = 0$ 또는 $f(1) = -1$이다.

$f(1) = 0$이면 $f(2) = f(3) = f(4) = f(5) = 0$이 되어
사차함수라는 조건에 모순이다.

따라서

$f(1) = -1$, $f(2) = 1$, $f(3) = f(4) = f(5) = 0 \cdots$ ㉣

이 성립한다.

그래프를 그려보면 사이값 정리에 의해 $(1, 2)$에서
근을 갖고 $f(6) - f(4) \leq 0$을 만족한다.

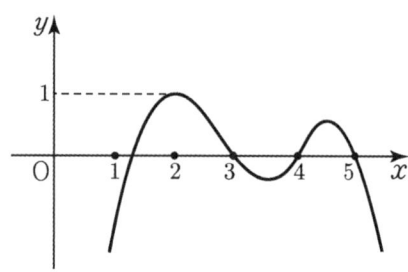

(ii) $f(3) \neq 0$인 경우

$f(1) + f(2) = -f(2)\{f(1) + f(2)\}$에서

$f(2) = -1$이므로 $f(1) = 0$이다.

따라서

$f(1) = 0$, $f(2) = -1$, $f(3) = 1$, $f(4) = f(5) = 0$이고
그래프를 그려보면 $f(6) - f(4) \leq 0$을 만족하지 않는다.

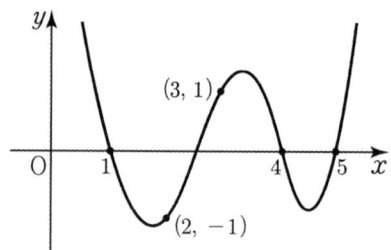

(i), (ii)에 의해

$f(x) = (ax + b)(x - 3)(x - 4)(x - 5)$이 된다.

㉣을 대입하면

$f(1) = -24(a + b) = -1$, $f(2) = -6(2a + b) = 1$

에서 $a = -\dfrac{5}{24}$, $b = \dfrac{6}{24}$이다.

$\therefore \ f(x) = -\dfrac{1}{24}(5x - 6)(x - 3)(x - 4)(x - 5)$

$128 \times f\left(\dfrac{5}{2}\right)$

$= 2^7 \times \left(-\dfrac{1}{24}\right)\left(-\dfrac{1}{2}\right)\left(-\dfrac{3}{2}\right)\left(-\dfrac{5}{2}\right)\left(\dfrac{25}{2} - 6\right)$

$= 65$

419 정답 36

조건 (가)에서

$$\sum_{k=1}^{n} f(n-k) = f(n)f(n-1) \cdots \bigcirc$$

$$\sum_{k=1}^{n-1} f(n-1-k) = f(n-1)f(n-2) \cdots \bigcirc$$

$\bigcirc-\bigcirc$를 하면

$f(n-1) = f(n-1)\{f(n) - f(n-2)\}$이다.

즉, $f(n-1)\{f(n) - f(n-2) - 1\} = 0 \ (n \geq 2)$

따라서 $f(n-1) = 0$ 또는 $f(n) - f(n-2) = 1 \cdots \bigcirc$이어야
한다.

조건 (나)에 의해

$n=2$일 때 $\dfrac{f(4) - f(2)}{4 - 2} \leq 0$에서 $f(4) \leq f(2)$

$n=3$일 때 $\dfrac{f(5) - f(3)}{5 - 3} \leq 0$에서 $f(5) \leq f(3)$

이므로 $\bigcirc$에 의해 $f(3) = 0$, $f(4) = 0$이 된다.

조건 (가)에 $n=1$, 2, 3을 각각 대입하여 정리하면

$n=1$일 때 $f(0) = f(1)f(0)$

$n=2$일 때 $f(0) + f(1) = f(2)f(1)$

$n=3$일 때 $f(0) + f(1) + f(2) = 0 \ (\because \ f(3) = 0)$

(i) $f(2) = 0$인 경우

$f(0) + f(1) = 0$에서 $f(0) = -\{f(0)\}^2$이므로

$f(0) = 0$ 또는 $f(0) = -1$이다.

$f(0) = 0$이면 $f(1) = f(2) = f(3) = f(4) = 0$이 되어
사차함수라는 조건에 모순이다.

따라서

$f(0)=-1$, $f(1)=1$, $f(2)=f(3)=f(4)=0$ ⋯ ㉣

이 성립한다.

그래프를 그려보면 사이값 정리에 의해 $(0,\ 1)$에서 근을 갖고 $f(5)-f(3)\le 0$을 만족한다.

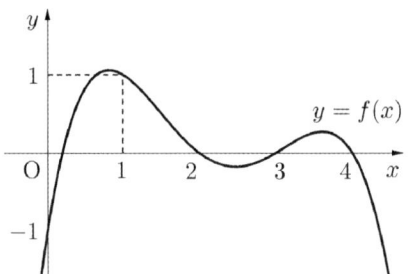

따라서 $f(x)=(ax+b)(x-2)(x-3)(x-4)$이 된다.

㉣을 대입하면

$f(0)=-24b=-1$, $f(1)=-6(a+b)=1$에서

$a=-\dfrac{5}{24}$, $b=\dfrac{1}{24}$ 이다.

$\therefore\ f(x)=-\dfrac{1}{24}(5x-1)(x-2)(x-3)(x-4)$

따라서 $m=f(5)=-6$

따라서 $m^2=36$

(ii) $f(2)\ne 0$인 경우

$f(0)+f(1)=-f(1)\{f(0)+f(1)\}$에서 $f(1)=-1$이므로 $f(0)=0$이다.

따라서

$f(0)=0$, $f(1)=-1$, $f(2)=1$, $f(3)=f(4)=0$이고 그래프를 그려보면 $f(5)-f(3)\le 0$을 만족하지 않는다.

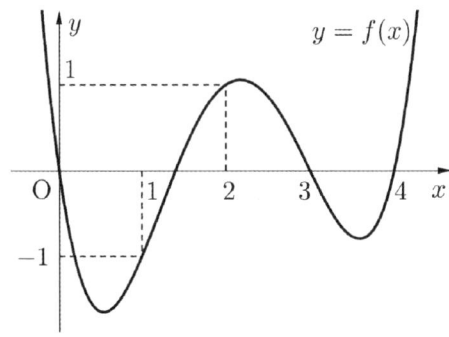

420 정답 32

$f(x)$의 그래프에서 $a=0$인 경우는 다음 그림과 같다.

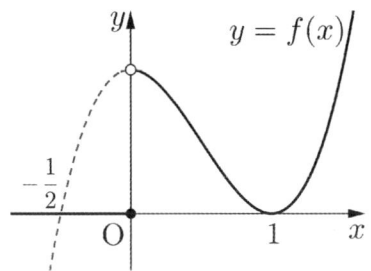

$f(x)$는 $x=0$에서 불연속이고 미분불능으로 (가)조건에 위배된다. 실수 전체의 집합에서 미분가능하기 위해서는 $a=1$이다.

(나)조건을 만족하는 k의 최솟값은 다음 그림과 같이 $y=12(x-k)$가 $y=(x-1)^2(2x+1)\ (x>1)$에 접할 때이다.

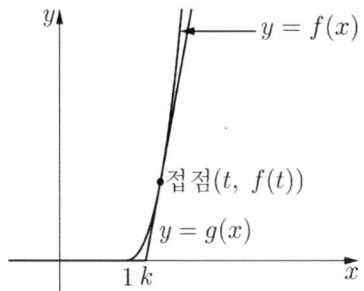

$y=(x-1)^2(2x+1)\ (x>1)$의 접점의 x좌표를 $x=t$라 두면

$f'(x)=\{(x-1)^2\}'(2x+1)+(x-1)^2(2x+1)'$

$=2(x-1)(2x+1)+2(x-1)^2$

$=(x-1)\{(4x+2)+(2x-2)\}$

$=6x(x-1)$에서 접선의 기울기는 $6t(t-1)$

이때, 접선의 기울기가 12이므로

$6t(t-1)=12$

$t^2-t-2=0$, $(t+1)(t-2)=0$

$t=-1$ 또는 $t=2$

이때, $t>1$이므로 $t=2$

그러므로 접선의 방정식은 $y-5=12(x-2)$

$y=12x-19$, $y=12\left(x-\dfrac{19}{12}\right)$

따라서 $k\ge\dfrac{19}{12}$이므로 k의 최솟값은 $\dfrac{19}{12}$이다.

그러므로 $a+p+q=1+12+19=32$

421 정답 12

$f(x)=-(x-1)^2(x-4)$의 그래프를 그려보자.

$f'(x)=-2(x-1)(x-4)-(x-1)^2$

$\qquad=-(x-1)(3x-9)$

이므로 $x=1$에서 극솟값 $f(1)=0$, $x=3$에서 극댓값 $f(3)=4$를 가진다.

또한 조건 (가)를 만족하기 위해서는 $a=3$이다.

함수 $f(x)$의 그래프 개형은 다음과 같다.

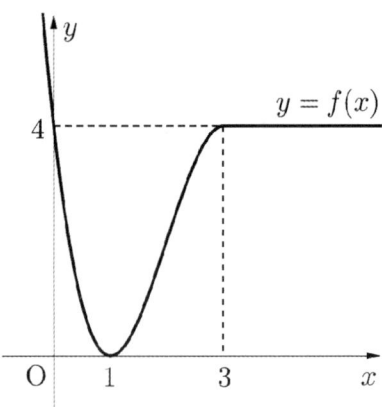

한편, $|x-t| \leq 4 \Rightarrow -4 \leq x-t \leq 4$

$\Rightarrow t-4 \leq x \leq t+4$ 에서

$g(x)=4-|x-t| \ (t-4 \leq x \leq t+4)$ 의 그래프는 다음과 같다.

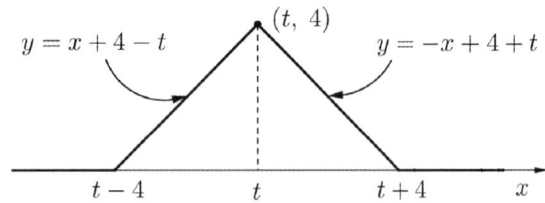

조건 (나)에서 모든 실수 x에 대하여 $f(x) \geq g(x)$이므로 다음 그림과 같다.

(i) $t<0$일 때, 다음 그림과 같은 상황이다.

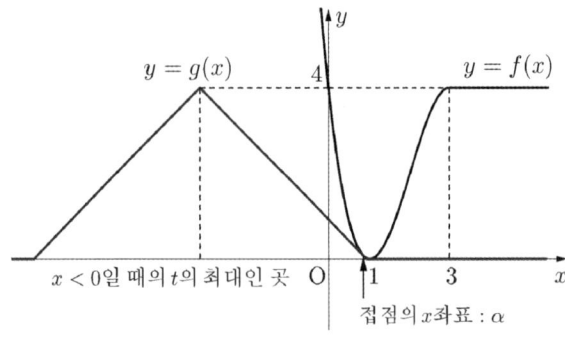

그림에서 기울기가 -1인 직선이

$y=-(x-1)^2(x-4)$에 접할 때 교점의 x좌표가 α이다.

$y'=-(x-1)(3x-9)$에서

$-(x-1)(3x-9)=-1 \Rightarrow -3x^2+12x-9=-1$

$\Rightarrow 3x^2-12x+8=0$

$\Rightarrow x=\dfrac{6 \pm 2\sqrt{3}}{3}$에서 $\alpha=\dfrac{6-2\sqrt{3}}{3} \ (\because 0<\alpha<1)$

(ii) $t>0$일 때, 다음 그림과 같은 상황이다.

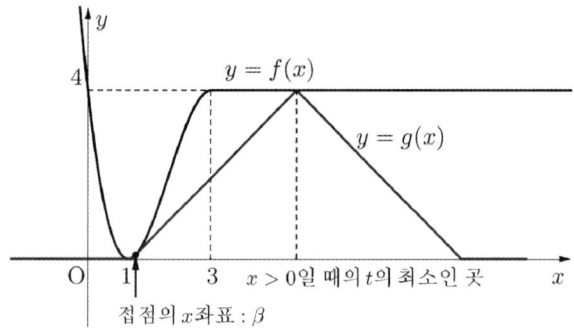

그림에서 기울기가 1인 직선이 $y=-(x-1)^2(x-4)$에 접할 때 교점의 x좌표가 β이다.

$y'=-(x-1)(3x-9)$에서

$-(x-1)(3x-9)=1 \Rightarrow -3x^2+12x-9=1$

$\Rightarrow 3x^2-12x+10=0$

$\Rightarrow x=\dfrac{6 \pm \sqrt{6}}{3}$에서 $\beta=\dfrac{6-\sqrt{6}}{3} \ (\because 0<\alpha<1<\beta<3)$

$\therefore \ \beta-\alpha=\dfrac{6-\sqrt{6}}{3}-\dfrac{6-2\sqrt{3}}{3}=\dfrac{2\sqrt{3}-\sqrt{6}}{3}$

$\therefore \ a=3, \ p=3, \ q=6$

따라서 $a+p+q=12$

422 정답 ③

실수 t에 대하여 두 곡선 $y=f(x)$와 $y=-x+t$의 교점의 개수는 두 곡선 $y=f(x)+x$와 $y=t$의 교점의 개수와 같다.

$h(x)=f(x)+x$라 하면 $h(x)$도 삼차함수이다.

ㄱ. $h(x)=x^3+x$를 미분하면 $h'(x)=3x^2+1>0$ 이므로 $h(x)$는 증가함수이다. 따라서 $y=t$와의 교점은 항상 1개다. (참)

ㄴ. $g(t)=2$일 때, $y=h(x)$와 $y=t$의 그래프는 아래의 네 가지 경우 중 하나이다.

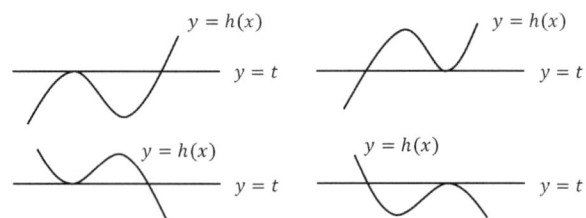

따라서 $g(t)=3$인 경우가 존재한다. (참)

ㄷ.

$f(x)=ax^3+bx^2+cx+d$라 하면

$f'(x)=3ax^2+2bx+c$이고

$f'(x)=0$의 판별식 $D_1=b^2-3ac$이다.

$h(x)=f(x)+x=ax^3+bx^2+(c+1)x+d$의

$h'(x)=3ax^2+2bx+(c+1)=0$의 판별식은

$D_2=b^2-3ac-3a$이다.

함수 $g(t)$가 상수함수이면 $h(x)$가 극값이 존재하지 않아야 하므로 $D_2 \leq 0$이다.

따라서 $b^2 - 3ac \leq 3a$

$\therefore D_1 \leq 3a$

$f(x)$의 극값이 존재하지 않으려면 $D_1 \leq 0$이어야 하는데 $D_1 \leq 3a$이므로 항상 $f(x)$의 극값이 존재하지 않는다고는 할 수 없다. (거짓)

[반례]

$f(x) = x^3 - x$라 하면 $h(x) = x^3$은 증가함수이므로 모든 실수 t에 대하여 $g(t) = 1$이다.

그런데 함수 $f(x)$는 $x = \pm \dfrac{1}{\sqrt{3}}$에서 극값을 갖는다.

옳은 것은 ㄱ. ㄴ. 이다.

423 정답 ④

실수 t에 대하여 두 곡선 $y = f(x)$와 $y = x^2 + t$의 교점의 개수는 두 곡선 $y = f(x) - x^2$와 $y = t$의 교점의 개수와 같다.

$h(x) = f(x) - x^2$라 하면 $h(x)$도 삼차함수이다.

ㄱ. $h(x) = x^3 - x^2 + x$를 미분하면

$h'(x) = 3x^2 - 2x + 1$이고 $3x^2 - 2x + 1 = 0$에서

$D = 1 - 3 < 0$이므로 $h(x)$는 증가함수이다.

따라서 $y = t$와의 교점은 항상 1개다.

따라서 $g(t)$는 상수함수이다. (참)

ㄴ. [반례]

$f(x) = x^3 + x^2$이면 $h(x) = x^3$이다.

$g(t) = 1 \to$ 상수함수이다.

그런데 $y = x^3 + x^2$은 극값을 갖는 삼차함수이다.

(거짓)

ㄷ. $f(x) = x^3 + ax^2 + ax$에서

$h(x) = x^3 + (a-1)x^2 + ax$와 $y = t$의 교점의 개수

$g(t)$가 $t = m$, $t = m+2$에서 불연속이면 $h(x)$는 극솟값,

극댓값이 각각 m, $m+2$이다.

$h'(x) = 3x^2 + 2(a-1)x + a$에서

$3x^2 + 2(a-1)x + a = 0$의 두 근을 α, β라 하면

$\alpha + \beta = -\dfrac{2}{3}(a-1)$, $\alpha\beta = \dfrac{a}{3}$이고 극댓값과 극솟값의

차 $= \dfrac{|a|}{2}(\beta - \alpha)^3$ 이므로[랑데뷰 세미나(83) 참고]

$4 = \dfrac{(\beta - \alpha)^3}{2} \to \beta - \alpha = 2$

따라서 $(\alpha - \beta)^2 = (\alpha + \beta)^2 - 4\alpha\beta$

대입하고 정리하면 $a^2 - 5a - 8 = 0$이다.

따라서 가능한 a의 합은 5이다. (참)

424 정답 243

우선 이차함수 $g(x)$에 대해 알아보자.

$g(x) = 2(x-p)^2 + q$라 할 수 있다.

따라서 $g'(x) = 4(x-p)$

$g'(\alpha) = -16$, $g'(\beta) = 16$에서

$\alpha - p = -4$, $\beta - p = 4$이다.

두 식을 연립하면 $\beta - \alpha = 8$을 얻는다.

$\therefore \beta = \alpha + 8$

한편, $h(x) = f(x) - g(x)$라 두면

$h(x) = (x-\alpha)^2(x+k)$이다.

$h'(x) = 2(x-\alpha)(x+k) + (x-\alpha)^2$

$h'(\beta) = h'(\alpha+8) = 0$이므로

$h'(\alpha+8) = 2 \times 8 \times (\alpha+8+k) + 8^2$
$\qquad = 16k + 16\alpha + 192 = 0$

$\therefore k = -\alpha - 12$

따라서 $h(x) = (x-\alpha)^2(x-\alpha-12)$

$g(\beta+1) - f(\beta+1) = -h(\alpha+9)$
$\qquad\qquad\qquad\quad = -9^2 \times (-3) = 243$

$\therefore g(\beta+1) - f(\beta+1) = 243$

[다른 풀이]-1

$g(x) = 2x^2$라 해도 일반성을 잃지 않는다.

$g'(x) = 4x$에서 $\alpha = -4$, $\beta = 4$

이고 $f(-4) = g(-4) = 32$

따라서 $f(x) = x^3 + ax^2 + bx + c$라 할 때

$f(-4) = 32$, $f'(-4) = -16$, $f'(4) = 16$이므로

$a = 2$, $b = -48$, $c = -128$

$\therefore f(x) = x^3 + 2x^2 - 48x - 128$

$\therefore g(5) - f(5) = 50 - (-193) = 243$

[다른 풀이]-2

$g'(\alpha) = -16$, $g'(\beta) = 16$에서 이차함수 $g(x)$는 축이

$x = \dfrac{\alpha + \beta}{2}$이다.

따라서 $g(x) = 2\left(x - \dfrac{\alpha + \beta}{2}\right)^2 + q$

$g'(x) = 4\left(x - \dfrac{\alpha + \beta}{2}\right)$이고 $g'(\beta) = 16$에서 $\beta - \alpha = 8$을

얻는다.

$\alpha = 0$이라 하면 $\beta = 8$이므로

$h(x) = g(x)$ $f(x) = -x^2\left(x - 8 \times \dfrac{3}{2}\right)$

$\quad = -x^2(x-12)$

따라서 $h(\beta+1) = h(9) = 243$

425 정답 125

우선 이차함수 $g(x)$에 대해 알아보자.

$g(x) = 4(x-p)^2 + q$라 할 수 있다.

따라서 $g'(x) = 8(x-p)$

$g'(\alpha) = -8$, $g'(\beta) = 16$에서

$\alpha - p = -1$, $\beta - p = 2$이다.

두 식을 연립하면 $\beta - \alpha = 3$을 얻는다.

$\therefore \beta = \alpha + 3$

한편, $h(x) = f(x) - g(x)$라 두면

$h(x) = (x-\alpha)^2 (x-\beta-1)(x+k)$

$\qquad = (x-\alpha)^2 (x-\alpha-4)(x+k)$ 이다.

$h'(x) = 2(x-\alpha)(x-\alpha-4)(x+k)$

$\qquad + (x-\alpha)^2 (x+k) + (x-\alpha)^2 (x-\alpha-4)$

$h'(\beta) = h'(\alpha+3) = 0$이므로

$h'(\alpha+3) = 2 \times 3 \times (-1)(\alpha+3+k)$

$\qquad + 3^2 \times (\alpha+3+k) + 3^2 \times (-1)$

$\qquad = 3k + 3\alpha = 0$

$\therefore k = -\alpha$

따라서 $h(x) = (x-\alpha)^3 (x-\alpha-4)$

$f(\beta+2) - g(\beta+2)$

$= h(\beta+2) = h(\alpha+5) = 5^3 \times 1 = 125$

$\therefore f(\beta+2) - g(\beta+2) = 125$

426 정답 65

$f'(x) = 3x^2 - 6x + 6$이므로

$4(3x^2 - 6x + 6) + 12x - 18 = f'(g(x))$

$12x^2 - 12x + 6 = 3\{g(x)\}^2 - 6g(x) + 6$

$\{g(x)\}^2 - 2g(x) = 4x^2 - 4x$

$\{g(x)\}^2 - 4x^2 - 2g(x) + 4x = 0$

$(g(x)-2x)(g(x)+2x) - 2(g(x)-2x) = 0$

$(g(x)-2x)(g(x)+2x-2) = 0$

따라서 $g(x) - 2x = 0$ 또는 $g(x) + 2x - 2 = 0$

(i) $g(x) - 2x = 0$일 때,

즉 $g(x) = 2x$이면 $f(2x) = x$이므로

$8x^3 - 12x^2 + 12x + k = x$

$8x^3 - 12x^2 + 11x + k = 0$

따라서 $h_1(x) = 8x^3 - 12x^2 + 11x + k$라 하면

사이값 정리에 의해 닫힌구간 $[0, 1]$에서

$h_1(0) \times h_1(1) \leq 0$이다.

$h_1(0) = k$, $h_1(1) = k+7$에서 $-7 \leq k \leq 0$

(ii) $g(x) + 2x - 2 = 0$일 때,

즉 $g(x) = -2x+2$이면 $f(-2x+2) = x$이므로

$(-2x+2)^3 - 3(-2x+2)^2 + 6(-2x+2) + k = x$

$-8x^3 + 12x^2 - 13x + 8 + k = 0$

따라서 $h_2(x) = 8x^3 - 12x^2 + 13x - 8 - k$라 하면

사이값 정리에 의해 닫힌구간 $[0, 1]$에서

$h_2(0) \times h_2(1) \leq 0$이다.

$h_2(0) = -k - 8$, $h_2(1) = -k+1$에서 $-8 \leq k \leq 1$

(i), (ii)에 의하여 $-8 \leq k \leq 1$이므로

$m = -8$, $M = 1$

따라서 $m^2 + M^2 = (-8)^2 + 1^2 = 65$

[랑데뷰팁]

닫힌구간 $[0, 1]$의 양 끝 $x=0$과 $x=1$이 방정식

$4f'(x) + 12x - 18 = (f' \circ g)(x)$의 해가 될 때 k의

최댓값과 최솟값이 나온다.

(i) $x=0$일 때 $6 = f'(g(0))$이고

$g(0) = t$라 두면 $3t(t-2) = 0$이 된다.

따라서 $g(0) = 0$ 또는 $g(0) = 2$에서

$f(0) = 0$일 때 $k = 0$

$f(2) = 0$일 때 $k = -8$

(ii) $x=1$일 때 $6 = f'(g(1))$이고

$g(1) = s$라 두면 $3s(s-2) = 0$이 된다.

따라서 $g(1) = 0$ 또는 $g(1) = 2$에서

$f(0) = 1$일 때 $k = 1$

$f(2) = 1$일 때 $k = -7$

(i), (ii)에서 $-8 \leq k \leq 1$

[다른 풀이]

$f'(x) = 3x^2 - 6x + 6$이므로

$4(3x^2 - 6x + 6) + 12x - 18 = f'(g(x))$

$12x^2 - 12x + 6 = f'(g(x))$

$x = f(t)$를 대입하면

$12\{f(t)\}^2 - 12f(t) + 6 = f'(g(f(t))) = f'(t)$

$12\{f(t)\}^2 - 12f(t) + 6 = 3t^2 - 6t + 6$

$4\{f(t)\}^2 - 4f(t) = t^2 - 2t$

$\{2f(t)-t\}\{2f(t)+t-2\} = 0$

$f(t) = \frac{1}{2}t$, $f(t) = -\frac{1}{2}t + 1$ $f(x) = x^3 - 3x^2 + 6x + k$

$0 \leq x = f(t) \leq 1$이므로 $0 \leq t \leq 2$

따라서 다음 그림과 같이 $f(t) = t^3 - 3t^2 + 6t + k$가

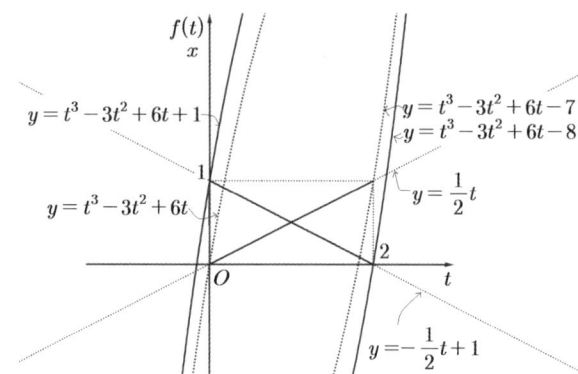

$(0, 1)$을 지날 때, $x = f(t)$와 $x = -\frac{1}{2}t + 1$이 만나므로 실근을

갖고, 그 때 $k=1$로 최대이고 마찬가지로 $(2, 0)$을 지날 때,

$k=-8$로 최소이다.

$m=-8$, $M=1 \Rightarrow m^2 + M^2 = 65$

427 정답 15

$f'(x) = x^2 + 2x + 4$이므로

$$xf'(x) - x^3 + 8 = x(x^2 + 2x + 4) - x^3 + 8$$
$$= 2x^2 + 4x + 8$$

$2(f' \circ g)(x) = 2(g(x))^2 + 4g(x) + 8$ 이므로

$2x^2 + 4x + 8 = 2(g(x))^2 + 4g(x) + 8$에서

$(g(x))^2 + 2g(x) - x(x+2) = 0$

$\{g(x) - x\}\{g(x) + x + 2\} = 0$

따라서 $g(x) = x$, $g(x) = -x - 2$

(i) $g(x) = x$일 때

$g(x) = x$를 만족하는 실근은 $f(x) = g(x)$를 만족한다.

→ $f(x) \neq g(x)$인 x를 찾아야 하므로 제외한다.

(ii) $g(x) = -x - 2$일 때 $f(-x-2) = x$에서

$$\frac{1}{3}(-x-2)^3 + (-x-2)^2 + 4(-x-2) + k = x$$

$$-\frac{1}{3}(x+2)^3 + (x+2)^2 - 5x - 8 + k = 0$$

이 방정식이 $[-2, 1]$에서 실근을 갖기 위해서는

$$h(x) = -\frac{1}{3}(x+2)^3 + (x+2)^2 - 5x - 8 + k$$

라 두면 사이값 정리에 의해 $h(-2) \times h(1) \leq 0$

$h(-2) = k+2$, $h(1) = k-13$

따라서 $(k+2)(k-13) \leq 0$에서

$-2 \leq k \leq 13$

$\therefore M - n = 13 - (-2) = 15$

[랑데뷰팁]

닫힌구간 $[-2, 1]$의 양 끝 $x = -2$과 $x = 1$이 방정식

$xf'(x) - x^3 + 8 = 2(f' \circ g)(x)$의 해가 될 때 k의

최댓값과 최솟값이 나온다.

(i) $x = -2$일 때 $8 = f'(g(-2))$이고

$g(0) = t$라 두면 $2t(t+2) = 0$이 된다.

따라서 $g(-2) = 0$ 또는 $g(-2) = -2$에서

$g(-2) \neq -2$을 만족하지 못하므로 $g(-2) = 0$

$f(0) = -2$일 때 $k = -2$

(ii) $x = 1$일 때 $14 = f'(g(1))$이고

$g(1) = s$라 두면 $(s-1)(s+3) = 0$이 된다.

따라서 $g(1) = 1$ 또는 $g(1) = -3$에서

$g(1) \neq 1$을 만족하지 못하므로 $g(1) = 3$

$f(3) = 1$일 때 $k = 13$

(i), (ii)에서 $-2 \leq k \leq 13$

---

428 정답 ②

$h(x) = x(x-2)(x-3)$이라 하면

$h'(x) = (x-2)(x-3) + x(x-3) + x(x-2)$

이므로 $h'(0) = 6$, $h'(2) = -2$, $h'(3) = 3$

$k(x) = -x(x-2)(x-3)$이라 하면

$k'(x) = -(x-2)(x-3) - x(x-3) - x(x-2)$

이므로 $k'(0) = -6$, $k'(2) = 2$, $k'(3) = -3$

(나) $g(x)$가 실수 전체의 집합에서 미분가능하기 위해서는

$f(x)$와 $|x(x-2)(x-3)|$ 중 선택되는 함수가 항상

$f(x)$이어야 한다.

즉, $f(x) \leq |x(x-2)(x-3)|$ 이다.

따라서 $f(x)$는 다음 세 가지 경우가 된다.

$f_1(x) = ax(x-2)^2(x-3)$

또는 $f_2(x) = ax(x-2)(x-3)^2$

또는 $f_3(x) = ax^2(x-2)(x-3)$이다.

(i) $f_1(x) = ax(x-2)^2(x-3)$일 때

$f_1'(x) = a(4x^3 - 21x^2 + 32x - 12)$

$f_1'(0) \leq h'(0)$이므로

$\therefore f_1'(0) = -12a \leq 6$ $\therefore a \geq -\dfrac{1}{2}$

$f_1'(3) \geq k'(3)$이므로

$f_1'(3) = 3a \geq -3$ $\therefore a \geq -1$

$\therefore -\dfrac{1}{2} \leq a < 0$

$\therefore 0 < f_1(1) = -2a \leq 1$ $\therefore$ (최댓값) $= 1$

(ii) $f_2(x) = ax(x-2)(x-3)^2$에서

$f_2'(x) = a(4x^3 - 24x^2 + 42x - 18)$

$f_2'(0) \leq h'(0)$이므로

$\therefore f_2'(0) = -18a \leq 6$ $\therefore a \geq -\dfrac{1}{3}$

$f_2'(2) \geq h'(2)$이므로

$f_2'(2) = 2a \geq -2$, $a \geq -1$ $\therefore -\dfrac{1}{3} \leq a < 0$

$\therefore 0 < f_2(1) = -4a \leq \dfrac{4}{3}$ $\therefore$ (최댓값) $= \dfrac{4}{3}$

(ii) $f_3(x) = ax^2(x-2)(x-3)$일 때

$f_3(1) = 2a < 0$ 이므로 최댓값을 갖지 않는다.

따라서 (i), (ii), (iii)에서 최댓값은 $\dfrac{4}{3}$이다.

[랑데뷰팁]

$f_1(x) = ax(x-2)^2(x-3) \rightarrow f_1(1) = -2a$

$f_2(x) = ax(x-2)(x-3)^2 \rightarrow f_2(1) = -4a$

$f_3(x) = ax^2(x-2)(x-3) \rightarrow f_3(1) = 2a$에서

$a < 0$이므로 $f_2(1)$의 가장 크다.

따라서 $f_2(x)$의 a만 구해도 된다.

429 정답 ②

$h(x)=x(x-1)(x-3)$이라 하면

$h'(x)=(x-1)(x-3)+x(x-3)+x(x-1)$

이므로 $h'(0)=3$, $h'(1)=-2$, $h'(3)=6$

$k(x)=-x(x-1)(x-3)$이라 하면

$k'(x)=-(x-1)(x-3)-x(x-3)-x(x-1)$

이므로 $k'(0)=-3$, $k'(1)=2$, $k'(3)=-6$

(나) $g(x)$가 실수 전체의 집합에서 미분가능하기 위해서는
$f(x)$와 $|x(x-1)(x-3)|$ 중 선택되는 함수가 항상
$f(x)$이어야 한다.

즉, $f(x) \leq |x(x-1)(x-3)|$이다.

따라서 $f(x)$는 다음 세 가지 경우가 된다.

$f_1(x)=ax(x-1)^2(x-3)$

또는 $f_2(x)=ax(x-1)(x-3)^2$

또는 $f_3(x)=ax^2(x-1)(x-3)$이다.

(i) $f_1(x)=ax(x-1)^2(x-3)$일 때

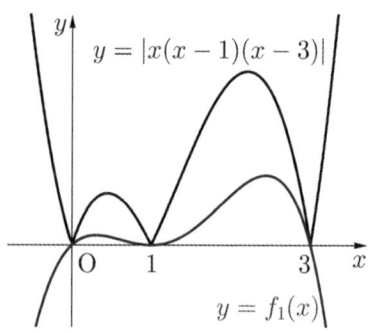

$f_1'(x)=a(4x^3-15x^2+14x-3)$

$f_1'(0) \leq h'(0)$이므로

$\therefore f_1'(0)=-3a \leq 3$　　　$\therefore a \geq -1$

$f_1'(3) \geq k'(3)$이므로

$f_1'(3)=12a \geq -6$　$\therefore a \geq -\dfrac{1}{2}$

$\therefore -\dfrac{1}{2} \leq a < 0$

$\therefore 0 < f_1(2)=-2a \leq 1$

$\therefore$ (최댓값)$=1$

(ii) $f_2(x)=ax(x-1)(x-3)^2$일 때

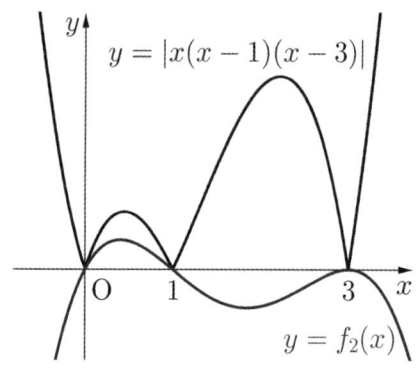

$f_2(2)=2a<0$ 이므로 최댓값을 갖지 않는다.

(ii) $f_3(x)=ax^2(x-1)(x-3)$일 때

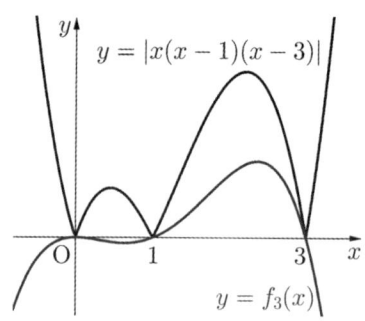

$f_3'(x)=a(4x^3-12x^2+6x)$

$f_3'(1) \leq k'(1)$이므로

$\therefore f_3'(1)=-2a \leq 2$　　　$\therefore a \geq -1$

$f_3'(3) \geq k'(3)$이므로

$f_3'(3)=18a \geq -6$, $a \geq -\dfrac{1}{3}$

$\therefore -\dfrac{1}{3} \leq a < 0$

$\therefore 0 < f_3(2)=-4a \leq \dfrac{4}{3}$　　$\therefore$ (최댓값)$=\dfrac{4}{3}$

따라서 (i), (ii), (iii)에서 최댓값은 $\dfrac{4}{3}$이다.

430 정답 ⑤

ㄱ. $f(0)<0$이면 함수
$y=f(x)$의 그래프의 개
형은 다음과 같다. 이때,
$f(2)<f(0)<0$ 이므로
$|f(2)|>|f(0)|$　（참）

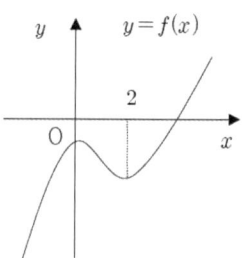

ㄴ. $f(0)f(2) \geq 0$일 때, $f(0)>f(2)$이므로 함수
$y=|f(x)|$의 그래프의 개형을 각 경우에 따라 그리면 다음과
같다.

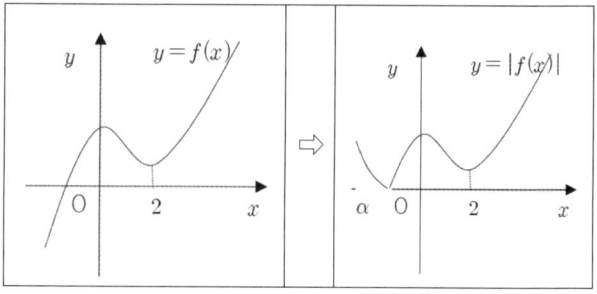

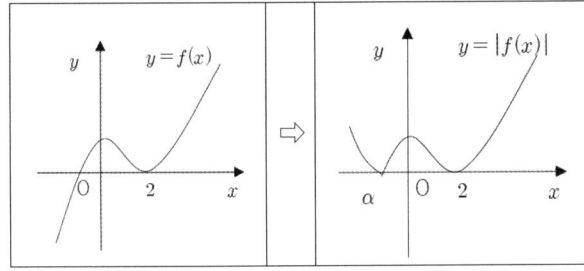

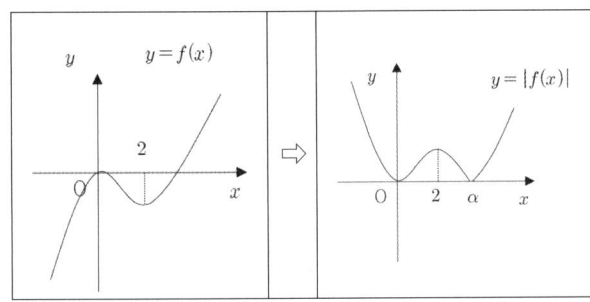

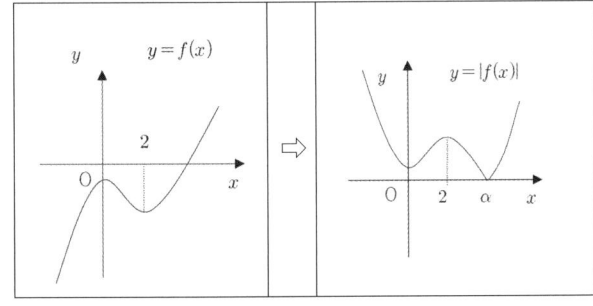

따라서 함수 $|f(x)|$ 가 $x=a$ 에서 극소인 a 의 값의
개수는 2 이다. (참)

ㄷ. $f(0)+f(2)=0$ 이므로 $f(2)=-f(0)$
이때, 함수 $y=f(x)$ 의 그래프의 개형과 함수
$y=|f(x)|$ 의 그래프의 개형은 다음과 같다.

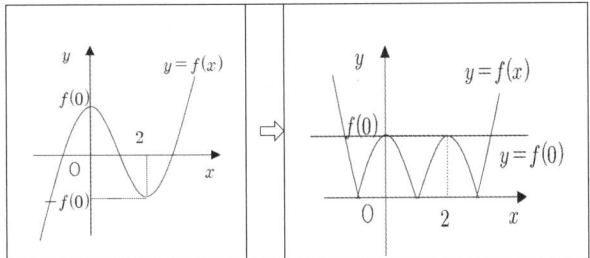

이때, 방정식 $|f(x)|=f(0)$ 의 서로 다른 실근의 개수
는 함수 $y=|f(x)|$ 의 그래프와 직선 $y=f(0)$ 과의 서
로 다른 교점의 개수와 같다. 위의 그림에서 함수
$y=|f(x)|$ 의 그래프와 직선 $y=f(0)$ 과의 서로 다른
교점의 개수와 같다. 위의 그림에서 함수 $y=|f(x)|$
의 그래프와 직선 $y=f(0)$ 의 서로 다른 교점의 개
수는 4이므로 서로 다른 실근의 개수도 4이다. (참)
이상에서 옳은 것은 ㄱ, ㄴ, ㄷ이다.

431 정답 ④

ㄱ. $f(-2)<f(1)<0$ 이므로 $|f(-2)|>|f(1)|$ (거짓)

ㄴ. $f(x)$ 가 다음과 같을 때 $|f(x)|$의 극솟값이 4개 이다. (참)

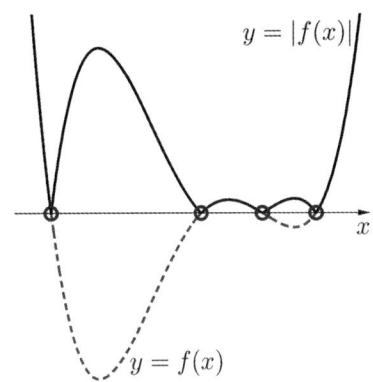

ㄷ. $f'(x)=a(x+2)x(x-1)=a(x^3+x^2-2x)$ 이므로
$$f(x)=a\left(\frac{1}{4}x^4+\frac{1}{3}x^3-x^2\right)+C$$
$f(0)=C,\ f(-2)=-\frac{8}{3}a+C$ 에서
$f(-2)+f(0)=0$ 이므로 $C=\frac{4}{3}a$
$f(1)=-\frac{5}{12}a+\frac{4}{3}a=\frac{11}{12}a>0$
따라서 $f(x)$ 의 개형은 다음과 같다.

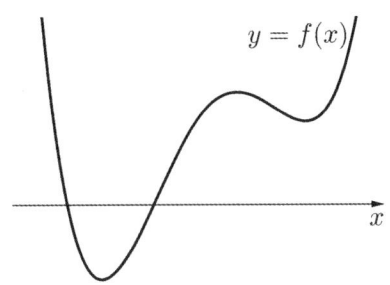

따라서 $|f(x)|$ 의 그래프 개형은 다음과 같다.

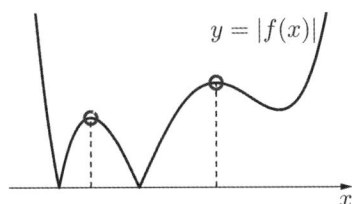

따라서 극댓값의 개수는 2개다. (참)

432 정답 186

함수 $y=f(x)$ 위의 점을 P라 하고 구간을 나누어
함수 $g(x)$ 를 구하면 다음과 같다.
(i) $x<1$일 때, $P(x,\ x+1)$이므로
$\overline{\mathrm{AP}}^2=(x+1)^2+(x+2)^2=2x^2+6x+5$
$\overline{\mathrm{BP}}^2=(x-1)^2+(x-1)^2=2x^2-4x+2$
이때, $\overline{\mathrm{AP}}^2\geq\overline{\mathrm{BP}}^2$ 을 풀면
$2x^2+6x+5\geq2x^2-4x+2$

$10x \geq -3, \ x \geq -\dfrac{3}{10}$

그러므로

$$g(x) = \begin{cases} 2x^2 + 6x + 5 & \left(x < -\dfrac{3}{10}\right) \\ 2x^2 - 4x + 2 & \left(-\dfrac{3}{10} \leq x < 1\right) \end{cases}$$

(ii) $x \geq 1$일 때, $\mathrm{P}(x, \ -2x+4)$이므로

$\overline{\mathrm{AP}}^2 = (x+1)^2 + (-2x+5)^2 = 5x^2 - 18x + 26$

$\overline{\mathrm{BP}}^2 = (x-1)^2 + (-2x+2)^2 = 5x^2 - 10x + 5$

이때, $\overline{\mathrm{AP}}^2 \geq \overline{\mathrm{BP}}^2$을 풀면

$5x^2 - 18x + 26 \geq 5x^2 - 10x + 5, \ 8x \leq 21, \ x \leq \dfrac{21}{8}$

그러므로 $g(x) = \begin{cases} 5x^2 - 10x + 5 & \left(1 \leq x < \dfrac{21}{8}\right) \\ 5x^2 - 18x + 26 & \left(x \geq \dfrac{21}{8}\right) \end{cases}$

그러므로 (i), (ii)에 의하여

$$g(x) = \begin{cases} 2x^2 + 6x + 5 & \left(x < -\dfrac{3}{10}\right) \\ 2x^2 - 4x + 2 & \left(-\dfrac{3}{10} \leq x < 1\right) \\ 5x^2 - 10x + 5 & \left(1 \leq x < \dfrac{21}{8}\right) \\ 5x^2 - 18x + 26 & \left(x \geq \dfrac{21}{8}\right) \end{cases}$$

이때, 함수 $g(x)$는 모든 실수에서 연속이다. 한편

$$g'(x) = \begin{cases} 4x + 6 & \left(x < -\dfrac{3}{10}\right) \\ 4x - 4 & \left(-\dfrac{3}{10} < x < 1\right) \\ 10x - 10 & \left(1 < x < \dfrac{21}{8}\right) \\ 10x - 18 & \left(x > \dfrac{21}{8}\right) \end{cases}$$ 이므로

$\displaystyle \lim_{x \to -\frac{3}{10}-} g'(x) \neq \lim_{x \to -\frac{3}{10}+} g'(x)$

$\displaystyle \lim_{x \to 1-} g'(x) = \lim_{x \to 1+} g'(x)$

$\displaystyle \lim_{x \to \frac{21}{8}-} g'(x) \neq \lim_{x \to \frac{8}{21}+} g'(x)$

그러므로 $x = a$에서 함수 $g(x)$가 미분가능하지 않는

a의 값은 $-\dfrac{3}{10}, \ \dfrac{21}{8}$ 이다. 따라서

$80p = 80\left(-\dfrac{3}{10} + \dfrac{21}{8}\right) = -24 + 210 = 186$

[랑데뷰팁]

$\overline{\mathrm{AB}}$의 수직이등선과 함수 $f(x)$의 교점의 x좌표가 함수 $g(x)$가 미분가능하지 않는 a이다.

---

433 정답 25

함수 $y = f(x)$ 위의 점을 P라 하고 구간을 나누어 함수 $g(x)$를 구하면 다음과 같다.

(i) $x < 1$일 때, $\mathrm{P}(x, \ x^2 - 2x)$이므로

$\overline{\mathrm{AP}}^2 = (x-1)^2 + (x^2 - 2x + 1)^2 = x^4 - 4x^3 + 7x^2 - 6x + 2$

$\overline{\mathrm{BP}}^2 = (x-7)^2 + (x^2 - 2x - 1)^2 = x^4 - 4x^3 + 3x^2 - 10x + 50$

이때, $\overline{\mathrm{AP}}^2 \leq \overline{\mathrm{BP}}^2$을 풀면

$4x^2 + 4x - 48 \leq 0, \ -4 \leq x \leq 3$

그러므로

$$g(x) = \begin{cases} x^4 - 4x^3 + 3x^2 - 10x + 50 & (x < -4) \\ x^4 - 4x^3 + 7x^2 - 6x + 2 & (-4 \leq x < 1) \end{cases}$$

(ii) $x \geq 1$일 때, $\mathrm{P}(x, \ 2x-3)$이므로

$\overline{\mathrm{AP}}^2 = (x-1)^2 + (2x-2)^2 = 5x^2 - 10x + 5$

$\overline{\mathrm{BP}}^2 = (x-7)^2 + (2x-4)^2 = 5x^2 - 30x + 65$

이때, $\overline{\mathrm{AP}}^2 \leq \overline{\mathrm{BP}}^2$을 풀면

$20x \leq 60, \ x \leq 3$

그러므로 $g(x) = \begin{cases} 5x^2 - 10x + 5 & (1 \leq x \leq 3) \\ 5x^2 - 30x + 65 & (x > 3) \end{cases}$

(i), (ii)에 의하여

$$g(x) = \begin{cases} x^4 - 4x^3 + 3x^2 - 10x + 50 & (x < -4) \\ x^4 - 4x^3 + 7x^2 - 6x + 2 & (-4 \leq x < 1) \\ 5x^2 - 10x + 5 & (1 \leq x \leq 3) \\ 5x^2 - 30x + 65 & (x > 3) \end{cases}$$

이때, 함수 $g(x)$는 모든 실수에서 연속이다. 한편

$$g'(x) = \begin{cases} 4x^3 - 12x^2 + 6x - 10 & (x < -4) \\ 4x^3 - 12x^2 + 14x - 6 & (-4 \leq x < 1) \\ 10x - 10 & (1 \leq x \leq 3) \\ 10x - 30 & (x > 3) \end{cases}$$ 이므로

$\displaystyle \lim_{x \to -4-} g'(x) \neq \lim_{x \to -4+} g'(x)$

$\displaystyle \lim_{x \to 1-} g'(x) = \lim_{x \to 1+} g'(x)$

$\displaystyle \lim_{x \to 3-} g'(x) \neq \lim_{x \to 3+} g'(x)$

그러므로 $x = a$에서 함수 $g(x)$가 미분가능하지 않는

a의 값은 $-4, \ 3$ 이다.

따라서 $(-4)^2 + 3^2 = 25$

---

434 정답 ⑤

조건 (가)에 의하여 $f(-1) = 0$

또한, 조건 (가), (나)에 의하여 함수 $y = f(x)$의 그래프는 닫힌구간 $[3, \ 5]$에서 x축과 접하게 된다.

따라서

$f(x) = k(x+1)(x-\alpha)^2 \ (k \neq 0, \ 3 \leq \alpha \leq 5)$

라고 하면

$f'(x) = k(x-\alpha)^2 + 2k(x+1)(x-\alpha)$

이므로

$$\frac{f'(0)}{f(0)}=\frac{k\alpha^2-2k\alpha}{k\alpha^2}=1-\frac{2}{\alpha}$$

그런데, $3\le\alpha\le5$이므로

$\alpha=3$일 때 최솟값 $m=\dfrac{1}{3}$

$\alpha=5$일 때 최댓값 $M=\dfrac{3}{5}$

$\therefore\ Mm=\dfrac{3}{5}\times\dfrac{1}{3}=\dfrac{1}{5}$

435 정답 ③

조건 (가)에 의하여 $f(1)=0$이고 $x=1$에서 접하지는 않는다.
또한, 조건 (가), (나)에 의하여 함수 $y=f(x)$의 그래프는
닫힌구간 $[-2,\,0]$에서 x축과 접하게 된다. 그런데
사차함수이므로 극값을 가지지는 않는다.
따라서
$f(x)=(x-1)(x-\alpha)^3\ (-2\le\alpha\le0)$라 할 수 있다.
$f'(x)=(x-\alpha)^3+3(x-1)(x-\alpha)^2$
이므로
$f(0)-f'(0)=\alpha^3-(-\alpha^3-3\alpha^2)=2\alpha^3+3\alpha^2$
이때,
$g(\alpha)=2\alpha^3+3\alpha^2\ (-2\le\alpha\le0)$이라 하면
$g'(\alpha)=6\alpha^2(\alpha+1)=0$에서 $\alpha=0,\,-1$에서 극값을 가지므로
$g(-2)=-4,\ g(-1)=1,\ g(0)=0$이다.
따라서 $M=1,\ m=-4$
$\therefore\ M-m=5$

436 정답 ④

$\mathrm{A}\left(t,\,t^4-4t^3+10t-30\right),\,\mathrm{B}\left(t,\,2t+2\right)$에서
$\begin{aligned}f(t)&=\sqrt{\left(t^4-4t^3+8t-32\right)^2}\\&=\left|t^4-4t^3+8t-32\right|\end{aligned}$이고
$(x^4-4x^3+10x-30)-(2x+2)>0$
$\rightarrow x^4-4x^3+8x-32>0$
$\rightarrow (x^3+8)(x-4)>0$
로 부터
$f(t)=\begin{cases}t^4-4t^3+8t-32 & (t<-2,\,t>4)\\-t^4+4t^3-8t+32 & (-2\le t\le4)\end{cases}$
$\displaystyle\lim_{h\to+0}\frac{f(t+h)-f(t)}{h}\times\lim_{h\to-0}\frac{f(t+h)-f(t)}{h}\le0$을
만족하기 위해서는
$x=t$인 지점에서의 좌미분계수와 우미분계수의 부호가 서로
달라야 하므로 $y=f(t)$의 개형이 바뀌는 $x=t$와
$f'(t)=0$을 만족하는 $x=t$를 구해야 한다.
(i) $y=f(t)$의 개형이 바뀌는 $x=t$는 $t=-2,\,4$일 때이다.
(ii) $f'(t)=0$을 만족하는 $x=t$는
$f'(t)=4t^3-12t^2+8=4(t-1)(t^2-2t-2)$에서

$t=1-\sqrt{3}$, 1, $1+\sqrt{3}$이다.
따라서 구하고자 하는 답은
$-2+(1-\sqrt{3})+1+(1+\sqrt{3})+4=5$

437 정답 ②

$\mathrm{A}\left(t,\,t^3-2t^2+10t+1\right),\,\mathrm{B}\left(t,\,4t^2+t+1\right)$에서
$\begin{aligned}f(t)&=\sqrt{\left(t^3-6t^2+9t\right)^2}\\&=\left|t(t-3)^2\right|\end{aligned}$
$f(t)=\begin{cases}-t(t-3)^2 & (t<0)\\t(t-3)^2 & (t\ge0)\end{cases}$
$\displaystyle\lim_{h\to0+}\frac{f(t+h)-f(t)}{h}\times\lim_{h\to0-}\frac{f(t+h)-f(t)}{h}\le0$을
만족하기 위해서는 $x=t$인 지점에서의 좌미분계수와
우미분계수의 부호가 서로 달라야 하므로 $y=f(t)$의 개형이
바뀌는 $x=t$와 $f'(t)=0$을 만족하는 $x=t$를 구해야 한다.
(i) $y=f(t)$의 개형이 바뀌는 $x=t$는 $t=0$일 때이다.
(ii) $f'(t)=0$을 만족하는 $x=t$는
$f'(t)=(t-3)^2+2t(t-3)=3(t-1)(t-3)$에서 $t=1,\,3$이다.
따라서 구하고자 하는 답은 $3-0=3$이다.

438 정답 ③

최고차항의 계수가 1인 삼각함수 $f(x)$가 $x=n$에서 근을 갖고
$x\ge-n$일 때 $f(x)\ge0$
$x\le-n$일 때 $f(x)\le0$
을 만족해야 하므로
$f(x)=(x+n)(x-n)^2$가 됨을 알 수 있다.
$\begin{aligned}f'(x)&=(x-n)^2+(x+n)2(x-n)\\&=3x^2-2nx-n^2=0\end{aligned}$
$\rightarrow(3x+n)(x-n)=0$
으로부터
$x=-\dfrac{n}{3}$ 일 때 극댓값 $a_n=\dfrac{32}{27}n^3$을 가지므로
a_n이 자연수가 되도록 하는 n의 최솟값은 3이다.

> [랑데뷰팁]
> 삼차함수 비율관계에서 $x=-n$과 $x=n$을 $1:2$로
> 내분하는 값인 $x=-\dfrac{1}{3}n$에서 극댓값을 가짐을 알 수 있다.

439 정답 ②

최고차항의 계수가 -1인 삼각함수 $f(x)$가 $x=n$에서 근을
갖고
$x\ge2n$일 때 $f(x)\le0$
$x\le2n$일 때 $f(x)\ge0$
을 만족해야 하므로

$f(x) = -(x-n)^2(x-2n)$가 됨을 알 수 있다.

$f'(x) = -2(x-n)(x-2n) - (x-n)^2$

$\qquad = -(x-n)(3x-5n)$

으로부터

$x = \dfrac{5}{3}n$ 일 때 극댓값 $a_n = -\left(\dfrac{4}{9}n^2\right)\left(-\dfrac{1}{3}n\right) = \dfrac{4}{27}n^3$을

가지므로

a_n이 자연수가 되도록 하는 n의 최솟값은 3이다.

따라서 a_n의 최솟값은 4이다.

[랑데뷰팁]

삼차함수 비율관계에서 $x = n$과 $x = 2n$을 $2 : 1$로

내분하는 값인 $x = \dfrac{5}{3}n$에서 극댓값을 가짐을 알 수 있다.

---

440 정답 147

만약 $y = f(x)$의 그래프가 극점을 하나만 가진다면, $g(t)$가
불연속인 점은 1개이거나 2개다.

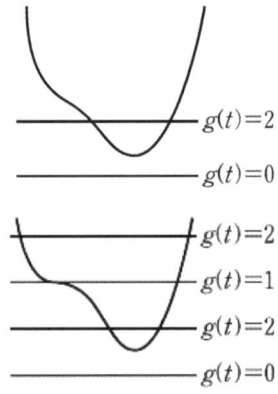

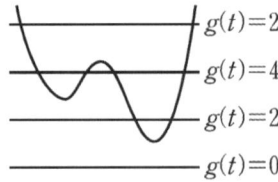

불연속점이 2개인 두 번째 그림에서는 $g(t) = 1$일 때의
$t = 19$인데 그럼 $f(x)$는 $x = 0$에서 극소가 되고 (극솟값
$3)$ $x > 0$알 때, $f'(x) > 0$로 $f'(3) < 0$라는 조건에 모순이다.
따라서 $y = f(x)$의 그래프는 두 개의 극소점과 하나의
극대점을 가진다. 또한 $y = f(x)$의 그래프가 두 개의 극솟값을
가지면, $g(t)$가 불연속인 점은 3개다.

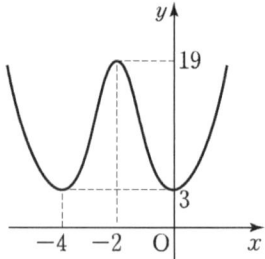

따라서 $y = f(x)$의 그래프의 두 개의 극소점의 극솟값은 같다.
$f(x) = (x-\alpha)^2(x-\beta)^2 + k$이고, 극솟값이 3이어야 하므로
$k = 3$
$f(x) = 3$의 한 근이 0이므로 $f(x) = x^2(x-\alpha)^2 + 3$
$f'(x) = 2x(x-\alpha)^2 + 2x^2(x-\alpha)$

$\qquad = 2x(x-\alpha)(2x-\alpha) = 0$ 에서

$(극댓값) = f\left(\dfrac{\alpha}{2}\right) = \dfrac{\alpha^4}{16} + 3 = 19$

$\therefore \alpha = \pm 4$

그런데, $\alpha = -4$이면 그림과 같이 $f'(3) > 0$이다. (모순)

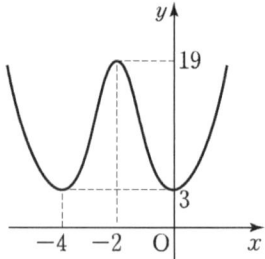

$\alpha = 4$이면 그림과 같이 $f'(3) < 0$이다.

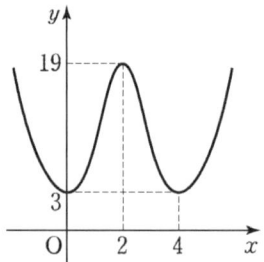

$f(x) = x^2(x-4)^2 + 3$, $f(-2) = 4 \times 36 + 3 = 147$

---

441 정답 9

사차함수 $f(x)$는 최고차항의 계수가 1이므로 극솟값을 1개만
갖거나 극솟값 2개, 극댓값 1개를 갖는다.

(i) $y = f(x)$의 그래프가 극점을 하나만 가질 때.

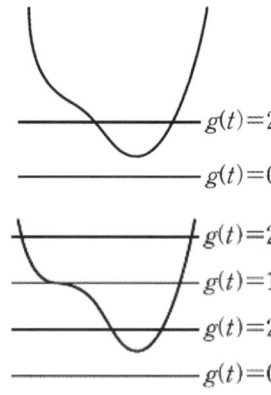

$\lim\limits_{t \to k+} g(t) \neq \lim\limits_{t \to k-} g(t)$을 만족하는 k의 개수는 1이다. (모순)

따라서 $y = f(x)$의 그래프는 극솟값 2개, 극댓값 1개 가진다.

(ii) $y = f(x)$의 그래프가 2개의 서로 다른 극솟값을 가질 때

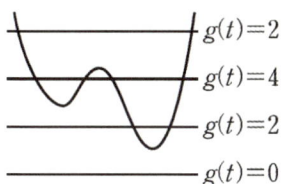

$\lim\limits_{t \to k+} g(t) \neq \lim\limits_{t \to k-} g(t)$ 을 만족하는 k의 개수는 3이다. (모순)

(i), (ii)에서 $y = f(x)$의 그래프의 두 개의 극소점의 극솟값은 같다.

따라서 $f(x) = (x-\alpha)^2(x-\beta)^2 + k$이고,

$\lim\limits_{t \to (-16)+} g(t) \neq \lim\limits_{t \to (-16)-} g(t),\ \lim\limits_{t \to 0+} g(t) \neq \lim\limits_{t \to 0-} g(t)$이므로

극솟값이 -16, 극댓값이 0이어야 한다.

$\therefore\ k = -16$

$f(x) = -16$의 한 근이 2이므로

$f(x) = (x-\alpha)^2(x-2)^2 - 16$

극댓값은 $x = \dfrac{\alpha+2}{2}$에서 가지므로

(극댓값)$= f\left(\dfrac{\alpha+2}{2}\right) = \left(\dfrac{2-\alpha}{2}\right)^2 \left(\dfrac{\alpha-2}{2}\right)^2 - 16 = 0$

$\therefore\ (\alpha-2)^2 = 16$

$\therefore\ \alpha = -2$ 또는 $\alpha = 6$

$\alpha = -2$일 때, $f(x) = (x+2)^2(x-2)^2 - 16$

에서 $f(3) = 25 - 16 = 9$

$\alpha = 6$일 때, $f(x) = (x-2)^2(x-6)^2 - 16$

에서 $f(3) = 9 - 16 = -7$

따라서 $f(3)$의 최댓값은 9이다.

442 정답 ⑤

(가)에 의하여

$f(x) = x^3 + ax^2 + bx + c$ (a, b, c는 상수)라 하면

$f(0) = c$이므로 $f'(0) = c$ ($\because$ (나))이다

$f'(x) = 3x^2 + 2ax + b$ 이므로

$f'(0) = b = c$

$\therefore\ f(x) = x^3 + ax^2 + bx + b$

조건 (다)에서 $f(x) - f'(x) \geq 0$ ($x \geq -1$) 이므로

$f(x) - f'(x) = x^3 + (a-3)x^2 + (b-2a)x \geq 0$ ($x \geq -1$)

$g(x) = f(x) - f'(x)$ 라 하면 조건(나)에 의하여

$g(0) = f(0) - f'(0) = 0$

따라서 $x \geq -1$에서 $g(x) \geq 0$ 이려면

함수 $y = g(x)$의 그래프가 그림과 같아야 하므로

$g'(0) = 0,\ g(-1) \geq 0$

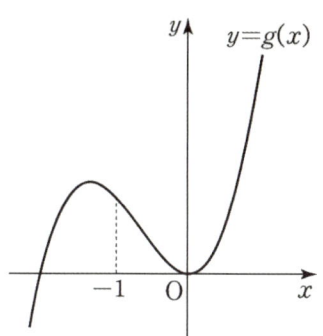

$g(x) = x^3 + (a-3)x^2 + (b-2a)x$ 에서

$g'(x) = 3x^2 + 2(a-3)x + b - 2a$ 이므로

$g'(0) = b - 2a = 0$ $\therefore\ b = 2a$ …㉠

또 $g(-1) = -1 + (a-3) - (b-2a) = 3a - b - 4$

$\qquad\qquad\quad = 3a - 2a - 4\ (\because ㉠)$

$\qquad\qquad\quad = a - 4 \geq 0$

$\therefore\ a \geq 4$ …㉡

$f(x) = x^3 + ax^2 + bx + b$ 에서

$f(2) = 8 + 4a + 2b + b = 8 + 4a + 3b$

$\qquad = 8 + 4a + 3 \times 2a\ (\because ㉠)$

$\qquad = 8 + 10a \geq 8 + 10 \times 4\ (\because ㉡)$

$\qquad = 48$

이므로 $f(2)$의 최솟값은 48이다.

443 정답 44

(가)에 의하여

$f(x) = x^3 + ax^2 + bx + c$ (a, b, c는 상수)라 하면

$f(0) = c$ 이므로 $f'(0) = c$ ($\because$ (나))이다

$f'(x) = 3x^2 + 2ax + b$ 이므로

$f'(0) = b = c$

$\therefore\ f(x) = x^3 + ax^2 + bx + b$

조건 (다)에서 $f(x) - f'(x) \leq 0$ ($x \leq 2$) 이므로

$f(x) - f'(x) = x^3 + (a-3)x^2 + (b-2a)x \leq 0$ ($x \leq 2$)

$g(x) = f(x) - f'(x)$ 라 하면

$g(x) = x\{x^2 + (a-3)x + (b-2a)\}$이고

$x \leq 2$에서 $g(x) \leq 0$이려면

함수 $y = g(x)$의 그래프가 그림과 같아야 한다.

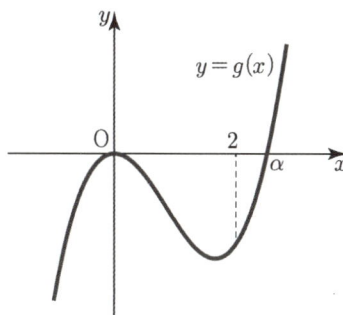

따라서 $g(x) = x^2(x - \alpha)\ (\alpha \geq 2)$

$b=2a$이면 $g(x)=x^2(x+a-3)$이므로

$\alpha=-a+3$이다. $\alpha \geq 2$이므로 $-a+3 \geq 2$에서

$a \leq 1$

$f(x)=x^3+ax^2+bx+b$에서

$f(x)=x^3+ax^2+2ax+2a \ (a \leq 1)$

$f(3)=27+9a+6a+2a=17a+27$

이므로 $f(3) \leq 44$

따라서 $f(3)$의 최댓값은 44이다.

적분법 Level 1

유형 1 부정적분의 정의와 성질

444 정답 33

$$f(x)=\int f'(x)dx=\int(9x^2+4x)dx$$
$$=3x^3+2x^2+C\ (단,\ C는\ 적분상수)$$
이때 $f(1)=6$이므로 $C=1$
따라서 $f(x)=3x^3+2x^2+1$이므로
$f(2)=24+8+1=33$

445 정답 ④

$f'(x)=3x^2-6x$에서 적분하면
$f(x)=x^3-3x^2+C$
$f(1)=6$에서 $f(1)=1-3+C=6$
$\therefore\ C=8$
따라서 $f(x)=x^3-3x^2+8$
$f(2)=8-12+8=4$
$\therefore\ f(2)=4$

446 정답 33

$$f(x)=\int f'(x)dx$$
$$=\int(8x^3-1)dx$$
$$=2x^4-x+C\ (C는\ 적분상수)$$
$f(0)=3$이므로 $C=3$
따라서
$f(x)=2x^4-x+3$이므로
$f(2)=32-2+3=33$

447 정답 ④

$f'(x)=6x^2-2f(1)x$에서
$f(x)=2x^3-f(1)x^2+C\ (C는\ 적분상수)$
라 하면 $f(0)=4$이므로
$C=4$
즉, $f(x)=2x^3-f(1)x^2+4$
이 식에 $x=1$을 대입하면

$f(1)=2-f(1)+4$
$f(1)=3$
따라서
$f(x)=2x^3-3x^2+4$
이므로
$f(2)=2\times2^3-3\times2^2+4=8$

448 정답 16

$f'(x)=6x^2-4x+3$에서 $f(x)=2x^3-2x^2+3x+C$이다.
$f(1)=5$이므로 $C=2$
따라서 $f(x)=2x^3-2x^2+3x+2$이다.
$f(2)=16$

449 정답 15

$f(x)=2x^4+2x^3+C$
$f(0)=C=-1$
$f(x)=2x^4+2x^3-1$
$f(-2)=32-16-1=15$

450 정답 ④

$$f(x)=\int\left(\frac{1}{2}x^3+2x+1\right)dx-\int\left(\frac{1}{2}x^3+x\right)dx$$
$$=\int(x+1)\,dx=\frac{1}{2}x^2+x+C$$
그런데 $f(0)=1$이므로 $f(x)=\frac{1}{2}x^2+x+1$
$\therefore\ f(4)=13$

451 정답 ④

다항함수 $f(x)$의 도함수가 $f'(x)=3x(x-4)$이므로 함수 $f(x)$는 $x=0$, $x=4$에서 극값을 가진다.
$f'(x)=3x(x-4)=3x^2-12x$이므로 양변을 적분하면
$f(x)=x^3-6x^2+C$ (단, C는 적분상수) … ㉠
이때, 삼차함수 $f(x)$의 그래프는 x의 값이 작은 쪽에서 극댓값을 가지므로 $f(0)=5$ … ㉡
㉡을 ㉠에 대입하면 $C=5$
$\therefore\ f(x)=x^3-6x^2+5$
$x=4$를 대입하여 극솟값을 구하면
$4^3-6\cdot(4^2)+5=-27$
[다른 풀이]−장정보T
랑데뷰세미나(83) 참고

극댓값−극솟값$=\frac{1}{2}(4-0)^3=32$

$5-$극솟값$=32$에서

극솟값$=-27$

452 정답 12

$f'(x)=6x^2+4$ 이므로

$f(x)=\int(6x^2+4)dx=2x^3+4x+C$

이때, $f(0)=6$ 이므로 $C=6$

$\therefore f(x)=2x^3+4x+6$

$\therefore f(1)=2+4+6=12$

453 정답 28

$\lim_{x\to 1}\dfrac{f(x)}{x-1}=2$ 에서 $f(1)=0$ 이고 $f'(1)=2$ 이다.

$f'(x)=3x^2+2x+a$ 이므로 $f'(1)=3+2+a=2$에서

$a=-3$

$\therefore f'(x)=3x^2+2x-3$

이때,

$f(x)=\int f'(x)dx=x^3+x^2-3x+C$

(C는 적분상수)이므로

$f(1)=0$에서 $1+1-3+C=0$

$\therefore C=1$

따라서 $f(x)=x^3+x^2-3x+1$ 이므로

$f(3)=3^3+3^2-3\times 3+1=28$

454 정답 3

최고차항의 계수가 1인 삼차함수 $f(x)$에 대하여 조건 (가)에서

$f(x)+1$를 $(x-1)^2$으로 나눌 때의 몫을 $Q_1(x)$라 하면

$f(x)+1=(x-1)^2Q_1(x)$

$f'(x)=2(x-1)Q_1(x)+(x-1)^2Q_1'(x)$

$\therefore f(1)=-1,\ f'(1)=0\cdots\bigcirc$

또 조건 (나)에서 $f(x)-a$를 $(x+1)^2$으로 나눌 때의 몫을 $Q_2(x)$라 하면

$f(x)-a=(x+1)^2Q_2(x)$

$f'(x)=2(x+1)Q_2(x)+(x+1)^2Q_2'(x)$

$\therefore f(-1)=a,\ f'(-1)=0\cdots\bigcirc\!\!\!\bigcirc$

$\bigcirc$, $\bigcirc\!\!\!\bigcirc$에서

$f'(x)=3(x-1)(x+1)=3x^2-3$이므로

$f(x)=x^3-3x+C$ (C는 적분상수)

이때 $f(1)=-1$이므로 $C=1$

따라서 $f(x)=x^3-3x+1$이므로

$a=f(-1)=3$

455 정답 ①

$f'(1)=f'(2)=0$이므로

$f'(x)=a(x-1)(x-2)$ (단, $a>0$)

$f'(0)=1$에서 $2a=1$, $a=\frac{1}{2}$

즉, $f'(x)=\frac{1}{2}(x-1)(x-2)=\frac{1}{2}x^2-\frac{3}{2}x+1$

$f(x)=\int\left(\frac{1}{2}x^2-\frac{3}{2}x+1\right)dx$

$=\frac{1}{6}x^3-\frac{3}{4}x^2+x+C$ (C는 적분상수)

에서 함수 $f(x)$의 극댓값은 $f(1)$, 극솟값은 $f(2)$이므로

$f(1)=\frac{1}{6}-\frac{3}{4}+1+C=\frac{5}{12}+C$

$f(2)=\frac{4}{3}-3+2+C=\frac{1}{3}+C$

따라서 $f(1)-f(2)=\frac{5}{12}-\frac{1}{3}=\frac{1}{12}$

[다른 풀이]

삼차함수의 극댓값과 극솟값의 차는

삼차함수의 도함수가 $f'(x)=a(x-\alpha)(x-\beta)$일 때

$\dfrac{|a|}{6}(\beta-\alpha)^3$이다. [랑데뷰세미나−세미나(83)참조]

따라서 $a=\frac{1}{2}$, $\beta=2$, $\alpha=1$이므로

$\dfrac{\frac{1}{2}}{6}(2-1)^3=\dfrac{1}{12}$

456 정답 ③

최고차항의 계수가 -1인 삼차함수 $f(x)$의 도함수는

최고차항의 계수가 -3인 이차함수이므로 주어진 그래프에서

$f'(x)=-3x(x-1)=-3x^2+3x$

$f(x)=\int f'(x)dx=-x^3+\frac{3}{2}x^2+C$ (C는 적분상수)

한편, $f'(x)=0$에서 $x=0$ 또는 $x=1$이고 함수 $f(x)$의

최고차항의 계수가 음수이므로 함수 $f(x)$는 $x=0$에서 극솟값

$f(0)=C$를 가지고, $x=1$에서 극댓값 $f(1)=\frac{1}{2}+C$를

갖는다.

이 때 극댓값과 극솟값의 합이 1이므로

$C+\left(\frac{1}{2}+C\right)=1$에서 $C=\frac{1}{4}$

따라서 함수 $f(x)$의 극댓값은

$C+\frac{1}{2}=\frac{3}{4}$

457 정답 18

$f(x)=k$의 해의 개수는 $y=f(x)$와 $y=k$의 교점의 개수이고 교점의 개수가 2인 k의 값이 2 또는 -2이므로 $f(x)$의 극댓값이 2, 극솟값이 -2이다.

$f(0)=2$이므로 $f(x)$는 $x=0$에서 극댓값 2를 갖는다.

따라서 $f'(0)=0$, $f(0)=2$이므로

$f(x)=x^2(x-k)+2 \cdots \bigcirc$꼴이다.

한편, 삼차함수 $y=ax^3+bx^2+cx+d$와

그 도함수 $y'=3a(x-\alpha)(x-\beta)$에서

극댓값$-$극솟값$=\dfrac{|a|}{2}(\beta-\alpha)^3$ 임을 이용하면

$a=1$, $\alpha=2$이므로

$2-(-2)=\dfrac{1}{2}(\beta-0)^3$

따라서 $\beta^3=8$ $\therefore$ $\beta=2$ $\Rightarrow$ $f'(2)=0$

$\bigcirc$에서

$f'(x)=2x(x-k)+x^2 \Rightarrow f'(2)=4(2-k)+4=0$

$\therefore$ $k=3$

$f(x)=x^2(x-3)+2$

$f(4)=16+2=18$

[랑데뷰팁]

삼차함수 비율에서

$f(0)=f(3)=2$이고 $f'(0)=0$이므로

$f(x)=x^2(x-3)+2$임을 알 수 있다.

 유형 2 정적분의 성질과 계산

458 정답 ①

$\displaystyle\int_0^2 (3x^2+6x)\,dx = \left[\,x^3+3x^2\,\right]_0^2 = 20$

459 정답 ④

$\displaystyle\int_0^2 (3x^2+2x)\,dx = \left[\,x^3+x^2\,\right]_0^2 = 8+4 = 12$

460 정답 ②

$\displaystyle\int_0^1\left(\dfrac{x^4}{x^2+1}-\dfrac{1}{x^2+1}\right)dx = \int_0^1 \dfrac{x^4-1}{x^2+1}\,dx$

$= \displaystyle\int_0^1 \dfrac{(x^2+1)(x^2-1)}{x^2+1}\,dx = \int_0^1 (x^2-1)\,dx$

$= \left[\dfrac{1}{3}x^3-x\right]_0^1 = -\dfrac{2}{3}$

461 정답 10

$\displaystyle\int_1^4 (x+|x-3|)\,dx$

$= \displaystyle\int_1^3 (x+|x-3|)\,dx + \int_3^4 (x+|x-3|)\,dx$

$= \displaystyle\int_1^3 (x-(x-3))\,dx + \int_3^4 (x+(x-3))\,dx$

$= \displaystyle\int_1^3 3\,dx + \int_3^4 (2x-3)\,dx$

$= \left[3x\right]_1^3 + \left[x^2-3x\right]_3^4$

$= (9-3) + \{(16-12)-(9-9)\}$

$= 10$

462 정답 ①

$\displaystyle\int_0^2 |x^2(x-1)|\,dx$

$= -\displaystyle\int_0^1 x^2(x-1)\,dx + \int_1^2 x^2(x-1)\,dx$

$= \left[-\dfrac{1}{4}x^4+\dfrac{1}{3}x^3\right]_0^1 + \left[\dfrac{1}{4}x^4-\dfrac{1}{3}x^2\right]_1^2$

$= \left(-\dfrac{1}{4}+\dfrac{1}{3}\right) + \left\{\dfrac{1}{4}(2^4-1^4)-\dfrac{1}{3}(2^3-1^3)\right\}$

$= \dfrac{3}{2}$

463 정답 ①

$\displaystyle\int_0^1 f(x)\,dx = \int_0^1 (6x^2+2ax)\,dx = \left[2x^3+ax^2\right]_0^1 = 2+a$

이고 $f(1)=6+2a$이므로 $2+a=6+2a$

$\therefore$ $a=-4$

464 정답 ④

$\displaystyle\int_{-1}^1 \{f(x)\}^2\,dx = \int_{-1}^1 (x+1)^2\,dx$

$= \displaystyle\int_{-1}^1 (x^2+2x+1)\,dx = 2\int_0^1 (x^2+1)\,dx$

$= 2\left[\dfrac{1}{3}x^3+x\right]_0^1 = \dfrac{8}{3}$

$k\left(\displaystyle\int_{-1}^1 f(x)\,dx\right)^2 = k\left(\int_{-1}^1 (x+1)\,dx\right)^2$

$$= k\left(2\int_0^1 1\,dx\right)^2 = 4k\big[x\big]_0^1 = 4k$$

주어진 등식에서 $\dfrac{8}{3} = 4k$ $\therefore\ k = \dfrac{2}{3}$

465 정답 ①

$$\int_0^2 \frac{x^3}{x^2+x+1}\,dx - \int_0^2 \frac{1}{x^2+x+1}\,dx$$
$$= \int_0^2 \frac{x^3-1}{x^2+x+1}\,dx$$
$$= \int_0^2 \frac{(x-1)(x^2+x+1)}{x^2+x+1}\,dx$$
$$= \int_0^2 (x-1)\,dx = \left[\frac{1}{2}x^2 - x\right]_0^2$$
$$= 2 - 2 = 0$$

466 정답 ②

$$\int_0^1 \frac{27x^3}{3x+1}\,dx + \int_0^1 \frac{1}{3x+1}\,dx$$
$$= \int_0^1 \frac{27x^3+1}{3x+1}\,dx$$
$$= \int_0^1 \frac{(3x+1)(9x^2-3x+1)}{3x+1}\,dx$$
$$= \int_0^1 (9x^2-3x+1)\,dx$$
$$= \left[3x^3 - \frac{3}{2}x^2 + x\right]_0^1$$
$$= 3\times 1^3 - \frac{3}{2}\times 1^2 + 1 = \frac{5}{2}$$

467 정답 ②

$$\int_0^a (3x^2-9)\,dx = \big[x^3-9x\big]_0^a = a^3-9a = 0 \text{에서}$$
$$a(a^2-3) = 0 \quad \therefore\ a = 3\ (\because\ a>0)$$

468 정답 7

$$\int_1^3 (2x-|x-2|)\,dx$$
$$= \int_1^2 (2x-|x-2|)\,dx + \int_2^3 (2x-|x-2|)\,dx$$
$$= \int_1^2 (2x+(x-2))\,dx + \int_2^3 (2x-(x-2))\,dx$$
$$= \int_1^2 (3x-2)\,dx + \int_2^3 (x+2)\,dx$$

$$= \left[\frac{3}{2}x^2-2x\right]_1^2 + \left[\frac{1}{2}x^2+2x\right]_2^3$$
$$= \frac{9}{2} - 2 + \frac{5}{2} + 2 = 7$$

469 정답 1

$$\int_0^2 |x^2-x|\,dx = -\int_0^1 (x^2-x)\,dx + \int_1^2 (x^2-x)\,dx$$
$$= -\left[\frac{1}{3}x^3 - \frac{1}{2}x^2\right]_0^1 + \left[\frac{1}{3}x^3 - \frac{1}{2}x^2\right]_1^2$$
$$= -\left(\frac{1}{3}-\frac{1}{2}\right) + \left(\frac{8}{3}-2\right) - \left(\frac{1}{3}-\frac{1}{2}\right) = 1$$

470 정답 4

$$\frac{d}{dx}\{(x^2+2)f(x)\} = 2xf(x) + (x^2+2)f'(x) \text{ 이므로}$$
$$2\int_0^1 xf(x)\,dx + \int_0^1 (x^2+2)f'(x)\,dx$$
$$= \int_0^1 \{2xf(x) + (x^2+2)f'(x)\}\,dx$$
$$= \Big[(x^2+2)f(x)\Big]_0^1 = 3f(1) - 2f(0) = 6$$
$$3f(1) = 12$$
따라서 $f(1) = 4$

471 정답 ②

$f'(x) = 3x^2 - 3 = 3(x+1)(x-1)$ 이므로
$f'(x) = 0$ 에서 $x = -1$ 또는 $x = 1$
따라서 삼차함수 $f(x)$는 $x = -1$에서 극댓값을 가지므로
$a = -1$

$$\int_0^a f(x)\,dx = \int_0^{-1} f(x)\,dx = -\int_{-1}^0 f(x)\,dx$$
$$= -\int_{-1}^0 (x^3-3x+1)\,dx$$
$$= -\left[\frac{x^4}{4} - \frac{3}{2}x^2 + x\right]_{-1}^0 = -\frac{9}{4}$$

472 정답 4

(가)에서 $f(x) = ax(x-k)$라 두면
(나)에서
$$\int_0^4 f(x)\,dx$$
$$= a\int_0^4 (x^2-kx)\,dx$$

$$= a\left[\frac{1}{3}x^3 - \frac{1}{2}kx^2\right]_0^4$$

$$= a\left(\frac{64}{3} - 8k\right) = 0$$

$a \ne 0$이므로 $k = \dfrac{8}{3}$

따라서 $f(x) = ax\left(x - \dfrac{8}{3}\right)$이다.

(가)에서 $f(4) = 4$이므로 $f(4) = 4a \times \dfrac{4}{3} = 4$

$\therefore \ a = \dfrac{3}{4}$

$f(x) = \dfrac{3}{4}x\left(x - \dfrac{8}{3}\right) = \dfrac{3}{4}x^2 - 2x$

$f'(x) = \dfrac{3}{2}x - 2$이므로 $f'(4) = 6 - 2 = 4$

473 정답 ③

$$\int_0^1 f(x)dx - \int_2^1 f(x)dx$$

$$= \int_0^1 f(x)dx + \int_1^2 f(x)dx$$

$$= \int_0^2 f(x)dx = \int_0^2 (3x^2 + 2x)dx$$

$$= \left[x^3 + x^2\right]_0^2 = 2^3 + 2^2 = 12$$

474 정답 4

$$\int_{-2}^{-1} f(x)dx - \int_1^{-1} f(x)dx + \int_1^2 f(x)dx$$

$$= \int_{-2}^{-1} f(x)dx + \int_{-1}^1 f(x)dx + \int_1^2 f(x)dx$$

$$= \int_{-2}^2 f(x)dx = \int_{-2}^2 (3x^3 + 1)dx = 2\int_0^2 dx = 2\left[x\right]_0^2 = 4$$

475 정답 ②

$$\int_{-2}^2 f(x)dx = \int_{-2}^0 f(x)dx + \int_0^2 f(x)dx$$

$$= \int_{-2}^0 f(x)dx + \int_{-2}^0 f(x+2)dx$$

$$= \int_{-2}^0 \{f(x) + f(x+2)\}dx$$

$$= \int_{-2}^0 (4x^3 - 2x)dx$$

$$= \left[x^4 - x^2\right]_{-2}^0 = -12$$

476 정답 ⑤

$h(x) = (x-3)f(x)$라 하면 $h'(x) = f(x) + (x-3)f'(x)$
이므로 $g(x) = h'(x)$이다.

$$\int_0^3 g(x)dx = \left[(x-3)f(x)\right]_0^3 = 3f(0)$$이고

$f(0) = 1$이므로 $\displaystyle\int_0^3 g(x)dx = 3$

477 정답 31

$f'(0) > 0$에서 $m = 1$이다.
따라서 $m = 1$, $n = 4$이다.

$$F(1) - F(0) = \int_0^1 f(x)dx$$

$$= \int_0^1 x(x-1)^4 dx$$

$$= \frac{1! \times 4!}{(1+4+1)!} = \frac{1}{30} \cdots \bigcirc$$

따라서 $p = 30$, $q = 1$이므로
$p + q = 31$

> **[랑데뷰팁]**–㉠공식
> 세미나{96} 참고

유형 3 함수의 성질을 이용한 정적분

478 정답 ②

$f(x) = ax^3 + bx^2 + cx + d$ 라 놓으면

$xf(x) - f(x) = ax^4 + (b-a)x^3 + (c-b)x^2 + (d-c)x - d$
$\qquad\qquad\qquad = 3x^4 - 3x$

계수비교하면
$a = 3$, $b = 3$, $c = 3$, $d = 0$ 이므로
$f(x) = 3x^3 + 3x^2 + 3x$

$$\int_{-2}^2 (3x^3 + 3x^2 + 3x)dx$$

$$= 2\int_0^2 (3x^2)dx$$

$$= 2\left[x^3\right]_0^2$$

$$= 2 \times (8-0) = 16$$

$\therefore \ 16$

479 정답 25

$$\int_{-a}^{a}(3x^2+2x)dx=\int_{-a}^{a}3x^2dx\ \left(\because\int_{-a}^{a}2x\,dx=0\right)$$

$$=2\int_{0}^{a}3x^2dx\ (\because 3x^2\text{은 우함수})=2\Big[x^3\Big]_{0}^{a}=2a^3$$

$2a^3=\dfrac{1}{4}$에서 $a=\dfrac{1}{2}$ $\quad\therefore\ 50a=25$

480 정답 ①

$$\int_{-1}^{1}f(x)dx=\int_{-1}^{1}(2x^3+6x^2+ax)dx$$

$$=\int_{-1}^{1}(2x^3+ax)dx+\int_{-1}^{1}6x^2dx$$

$$=0+2\Big[2x^3\Big]_{0}^{1}$$

$$=4$$

$f(1)=2+6+a=a+8$

$f'(x)=6x^2+12x+a$에서 $f'(0)=a$

따라서

$4=a+a+8$

$2a=-4$

$a=-2$

481 정답 1

$$\int_{-3}^{3}(ax^2+5x)dx=2\int_{0}^{3}ax^2dx$$

$$=2a\Big[\dfrac{x^3}{3}\Big]_{0}^{3}$$

$$=18a=18$$

$\therefore\ a=1$

482 정답 12

$$\int_{-2}^{1}f(x)dx+\int_{1}^{2}f(x)dx$$

$$=\int_{-2}^{2}f(x)dx$$

$$=\int_{-2}^{2}(7x^3+3x^2-5x-1)dx$$

$$=2\int_{0}^{2}(3x^2-1)dx=2\Big[x^3-x\Big]_{0}^{2}$$

$$=12$$

유형 4 **정적분으로 표현된 함수**

483 정답 ③

$$\int_{0}^{x}f(t)dt=3x^3+2x\text{의 양변을 }x\text{에 대해 미분하면}$$

$f(x)=9x^2+2$

따라서 $f(1)=9\times 1^2+2=11$

484 정답 17

$$\int_{2}^{x}f(t)dt=x^2+ax+2\text{에 }x=2\text{를 대입하면}$$

$0=4+2a+2$이므로 $a=-3$

$$\int_{2}^{x}f(t)dt=x^2-3x+2\text{에서 양변을 }x\text{에 관하여 미분하면}$$

$f(x)=2x-3$이므로

$f(10)=20-3=17$

485 정답 16

양변에 $x=1$을 대입하면 $1-2a+a=0$

$\therefore\ a=1$

양변을 미분하면 $f(x)=3x^2-4x+1$

$\therefore\ f(3)=16$

486 정답 ③

$$F(x)=\int_{0}^{x}(t^3-1)dt\text{에서}$$

$F'(x)=x^3-1$

$\therefore\ F'(2)=2^3-1=7$

487 정답 40

$$\int_{0}^{1}f(t)dt=1-2-2\int_{0}^{1}f(t)dt$$

$$\int_{0}^{1}f(t)dt=-\dfrac{1}{3}$$

$$\int_{0}^{x}f(t)dt=x^3-2x^2+\dfrac{2}{3}x$$

$$f(x)=3x^2-4x+\dfrac{2}{3}$$

$\therefore 60a=40$

488 정답 304

$\int_0^x f(t)dt = x^3 + 4x$ 의 양변을 x에 관하여 미분하면

$f(x) = 3x^2 + 4$

$\therefore f(10) = 3 \times 10^2 + 4 = 304$

489 정답 4

$f(x) = \int_0^x (2at+1)\,dt$ 의 양변을 미분하면

$f'(x) = 2ax + 1$

$f'(2) = 17$ 이므로 $4a + 1 = 17$

$\therefore a = 4$

490 정답 20

$\int_1^2 f(t)dt = a$ 로 놓으면 $f(x) = \dfrac{12}{7}x^2 - 2ax + a^2$

따라서 $a = \int_1^2 f(x)dx = \int_1^2 \left(\dfrac{12}{7}x^2 - 2ax + a^2 \right) dx$

$= \left[\dfrac{4}{7}x^3 - ax^2 + a^2 x \right]_1^2 = 4 - 3a + a^2$

$\therefore a^2 - 4a + 4 = 0$ 에서 $a = 2$

$\therefore 10 \int_1^2 f(x)dx = 10a = 20$

491 정답 ②

$\int_1^x f(t)\,dt = ax^2 + bx + 1$의 양변에 $x = 1$을 대입하면

$a + b + 1 = 0 \rightarrow a + b = -1$

양변 미분하면

$f(x) = 2ax + b$에서 $f\left(\dfrac{1}{2} \right) = a + b = -1$이다.

492 정답 6

$\int_1^x f'(t)dt = x^3 - ax + 1$의 양변에 $x = 1$을 대입하면

$0 = 1 - a + 1$에서 $a = 2$이다.

$\int_1^x f'(t)dt = x^3 - 2x + 1$의 양변을 미분하면

$f'(x) = 3x^2 - 2$이므로

$f(x) = x^3 - 2x + C$ 이다.

$f(0) = C$, $f(1) = C - 1$이므로 $f(0) = 2f(1)$에서

$C = 2C - 2$ $\therefore C = 2$

따라서 $f(x) = x^3 - 2x + 2$

$f(0) = f(2) = 8 - 4 + 2 = 6$

493 정답 ②

$xf(x) = 4 \int_1^x f(t)dt + 2x^2$

의 양변에 $x = 1$을 대입하면 $f(1) = 2$

양변을 미분하면

$f(x) + xf'(x) = 4f(x) + 4x$

$f'(x) = \dfrac{3f(x)}{x} + 4$

따라서 $f'(1) = 3f(1) + 4 = 3 \times 2 + 4 = 10$

494 정답 21

$f(x) = \int_1^x \left(\dfrac{1}{t(t+1)} \right) dt$에서

$f'(x) = \dfrac{1}{x(x+1)} = \dfrac{1}{x} - \dfrac{1}{x+1}$

$\displaystyle\lim_{h \to 0} \dfrac{f(k+h) - f(k)}{h} = f'(k) = \dfrac{1}{k} - \dfrac{1}{k+1}$

$\therefore \displaystyle\sum_{k=1}^{10} \left\{ \lim_{h \to 0} \dfrac{f(k+h) - f(k)}{h} \right\} = \sum_{k=1}^{10} \left(\dfrac{1}{k} - \dfrac{1}{k+1} \right)$

$= 1 - \dfrac{1}{11} = \dfrac{10}{11}$

$p = 11$, $q = 10$이므로 $p + q = 21$

495 정답 ③

주어진 식의 양변에 $x = 1$을 대입하면

$0 = a + b - 1$에서 $a + b = 1 \cdots \㉠$

한편, $\dfrac{d}{dt}f(t) = f'(t)$ 이므로

$\int_1^x \left\{ \dfrac{d}{dt}f(t) \right\} dt = \int_1^x f'(t)dt = \left[f(t) \right]_1^x = f(x) - f(1)$

이때 $\int_1^x \left\{ \dfrac{d}{dt}f(t) \right\} dt = ax^3 + bx^2 - 1$ 에서

$f(x) - f(1) = ax^3 + bx^2 - 1$의 양변을 미분하면

$f'(x) = 3ax^2 + 2bx$

$f'(1) = 0$에서 $0 = 3a + 2b \cdots \㉡$

㉠, ㉡을 연립하며 풀면

$a = -2$, $b = 3$이다.

따라서 $a^2 + b^2 = 4 + 9 = 13$

496 정답 ④

$\int_1^2 f(t)dt = a$ 로 놓으면 $f(x) = -\dfrac{36}{7}x^2 - 2ax + a^2$

따라서

$a = \int_1^2 f(x)dx = \int_1^2 \left(-\dfrac{36}{7}x^2 - 2ax + a^2 \right) dx$

$$= \left[-\frac{12}{7}x^3 - ax^2 + a^2 x \right]_1^2 = -12 - 3a + a^2$$

$\therefore a^2 - 4a - 12 = 0$ 에서 $a = 6$ 또는 $a = -2$

$\displaystyle\int_1^2 f(x)\,dx$ 의 최댓값은 6이다.

497 정답 40

함수 $g(x)$ 가 $[0, 2]$ 에서 증가하려면
구간 $[0, 2]$ 에서 $g'(x) \geq 0$ 이어야 한다.
구간 $[0, 2]$ 에서
$g'(x) = f(x) = x^2 + 2ax - 4a - 4 \geq 0$ 이려면 아래로 볼록인
이차함수 $f(x)$ 가 $f(2) = 0$ 이므로 구간 $[0, 2]$ 에서 감소하는
부분이어야 한다.
따라서 $f'(2) \leq 0$
$f'(x) = 2x + 2a$
$f'(2) = 4 + 2a \leq 0$
$\therefore a \leq -2$
a 의 최댓값은 -2 이므로 $k = -2$
그러므로 $10k^2 = 40$

498 정답 ④

$\displaystyle\int_1^x f(t)\,dt = x^3 + ax^2 + 2 \quad \cdots \text{㉠}$

㉠의 양변을 x 에 대하여 미분하면
$f(x) = 3x^2 + 2ax$
㉠에 $x = 1$ 을 대입하면 $1 + a + 2 = 0$
$\therefore a = -3$
따라서 $f(x) = 3x^2 - 6x$, $f'(x) = 6x - 6$ 이므로
$\displaystyle\lim_{h \to 0} \frac{f(2+h) - f(2)}{h} = f'(2) = 12 - 6 = 6$

499 정답 16

$g(1) = 0$ 에서
$f(1) + 4 + \displaystyle\int_1^1 f(t)\,dt = f(1) + 4 + 0 = 0$ 이므로
$f(1) = -4$
$g(x) = xf(x) + 4x^3 + x\displaystyle\int_1^x f(t)\,dt$ 의 양변을 x 에 대하여
미분하면
$g'(x) = f(x) + xf'(x) + 12x^2 + \displaystyle\int_1^x f(t)\,dt + xf(x)$
이므로 $g'(1) = 0$ 에서
$f(1) + f'(1) + 12 + 0 + f(1) = 0$
$f'(1) + 4 = 0$
$\therefore f'(1) = -4$
그러므로 $f(1)f'(1) = (-4) \times (-4) = 16$

유형 5 **정적분으로 표현된 함수의 극한**

500 정답 10

$h = \dfrac{1}{n}$ 으로 놓으면 $n \to \infty$ 일 때, $h \to 0$ 이므로

$\displaystyle\lim_{n \to \infty} n \left\{ f\left(1 + \frac{3}{n}\right) - f\left(1 - \frac{2}{n}\right) \right\}$

$= \displaystyle\lim_{h \to 0} \frac{f(1 + 3h) - f(1 - 2h)}{h}$

$= \displaystyle\lim_{h \to 0} \frac{f(1+3h) - f(1)}{h} - \lim_{h \to 0} \frac{f(1-2h) - f(1)}{h}$

$= 3\displaystyle\lim_{h \to 0} \frac{f(1+3h) - f(1)}{3h} + 2\lim_{h \to 0} \frac{f(1-2h) - f(1)}{-2h}$

$= 3f'(1) + 2f'(1)$

$= 5f'(1)$

이때, $f(x) = \displaystyle\int_1^x (t^2 - 4t + 5)\,dt$ 에서

$f'(x) = x^2 - 4x + 5$ 이므로
$f'(1) = 1 - 4 + 5 = 2$ 이므로 $5f'(1) = 5 \times 2 = 10$

501 정답 ③

$\displaystyle\lim_{x \to 1} \frac{1}{x-1} \int_1^x (2x - t)f'(t)\,dt$

$= \displaystyle\lim_{x \to 1} \frac{2x}{x-1} \int_1^x f'(t)\,dt - \lim_{x \to 1} \frac{1}{x-1} \int_1^x tf'(t)\,dt$

함수 $tf'(t)$ 의 부정적분 중 하나를 $F(t)$ 라 하면

$\displaystyle\lim_{x \to 1} \frac{1}{x-1} \int_1^x (2x - t)f'(t)\,dt$

$= \displaystyle\lim_{x \to 1} \left\{ \frac{f(x) - f(1)}{x - 1} \times 2x \right\} - \lim_{x \to 1} \frac{F(x) - F(1)}{x - 1}$

$= 2f'(1) - F'(1)$

$= 2f'(1) - f'(1) = f'(1) = 3$

502 정답 ④

극한값의 성질에 의하여

$\displaystyle\int_1^1 f(t)\,dt - f(1) = 0$ 이므로 $f(1) = 0$,

$\displaystyle\lim_{x \to 1} \frac{\displaystyle\int_1^x f(t)\,dt - f(x)}{x^2 - 1}$

$= \displaystyle\lim_{x \to 1} \frac{\displaystyle\int_1^x f(t)\,dt}{x^2 - 1} - \lim_{x \to 1} \frac{f(x) - f(1)}{x^2 - 1}$

$= \dfrac{f(1)}{2} - \dfrac{f'(1)}{2} = -1$

$\therefore f'(1) = 2$

503 정답 1

$f'(x) = (x-1)(x-2) = x^2 - 3x + 2$ 에서

$f(x) = \int f'(x)dx = \frac{1}{3}x^3 - \frac{3}{2}x^2 + 2x + C$

$F'(x) = f(x)$ 라 하면

$\lim_{x \to 1} \frac{1}{x-1} \int_1^x f(t)dt = \lim_{x \to 1} \frac{F(x) - F(1)}{x-1}$

$= F'(1)$

$= f(1) = \frac{1}{2}$

에서 $f(1) = \frac{1}{3} - \frac{3}{2} + 2 + C = \frac{1}{2}$

$\therefore C = -\frac{1}{3}$

따라서 $f(x) = \frac{1}{3}x^3 - \frac{3}{2}x^2 + 2x - \frac{1}{3}$ 이고

구하는 값은

$\lim_{x \to 0} \frac{3}{x} \int_x^0 f(t)dt$

$= -\lim_{x \to 0} \frac{3}{x} \int_0^x f(t)dt = -3 \lim_{x \to 0} \frac{F(x) - F(0)}{x}$

$= -3F'(0) = -3f(0)$

$= (-3) \times \left(-\frac{1}{3}\right) = 1$

유형 6 곡선과 좌표축 사이의 넓이

504 정답 4

두 곡선 $y = 3x^3 - 7x^2$, $y = -x^2$이 만나는 점의 x좌표는

$3x^3 - 7x^2 = -x^2$

$3x^2(x-2) = 0$

$x = 0$ 또는 $x = 2$

이때, 두 함수 $y = 3x^3 - 7x^2$, $y = -x^2$의 그래프는 다음과 같다.

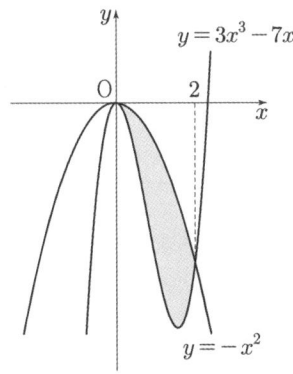

따라서 구하는 넓이는

$\int_0^2 \{(-x^2) - (3x^3 - 7x^2)\}dx$

$= \int_0^2 (-3x^3 + 6x^2)dx$

$= \left[-\frac{3}{4}x^4 + 2x^3\right]_0^2$

$= (-12 + 16) - 0$

$= 4$

505 정답 ②

$y = x^3 - 2x^2 = x^2(x-2)$

따라서 넓이는

$\int_0^2 (-x^3 + 2x^2)d = \left[-\frac{1}{4}x^4 + \frac{2}{3}x^3\right]_0^2$

$= -4 + \frac{16}{3} = \frac{4}{3}$

506 정답 14

$f(x) = 6x^2 + 1$, $f(x)$의 부정적분 중 하나를 $F(x)$라 하면

$\lim_{h \to 0} \frac{S(h)}{h} = \lim_{h \to 0} \frac{\int_{1-h}^{1+h} f(x)dx}{h}$

$= \lim_{h \to 0} \frac{F(1+h) - F(1-h)}{h}$

$= 2F'(1) = 2f(1) = 14$

507 정답 6

곡선 $y = x^2 - 1$와 x축 및 직선 $x = \sqrt{3}$으로 둘러싸인 부분의 넓이는

$\int_1^{\sqrt{3}} (x^2 - 1)dx = \left[\frac{1}{3}x^3 - x\right]_1^{\sqrt{3}} = \frac{2}{3}$ 이다.

$a = \frac{2}{3}$ 이므로 $9 \times \frac{2}{3} = 6$

508 정답 ③

$(x-2)^2 = 0$에서 $x = 2$이므로 곡선 $y = (x-2)^2$과 x축 및 y축으로 둘러싸인 부분의 넓이는

$\int_0^2 (x-2)^2 dx$

$= \int_0^2 (x^2 - 4x + 4)dx$

$= \left[\frac{1}{3}x^3 - 2x^2 + 4x\right]_0^2$

$= \left(\frac{8}{3} - 8 + 8\right) = \frac{8}{3}$

509 정답 ④

곡선 $y = 3x^2 - x$와 직선 $y = 5x$을 연립하면

$$3x^2 - x = 5x$$
$$3x(x-2) = 0$$
$$\therefore x = 0 \text{ 또는 } 2$$

따라서 곡선과 직선으로 둘러싸인 부분의 넓이는

$$\int_0^2 \{5x - (3x^2 - x)\}dx$$
$$= \int_0^2 (6x - 3x^2)dx$$
$$= \left[3x^2 - x^3\right]_0^2$$
$$= 12 - 8$$
$$= 4$$

510 정답 ②

$x^2 - x + 2 = 2$ 에서 $x^2 - x = x(x-1) = 0$이므로 곡선과 직선의 교점의 x좌표는 0과 1이다. 따라서 구하는 도형의 넓이는

$$\int_0^1 2 - (x^2 - x + 2)dx = \int_0^1 (-x^2 + x)dx$$
$$= \left[-\frac{1}{3}x^3 + \frac{1}{2}x^2\right]_0^1 = -\frac{1}{3} + \frac{1}{2} = \frac{1}{6}$$

511 정답 ③

두 그래프의 교점은 $x^2 - 4x + 3 = 3$ $\therefore x = 0, 4$

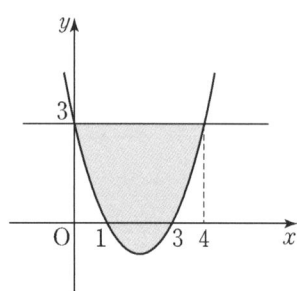

따라서 구하는 넓이는

$$\int_0^4 \{3 - (x^2 - 4x + 3)\}dx = \frac{1 \cdot (4-0)^3}{6} = \frac{32}{3}$$

512 정답 4

$-2x^2 + 3x = x$에서 $x = 0$ 또는 $x = 1$이므로
곡선 $y = -2x^2 + 3x$와 직선 $y = x$가 만나는 점의 x좌표는

0, 1이고
곡선 $y = -2x^2 + 3x$와 직선 $y = x$는 그림과 같다.

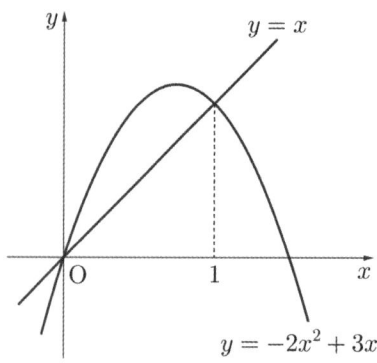

구하는 넓이를 S라 하면

$$S = \int_0^1 \{(-2x^2 + 3x) - x\}dx$$
$$= \int_0^1 (-2x^2 + 2x)dx$$
$$= \left[-\frac{2}{3}x^3 + x^2\right]_0^1 = -\frac{2}{3} + 1 = \frac{1}{3}$$

따라서 $p + q = 3 + 1 = 4$

513 정답 32

$$x^2 - x = -x + 4$$
$x^2 - 4 = 0$이므로 $x = -2$ 또는 $x = 2$이다.
즉, 곡선 $y = x^2 - x$과 직선 $y = -x + 4$는 $(-2, 6)$과 $(2, 2)$에서 만난다.

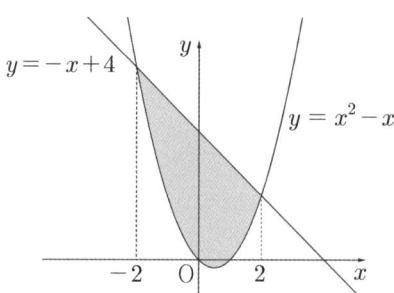

따라서 곡선 $y = x^2 - x$과 직선 $y = -x + 4$로 둘러싸인 부분의 넓이는

$$\int_{-2}^2 |x^2 - 4| dx = \int_{-2}^2 -x^2 + 4\, dx$$
$$= 2\int_0^2 -x^2 + 4\, dx$$
$$= 2\left[-\frac{1}{3}x^3 + 4x\right]_0^2 = \frac{32}{3}$$

따라서 $S = \frac{32}{3}$

$\therefore 3S = 32$

514 정답 3

구하는 도형의 넓이는

$$\int_0^3 \left(x^2 - \frac{2}{3}x^2\right)dx = \int_0^3 \frac{1}{3}x^2 dx$$

$$= \left[\frac{1}{9}x^3\right]_0^3 = 3$$

515 정답 32

두 곡선 $y = x^2 - 5x - 15$, $y = -2x^2 + x - 6$의 교점의
x좌표를 구하면

$$x^2 - 5x - 15 = -2x^2 + x - 6$$

$$3(x^2 - 2x - 3) = 0, \ 3(x+1)(x-3) = 0$$

$$\therefore x = -1 \text{ 또는 } x = 3$$

$-1 \le x \le 3$에서 $x^2 - 5x - 15 \le -2x^2 + x - 6$이므로
구하는 부분의 넓이는

$$\int_{-1}^3 (-3x^2 + 6x + 9)dx$$

$$= \left[-x^3 + 3x^2 + 9x\right]_{-1}^3$$

$$= (-27 + 27 + 27) - (1 + 3 - 9) = 32$$

 유형 8 여러 가지 형태의 조건이 주어진 넓이

516 정답 ①

두 함수의 넓이를 구하는 과정에서
$f(x) - g(x) = x^2 - 6x$이므로
y축에 수직인 직선으로 이등분할 때, 이차함수는
대칭함수이므로 $k = 3$임을 알 수 있다.
두 함수의 교점은 $x^2 - 5x = x$의 실근이므로
$x^2 - 6x = x(x-6) = 0$에서 $x = 0, \ x = 6$
두 함수로 둘러싸인 부분의 넓이는 $\dfrac{|1|}{6}(6-0)^3 = 36$

$x = k$로 이등분되는 넓이는

$$\int_0^k \{x - (x^2 - 5x)\}dx = \int_0^k (-x^2 + 6x)dx$$

$$= \left[-\frac{1}{3}x^3 + 3x^2\right]_0^k$$

$$= -\frac{1}{3}k^3 + 3k^2 = 18$$

$$k^3 - 9k^2 + 54 = 0$$

방정식을 풀면

3	1	−9	0	54
		3	−18	−54
	1	−6	−18	0

$(k-3)(k^2 - 6k - 18) = 0$에서 $k = 3, \ 3 \pm 3\sqrt{3}$
얻어진 값 중에서 열린구간 $(0, 6)$에 포함되는 값은 3이다.

$$\therefore \ k = 3$$

517 정답 ④

$$\frac{1}{2}\int_0^1 \{(-x^4 + x) - (x^4 - x^3)\}dx$$

$$= \int_0^1 \{(-x^4 + x) - (ax - ax^2)\}dx \text{ 이므로}$$

정리하면 $a = \dfrac{3}{4}$

518 정답 ③

$n = 1$일 때,
$f(x) = x^2$이고 $P(0, 3)$, $Q(1, 1)$이므로 구하고자 하는 넓이
S는

$$S = \frac{1}{2} \times 2 \times 1 + \int_0^1 (1 - x^2)dx$$

$$= 1 + \left[x - \frac{1}{3}x^3\right]_0^1 = 1 + \left(1 - \frac{1}{3}\right) = \frac{5}{3}$$

519 정답 ②

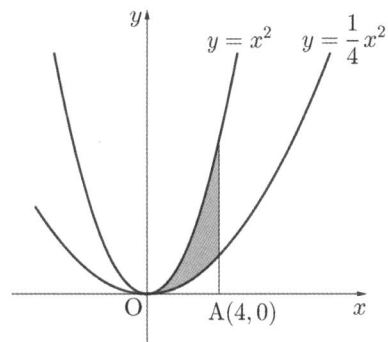

위의 그림에서 $n = 4$일 때, 구하는 넓이는

$$\int_0^4 \left(x^2 - \frac{1}{4}x^2\right)dx = \int_0^4 \frac{3}{4}x^2 dx = \left[\frac{1}{4}x^3\right]_0^4 = 16$$

520 정답 108

$$f(2) = 8 - 24 + 16 = 0$$

$f(x) = x^3 - 12x + 16$에서 $f'(x) = 3x^2 - 12$이므로

$$f'(2) = 12 - 12 = 0$$

따라서 곡선 $y = f(x)$ 위의 점 $A(2, \ f(2))$에서의 접선의
방정식은 $y = 0$
이때 직선 $y = 0$과 곡선 $y = f(x)$의 교점의 x좌표는

$x^3 - 12x + 16 = 0$, $(x-2)^2(x+4) = 0$

$\therefore\ x = -4$ 또는 $x = 2$

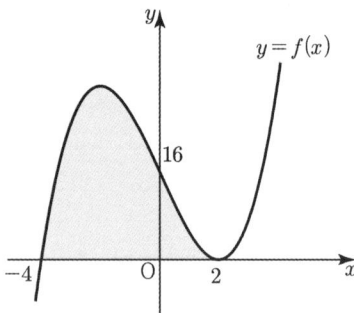

따라서 곡선 $y = f(x)$ 위의 점 $\mathrm{A}(2,\ f(2))$에서의 접선과 곡선 $y = f(x)$로 둘러싸인 부분의 넓이는

$$\int_{-4}^{2} (x^3 - 12x + 16)dx = \left[\frac{1}{4}x^4 - 6x^2 + 16x\right]_{-4}^{2} = 108$$

[랑데뷰팁]
$y = (x-2)^2(x+4)$와 x축으로 둘러싸인 부분의 넓이

$$S = \frac{\{2-(-4)\}^4}{12} = 108$$

521 정답 5

$f(0) = 0$이고 $f'(x) = 0$의 해가 2와 8이므로 사차함수

비례관계 $(1 : 3)$에서

$f(x) = x(x-8)^3$이다.

따라서 $g(x) = x(x-8)^2$이다.

$$S_1 = \int_0^8 x(x-8)^3 dx = \frac{2 \times 8^4}{5},$$

$$S_2 = \int_0^8 x(x-8)^2 dx = \frac{2 \times 8^3}{3}$$

따라서 $\dfrac{S_2}{S_1} = \dfrac{\dfrac{2 \times 8^3}{3}}{\dfrac{2 \times 8^4}{5}} = \dfrac{5}{24}$

$\therefore\ 24 \times \dfrac{S_2}{S_1} = 5$

[랑데뷰팁]
넓이 공식에 의해

$S_1 = \dfrac{(8-0)^5}{20}$, $S_2 = \dfrac{(8-0)^4}{12}$이다.

유형 9 수직선 위를 움직이는 점의 속도와 거리

522 정답 16

[검토자 : 한정아T]

점 P의 운동 방향이 바뀌는 시각에서 $v(t) = 0$이다.

$0 \le t \le 3$일 때,

$-t^2 + t + 2 = 0$에서 $(t-2)(t+1) = 0$

$t > 0$이므로 $t = 2$

$t > 3$일 때,

$k(t-3) - 4 = 0$에서 $kt = 3k + 4$

$t = 3 + \dfrac{4}{k}$

따라서 출발 후 점 P의 운동 방향이 두 번째로 바뀌는 시각은

$t = 3 + \dfrac{4}{k}$

원점을 출발한 점 P의 시각 $t = 3 + \dfrac{4}{k}$에서의 위치가 1이므로

$$\int_0^{3+\frac{4}{k}} v(t)dt = 1$$에서

$$\int_0^3 v(t)dt + \int_3^{3+\frac{4}{k}} v(t)dt$$

$$= \int_0^3 (-t^2 + t + 2)dt + \int_3^{3+\frac{4}{k}} (kt - 3k - 4)dt$$

이때

$$\int_0^3 (-t^2 + t + 2)dt = \left[-\frac{1}{3}t^3 + \frac{1}{2}t^2 + 2t\right]_0^3$$

$$= -9 + \frac{9}{2} + 6 = \frac{3}{2} \quad \cdots\cdots \text{㉠}$$

$$\int_3^{3+\frac{4}{k}} (kt - 3k - 4)dt = \left[\frac{1}{2}kt^2 - (3k+4)t\right]_3^{3+\frac{4}{k}}$$

$$= -\frac{8}{k} \quad \cdots\cdots \text{㉡}$$

㉠, ㉡에서

$$\int_0^3 v(t)dt + \int_3^{3+\frac{4}{k}} v(t)dt = \frac{3}{2} + \left(-\frac{8}{k}\right) = 1$$

$\dfrac{8}{k} = \dfrac{1}{2}$에서 $k = 16$

523 정답 6

시각 t에서의 점 P의 위치를 $S(t)$라 하자.

$$S(t) = S(0) + \int_0^t v(t)dt$$

$$= S(0) + \int_0^t (3t^2 - 4t + k)dt$$

$$= S(0) + \left[t^3 - 2t^2 + kt\right]_0^t$$

$$= S(0) + t^3 - 2t^2 + kt \qquad \cdots\cdots \ \bigcirc$$

시각 $t=0$ 에서 점 P의 위치는 0이고, 시각 $t=1$ 에서 점 P의 위치는 -3 이므로 $S(0)=0$, $S(1)=-3$ 이다.

$\bigcirc$에서 $t=1$ 을 대입하면 $-3=-1+k$, $k=-2$

따라서 $v(t)=3t^2-4t-2$ 이고,

시각 $t=1$ 에서 $t=3$ 까지 점 P의 위치의 변화량은

$$\int_1^3 v(t)dt = \int_1^3 (3t^2-4t-2)dt$$
$$= \left[t^3 - 2t^2 - 2t \right]_1^3$$
$$= 3-(-3)$$
$$= 6$$

524 정답 ③

점 P의 속도 $v(t)=t^2-at$ 이므로, 움직이는 방향이 바뀌는 시각은 $v(t)=0$ 의 해와 같고, 그래프가 음에서 양, 또는 양에서 음으로 변하는 점의 t값과 같다.

$v(t)=t^2-at=t(t-a)$ 에서 $t=0$, $t=a$ 점에서 움직이는 방향이 바뀌게 되며, $t \neq 0$이므로 $t=a$ 일 때 방향이 바뀐다.

이때 $0 \leq t \leq a$ 에서 $v(t) \leq 0$ 이므로,

$t=0$에서 $t=a$까지 움직인 거리는 $\int_0^a |t^2-at| dt$로 둘 수 있고, 그래프로 표현해 보면 아래 그래프의 색칠된 부분의 넓이와 같다.

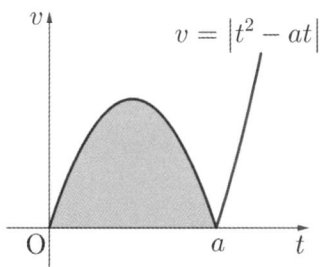

$$\int_0^a |t^2-at| dt = -\left[\frac{1}{3}t^3 - \frac{1}{2}at^2 \right]_0^a$$
$$= -\left(\frac{1}{3}a^3 - \frac{1}{2}a^3 \right)$$
$$= \frac{1}{6}a^3 = \frac{9}{2} \ \text{이므로}$$

$a^3=27$ $\therefore$ $a=3$

525 정답 ①

$$\int_0^4 |-2t+4| dt$$
$$= \int_0^2 (-2t+4)dt + \int_2^4 (2t-4)dt$$

$$= \left[-t^2+4t \right]_0^2 + \left[t^2-4t \right]_2^4$$
$$= (-4+8) + \{(16-16)-(4-8)\}$$
$$= 4+4 = 8$$

526 정답 12

$3t^2+t=2t^2+3t$에서 $t^2-2t=0$이므로 $t=2$에서 두 점 P, Q의 속도가 같아진다.

$t=2$일 때 두 점 P, Q의 위치를 구해보면

$$\int_0^2 v_1(t)\, dt = \int_0^2 (3t^2+t)\, dt = \left[t^3 + \frac{1}{2}t^2 \right]_0^2 = 10$$

$$\int_0^2 v_2(t)\, dt = \int_0^2 (2t^2+3t)\, dt = \left[\frac{2}{3}t^3 + \frac{3}{2}t^2 \right]_0^2 = \frac{34}{3}$$

이므로 두 점 P, Q 사이의 거리 a는

$$a = \left| 10 - \frac{34}{3} \right| = \frac{4}{3} \ \text{이다.}$$

따라서 $9a=12$이다.

527 정답 ③

시각 $t=4$에서 점 P의 위치가 0이므로 $t=0$일 때의 점 P의 위치를 k라 하면

$$0 = \int_0^4 v(t)dt + k$$
$$= \int_0^4 (t^2-4t+1)dt + k$$
$$= \left[\frac{1}{3}t^3 - 2t^2 + t \right]_0^4 + k$$
$$= \frac{64}{3} - 32 + 4 + k = -\frac{20}{3} + k$$
$$k = \frac{20}{3}$$

시각 $t=1$에서 점 P의 위치는

$$\int_0^1 (t^2-4t+1)dt + \frac{20}{3}$$
$$= \left[\frac{1}{3}t^3 - 2t^2 + t \right]_0^1 + \frac{20}{3}$$
$$= \frac{1}{3} - 1 + \frac{20}{3} = 6$$

528 정답 ③

시각 t에서의 점 P의 속도 $v(t)$ 는 $v(t) = \frac{dx}{dt} = t^3 + 3at^2$

$v(3) = 27 + 27a = 0$에서

$a = -1$이므로 $v(t) = t^3 - 3t^2$

$t=0$에서 $t=3$ 까지 점 P가 움직인 거리를 s 라 하면

$$s = \int_0^3 |t^3 - 3t^2| \, dt$$

$$= \int_0^3 (3t^2 - t^3) \, dt = \left[t^3 - \frac{1}{4}t^4 \right]_0^3$$

$$= 27 - \frac{81}{4} = \frac{27}{4}$$

529 정답 ⑤

공이 구르기 시작하여 t 초 후의 공의 속도 $v(t)$ 는
$20 - 4t \,(m/초)$ 이므로 공이 굴러간 거리는

$$\int_0^t (20 - 4x) \, dx = \left[20x - 2x^2 \right]_0^t = 20t - 2t^2$$

지점 A 에서 지점 B 까지의 거리가 $48 \, m$ 이므로
$20t - 2t^2 = 48$, $t^2 - 10t + 24 = (t-4)(t-6) = 0$
$\therefore t = 4$ 또는 $t = 6$
공이 구르기 시작한 후 운동방향을 바꾸지 않으므로 $t \geq 0$ 에서
$v(t) \geq 0$ 이어야 한다. $t = 6$ 일 때, $v(t) < 0$ 이므로 $t = 4$ 일
때 지점 Q 를 지난다. 따라서 구하는 속도는
$v(4) = 20 - 4 \times 4 = 4 \,(m/초)$ 이다.

530 정답 ⑤

점 P 가 출발한 후 운동 방향이 바뀌는 순간은 속도가 0 이고,
그 순간의 전후에서 $v(t)$ 의 부호가 바뀐다.
$v(t) = t^2 - 7t + 12 = (t-3)(t-4) = 0$ 에서
$t = 3$ 또는 $t = 4$ 이므로 점 P 의 운동 방향이 두 번째로 바뀌는
시각은 $t = 4$ 일 때이다.
따라서 구하는 점 P 의 위치는

$$\int_0^4 (t^2 - 7t + 12) \, dt = \left[\frac{1}{3}t^3 - \frac{7}{2}t^2 + 12t \right]_0^4$$

$$= \left(\frac{64}{3} - 56 + 48 \right) = \frac{40}{3}$$

531 정답 ③

출발한 지 t 초 후의 두 점 P, Q 의 위치를 각각
$f(t)$, $g(t)$ 라 하면

$$f(t) = \int_0^t (-2x + 3) \, dx = -t^2 + 3t$$

$$g(t) = \int_0^t (3x^2 - 3) \, dx = t^3 - 3t$$

이때, $f(s) = g(s)$ 에서 $-s^2 + 3s = s^3 - 3s$
$s^3 + s^2 - 6s = 0$, $s(s+3)(s-2) = 0$
$\therefore s = 2 \ (\because s > 0)$

532 정답 55

점 P의 t 초 후의 속도 v 는

$$v = \frac{dx}{dt} = 3t^2 - 9t + 6 = 3(t-1)(t-2)$$

t	0	$\cdots$	1	$\cdots$	2	$\cdots$	3
v		+	0	−	0	+	
x	0	↗	$\frac{5}{2}$	↘	2	↗	$\frac{9}{2}$

위의 증감표에서 $0 \leq t \leq 1$ 일 때는 양의 방향으로만 $\frac{5}{2}$ 만큼,

$1 \leq t \leq 2$ 일 때는 음의 방향으로 $\frac{1}{2}$ 만큼, $2 \leq t \leq 3$ 일

때는 양의 방향으로 $\frac{5}{2}$ 만큼 움직였으므로 원점을 출발 한 후

처음 3 초 동안 움직인 거리는 $\frac{5}{2} + \frac{1}{2} + \frac{5}{2} = \frac{11}{2}$ 이다.

$a = \frac{11}{2}$ 이므로 $10a = 55$

적분법
Level 2

533 정답 ④

$$\int_{-2}^{a} f(x)dx = \int_{-2}^{0} f(x)dx \quad \cdots\cdots \text{㉠}$$

㉠의 좌변은 정적분의 성질을 이용하여 다음과 같이 나타낼 수 있다.

$$\int_{-2}^{a} f(x)dx = \int_{-2}^{0} f(x)dx + \int_{0}^{a} f(x)dx$$

그러므로 ㉠에서

$$\int_{-2}^{0} f(x)dx + \int_{0}^{a} f(x)dx = \int_{-2}^{0} f(x)dx$$

즉, $\int_{0}^{a} f(x)dx = 0$

이때

$$\int_{0}^{a} f(x)dx = \int_{0}^{a} (3x^2 - 16x - 20)dx$$

$$= \left[x^3 - 8x^2 - 20x \right]_{0}^{a}$$

$$= a^3 - 8a^2 - 20a$$

이므로

$a^3 - 8a^2 - 20a = 0$에서

$a(a+2)(a-10) = 0$

따라서 양수 a의 값은 10이다.

534 정답 ①

[검토자 : 이지훈T]

함수 $f(x)$가 실수 전체의 집합에서 미분가능하므로
$\lim_{x \to 0-} f'(x) = \lim_{x \to 0+} f'(x)$이다. 따라서 $a = 2$이다.

$$f'(x) = \begin{cases} -x + 2 & (x < 0) \\ x^2 + 2 & (x > 0) \end{cases}$$

$$f(x) = \begin{cases} -\dfrac{1}{2}x^2 + 2x + C & (x \leq 0) \\ \dfrac{1}{3}x^3 + 2x + C & (x > 0) \end{cases}$$

$$\int_{-a}^{0} f(x)dx - \int_{-2}^{0}\left(-\dfrac{1}{2}x^2 + 2x + C\right)dx$$

$$= \left[-\dfrac{1}{6}x^3 + x^2 + Cx \right]_{-2}^{0}$$

$$= -\left(\dfrac{4}{3} + 4 - 2C \right) = 2C - \dfrac{16}{3}$$

$$\int_{0}^{2a} f(x)dx = \int_{0}^{4}\left(\dfrac{1}{3}x^3 + 2x + C \right)dx$$

$$= \left[\dfrac{1}{12}x^4 + x^2 + Cx \right]_{0}^{4}$$

$$= \dfrac{64}{3} + 16 + 4C = 4C + \dfrac{112}{3}$$

$$2C - \dfrac{16}{3} = 4C + \dfrac{112}{3}$$

$$2C = -\dfrac{128}{3}$$

$$C = -\dfrac{64}{3}$$

$f(0) = C = -\dfrac{64}{3}$ 이다.

535 정답 ⑤

$f(x)$는 최고차항의 계수가 1인 삼차함수이고
$f(1) = f(2) = 0$이므로
$f(x) = (x-1)(x-2)(x-k)$ (k는 상수)
로 놓을 수 있다.

이때
$f'(x) = (x-2)(x-k) + (x-1)(x-k) + (x-1)(x-2)$
이고, $f'(0) = -7$이므로
$2k + k + 2 = -7$
즉, $k = -3$이므로
$f(x) = (x-1)(x-2)(x+3)$
이고, $f(3) = 12$이므로 점 P의 좌표는 P$(3, 12)$
따라서 직선 OP의 방정식은 $y = 4x$이므로

$$B - A = \int_{0}^{3} \{4x - f(x)\}dx$$

$$= \int_{0}^{3} \{4x - (x^3 - 7x + 6)\}dx$$

$$= \int_{0}^{3} (-x^3 + 11x - 6)dx$$

$$= \left[-\dfrac{1}{4}x^4 + \dfrac{11}{2}x^2 - 6x \right]_{0}^{3}$$

$$= -\dfrac{1}{4} \times 81 + \dfrac{11}{2} \times 9 - 6 \times 3 = \dfrac{45}{4}$$

536 정답 ⑤

[출제자 : 김상호T]

$f(x) = (x-2)^2(x+a)$
$f'(x) = 2(x-2)(x+a) + (x-2)^2$
$f'(0) = -4a + 4 = -2$

$$\therefore \quad a = \frac{3}{2}$$

$$f(x) = (x-2)^2\left(x + \frac{3}{2}\right)$$

$f(0) = 6$이고 $f'(0) = -2$이므로

$$g(x) = -2x + 6$$

$\mathrm{P}(3, 0)$이므로

A, B는 $y = f(x)$와 $y = g(x)$로 둘러싸인 영역 내에

존재하므로

$A - B$는 $g(x) - f(x)$의 $x = 0$부터 $x = 3$까지의 정적분 값과

같다.

$$g(x) - f(x) = -x^3 + \frac{5}{2}x^2$$

$$\therefore \quad \int_0^3 \left(-x^3 + \frac{5}{2}x^2\right)dx = \left[-\frac{1}{4}x^4 + \frac{5}{6}x^3\right]_0^3$$

$$= \frac{-81 + 90}{4}$$

$$= \frac{9}{4}$$

537 정답 ⑤

$f(x) = x^2 + x$이므로

$$5\int_0^1 f(x)dx - \int_0^1 (5x + f(x))dx$$

$$= 5\int_0^1 f(x)dx - \int_0^1 5x\,dx - \int_0^1 f(x)dx$$

$$= 4\int_0^1 f(x)dx - \int_0^1 5x\,dx$$

$$= 4\int_0^1 (x^2 + x)dx - \int_0^1 5x\,dx$$

$$= \int_0^1 (4x^2 + 4x)dx - \int_0^1 5x\,dx$$

$$= \int_0^1 (4x^2 - x)dx$$

$$= \left[\frac{4}{3}x^3 - \frac{1}{2}x^2\right]_0^1$$

$$= \frac{4}{3} - \frac{1}{2} = \frac{5}{6}$$

538 정답 ⑤

$$2\int_0^5 g(x)dx - \int_0^5 (g(x) - 2x)dx$$

$$= \int_0^5 g(x)dx + \int_0^5 2x\,dx$$

$$= \int_0^5 g(x)dx + 25$$

$h(x) = (x-5)f(x)$라 하면 $h'(x) = f(x) + (x-5)f'(x)$이므로

$g(x) = h'(x)$이다.

$$\int_0^5 g(x)dx = \int_0^5 h'(x)dx = \left[(x-5)f(x)\right]_0^5 = 5f(0)$$이고

$f(0) = 1$이므로 $\displaystyle\int_0^5 g(x)dx = 5$

따라서

$$2\int_0^5 g(x)dx - \int_0^5 (g(x) - 2x)dx = 5 + 25 = 30$$

539 정답 ④

함수 $y = f(x)$의 그래프는 y축에 대하여 대칭이므로

곡선 $y = f(x)$와 선분 PQ로 둘러싸인 부분의 넓이는 y축에

의하여 이등분된다.

이때 $A = 2B$이므로

$$\int_0^k (-x^2 + 2x + 6)dx = 0$$

이어야 한다. 즉,

$$\left[-\frac{1}{3}x^3 + x^2 + 6x\right]_0^k = 0$$

$$-\frac{1}{3}k^3 + k^2 + 6k = 0, \quad -\frac{1}{3}k(k+3)(k-6) = 0$$

$k > 4$이므로 $k = 6$

540 정답 ④

[출제자 : 이호진T]

[검토자 : 김상호T]

주어진 $g(x)$의 그래프는 아래 그림과 같이 그려지므로,

A영역의 넓이는 8이다.

따라서 B영역의 넓이도 8이므로 한 변의 길이가 4인

직각이등변삼각형에서 $k = 8$이다.

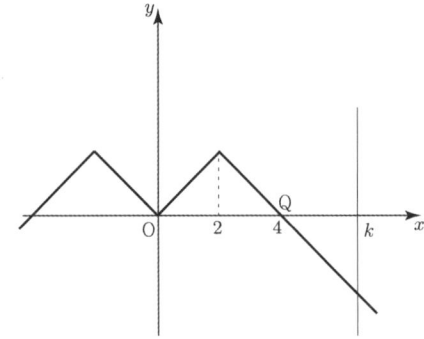

541 정답 ①

조건 (가)의 양변을 x에 대하여 미분하면

$$xf(x) + xg(x) = 12x^3 + 24x^2 - 6x$$

$$f(x) + g(x) = 12x^2 + 24x - 6 \quad \cdots\cdots \ominus$$

이때 조건 (나)에서 $f(x) = xg'(x)$이므로

$\ominus$에 대입하면

$$xg'(x) + g(x) = 12x^2 + 24x - 6$$

$$\{xg(x)\}' = 12x^2 + 24x - 6$$

$$xg(x) = \int (12x^2 + 24x - 6)dx$$

$$= 4x^3 + 12x^2 - 6x + C \, (\text{단, } C\text{는 적분상수})$$

이때 $g(x)$는 다항함수이므로 $C = 0$

즉, $xg(x) = 4x^3 + 12x^2 - 6x$이므로

$$g(x) = 4x^2 + 12x - 6$$

따라서

$$\int_0^3 g(x)dx = \int_0^3 (4x^2 + 12x - 6)dx$$

$$= \left[\frac{4}{3}x^3 + 6x^2 - 6x \right]_0^3$$

$$= 36 + 54 - 18 = 72$$

542 정답 ②

[검토 : 한정아T]

(가)에서 $g(0) = 0$

(나)의 양변에 $x = 2$을 대입하면

$$0 + \int_{-2}^2 \frac{g(t)}{t}dt = 8 + 2a \rightarrow \int_{-2}^2 \frac{g(t)}{t}dt = 2a + 8 \quad \cdots\cdots \, \text{㉠}$$

(나)의 양변을 x에 관하여 미분하면

$$f(x) + \frac{g(x)}{x} = 4x^3 - 4x + a$$

$$f(x) + xf'(x) = 4x^3 - 4x + a$$

양변을 x에 대하여 적분하면

$$xf(x) = x^4 - 2x^2 + ax + C$$

양변에 $x = 0$을 대입하면 $C = 0$이다.

$$xf(x) = x^4 - 2x^2 + ax$$

$$f(x) = x^3 - 2x + a$$

$$f'(x) = 3x^2 - 2$$

(가)에서 $g(x) = 3x^4 - 2x^2$이다.

㉠에서 $\int_{-2}^2 (3t^3 - 2t)dt = 0$이므로 $a = -4$이다.

543 정답 ③

$f(x) = \frac{1}{4}x^3 + \frac{1}{2}x$, $g(x) = mx + 2$라 하고

두 곡선 $y = f(x)$, $y = g(x)$의 교점의 x좌표를 α라 하면

$$A = \int_0^\alpha \{g(x) - f(x)\}dx$$

$$B = \int_\alpha^2 \{f(x) - g(x)\}dx$$

따라서

$$B - A = \int_\alpha^2 \{f(x) - g(x)\}dx - \int_0^\alpha \{g(x) - f(x)\}dx$$

$$= \int_\alpha^2 \{f(x) - g(x)\}dx + \int_0^\alpha \{f(x) - g(x)\}dx$$

$$= \int_0^2 \{f(x) - g(x)\}dx$$

$$= \int_0^2 \left\{ \left(\frac{1}{4}x^3 + \frac{1}{2}x \right) - (mx + 2) \right\}dx$$

$$= \left[\frac{1}{16}x^4 + \frac{1}{4}x^2 - \frac{m}{2}x^2 - 2x \right]_0^2$$

$$= 1 + 1 - 2m - 4$$

$$= -2m - 2 = \frac{2}{3}$$

따라서 $m = -\frac{4}{3}$

544 정답 ④

[출제자 : 이호진T]

두 곡선으로 둘러싸인 넓이가 같으므로 구간 $x = 0$에서 $x = 3$까지의 정적분의 값이 0된다. 따라서

$$\int_0^3 (x^3 + 5x - mx - 3)dx = \frac{81}{4} + \frac{45}{2} - \frac{9m}{2} - 9 = 0$$에서 9를 약분하면

$$\frac{9}{4} + \frac{5}{2} - \frac{m}{2} - 1 = 0$$이고,

$$9 + 10 - 2m - 4 = 0$$에서 $m = \frac{15}{2}$

545 정답 ②

$$f(t) = \left| \int_0^t (t^2 - 6t + 5)dt - \int_0^t (2t - 7)dt \right|$$

$$= \left| \frac{1}{3}t^3 - 4t^2 + 12t \right|$$ 이다.

$g(t) = \frac{1}{3}t^3 - 4t^2 + 12t$라고 하자.

$g(t) = \frac{1}{3}t(t-6)^2$이므로 $t \geq 0$일 때 $g(t) \geq 0$

따라서 $t \geq 0$일 때, $f(t) = g(t)$이다.

$g'(t) = t^2 - 8t + 12 = (t-2)(t-6)$이고, $g(t)$의 증감표는 다음과 같다.

t		2		6	
$g'(t)$	+	0	−	0	+
$g(t)$	↗	극대	↘	극소	↗

$f(t)$는 구간 $[0, 2]$에서 증가하고, 구간 $[2, 6]$에서 감소하고, 구간 $[6, \infty)$에서 증가하므로, $a = 2$, $b = 6$이다. 시각 $t = 2$에서 $t = 6$까지 점 Q가 움직인 거리는

$$\int_2^6 |2t - 7|dt$$

$$= \int_{2}^{\frac{7}{2}}(-2t+7)dt + \int_{\frac{7}{2}}^{6}(2t-7)dt$$

$$= \frac{17}{2} \text{이다.}$$

546 정답 ③

[출제자 : 김종렬T]

시각 t에서의 두 점 A, B의 위치는 각각

$$\int_{0}^{t}v_{A}\,dt = \int_{0}^{t}(3t^2-4t)dt = [t^3-2t^2]_{0}^{t} = t^3-2t^2$$

$$\int_{0}^{t}v_{B}\,dt = \int_{0}^{t}(4t-3)dt = [2t^2-3t]_{0}^{t} = 2t^2-3t \text{이다.}$$

따라서 두 점 사이의 거리 $f(t)$는 $f(t) = |t^3-4t^2+3t|$ 이며 미분불가능한 점은 $t=1$, 3 이다.

$\therefore a=1$, $b=3$

미분가능하지 않은 점은 두 점 A, B가 만나는 시각이므로 두 번째로 만나는 시각은 $t=3$ 이다.

따라서 원점을 출발한 두 점 A, B가 두 번째로 만날 때까지 점 A가 움직인 거리 P는

$$\int_{0}^{3}|v_{A}|\,dt = \int_{0}^{3}|3t^2-4t|\,dt$$

$$= \int_{0}^{\frac{4}{3}}(4t-3t^2)dt + \int_{\frac{4}{3}}^{3}(3t^2-4t)dt$$

$$= [2t^2-t^3]_{0}^{\frac{4}{3}} + [t^3-2t^2]_{\frac{4}{3}}^{3} = \frac{32}{27}+9+\frac{32}{27} = \frac{307}{27}$$

또한, 시각 $t=1$ 에서 $t=3$ 까지 점 B가 움직인 거리 Q는

$$\int_{1}^{3}|v_{B}|\,dt = \int_{1}^{3}|4t-3|\,dt = \int_{1}^{3}(4t-3)dt = [2t^2-3t]_{1}^{3} = 10$$

이다.

$$\therefore P-Q = \frac{307}{27}-10 = \frac{37}{27}$$

547 정답 ③

$f(x) = \frac{1}{9}x(x^2-15x+54) = \frac{1}{9}x^3-\frac{5}{3}x^2+6x$ 이다.

직선 $y=-(x-t)+f(t)$ 은 $(t, f(t))$ 를 지나고 기울기가 -1 인 직선이다.

따라서 $x \geq t$ 에서 함수 $g(x)$는 함수 $f(x)$ 의 위의 점 $x=t$ 에서의 접선의 기울기가 -1 인 접선중 y절편이 가장 클 때, 함수 $y=g(x)$ 의 그래프와 x축으로 둘러싸인 영역의 넓이가 최대가 된다.

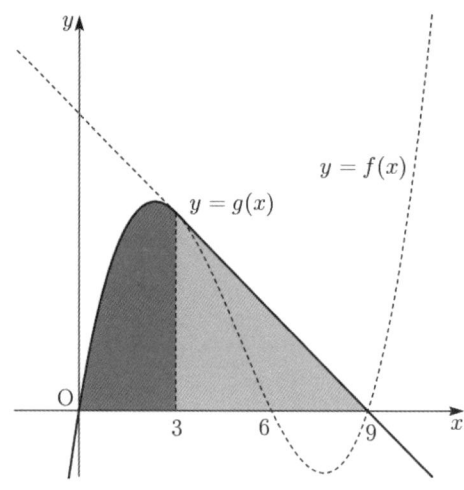

따라서

$$f'(x) = \frac{1}{3}x^2-\frac{10}{3}x+6 = -1$$

$$\frac{1}{3}x^2-\frac{10}{3}x+7 = 0$$

$$x^2-10x+21 = 0$$

$$(x-3)(x-7) = 0$$

$$\therefore x=3 \ (0 < x < 6)$$

$f(3)=6$ 이므로 $t=3$ 일 때 함수 $g(x)$는 다음과 같다.

$$g(x) = \begin{cases} \dfrac{1}{9}x^3-\dfrac{5}{3}x^2+6x & (x<3) \\ -x+9 & (x \geq 3) \end{cases}$$

이때, 함수 $y=g(x)$ 의 그래프와 x축으로 둘러싸인 영역의 넓이가 최대이다.

$$S = \int_{0}^{3}\left(\frac{1}{9}x^3-\frac{5}{3}x^2+6x\right)dx + \frac{1}{2} \times 6 \times 6$$

$$= \frac{57}{4}+18$$

$$= \frac{129}{4}$$

548 정답 ④

[출제자 : 정일권T]

[그림 : 이정배T]

함수 $f(x) = \frac{1}{12}x^2\left(x-\frac{9}{2}\right)$ 에서

$$f(x) = \frac{1}{12}x^3-\frac{3}{8}x^2$$

$$f'(x) = \frac{1}{4}x^2-\frac{3}{4}x$$

$f'(x)=0$ 에서 $x=0, 3$ 이므로

함수 $f(x)$는 $x=0$ 에서 극댓값 $f(0)=0$, $x=3$ 에서 극솟값 $f(3)=-\frac{9}{8}$ 이다.

$0 < t < \frac{9}{2}$ 인 실수 t 에 대하여 함수 $g(x)$ 는

$$g(x)=\begin{cases} f(x) & (x<t) \\ x+f(t)-t & (x\ge t)\end{cases}$$ 이다.

함수 $y=g(x)$ 의 그래프와 x 축으로 둘러싸인 영역의 넓이를 $S(t)$ 라 하자.

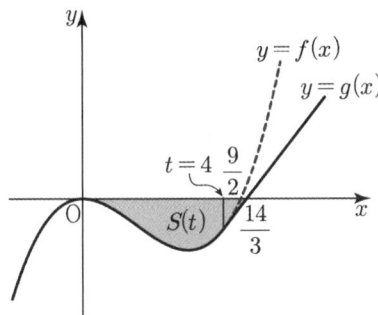

위의 그림에서 색칠한 도형의 넓이가 $S(t)$ 라 하면
함수 $g(x)$ 가 접선의 기울기가 1인 점에서의 접선일 때 $S(t)$ 가 그림과 같이 최대가 된다.

$f'(t)=1$, $t=4\left(\because 0<t<\dfrac{9}{2}\right)$ 이므로, $f'(4)=1$,

$f(4)=-\dfrac{2}{3}$ 이다.

따라서 함수 $g(x)=\begin{cases} f(x) & (x<4) \\ x-\dfrac{14}{3} & (x\ge 4)\end{cases}$ 일 때 최대이다.

$S(4)=-\displaystyle\int_0^{\frac{14}{3}} g(x)\,dx$

$=-\displaystyle\int_0^4\left(\dfrac{1}{12}x^3-\dfrac{3}{8}x^2\right)dx-\int_4^{\frac{14}{3}}\left(x-\dfrac{14}{3}\right)dx$

$=-\left[\dfrac{1}{48}x^4-\dfrac{1}{8}x^3\right]_0^4-\left[\dfrac{1}{2}x^2-\dfrac{14}{3}x\right]_4^{\frac{14}{3}}$

$=\dfrac{8}{3}+\dfrac{2}{9}$

$=\dfrac{26}{9}$

549 정답 ②

$f(x)=0$ 에서 $x=0$ 또는 $x=2$ 또는 $x=3$ 이므로 두 점 P, Q 의 좌표는 각각 $(2,\ 0)$, $(3,\ 0)$ 이다.
이때

$(A$의 넓이$)=\displaystyle\int_0^2 f(x)dx$,

$(B$의 넓이$)=\displaystyle\int_2^3 \{-f(x)\}dx$ 이므로

$(A$의 넓이$)-(B$의 넓이$)$

$\quad=\displaystyle\int_0^2 f(x)dx-\int_2^3\{-f(x)\}dx$

$\quad-\displaystyle\int_0^2 f(x)dx+\int_2^3 f(x)dx$

$\quad=\displaystyle\int_0^3 f(x)dx=3$

이어야 한다.
이때

$$\int_0^3 f(x)dx=k\int_0^3(x^3-5x^2+6x)dx$$

$$=k\left[\dfrac{1}{4}x^4-\dfrac{5}{3}x^3+3x^2\right]_0^3$$

$$=k\left(\dfrac{81}{4}-45+27\right)$$

$$=\dfrac{9}{4}k$$

이므로

$$\dfrac{9}{4}k=3$$

따라서

$$k=\dfrac{4}{3}$$

[다른 풀이]-(1) 김가람T

$k\displaystyle\int_0^3 x(x-2)(x-3)dx$

$=k\displaystyle\int_0^3 x\left(x-\dfrac{3}{2}-\dfrac{1}{2}\right)(x-3)dx$

$=k\displaystyle\int_0^3\left\{x\left(x-\dfrac{3}{2}\right)(x-3)-\dfrac{1}{2}x(x-3)\right\}dx$

$=k\displaystyle\int_0^3 x\left(x-\dfrac{3}{2}\right)(x-3)dx-k\int_0^3\dfrac{1}{2}x(x-3)dx$

$=-k\displaystyle\int_0^3\dfrac{1}{2}x(x-3)dx$

$=\dfrac{\frac{1}{2}k}{6}(3-0)^3$

$=\dfrac{k}{12}\times 27=\dfrac{9}{4}k=3$ 이므로

따라서 $k=\dfrac{4}{3}$

[다른 풀이]-(2) 김가람T

$k\displaystyle\int_0^3 x(x-2)(x-3)dx$

$=k\displaystyle\int_0^3\{x^2(x-3)-2x(x-3)\}dx$

$=k\displaystyle\int_0^3 x^2(x-3)dx-k\int_0^3 2x(x-3)dx$

$=k\left\{\dfrac{-1}{12}(3-0)^4+\dfrac{2}{6}(3-0)^3\right\}=k\left(\dfrac{-27}{4}+9\right)=k\times\dfrac{9}{4}=3$ 이

므로

따라서 $k=\dfrac{4}{3}$

550 정답 ②

[출제자 : 최성훈T]

$y=k(x-a)(x-a-1)$ 의 그래프를 x 축으로 $-a$ 만큼 평행이동하여 $y=kx(x-1)$ 와 x 축으로 둘러싸인 부분의

넓이를 찾아보자.

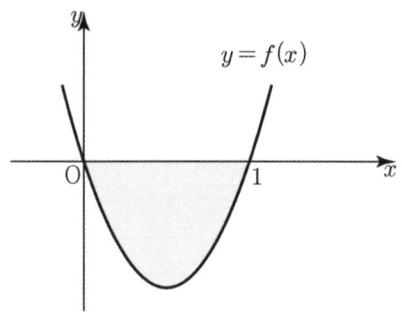

$\dfrac{|k|}{6}(1-0)^3=\dfrac{1}{2}$, $k>0$이므로 $k=3$이다.

같은 방법으로 $y=\{f(x)\}^2=9(x-a)^2(x-a-1)^2$ 의
그래프를 x축으로 $-a$만큼 평행이동하여 $y=9x^2(x-1)^2$와
x축으로 둘러싸인 부분의 넓이를 찾아보자.

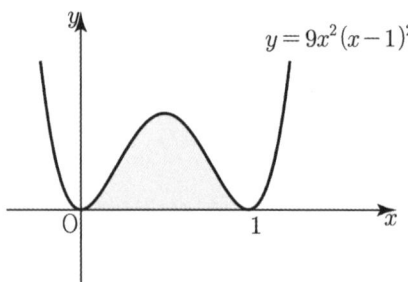

$$\int_0^1 9x^2(x-1)^2dx=9\int_0^2(x^4-2x^3+x^2)dx$$
$$=9\left[\dfrac{1}{5}x^5-\dfrac{1}{2}x^4+\dfrac{1}{3}x^3\right]_0^1$$
$$=9\times\dfrac{1}{30}=\dfrac{3}{10}$$

551 정답 ③

$a\neq 0$, $a\neq\dfrac{1}{2}$, $a\neq 1$이면 점 P는 출발 후 운동 방향을 세 번
바꾼다.

그러므로 다음 각 경우로 나눌 수 있다.

(ⅰ) $a=0$일 때
$v(t)=-t^3(t-1)$
이때 점 P는 출발 후 운동 방향을 $t=1$에서 한 번만 바꾸므로
조건을 만족시킨다.

그러므로 시각 $t=0$에서 $t=2$까지 점 P의 위치의 변화량은

$$\int_0^2 -t^3(t-1)dt=\int_0^2(-t^4+t^3)dt$$
$$=\left[-\dfrac{1}{5}t^5+\dfrac{1}{4}t^4\right]_0^2$$
$$=-\dfrac{32}{5}+4$$
$$=-\dfrac{12}{5}$$

(ⅱ) $a=\dfrac{1}{2}$일 때
$$v(t)=-t\left(t-\dfrac{1}{2}\right)(t-1)^2$$

이때 점 P는 출발 후 운동 방향을 $t=\dfrac{1}{2}$에서 한 번만 바꾸므로
조건을 만족시킨다.
그러므로 시각 $t=0$에서 $t=2$까지 점 P의 위치의 변화량은

$$\int_0^2 -t\left(t-\dfrac{1}{2}\right)(t-1)^2dt$$
$$=\int_0^2-\left(t^2-\dfrac{1}{2}t\right)(t^2-2t+1)dt$$
$$=\left[-\dfrac{1}{5}t^5+\dfrac{5}{8}t^4-\dfrac{2}{3}t^3+\dfrac{1}{4}t^2\right]_0^2$$
$$=-\dfrac{32}{5}+10-\dfrac{16}{3}+1$$
$$=-\dfrac{32}{5}-\dfrac{16}{3}+11$$
$$=\dfrac{(-96)+(-80)+165}{15}$$
$$=-\dfrac{11}{15}$$

(ⅲ) $a=1$일 때
$v(t)=-t(t-1)^2(t-2)$
이때 점 P는 출발 후 운동방향을 $t=2$에서 한 번만 바꾸므로
조건을 만족시킨다.
그러므로 시각 $t=0$에서 $t=2$까지 점 P의 위치의 변화량은

$$\int_0^2 -t(t-1)^2(t-2)dt$$
$$=\int_0^2 -t(t^2-2t+1)(t-2)dt$$
$$=\left[-\dfrac{1}{5}t^5+t^4-\dfrac{5}{3}t^3+t^2\right]_0^2$$
$$=-\dfrac{32}{5}+16-\dfrac{40}{3}+4$$
$$=-\dfrac{32}{5}-\dfrac{40}{3}+20$$
$$=\dfrac{(-96)+(-200)+300}{15}$$
$$=\dfrac{4}{15}$$

(ⅰ), (ⅱ), (ⅲ)에서 구하는 점 P의 위치의 변화량의 최댓값은
$\dfrac{4}{15}$이다.

552 정답 ①

[그림 : 이정배T]

점 P가 운동 방향을 한 번만 바꾸는 음이 아닌 실수 a의 값은
$a=0$, $a=\dfrac{1}{4}$, $a=\dfrac{1}{2}$일 때다.

(i) $a=0$일 때, $v(t)=t^3(t-1)$

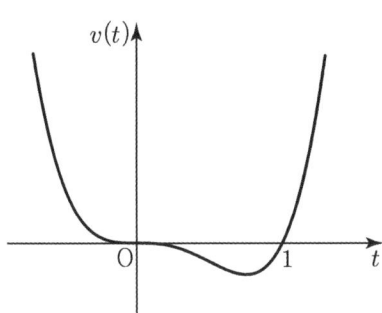

시각 $t=0$에서 $t=1$까지 점 P의 위치의 변화량은

$$\int_0^1 v(t)dt$$

$$=\int_0^1 t^3(t-1)dt=-\frac{1}{20}$$

(ii) $a=\frac{1}{4}$일 때, $v(t)=t\left(t-\frac{1}{2}\right)(t-1)^2$

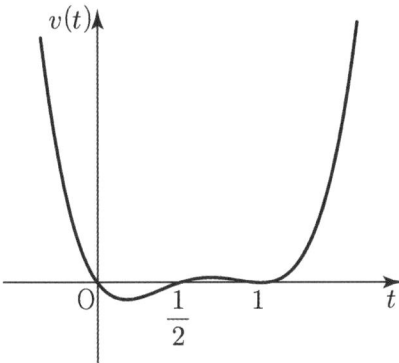

시각 $t=0$에서 $t=1$까지 점 P의 위치의 변화량은

$$\int_0^1 v(t)dt$$

$$=\int_0^1 t\left(t-\frac{1}{2}\right)(t-1)^2 dt$$

$$=\int_0^1 t(t-1)^2\left(t-1+\frac{1}{2}\right)dt$$

$$=\int_0^1 t(t-1)^3 dt+\frac{1}{2}\int_0^1 t(t-1)^2 dt$$

$$=-\frac{1}{20}+\frac{1}{2}\times\frac{1}{12}=\frac{-6+5}{120}=-\frac{1}{120}$$

(iii) $a=\frac{1}{2}$일 때, $v(t)=t(t-1)^2(t-2)$

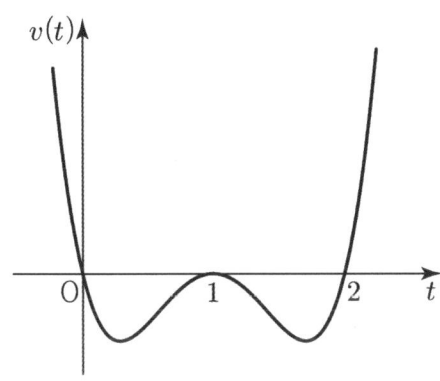

시각 $t=0$에서 $t=1$까지 점 P의 위치의 변화량은

$$\int_0^1 v(t)dt$$

$$=\int_0^1 t(t-1)^2(t-2)dt$$

$$=\int_0^1 t(t-1)^2(t-1-1)dt$$

$$=\int_0^1 t(t-1)^3 dt-\int_0^1 t(t-1)^2 dt$$

$$=-\frac{1}{20}-\frac{1}{12}=\frac{-3-5}{60}=-\frac{2}{15}$$

(i), (ii), (iii)에서 시각 $t=0$에서 $t=1$까지 점 P의 위치의

변화량의 최댓값은 $-\frac{1}{120}$이다.

553 정답 39

함수 $g(x)$는 최고차항의 계수가 $\frac{1}{3}$이고 $g(0)=0$, $g(3)=0$,

$g'(4)=0$인 삼차함수이다.

$$g(x)=x(x-3)\left(\frac{1}{3}x+k\right)$$

$$g'(x)=(x-3)\left(\frac{1}{3}x+k\right)+x\left(\frac{1}{3}x+k\right)+\frac{x(x-3)}{3}$$

$$g'(4)=\frac{4}{3}+k+\frac{16}{3}+4k+\frac{4}{3}=0$$

$$\therefore k=-\frac{8}{5}$$

따라서

$$f(x)=g'(x)$$

$$=(x-3)\left(\frac{1}{3}x-\frac{8}{5}\right)+x\left(\frac{1}{3}x-\frac{8}{5}\right)+\frac{x(x-3)}{3}$$

$$f(9)=6\times\frac{7}{5}+9\times\frac{7}{5}+18=39$$

[다른 풀이]

최고차항의 계수가 1인 이차함수 $f(x)$의 부정적분 중 하나를

$F(x)$라 하면 $F'(x)=f(x)$이고

$g(x)=\int_0^x f(t)dt=F(x)-F(0)$이므로

$$g'(x)=f(x)$$

그러므로 함수 $g(x)$는 최고차항의 계수가 $\frac{1}{3}$인 삼차함수이다.

조건에서 $x\geq 1$인 모든 실수 x에 대하여

$g(x)\geq g(4)$이므로 삼차함수 $g(x)$는 구간 $[1,\infty)$에서

$x=4$일 때 최소이자 극소이다. ······ ㉠

즉, $g'(4)=f(4)=0$이므로

$$f(x)=(x-4)(x-a)\ (a\text{는 상수}) \qquad\cdots\cdots ㉡$$

로 놓을 수 있다.

(i) $g(4)\geq 0$인 경우

$x\geq 1$인 모든 실수 x에 대하여

$g(x)\geq g(4)\geq 0$이므로 이 범위에서

$|g(x)|=g(x)$이다.

조건에서 $x \geq 1$인 모든 실수 x에 대하여
$|g(x)| \geq |g(3)|$, 즉 $g(x) \geq g(3)$이어야 한다.
······ ㉢
그런데 ㉠에서 $g(3) > g(4)$이므로 ㉢을 만족시키지 않는다.
(ii) $g(4) < 0$인 경우
$x \geq 1$인 모든 실수 x에 대하여
$|g(x)| \geq |g(3)|$ 이려면
$g(3) = 0$ ······ ㉣
이어야 한다.
㉡에서 $f(x) = x^2 - (a+4)x + 4a$이므로
$F(x) = \dfrac{1}{3}x^3 - \dfrac{a+4}{2}x^2 + 4ax + C$ (단, C는 적분상수)
그러므로
$g(x) = F(x) - F(0)$
$= \dfrac{1}{3}x^3 - \dfrac{a+4}{2}x^2 + 4ax$
㉣에서
$g(3) = 9 - \dfrac{9}{2}(a+4) + 12a = 0$
$\dfrac{15}{2}a = 9$
$a = \dfrac{6}{5}$
따라서 $f(x) = (x-4)\left(x - \dfrac{6}{5}\right)$이므로
$f(9) = (9-4)\left(9 - \dfrac{6}{5}\right)$
$= 5 \times \dfrac{39}{5} = 39$

554 정답 79

[그림 : 이호진T]
다음 그림과 같은 상황이다.

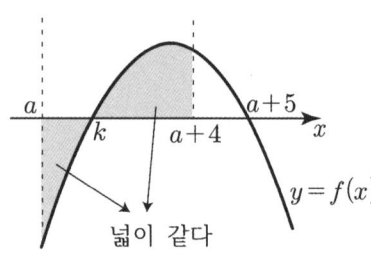

넓이 같다

$a = 0$으로 설정하여도 무방하다.
$g(x) = \displaystyle\int_0^x f(t)dt$에서
$g(0) = 0$, $g'(x) = f(x)$
함수 $g(x) = \displaystyle\int_0^x f(t)dt$는 최고차항의 계수가 $-\dfrac{1}{3}$인
삼차함수이고
$x \geq 0$인 모든 실수 x에 대하여 $g(x) \leq g(5)$이기 위해서는
$x = 5$에서 함수 $g(x)$가 극댓값을 가져야 한다.
따라서 $g'(5) = 0$이다.

$f(5) = 0$
그러므로 함수 $f(x) = -(x-k)(x-5)$라 할 수 있다.
$x \geq 0$인 모든 실수 x에 대하여 $|g(x)| \geq |g(4)|$이기
위해서는 $g(4) = 0$이어야 한다.
따라서
$\displaystyle\int_0^4 f(x)dx = 0$
$-\displaystyle\int_0^4 (x-k)(x-5)dx$
$= -\displaystyle\int_0^4 \{x^2 - (k+5)x + 5k\}dx$
$= -\left[\dfrac{1}{3}x^3 - \dfrac{k+5}{2}x^2 + 5kx\right]_0^4$
$= -\left\{\dfrac{64}{3} - 8(k+5) + 20k\right\} = 0$
$-\dfrac{56}{3} + 12k = 0$
$\therefore \ k = \dfrac{14}{9}$
$f(x) = -\left(x - \dfrac{14}{9}\right)(x-5)$
그러므로
$f(a) = f(0) = -\dfrac{70}{9}$
$p = 9$, $q = 70$에서 $p + q = 79$이다.

555 정답 ⑤

점 P가 점 A(1)에서 출발하고 속도가
$v_1(t) = 3t^2 + 4t - 7$이므로 시각 t에서의 위치를 $s_1(t)$라 하면
$s_1(t) = 1 + \displaystyle\int_0^t (3t^2 + 4t - 7)dt$
$= t^3 + 2t^2 - 7t + 1$ ······ ㉠
또, 점 Q가 점 B(8)에서 출발하고 속도
가 $v_2(t) = 2t + 4$이므로 시각 t에서의 위
치를 $s_2(t)$라 하면
$s_2(t) = 8 + \displaystyle\int_0^t (2t + 4)dt$
$= t^2 + 4t + 8$ ······ ㉡
이때, 두 점 P, Q사이의 거리가 4가 되는 시각은
$|s_1(t) - s_2(t)| = 4$
㉠, ㉡에서
$|(t^3 + 2t^2 - 7t + 1) - (t^2 + 4t + 8)| = 4$
$|t^3 + t^2 - 11t - 7| = 4$
그러므로
$t^3 + t^2 - 11t - 7 = 4$ 또는 $t^3 + t^2 - 11t - 7 = -4$
즉,
$t^3 + t^2 - 11t - 11 = 0$ 또는 $t^3 + t^2 - 11t - 3 = 0$
(i) $t^3 + t^2 - 11t - 11 = 0$일 때,

$$t^2(t+1)-11(t+1)=0$$
$$(t+1)(t^2-11)=0$$
$t>0$이므로
$$t=\sqrt{11}$$
(ⅱ) $t^3+t^2-11t-3=0$일 때,

좌변을 인수분해하면
$$(t-3)(t^2+4t+1)=0$$
$t>0$이므로
$$t=3$$
(ⅰ), (ⅱ)에 의하여 두 점 P, Q의 사이의 거리가 처음으로 4가
되는 시각은 $t=3$

한편,
$$v_1(t)=3t^2+4t-7$$
$$=(3t+7)(t-1)$$
이므로

$0\le t<1$일 때, $v_1(t)<0$

$t\ge 1$일 때, $v_1(t)\ge 0$

따라서 점 P가 시각 $t=0$에서 시각 $t=3$까지 움직인 거리는

$$\int_0^3 |v_1(t)|\,dt=-\int_0^1 v_1(t)\,dt+\int_1^3 v_1(t)\,dt$$
$$=-\int_0^1 (3t^2+4t-7)\,dt+\int_1^3 (3t^2+4t-7)\,dt$$
$$=-\Big[t^3+2t^2-7t\Big]_0^1+\Big[t^3+2t^2-7t\Big]_1^3$$
$$=-(-4)+28$$
$$=32$$

556 정답 ①

[그림 : 최성훈T]

점 P의 위치를 $x_1(t)$라 하면 $x_1(0)=-1$이므로

$x_1(t)=-2t^3-t^2+8t-5$이다.

$v_1(t)=-2(t-1)(3t+4)=0$의 양수해가 $t=1$이므로

함수 $x_1(t)$는 $t\ge 0$에서 $t=1$일 때 극댓값 0을 갖는

그래프이다.

점 Q의 위치를 $x_2(t)$라 하면 $x_2(0)=3$이므로

$x_2(t)=-t^2-t+3$이다.

함수 $x_2(t)$는 $t\ge 0$에서 감소하는 그래프이다.

다음 그림과 같다.

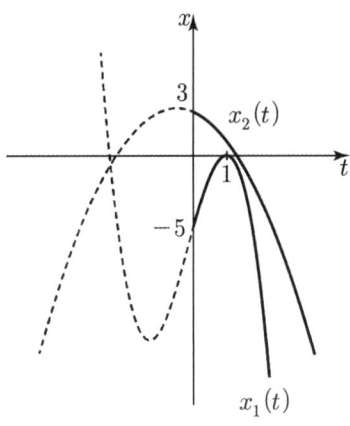

따라서 두 점 P와 Q사이의 거리는 $x_2(t)>x_1(t)$이므로

$x_2(t)-x_1(t)=2t^3-9t+8$이다.

$$2t^3-9t+8=1$$
$$2t^3-9t+7=0$$
$$(t-1)(2t^2+2t-7)=0$$에서

두 점 P, Q사이의 거리가 처음으로 1이 될 때는 $t=1$일 때다.

그러므로

점 P는 $t=0$일 때, 수직선에서의 위치가 -5이고 $t=1$일 때,

수직선에서의 위치는 0이므로 움직인 거리는 5이다.

점 Q는 $t=0$일 때, 수직선에서의 위치가 3이고 $t=1$일 때,

수직선에서의 위치가 1이므로 움직인 거리는 2이다.

따라서

점 P가 움직인 거리와 점 Q가 움직인 거리의 합은 7이다.

557 정답 17

$t\ge 2$일 때

$v(t)=3t^2+4t+C$ (C는 적분상수)

이때 $v(2)=0$이므로

$12+8+C=0$에서 $C=-20$

즉, $0\le t\le 3$에서

$$v(t)=\begin{cases} 2t^3-8t & (0\le t\le 2) \\ 3t^2+4t-20 & (2\le t\le 3) \end{cases}$$

따라서 $t=0$에서 $t=3$까지 점 P가 움직인 거리는

$$\int_0^3 |v(t)|\,dt=\int_0^2 |v(t)|\,dt+\int_2^3 |v(t)|\,dt$$
$$=-\int_0^2 v(t)\,dt+\int_2^3 v(t)\,dt$$
$$=-\int_0^2 (2t^3-8t)\,dt+\int_2^3 (3t^2+4t-20)\,dt$$
$$=-\Big[\frac{1}{2}t^4-4t^2\Big]_0^2+\Big[t^3+2t^2-20t\Big]_2^3$$
$$=-(-8)+9=17$$

558 정답 19

시각 $t=0$에서 $t=3$까지의 점 P의 속도 $v(t)$는 다음과 같다.

$$v(t)=\begin{cases} -t^2+t+C_1 & (0 \le t \le 1) \\ t^2-3t+2 & (1 \le t \le 2) \\ t^2-t+C_2 & (2 \le t \le 3) \end{cases}$$

(단, C_1, C_2는 적분상수이다.)

$\displaystyle\lim_{t\to 1+}v(t)=\lim_{t\to 2-}v(t)=0$이고 $v(t)$는 $t=1$과 $t=2$에서

연속이므로

$C_1=0$, $C_2=-2$이다.

따라서

$$v(t)=\begin{cases} -t^2+t & (0 \le t \le 1) \\ t^2-3t+2 & (1 \le t \le 2) \\ t^2-t-2 & (2 \le t \le 3) \end{cases}$$

그러므로

시각 $t=0$에서 $t=3$까지 점 P가 움직인 거리는

$\displaystyle\int_0^1 (-t^2+t)dt+\int_1^2 (-t^2+3t-2)+\int_2^3 (t^2-t-2)dt$

$\displaystyle =2\times\frac{1}{6}+\left[\frac{1}{3}t^3-\frac{1}{2}t^2-2t\right]_2^3$

$\displaystyle =\frac{1}{3}+\frac{1}{3}\times 19-\frac{1}{2}\times 5-2$

$\displaystyle =\frac{20}{3}-\frac{9}{2}$

$\displaystyle =\frac{40-27}{6}=\frac{13}{6}$

$p=6$, $q=13$이므로 $p+q=19$이다.

559 정답 ②

함수 $f(x)$가 실수 전체의 집합에서 연속이므로

$n-1 \le x \le n$일 때,

$f(x)=6(x-n+1)(x-n)$ 또는

$f(x)=-6(x-n+1)(x-n)$

함수 $g(x)$가 $x=2$에서 최솟값 0을 가지므로

$\displaystyle g(2)=\int_0^2 f(t)dt-\int_2^4 f(t)dt=0$

$\displaystyle\int_0^2 f(t)dt=\int_2^4 f(t)dt$

이때 함수 $g(x)$가 $x=2$에서 최솟값을 가져야 하므로

닫힌구간 $[0,4]$에서 함수 $y=f(x)$의 그래프는 다음과 같다.

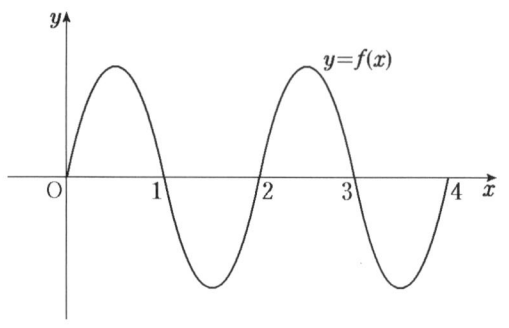

따라서

$\displaystyle\int_{\frac{1}{2}}^4 f(x)dx$

$\displaystyle =\int_{\frac{1}{2}}^1 f(x)dx+\int_1^2 f(x)dx+\int_2^3 f(x)dx+\int_3^4 f(x)dx$

$\displaystyle =\int_{\frac{1}{2}}^1 f(x)dx-\int_0^1 f(x)dx+\int_0^1 f(x)dx-\int_0^1 f(x)dx$

$\displaystyle =-\int_0^{\frac{1}{2}} f(x)dx$

$\displaystyle =-\int_0^{\frac{1}{2}} \{-6x(x-1)\}dx=\int_0^{\frac{1}{2}} (6x^2-6x)dx$

$\displaystyle =\left[2x^3-3x^2\right]_0^{\frac{1}{2}}=2\times\left(\frac{1}{2}\right)^3-3\times\left(\frac{1}{2}\right)^2=-\frac{1}{2}$

560 정답 ④

[풀이 : 이소영T]

$\displaystyle g(x)=\int_0^x f(t)dt-\int_x^6 f(t)dt$

$\displaystyle =\int_0^x f(t)dt-\left(\int_0^6 f(t)dt-\int_0^x f(t)dt\right)$

$\displaystyle =2\int_0^x f(t)dt-\int_0^6 f(t)dt \cdots (*)$

연속 함수 $f(x)$의 경우 구간의 크기가 1인 범위 $[0,1)$, $[1,2)$, $[2,3)$, $\cdots$, $[5,6)$의 그래프는

① 또는 ② 을 선택한다.

함수 $f(x)$가 구간 $[n-1,n]$에서 ①이라면 최고차항의 계수가 -1이고, 이차함수의 두 근이 $n-1$, n인 구간의 정적분이므로

$\displaystyle -\frac{-1}{6}\{n-(n-1)\}^3=\frac{1}{6}$이다.

함수 $f(x)$가 구간 $[n-1,n]$에서 ②라면 최고차항의 계수가 1이고, 이차함수의 두 근이 $n-1$, n인 구간의 정적분이므로

$\displaystyle -\frac{1}{6}\{n-(n-1)\}^3=-\frac{1}{6}$이다.

이때, $x=3$에서 최솟값 $-\frac{1}{3}$을 가지는 경우에 대해서

생각해보자.

i) 구간 $(0,6)$에서 함수 $f(x)$의 정적분의 결과가 ①$\left(\frac{1}{6}\right)$인

구간이 6개 있다면,

$(*)$에서 $\displaystyle g(0)=-\int_0^6 f(t)dt=-1$이 된다. 이미 연속함수

$g(x)$에서 $g(3)$이 가져야할 최솟값 $-\frac{1}{3}$보다 $g(0)$이 더

작으므로 모순이다.

ii) 구간 $(0,6)$에서 함수 $f(x)$의 정적분의 결과가 ① $\left(\dfrac{1}{6}\right)$인 구간이 5개 있고, ② $\left(-\dfrac{1}{6}\right)$인 구간이 1개 있다면, $(*)$에서 $g(0) = -\displaystyle\int_0^6 f(t)dt = -\dfrac{4}{6}$이 된다. ⅰ)과 같은 이유로 모순이다.

iii) 구간 $(0,6)$에서 함수 $f(x)$의 정적분의 결과가 ① $\left(\dfrac{1}{6}\right)$인 구간이 4개 있고, ② $\left(-\dfrac{1}{6}\right)$인 구간이 2개 있다면, $(*)$에서 $g(0) = -\displaystyle\int_0^6 f(t)dt = -\dfrac{2}{6}$이 된다. 이때, 구간 $[0,3)$사이에 $y=2f(x)$는 ①의 그래프의 2배가 되는 개형이 A번, ②의 그래프의 2배가 되는 개형이 $3-A$번 있다고 하자. ($0 \le A \le 3$인 정수)

$g(x) = 2\displaystyle\int_0^x f(t)dt - \int_0^6 f(t)dt$에서 $g'(x) = 2f(x)$이므로 $g(x)$의 함숫값의 변화량은 $y=2f(x)$의 정적분 값과 같다. $g(x)$의 그래프는 $g(0)$에서 ①의 정적분 값의 2배인 $+\dfrac{2}{6}A$만큼 함숫값이 변하고, ② 의 정적분 값의 2배인 $-\dfrac{2}{6}(3-A)$만큼 함숫값이 변하여 최종적으로 $g(3)$의 함숫값을 얻게 된다.

따라서 $g(3) = g(0) + \dfrac{2}{6}A - \dfrac{2}{6}(3-A) = -\dfrac{1}{3}$

$-2 + 2A - 6 + 2A = -2$

$4A = 6$

$A = \dfrac{3}{2} \ne (0 \le A \le 3$인 정수)

따라서 $x=3$에서 최솟값 $-\dfrac{1}{3}$을 가질 수 없다.

iv) 구간 $(0,6)$에서 함수 $f(x)$의 정적분의 결과가 ① $\left(\dfrac{1}{6}\right)$인 구간이 3개 있고, ② $\left(-\dfrac{1}{6}\right)$인 구간이 3개 있다면, $(*)$에서 $g(0) = -\displaystyle\int_0^6 f(t)dt = 0$이 된다. 이때, 구간 $[0,3)$사이에 $y=2f(x)$는 ①의 그래프의 2배가 되는 개형이 A번, ②의 그래프의 2배가 되는 개형이 $3-A$번 있다고 하자. ($0 \le A \le 3$인 정수)

iii)과 같은 방법으로 $g(3)$의 값을 구하면

$g(3) = g(0) + \dfrac{2}{6}A - \dfrac{2}{6}(3-A) = -\dfrac{1}{3}$

$2A - 6 + 2A = -2$

$4A = 4$

$A = 1$

따라서 구간 $[0,3)$사이에 $y=2f(x)$는 ①의 그래프의 2배가 되는 개형이 1번, ②의 그래프의 2배가 되는 개형이 2번 있고, $[3,6)$까지는 ①의 그래프의 2배가 되는 개형이 2번, ②의 그래프의 2배가 되는 개형이 1번 존재한다. $g(3)$에서만 최솟값 $-\dfrac{1}{3}$을 가지기 위해서는 아래의 그림처럼 $g(x)$가 그려져야 한다.

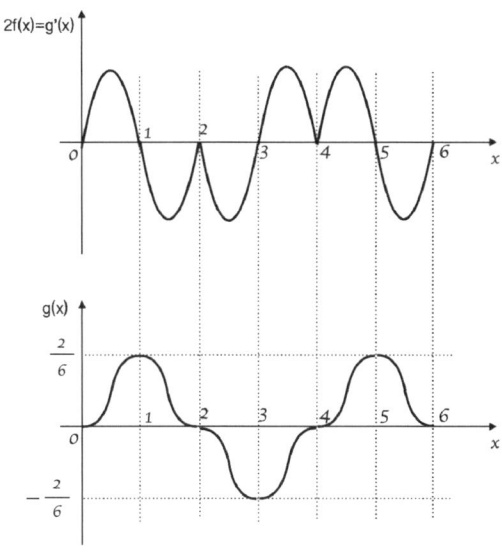

이때 $6g(x) + 1 = 0$인 모든 해는 $g(x) = -\dfrac{1}{6}$이고, $[2,3)$사이와 $[3,4)$사이에 존재하는데,

$\displaystyle\int_0^{\frac{5}{2}} g'(x)\,dx = \int_0^{\frac{5}{2}} 2f(x)\,dx = -\dfrac{1}{6}$이므로 $g(x) = -\dfrac{1}{6}$인 해 중 하나는 $\dfrac{5}{2}$이고,

$\displaystyle\int_0^{\frac{7}{2}} g'(x)\,dx = \int_0^{\frac{7}{2}} 2f(x)\,dx = -\dfrac{1}{6}$이므로 $g(x) = -\dfrac{1}{6}$인 해 중 하나는 $\dfrac{7}{2}$이다.

따라서 $g(x) = -\dfrac{1}{6}$인 모든 해의 합은 6이다.

ⅴ) 구간 $(0,6)$에서 함수 $f(x)$의 정적분의 결과가 ① $\left(\dfrac{1}{6}\right)$인 구간이 2개 있고, ② $\left(-\dfrac{1}{6}\right)$인 구간이 4개 있다면, $(*)$에서 $g(0) = -\displaystyle\int_0^6 f(t)dt = \dfrac{2}{6}$이 된다. 이때, 이때, 구간 $[0,3)$사이에 $y=2f(x)$는 ①의 그래프의 2배가 되는 개형이 A번, ②의 그래프의 2배가 되는 개형이 $3-A$번 있다고 하자. ($0 \le A \le 3$인 정수)

iii)과 같은 방법으로 $g(3)$의 값을 구하면

$g(3) = g(0) + \dfrac{2}{6}A - \dfrac{2}{6}(3-A) = -\dfrac{1}{3}$

$6g(0) + 2A - 6 + 2A = -2$

$4A - 1 = -2$

$4A = 2$

$A = \dfrac{1}{2} \neq$ ($0 \leq A \leq 3$인 정수)

따라서 $x = 3$에서 최솟값 $-\dfrac{1}{3}$을 가질 수 없다.

vi) 구간 $(0, 6)$에서 함수 $f(x)$의 정적분의 결과가 ① $\left(\dfrac{1}{6}\right)$인 구간이 1개 있고, ② $\left(-\dfrac{1}{6}\right)$인 구간이 5개 있다면, 함수 $g(x)$의 최솟값이 $-\dfrac{1}{3}$ 보다 작아진다. 모순!

vii) 정적분의 결과가 ① $\left(\dfrac{1}{6}\right)$인 구간이 0개 있고, ② $\left(-\dfrac{1}{6}\right)$인 구간이 6개 있다면, 함수 $g(x)$의 최솟값이 $-\dfrac{1}{3}$ 보다 작아진다. 모순!

따라서 iv)에서만 만족하므로 $g(x) = -\dfrac{1}{6}$인 모든 해의 합은 6이다.

561 정답 ④

$A = B$이므로

$\displaystyle\int_0^2 \{(x^3 + x^2) - (-x^2 + k)\}dx = 0$이어야 한다.

$\displaystyle\int_0^2 \{(x^3 + x^2) - (-x^2 + k)\}dx = \int_0^2 (x^3 + 2x^2 - k)dx$

$= \left[\dfrac{1}{4}x^4 + \dfrac{2}{3}x^3 - kx\right]_0^2$

$= 4 + \dfrac{16}{3} - 2k$

$= \dfrac{28}{3} - 2k = 0$

에서 $k = \dfrac{14}{3}$

562 정답 ②

[그림 : 이정배T]

두 곡선 $y = x^3$, $y = x^2 + 1$의 교점의 x좌표를 $x = t$라 하면

$a = \displaystyle\int_0^t (x^2 + 1 - x^3)dx$, $b = \int_t^2 (x^3 - x^2 - 1)dx$이다.

따라서

$b - a$

$= \displaystyle\int_t^2 (x^3 - x^2 - 1)dx - \int_0^t (x^2 + 1 - x^3)dx$

$= \displaystyle\int_t^2 (x^3 - x^2 - 1)dx + \int_0^t (-x^2 - 1 + x^3)dx$

$= \displaystyle\int_0^2 (x^3 - x^2 - 1)dx$

$= \left[\dfrac{1}{4}x^4 - \dfrac{1}{3}x^3 - x\right]_0^2$

$= 4 - \dfrac{8}{3} - 2$

$= -\dfrac{2}{3}$

563 정답 80

$f(x) = x^3 + x^2 - x$에서

$f'(x) = 3x^2 + 2x - 1 = (3x - 1)(x + 1)$

이므로 $f'(x) = 0$에서 $x = -1$ 또는 $x = \dfrac{1}{3}$

이때 함수 $f(x)$의 증가와 감소를 표로 나타내면 다음과 같다.

x	$\cdots$	-1	$\cdots$	$\dfrac{1}{3}$	$\cdots$
$f'(x)$	$+$	0	$-$	0	$+$
$f(x)$	$\nearrow$	극대	$\searrow$	극소	$\nearrow$

따라서 함수 $f(x)$는 $x = -1$에서 극댓값이 $f(-1) = 1$,

$x = \dfrac{1}{3}$에서 극솟값이 $f\left(\dfrac{1}{3}\right) = -\dfrac{5}{27}$이므로 두 함수

$f(x) = x^3 + x^2 - x$, $g(x) = 4|x| + k$의 그래프가 만나는 점의 개수가 2이기 위해서는 그림과 같이 $x > 0$인 부분에서 두 함수 $f(x) = x^3 + x^2 - x$, $g(x) = 4|x| + k$의 그래프가 접해야 한다.

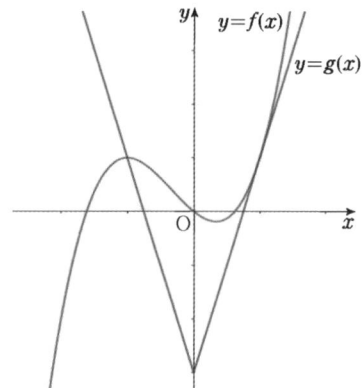

$x > 0$일 때 $g(x) = 4x + k$이므로

$f'(x) = 3x^2 + 2x - 1 = 4$에서

$3x^2 + 2x - 5 = 0$, $(3x + 5)(x - 1) = 0$

즉, $x = 1$이므로 접점의 좌표는 $(1, 1)$이고

$g(1) = 4 + k = 1$

에서 $k = -3$

또한, $x < 0$일 때 $g(x) = -4x - 3$이므로

두 함수 $y = f(x)$, $y = g(x)$의 그래프의 교점의 좌표는

$x^3 + x^2 - x = -4x - 3$

$x^3 + x^2 + 3x + 3 = 0$, $(x + 1)(x^2 + 3) = 0$

$x = -1$

따라서 구하는 넓이 S는

$$S = \int_{-1}^{0} (x^3 + x^2 + 3x + 3)dx + \int_{0}^{1} (x^3 + x^2 - 5x + 3)dx$$

$$= \left[\frac{1}{4}x^4 + \frac{1}{3}x^3 + \frac{3}{2}x^2 + 3x \right]_{-1}^{0} + \left[\frac{1}{4}x^4 + \frac{1}{3}x^3 - \frac{5}{2}x^2 + 3x \right]_{0}^{1}$$

$$= \frac{19}{12} + \frac{13}{12} = \frac{8}{3}$$

$$30 \times S = 30 \times \frac{8}{3} = 80$$

564 정답 248

[그림 : 배용제T]

$f'(x) = x^3 - x = x(x+1)(x-1)$

$f'(x) = 0$의 해가 $x = -1$, $x = 0$, $x = 1$이고 함수 $f(x)$가 y축 대칭함수이다.

$$g(x) = \begin{cases} 6x + a & (x \geq 0) \\ -6x + a & (x < 0) \end{cases}$$

따라서 $y = 6x + a$와 $y = -6x + a$가 $y = f(x)$의 그래프에 접할 때, 두 함수 $f(x)$와 $g(x)$는 두 점에서 만나게 된다.

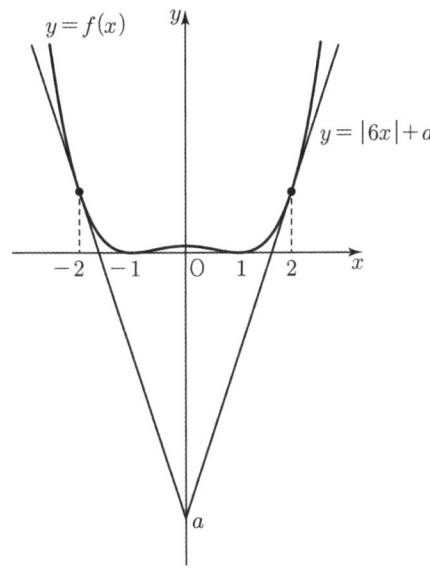

$x > 0$에서 $f'(x) = x^3 - x = 6$

$x^3 - x - 6 = 0$

$(x-2)(x^2 + 2x + 3) = 0$

$x = 2$

$y = f(x)$와 $y = 6x + a$의 만나는 접점의 좌표는 $(2, f(2))$

즉, $\left(2, \frac{9}{4} \right)$

$\frac{9}{4} = 6 \times 2 + a$

$a = -\frac{39}{4}$

따라서

$f(x) = \frac{1}{4}x^4 - \frac{1}{2}x^2 + \frac{1}{4}$

$$S = \int_{0}^{2} \{f(x) - g(x)\}dx$$

$$= 2 \times \int_{0}^{2} \left(\frac{1}{4}x^4 - \frac{1}{2}x^2 + \frac{1}{4} - 6x + \frac{39}{4} \right)dx$$

$$= \int_{0}^{2} \left(\frac{1}{2}x^4 - x^2 - 12x + 20 \right)dx$$

$$= \left[\frac{1}{10}x^5 - \frac{1}{3}x^3 - 6x^2 + 20x \right]_{0}^{2}$$

$$= \frac{16}{5} - \frac{8}{3} - 24 + 40$$

$$= \frac{48 - 40 + 240}{15}$$

$$= \frac{248}{15}$$

$\therefore 15S = 248$

565 정답 ⑤

최고차항의 계수가 1이고 $f(0) = 0$, $f(1) = 0$인 삼차함수 $f(x)$를

$f(x) = x(x-1)(x-a)$ (a는 상수) ······㉠

라 하자.

ㄱ. $g(0) = \int_{0}^{1} f(x)dx - \int_{0}^{1} |f(x)|dx = 0$

$\int_{0}^{1} f(x)dx = \int_{0}^{1} |f(x)|dx$

따라서 $0 \leq x \leq 1$일 때 $f(x) \geq 0$이므로 함수 $y = f(x)$의 그래프의 개형은 그림과 같다.

(i) $a > 1$일 때

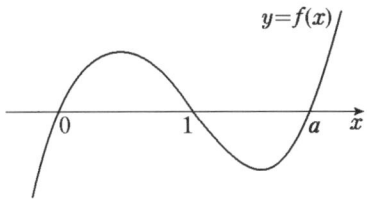

(ii) $a = 1$일 때

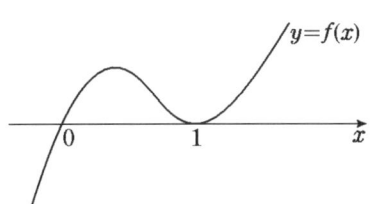

(i), (ii)에 의하여

$$\int_{-1}^{0} f(x)dx < 0$$

이므로

$$g(-1) = \int_{-1}^{0} f(x)dx - \int_{0}^{1} |f(x)|dx < 0 \text{ (참)}$$

ㄴ. $g(-1) > 0$이면 $0 \le x \le 1$일 때 $f(x) \le 0$이므로

$$g(-1) = \int_{-1}^{0} f(x)dx - \int_{0}^{1} |f(x)|dx$$

$$= \int_{-1}^{0} f(x)dx + \int_{0}^{1} f(x)dx$$

$$= \int_{-1}^{1} f(x)dx$$

$$= \int_{-1}^{1} x(x-1)(x-a)dx$$

$$= \int_{-1}^{1} \{x^3 - (a+1)x^2 + ax\}dx$$

$$= 2\int_{0}^{1} \{-(a+1)x^2\}dx$$

$$= 2\left[-\frac{a+1}{3}x^3 \right]_{0}^{1}$$

$$= -\frac{2(a+1)}{3} > 0$$

즉, $a < -1$이므로 $f(k) = 0$을 만족시키는 $k < -1$인 실수 k가 존재한다. (참)

ㄷ. $g(-1) = -\dfrac{2(a+1)}{3} > 1$에서

$$a < -\frac{5}{2}$$

$0 \le x \le 1$일 때 $f(x) \le 0$이므로

$$g(0) = \int_{0}^{1} f(x)dx - \int_{0}^{1} |f(x)|dx$$

$$= \int_{0}^{1} f(x)dx + \int_{0}^{1} f(x)dx$$

$$= 2\int_{0}^{1} f(x)dx$$

$$= 2\int_{0}^{1} \{x^3 - (a+1)x^2 + ax\}dx$$

$$= 2\left[\frac{1}{4}x^4 - \frac{a+1}{3}x^3 + \frac{a}{2}x^2 \right]_{0}^{1}$$

$$= 2\left(\frac{1}{4} - \frac{a+1}{3} + \frac{a}{2} \right)$$

$$= \frac{1}{3}a - \frac{1}{6} < -1 \text{ (참)}$$

이상에서 옳은 것은 ㄱ, ㄴ, ㄷ이다.

566 정답 ③

[출제자 : 김진성T]

ㄱ. 함수 $f(x)$가 $x = 2$에서 연속이기만 하면 실수 전체에서 연속이 된다.
따라서 $x = 2$에서 연속을 만들면 $6 + a = 8 - a^2$ 가 되도록 $a = 1$ 또는 $a = -2$가 존재한다. (참)

ㄴ. 함수 $\dfrac{x-1}{g(x)}$가 실수 전체에서 연속이 되도록 하려면 모든 실수 x에 대하여 $g(x) \ne 0$이어야 한다.

$$(x-1)g(x) = x^3 + (a-1)x^2 + ax - 2a$$
$$= (x-1)(x^2 + ax + 2a)$$이므로

$g(x) = x^2 + ax + 2a \ne 0$가 되기 위해서
$D = a^2 - 8a < 0$이어야 한다. 즉 $0 < a < 8$을 만족하는 정수의 합은 $1 + 2 + \cdots + 7 = 28$ 이다. (거짓)

ㄷ. 함수 $\dfrac{f(x)}{g(x)}$가 실수 전체의 집합에서 연속이 되도록 하려면 모든 실수 x에 대하여 $g(x) \ne 0$이고 $f(x)$가 $x = 2$에서 연속이 되어야 한다.
ㄱ.에서 $f(x)$가 $x = 2$에서 연속이기 위해서는 $a = 1$ 또는 $a = -2$이다.
ㄴ.에서 $g(x) \ne 0$이기 위해서는 $0 < a < 8$이다.
따라서 $a = 1$일 때 함수 $\dfrac{f(x)}{g(x)}$가 실수 전체의 집합에서 연속이 된다.
그러므로 열린구간 $(a-2, a-1)$은 $(-1, 0)$이다.
열린구간 $(-1, 0)$에서 실근을 갖는지 확인하면 된다.

$$f(x) = \begin{cases} 3x+1 & (x < 2) \\ x^2 + 2x - 1 & (x \ge 2) \end{cases}, \quad g(x) = x^2 + x + 2$$에서

$f(-1) = -2$, $g(-1) = 2$, $f(0) = 1$, $g(0) = 2$

$\dfrac{f(-1)}{g(-1)} = -1 < 0$이고 $\dfrac{f(0)}{g(0)} = \dfrac{1}{2} > 0$이므로 사잇값 정리에 의하여

방정식 $\dfrac{f(x)}{g(x)} = 0$은 열린구간 $(-1, 0)$에서 적어도 하나의 실근을 갖는다. (참)

[랑데뷰팁] – ㄴ.

$$g(x) = \begin{cases} x^2 + ax + 2a & (x \ne 1) \\ 3a + 1 & (x = 1) \end{cases}$$이므로

$$\frac{x-1}{g(x)} = \begin{cases} \dfrac{x-1}{x^2 + ax + 2a} & (x \ne 1) \\ \dfrac{x-1}{3a+1} & (x = 1) \end{cases}$$

a가 정수이므로 $3a + 1 \ne 0$이다.
따라서 $x^2 + ax + 2a \ne 0$이면 된다.

---

567 정답 ④

시각 t에서의 점 P의 위치를 $x(t)$라고 하면

$$x(t) = t^3 + \frac{a}{2}t^2$$이다.

따라서 $t = 2$에서의 점 P의 위치 $x(2) = 8 + 2a$이다.
점 P와 점 A 사이의 거리가 10이므로

$$|8 + 2a - 6| = 10$$
$$|2a + 2| = 10$$
$$2a + 2 = 10 \text{ 또는 } 2a + 2 = -10$$

$a=4$ 또는 $a=-6$

$a>0$이므로 $a=4$이다.

568 정답 ①

시각 t에서의 점 P의 위치를 $x(t)$라고 하면

$$x(t)=t^3+at^2+at$$이다.

따라서 $t=3$에서의 점 P의 위치

$x(3)=27+9a+3a=12a+27$이다.

점 P와 점 A 사이의 거리가 36이므로

$|\,12a+27-3\,|=36$

$|\,12a+24\,|=36$

$12a+24=36$ 또는 $12a+12=-36$

$a=1$ 또는 $a=-4$

$a>0$이므로 $a=1$이다.

569 정답 13

넓이의 증가율과 감소율 [랑데뷰세미나(참고)]

에서 함수의 $g(x)$의 그래프가 $|f(1)|=|f(2)|$이어야

$x=1$에서 극솟값을 갖는다. 따라서 $f(1)=-f(2)$,

마찬가지로 $-f(4)=f(5)$이다.

최고차항의 계수가 2인 이차함수 $f(x)$가 $x=3$에 대칭이므로

$f(x)=2(x-3)^2+q$

$f(1)=8+q$, $f(2)=2+q$

$8+q=-2-q$

$q=-5$

$\therefore\ f(x)=2(x-3)^2-5$

$f(0)=13-5=13$

[다른 풀이]

모든 실수 x에 대하여 $f(x)\geq0$이면

$$g(x)=\int_x^{x+1}|f(t)|\,dt=\int_x^{x+1}f(t)\,dt$$

이므로 $g(x)$는 이차함수이고 이때 $g(x)$가 극소인 x의 값은

1개뿐이다. 따라서 조건을 만족시키지 못한다.

$f(x)=2(x-\alpha)(x-\beta)$ $(\alpha<\beta)$라 하면

함수 $y=|f(x)|$의 그래프는 그림과 같고 $x=1$, $x=4$에서

함수 $g(x)$가 극소이므로 $g'(1)=0$, $g'(4)=0$이다.

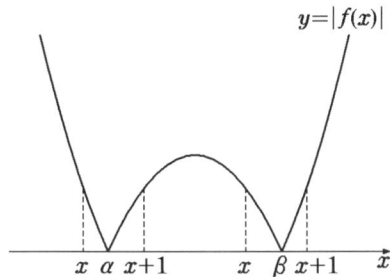

(i) $x<\alpha<x+1$일 때

$g(x)=\int_x^{x+1}|f(t)|\,dt$

$\displaystyle =\int_x^\alpha f(t)\,dt+\int_\alpha^{x+1}\{-f(t)\}dt$

$\displaystyle =-\int_\alpha^x f(t)\,dt-\int_\alpha^{x+1}f(t)\,dt$

$\displaystyle =-\int_\alpha^x 2(t-\alpha)(t-\beta)\,dt-\int_\alpha^{x+1}2(t-\alpha)(t-\beta)\,dt$

$\displaystyle =-\int_\alpha^x 2(t-\alpha)(t-\beta)\,dt$

$\displaystyle \qquad\qquad -\int_{\alpha-1}^x 2(t+1-\alpha)(t+1-\beta)\,dt$

이므로

$g'(x)=-2(x-\alpha)(x-\beta)-2(x+1-\alpha)(x+1-\beta)$

$g'(1)=-2(1-\alpha)(1-\beta)-2(2-\alpha)(2-\beta)$

$\qquad =6\alpha+6\beta-4\alpha\beta-10=0$

$3\alpha+3\beta-2\alpha\beta-5=0$ ······ ㉠

(ii) $x<\beta<x+1$일 때

$g(x)=\int_x^{x+1}|f(t)|\,dt$

$\displaystyle =\int_x^\beta\{-f(t)\}dt+\int_\beta^{x+1}f(t)\,dt$

$\displaystyle =\int_\beta^x f(t)\,dt+\int_\beta^{x+1}f(t)\,dt$

$\displaystyle =\int_\beta^x 2(t-\alpha)(t-\beta)\,dt+\int_\beta^{x+1}2(t-\alpha)(t-\beta)\,dt$

$\displaystyle =\int_\beta^x 2(t-\alpha)(t-\beta)\,dt$

$\displaystyle \qquad\qquad +\int_{\beta-1}^x 2(t+1-\alpha)(t+1-\beta)\,dt$

이므로

$g'(x)=2(x-\alpha)(x-\beta)+2(x+1-\alpha)(x+1-\beta)$

$g'(4)=2(4-\alpha)(4-\beta)+2(5-\alpha)(5-\beta)$

$\qquad =82-18\alpha-18\beta+4\alpha\beta=0$

$9\alpha+9\beta-2\alpha\beta-41=0$ ······ ㉡

㉠, ㉡에서 $\alpha\beta=\dfrac{13}{2}$이므로

$f(0)=2\alpha\beta=2\times\dfrac{13}{2}=13$

570 정답 7

$f(-x)=f(x)$이고 최고차항의 계수가 1인 사차함수 $f(x)$를

$f(x)=x^4+ax^2+b$라 할 수 있다.

$g(x)=\displaystyle\int_x^{x+1}|f(t)|\,dt$는 $x=0$과 $x=2$에서 극값을 가지므로

$g'(x)=|f(x+1)|-|f(x)|$

$g'(0)=|f(1)|-|f(0)|=0$

$\therefore\ f(0)=-f(1)$

$b=-1-a-b$

$a + 2b = -1$

$g'(2) = |f(3)| - |f(2)| = 0$

$\therefore -f(2) = f(3)$

$16 + 4a + b = -81 - 9a - b$

$13a + 2b = -97$

$12a = -96$

$a = -8, \ b = \dfrac{7}{2}$

따라서 $f(x) = x^4 - 8x^2 + \dfrac{7}{2}$

$f(1) = 1 - 8 + \dfrac{7}{2} = -\dfrac{7}{2}$

$2f(1) = -7$

$\therefore |2f(1)| = 7$

571 정답 ④

ㄱ. $x < 0$일 때 $g'(x) = -f(x)$

$x > 0$일 때 $g'(x) = f(x)$

그런데 함수 $g(x)$는 $x = 0$에서 미분가능하고

함수 $f(x)$는 실수 전체의 집합에서 연속이므로

$\displaystyle\lim_{x \to -0} \{-f(x)\} = \lim_{x \to 0+} f(x)$

$-f(0) = f(0), \ 2f(0) = 0$

$f(0) = 0$ (참)

ㄴ. $g(0) = \displaystyle\int_0^0 f(t)dt = 0$이고 함수 $g(x)$는 삼차함수이므로

$g(x) = x^2(x - a)$ (단, a는 상수)

로 놓으면

$g'(x) = 2x(x - a) + x^2 = x(3x - 2a)$

(i) $a > 0$일 때

$f(x) = \begin{cases} -x(3x - 2a) & (x < 0) \\ x(3x - 2a) & (x \ge 0) \end{cases}$

이므로 함수 $y = f(x)$의 그래프는 그림과 같고

$x = 0$에서 극댓값을 갖는다.

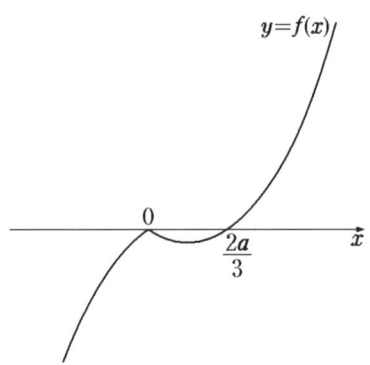

(ii) $a < 0$일 때

$f(x) = \begin{cases} -x(3x - 2a) & (x < 0) \\ x(3x - 2a) & (x \ge 0) \end{cases}$

이므로 함수 $y = f(x)$의 그래프는 그림과 같고

$x = \dfrac{a}{3}$에서 극댓값을 갖는다.

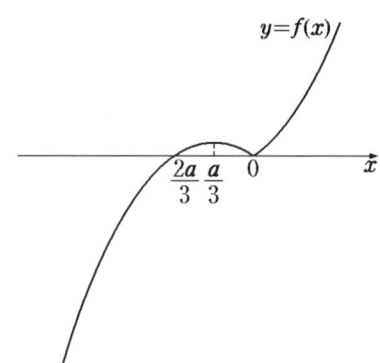

(iii) $a = 0$일 때

$f(x) = \begin{cases} -3x^2 & (x < 0) \\ 3x^2 & (x \ge 0) \end{cases}$

이므로 함수 $y = f(x)$의 그래프는 극댓값이 존재하지 않는다.

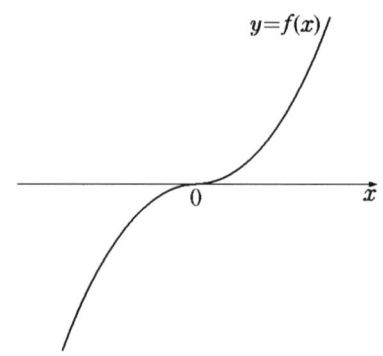

(거짓)

ㄷ. (i) ㄴ의 (i)의 경우

$f(1) = 3 - 2a$이므로 $2 < 3 - 2a < 4$에서

$0 < a < \dfrac{1}{2}$

또한 $x < 0$일 때

$f'(x) = -(3x - 2a) - 3x = -6x + 2a$

이므로

$\displaystyle\lim_{x \to 0-} f'(x) = 2a$

이때 $0 < 2a < 1$이므로 함수 $y = f(x)$의 그래프와

직선 $y = x$는 그림과 같이 세 점에서 만난다.

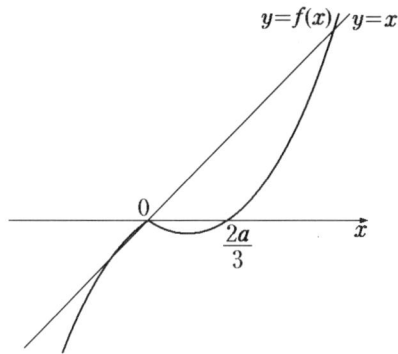

따라서 $2 < f(1) < 4$일 때, 방정식 $f(x) = x$의 서로 다른 실근의 개수는 3이다.

(ii) ㄴ의 (ii)의 경우

$f(1) = 3 - 2a$이므로 $2 < 3 - 2a < 4$에서

$$-\frac{1}{2} < a < 0$$

또한 $x > 0$일 때

$$f'(x) = (3x - 2a) + 3x = 6x - 2a$$

이므로

$$\lim_{x \to 0+} f'(x) = -2a$$

이때 $0 < -2a < 1$이므로 함수 $y = f(x)$의 그래프와 직선 $y = x$는 그림과 같이 세 점에서 만난다.

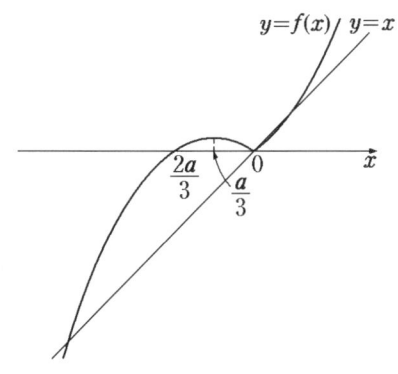

따라서 $2 < f(1) < 4$일 때, 방정식 $f(x) = x$의 서로 다른 실근의 개수는 3이다.

(iii) ㄴ의 (iii)의 경우

$f(1) = 3$이고 함수 $y = f(x)$의 그래프와 직선 $y = x$는 그림과 같이 세 점에서 만난다.

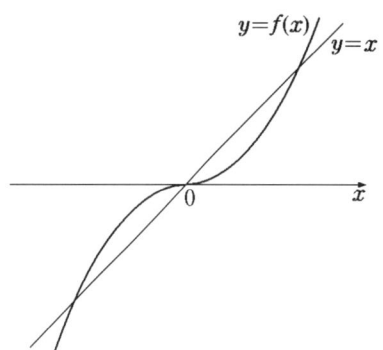

따라서 $2 < f(1) < 4$일 때, 방정식 $f(x) = x$의 서로 다른 실근의 개수는 3이다. (참)

이상에서 옳은 것은 ㄱ, ㄷ이다.

572 정답 ②

ㄱ.

$$g(x) = \begin{cases} f(x) & (x < -2) \\ -\dfrac{1}{2} \displaystyle\int_1^x |f'(t)| \, dt & (x \geq -2) \end{cases}$$

에서 $g(1) = 0$이고 함수 $g(x)$를 미분하면

$$g'(x) = \begin{cases} f'(x) & (x < -2) \\ -\dfrac{1}{2} |f'(x)| & (x > -2) \end{cases}$$

에서 함수 $|f'(x)|$는 0이상의 함숫값만을 가지므로 $x > -2$에서 $g'(x) \leq 0$이므로 함수 $g(x)$는 $x > -2$에서 감소한다.

$0 = g(1) < g(a) = 2$이므로

$$-2 < a < 1$$

임을 알 수 있다. (ㄱ.참)

ㄴ.

(나)에서 $\displaystyle\lim_{x \to -2-} f(x) = g(-2) = 4$이므로 삼차함수 $f(x)$는 $(-2, 4)$을 지난다.

$g(x)$가 $x > -2$일 때 감소하므로 (나)에서 $(-2, 4)$는 극대점이고 조건 (나)를 만족시키기 위해서는

$$\lim_{x \to -2-} g'(x) = \lim_{x \to -2+} g'(x) = 0 \Rightarrow$$

$f'(-2-) = -\dfrac{1}{2} |f'(-2+)|$에서

$f'(-2) = 0$이어야 한다. $\cdots$ ㉠ (ㄴ.참)

따라서 함수 $f(x)$ 또한 $x = -2$에서 극댓값 4를 갖는 최고차항의 계수가 양수인 삼차함수임을 알 수 있다.

(다)에서 $g'(a) = -\dfrac{1}{2} |f'(a)| = 0$이므로 $f'(a) = 0$이다. $\cdots$ ㉡

㉠, ㉡에서

삼차함수 $f(x)$의 최고차항의 계수를 k라 두면

$f'(x) = 3k(x+2)(x-a)$ $(k>0, -2<a<1)$

$-2 < x < a$일 때, $f'(x) < 0$, $a < x$일 때, $f'(x) > 0$ 이다.

$g(a) = -\dfrac{1}{2} \displaystyle\int_1^a |f'(x)| dx = 2$ 이므로 $\displaystyle\int_a^1 f'(x)dx = 4$이다.

$g(-2) = -\dfrac{1}{2} \displaystyle\int_1^{-2} |f'(x)| dx = 4$이므로

$\displaystyle\int_{-2}^1 |f'(x)| dx = 8$

$\displaystyle\int_{-2}^1 |f'(x)| dx = \int_{-2}^a -f'(x)dx + \int_a^1 f'(x)dx = 8$

에서

$$\int_{-2}^a f'(x)dx = -4 \cdots ㉢$$

따라서 $\displaystyle\int_{-2}^a f'(x)dx = -\int_a^1 f'(x)dx$ 이므로

$$\int_{-2}^a f'(x)dx + \int_a^1 f'(x)dx = 0$$

$$\therefore \int_{-2}^1 f'(x)dx = 0$$

$\displaystyle\int_{-2}^1 f'(x)dx = \left[f(x) \right]_{-2}^1 = f(1) - f(-2) = 0$

$\to f(1) = f(-2) = 4$이다. $\cdots ㉣$

㉢에서 $\displaystyle\int_{-2}^a f'(x)dx = -4 \to f(a) - f(-2) = -4$에서 $f(a) = 0$

$\displaystyle\int_{-2}^1 f'(x)dx = 0 \qquad \to k\int_{-2}^1 (x+2)(x-a)dx = 0$

$= k\left[\dfrac{1}{3}x^3 + \dfrac{1}{2}(2-a)x^2 - 2ax \right]_{-2}^1 = 0$

$\to \dfrac{1}{3} + \dfrac{2-a}{2} - 2a - \left(-\dfrac{8}{3} + 4 - 2a + 4a \right) = 0$

$\to \dfrac{4}{3} - \dfrac{5}{2}a - \left(2a + \dfrac{4}{3} \right) = 0 \to \therefore a = 0$

(i) $-2 < x < 0$일 때,

$g(x) = -\dfrac{1}{2} \displaystyle\int_1^x |f'(x)| dx$

$= -\dfrac{1}{2} \left\{ \displaystyle\int_1^0 f'(t) dt + \int_0^x -f'(t)dt \right\}$

$= -\dfrac{1}{2} \{ f(0) - f(1) - f(x) + f(0) \}$

$= -\dfrac{1}{2} \{ -f(x) - f(1) + 2f(0) \} = \dfrac{1}{2}f(x) + 2$

(ii) $x > 0$일 때,

$g(x) = -\dfrac{1}{2} \displaystyle\int_1^x f'(t) dt$

$= -\dfrac{1}{2} \{ f(x) - f(1) \} = -\dfrac{1}{2}f(x) + 2$

(i), (ii)에서

$$g(x) = \begin{cases} f(x) & (x < -2) \\ \dfrac{1}{2}f(x) + 2 & (-2 \le x < 0) \\ -\dfrac{1}{2}f(x) + 2 & (x \ge 0) \end{cases}$$

$f'(x) = 3k(x+2)(x-a)$ $(k>0)$에서 $a=0$이므로

$\qquad f'(x) = 3kx(x+2)$

따라서 $f(x) = kx^3 + 3kx^2 + C$ 이고 $f(a) = 0$,

즉 $f(0) = 0$에서 $C = 0$이다.

또한 $f(1) = f(-2) = 4$에서 $4k + 0 = 4$에서 $k = 1$

$\qquad \therefore f(x) = x^3 + 3x^2$

따라서

$$g(x) = \begin{cases} x^3 + 3x^2 & (x < -2) \\ \dfrac{1}{2}x^3 + \dfrac{3}{2}x^2 + 2 & (-2 \le x < 0) \\ -\dfrac{1}{2}x^3 - \dfrac{3}{2}x^2 + 2 & (x \ge 0) \end{cases}$$

$y = g(x)$의 그래프 개형은 다음과 같다.

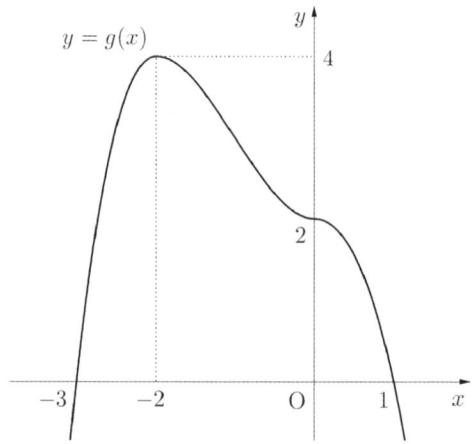

그러므로 $g(2) = -\dfrac{1}{2}f(2) + 2 = -8$ (ㄷ. 거짓)

[랑데뷰팁] - ㄷ. 다른 설명

㉣에서 $f(1) = f(-2) = 4$이고, $f'(-2) = 0$이므로
삼차함수 비율에서

$f(x) = k(x+2)^2(x-1) + 4$이다.

$f'(x) = 3k(x+2)x$에서 $a = 0$이고

$\displaystyle\int_{-2}^a f'(t)dt = -4$에서 $\displaystyle\int_{-2}^0 f'(t)dt = -4$이므로

$\dfrac{-3k\{0 - (-2)\}^2}{6} = -4$

$\therefore k = 1$

ㄷ.에서

$g(2) = -\dfrac{1}{2} \displaystyle\int_1^2 |f'(t)| dt$

$= -\dfrac{1}{2} \displaystyle\int_1^2 f'(t)dt$

$= -\dfrac{1}{2} \{ f(2) - f(1) \} = -8$ (거짓)

573 정답 ⑤

점 P의 시각 $t=a$에서의 위치는

$$\int_0^a v_1(t)dt = \int_0^a (2-t)dt = \left[2t - \frac{t^2}{2}\right]_0^a = 2a - \frac{a^2}{2}$$

원점으로 돌아오는 시각에서 위치가 0이므로

$2a - \frac{a^2}{2} = 0$, $a=4$

점 Q가 시각 $t=b$까지 움직인 거리는

$$\int_0^b |v_2(t)|dt = \int_0^b |3t|dt = \left[\frac{3}{2}t^2\right]_0^b = \frac{3}{2}b^2$$

4초까지 움직인 거리는 $b=4$일 때

$\frac{3}{2} \times 4^2 = 24$

574 정답 ④

점 P가 출발 후 원점으로 돌아올 때의 시각을 t_1이라 하면

$$\int_0^{t_1} (3-t)dt = 0$$이다.

$\therefore\ t_1 = 6$

$t=6$일 때의 점 Q의 위치는

$$\int_0^6 2t\,dt = \left[t^2\right]_0^6 = 36$$

$t=6$일 때의 점 R의 위치는

$$\int_0^6 t(t-6)dt = -\frac{6^3}{6} = -36$$

따라서 두 점 Q와 R의 위치의 차이는 $36-(-36)=72$

575 정답 ③

ㄱ. $\int_0^1 v(t)dt = x(1) - x(0) = 0$ (참)

ㄴ.

$y = t(t-1)(at+b)$에서 $a>0$라 가정하면

$t=0$, $t=1$, $t=-\frac{b}{a}$에서 점 P의 위치가 원점이다.

(i) $-\frac{b}{a} \le 0$일 때,

$y=x(t)$의 그래프에서 열린구간 $(0, 1)$에서 점 P는 음수쪽에만 위치하는 그래프가 된다.

따라서 열린구간 $(0, 1)$의 t_1에 대하여 $|x(t_1)| \le 1$

(ii) $-\frac{b}{a} \ge 1$일 때,

$y=x(t)$의 그래프에서 열린구간 $(0, 1)$에서 점 P는 양수쪽에만 위치하는 그래프가 된다.

따라서 열린구간 $(0, 1)$의 t_1에 대하여 $|x(t_1)| \le 1$

(iii) $0 < -\frac{b}{a} < 1$일 때,

$\int_0^1 |v(t)|dt = 2$이므로 구간 $(0, 1)$에서 $v(t)$가 음수인 구간과 양수인 구간이 반드시 존재한다. 이때, 극댓값을 α, 극솟값을 $-\beta$라 할 때, $y=x(t)$의 그래프를 그려보면 아래의 그림과 같다.

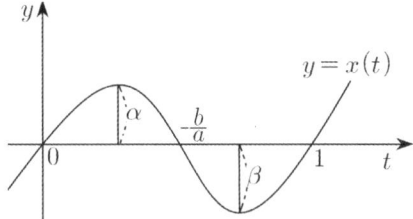

$\int_0^1 |v(t)|dt$는 t가 움직인 거리이므로 위치가 0에서 α가 되고 그 후에 $-\beta$가 된 후 다시 0이 되었으므로

$$\int_0^1 |v(t)|dt = \alpha + \alpha + \beta + \beta = 2\alpha + 2\beta = 2$$

$\alpha + \beta = 1$

따라서 열린구간 $(0, 1)$의 t_1에 대하여 $|x(t_1)| < 1$

(i), (ii), (iii)에서

$\therefore\ |x(t_1)| \le 1$ (거짓)

ㄷ. ㄴ의 결과에서 $\alpha \le 1$이므로 $\beta = 1-\alpha \ge 0$

$x(t)$의 극솟값은 $-\beta$이므로 음수가 된다.

열린구간 $(0, 1)$에서 (극댓값)×(극솟값)< 0이므로 극대점과 극소점 사이에 $x(t_2) = 0$을 만족하는 t_2가 존재한다. (참)

576 정답 ③

[그림 : 이정배T]

ㄱ. $\int_0^2 v(t)dt = x(2) - x(0) = 1-1 = 0$ (참)

$\int_0^2 v(t)dt = 0$, $\int_0^2 |v(t)|dt = 4$, $a>0$, $b<0$에서

$y=x(t)$의 그래프와 $y=v(t)$의 그래프는 다음 그림과 같다.

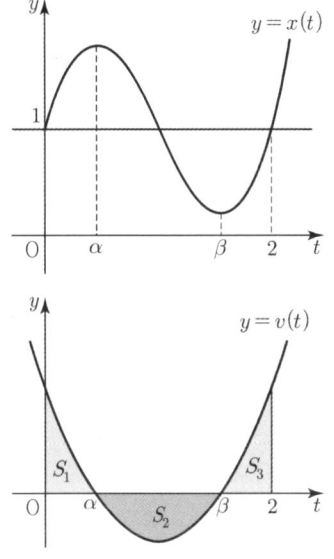

$\int_0^2 v(t)dt = 0$에서 $S_1 + S_3 = S_2$이고,

$\int_0^2 |v(t)|dt = 4$에서 $S_1 + S_3 + S_2 = 4$이므로

이를 연립하면 $S_2 = 2$이다.

$S_2 = \left| \int_\alpha^\beta v(t)dt \right|$에서 $x(\alpha) - x(\beta) = 2$이다.

$x(t_1) = 0$인 t_1이 열린구간 $(0, 2)$에 오직 하나 존재하기 위해서는

$t_1 = \beta$, 즉 $x(\beta) = 0$일 때, $x(\alpha) = 2$이다.

$0 < t_2 = \alpha < 2$로 $x(t_2) = 2$인 t_2가 존재한다. (참)

ㄷ. 반례) $\int_0^1 v(t)dt = 2$, $\int_1^2 v(t)dt = -2$인 경우

즉, $x(0) = 1$, $x(1) = 3$, $x(2) = 1$으로 $x(t_3) = 1$을 만족시키는 t_3의 값은 구간 $(0, 2)$에 존재하지 않는다. (거짓)

ㄷ. 반례) $\int_0^1 v(t)dt = 2$, $\int_1^2 v(t)dt = -2$인 경우

즉, $x(0) = 1$, $x(1) = 3$, $x(2) = 1$으로 $x(t_3) = 1$을 만족시키는 t_3의 값은 구간 $(0, 2)$에 존재하지 않는다. (거짓)

577 정답 110

주어진 조건식에 $x = 0$을 대입하면, $f(1) = b$

(가) 조건에서 $f(1) = b = 1$

주어진 조건식의 양변을 미분하면

$f'(x+1) - f(x) - xf'(x) = a$

$x = 0$을 대입하면, $f'(1) - f(0) = a$에서 $f'(1) = a$

(가) 조건에서 미분가능한 함수이므로 $f'(1) = 1 = a$

$f(x+1) = xf(x) + x + 1$

$\int_0^1 f(x+1)dx = \int_1^2 f(x)dx = \int_0^1 \{xf(x) + x + 1\}dx$

$= \int_0^1 \{x^2 + x + 1\}dx$

$= \left[\frac{1}{3}x^3 + \frac{1}{2}x^2 + x \right]_0^1 = \frac{1}{3} + \frac{1}{2} + 1 = \frac{11}{6}$

$60 \times \int_1^2 f(x)dx = 60 \times \frac{11}{6} = 110$

578 정답 2

(i) (나)의 준식에 $x = 0$을 대입하면

$f(1) = b = 2$

(나)의 준식을 x에 관해 미분하면

$f'(x+1) + f(x) + xf'(x) = a$

$x = 0$을 대입하면

$f'(1) + f(0) = a = 2$

따라서 $a = b = 2$

(ii) (다)의 준식에 $x = 1$을 대입하면

$f(0) - f(1) = c + d = -2$

(다)의 준식을 x에 관해 미분하면

$f'(x-1) - f(x) - xf'(x) = c$

$x = 1$을 대입하며 $f'(0) - f(1) - f'(1) = c = -2$

따라서 $c = -2$, $d = 0$

(i), (ii)에서 $a + b + c + d = 2$

(나)에서 $f(x+1) = -xf(x) + 2x + 2$

$0 \le x \le 1$에서 $f(x+1) = -2x^2 + 2x + 2$

$x = t - 1$라 하면 $f(t) = -2(t-1)^2 + 2(t-1) + 2$

$1 \le t \le 2$에서 $f(t) = -2t^2 + 6t - 2$

$f(a+b+c+d) = f(2) = -8 + 12 - 2 = 2$

[다른 풀이]

$0 \le x \le 1$일 때, $f(x) = 2x$이므로

(i) $x \ge 0$일 때, (나)에서

$f(x+1) = -xf(x) + ax + b$

$\qquad = -2x^2 + ax + b$

$x + 1 = t$라 두면

$1 \le t \le 2$에서

$f(t) = -2(t-1)^2 + a(t-1) + b$

$\qquad = -2t^2 + (4+a)t - a + b - 2$

즉, $1 \le x \le 2$에서

$f(x) = -2x^2 + (4+a)x - a + b - 2$

함수 $f(x)$가 $x = 1$에서 미분가능하므로

$x = 1$에서 연속이다.

따라서 $2 = b$

$f'(x) = 2$, $f'(x) = -4x + 4 + a$

에서 $a = 2$

그러므로 $1 \le x \le 2$일 때, $f(x) = -2x^2 + 6x - 2$이다.

(ii) $x \le 1$일 때, (다)에서

어떤 상수 c, d에 대하여 구간 $(-\infty, 1]$에서

$f(x-1) - xf(x) = cx + d$이다.

$0 \le x \le 1$에서 $f(x) = 2x$이므로

$f(x-1) = xf(x) + cx + d$

$\qquad = 2x^2 + cx + d$

$x - 1 = t$라 두면

$-1 \le t \le 0$에서

$f(t) = 2(t+1)^2 + c(t+1) + d$

$\quad = 2t^2 + (4+c)t + c + d + 2$

즉, $-1 \le x \le 0$에서

$f(x) = 2x^2 + (4+c)x + c + d + 2$

함수 $f(x)$가 $x = 0$에서 미분가능하므로

$x = 0$에서 연속이다.

따라서 $0 = c + d + 2$,

$\therefore c + d = -2$

$f'(x) = 2$, $f'(x) = 4x + 4 + c$

에서 $c = -2$

따라서 $d = 0$

그러므로 $-1 \le x \le 0$일 때, $f(x) = 2x^2 + 2x$이다.

$$\therefore f(x)=\begin{cases}2x^2+2x & (-1\le x<0)\\ 2x & (0\le x\le 1)\\ -2x^2+6x-2 & (1<x\le 2)\end{cases}$$

$a=2$, $b=2$, $c=-2$, $d=0$이므로
$f(a+b+c+d)=f(2)=-8+12-2=2$

579 정답 ③

$v'(t)=-12t^2+24t$
$v'(k)=-12k^2+24k=12$
$12k^2-24k+12=0$
$k^2-2k+1=0$
$\therefore k=1$

$t=3$에서 $t=4$까지 움직인 거리는

$$\int_3^4|-4t^3+12t^2|dt=\int_3^4(4t^3-12t^2)dt$$

$$=\Big[t^4-4t^3\Big]_3^4=27$$

580 정답 ③

[그림 : 도정영T]

$v(t)=4t^3-16t^2+12t$에서

$$\int_0^1(4t^3-16t^2+12t)=\Big[t^4-\frac{16}{3}t^3+6t^2\Big]_0^1=\frac{5}{3}$$

$$\int_1^3(4t^3-16t^2+12t)=\Big[t^4-\frac{16}{3}t^3+6t^2\Big]_1^3=-\frac{32}{3}$$

이다.

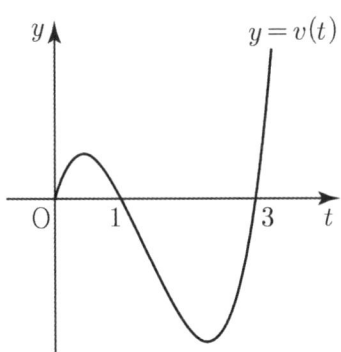

따라서

$\int_0^1 v(t)dt=\frac{5}{3}$, $\int_1^3 v(t)dt=-\frac{32}{3}$에서 $\int_0^3 v(t)dt=-9$이다.

시각 $t=a$ $(a>0)$에서의 점 P의 위치가 10이므로

$$\int_0^a v(t)dt=\int_0^3 v(t)dt+\int_3^a v(t)dt=10$$에서

$$\int_3^a v(t)dt=19$$이다.

따라서

$$\int_0^a|v(t)|dt=\frac{5}{3}+\frac{32}{3}+19=\frac{5+32+57}{3}=\frac{94}{3}$$

이다.

581 정답 ④

준식의 양변에 $x=1$을 대입하면
$f(1)=2+a+3a=4a+2\cdots\text{㉠}$

$$\int_1^0 f(t)dt=-f(1)$$이므로

준식의 양변에 $x=0$을 대입하면
$0=3a-f(1)$
$f(1)=3a\cdots\text{㉡}$

㉠, ㉡에서 $a=-2$

$xf(x)=2x^3-2x^2-6+\int_1^x f(t)dt$에서 양변 미분하면

$f(x)+xf'(x)=6x^2-4x+f(x)$
$f'(x)=6x-4$
$f(x)=3x^2-4x+C$

㉡에서 $f(1)=-6$이므로 $f(1)=3-4+C=-6$
$\therefore C=-5$

따라서 $f(x)=3x^2-4x-5$
$f(3)=27-12-5=10$

그러므로
$a+f(3)=(-2)+10=8$

582 정답 ⑤

주어진 식에서

$$x\int_1^x f(t)dt=px^3-x^2+qx+\int_1^x tf(t)dt\cdots\text{㉠}$$

㉠의 양변에 $x=1$을 대입하면 $p+q=1$

㉠의 양변을 x에 대하여 미분하면

$$\int_1^x f(t)dt+xf(x)=3px^2-2x+q+xf(x)$$

$$\int_1^x f(t)dt=3px^2-2x+q\cdots\text{㉡}$$

㉡의 양변에 $x=1$을 대입하면 $3p+q=2$
$p+q=1$, $3p+q=2$을 연립하여 풀면
$p=\frac{1}{2}$, $q=\frac{1}{2}$이다.

㉡의 양변을 x에 대하여 미분하면
$f(x)=3x-2$
$\therefore f(p+q)=f(1)=1$

583 정답 ⑤

최고차항의 계수가 1이고 $f'(0)=f'(2)=0$이므로
$f'(x)=3x(x-2)=3x^2-6x$

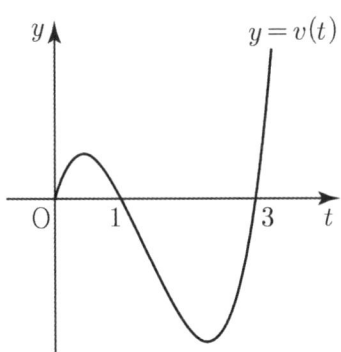

$f(x) = x^3 - 3x^2 + C$

$$g(x) = \begin{cases} x^3 - 3x^2 & (x \le 0) \\ x^3 + 3(p-1)x^2 + 3p(p-2)x & (x > 0) \end{cases}$$

$$g'(x) = \begin{cases} 3x^2 - 6x & (x < 0) \\ 3x^2 + 6(p-1)x + 3p(p-2) & (x > 0) \end{cases}$$

ㄱ. $p = 1$일 때 $g(x) = \begin{cases} x^3 - 3x^2 & (x \le 0) \\ x^3 - 3x & (x > 0) \end{cases}$ 이므로

$g'(x) = \begin{cases} 3x^2 - 6x & (x < 0) \\ 3x^2 - 3 & (x > 0) \end{cases}$ 에서 $g'(1) = 0$ (참)

ㄴ. $g(x)$가 $x = 0$에서 연속이므로 실수 전체 집합에서

미분가능하려면 $\lim\limits_{x \to 0+} g'(x) = \lim\limits_{x \to 0-} g'(x)$를 만족하면 된다.

$0 = 3p(p-2)$, $p = 0$, 2이므로 양수 $p = 2$ (참)

ㄷ. $\displaystyle\int_{-1}^{1} g(x)\,dx$

$= \displaystyle\int_{-1}^{0} (x^3 - 3x^2)\,dx + \int_{0}^{1} \{x^3 + 3(p-1)x^2 + 3p(p-2)x\}\,dx$

$= \left[\dfrac{1}{4}x^4 - x^3\right]_{-1}^{0} + \left[\dfrac{1}{4}x^4 + (p-1)x^3 + \dfrac{3}{2}p(p-2)x^2\right]_{0}^{1}$

$= -\left(\dfrac{1}{4} + 1\right) + \left\{\dfrac{1}{4} + p - 1 + \dfrac{3}{2}p(p-2)\right\}$

$= \dfrac{3}{2}p^2 - 2p - 2$

$= \dfrac{3}{2}\left(p - \dfrac{2}{3}\right)^2 - \dfrac{8}{3}$

이므로 $p \ge 2$일 때 $\displaystyle\int_{-1}^{1} g(x) \ge 0$이다. (참)

따라서 옳은 것은 ㄱ, ㄴ, ㄷ이다.

[다른 풀이]-그림 최성훈T

ㄱ.

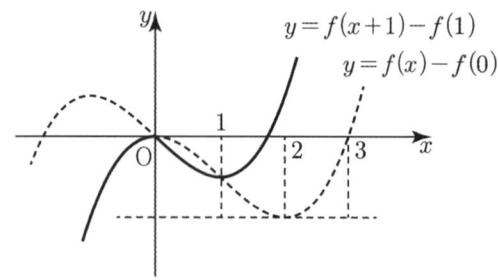

ㄷ.

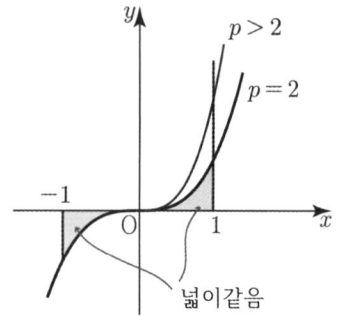

584 정답 ④

[그림 : 최성훈T]

ㄱ. $k = 1$일 때, $y = g(x)$는 $x = 0$에서 x축에 접하고 $x = \alpha$ ($\alpha > a - 1$)에서 x축과 만나므로

함수 $|g(x)|$는 $x = \alpha$에서 미분가능하지 않다.

$k = a$이면 함수 $|g(x)|$의 그래프는 $x = 0$에서만 x축과 만나고 $x = 0$에서 x축에 접하므로 $x = 0$에서 미분가능하다.

따라서 실수 전체의 집합에서 미분가능하다.

따라서 함수 $|g(x)|$가 실수 전체의 집합에서 미분가능이 되도록 하는 k의 값은 a뿐이다. (거짓)

ㄴ. $y = f'(x)$의 그래프와 $y = f(x)$의 그래프의 개형은 다음과 같다.

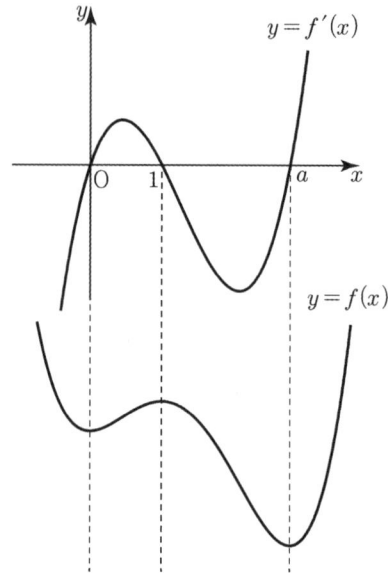

$k = 1$인 경우의 $y = g(x)$의 그래프와 $y = |g(x)|$의 그래프는 다음 그림과 같다.

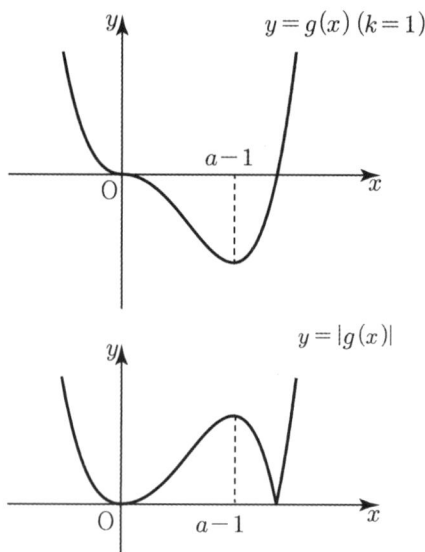

함수 $|g(x)|$의 중심화 차 몫 그래프는 다음 그림과 같다.

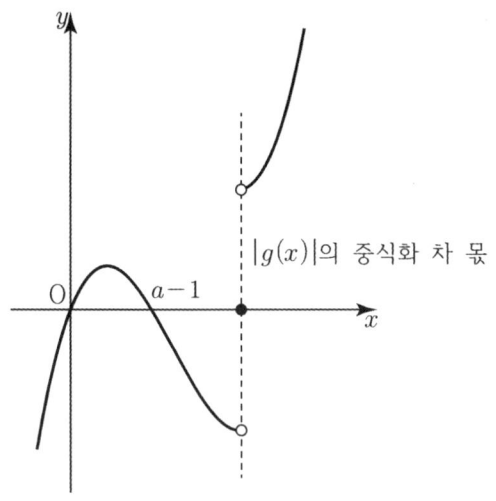

$|g(x)|$의 중식화 차 몫

따라서 불연속인 점의 개수는 1이다.
(참)

ㄷ.
$y=f'(x)$의 그래프와 $y=f(x)$의 그래프의 개형은 다음과 같다.
삼차함수 $f'(x)$에서 $a>2$이므로 삼차함수의 대칭점 (변곡점)의 위치는 x축 아래쪽에 있고 대칭점을 지나고 x축에 평행한 직선이 $y=f'(x)$의 그래프와 만나는 점을 기준으로 살펴보면 $h(x)=f'(x)$라 할 때, $h'(0)<h'(a)$임을 알 수 있다.

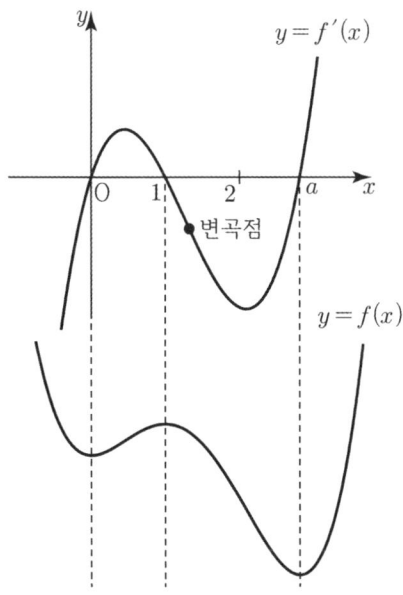

따라서 $k=a$인 경우 다음 그림과 같은 그래프 개형을 갖고 구간 $(0, a)$에 속하는 임의의 실수 c에 대하여
$|g'(-c)|<g'(c)$이다. 그러므로 $\displaystyle\int_{-a}^{0}g(x)dx<\int_{0}^{a}g(x)dx$

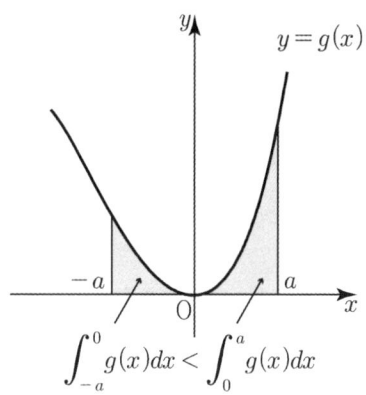

$y=g(x)$

$$\int_{-a}^{0}g(x)dx<\int_{0}^{a}g(x)dx$$

(참)

[랑데뷰팁]
중심화 차 몫—[랑데뷰세미나(87), (참고)]

585 정답 ②

함수 $g(x)$는 구간 $(-1, 1]$에 대해 정의되어 있고, 조건 (나)에서 주기가 2인 함수이므로 연속성을 먼저 판단하자.
$x=0$에서의 연속성을 판단하면
$$\lim_{x\to 0-}g(x)=-f(1)+1=0,$$
$$\lim_{x\to 0+}g(x)=g(0)=f(0)=0$$
마찬가지로 $x=-1$에서의 연속성을 판단하면
$$\lim_{x\to -1-}g(x)=\lim_{x\to 1-}g(x)=f(1)=1,$$
$$\lim_{x\to -1+}g(x)=-f(0)+1=1$$
따라서 $g(x)$는 $x=0$, $x=-1$에서 연속이므로 모든 실수에서 연속임을 알 수 있다.

구하는 $\displaystyle\int_{-3}^{2}g(x)dx$는 주기가 2인 성질에 따라 구간을 나누면
$$\int_{-3}^{2}g(x)\,dx=3\int_{-1}^{0}g(x)\,dx+2\int_{0}^{1}g(x)\,dx \qquad \cdots ㉠$$
임을 알 수 있다.

$$\int_{-1}^{0}g(x)=\int_{-1}^{0}\{-f(x+1)+1\}\,dx$$
$$=-\int_{-1}^{0}f(x+1)\,dx+\int_{-1}^{0}1\,dx$$
$$=-\int_{0}^{1}f(x)\,dx+1=\frac{5}{6}$$
$$\int_{0}^{1}g(x)=\int_{0}^{1}f(x)\,dx=\frac{1}{6}$$
그러므로 이 값을 ㉠에 대입하면
$$\int_{-3}^{2}g(x)\,dx=3\times\frac{5}{6}+2\times\frac{1}{6}=\frac{17}{6}$$

586 정답 ④

[그림 : 최성훈T]

$f(1+x)=f(1-x)$에서 함수 $f(x)$는 $x=1$에 대칭이다.

$f(0)=f(2)=0$이고 $\int_1^2 f(x)dx=\dfrac{1}{3}$이다.

$-2<x<0$에서 함수 $g(x)$는 $0<x<2$의 함수 $f(x)$을 x축으로 방향으로 -2만큼 평행이동 한 뒤 x축 대칭이동한 그래프를 y축의 방향으로 1만큼 평행이동한 그래프이다. 또한 (나)조건에서 $g(x)$는 주기가 4인 그래프이므로 함수 $g(x)$의 그래프의 개형은 다음 그림과 같다.

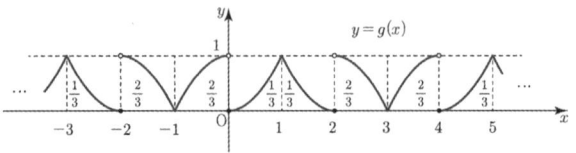

$$\sum_{n=1}^{8}\int_{n-4}^{n-3} g(x)dx$$
$$=\frac{1}{3}+\frac{2}{3}+\frac{2}{3}+\frac{1}{3}+\frac{1}{3}+\frac{2}{3}+\frac{2}{3}+\frac{1}{3}$$
$$=4$$

587 정답 8

$$g(x)=\int_a^x \{f(x)-f(t)\}\times\{f(t)\}^4 dt$$
$$=f(x)\int_a^x \{f(t)\}^4 dt-\int_a^x \{f(t)\}^5 dt$$
$$g'(x)=f'(x)\int_a^x \{f(t)\}^4 dt+f(x)\times\{f(x)\}^4-\{f(x)\}^5$$
$$=f'(x)\int_a^x \{f(t)\}^4 dt$$
$$=(3x^2-24x+45)\int_a^x \{f(t)\}^4 dt$$
$$=3(x-3)(x-5)\int_a^x \{f(t)\}^4 dt$$

$g'(x)=0$에서 $x=3$ 또는 $x=5$ 또는 $\int_a^x \{f(t)\}^4 dt=0$

극값이 오직 하나이므로 $x=3$ 또는 $x=5$ 좌우에서 $g'(x)$의 부호 변화가 한 번만 나타나야 한다.

$a=3$일 때 $g'(x)=3(x-3)(x-5)\int_3^x \{f(t)\}^4 dt$에서 증감표를 확인해보면 다음과 같다.

x	$\cdots$	3	$\cdots$	5	$\cdots$
$g'(x)$	$-$	0	$-$	0	$+$
$g(x)$				극소	

$a=5$일 때 $g'(x)=3(x-3)(x-5)\int_5^x \{f(t)\}^4 dt$에서 증감표를 확인해보면 다음과 같다.

x	$\cdots$	3	$\cdots$	5	$\cdots$
$g'(x)$	$-$	0	$+$	0	$+$
$g(x)$		극소			

그러므로 $a=3$, $a=5$일 때, 함수 $g(x)$는 모두 극솟값을 가진다.

따라서 모든 a값의 합은 8이다.

588 정답 4

$$f'(x)=3x^2-18x+24=3(x-2)(x-4)$$
$$g(x)=\int_a^x \{f(x)-f(t)\}\times\{f(t)\}^2 dt$$
$$=f(x)\int_a^x \{f(t)\}^2 dt-\int_a^x \{f(t)\}^3 dt$$
$$g'(x)=f'(x)\int_a^x \{f(t)\}^2 dt+f(x)\times\{f(x)\}^2-\{f(x)\}^3$$
$$=f'(x)\int_a^x \{f(t)\}^2 dt$$
$$=3(x-2)(x-4)\int_a^x \{f(t)\}^2 dt$$

$g'(x)=0$에서 $x=2$ 또는 $x=4$ 또는 $\int_a^x \{f(t)\}^2 dt=0$

극값이 오직 하나이므로 $x=2$ 또는 $x=4$ 좌우에서 $g'(x)$의 부호 변화가 한 번만 나타나야 한다.

즉, $\int_a^x \{f(t)\}^2 dt=0$에서, $x=2$ 또는 $x=4$를 반드시 근으로 가져야 한다.

함수 $g'(x)$와 함수 $g(x)$의 그래프 개형은 다음과 같다.

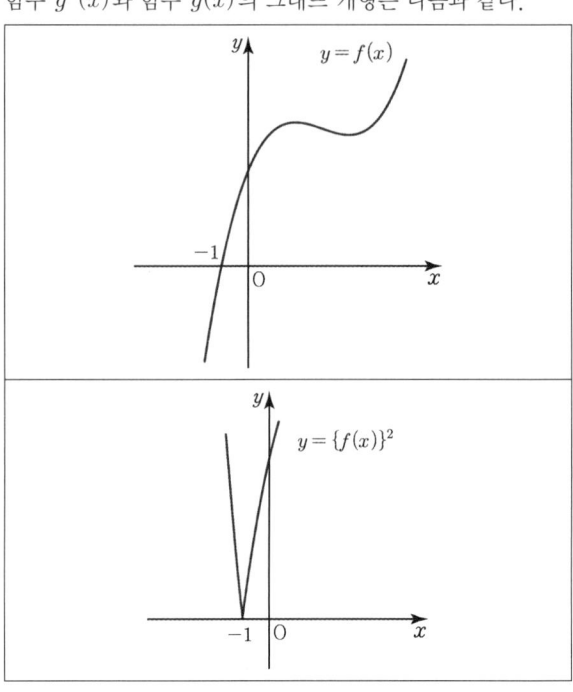

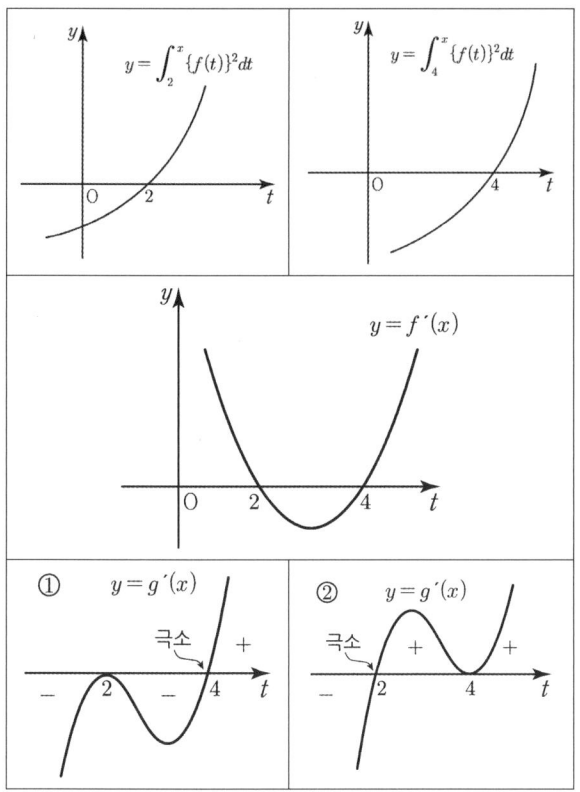

따라서 함수 $g(x)$는 $a=2$일 때, $x=4$에서 극솟값을 갖고 $a=4$일 때 $x=2$에서 극솟값을 갖는다.

따라서 $m=0$, $n=2$이다.
$m^2+n^2=0+4=4$

589 정답 ④

ㄱ.
$a(t)=3t^2-12t+9=3(t-1)(t-3)$에서 $t>3$일 때, $a(t)>0$이므로
$t>3$인 실수 t에 대하여 점 P의 속도는 증가한다. (참)

ㄴ.
$a(t)=3t^2-12t+9$을 적분하면 속도이고 시각 $t=0$일 때 속도가 k이므로
$v(t)=t^3-6t^2+9t+k$이다.
$k=-4$이면 $v(t)=t^3-6t^2+9t-4$이고 $t=1$일 때, 함수 $v(t)$는 극댓값을 가지고
$v(1)=1-6+9-4=0$이므로 방정식 $v(t)=0$의 해는 $t=1$과 $t=\alpha$ $(\alpha>3)$로 2개이지만 $t=1$에서는 운동방향이 바뀌지 않는다. 따라서 출발 후 점 P는 운동방향이 한 번 바뀐다. (거짓)

ㄷ.
시각 $t=0$에서 시각 $t=5$까지 점 P의 위치의 변화량과 점 P가 움직인 거리가 같으려면 $0 \le t \le 5$일 때 $v(t) \ge 0$이어야 한다.
$v(t)$는 $t=3$일 때 극솟값을 가지므로 $v(3) \ge 0$이면 된다.
$v(3)=27-54+27+k=k$이므로

$k \ge 0$이다. (참)

590 정답 ⑤

ㄱ.
$a(t)=4t^3-12t^2+8t=4t(t-1)(t-2)$에서
$t>2$일 때, $a(t)>0$이므로
$t>2$인 실수 t에 대하여 점 P의 속도는 증가한다. (참)

ㄴ.
$a(t)=4t^3-12t^2+8t$을 적분하면 속도이고 시각 $t=0$일 때 속도가 k이므로 $v(t)=t^4-4t^3+4t^2+k$이다.
$a(t)=0$의 해가 $t=0$, $t=1$, $t=2$이고 $t=1$일 때, 함수 $v(t)$는 극댓값을 가지고 $v(1)=1-4+4+k=k+1$이고
$t=0$ 또는 $t=2$일 때, 함수 $v(t)$는 극솟값을 가지고 $v(0)=v(2)=k$이다.
$-1<k<0$이면 곡선 $y=v(t)$의 그래프는 $t>0$일 때, t축과 서로 다른 세 점에서 만나므로
$-1<k<0$이면 구간 $(0, \infty)$에서 점 P의 운동 방향이 세 번 바뀐다. (참)

ㄷ.
시각 $t=3$에서 점 P의 위치가 원점이기 위해서는 처음 위치가 0이므로 $\int_0^3 v(t)dt=0$이다.

$\int_0^3 (t^4-4t^3+4t^2+k)dt$

$=\left[\dfrac{1}{5}t^5-t^4+\dfrac{4}{3}t^3+kt\right]_0^3$

$=\dfrac{243}{5}-81+36+3k$

$=\dfrac{18}{5}+3k=0$

에서 $k=-\dfrac{6}{5}$이다.

따라서 $t=0$에서 $t=2$까지 점 P가 움직인 거리는

$\int_0^2 |v(t)|dt$

$=\int_0^2 \left(-t^4+4t^3-4t^2+\dfrac{6}{5}\right)dt$

$=\left[-\dfrac{1}{5}t^5+t^4-\dfrac{4}{3}t^3+\dfrac{6}{5}t\right]_0^2$

$=-\dfrac{32}{5}+16-\dfrac{32}{3}+\dfrac{12}{5}$

$=-4+16-\dfrac{32}{3}=\dfrac{4}{3}$

따라서 시각 $t=3$에서 점 P의 위치가 원점일 때, $t=0$에서 $t=2$까지 점 P가 움직인 거리는 $\dfrac{4}{3}$이다. (참)

591 정답 ③

$t=3$에서 $t=k(k>3)$까지 움직인 거리는

$$\int_3^k |2t-6|\,dt = \int_3^k (2t-6)\,dt = \left[t^2-6t\right]_3^k$$

$$= k^2-6k+9 = 25$$

$k^2-6k-16=0$이므로 $k=8$

592 정답 ②

$$\int_2^k (t^2-2t)\,dt = \left[\frac{1}{3}t^3-t^2\right]_2^k$$

$$= \frac{1}{3}k^3-k^2-\frac{8}{3}+4$$

$$= \frac{1}{3}k^3-k^2+\frac{4}{3}$$

$$\frac{1}{3}k^3-k^2+\frac{4}{3}=\frac{112}{3}$$

$$k^3-3k^2-108=0$$

$$(k-6)(k^2+3k+18)=0$$

$$\therefore\ k=6$$

593 정답 ④

$g(x)=x^2\displaystyle\int_0^x f(t)\,dt - \int_0^x t^2 f(t)\,dt$ 의 양변을 미분하면

$$g'(x)=2x\int_0^x f(t)\,dt + x^2 f(x) - x^2 f(x)$$

$$= 2x\int_0^x f(t)\,dt\ \text{이다.}$$

$\alpha<-1$인 $x=\alpha$에 대하여 $\displaystyle\int_0^\alpha f(t)\,dt=0$을 만족하는 α가 존재한다.

$h(x)=\displaystyle\int_0^x f(t)\,dt$라 할 때, $h(\alpha)=h(0)=0$이다.

함수 $h(x)$의 그래프는 다음 그림과 같다.

[랑데뷰 세미나((참고]

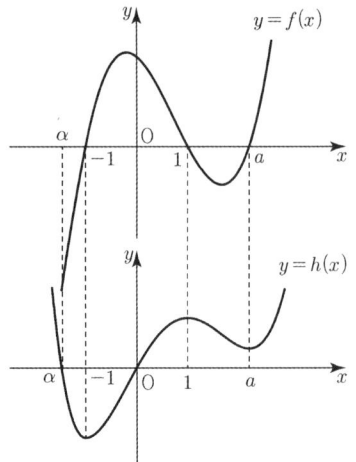

(i) $x<\alpha<-1$일 때, $2x<0$이고

$$\int_0^x f(t)\,dt = \int_\alpha^x f(t)\,dt > 0$$이므로 $g'(x)<0$

(ii) $\alpha<x<0$일 때, $2x<0$이고 $\displaystyle\int_0^x f(t)\,dt<0$이므로 $g'(x)>0$이다.

(i), (ii)에서 $x=\alpha$에서 함수 $g(x)$는 극솟값을 갖는다.

따라서 함수 $g(x)$가 오직 하나의 극값을 갖기 위해서는 $x\geq 0$일 때 $g'(x)$의 부호 변화가 없어야 한다.

(iii) $0<x<1$일 때, $2x>0$이고 $\displaystyle\int_0^x f(t)\,dt>0$이므로 $g'(x)>0$이다.

(ii), (iii)에서 $g'(0)=0$이지만 $x=0$의 좌우에서 부호 변화가 없으므로 $x=0$에서 함수 $g(x)$는 극값을 갖지 않는다.

그러므로 $g(x)$가 극값을 하나만 가지려면 $x>1$ 경우에 항상 $g'(x)\geq 0$이어야 하므로

$$g'(a)=2a\int_0^a f(t)\,dt \geq 0$$에서

$$\int_0^a (t+1)(t-1)(t-a)\,dt \geq 0$$이면 된다.

$$\int_0^a f(t)\,dt = \left[\frac{1}{4}t^4-\frac{1}{3}at^3-\frac{1}{2}t^2+at\right]_0^a$$

$$= \frac{1}{4}a^4-\frac{1}{3}a^4-\frac{1}{2}a^2+a^2$$

$$= -\frac{1}{12}a^2(a^2-6) \geq 0$$

$a>1$이므로 $a^2-6\leq 0$에서 $1<a\leq\sqrt{6}$

$$\therefore\ a\text{의 최댓값은 }\sqrt{6}\text{이다.}$$

594 정답 3

$g(x)=x\displaystyle\int_{-1}^x t f(t)\,dt - \int_{-1}^x t^2 f(t)\,dt$을 양변 미분하면

$$g'(x)=\int_{-1}^x t f(t)\,dt + x^2 f(x) - x^2 f(x)$$

$$= \int_{-1}^x t f(t)\,dt$$

함수 $y=x f(x) = (x+1)x(x-a)\ (a>0)$의 그래프는 다음 그림과 같다.

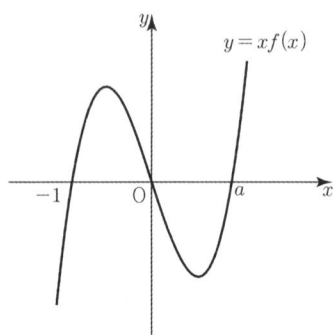

$a=1$일 때, 함수 $y=(x+1)x(x-1)$의 그래프는 $(0,0)$에

대칭이므로 $\int_{-1}^{1} xf(x)dx = 0$이다.

따라서 함수 $g(x)$가 역함수가 존재하기 위해서는
$g'(x) \geq 0$이어야 하므로
$0 < a \leq 1$이다.

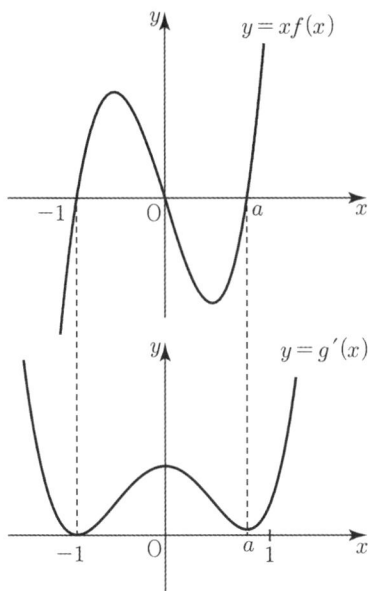

그러므로
$f(2) = 3(2-a) = 6-3a$ 이므로
$3 \leq f(2) < 6$이다.
따라서 $f(2)$의 최솟값은 3이다.

595 정답 36

$x^2 - 7x + 10 = -x + 10$에서 $x = 0, 6$
구하는 넓이는 $\int_{0}^{6} (x^2 - 6x)dx = 36$

596 정답 ②

$x^3 - x^2 = x^2 - x$
$x^3 - 2x^2 + x = 0$
$x(x-1)^2 = 0$
따라서 두 곡선이 둘러싼 부분의 넓이는

$\int_{0}^{1} |x(x-1)^2| dx$

$= \int_{0}^{1} (x^3 - 2x^2 + x)dx$

$= \left[\dfrac{1}{4}x^4 - \dfrac{2}{3}x^3 + \dfrac{1}{2}x^2 \right]_{0}^{1}$

$= \dfrac{1}{4} - \dfrac{2}{3} + \dfrac{1}{2}$

$= \dfrac{3-8+6}{12} = \dfrac{1}{12}$

597 정답 ③

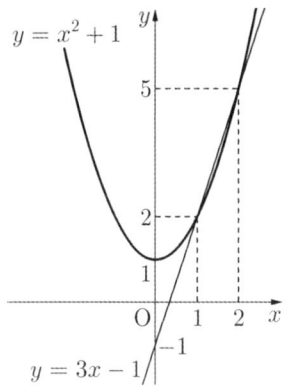

연속인 두 함수 $f(x)$와 $g(x)$가 모든 실수에서 성립할 조건은
$f(x) = \begin{cases} x^2 + 1 & (x < 1, \ x \geq 2) \\ 3x - 1 & (1 \leq x < 2) \end{cases}$

$g(x) = \begin{cases} 3x - 1 & (x < 1, \ x \geq 2) \\ x^2 + 1 & (1 \leq x < 2) \end{cases}$

따라서

$\int_{0}^{2} f(x)dx = \int_{0}^{1} (x^2 + 1)dx + \int_{1}^{2} (3x - 1)dx$

$= \left[\dfrac{1}{3}x^3 + x \right]_{0}^{1} + \left[\dfrac{3}{2}x^2 - x \right]_{1}^{2}$

$= \left(\dfrac{1}{3} + 1 \right) - 0 + (6 - 2) - \left(\dfrac{3}{2} - 1 \right) = \dfrac{4}{3} + \dfrac{7}{2} = \dfrac{29}{6}$

598 정답 ②

(나), (다)를 만족하는 두 식은 $-x$, $x(x-2)$와 x, $-x(x-2)$이다.
두 식이 $-x$, $x(x-2)$일 때는
(가) 조건을 만족하는 두 함수 $f(x)$, $g(x)$는
다음과 같다.

$f(x) = \begin{cases} x^2 - 2x & (x < 0, \ x > 1) \\ -x & (0 \leq x \leq 1) \end{cases}$

$g(x) = \begin{cases} -x & (x < 0, \ x > 1) \\ x^2 - 2x & (0 \leq x \leq 1) \end{cases}$

그런데 $f(-1) = 3$이므로 모순이다.

두 식이 x, $-x(x-2)$일 때는
(가) 조건을 만족하는 두 함수 $f(x)$, $g(x)$는
다음과 같다.

$f(x) = \begin{cases} x & (x < 0, \ x > 1) \\ -x^2 + 2x & (0 \leq x \leq 1) \end{cases}$

$g(x) = \begin{cases} -x^2 + 2x & (x < 0, \ x > 1) \\ x & (0 \leq x \leq 1) \end{cases}$

이고 $f(-1) = -1$이므로 모든 조건을 만족한다.

$$\int_0^2 f(x)\,dx$$

$$= \int_0^1 (-x^2 + 2x)\,dx + \int_1^2 x\,dx$$

$$= \left[-\frac{1}{3}x^3 + x^2 \right]_0^1 + \left[\frac{1}{2}x^2 \right]_1^2$$

$$= -\frac{1}{3} + 1 + 2 - \frac{1}{2}$$

$$= \frac{13}{6}$$

599 정답 5

$g'(x) = f(x) = -x^2 - 4x + a$

$g(x)$가 $[0, 1]$에서 증가하려면 $[0, 1]$에서 $g'(x) \geq 0$이어야 한다.

$y = -x^2 - 4x + a$는 위로 볼록하면서 축이 $x = -2$이므로 $f(1) \geq 0$ 이면 $[0, 1]$에서 함수값이 항상 0보다 크거나 같게 된다.

$f(1) = a - 5 \geq 0$

$\therefore a \geq 5$

a의 최솟값은 5이다.

600 정답 1

삼차함수 $f(x)$의 그래프는 다음 그림과 같다.

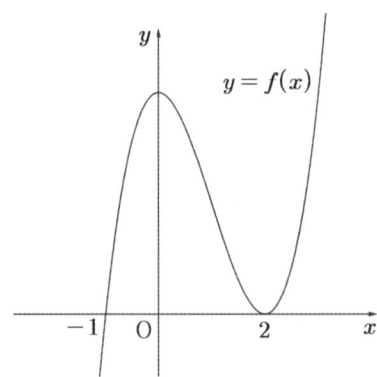

$x \geq -1$일 때, $f(x) \geq 0$이므로 $\displaystyle\int_{-1}^x f(x)\,dx \geq 0$을 만족한다.

$x \leq -1$일 때, $f(x) \leq 0$이므로 $\displaystyle\int_x^{-1} f(x)\,dx \leq 0$이고

$\displaystyle\int_{-1}^x f(x)\,dx \geq 0$을 만족한다.

따라서 $a = -1$이면 모든 실수 x에 대하여 함수

$g(x) = \displaystyle\int_{-1}^x f(x)\,dx \geq 0$을 만족한다.

그러므로 $a = -1$

$a^2 = 1$이다.

[다른 풀이]−이태형T

$g(x) = \displaystyle\int_a^x f(t)\,dt$에서

$g(a) = 0 \cdots \text{㉠}$

$g'(x) = f(x) = (x+1)(x-2)^2$

$g(-1)$이 최솟값 $\cdots \text{㉡}$

$g(x) \geq 0 \cdots \text{㉢}$

㉠, ㉡, ㉢에서 $a = -1$이다.

601 정답 ④

시각 $t = 3$에서 점 P의 위치가 11이므로 $t = 0$일 때의 점 P의 위치를 k라 하면

$$11 = \int_0^3 v(t)\,dt + k$$

$$= \int_0^3 (-4t + 5)\,dt + k$$

$$= \left[-2t^2 + 5t \right]_0^3 + k$$

$$= -18 + 15 + k = -3 + k$$

$k = 14$

602 정답 ③

시각 $t = 4$에서 점 P의 위치가 0이므로 $t = 0$일 때의 점 P의 위치를 k라 하면

$$0 = \int_0^4 v(t)\,dt + k$$

$$= \int_0^4 (t^2 - 4t + 1)\,dt + k$$

$$= \left[\frac{1}{3}t^3 - 2t^2 + t \right]_0^4 + k$$

$$= \frac{64}{3} - 32 + 4 + k = -\frac{20}{3} + k$$

$k = \dfrac{20}{3}$

시각 $t = 4$에서 점 P의 위치는

$$\int_0^1 (t^2 - 4t + 1)\,dt + \frac{20}{3}$$

$$= \left[\frac{1}{3}t^3 - 2t^2 + t \right]_0^1 + \frac{20}{3}$$

$$= \frac{1}{3} - 1 + \frac{20}{3} = 6$$

603 정답 ①

$\displaystyle\int_0^1 f(t)\,dt = k$라 하면

$f(x) = 4x^3 + kx$이다.

따라서

$$\int_0^1 (4x^3 + kx)dx = \left[x^4 + \frac{1}{2}kx^2\right]_0^1 = 1 + \frac{1}{2}k = k$$

에서 $k = 2$이다.

따라서 $f(x) = 4x^3 + 2x$

$f(1) = 6$

604 정답 ⑤

$\int_0^k f(t)dt = a$라 하면 $f(x) = 3x^2 + a$이다.

$f(2) = 12 + a = 4$에서 $a = -8$이다.

따라서

$$\int_0^k (3x^2 - 8)dx = \left[x^3 - 8x\right]_0^k = k^3 - 8k = -8$$

$k^3 - 8k + 8 = 0$

$(k-2)(k^2 + 2k - 4) = 0$

$k = 2$ 또는 $k = -1 \pm \sqrt{5}$

$k > 1$이므로 $k = 2$ 또는 $k = -1 + \sqrt{5}$

따라서 가능한 k의 합은 $1 + \sqrt{5}$

605 정답 7

조건 (가)에 주어진 등식의 양변을 x에 대하여 미분하면

$$f(x) = \frac{1}{2}f(x) + \frac{1}{2}f(1) + \frac{x-1}{2}f'(x)$$

즉, $f(x) = f(1) + (x-1)f'(x)$ $\cdots$ ㉠

㉠의 좌편인 $f(x)$의 최고차항을 ax^n (a는 0이 아닌 상수, n은 자연수)

라 하면 ㉠의 우변의 최고차항은

$$x \times anx^{n-1} = anx^n$$

이므로 $ax^n = anx^n$에서 $n = 1$

이때 $f(0) = 1$이므로 일차함수 $f(x)$는 $f(x) = ax + 1$

로 놓을 수 있다.

이때

$$\int_0^2 f(x)dx = \int_0^2 (ax+1)dx = \left[\frac{a}{2}x^2 + x\right]_0^2 = 2a + 2$$

이고,

$$\int_{-1}^1 xf(x)dx = \int_{-1}^1 (ax^2 + x)dx =$$

$$2\int_0^1 ax^2 dx = 2\left[\frac{a}{3}x^3\right]_0^1 = \frac{2a}{3}$$

이므로 조건 (나)에서

$$2a + 2 = 5 \times \frac{2a}{3}$$

$$a = \frac{3}{2}$$

따라서 $f(x) = \frac{3}{2}x + 1$이므로

$$f(4) = \frac{3}{2} \times 4 + 1 = 7$$

[랑데뷰팁]

(가)의 우변이 사다리꼴 넓이를 나타내므로 함수 $f(x)$는 일차함수임을 알 수 있다.

606 정답 16

조건 (가)에 주어진 등식의 양변을 x에 대하여 미분하면

$$xf(x) = \frac{2}{3}xf(x) + \frac{2}{3}xf(0) + \frac{x^2}{3}f'(x)$$

$$3f(x) = 2f(x) + 2f(0) + xf'(x)$$

즉, $f(x) = 2f(0) + xf'(x)$ $\cdots$ ㉠

㉠의 좌편인 $f(x)$의 최고차항을 ax^n (a는 0이 아닌 상수, n은 자연수)

라 하면 ㉠의 우변의 최고차항은

$$x \times anx^{n-1} = anx^n$$

이므로 $ax^n = anx^n$에서 $f(x)$는 일차함수이다.

㉠의 양변에 $x = 0$을 대입하면 $f(0) = 0$이므로

$f(x) = ax$ 로 놓을 수 있다.

이때

$$2\int_0^1 f(x)dx = 2\int_0^1 ax \, dx = 2\left[\frac{a}{2}x^2\right]_0^1 = a$$

이고,

$$\int_{-2}^2 x^2\{f(x)+1\}dx = \int_{-2}^2 \{ax^3 + x^2\}dx =$$

$$2\int_0^2 x^2 dx = 2\left[\frac{1}{3}x^3\right]_0^2 = \frac{16}{3}$$

이므로 조건 (나)에서 $a = \frac{16}{3}$

따라서 $f(x) = \frac{16}{3}x$이다.

$f(3) = 16$

607 정답 ③

$f(x) = x^2 - 2x$에서

$$y = -f(x-1) - 1 = -(x-1)^2 + 2(x-1) - 1$$

$$= -x^2 + 4x - 4$$

이므로 $x^2 - 2x = -x^2 + 4x - 4$

$x^2 - 3x + 2 = 0$에서 두 근은 $x = 1$, $x = 2$이다.

따라서 넓이는 $\dfrac{2(2-1)^3}{6} = \dfrac{1}{3}$

[랑데뷰팁]

두 이차함수 $y = ax^2 + bx + c$와 $y = a'x^2 + b'x + c'$의 교점의 x좌표를 α, β $(\alpha < \beta)$ 라고 하면 두 이차함수의 그래프로 둘러싸인 도형의 넓이

$$S = \frac{|a-a'|}{6}(\beta-\alpha)^3$$

608 정답 ②

$f(x) = x^2 + 2x$ 에서

$y = -f(x+1)+1 = -(x+1)^2 - 2(x+1)+1$

$\quad = -x^2 - 4x - 2$

이므로 $x^2 + 2x = -x^2 - 4x - 2$

$x^2 + 3x + 1 = 0$ 에서 두 근을 α, β라 하면

$\alpha + \beta = -3$, $\alpha\beta = 1$ 에서

$(\alpha - \beta)^2 = (\alpha + \beta)^2 - 4\alpha\beta = 9 - 4 = 5$

따라서 $(\alpha - \beta)^3 = 5\sqrt{5}$

넓이는 $\dfrac{2 \times 5\sqrt{5}}{6} = \dfrac{5\sqrt{5}}{3}$

[랑데뷰팁]

두 이차함수 $y = ax^2 + bx + c$ 와 $y = a'x^2 + b'x + c'$ 의
교점의 x좌표를 α, β $(\alpha < \beta)$ 라고 하면 두 이차함수의
그래프로 둘러싸인 도형의 넓이

$$S = \frac{|a-a'|}{6}(\beta-\alpha)^3$$

609 정답 ④

조건(가)에서 함수 $y = f(x)$ 의 그래프와 함수
$y = f(x)$의 그래프를 x축의 방향으로 3만큼, y축의 방향으로
4만큼 평행이동한 그래프가 일치해야한다.

조건 (나)에서 증가함수 $f(x)$는 $x = 3$에서 x축과 만남을 알 수
있다. ((3, 0)에 대칭이 아니다.)

따라서 $f(3) = 0$이므로 $f(3) = f(0) + 4$, $f(6) = f(3) + 4$에서
$f(0) = -4$, $f(6) = 4$이다.

따라서 $-\displaystyle\int_0^3 f(x)\,dx = \int_3^6 f(x)\,dx = \dfrac{1}{2} \times 3 \times 4 = 6$

함수 $f(x)$의 그래프와 x축 및 두 직선 $x = 6$, $x = 9$로
둘러싸인 부분의 넓이는

$x = 6$, $x = 9$, $y = 0$, $y = 4$로 둘러싸인 직사각형 넓이 12와
$3 \leq x \leq 6$의 $f(x)$가 평행이동한 부분의 넓이 6의 합이므로
18이다.

[다른 풀이]

조건(가)에서 함수 $y = f(x)$ 의 그래프와 함수 $y = f(x)$의
그래프를 x축의 방향으로 3만큼, y축의 방향으로 4만큼
평행이동한 그래프가 일치해야 한다.

또, 조건 (나)에서 $\displaystyle\int_0^6 f(x)\,dx = 0$ 이므로

$$\int_0^6 f(x)\,dx = \int_0^3 f(x)\,dx + \int_3^6 f(x)\,dx$$

$$= \int_0^3 f(x)\,dx + \int_3^6 \{f(x-3)+4\}\,dx$$

$$= \int_0^3 f(x)\,dx + \int_0^3 \{f(x)+4\}\,dx$$

$$= 2\int_0^3 f(x)\,dx + 12$$

에서 $2\displaystyle\int_0^3 f(x)\,dx + 12 = 0$

$$\int_0^3 f(x)\,dx = -6$$

따라서 $\displaystyle\int_3^6 f(x)\,dx = 6$ 이므로

$$\int_6^9 f(x)\,dx = 12 + \int_3^6 f(x)\,dx = 12 + 6 = 18$$

610 정답 ③

조건 (나)에서 $\displaystyle\int_0^8 f(x)\,dx = 0$ 이므로

$$\int_0^8 f(x)\,dx = \int_0^4 f(x)\,dx + \int_4^8 f(x)\,dx$$

$$= \int_0^4 f(x)\,dx + \int_4^8 \{2f(x-4)+3\}\,dx$$

$$= \int_0^4 f(x)\,dx + 2\int_0^4 f(x)\,dx + 12$$

$$= 3\int_0^4 f(x)\,dx + 12$$

에서 $3\displaystyle\int_0^4 f(x)\,dx + 12 = 0$

$$\int_0^4 f(x)\,dx = -4$$

따라서 $\displaystyle\int_4^8 f(x)\,dx = 4$ 이므로

$$\int_8^{12} f(x)\,dx = \int_8^{12} \{2f(x-4)+3\}\,dx$$

$$= 2\int_8^{12} f(x-4)\,dx + 12$$

$$= 2\int_4^8 f(x)\,dx + 12 = 8 + 12 = 20$$

611 정답 12

$3t^2 + t = 2t^2 + 3t$에서 $t^2 - 2t = 0$이므로 $t = 2$에서 두 점
P, Q의 속도가 같아진다.

$t = 2$일 때 두 점 P, Q의 위치를 구해보면

$$\int_0^2 v_1(t)\,dt = \int_0^2 (3t^2 + t)\,dt = \left[t^3 + \frac{1}{2}t\right]_0^2 = 10$$

$$\int_0^2 v_2(t)\,dt = \int_0^2 (2t^2 + 3t)\,dt = \left[\frac{2}{3}t^3 + \frac{3}{2}t\right]_0^2 = \frac{34}{3}$$

이므로 두 점 P, Q 사이의 거리 a는 $a = \left| 10 - \dfrac{34}{3} \right| = \dfrac{4}{3}$이다.

따라서 $9a = 12$이다.

612 정답 38

$2t^3 + 3t - 2 = 4t^2 - 3t + 10$에서

$2t^3 - 4t^2 + 6t - 12 = 0$이고 조립제법을 이용하면

$(t-2)(2t^2 + 6) = 0$이다.

따라서 $t = 2$에서 두 점 P, Q의 속도가 같아진다.

$t = 2$일 때 두 점 P, Q의 위치를 구해보면

점 P의 위치 $\Rightarrow$

$$\int_0^2 v_1(t)\,dt = \int_0^2 (2t^3 + 3t - 2)\,dt$$

$$= \left[\dfrac{1}{2}t^4 + \dfrac{3}{2}t^2 - 2t \right]_0^2 = 10$$

점 Q의 위치 $\Rightarrow$

$$-2 + \int_0^2 v_2(t)\,dt = -2 + \int_0^2 (4t^2 - 3t + 10)\,dt$$

$$= -2 + \left[\dfrac{4}{3}t^3 - \dfrac{3}{2}t^2 + 10t \right]_0^2$$

$$= -2 + \dfrac{74}{3} = \dfrac{68}{3}$$

이므로 두 점 P, Q 사이의 거리 a는

$a = \left| 10 - \dfrac{68}{3} \right| = \dfrac{38}{3}$이다.

따라서 $3a = 38$이다.

613 정답 ③

두 조건 (가), (나)를 만족시키는 함수 $y = f(x)$의 그래프와
도함수 $y = f'(x)$의 그래프는 그림과 같다.

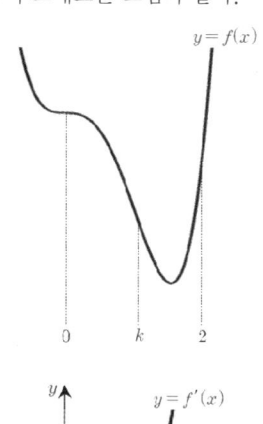

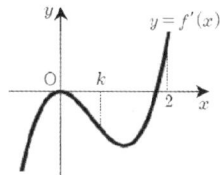

ㄱ. 함수 $y = f'(x)$의 그래프에서
$f'(k) < 0$, $f'(2) > 0$이므로 함수 $y = f'(x)$의
그래프와 x축은 열린구간 $(k, 2)$에서 만난다.
즉, 방정식 $f'(x) = 0$은 열린구간 $(0, 2)$에서 한 개

의 실근을 갖는다. (참)

ㄴ. 함수 $y = f(x)$의 그래프에서 함수 $f(x)$는 극솟값을
갖는다. (거짓)

ㄷ. $f'(x)$의 그래프 개형에서 $f'(x) = 4x^2(x - a)$로 놓을 수
있다. $f'(2) = 16$이므로

$f'(2) = 16(2 - a) = 16$에서 $a = 1$

따라서 $f'(x) = 4x^2(x - 1) = 4x^3 - 4x^2$

$f(x) = \displaystyle\int (4x^3 - 4x^2)\,dx = x^4 - \dfrac{4}{3}x^3 + C$이고

$f(0) = 0$이므로 $f(x) = x^4 - \dfrac{4}{3}x^3$

함수 $f(x)$는 $x = 1$에서 극솟값 $-\dfrac{1}{3}$을 가지므로

$y = f(x)$의 그래프는 그림과 같다.

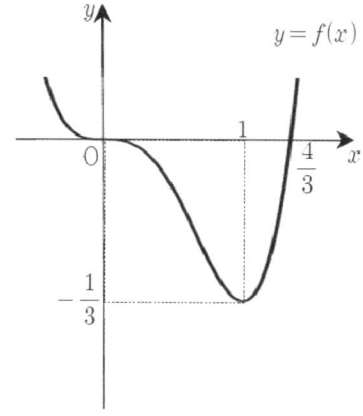

따라서 모든 실수 x에 대하여 $f(x) \geq -\dfrac{1}{3}$이다. (참)

이상에서 옳은 것은 ㄱ, ㄷ이다.

614 정답 ③

두 조건 (가), (나)를 만족시키는 함수 $y = f(x)$의 그래프와
도함수 $y = f'(x)$의 그래프는 그림과 같다.

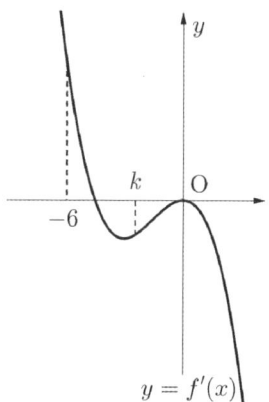

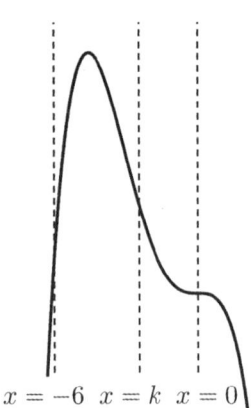

$$x=-6 \quad x=k \quad x=0$$

ㄱ. 함수 $y=f'(x)$의 그래프에서
$f'(-6)>0$, $f'(k)<0$이므로 함수 $y=f'(x)$의
그래프와 x축은 열린구간 $(-6,\ k)$에서 만난다.
즉, 방정식 $f'(x)=0$은 열린구간 $(-6,\ 0)$에서
한 개의 실근을 갖는다. (참)

ㄴ. 함수 $y=f(x)$의 그래프에서 함수 $f(x)$는 극댓값 1개만을
갖는다. (거짓)

ㄷ. $f'(x)$의 그래프 개형에서 $f'(x)=-\dfrac{4}{3}x^2(x-a)$로 놓을
수 있다. $f'(-6)=144$이므로
$f'(-6)=-48(-6-a)=144$에서 $a=-3$
따라서 $f'(x)=-\dfrac{4}{3}x^2(x+3)=-\dfrac{4}{3}x^3-4x^2$
$f(x)=\displaystyle\int\left(-\dfrac{4}{3}x^3-4x^2\right)dx=-\dfrac{1}{3}x^4-\dfrac{4}{3}x^3+C$이고
$f(0)=0$이므로 $C=0$이고 $f(x)=-\dfrac{1}{3}x^4-\dfrac{4}{3}x^3$
함수 $f(x)$는 $x=-3$에서 극댓값 9를 가지므로
$y=f(x)$의 그래프는 그림과 같다.

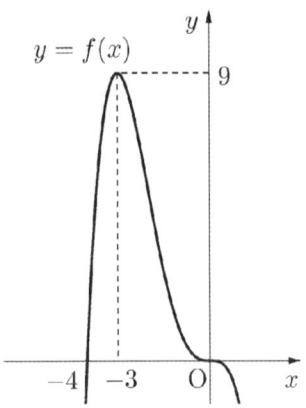

따라서 모든 실수 x에 대하여 $f(x)\le 9$이다. (참)
이상에서 옳은 것은 ㄱ, ㄷ이다.

615 정답 ⑤

ㄱ. 조건 (가)에서 $f'(x)=ax(x-k)$ $(a>0)$
라 하면 구간 $[0,\ k]$에서 $f'(x)\le 0$이므로

$$\int_0^k f'(x)dx<0 \qquad \text{(참)}$$

ㄴ. 조건 (나)에서 $\displaystyle\int_0^t |f'(x)|dx=f(t)+f(0)$
의 양변을 t에 대하여 미분하면
$$|f'(t)|=f'(t) \qquad \cdots\ \text{㉠}$$
이때, ㉠은 $t>1$인 모든 실수 t에 대하여 성립하므로
$f'(t)\ge 0$ $(t>1)$
따라서 조건 (가)에서 함수 $f(x)$는 $x=0$에서
극댓값, $x=k$에서 극솟값을 가지므로 $0<k\le 1$이다. (참)

ㄷ. $f'(x)=ax(x-k)=ax^2-akx$에서
$$\int_0^t |f'(x)|dx=-\int_0^k(ax^2-akx)dx+\int_k^t(ax^2-akx)dx$$
$$=-\left[\dfrac{a}{3}x^3-\dfrac{ak}{2}x^2\right]_0^k+\left[\dfrac{a}{3}x^3-\dfrac{ak}{2}x^2\right]_k^t$$
$$=-\left(\dfrac{ak^3}{3}-\dfrac{ak^3}{2}\right)+\left(\dfrac{at^3}{3}-\dfrac{akt^2}{2}-\dfrac{ak^3}{3}+\dfrac{ak^3}{2}\right)$$
$$=\dfrac{ak^3}{6}+\left(\dfrac{at^3}{6}-\dfrac{akt^2}{2}+\dfrac{ak^3}{6}\right)$$
$$=\dfrac{at^3}{3}-\dfrac{akt^2}{2}+\dfrac{ak^3}{3} \quad \cdots\ \text{㉡}$$
또한
$$f(x)=\int(ax^2-akx)dx$$
$$=\dfrac{a}{3}x^3-\dfrac{ak}{2}x^2+C \ (C\text{는 적분상수}) \text{ 라 하면}$$
$$f(t)+f(0)=\left(\dfrac{a}{3}t^3-\dfrac{ak}{2}t^2+C\right)+C$$
$$=\dfrac{a}{3}t^3-\dfrac{ak}{2}t^2+2C \quad \cdots\ \text{㉢}$$
㉡, ㉢이 같아야 하므로 $C=\dfrac{ak^3}{6}$
즉, $f(x)=\dfrac{a}{3}x^3-\dfrac{ak}{2}x^2+\dfrac{ak^3}{6}$이므로 극솟값은
$$f(k)=\dfrac{ak^3}{3}-\dfrac{ak^3}{2}+\dfrac{ak^3}{6}=0 \text{ (참)}$$
따라서 옳은 것은 ㄱ, ㄴ, ㄷ이다.

[랑데뷰팁]

ㄷ. $\displaystyle\int_0^t |f'(x)|dx=\int_0^k -f'(x)\,dx+\int_k^t f'(x)\,dx$
$=[-f(x)]_0^k+[f(x)]_k^t=-f(k)+f(0)+f(t)-f(k)$
$=f(t)+f(0)-2f(k)$에서
∴ $f(k)=0$
$f(x)$는 $x=k$에서 극솟값을 가지므로 극솟값은 0

616 정답 ④

ㄱ. (가)에서 $f'(x)=ax^2(x-k)$ $(a>0)$이라 하면
구간 $[0,\ k]$에서 $f'(x)\le 0$이므로

$$\int_0^k f'(x)dx < 0 \ (\text{참})$$

ㄴ. (나)에서 $\displaystyle\int_0^t |f'(x)|\,dx = -f(t)+f(2)$ 의 양변을

미분하면 $|f'(t)| = -f'(t)$ 에서 $f'(t) \le 0$ 이므로
$1 < t \le k$ 이다.
따라서 $k > 1$ (거짓)

ㄷ. $f'(x) = ax^2(x-k) = ax^3 - akx^2$ 에서
$1 < t \le k$ 이므로

$$\int_0^t |f'(x)|\,dx = -a\int_0^t (x^3 - kx^2)\,dx$$

$$= -a \times \left[\frac{1}{4}x^4 - \frac{k}{3}x^3\right]_0^t = -a\left(\frac{1}{4}t^4 - \frac{k}{3}t^3\right)$$

한편,

$$f(x) = \int (ax^3 - akx^2)\,dx = a\left(\frac{1}{4}x^4 - \frac{k}{3}x^3\right) + C \text{이므로}$$

$$-f(t)+f(2) = -a\left(\frac{1}{4}t^4 - \frac{k}{3}t^3\right) - C + f(2)$$

$$= -a\left(\frac{1}{4}t^4 - \frac{k}{3}t^3\right) - C + a\left(4 - \frac{8}{3}k\right) + C$$

에서 $a\left(4 - \dfrac{8}{3}k\right) = 0$ 이다. $a > 0$ 이므로 $k = \dfrac{3}{2}$

따라서 $f'(x) = ax^2\left(x - \dfrac{3}{2}\right)$ 이고 $y = ax^3 - \dfrac{3}{2}ax^2$

$y' = 3ax(x-1)$, $a > 0$ 이므로 함수 $f'(x)$ 는 $x = 0$
에서 극댓값을 $x = 1$ 에서 극솟값을 갖는다. (참)

[랑데뷰팁]

(나)의 $\displaystyle\int_0^t |f'(x)|\,dx = -f(t)+f(2)$ 은 그래프 개형상

$0 \le t \le 1$ 일 때도 성립하므로 $t = 0$ 을 대입하면
$f(2) = f(0) = 0$ 에서 사차방정식 $f(x) = 0$ 의 근이
$x = 0$(삼중근), $x = 2$ 이므로 사차함수 비율 3:1에서
$x = \dfrac{3}{2}$ 일 때 극솟값을 갖는다. $\therefore k = \dfrac{3}{2}$

또한 삼차방정식 $f'(x) = 0$ 의 근이 $x = 0$(중근),
$x = \dfrac{3}{2}$ 이므로 삼차함수 비율 2:1에서 $x = 1$ 에서
극솟값을 갖는다.

617 정답 45

(가)에서 $0 \le x \le 2$ 일 때, $f(x) \le 0$ 이고
(나)에서 $2 \le x \le 3$ 일 때 $f(x) \ge 0$ 임을 알 수 있다.
따라서 함수 $f(x)$ 는 $x = 0$ 과 $x = 2$ 에서 x축과 만나고 아래로
볼록인 이차함수이다.
따라서 $f(x) = ax(x-2)$ $(a > 0)$

(가)에서 $\dfrac{|a|(2-0)^3}{6} = 4$ 에서 $|a| = 3$

$a > 0$ 이므로 $a = 3$ 이다.
따라서 $f(x) = 3x(x-2)$ 이고 $f(5) = 45$

[다른 풀이]

$f(0) = 0$ 이므로
$f(x) = ax^2 + bx \ (a \ne 0)$ 라 하자.
조건 (가)에 의하여

$$\int_0^2 |f(x)|\,dx = 4, \quad \int_0^2 f(x)\,dx = -4$$

이므로 구간 $[0, 2]$ 에서 $f(x) \le 0$ 이다.
또한, 조건 (나)에 의하여

$$\int_2^3 |f(x)|\,dx = \int_2^3 f(x)\,dx$$

이므로 구간 $[2, 3]$ 에서 $f(x) \ge 0$ 이다.
따라서 $f(2) = 0$ 이므로
$f(2) = 4a + 2b = 0$
$\therefore b = -2a$
즉, $f(x) = ax^2 - 2ax$ 이므로

$$\int_0^2 (ax^2 - 2ax)\,dx$$

$$= \left[\frac{a}{3}x^3 - ax^2\right]_0^2$$

$$= \frac{8}{3}a - 4a = -\frac{4}{3}a = -4$$

$\therefore a = 3$
따라서 $f(x) = 3x^2 - 6x$ 이므로
$f(5) = 3 \times 5^2 - 6 \times 5 = 75 - 30 = 45$

618 정답 96

(가)에서 $0 \le x \le 3$ 일 때, $f(x) \le 0$ 이고 $\cdots$ ㉠
(나)에서 $3 \le x \le 4$ 일 때 $f(x) \ge 0$ 임을 알 수 있다. $\cdots$ ㉡
따라서 함수 $f(x)$ 는 $x = 0$ 과 $x = 3$ 에서 x축과 만나는
삼차함수이다.
(다)에서 $f(x) = 0$ 의 실근의 개수는 2개이므로
$f(x) = ax^2(x-3)$ 또는 $f(x) = ax(x-3)^2$ 꼴이다.
㉠, ㉡을 만족하는 $f(x)$ 는 최고차항의 계수 a 가 양수이고
$x = 0$ 에서 중근을 갖는 그래프뿐이다.
따라서 $f(x) = ax^2(x-3)$ $(a > 0)$

(가)에서 $\dfrac{|a|(3-0)^4}{12} = 27$ 에서 $|a| = 4$

$a > 0$ 이므로 $a = 4$ 이다.
따라서 $f(x) = 4x^2(x-3)$ 이고 $f'(x) = 8x(x-3) + 4x^2$
그러므로 $f'(4) = 32 + 64 = 96$

[다른 풀이]

$f(x) = ax^3 - 3ax$ 이므로

$$\int_0^3 (ax^3 - 3ax^2)\,dx$$

$$= \left[\frac{1}{4}ax^4 - ax^3\right]_0^3$$

$$= \frac{81}{4}a - 27a = -\frac{27}{4}a = -27$$

$\therefore a = 4$

따라서 $f(x) = 4x^2(x-3)$이고 $f'(x) = 8x(x-3) + 4x^2$

그러므로 $f'(4) = 32 + 64 = 96$

619 정답 ①

$h(-x) = f(-x)g(-x) = -f(x)g(x) = -h(x)$이므로

다항함수 $h(x)$의 그래프는 원점에 대칭이고, $h(0) = 0$이다.

$h(-x) = -h(x)$의 양변을 미분하면 $h'(-x) = h'(x)$이므로 $h'(x)$는 y축 대칭이다.

따라서

$\displaystyle \int_{-3}^{3} (x+5)h'(x)dx$

$= \displaystyle \int_{-3}^{3} (xh'(x) + 5h'(x))dx$

$= \displaystyle \int_{-3}^{3} (xh'(x))dx + 5\int_{-3}^{3} (h'(x))dx$

$= 10 \displaystyle \int_{0}^{3} (h'(x))dx \ (\because k(x) = xh'(x)$라 두면

$k(-x) = -k(x))$

$= 10 \left[h(x) \right]_{0}^{3}$

$= 10(h(3) - h(0)) = 10h(3) \quad (\because h(0) = 0)$

따라서 $h(3) = 1$

[다른 풀이]

$h(-x) = f(-x)g(-x) = -f(x)g(x) = -h(x)$

이므로 다항함수 $h(x)$의 그래프는 원점에 대칭이고,

$h(0) = 0$이다.

$h(x) = a_{2n+1}x^{2n+1} + a_{2n-1}x^{2n-1} + \cdots + a_1 x$로 놓으면

$h'(x) = (2n+1)a_{2n+1}x^{2n} + (2n-1)a_{2n-1}x^{2n-2} + \cdots + a_1$

이므로 $h'(-x) = h'(x)$를 만족시킨다.

$\displaystyle \int_{-3}^{3} (xh'(x) + 5h'(x))dx$

$= 2\displaystyle \int_{0}^{3} 5h'(x)dx$

$= 10 \left[h(x) \right]_{0}^{3}$

$= 10(h(3) - h(0))$

$10(h(3) - h(0)) = 10$에서

$h(3) = h(0) + 1 = 0 + 1 = 1$

620 정답 ②

$h(x) = f(x)\{g(x) + 1\} = f(x)g(x) + f(x)$

$h(-x) = f(-x)g(-x) + f(-x)$

$\qquad = -f(x)g(x) - f(x) = -f(x)\{g(x)+1\} = -h(x)$

이므로

다항함수 $h(x)$의 그래프는 원점에 대칭이고,

$h(0) = 0$이다.

$h(-x) = -h(x)$의 양변을 미분하면

$h'(-x) = h'(x)$이므로 $h'(x)$는 y축 대칭이다.

따라서

$\displaystyle \int_{-4}^{4} (x^3 + 4)h'(x)dx$

$= \displaystyle \int_{-4}^{4} \{x^3 h'(x) + 4h'(x)\}dx$

$= \displaystyle \int_{-4}^{4} x^3 h'(x)dx + 4\int_{-4}^{4} h'(x)dx$

$= 8 \displaystyle \int_{0}^{4} h'(x)dx \ (\because k(x) = x^3 h'(x)$라 두면

$k(-x) = -k(x))$

$= 8 \left[h(x) \right]_{0}^{4}$

$= 8(h(4) - h(0)) = 8h(4) = 16 \quad (\because h(0) = 0)$

따라서 $h(4) = 2$

621 정답 8

t값에 따른 함수 $f(t)$는 다음과 같다.

$$f(t) = \begin{cases} 0 \ (t < 0) \\ 2 \ (t = 0) \\ 4 \ (0 < t < 1) \\ 3 \ (t = 1) \\ 2 \ (t > 1) \end{cases}$$

따라서

$f(t)g(t)$가 모든 실수 t에서 연속이기 위해서는

최고차항의 계수가 1인 이차함수 $g(t)$는

$g(0) = g(1) = 0$을 만족해야만 한다.

$\therefore g(t) = t(t-1)$

$\therefore f(3) + g(3) = 2 + 6 = 8$

622 정답 8

t값에 따른 함수 $f(t)$는 다음과 같다.

$$f(t) = \begin{cases} 0 \ (t < 0) \\ 2 \ (t = 0) \\ 4 \ (0 < t < 1) \\ 3 \ (t = 1) \\ 2 \ (t > 1) \end{cases}$$

따라서

함수 $g(f(t))$가 모든 실수 t에서 연속이기 위해서는 $t = 0$과

$t = 1$에서 연속이어야 한다.

$t = 0$일 때 $g(f(t))$가 연속이기 위해서는 $f(t)$의 좌극한 0,

함숫값 2, 우극한 4이 모두 같아야 하므로 $t = 0$에서 연속일

조건은 $g(0) = g(2) = g(4)$이다.

$t = 1$일 때 $g(f(t))$가 연속이기 위해서는 $f(t)$의 좌극한 4,

함숫값 3, 우극한 2이 모두 같아야 하므로 $t = 1$에서 연속일

조건은 $g(4) = g(3) = g(2)$이다.

따라서

최고차항의 계수가 1인 사차함수 $g(t)$는

$g(0) = g(2) = g(3) = g(4)$을 만족해야만 한다.

$\therefore g(t) = t(t-2)(t-3)(t-4) + k \ (k$는 상수$)$

따라서 $g(3)=k$, $g(1)=-6+k$
$f(3)+g(3)-g(1)=2+k-(-6+k)=8$이다.

623 정답 ①

함수 $f(x)$의 그래프는 다음 그림과 같다.

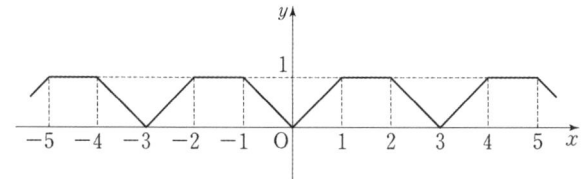

그림에서 $\int_0^3 f(x)dx = \dfrac{1}{2}+1+\dfrac{1}{2}=2$ $\cdots$ ㉠

함수 $y=f(x)$의 그래프는 y축에 대하여 대칭이므로

$$\int_{-a}^{a} f(x)dx = 2\int_0^a f(x)dx = 13$$

$$\therefore \int_0^a f(x)dx = \dfrac{13}{2} = 6+\dfrac{1}{2} = 2\times 3 + \dfrac{1}{2}$$

$$= 3\int_0^3 f(x)dx + \dfrac{1}{2} \quad (\because ㉠)$$

$$= \int_0^{3\times 3} f(x)dx + \int_9^{10} f(x)dx$$

$$= \int_0^{10} f(x)dx$$

($\because$ 함수 $f(x)$의 주기가 3이고,

$\int_9^{10} f(x)dx = \int_0^1 f(x)dx = \dfrac{1}{2}$)

$\therefore a=10$

624 정답 ④

함수 $f(x)$의 그래프는 다음 그림과 같다.

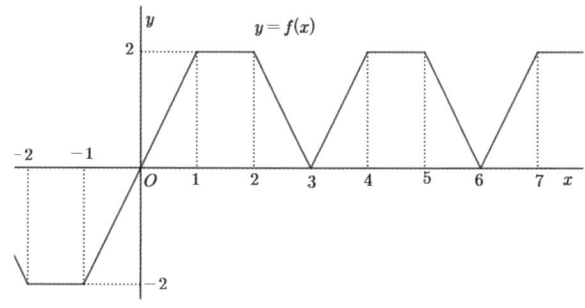

$a=1$일 때,

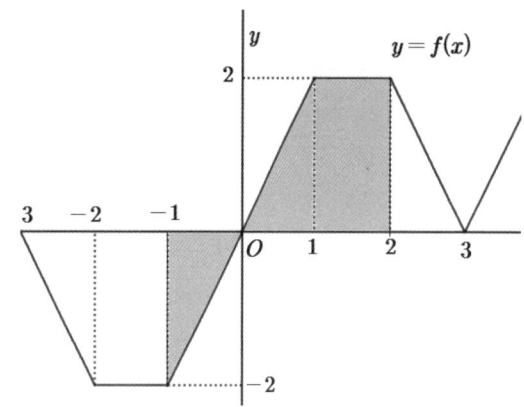

그림과 같이 $\int_{-1}^{2} f(x)dx = 2$을 만족한다. 따라서 $a_1 = 1$이다.

$a=4$일 때,

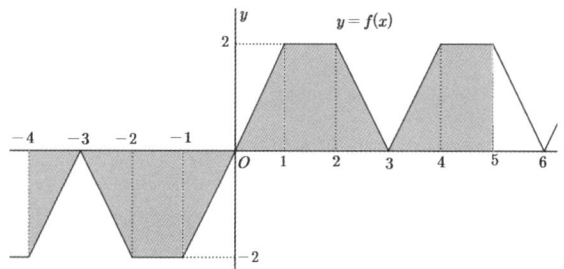

그림과 같이 $\int_{-4}^{5} f(x)dx = 2$을 만족한다.

따라서 $a_2 = 4$이다.

따라서

$a_1 = 1$, $a_2 = 4$, $a_3 = 7$, $\cdots$이므로

$a_n = 3n-2$이다.

따라서 $a_{100} = 298$

[다른 풀이]

$f(x)$가 원점 대칭인 함수이므로 $\int_{-a}^{a} f(x)dx = 0$이다.

$$\int_{-a}^{a+1} f(x)dx = \int_{-a}^{a} f(x)dx + \int_a^{a+1} f(x)dx =$$

$$\int_a^{a+1} f(x)dx = 2$$

구간 $[a, a+1]$에서 함수 $f(x)$와 x축으로 둘러싸인 부분의 넓이가 2인 a를 찾으면 된다.

625 정답 ⑤

$F'(x)=f(x)$라 하면 $\int_0^x f(x)dx = F(x)-F(0)$

$F(x)-F(0)=h(x)$라 하자.

$f(0)>0$이므로 $x=0$의 가까운 오른쪽에서

$$\int_0^x f(x)dx > 0$$

따라서 $y=h(x)$와 $y=f(x)$의 그래프는 다음과 같다.

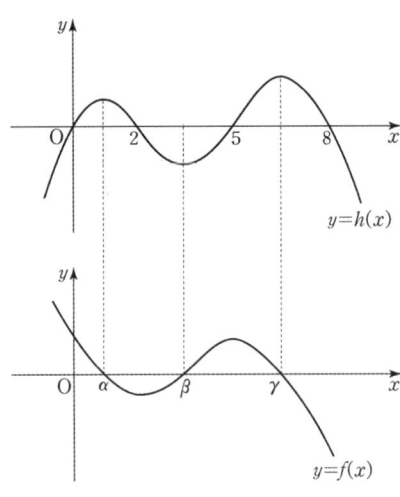

$y = h(x)$

$y = f(x)$

ㄱ. 방정식 $f(x) = 0$은 구간 $(0, 2)$, $(2, 5)$, $(5, 8)$에서 각각 실근을 갖는다. (참)

ㄴ. $x = 0$에서 접선 기울기가 음수이므로 $f'(0) < 0$ (참)

ㄷ. $h(x) = kx(x-2)(x-5)(x-8)$ $(k < 0)$이라 할 때,

$\int_{m}^{m+2} f(x)dx = h(m+2) - h(m)$이므로

$m = 1$일 때, $h(3) - h(1) = 58k < 0$

$m = 2$일 때, $h(4) - h(2) = 32k < 0$

$m = 3$일 때, $h(5) - h(3) = -30k > 0$

$m = 4$일 때, $h(6) - h(4) = -80k > 0$

$m = 5$일 때, $h(7) - h(5) = -70k > 0$

$m = 6$일 때, $h(8) - h(6) = 48k < 0$

$m = 7$일 때, $h(9) - h(7) = 322k < 0$

$m \geq 8$일 때, $h(m+2) - h(m) < 0$

따라서 $\int_{m}^{m+2} f(x)dx > 0$을 만족시키는 자연수 m은 3, 4, 5로 3개다. (참)

ㄱ, ㄴ, ㄷ 모두 옳다.

[다른 풀이]

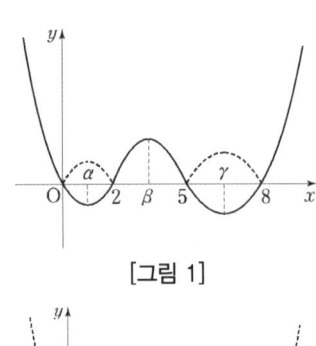

[그림 1]

[그림 2]

$h(x) = \int_{0}^{x} f(t)\,dt$라 하면

$h(x)$는 사차함수이므로 위 두 그림중 하나이다.

$f(x) = h'(x)$이므로 두 그림 중 $f(0) = h'(0) > 0$을 만족하는 경우는 위의 [그림 2]이다.

따라서 $y = f(x)$의 그래프는 아래와 같다.

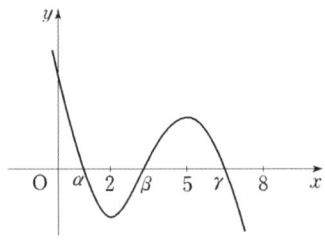

ㄱ. $y = h(x)$는 3개의 극점을 가지는 사차함수이므로 $f(x) = h'(x) = 0$은 서로 다른 3개의 실근을 갖는다.

ㄴ. $f'(0) < 0$

ㄷ. $\int_{m}^{m+2} f(x)\,dx = h(m+2) - h(m)$이다.

$h(2) = 0 = h(0)$ ∴ $h(2) - h(0) = 0$

$h(3) < 0 < h(1)$ ∴ $h(3) - h(1) < 0$

$h(4) < 0 = h(2)$ ∴ $h(4) - h(2) < 0$

$h(5) = 0 > h(3)$ ∴ $h(5) - h(3) > 0$

$h(6) > 0 > h(4)$ ∴ $h(6) - h(4) > 0$

$h(7) > 0 = h(5)$ ∴ $h(7) - h(5) > 0$

$h(8) = 0 < h(6)$ ∴ $h(8) - h(6) < 0$

$h(9) < 0 < h(7)$ ∴ $h(9) - h(7) < 0$

$m \geq 8$이면 $h(m+2) < h(m)$이므로

$h(m+2) > h(m)$을 만족하는 자연수 m은 $m = 3, 4, 5$의 3개이다.

626 정답 ①

$F'(x) = f(x)$라 하면 $\int_{0}^{x} f(x)dx = F(x) - F(0)$

$F(x) - F(0) = h(x)$라 하자.

$f(0) > 0$이므로 $x = 0$의 가까운 오른쪽에서

$\int_{0}^{x} f(x)dx > 0$

따라서 $y = h(x)$와 $y = f(x)$의 그래프는 다음과 같다.

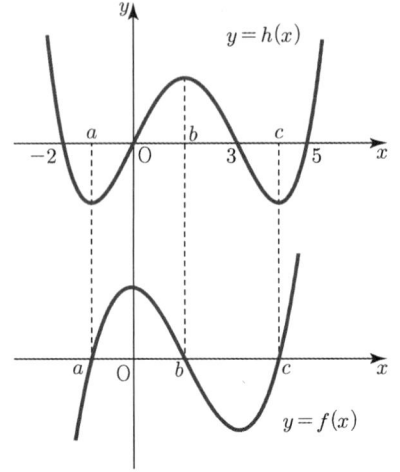

$y = h(x)$

$y = f(x)$

ㄱ. 방정식 $f(x)=0$은 구간 $(-2, 0)$, $(0, 3)$, $(3, 5)$에서 각각 실근을 갖는다. (참)

ㄴ. $x=-2$에서 접선 기울기가 양수이므로 $f'(-2)>0$ (거짓)

ㄷ. $h(x)=k(x+2)x(x-3)(x-5)$ $(k>0)$이라 할 때, $\displaystyle\int_m^{m+2}f(x)dx=h(m+2)-h(m)$이므로

$m=1$일 때, $h(3)-h(1)=0-24k<0$

$m=2$일 때, $h(4)-h(2)=-24k-24k<0$

$m=3$일 때, $h(5)-h(3)=0$

$m=4$일 때, $h(6)-h(4)=144k-(-24k)>0$

$m\geq 5$일 때, $h(m+2)-h(m)>0$

따라서 $\displaystyle\int_m^{m+2}f(x)dx<0$을 만족시키는 자연수 m은 1, 2로 2개다.(거짓)

따라서 옳은 것은 ㄱ뿐이다.

627 정답 ①

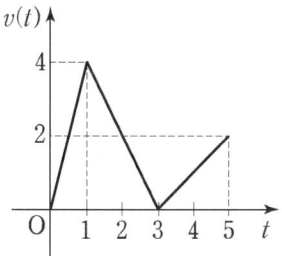

시각 $t=0$에서 $t=x$까지 움직인 거리를 l_1

시각 $t=x$에서 $t=x+2$까지 움직인 거리를 l_2

시각 $t=x+2$에서 $t=5$까지 움직인 거리를 l_3이라 하자.

ㄱ. $x=1$인 경우

$l_1=2$, $l_2=4$, $l_3=2$이므로 $f(1)=2$ (참)

ㄴ. $x=2$인 경우

$l_1=5$, $l_2=\dfrac{3}{2}$, $l_3=\dfrac{3}{2}$이므로 $f(2)=\dfrac{3}{2}$

따라서 $f(2)-f(1)=\dfrac{3}{2}-2=-\dfrac{1}{2}$

$\displaystyle\int_1^2 v(t)dt=\int_1^2(-2t+6)dt=3$

$\therefore f(2)-f(1)\neq\displaystyle\int_1^2 v(t)dt$ (거짓)

ㄷ. h가 충분히 작은 양수일 때 그림에서 보는 것처럼

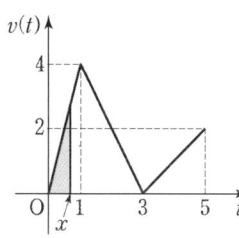
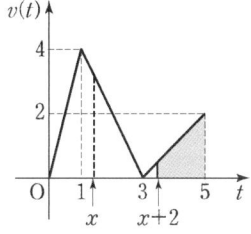

$1-h<x<1$에서

$$f(x)=\frac{1}{2}\cdot x\cdot 4x=2x^2\to f'(x)=4x\xrightarrow{x\to 1-0}4$$

$1<x<1+h$에서

$$f(x)=2-\frac{1}{2}((x+2)-3)^2\to f'(x)=-x+1\xrightarrow{x\to 1+0}0$$

따라서 $f'(x)$의 $x=1$에서의 좌우 미분계수가 다르므로 미분불가능 (거짓)

628 정답 ⑤

$$v(t)=\begin{cases}2t & (0\leq t<1)\\ 2 & (1\leq t<2)\\ -t+4 & (2\leq t<4)\\ 4t-16 & (4\leq t<5)\\ 4 & (5\leq t\leq 6)\end{cases}$$

각 구간별 $y=v(t)$와 t축으로 둘러싸인 부분의 넓이는 그림과 같다.

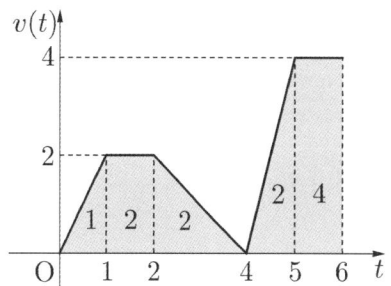

ㄱ. $t=2$일 때,

$\displaystyle\int_0^2 v(t)dt=3$, $\displaystyle\int_2^5 v(t)dt=4$, $\displaystyle\int_5^6 v(t)dt=4$이므로 $f(2)=3$ (참)

ㄴ. h가 충분히 작은 양수일 때

$2-h<x<2$에서 $f(x)=1+\displaystyle\int_1^x 2dt=2x-1$

$f'(x)=2$에서 $f'(2-)=2$

$2<x<2+h$에서

$f(x)=3+\displaystyle\int_2^x(-t+4)dt=-\dfrac{1}{2}x^2+4x-3$

$f'(x)=-x+4$에서 $f'(2+)=2$

따라서 $f'(x)$의 $x=2$에서의 좌우 미분계수가 같으므로 함수 $f(x)$는 $x=2$에서 미분가능하고 $f'(2)=2$이다. (참)

ㄷ. 그림과 같이 $t=2+a$일 때,

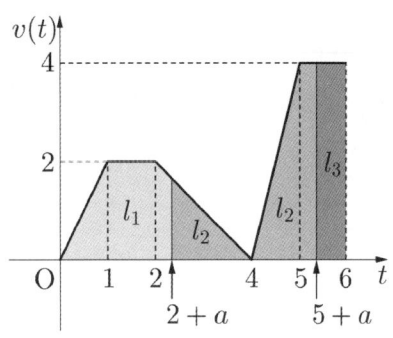

$l_1 = \displaystyle\int_0^{2+a} v(t)dt$, $l_2 = \displaystyle\int_{2+a}^{5+a} v(t)dt$, $l_3 = \displaystyle\int_{5+a}^6 v(t)dt$이라

하면

$l_1 = 3 + \displaystyle\int_2^{2+a} (-t+4)dt$

$= 3 + \left[-\dfrac{1}{2}t^2 + 4t \right]_2^{2+a}$

$= 3 - \dfrac{1}{2}(2+a)^2 + 4(2+a) + \dfrac{1}{2}\times 2^2 - 4\times 2$

$= 3 - 2 - 2a - \dfrac{1}{2}a^2 + 8 + 4a - 6$

$= -\dfrac{1}{2}a^2 + 2a + 3$

$l_3 = \displaystyle\int_{5+a}^6 4dt = 4 - 4a$이다.

$l_1 = l_3 < l_2$을 만족시키는 a의 값에 대하여 $t = 2+a$일 때 $f(x)$의 값이 최대가 된다.

따라서

$-\dfrac{1}{2}a^2 + 2a + 3 = 4 - 4a$

$-\dfrac{1}{2}a^2 + 6a - 1 = 0$

$a^2 - 12a + 2 = 0$

$a = 6 \pm \sqrt{34}$

$0 < a < 1$이므로 $a = 6 - \sqrt{34}$

그러므로 함수 $f(x)$의 최댓값은 $f(8 - \sqrt{34})$이다. (참)

629 정답 ②

[그림 : 최성훈T]

삼차함수 $f(x)$에 대하여

$$g(x) = \begin{cases} 2x - k & (x \le k) \\ f(x) & (x > k) \end{cases} \text{이므로}$$

$$g'(x) = \begin{cases} 2 & (x < k) \\ f'(x) & (x > k) \end{cases}$$

최고차항의 계수가 1인 삼차함수 $f(x)$를

$f(x) = x^3 + ax^2 + bx + c$ (단, a, b, c는 상수)

라 하면 $f'(x) = 3x^2 + 2ax + b$

또한

$h_1(t) = |t(t-1)| + t(t-1)$

$h_2(t) = |(t-1)(t+2)| - (t-1)(t+2)$

라 할 때,

$$h_1(t) = \begin{cases} 2t(t-1) & (t \le 0 \text{ 또는 } t \ge 1) \\ 0 & (0 < t < 1) \end{cases}$$

$$h_2(t) = \begin{cases} 0 & (t \le -2 \text{ 또는 } t \ge 1) \\ -2(t-1)(t+2) & (-2 < t < 1) \end{cases}$$

이므로 두 함수 $y = h_1(t)$, $y = h_2(t)$의 그래프는 각각
다음과 같다.

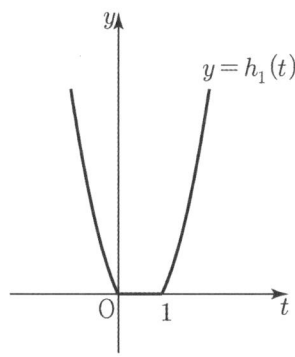

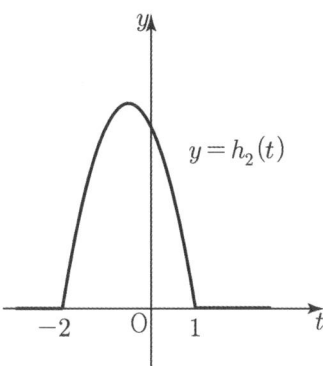

한편 p가 상수일 때 모든 실수 x에 대하여

$\displaystyle\int_p^x h(t)dt \ge 0$이기 위해서는

구간 $[p, x]$에서는 $h(t) \ge 0$이고
구간 $[x, p]$에서는 $h(t) \le 0$이어야 한다.

(i) 조건 (나)에서 모든 실수 x에 대하여

$\displaystyle\int_0^x g(t)h_1(t)dt \ge 0$이므로

그림과 같이 $0 \le \dfrac{k}{2} \le 1$, 즉 $0 \le k \le 2$이어야 한다.

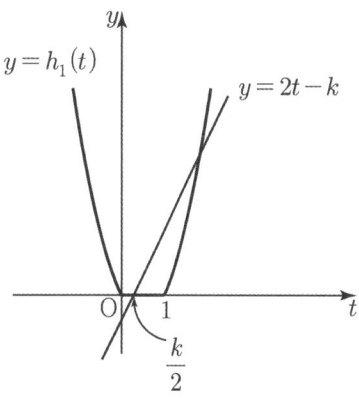

(ii) 조건 (나)에서 모든 실수 x에 대하여

$\displaystyle\int_3^x g(t)h_2(t) \ge 0$이므로

그림과 같이 $\dfrac{k}{2} \ge 1$, 즉 $k \ge 2$이어야 한다.

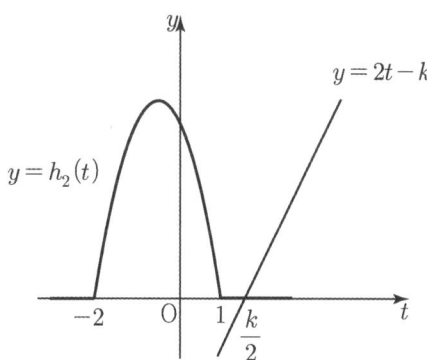

(i), (ii)에 의하여 $k = 2$

조건 (가)에서 함수 $g(x)$는 실수 전체의 집합에서
미분가능하므로 $x = k = 2$에서도 미분가능하고 연속이다.

$g'(2) = f'(2) = 2$에서

$12 + 4a + b = 2$, $b = -4a - 10$

$g(2) = f(2) = 2$에서

$8 + 4a + 2b + c = 2$

$c = -4a - 2b - 6$

$= -4a - 2(-4a - 10) - 6 = 4a + 14$

따라서

$f(x) = x^3 + ax^2 - (4a + 10)x + 4a + 14$ ⋯⋯ ㉠

한편, 함수 $g(x)$는 실수 전체의 집합에서 미분가능하고 증가하므로 $g'(x) \geq 0$이다.

따라서 $x \geq 2$일 때 $f'(x) \geq 0$이어야 한다.

$f'(x) = 3\left(x + \dfrac{a}{3}\right)^2 + b - \dfrac{a^2}{3}$에서

① $-\dfrac{a}{3} < 2$, 즉 $a > -6$일 때

$f'(2) = 12 + 4a + b = 12 + 4a - 4a - 10 = 2 > 0$

이 되어 조건을 만족시킨다.

$a > -6$ $\qquad\qquad$ ……ⓛ

② $-\dfrac{a}{3} \geq 2$, 즉 $a \leq -6$일 때

$b - \dfrac{a^2}{3} \geq 0$, 즉 $a^2 - 3b \leq 0$이어야 하므로

$a^2 - 3b = a^2 - 3(-4a - 10) \leq 0$

$a^2 + 12a + 30 \leq 0$, $(a+6)^2 \leq 6$

$-6 - \sqrt{6} \leq a \leq -6 + \sqrt{6}$이므로

$-6 - \sqrt{6} \leq a \leq -6$ $\qquad$ ……ⓒ

ⓛ, ⓒ에서 $a \geq -6 - \sqrt{6}$ $\qquad$ ……ⓔ

㉠에 $x = 3$을 대입하면 ⓔ에서

$g(k+1) = g(3) = f(3)$

$= 27 + 9a - 12a - 30 + 4a + 14$

$= a + 11 \geq 5 - \sqrt{6}$

따라서 $g(3)$의 최솟값은 $5 - \sqrt{6}$이다.

630 정답 ④

[그림 : 최성훈T]

[검토 : 최수영T]

$\displaystyle\int_0^x (t-k)\{|t(t-2)| + t(t-2)\}dt$에서

$f_1(t) = (t-k)\{|t(t-2)| + t(t-2)\}$라 하고

$g_1(t) = |t(t-2)| + t(t-2)$라 하면

$g_1(t) = \begin{cases} 2t(t-2) & (t < 0 \text{ 또는 } t > 2) \\ 0 & (0 \leq t \leq 2) \end{cases}$

이다.

(i) $k < 0$일 때,

$k < t < 0$에서 $f_1(t) > 0$이므로 $\displaystyle\int_0^k f'(t)dt < 0$로 모순이다.

(ii) $k > 2$일 때,

$2 < t < k$에서 $f_1(t) < 0$이므로 $\displaystyle\int_0^k f_1(t)dt < 0$로 모순이다.

(iii) $0 \leq k \leq 2$일 때,

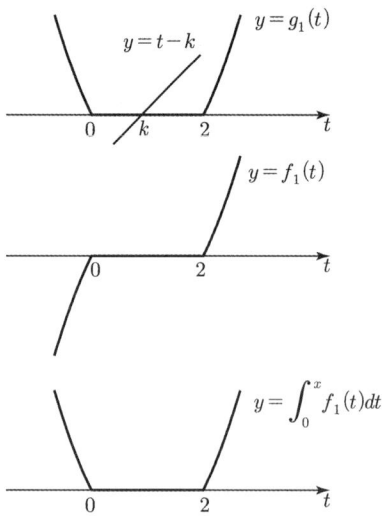

모든 실수 x에 대하여 $\displaystyle\int_0^x f_1(t)dt \geq 0$이기 위해서는

$0 \leq k \leq 2$ …… ㉠

이다.

$\displaystyle\int_3^x (t-k)\{|(t+2)(t-2)| - (t+2)(t-2)\}dt$에서

$f_2(t) = (t-k)\{|(t+2)(t-2)| - (t+2)(t-2)\}$라 하고

$g_2(t) = |(t+2)(t-2)| - (t+2)(t-2)$라 하면

$g_2(t) = \begin{cases} 0 & (t < -2 \text{ 또는 } t > 2) \\ -2(t+2)(t-2) & (-2 \leq t \leq 2) \end{cases}$

이다.

모든 실수 x에 대하여 $\displaystyle\int_0^x f_2(t)dt \geq 0$이기 위해서는 다음 그림과 같아야 한다.

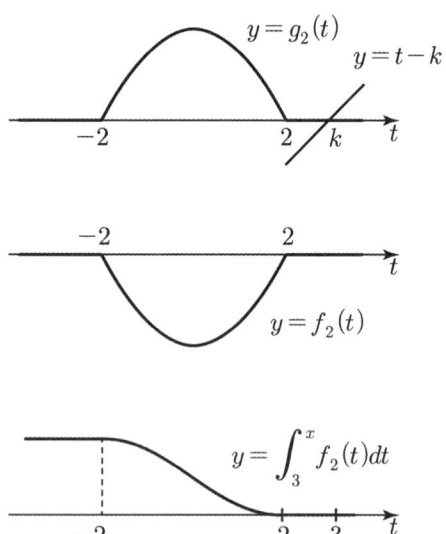

따라서 $k \geq 2$ …… ㉡

㉠, ㉡에서 $k = 2$이다.

따라서

$\displaystyle\int_3^x (t-k)\{|(t+2)(t-2)| - (t+2)(t-2)\}dt$

$$\leq \int_{2}^{-2}(t-2)\{|(t+2)(t-2)|-(t+2)(t-2)\}dt$$

$$=-\int_{-2}^{2}(t-2)g_2(t)dt$$

$$=-\int_{-2}^{2}-2(t+2)(t-2)^2 dt$$

$$=2\int_{-2}^{2}(t+2)(t-2)^2 dt$$

$$=2\times\frac{4^4}{12}=\frac{128}{3}$$

따라서 함수 $\int_{3}^{x}(t-k)\{|(t+2)(t-2)|-(t+2)(t-2)\}dt$의

최댓값은 $\dfrac{128}{3}$이다.

631 정답 10

조건 (가)에 $x=1$을 대입하면

$0=-f(1)-3$이므로

$f(1)=3$ …… ㉠

조건 (가)의 양변을 x에 대하여 미분하면

$$f(x)=f(x)+xf'(x)-4x$$

이고, $f(x)$는 다항함수이므로

$$f'(x)=4$$

즉, $f(x)=4x+C_1$ (C_1은 적분상수)

로 놓을 수 있다. 이때 ㉠에서

$$f(1)=3$$

이므로

$$f(1)=4+C_1=3$$

$$C_1=-1$$

즉, $f(x)=4x-1$이므로

$$F(x)=2x^2-x+C_2 \ (C_2는 \text{ 적분상수})$$

한편, 조건 (나)에서

$$f(x)G(x)+F(x)g(x)=\{F(x)G(x)\}'$$

이므로 양변을 x에 대하여 적분하면

$$F(x)G(x)=2x^4+x^3+x+C_3 \ (C_3은 \text{ 적분상수})$$

로 놓을 수 있다.

이때 $F(x)=2x^2-x+C_2$이고 $G(x)$도 다항함수이므로

$G(x)$는 최고차항의 계수가 1인 이차함수이다.

$$G(x)=x^2+ax+b \ (단, \ a, \ b는 \text{ 상수})$$

로 놓으면

$$(2x^2-x+C_2)(x^2+ax+b)=2x^4+x^3+x+C_3$$

양변의 x^3의 계수를 비교하면

$$2a-1=1$$

즉, $a=1$이므로

$$G(x)=x^2+x+b$$

따라서

$$\int_{1}^{3}g(x)dx=\Big[G(x)\Big]_{1}^{3}$$

$$=G(3)-G(1)$$

$$=(3^2+3+b)-(1^2+1+b)$$

$$=10$$

632 정답 4

(가)에서 양변 적분하면

$F(x)G(x)=x^4-x^3-x^2-x+C\cdots$㉠ 이고

$\lim\limits_{x\to\infty}\dfrac{F(x)}{G(x)}$ 의 값이 존재하므로 (나)조건에 의해 함수 $F(x)$는

일차함수이고 $G(x)$는 삼차함수이다.

$F(0)=-1$이므로 $F(x)=ax-1 \ (a\neq 0)$라 두면

$F'(x)=f(x)=a$에서 $f(0)=a$이므로 $g(0)=\dfrac{1}{a}$이다.

따라서

$$G(x)=\frac{1}{a}x^3+bx^2+\frac{1}{a}x+c라 \text{ 할 수 있다.}$$

따라서

$$F(x)G(x)=(ax-1)\left(\frac{1}{a}x^3+bx^2+\frac{1}{a}x+c\right)$$

$$=x^4+\left(ab-\frac{1}{a}\right)x^3+(1-b)x^2+\left(ac-\frac{1}{a}\right)x-c\cdots$$㉡

㉠, ㉡에서

$1-b=-1$이므로 $b=2$

$ab-\dfrac{1}{a}=-1$에서 $b=2$이므로 $2a-\dfrac{1}{a}=-1$

$$2a^2+a-1=0$$

$$(2a-1)(a+1)=0$$

$$\therefore \ a=\frac{1}{2} \ 또는 \ a=-1$$

$a=-1$이면 $F(x)$의 계수와 $G(x)$의 계수가 모두 -1이므로

모순이다.

따라서 $a=\dfrac{1}{2}$

$ac-\dfrac{1}{a}=-1$에서 $a=\dfrac{1}{2}$이므로 $\dfrac{1}{2}c-2=-1$

$$\frac{1}{2}c=1$$

$$\therefore \ c=2$$

따라서

$$F(x)=\frac{1}{2}x-1, \ G(x)=2x^3+2x^2+2x+2$$

그러므로 $F(3)\times G(1)=\dfrac{1}{2}\times 8=4$

633 정답 9

[그림 : 최성훈T]

방정식 $f'(x)=0$의 다항구간 $[t, t+2]$에서 갖는 실근의

개수를 함수 $y=f(x)$의 접선의 기울기가 0인 점의 개수로 보고 적분없이 삼차함수 비율과 그래프 개형으로 문제를 풀어보자.

최고차항의 계수가 $\dfrac{1}{2}$인 삼차함수 그래프가 극점이 존재하지 않으면 모든 실수 t에 대하여 $g(t)=0$이므로 조건을 만족하지 않는다. 따라서 삼차함수 $f(x)$는 극대, 극소 순으로 나타나는 그래프 개형을 가진다.

방정식 $f'(x)=0$의 해를 α, β $(\alpha<\beta)$라 하고 닫힌구간 $[t,\,t+2]$의 구간의 길이가 2이므로 $\beta-\alpha<2$, $\beta-\alpha>2$, $\beta-\alpha=2$일 때로 나눠 생각해 보자.

(i) $\beta-\alpha<2$일 때,
$y=f(x)$의 그래프와 $y=g(t)$의 그래프 개형은 다음과 같다.

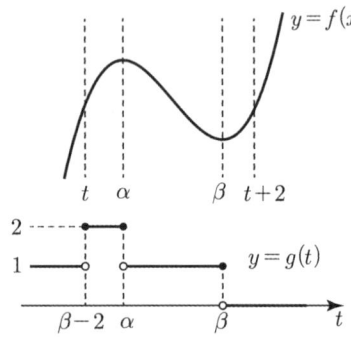

따라서 $\displaystyle\lim_{t\to a+}g(t)=\lim_{t\to a+}g(t)=g(a)=2$인 a가 존재해서 조건(가)에 모순이다.

(ii) $\beta-\alpha>2$일 때,
$y=f(x)$의 그래프와 $y=g(t)$의 그래프 개형은 다음과 같다.

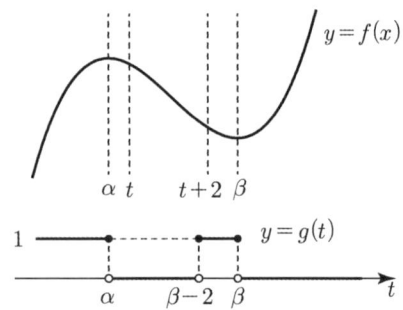

$g(a)=2$을 만족하는 $t=a$가 존재하지 않으므로 조건(나)에 모순이다.

(iii) $\beta-\alpha=2$일 때,
$y=f(x)$의 그래프와 $y=g(t)$의 그래프 개형은 다음과 같다.

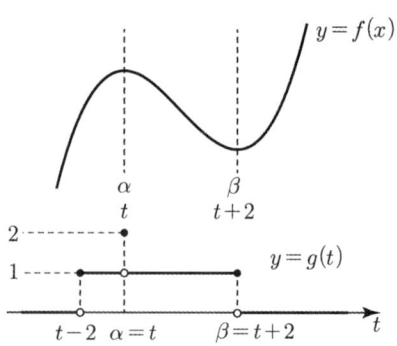

따라서
$\alpha=k$, $\beta=k+2$라 할 때, $g(k)=2$이므로
$g(f(1))=g(f(4))=2$에서 $f(1)=f(4)=k$
$y=f(x)$와 $y=g(t)$의 그래프 개형은 다음과 같다.

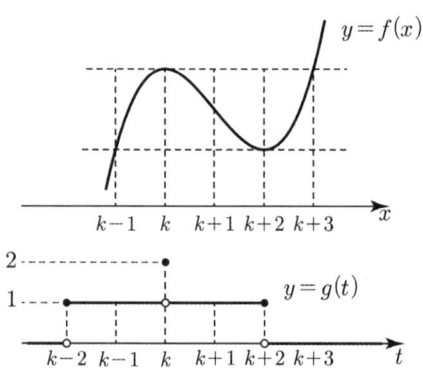

$f(1)$과 $f(4)$에서 $x=1$과 $x=4$의 차이는 3이므로 극댓값과 극솟값을 갖는 x값의 차이가 2인 삼차함수 그래프에서는 비율관계에 의해 $f(1)$과 $f(4)$는 동시에 극댓값이거나 극솟값일 수 밖에 없다.

따라서
① $x=1$에서 극댓값을 가질 때,
$y=f(x)$의 그래프가 $x=1$에서 극댓값을 가지므로 $k=1$이다.
따라서 $f(1)=f(4)=1$을 가지므로
$f(x)=\dfrac{1}{2}(x-1)^2(x-4)+1$이다.

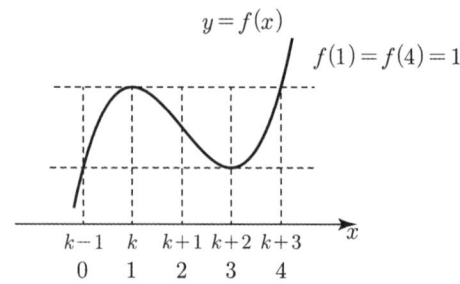

② $x=4$에서 극솟값을 가질 때,
$y=f(x)$의 그래프가 $x=4$에서 극솟값을 가지므로 $k=2$이다.
따라서 $f(1)=f(4)=2$을 가지므로
$f(x)=\dfrac{1}{2}(x-1)(x-4)^2+2$

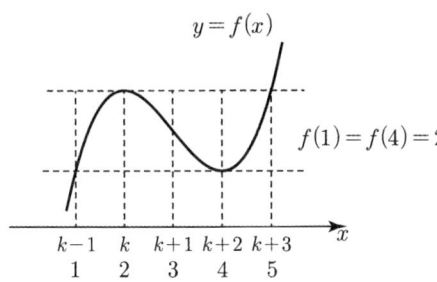

$y = f(x)$

$f(1) = f(4) = 2$

$k-1 \quad k \quad k+1 \quad k+2 \quad k+3$
$1 \qquad 2 \qquad 3 \qquad 4 \qquad 5$

이제 ①, ②에서 마지막 남은 조건 $g(f(0))=1$을 만족하는 함수 $f(x)$를 구하자.

①에서 $f(0)=-1$이고 $g(1)=2$이므로 $g(-1)=1$로 조건을 만족한다.

②에서 $f(0)=-6$이고 $g(2)=2$이므로 $g(-6)=0$으로 조건에 모순이다.

따라서 $f(x) = \dfrac{1}{2}(x-1)^2(x-4)+1$이다.

$f(5)=9$

[다른 풀이]

조건 (가)를 만족하기 위해서는 두 극값의 차이가 2여야 하므로

최고차항의 계수가 $\dfrac{1}{2}$인 삼차함수 $f(x)$의 도함수는 다음과 같다.

$f'(x) = \dfrac{3}{2}(x-\alpha)(x-\alpha-2)$

따라서

$f(x) = \dfrac{1}{2}x^3 - \dfrac{3}{2}(\alpha+1)x^2 + \dfrac{3}{2}(\alpha^2+2\alpha)x + C$ (단, C는 상수)

조건 (나)의 $g(f(1))=g(f(4))=2$를 만족하려면

$f(1)=f(4)$이므로, 이를 대입하여 정리하면 $\alpha=1$ 또는 $\alpha=2$이다.

$\alpha=2$일 때, 조건 (나)의 $g(f(0))=1$을 만족하지 않으므로 $\alpha=1$.

$f(x) = \dfrac{1}{2}x^3 - 3x^2 + \dfrac{9}{2}x - 1$

$\therefore f(5)=9$

---

634 정답 240

[그림 : 최성훈T]

조건 (다)에 의하여 방정식 $f'(x)=0$의 실근의 개수가 2임을 알 수 있고 방정식 $f'(x)=0$의 두 실근 중 하나는 중근이여야 한다.

이때, 방정식 $f'(x)=0$의 두 근의 차가 3보다 작다면 어떤 실수 a에 대하여

$\lim\limits_{t \to a+} g(t) + \lim\limits_{t \to a-} g(t) > 2$

가 성립하므로 조건 (가)를 만족하기 위해서는 방정식 $f'(x)=0$의 두 근의 차가 3보다 크거나 같아야 하고, 조건 (나)에서 $g(t)=2$를 만족하는 t의 값이 존재하므로 방정식 $f'(x)=0$의 두 근의 차이는 3이여야 한다.

따라서 방정식 $f'(x)=0$의 두 실근을 각각 α, $\alpha+3$라 할 수 있다.

(나)에서 $f(0)=f(4)$이고 $f(0)=f(4)=k$라 두면 사차함수 $f(x)$는 다음과 같은 경우로 나눌 수 있다.

(i) 사차방정식 $f(x)=k$에서 $x=0$이 삼중근일 때, 즉, $\alpha=0$

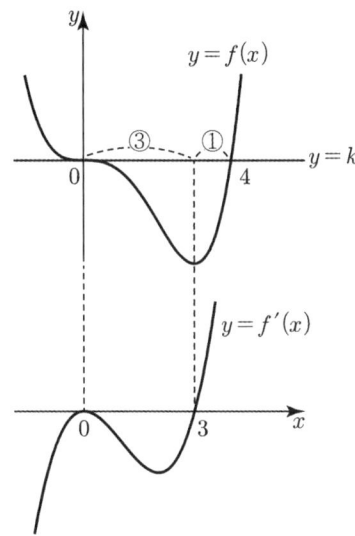

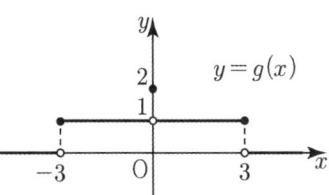

$k=0$이므로 $f(0)=f(4)=0$에서 $f(x)=x^3(x-4)$이다.

$\therefore f(2) = -16$

(ii) 사차방정식 $f(x)=k$에서 $x=4$가 삼중근일 때, 즉, $\alpha=1$

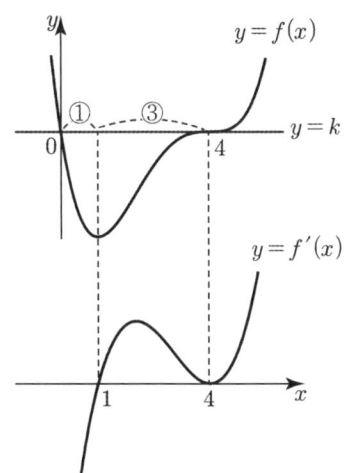

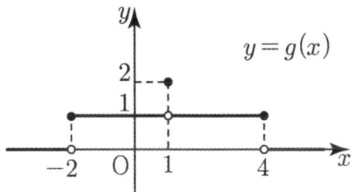

$k=1$이므로 $f(0)=f(4)=1$에서 $f(x)=x(x-4)^3+1$
$f(2)=-15$
(i), (ii)에서 $M=-15$, $m=-16$이다.
$M\times m=240$

[랑데뷰팁]–유승희T

함수 $f'(x)=4(x-f(0))(x-f(4))(x-f(4)-3)$라
할 때 $f(4)=f(0)+3$인 경우에 대하여
$f(0)=p$라 하면
$f'(x)=4(x-p)(x-p-3)(x-p-6)$이고
구간 $[t, t+3]$에서 $f'(x)=0$의 실근의 개수 $g(t)$는
(나)조건 $g(f(0))=g(f(4))=2$을 만족시키고 (가)조건도
만족시킨다. 그런데 이때, $g(t)$는

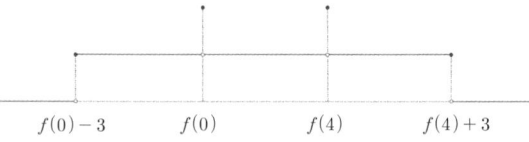

$(f(4)=f(0)+3)$

$\displaystyle\lim_{t\to b}g(t)\neq g(b)$인 b의 개수가 4이므로 (다)조건에
모순이다.
$f(0)=f(4)+3$인 경우도 마찬가지.

635 정답 ⑤

ㄱ. $h(x)=(x-1)f(x)$의 양변 미분하면
$h'(x)=f(x)+(x-1)f'(x)=g(x)$ (참)

ㄴ. $\displaystyle\int_0^1 g(x)dx=\left[(x-1)f(x)\right]_0^1=f(0)$이고

$f(x)=x^3+x^2+ax+b$, $f'(x)=3x^2+2x+a$에서
$f'(-1)=0$, $f(-1)=0$이면 $a=-1$, $b=-1$이므로
$f(x)=x^3+x^2-x-1$이다.
따라서 $f(0)=-1$ (참)

ㄷ. $f(0)=0$이면 $h(1)=0$, $h(0)=0$
따라서 롤의 정리에 의하여 $\dfrac{h(1)-h(0)}{1-0}=h'(c)=0$

를 만족하는 실수 c $(0<x<1)$가 적어도 하나 존재한다.
또한, ㄱ에서 $h'(c)=g(c)$이므로 $g(x)=0$는 $(0, 1)$에서 적어도
하나의 실근을 가진다. (참)

[다른 풀이]

ㄷ.
$f(0)=0$이면 $f(x)=x^3+x^2+ax$이고
$f'(x)=3x^2+2x+a$이다.
따라서
$g(x)=f(x)+(x-1)f'(x)$
$=(x^3+x^2+ax)+(x-1)(3x^2+2x+a)$
$=x^3+x^2+ax+3x^3-x^2+(a-2)x-a$

$=4x^3+2(a-1)x-a$
$g(x)=0$에서 $4x^3-2x=a(1-2x)$
$y=4x^3-2x$는 $x=\dfrac{1}{2}$일 때 극솟값 $-\dfrac{1}{2}$을 갖고
$(0, 0)$, $(1, 2)$을 지난다.
$y=a(1-2x)$는 a의 값에 관계없이 $\left(\dfrac{1}{2}, 0\right)$을 지나고
$(0, a)$, $(1, -a)$을 지나므로
$y=4x^3-2x$와 $y=a(1-2x)$은 열린구간 $(0, 1)$에서 교점을
갖는다. (참) (사잇값 정리)

636 정답 ④

ㄱ. $h(x)=(x-2)f(x)$이면 양변 미분하면
$h'(x)=f(x)+(x-2)f'(x)=g(x)$ (참)

ㄴ. $\displaystyle\int_0^2 g(x)dx=\left[(x-2)f(x)\right]_0^2=2f(0)$이고
$f(x)=x^4+ax^2+b$, $f'(x)=4x^3+2ax$에서
$f(1)=0$이면 $1+a+b=0$
$f'(1)=0$이면 $4+2a=0$
$a=-2$, $b=1$이므로
$f(x)=x^4-2x^2+1$이다.
$f(0)=1$이므로 $2f(0)=2$ (거짓)

ㄷ. $f(0)=0$이면 $h(2)=0$, $h(0)=0$
따라서 롤의 정리에 의하여 $\dfrac{h(2)-h(0)}{2-0}=h'(c)=0$

를 만족하는 실수 c $(0<x<2)$가 적어도 하나 존재한다.
또한, ㄱ에서 $h'(c)=g(c)$이므로 $g(x)=0$는
열린구간 $(0, 2)$에서 적어도 하나의 실근을 가진다. (참)

637 정답 ④

사차함수 $f(x)=x^4+ax^2+b$의 그래프는 y축에 대칭이다.
$f(t)-|f(t)|=\begin{cases}0 & (f(t)\geq 0)\\ 2f(t) & (f(t)<0)\end{cases}$에서
$f(t)-|f(t)|\leq 0$이므로
함수 $\displaystyle g(x)=\int_{-x}^{2x}\{f(x)-|f(x)|\}dx$는 증가하지 않는
함수이다.
즉, $g(x)$의 그래프는 상수함수인 구간과 감소하는 구간으로
이루어진다.
조건 (가)에서 $g(x)$는 상수함수이므로 $0\leq x\leq 2$에서
$f(x)\geq 0$
조건 (나)에서 $g(x)$는 감소함수이므로 $2<x<5$에서
$f(x)<0$
조건 (다)에서 $g(x)$는 상수함수이므로 $x>5$에서 $f(x)>0$
함수 $f(x)=x^4+ax^2+b$는 연속함수이므로 $f(x)=0$은

반드시 $x = -2,\ 2,\ -5,\ 5$를 해로 가져야 한다.

따라서 $f(x) = (x^2-4)(x^2-25)$이므로

$f(\sqrt{2}) = (-2)(-23) = 46$이다.

[다른 풀이]

사차함수 $f(x) = x^4 + ax^2 + b$의 그래프는 y축에 대칭이다. b의 값에 따라 나누어보면

(i) $b \leq 0$일 때

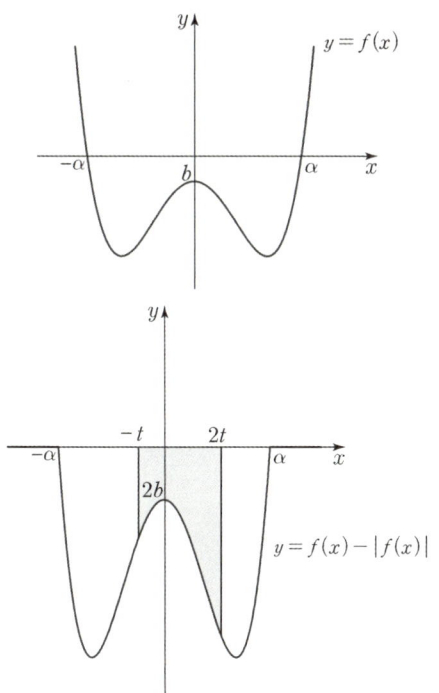

$0 < x < 1$에서 $g(x)$는 감소함수이므로 조건 (가)를 만족하지 못한다.

(ii) $b > 0$일 때

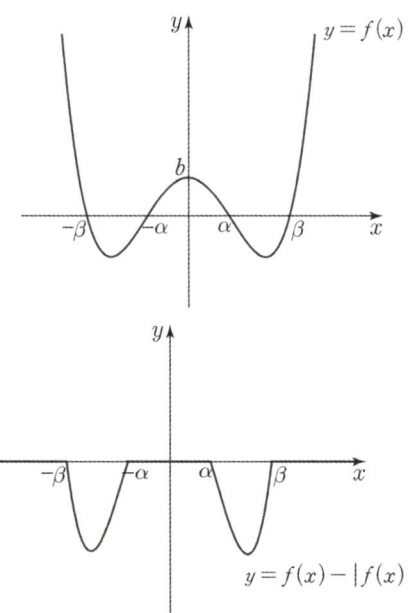

① $0 < x < 1$에서 $g(x)$가 상수함수이므로

$f(x) - |f(x)| = 0$에서 $\alpha \geq 2$

② $1 < x < 5$에서 $g(x)$가 감소하므로

$f(x) - |f(x)| < 0$에서 $\alpha \leq 2$이고 $-\beta \leq -5$

즉, $\beta \geq 5$

③ $x > 5$에서 $g(x)$가 상수함수이므로 $-\beta \geq -5$

즉, $\beta \leq 5$

①, ②, ③에 의해 $\alpha = 2$, $\beta = 5$이고

$f(x) = (x^2-4)(x^2-25)$이다.

따라서 $f(\sqrt{2}) = (-2) \times (-23) = 46$이다.

638 정답 ②

사차함수 $f(x) = x^4 + ax^2 + b$의 그래프는 y축에 대칭이다.

$h(x) = |f(x)| - f(x)$라 두고 b의 값에 따라 $h(x)$ 그래프 개형을 나누어보면

(i) $b \leq 0$일 때

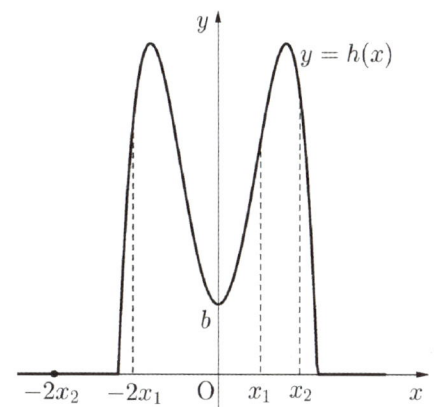

$x > 0$에서 $\displaystyle\int_{-2x_1}^{x_1} h(t)\,dt < \int_{-2x_2}^{x_2} h(t)\,dt$이므로 조건 (가)를 만족하지 못한다.

(ii) $b > 0$일 때,

$y = f(x)$와 $y = h(x)$의 그래프는 다음 그림과 같다.

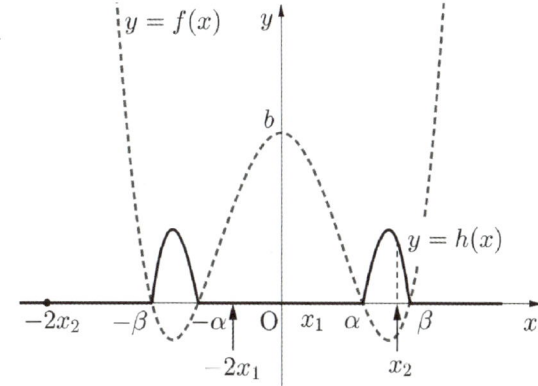

따라서

① $0 < x < \dfrac{3}{2}$에서 $g(x) = \displaystyle\int_{-2x}^{x} h(t)\,dt$가 상수함수이므로

$h(x) = 0$에서 $\alpha \leq 2x_1 \leq -3$

$\therefore \alpha \geq 3$

② $\dfrac{3}{2} < x < 7$ 에서 $g(x)$ 가 증가하므로

$h(x) > 0$ 에서 $\beta \geq x_2 \geq 7$ 이고

$\therefore \beta \geq 7$

③ $x > 7$ 에서 $g(x)$ 가 상수함수이므로 $\beta \leq 7$

①, ②, ③ 에 의해 $\alpha = 3$, $\beta = 7$ 이고

$f(x) = (x^2 - 9)(x^2 - 49)$ 이다.

따라서 $f(2\sqrt{2}) = (-1) \times (-41) = 41$ 이다.

639 정답 6

$g(x) = \dfrac{1}{2^n}\{f(x-n) - (x-n)\} + x$ 에서 중괄호 부분의

$f(x-n) - (x-n)$ 은 함수 $f(x) - x$ 을 x 축으로

n 만큼 평행 이동한 함수이다.

$f(x) - x = \dfrac{3x - x^2}{2} - x = -\dfrac{1}{2}x(x-1)$ 이고

$m(x) = f(x-n) - (x-n)$ 라 두면

$m(x) = -\dfrac{1}{2}(x-n)\{x - (n+1)\}$ 이다.

$n \leq x < n+1$ 일 때 $m(x) = -\dfrac{1}{2}(x-n)\{x-(n+1)\}$ 의

그래프 개형은 다음과 같다.

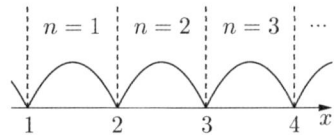

또한, $g(x) = \dfrac{1}{2^n}m(x) + x$ 에서 $l(x) = \dfrac{1}{2^n}m(x)$ 라

두면 $n \leq x < n+1$ 일 때

$l(x) = \dfrac{1}{2^n}\left[-\dfrac{1}{2}(x-n)\{x-(n+1)\}\right]$ 의 그래프 개형은

다음과 같다.

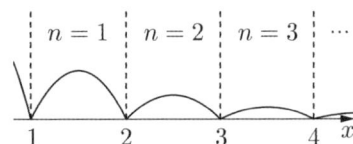

$g(x) = l(x) + x$ 이므로 $g(x) - x = l(x)$ 이다.

이제 $h(x)$ 에 대해 알아보자.

$h(x) = \begin{cases} g(x) & (0 \leq x < 3 \text{ 또는 } x \geq k) \\ 2x - g(x) & (3 \leq x < k) \end{cases}$ 에서

$g(x)$ 을 그래프를 알고 있는 $l(x)$ 로 바꾸기 위해 양변에

$-x$ 하면

$h(x) - x = \begin{cases} g(x) - x & (0 \leq x < 3 \text{ 또는 } x \geq k) \\ 2x - g(x) - x & (3 \leq x < k) \end{cases}$

이고 $F(x) = h(x) - x$ 라 두면

$F(x) = \begin{cases} f(x) - x & (0 \leq x < 1) \\ l(x) & (1 \leq x < 3 \text{ 또는 } x \geq k) \\ -l(x) & (3 \leq x < k) \end{cases}$

따라서

$a_n = \displaystyle\int_0^n h(x)\,dx = \int_0^n (F(x) + x)\,dx$

$\quad = \displaystyle\int_0^n F(x)\,dx + \int_0^n x\,dx = \int_0^n F(x)\,dx + \dfrac{1}{2}n^2$

$\therefore a_n - \dfrac{1}{2}n^2 = \displaystyle\int_0^n F(x)\,dx$

$\therefore b_n = 2\displaystyle\int_0^n F(x)\,dx$

$b_8 = \dfrac{199}{768}$ 이므로

$\displaystyle\int_0^8 F(x)\,dx = \dfrac{199}{2 \times 768}$ 이다.

$\displaystyle\int_0^8 F(x)\,dx = \int_0^8 l(x)\,dx - 2\int_3^k l(x)\,dx$

한편, $f(x) - x = -\dfrac{1}{2}x(x-1)$ 이고

$\displaystyle\int_0^1 -\dfrac{1}{2}x(x-1)\,dx = -\dfrac{1}{2} \times -\dfrac{(1-0)^3}{6} = \dfrac{1}{12}$

함수 $l(x)$ 의 그래프에서

$\displaystyle\int_{n+1}^{n+2} l(x)\,dx = \dfrac{1}{2}\int_n^{n+1} l(x)\,dx$ 임을 알 수 있다.

따라서 $\displaystyle\int_0^n l(x)\,dx$ 은 첫째항이 $\dfrac{1}{12}$ 이고 공비가

$\dfrac{1}{2}$, 항수가 n 인 등비수열의 합을 나타낸다.

$\therefore \displaystyle\int_0^8 l(x)\,dx = \dfrac{\dfrac{1}{12}\left(1 - \dfrac{1}{2^8}\right)}{1 - \dfrac{1}{2}} = \dfrac{1}{6}\left(1 - \dfrac{1}{2^8}\right)$

$\displaystyle\int_3^k l(x)\,dx$ 은 첫째항이 $\dfrac{1}{12} \times \dfrac{1}{2^3}$ 이고 공비가

$\dfrac{1}{2}$, 항수가 $k-3$ 인 등비수열의 합을 나타낸다.

$\displaystyle\int_3^k l(x)\,dx = \dfrac{\dfrac{1}{12} \times \dfrac{1}{8}\left(1 - \dfrac{1}{2^{k-3}}\right)}{1 - \dfrac{1}{2}} = \dfrac{1}{48}\left(1 - \dfrac{1}{2^{k-3}}\right)$

따라서 $\displaystyle\int_0^8 F(x)\,dx = \dfrac{1}{6}\left(1 - \dfrac{1}{2^8}\right) - \dfrac{1}{24}\left(1 - \dfrac{1}{2^{k-3}}\right)$

$\quad = \dfrac{1}{6} - \dfrac{1}{24} - \dfrac{1}{6 \times 256} + \dfrac{1}{24 \times 2^{k-3}}$

$\quad = \dfrac{3}{24} - \dfrac{1}{24}\left(\dfrac{1}{64} - \dfrac{1}{2^{k-3}}\right)$

$\displaystyle\int_0^8 F(x)\,dx = \dfrac{199}{1536}$ 에서

$\dfrac{3}{24} - \dfrac{1}{24}\left(\dfrac{1}{64} - \dfrac{1}{2^{k-3}}\right) = \dfrac{199}{1536}$ 양변에 24을 곱하면

$\Rightarrow 3 - \left(\dfrac{1}{64} - \dfrac{1}{2^{k-3}}\right) = \dfrac{199}{64}$

$$\frac{1}{64} - \frac{1}{2^{k-3}} = -\frac{7}{64}$$

$\left(\dfrac{1}{2}\right)^{k-3} = \dfrac{1}{8}$ 이므로 $k=6$

640 정답 6

$g(x) = \dfrac{1}{2^n}\{f(x-n)+(x-n)^2\} - x^2$ 에서 중괄호 부분의

$f(x-n)+(x-n)^2$ 은 함수 $f(x)+x^2$ 을 x 축으로 n 만큼 평행 이동한 함수이다.

$f(x)+x^2 = \dfrac{x^3-3x^2}{2} + x^2 = \dfrac{1}{2}x^2(x-1)$ 이고

$m(x) = f(x-n)+(x-n)^2$ 라 두면

$m(x) = \dfrac{1}{2}(x-n)^2\{x-(n+1)\}$ 이다.

$n \le x < n+1$ 일 때 $m(x) = \dfrac{1}{2}(x-n)^2\{x-(n+1)\}$ 의 그래프 개형은 다음과 같다.

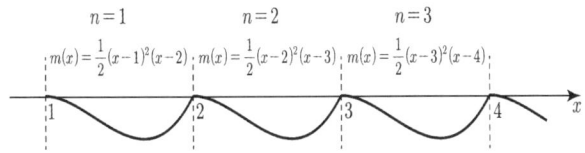

또한, $g(x) = \dfrac{1}{2^n}m(x) - x^2$ 에서

$l(x) = \dfrac{1}{2^n}m(x)$ 라 두면 $n \le x < n+1$ 일 때

$l(x) = \dfrac{1}{2^n}\left[\dfrac{1}{2}(x-n)^2\{x-(n+1)\}\right]$ 의 그래프 개형은

다음과 같다.

$g(x) = l(x) - x^2$ 이므로 $g(x) + x^2 = l(x)$ 이다.

이제 $h(x)$ 에 대해 알아보자.

$h(x) = \begin{cases} g(x) & (0 \le x < 3 \text{ 또는 } x \ge k) \\ -g(x)-2x^2 & (3 \le x < k) \end{cases}$

에서 $g(x)$ 을 그래프를 알고 있는 $l(x)$ 로 바꾸기

위해 양변에 $+x^2$ 하면

$h(x)+x^2 = \begin{cases} g(x)+x^2 & (0 \le x < 3 \text{ 또는 } x \ge k) \\ -g(x)-2x^2+x^2 & (3 \le x < k) \end{cases}$ 이고

$F(x) = h(x)+x^2$ 라 두면

$F(x) = \begin{cases} f(x)+x^2 & (0 \le x < 1) \\ l(x) & (1 \le x < 3 \text{ 또는 } x \ge k) \\ -l(x) & (3 \le x < k) \end{cases}$

따라서

$a_n = \displaystyle\int_0^n h(x)\,dx = \int_0^n (F(x)-x^2)\,dx$

$\quad = \displaystyle\int_0^n F(x)\,dx - \int_0^n x^2\,dx$

$\quad = \displaystyle\int_0^n F(x)\,dx - \frac{1}{3}n^3$

$\therefore a_n + \dfrac{1}{3}n^3 = \displaystyle\int_0^n F(x)\,dx$

$\therefore 3a_n + n^3 = 3\displaystyle\int_0^n F(x)\,dx$

따라서

$b_n = 3\displaystyle\int_0^n F(x)\,dx$

$b_8 = -\dfrac{199}{1024}$ 이므로

$\displaystyle\int_0^8 F(x)\,dx = -\frac{199}{3 \times 1024}$ 이다.

$\displaystyle\int_0^8 F(x)\,dx = \int_0^8 l(x)\,dx - 2\int_3^k l(x)\,dx$

한편 $f(x)+x^2 = \dfrac{1}{2}x^2(x-1)$ 이고

$\displaystyle\int_0^1 \frac{1}{2}x^2(x-1)\,dx = \frac{1}{2} \times -\frac{(1-0)^4}{12} = -\frac{1}{24}$

함수 $l(x)$ 의 그래프에서

$\displaystyle\int_{n+1}^{n+2} l(x)\,dx = \frac{1}{2}\int_n^{n+1} l(x)\,dx$ 임을 알 수 있다.

따라서 $\displaystyle\int_0^n l(x)\,dx$ 은 첫째항이 $-\dfrac{1}{24}$ 이고 공비가

$\dfrac{1}{2}$, 항수가 n 인 등비수열의 합을 나타낸다.

$\therefore \displaystyle\int_0^8 l(x)\,dx = \frac{-\dfrac{1}{24}\left(1-\dfrac{1}{2^8}\right)}{1-\dfrac{1}{2}} = -\frac{1}{12}\left(1-\frac{1}{2^8}\right)$

$\displaystyle\int_3^k l(x)\,dx$ 은 첫째항이 $-\dfrac{1}{24} \times \dfrac{1}{2^3}$ 이고 공비가 $\dfrac{1}{2}$, 항수가

$k-3$ 인 등비수열의 합을 나타낸다.

$\displaystyle\int_3^k l(x)\,dx = \frac{-\dfrac{1}{24} \times \dfrac{1}{8}\left(1-\dfrac{1}{2^{k-3}}\right)}{1-\dfrac{1}{2}} = -\frac{1}{96}\left(1-\frac{1}{2^{k-3}}\right)$

따라서

$\displaystyle\int_0^8 F(x)\,dx = -\frac{1}{12}\left(1-\frac{1}{2^8}\right) + \frac{1}{48}\left(1-\frac{1}{2^{k-3}}\right)$

$\quad = -\dfrac{1}{12} + \dfrac{1}{48} + \dfrac{1}{12 \times 2^8} - \dfrac{1}{48 \times 2^{k-3}}$

$\quad = -\dfrac{3}{48} + \dfrac{1}{48}\left(\dfrac{1}{64} - \dfrac{1}{2^{k-3}}\right)$

$-\dfrac{3}{48}+\dfrac{1}{48}\left(\dfrac{1}{64}-\dfrac{1}{2^{k-3}}\right)=-\dfrac{199}{3\times1024}$ 양변에 48을 곱하면

$-3+\left(\dfrac{1}{64}-\dfrac{1}{2^{k-3}}\right)=-\dfrac{199}{64}$

$\dfrac{1}{64}-\dfrac{1}{2^{k-3}}=-\dfrac{7}{64}$

$\dfrac{1}{2^{k-3}}=\dfrac{1}{8}$

$k-3=3$

$k=6$

641 정답 200

주어진 함수 $h(x)$를 $x=a$와 $x=b$를 기준으로 구간을 나누어 정의해 보면

$$h(x)=\begin{cases}0 & (x\le0)\\ kx & (0<x\le a)\\ ka & (a<x\le b)\\ k(a+b-x) & (b<x\le2)\\ k(a+b-2) & (x>2)\end{cases}$$

모든 실수 x에 대하여 $0\le h(x)\le g(x)$이므로
$h(x)$는 $(0,0)$과 $(2,0)$을 지난다.
그래프 개형은 다음 그림과 같다.

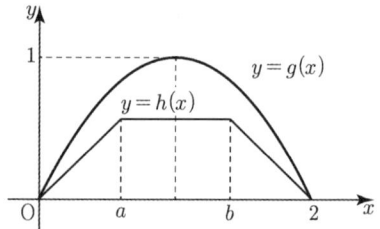

구하는 값은 $\displaystyle\int_0^2\{g(x)-h(x)\}dx$의 최소이고

$\displaystyle\int_0^2 g(x)dx$의 값은 일정하므로 $\displaystyle\int_0^2 h(x)dx$가 최대일 때를 구하자.

$h(x)$는 사다리꼴이고 $g(x)$에 다음 그림과 같이 만나는

사다리꼴일 때 $\displaystyle\int_0^2 h(x)dx$의 값이 최대가 된다.

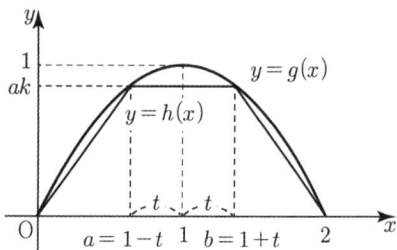

따라서

$h(a)=g(a)$, $h(2)=g(2)$이므로
$ka=a(2-a)$, $k(a+b-2)=0$
$\therefore k=2-a$, $a+b=2$ ($\because k\ne0$)

a, b는 $x=1$에 대하여 대칭이고
$a=1-t$, $b=1+t$라 하면 사다리꼴에서
윗변의 길이: $b-a=2t$
아랫변의 길이: $=2$
$ak=(1-t)(2-a)=(1-t)(1+t)$이므로

$\displaystyle\int_0^2 h(x)dx=\dfrac{1}{2}\times(2t+2)(1-t)(1+t)$

$=(1+t)^2(1-t)$ $(0<t\le1)$

$s(t)=(1+t)^2(1-t)$ $(0<t\le1)$ 라 하면

$s'(t)=2(1+t)(1-t)-(1+t)^2$

$=(1+t)(1-3t)$

따라서 $s(t)$는 $t=\dfrac{1}{3}$에서 극대이면서 최대가 된다.

따라서 $a=\dfrac{2}{3}$, $b=\dfrac{4}{3}$, $k=\dfrac{4}{3}$

$\therefore 60(a+b+k)=200$

642 정답 40

$g(x)$는 $1\le x\le3$에서 중심이 $(2,0)$이고 반지름이 1인 원의
$y\ge0$인 부분이다.
주어진 함수 $I(x)$를 $x=a$와 $x=b$를 기준으로 구간을 나누어
$f(x)$에 맞춰 정의해 보면

$$I(x)=\begin{cases}0 & (x\le0)\\ mx & (0<x\le a)\\ ma & (a<x\le b)\\ m(a+b-x) & (b<x\le4)\\ m(a+b-4) & (x>4)\end{cases}$$

모든 실수 x에 대하여 $g(x)\le I(x)\le h(x)$이므로
$I(x)$는 $(0,0)$, $(4,0)$을 지난다.
그래프 개형은 다음 그림과 같다.

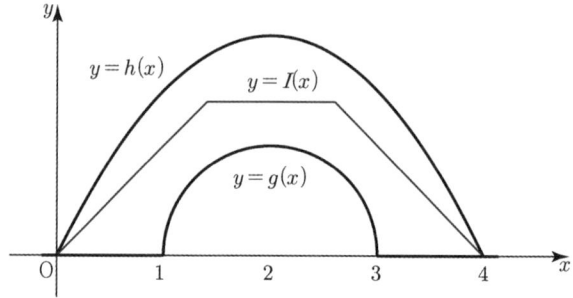

구하는 값은 $\displaystyle\int_0^4\{I(x)-g(x)\}dx$의 최소이고

$\displaystyle\int_0^4 g(x)dx$의 값은 일정하므로 $\displaystyle\int_0^4 I(x)dx$가 최소일 때를 구하자.

$I(x)$는 사다리꼴이고 $g(x)$에 접하는 사다리꼴일 때

$\displaystyle\int_0^4 I(x)dx$의 값이 최소가 된다.

$a=\sqrt{3}$인 경우는 다음 그림과 같다.

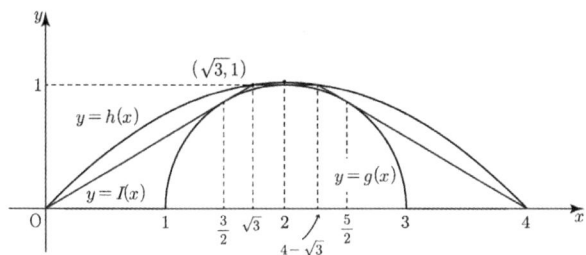

따라서

$\sqrt{3} \le a < 2$일 때, $a = 2 - t\ (0 < t \le 2 - \sqrt{3})$라 두면 $b = 2 + t$이므로 사다리꼴에서

윗변의 길이 $= 2t$

아랫변의 길이 $= 4$

높이 $= \dfrac{1}{\sqrt{3}}a = \dfrac{1}{\sqrt{3}}(2-t)\ \left(\because m = \dfrac{1}{\sqrt{3}}\right)$

$\displaystyle\int_0^4 l(x)\,dx = (2t+4) \times \dfrac{1}{\sqrt{3}}(2-t) \times \dfrac{1}{2} = \dfrac{1}{\sqrt{3}}(4 - t^2)$

$s(t) = \dfrac{1}{\sqrt{3}}(-t^2 + 4)\ (0 < t \le 2 - \sqrt{3})$이므로

$t = 2 - \sqrt{3}$일 때 사다리꼴 넓이가 최소가 됨을 알 수 있다.

따라서 위 그림과 같은 상황에서

$\displaystyle\int_0^4 \{l(x) - g(x)\}\,dx$의 값이 최소가 된다.

$\therefore\ m = \dfrac{1}{\sqrt{3}},\ a = \sqrt{3},\ b = 4 - \sqrt{3}$

이때, $\displaystyle\int_0^4 \{h(x) - l(x)\}\,dx$의 값이 최소가 되기 위해서는

$h(x)$가 $(\sqrt{3}, 1)$을 지나야 하므로

$k \times \sqrt{3} \times (4 - \sqrt{3}) = 1$에서

$\therefore\ k_m = \dfrac{1}{\sqrt{3}(4 - \sqrt{3})}$

$\therefore\ 30(m^2 + abk_m)$

$= \left(\dfrac{1}{3} + \sqrt{3} \times (4 - \sqrt{3}) \times \dfrac{1}{\sqrt{3}(4 - \sqrt{3})} \right) = 40$

643 정답 43

$0 \le a \le 4$에서 $g(a) = \displaystyle\int_a^{a+4} f(x)\,dx$라 하자

(i) $a = 0$일 때,

$g(0) = \displaystyle\int_0^4 f(x)\,dx = \int_0^4 \{-x(x-4)\}\,dx$

$= \displaystyle\int_0^4 (-x^2 + 4x)\,dx = \left[-\dfrac{1}{3}x^3 + 2x^2 \right]_0^4$

$= -\dfrac{64}{3} + 32 = \dfrac{32}{3}$

(ii) $a = 4$일 때,

$g(a) = \displaystyle\int_4^8 f(x)\,dx = \int_4^8 (x-4)\,dx = \left[\dfrac{1}{2}x^2 - 4x \right]_4^8$

$= 32 - 32 - (8 - 16) = 8$

(iii) $0 < a < 4$일 때,

$g(a) = \displaystyle\int_a^4 f(x)\,dx + \int_4^{a+4} f(x)\,dx$

$= \displaystyle\int_a^4 \{-x(x-4)\}\,dx + \int_4^{a+4} (x-4)\,dx$

$= \left[-\dfrac{1}{3}x^3 + 2x^2 \right]_a^4 + \left[\dfrac{1}{2}x^2 - 4x \right]_4^{a+4}$

$= \dfrac{32}{3} + \dfrac{1}{3}a^3 - 2a^2 + \dfrac{1}{2}(a+4)^2 - 4(a+4) - (8 - 16)$

$= \dfrac{1}{3}a^3 - \dfrac{3}{2}a^2 + \dfrac{32}{3}$ 이므로

$g'(a) = a^2 - 3a = a(a-3)$

$g'(a) = 0$에서 $0 < a < 4$이므로 $a = 3$

삼차함수 $g(a)$의 개형을 생각해 보면

$g(a)$는 $a = 3$에서 극솟값을 갖고 그것이 최솟값이다.

$g(3) = \dfrac{1}{3} \times 3^3 - \dfrac{3}{2} \times 3^2 + \dfrac{32}{3}$

$= 9 - \dfrac{27}{2} + \dfrac{32}{3} = \dfrac{54 - 81 + 64}{6} = \dfrac{37}{6}$

(i), (ii), (iii)에서 최솟값은 $\dfrac{37}{6}$

$\therefore\ p = 6,\ q = 37\ \ \therefore\ p + q = 43$

[다른 풀이]

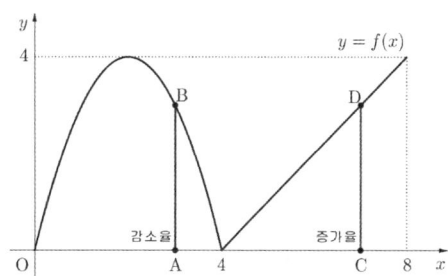

$a + 4 = 7$일 때, 즉 $a = 3$일 때 최솟값이 생긴다.

$\therefore\ \displaystyle\int_3^7 f(x)\,dx = \dfrac{37}{6}$

[랑데뷰팁]

$S(a) = \displaystyle\int_a^{a+4} f(x)\,dx$라 하면

$S'(a) = f(a+4) - f(a)$이고

$S'(a) = 0$ 즉, $f(a+4) = f(a)$일 때 극솟값이면서 최솟값을 갖는다.

$f(x) = \begin{cases} f_1(x) = -x(x-4) & (0 \le x < 4) \\ f_2(x) = x - 4 & (4 \le x \le 8) \end{cases}$ 라 하면

즉, $f_2(a+4) = a,\ f_1(a) = -a(a-4)$에서

$f_2(a+4) = f_1(a)$일 때이므로

$a = -a(a-4) \Rightarrow -1 = a - 4 \rightarrow a = 3$

$0 \le a \le 6$에서 $g(a) = \int_a^{a+6} f(x)\,dx$라 하자

$g(a)$는 음의 값이므로 $y = f(x)$, $x = a$, $x = a+6$으로 둘러싸인 부분의 넓이가 최소일 때 최대가 된다.

(i) $a = 0$일 때,

$$g(0) = \int_0^6 f(x)\,dx = -\frac{1}{2} \times 6 \times 6 = -18$$

(ii) $a = 6$일 때,

$$g(a) = \int_6^{12} f(x)\,dx = -\frac{2}{3} \times \frac{(12-6)^3}{6} = -24$$

(iii) $0 < a < 6$일 때,

$$g(a) = \int_a^6 f(x)\,dx + \int_6^{a+6} f(x)\,dx$$

$$= \int_a^6 (x-6)\,dx + \frac{2}{3}\int_6^{a+6} (x^2 - 18x + 72)\,dx$$

$$= \left[\frac{1}{2}x^2 - 6x\right]_a^6 + \frac{2}{3}\left[\frac{1}{3}x^3 - 9x^2 + 72x\right]_6^{a+6}$$

$$= -\frac{1}{2}a^2 + 6a - 18$$

$$+ \frac{2}{9}\{(a+6)^3 - 6^3\} - 6\{(a+6)^2 - 6^2\} + 48a$$

$$= \frac{2}{9}a^3 - \frac{5}{2}a^2 + 6a - 18$$

$$g'(a) = \frac{2}{3}a^2 - 5a + 6 = \frac{1}{3}(2a-3)(a-6)$$

$g'(a) = 0$에서 $0 < a < 6$이므로 $a = \dfrac{3}{2}$

삼차함수 $g(a)$의 개형을 생각해 보면

$g(a)$는 $a = \dfrac{3}{2}$에서 극댓값을 갖고 그것이 최댓값이다.

$$g\left(\frac{3}{2}\right) = -\frac{111}{8}$$

(i), (ii), (iii)에서 최댓값은 $-\dfrac{111}{8}$

$\therefore\ p = 8,\ q = 111\quad \therefore\ p+q = 119$

랑데뷰★수학

기출과 변형

●

수학 II

랑데뷰세미나

저자의
수업노하우가 담겨있는
고교수학의 심화개념서

★ 2022 개정교육과정 반영

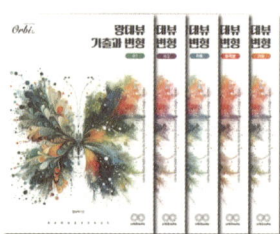

랑데뷰 기출과 변형 (총 5권)

최신 개정판

- 1~4등급 추천(권당 약 400~600여 문항)

Level 1 - 평가원 기출의 쉬운 문제 난이도
Level 2 - 준킬러 이하의 기출+기출변형
Level 3 - 킬러난이도의 기출+기출변형

모든 기출문제 학습 후 효율적인 복습
재수생, 반수생에게 효율적

⟨랑데뷰N제 시리즈⟩

라이트N제 (총 3권)

- 2~5등급 추천

수능 8번~13번 난이도로 구성

총 30회분의 시험지 타입
- 회차별 공통 5문항, 선택 각 2문항
  총 11문항으로 구성

독학용 일일학습지
또는 과제용으로 적합

랑데뷰N제 쉬사준킬   최신 개정판

- 1~4등급 추천(권당 약 240문항)

쉬운4점~준킬러 문항 학습에 특화
실전개념 및 스킬 등이 포함된
문제와 해설로 구성

기출문제 학습 후 독학용
또는 학원교재로 적합

랑데뷰N제 킬러극킬   최신 개정판

- 1~2등급 추천(권당 약 120문항)

준킬러~킬러 문항 학습에 특화
실전개념 및 스킬 등이 포함된
문제와 해설로 구성

모의고사 1등급 또는 1등급 컷에
근접한 2등급학생의 독학용

⟨랑데뷰 모의고사 시리즈⟩   1~4등급 추천

랑데뷰 폴포 수학1,2

- 1~3등급 추천(권당 약 120문항)

공통영역 수1,2에서 출제되는
4점 유형 정리

과목당 엄선된 6가지 테마로 구성
테마별 고퀄리티 20문항

독학용 또는 학원교재로 적합

최신 개정판

싱크로율 99% 모의고사

싱크로율 99%의 변형문제로 구성되어
평가원 모의고사를 두 번 학습하는 효과

랑데뷰☆수학모의고사 시즌1~2

매년 8월에 출간되는 봉투모의고사

실전력을 높이기 위한
100분 풀타임 모의고사 연습에 적합

랑데뷰 시리즈는 **전국 서점** 및 **인터넷서점**에서 구입이 가능합니다.

[랑데뷰 기출과 변형 2026]은
기출문제와 그 문제들의 유사 변형 문제로 구성된 문제집으로 가장 효과적인 기출문제 공부 방법을 제시한다.

기출문제는 수학I, 수학II, 확률과통계, 미적분은 평가원 기출문제들로만 구성하였고 기하는 교육청 기출문제도 포함되어 있다. 문항의 출처는 모두 기재되어 있다.
3점 문항의 기출문제는 역대 평가원에서 출제한 대부분의 문제를 탑재하였고 4점 문항의 기출문제는 대부분 2010년 이후 출제한 최신 경향의 문제들로 구성하였다.

변형 문제는 4점짜리인 Level2와 Level3의 변형 문제들은 기출문제 바로 옆에 배치되어 있다. 3점짜리 변형 문제들은 유형별로 정리된 Level1문제들로 출처가 표시 되어 있지 않다.

난이도 레벨을 3단계로 구성하였다.
Level1 ⇒
① 3점 위주의 기출문제와 변형 문제들이 있다.
② 기출 문제들이 유형별로 정리되어 나타나고 출처가 표시 되지 않은 변형 문제들이 기출문제 다음 배치되어 있다.
③ 수능에서 출제하는 문제 유형을 파악할 수 있고 쉬운 문제들로 개념을 제대로 알고 있는지 확인할 수 있다.

Level2 ⇒
① 킬러급 난이도를 제외한 4점짜리 기출문제와 변형 문제들이 있다.
② 유형별로 정리되어 있지 않고 각 단원별로 기출 순서대로 문제들이 배치되어 있다.

Level3 ⇒
① 킬러급 난이도의 기출문제와 변형 문제들이 있다.
② 유형별로 정리되어 있지 않고 각 단원별로 기출 순서대로 문제들이 배치되어 있다.
③ 수학II와 미적분의 Level3 문제들은 기출 킬러 문제 다음 숫자만 바꾸거나 문제에 내포된 여러 개념 중 주요 아이디어만 포함되는 난이도 낮은 쌍둥이 문제가 배치된 뒤 변형 문제가 배치된다. 쌍둥이 문제는 정답만 문제 밑에 바로 표기되며 풀이는 제시되지 않는다. 쌍둥이 문제가 풀리지 않으면 해당 기출문제를 제대로 이해하지 못한 것이니 기출문제를 다시 풀어보고 쌍둥이 문제의 답을 구한 뒤 변형 문제로 넘어가야 한다.

조급해하지 말고 자신을 믿고 나아가세요. 길은 있습니다. [휴민고등수학 김상호T]

출제자의 목소리에 귀를 기울이면, 길이 보입니다. [이호진고등수학 이호진T]

부딪혀 보세요. 아직 오지 않은 미래를 겁낼 필요 없어요. [평촌다수인수학학원 도정영T]

괜찮아, 틀리면서 배우는거야 [반포파인만고등관 김경민T]

해뜨기전이 가장 어둡잖아. 조금만 힘내자! [한정아수학학원 한정아T]

하기 싫어도 해라. 감정은 사라지고, 결과는 남는다. [떠매수학 박수혁T]

Step by step! 한 계단씩 밟아 나가다 보면 그 끝에 도달할 수 있습니다. [가나수학전문학원 황보성호T]

너의 死活걸고. 수능수학 잘해보자. 반드시 해낸다. [오정화대입전문학원 오정화T]

넓은 하늘로의 비상을 꿈꾸며 [장선생수학학원 장세완T]

괜찮아 잘 될 거야~ 너에겐 눈부신 미래가 있어!!! [수지 수학대가 김영식T]

진인사대천명(盡人事待天命) : 큰 일을 앞두고 사람이 할 수 있는 일을 다한 후에 하늘에 결과를 맡기고 기다린다. [수학만영어도학원 최수영T]

자신의 능력을 믿어야 한다. 그리고 끝까지 굳세게 밀고 나아가라. [오라클 수학교습소 김 수T]

그래 넌 할 수 있어! 네 꿈은 이루어 질거야! 끝까지 널 믿어! 너를 응원해! [수학공부의장 이덕훈T]

Do It Yourself [강동희수학 강동희T]

인내는 성공의 반이다 인내는 어떠한 괴로움에도 듣는 명약이다 [MQ멘토수학 최현정T]

계속 하다보면 익숙해지고 익숙해지면 쉬워집니다. [혁신청람수학 안형진T]

남을 도울 능력을 갖추게 되면 나를 도울 수 있는 사람을 만나게 된다. [최성훈수학학원 최성훈T]

지금 잠을 자면 꿈을 꾸지만 지금 공부 하면 꿈을 이룬다. [이미지매쓰학원 정일권T]

1등급을 만드는 특별한 습관 랑데뷰수학으로 만들어 드립니다. [이지훈수학 이지훈T]

지나간 성적은 바꿀 수 없지만 미래의 성적은 너의 선택으로 바꿀 수 있다. 그렇다면 지금부터 열심히 해야 되는 이유가 충분하지 않은가? [칼수학학원 강민구T]

작은 물방울이 큰바위를 뚫을수 있듯이 집중된 노력은 수학을 꿰뚫을수 있다. [제우스수학 김진성T]

자신과 타협하지 않는 한 해가 되길 바랍니다. [답길학원 서태욱T]

무슨 일이든 할 수 있다고 생각하는 사람이 해내는 법이다. [대전오엠수학 오세준T]

부족한 2% 채우려 애쓰지 말자. 랑데뷰와 함께라면 저절로 채워질 것이다. [김이김학원 이정배T]

네가 원하는 꿈과 목표를 위해 최선을 다 해봐! 너를 응원하고 있는 사람이 꼭 있다는 걸 잊지 말고~
[매천필즈수학원 백상민T]

'새는 날아서 어디로 가게 될지 몰라도 나는 법을 배운다'는 말처럼 지금의 배움이 앞으로의 여러분들 날개를 펼치는 힘이 되길 바랍니다. [가나수학전문학원 이소영T]

꿈을향한 도전! 마지막까지 최선을... [서영만학원 서영만T]

앞으로 펼쳐질 너의 찬란한 이십대를 기대하며 응원해. 이 시기를 잘 이겨내길 [굿티쳐강남학원 배용제T]

괜찮아 잘 될 거야! 너에겐 눈부신 미래가 있어!! 그대는 슈퍼스타!!! [수지 수학대가 김영식T]

"최고의 성과를 이루기 위해서는 최악의 상황에서도 최선을 다해야 한다!!" [샤인수학학원 필재T]

다른 사람과 비교하지 않고 스스로 과정에 충실하며 최선을 다하시면 언젠가는 목표에 도달한 자신을 발견하게 될겁니다. [오직 예수 최병길T]

기출과 변형
•
수학 II

목차

기출과 변형
•
수학 II

1

함수의 극한

함수의 극한
Level 1

유형 1 함수의 좌극한과 우극한

출제유형 | 함수의 그래프에서 좌극한과 우극한 또는 극한값을 구하는 문제가 출제된다.

출제유형잡기 | 그래프가 주어진 함수, x의 값의 범위에 따라 다르게 정의된 함수 등에서 좌극한과 우극한을 각각 구하는 과정을 이해한다.

001   2024학년도 9월 평가원

함수 $y = f(x)$의 그래프가 그림과 같다.

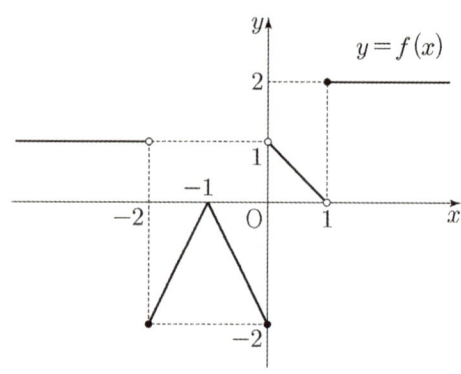

$\lim\limits_{x \to -2+} f(x) + \lim\limits_{x \to 1-} f(x)$의 값은?

① -2 ② -1 ③ 0 ④ 1 ⑤ 2

002   2023학년도 6월 모평

함수 $y = f(x)$의 그래프가 그림과 같다.

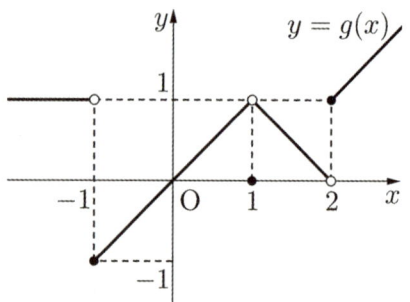

$\lim\limits_{x \to -1+} f(x) + \lim\limits_{x \to 2-} f(x)$의 값은?

① -2 ② -1 ③ 0 ④ 1 ⑤ 2

003

함수 $y = f(x)$의 그래프가 그림과 같다.

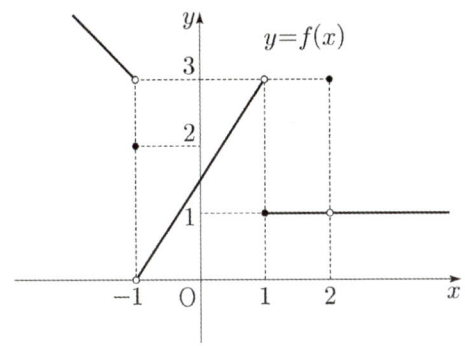

$\lim\limits_{x \to -1-} f(x) + \lim\limits_{x \to 2} f(x)$의 값은?

① 1   ② 2   ③ 3   ④ 4   ⑤ 5

004

닫힌구간 $[-2, \ 2]$에서 정의된 함수 $y = f(x)$의 그래프가 그림과 같다.

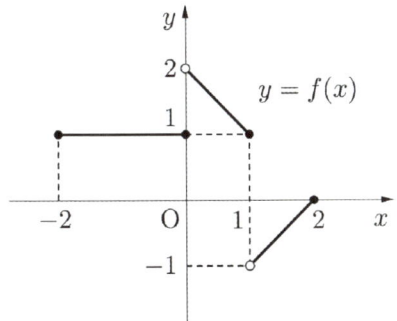

$\lim\limits_{x \to 0+} f(x) + \lim\limits_{x \to 2-} f(x)$의 값은?

① -2 ② -1 ③ 0   ④ 1   ⑤ 2

005

열린구간 $(0, \ 4)$에서 정의된 함수 $y = f(x)$의 그래프가 그림과 같다.

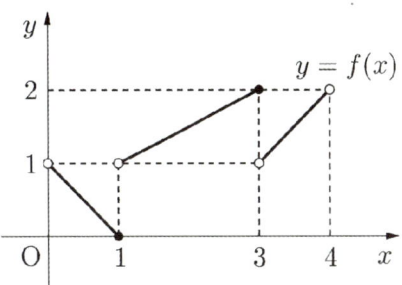

$\lim\limits_{x \to 1+} f(x) - \lim\limits_{x \to 3-} f(x)$의 값은?

① -2 ② -1 ③ 0   ④ 1   ⑤ 2

006

실수 전체의 집합에서 정의된 함수 $y = f(x)$의 그래프가 그림과 같다.

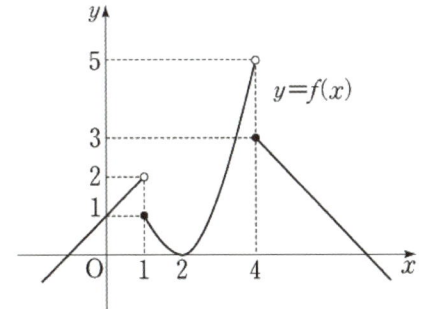

$\lim\limits_{t \to \infty} f\left(\dfrac{t-1}{t+1}\right) + \lim\limits_{t \to -\infty} f\left(\dfrac{4t-1}{t+1}\right)$의 값은?

① 3   ② 4   ③ 5   ④ 6   ⑤ 7

007

정의역이 $\{x \mid -2 \le x \le 2\}$ 인 함수 $y = f(x)$ 의 그래프가 그림과 같을 때, $\displaystyle\lim_{x \to -1-} f(x) + \lim_{x \to 1+} f(x)$ 의 값은?

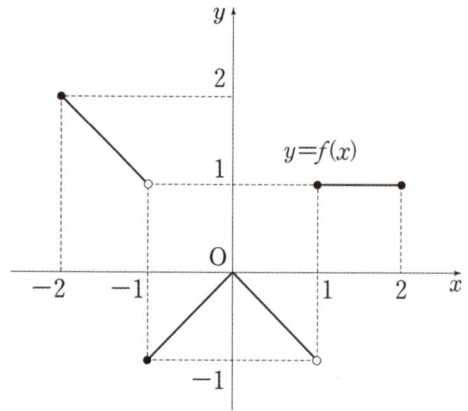

① -2 ② -1 ③ 0 ④ 1 ⑤ 2

008

정의역이 $\{x \mid 0 \le x \le 4\}$ 인 함수 $y = f(x)$ 의 그래프가 그림과 같다.

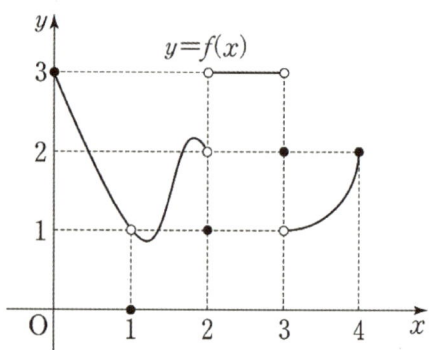

$\displaystyle\lim_{x \to 0+} f(f(x)) + \lim_{x \to 2+} f(f(x))$ 의 값은?

① 1 ② 2 ③ 3 ④ 4 ⑤ 5

009

함수 $y = f(x)$ 의 그래프가 그림과 같다.

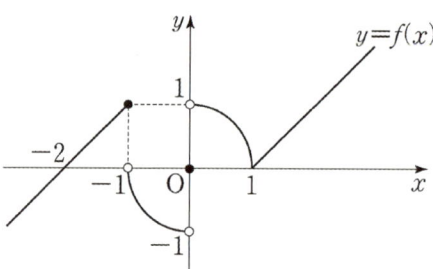

$\displaystyle\lim_{x \to -1-} f(x) + \lim_{x \to 0+} f(x)$ 의 값은?

① -2 ② -1 ③ 0 ④ 1 ⑤ 2

010

정의역이 $\{x \mid -2 \le x \le 2\}$ 인 함수 $y = f(x)$ 의 그래프가 구간 $[0, 2]$ 에서 그림과 같고, 정의역에 속하는 모든 실수 x 에 대하여 $f(-x) = -f(x)$ 이다. $\displaystyle\lim_{x \to -1+} f(x) + \lim_{x \to 2-} f(x)$ 의 값은?

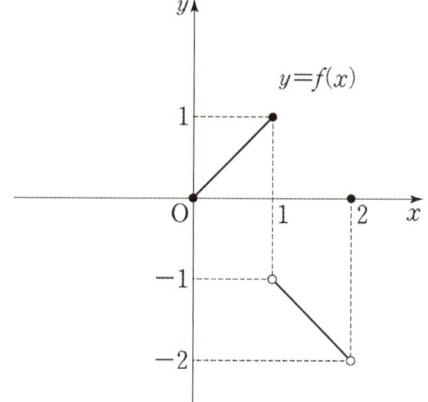

① -3 ② -1 ③ 0 ④ 1 ⑤ 3

011

함수 $f(x)$의 그래프가 그림과 같다.

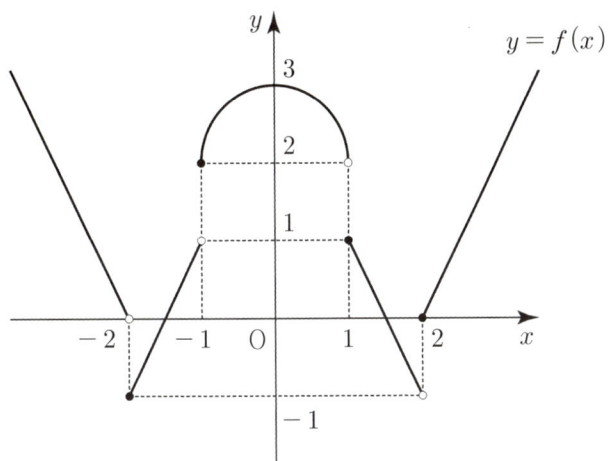

$\displaystyle\lim_{x \to 2-} f(x) + \lim_{x \to 1+} f(x-2)$의 값은?

① -2 ② -1 ③ 0 ④ 1 ⑤ 2

012

함수 $y = f(x)$의 그래프가 다음과 같다.
$\displaystyle\lim_{x \to -1+} \{f(x) + f(|x|)\}$의 값은?

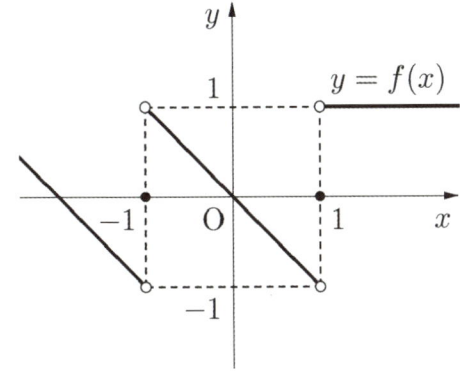

① -2 ② -1 ③ 0 ④ 1 ⑤ 2

013

함수 $y = f(x)$의 그래프는 그림과 같다.

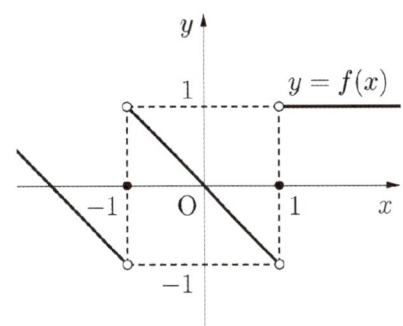

$\displaystyle\lim_{x \to 1+} f(f(x)) + \lim_{x \to -1-} f(f(x))$의 값은?

① -2 ② -1 ③ 0 ④ 1 ⑤ 2

출제유형잡기 | $\lim_{x \to a} f(x) = L$, $\lim_{x \to a} g(x) = M$

$(L, M$은 실수$)$일 때

(1) $\lim_{x \to a} \{f(x) + g(x)\} = L + M$

(2) $\lim_{x \to a} \{f(x) - g(x)\} = L - M$

(3) $\lim_{x \to a} cf(x) = cL$ (단, c는 상수)

(4) $\lim_{x \to a} f(x)g(x) = LM$

(5) $\lim_{x \to a} \dfrac{f(x)}{g(x)} = \dfrac{L}{M}$ (단, $M \neq 0$)

014
2008학년도 6월 모평

극한 $\lim_{x \to 0} \dfrac{\{f(x)\}^2}{f(x^2)} = 4$ 를 만족시키는 함수 $f(x)$를

보기에서 모두 고른 것은?

—— | 보기 | ——

ㄱ. $f(x) = 4|x|$

ㄴ. $f(x) = 2x^2 + 2x$

ㄷ. $f(x) = x + \dfrac{4}{x}$

① ㄱ   ② ㄴ   ③ ㄱ, ㄷ
④ ㄴ, ㄷ   ⑤ ㄱ, ㄴ, ㄷ

015
2009학년도 6월 모평

다항함수 $g(x)$에 대하여 극한값 $\lim_{x \to 1} \dfrac{g(x) - 2x}{x - 1}$가

존재한다. 다항함수 $f(x)$가
$f(x) + x - 1 = (x - 1)g(x)$를 만족시킬 때,

$\lim_{x \to 1} \dfrac{f(x)g(x)}{x^2 - 1}$의 값은?

① 1   ② 2   ③ 3   ④ 4   ⑤ 5

016

다항함수 $f(x)$가

$$\lim_{x \to 0+} \frac{x^3 f\left(\frac{1}{x}\right) - 1}{x^3 + x} = 5,$$

$$\lim_{x \to 1} \frac{f(x)}{x^2 + x - 2} = \frac{1}{3}$$

을 만족시킬 때, $f(2)$의 값을 구하시오.

017

다항함수 $f(x)$가 $\lim\limits_{x \to 0} \dfrac{x}{f(x)} = 1$, $\lim\limits_{x \to 1} \dfrac{x-1}{f(x)} = 2$ 를

만족시킬 때, $\lim\limits_{x \to 1} \dfrac{f(f(x))}{2x^2 - x - 1}$ 의 값은?

① $\dfrac{1}{6}$　　② $\dfrac{1}{3}$　　③ $\dfrac{1}{2}$　　④ $\dfrac{2}{3}$　　⑤ $\dfrac{5}{6}$

018

함수 $f(x) = \begin{cases} x + 1 & (x \le a) \\ -3x + 1 & (x > a) \end{cases}$ 에 대하여

$\lim\limits_{x \to a+} f(x) + \lim\limits_{x \to a-} 2f(x) = 2a$일 때 a의 값을

구하시오. (단, a는 상수이다.)

019

두 함수 $f(x)$, $g(x)$에 대하여

$\lim\limits_{x \to 0} f(x) = 3$, $\lim\limits_{x \to 0} g(x) = 2$일 때,

$\lim\limits_{x \to 0} \{2f(x) + g(3x)\}$ 의 값을 구하시오.

020

실수 x보다 작지 않은 최소의 정수를 $\langle x \rangle$라 하자. 예를 들면, $\langle 3.2 \rangle = 4$, $\langle 4 \rangle = 4$, $\langle -2.5 \rangle = -2$이다. 이때 $\lim\limits_{x \to \infty} \left\{ \dfrac{2}{x^2} \left\langle \dfrac{x^2}{5} \right\rangle \right\}$의 값은?

① 2   ② 1   ③ $\dfrac{1}{2}$ ④ $\dfrac{1}{5}$ ⑤ $\dfrac{2}{5}$

021

$\lim\limits_{x \to 2} \dfrac{x-2}{f(x-2)} = \dfrac{5}{3}$일 때, $\lim\limits_{x \to 1} \dfrac{x^2 + 2x - 3}{f(x-1)}$의 값은?

① $\dfrac{20}{3}$ ② 6   ③ $\dfrac{16}{3}$ ④ $\dfrac{14}{3}$ ⑤ 4

022

$-2 \leq x \leq 3$에서 정의된 함수 $f(x)$의 그래프가 다음과 같을 때 $\lim\limits_{x \to 0+} \{f(a-x) + f(a+x)\} = 4$를 만족하는 모든 실수 a의 개수를 n, 모든 실수 a의 합을 S라 할 때, $n+S$의 값은? (단, $-2 < a < 3$이고 $f(x)$는 점과 선분으로 구성된 도형이다.)

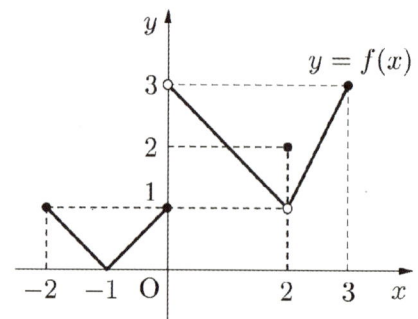

① $\dfrac{13}{2}$ ② 6   ③ $\dfrac{11}{2}$ ④ 5   ⑤ $\dfrac{9}{2}$

$\dfrac{0}{0}$꼴과 $0 \times \infty$꼴의 극한값의 계산

출제유형 | $\lim\limits_{x \to a} f(x) = 0$, $\lim\limits_{x \to a} g(x) = 0$일 때,

$\lim\limits_{x \to a} \dfrac{f(x)}{g(x)}$의 값과 $\lim\limits_{x \to a} f(x) = 0$, $\lim\limits_{x \to a} g(x) = \infty$

일 때, $\lim\limits_{x \to a} f(x)g(x)$의 값을 구하는 문제가 출제된다.

출제유형잡기 | (1) $\dfrac{0}{0}$꼴의 분수식인 경우 분모와 분자를

각각 인수분해한 후 약분하여 구하고, 무리식인 경우

$(A+B)(A-B) = A^2 - B^2$을 이용하여 식을 변형한 후

구한다.

(2) $0 \times \infty$꼴의 경우 통분을 하거나 유리화하여 극한값을

구한다.

023

$\lim\limits_{x \to \infty} \dfrac{\sqrt{x^2 - 2} + 3x}{x + 5}$의 값은?

① 1   ② 2   ③ 3   ④ 4   ⑤ 5

024

$\lim\limits_{x \to -1} \dfrac{x^2 + 9x + 8}{x + 1}$의 값은?

① 6   ② 7   ③ 8   ④ 9   ⑤ 10

025

$\lim\limits_{x \to 2} \dfrac{3x^2 - 6x}{x - 2}$ 의 값은?

① 6   ② 7   ③ 8

④ 9   ⑤ 10

026

다항함수 $f(x)$에 대하여 $\lim\limits_{x \to 1} \dfrac{8(x^4 - 1)}{(x^2 - 1)f(x)} = 1$

일 때, $f(1)$의 값을 구하시오.

027

$\lim\limits_{x \to 1} \dfrac{x^3 - x^2 + x - 1}{\sqrt{x + 8} - 3}$ 의 값은?

① 0   ② 3   ③ 6   ④ 9   ⑤ 12

028

함수 $f(x)$에 대하여

$$\lim_{x \to 2} \frac{f(x) - 3}{x - 2} = 5$$

일 때, $\lim\limits_{x \to 2} \dfrac{x - 2}{\{f(x)\}^2 - 9}$ 의 값은?

① $\dfrac{1}{18}$ ② $\dfrac{1}{21}$ ③ $\dfrac{1}{24}$ ④ $\dfrac{1}{27}$ ⑤ $\dfrac{1}{30}$

029

$\displaystyle\lim_{x \to 7} \frac{\sqrt{x+7} - \sqrt{14}}{x-7}$ 의 값은?

① $\dfrac{\sqrt{14}}{28}$　　② $\dfrac{\sqrt{14}}{14}$　　③ $\dfrac{\sqrt{7}}{14}$

④ $\dfrac{\sqrt{7}}{7}$　　⑤ $\dfrac{\sqrt{7}}{2}$

030

두 함수 $f(x) = 2x - x^2$, $g(x) = x^3 - 4x$에 대하여

$\displaystyle\lim_{x \to 0} \frac{g(x)}{f(x)} \times \lim_{x \to 2} \frac{f(x)}{g(x)}$ 의 값은?

① $-\dfrac{1}{2}$　② $-\dfrac{1}{4}$　③ $\dfrac{1}{2}$　④ $\dfrac{1}{4}$　⑤ 1

031

$\displaystyle\lim_{x \to 1} \frac{x+1}{x-1}\left(\frac{x^2 + x - 2}{x-1} - 3\right)$의 값은?

① 1　　② 2　　③ 3　　④ 4　　⑤ 5

출제유형 | $\displaystyle\lim_{x\to\infty} f(x)= \infty$, $\displaystyle\lim_{x\to\infty} g(x)= \infty$ 일 때,

$\displaystyle\lim_{x\to\infty} \dfrac{f(x)}{g(x)}$ 의 값 또는 $\displaystyle\lim_{x\to\infty} \{f(x)- g(x)\}$ 의 값을 구하는 문제가 출제된다.

출제유형잡기 |

(1) $\dfrac{\infty}{\infty}$ 꼴의 분수식인 경우 : 분모의 최고차항으로 분자와 분모를 각각 나눈 후 구한다.

(2) $\infty - \infty$ 꼴인 경우 : $(A+B)(A-B)= A^2- B^2$ 을 이용하여 식을 변형한 후 구한다.

032

$\displaystyle\lim_{x\to -\infty} \dfrac{x+1}{\sqrt{x^2+x}\;-x}$ 의 값은?

① -1 ② $-\dfrac{1}{2}$ ③ 0 ④ $\dfrac{1}{2}$ ⑤ 1

033

$\displaystyle\lim_{x\to\infty} (\sqrt{x^2+9x}-x)$ 의 값은?

① $-\dfrac{9}{2}$ ② $-\dfrac{3}{2}$ ③ $\dfrac{3}{2}$ ④ $\dfrac{9}{2}$ ⑤ 9

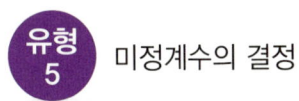

유형 5 미정계수의 결정

출제유형 | 함수의 극한에 대한 조건이 주어질 때, 미정계수를 구하거나 함숫값을 구하는 문제가 출제된다.

출제유형잡기 |

(1) 두 함수 $f(x)$, $g(x)$에 대하여 $\lim\limits_{x \to a} \dfrac{f(x)}{g(x)} = \alpha$

(α는 실수)일 때

① $\lim\limits_{x \to a} g(x) = 0$이면 $\lim\limits_{x \to a} f(x) = 0$

② $\alpha \neq 0$이고 $\lim\limits_{x \to a} f(x) = 0$이면 $\lim\limits_{x \to a} g(x) = 0$

임을 이용하여 미정계수를 결정한다.

(2) 두 다항함수 $f(x)$, $g(x)$에 대하여

$\lim\limits_{x \to \infty} \dfrac{f(x)}{g(x)} = \alpha$ (α는 0이 아닌 실수)이면

($f(x)$의 차수)=($g(x)$의 차수)이고

$\alpha = \dfrac{(f(x)의\ 최고차항의\ 계수)}{(g(x)의\ 최고차항의\ 계수)}$ 이다.

034

2022학년도 9월 모평

삼차함수 $f(x)$가

$$\lim_{x \to 0} \frac{f(x)}{x} = \lim_{x \to 1} \frac{f(x)}{x-1} = 1$$

을 만족시킬 때, $f(2)$의 값은?

① 4　　② 6　　③ 8　　④ 10　　⑤ 12

035

2018학년도 11월 수능

함수 $f(x)$가 $\lim\limits_{x \to 1}(x+1)f(x) = 1$을 만족시킬 때, $\lim\limits_{x \to 1}(2x^2+1)f(x) = a$ 이다. $20a$의 값을 구하시오.

036

다음 식을 성립하게 하는 상수 a, b의 곱 ab의 값은?

$$\lim_{x \to 1} \frac{x-1}{x^2 + ax + b} = \frac{1}{3}$$

① -3 ② -2 ③ 1 ④ 2 ⑤ 3

037

삼차함수 $f(x) = x^3 + ax^2 + bx + c$ 가
$\lim\limits_{x \to 1} \dfrac{f(x) - c}{x - 1} = -1$ 을 만족시킬 때, $b - a$의 값을
구하시오.

038

두 실수 a, b가 $\lim\limits_{x \to 2} \dfrac{\sqrt{x^2 + a} - b}{x - 2} = \dfrac{2}{5}$ 를 만족시킬 때,
$a + b$ 의 값을 구하시오.

039

$\lim\limits_{x \to 2} \dfrac{x^2 - 4}{x^2 + ax} = b$ (단, $b \neq 0$) 가 성립하도록 상수 a,
b 의 값을 정할 때, $a + b$ 의 값은?

① -4 ② -2 ③ 0 ④ 2 ⑤ 4

040

두 상수 a, b에 대하여 $\lim\limits_{x \to 1} \dfrac{4x-a}{x-1} = b$ 일 때, $a+b$의 값은?

① 8   ② 9   ③ 10   ④ 11   ⑤ 12

042

다항함수 $f(x)$가 다음 조건을 만족시킬 때, $f(2)$의 값을 구하시오.

> (가) $\lim\limits_{x \to \infty} \dfrac{f(x)-x^3}{3x} = 2$
>
> (나) $\lim\limits_{x \to 0} f(x) = -7$

041

다항함수 $f(x)$가 $\lim\limits_{x \to \infty} \dfrac{f(x)}{x^3} = 0$, $\lim\limits_{x \to 0} \dfrac{f(x)}{x} = 5$를 만족시킨다. 방정식 $f(x) = x$의 한 근이 -2일 때, $f(1)$의 값은?

① 6   ② 7   ③ 8   ④ 9   ⑤ 10

043

다항함수 $f(x)$가 다음 조건을 만족시킨다.

> (가) $\lim\limits_{x \to \infty} \dfrac{f(x)}{x^2} = 2$
>
> (나) $\lim\limits_{x \to 0} \dfrac{f(x)}{x} = 3$

$f(2)$의 값은?

① 11   ② 14   ③ 17   ④ 20   ⑤ 23

044

상수 a, b에 대하여 $\lim\limits_{x \to -1} \dfrac{ax+a}{x-b} = 5$일 때, $a-b$의 값을 구하시오.

045

모든 실수 x에 대하여 등식
$(x^2+x-2)f(x) = ax^2+bx+c$를 만족시키는 함수 $f(x)$가 $\lim\limits_{x \to \infty} f(x) = 1$을 만족시킬 때, 세 상수 a, b, c의 합 $a+b+c$의 값은?

① -2 ② -1 ③ 0 ④ 1 ⑤ 2

046

등식 $\lim\limits_{x \to 1} \dfrac{3x^2+2x-a}{x^3-1} = b$가 성립하도록 하는 두 상수 a, b에 대하여 $a-b$의 값은?

① 3 ② $\dfrac{8}{3}$ ③ $\dfrac{7}{3}$ ④ 2 ⑤ $\dfrac{5}{3}$

047

$\lim\limits_{x \to 1} \dfrac{\sqrt{x+a}-3}{x^2-3x+2} = b$를 만족하는 두 상수 a, b의 곱 ab의 값은?

① $-\dfrac{1}{6}$ ② $-\dfrac{1}{3}$ ③ $-\dfrac{4}{3}$ ④ -2 ⑤ -3

048

두 상수 a, b 에 대하여

$$\lim_{x \to \infty} (\sqrt{ax^2 + bx + 4} - 3x) = 2$$

일 때, $a + b$ 의 값을 구하시오.

049

함수 $f(x) = x^2 + ax + b$ 가 $\lim_{x \to 1} \dfrac{f(x)}{x^2 - 1} = 2$ 를 만족시킬 때, $a - b$의 값은? (단, a, b는 상수이다.)

① 1   ② 2   ③ 3   ④ 4   ⑤ 5

050

함수 $f(x)$에 대하여 $\lim_{x \to 1} \dfrac{f(x) + 4}{x^2 - 1} = 1$일 때,

$\lim_{x \to -1} \dfrac{f(x^2) + 4}{x + 1}$ 의 값은?

① -4 ② -2 ③ -1 ④ 1 ⑤ 2

051

최고차항의 계수가 1인 이차함수 $f(x)$에 대하여 $\lim_{x \to 2} \dfrac{f(x)}{x - 2} = 3$이 성립한다. $\lim_{x \to -1} \dfrac{f(x)}{x + 1}$의 값은?

① -4 ② -3 ③ -2 ④ 1 ⑤ 2

052

다항함수 $f(x)$가 다음 조건을 만족시킨다.

> (가) $\displaystyle\lim_{x \to \infty} \frac{f(x)}{x^2} = 1$
>
> (나) $\displaystyle\lim_{x \to 1} \frac{f(x)}{x-1} = 2$

$f(3)$의 값은?

① -1　　② 3　　③ 8　　④ $\dfrac{28}{3}$　　⑤ $\dfrac{32}{3}$

053

다항함수 $f(x)$에 대하여

$$\lim_{x \to \infty} \frac{f(x)}{x^2} = 2, \quad \lim_{x \to 0} \frac{f(x)}{x} = 1$$

가 성립할 때, $\displaystyle\lim_{x \to -\frac{1}{2}} \frac{f(x)}{x + \frac{1}{2}}$의 값은?

① -4　　② -3　　③ -2　　④ -1　　⑤ 0

054

다항함수 $f(x)$가 다음 조건을 만족시킨다.

> (가) $\displaystyle\lim_{x \to \infty} \frac{f(x)}{x^3} = 1$
>
> (나) $\displaystyle\lim_{x \to 2} \frac{f(x)}{(x-2)^2} = 1$

$f(4)$의 값을 구하시오.

055

삼차함수 $f(x)$가 다음 조건을 만족시킬 때, $f(-2) - f(2)$의 값을 구하시오.

> (가) $\displaystyle\lim_{x \to 1} \frac{f(x)}{x^2 - 1} = -1$
>
> (나) $\displaystyle\lim_{x \to -1} \frac{f(x)}{x^2 - 1} = 1$

출제유형 | 좌표평면에서의 선분의 길이 또는 도형의 넓이에 대한 극한값을 구하는 문제가 출제된다.

출제유형잡기 | 극한값을 구하려고 하는 식에 포함된 선분의 길이 또는 도형의 넓이를 한 문자에 대한 식으로 나타낸 다음 극한값을 구한다.

056   2006학년도 6월 모평

곡선 $y = \sqrt{x}$ 위의 점 $(t, \sqrt{t})$에서 점 $(1, 0)$까지의 거리를 d_1, 점 $(2, 0)$까지의 거리를 d_2라 할 때, $\displaystyle\lim_{t \to \infty}(d_1 - d_2)$의 값은?

① 1   ② $\dfrac{1}{2}$ ③ $\dfrac{1}{4}$ ④ $\dfrac{1}{8}$ ⑤ 0

057   2012학년도 11월 수능

그림과 같이 직선 $y = x + 1$ 위에 두 점 $A(-1, 0)$과 $P(t, t+1)$이 있다. 점 P를 지나고 직선 $y = x + 1$에 수직인 직선이 y축과 만나는 점을 Q라 할 때, $\displaystyle\lim_{t \to \infty}\dfrac{\overline{AQ}^2}{\overline{AP}^2}$의 값은?

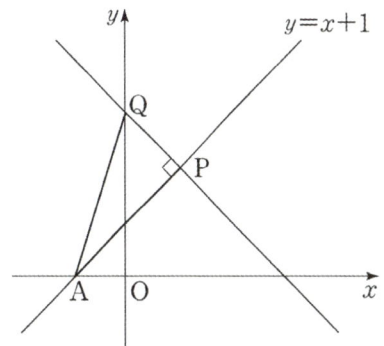

① 1   ② $\dfrac{3}{2}$ ③ 2   ④ $\dfrac{5}{2}$ ⑤ 3

058

그림과 같이 기울기가 $a(a > 0)$이고 점 $P(2a, a^2)$을 지나는 직선 l이 y축과 만나는 점을 A라 하고, 점 P를 지나고 직선 l에 수직인 직선이 y축과 만나는 점을 B라 할 때, $\lim\limits_{a \to \infty} \dfrac{\overline{AB}}{\overline{OP}}$ 의 값을 구하시오. (단, O는 원점이다.)

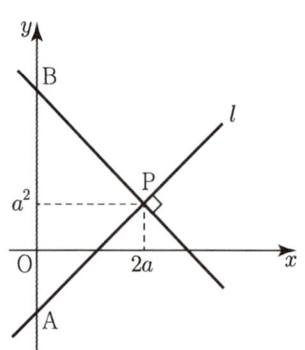

059

그림과 같이 좌표평면에서 직선 $y = -x + 1$위의 x좌표가 $x = t$인 점 P에서 x축, y축에 내린 수선의 발을 각각 Q, R라 하고 사각형 OQPR의 넓이를 $f(t)$라 하자. 또, 선분 PQ를 한 변으로 하는 정사각형 PQST를 만들고, 그 넓이를 $g(t)$라 하자.

$\lim\limits_{t \to 1^-} \dfrac{g(t) - f(t)}{t - 1}$ 의 값은? (단, $0 < t < 1$)

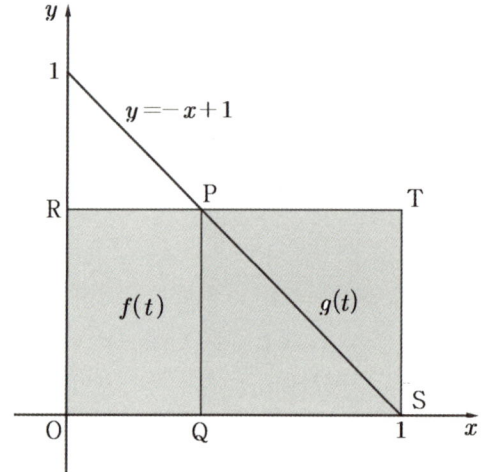

① $\dfrac{1}{2}$ ② 1 ③ $\dfrac{3}{2}$ ④ 2 ⑤ $\dfrac{5}{2}$

유형 7 함수의 연속

출제유형 | 함수 $f(x)$가 $x = a$에서 연속이기 위한 조건을 이용하여 미정계수를 구하는 문제가 출제된다.

출제유형잡기 | 함수 $f(x)$가 다음 세 조건을 만족시킬 때, 함수 $f(x)$는 $x = a$에서 연속이다.

(i) 함수 $f(x)$가 $x = a$에서 정의되어 있고

(ii) 극한값 $\lim\limits_{x \to a} f(x)$가 존재하며

(iii) $\lim\limits_{x \to a} f(x) = f(a)$

060 　　　　　　　　　　　2025학년도 11월 수능

함수

$$f(x) = \begin{cases} 5x + a & (x < -2) \\ x^2 - a & (x \geq -2) \end{cases}$$

가 실수 전체의 집합에서 연속일 때, 상수 a의 값은?

① 6　　　② 7　　　③ 8　　　④ 9　　　⑤ 10

061　　　　　　　　　　　　　　　2025학년도 9월 모평

함수

$$f(x) = \begin{cases} (x - a)^2 & (x < 4) \\ 2x - 4 & (x \geq 4) \end{cases}$$

가 실수 전체의 집합에서 연속이 되도록 하는 모든 상수 a의 값의 곱은?

① 6　　　② 9　　　③ 12　　　④ 15　　　⑤ 18

062

함수

$$f(x) = \begin{cases} 3x - a & (x < 2) \\ x^2 + a & (x \geq 2) \end{cases}$$

가 실수 전체의 집합에서 연속일 때, 상수 a의 값은?

① 1 ② 2 ③ 3 ④ 4 ⑤ 5

063

실수 전체의 집합에서 연속인 함수 $f(x)$가

$$\lim_{x \to 1} f(x) = 4 - f(1)$$

을 만족시킬 때, $f(1)$의 값은?

① 1 ② 2 ③ 3 ④ 4 ⑤ 5

064

함수

$$f(x) = \begin{cases} -2x + a & (x \leq a) \\ ax - 6 & (x > a) \end{cases}$$

가 실수 전체의 집합에서 연속이 되도록 하는 모든 상수 a의 값의 합은?

① -1 ② -2 ③ -3 ④ -4 ⑤ -5

065

두 양수 a, b에 대하여 함수 $f(x)$가

$$f(x) = \begin{cases} x + a & (x < -1) \\ x & (-1 \leq x < 3) \\ bx - 2 & (x \geq 3) \end{cases}$$

이다. 함수 $|f(x)|$가 실수 전체의 집합에서 연속일 때, $a + b$의 값은?

① $\dfrac{7}{3}$ ② $\dfrac{8}{3}$ ③ 3 ④ $\dfrac{10}{3}$ ⑤ $\dfrac{11}{3}$

066

함수

$$f(x)= \begin{cases} 2x+a & (x \leq -1) \\ x^2-5x-a & (x > -1) \end{cases}$$

이 실수 전체의 집합에서 연속일 때, 상수 a의 값은?

① 1   ② 2   ③ 3   ④ 4   ⑤ 5

067

함수

$$f(x)= \begin{cases} -2x+6 & (x < a) \\ 2x-a & (x \geq a) \end{cases}$$

에 대하여 함수 $\{f(x)\}^2$이 실수 전체의 집합에서 연속이 되도록 하는 모든 상수 a의 값의 합은?

① 2   ② 4   ③ 6   ④ 8   ⑤ 10

068

함수 $f(x)$가 $x = 2$에서 연속이고

$$\lim_{x \to 2-} f(x) = a + 2, \quad \lim_{x \to 2+} f(x) = 3a - 2$$

를 만족시킬 때, $a + f(2)$의 값을 구하시오. (단, a는 상수이다.)

069

정의역이 $\{x \mid -1 \le x \le 3\}$인 함수 $y = f(x)$의 그래프가 그림과 같을 때, 보기에서 옳은 것을 모두 고른 것은?

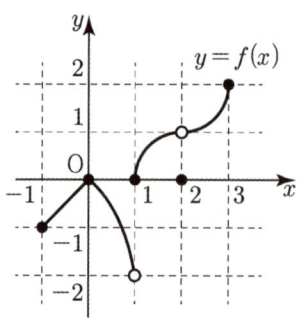

| 보기 |

ㄱ. $\lim_{x \to 1} f(x)$가 존재한다.

ㄴ. $\lim_{x \to 2} f(x)$가 존재한다.

ㄷ. $-1 < a < 1$인 실수 a에 대하여 $\lim_{x \to a} f(x)$가 존재한다.

① ㄱ   ② ㄴ   ③ ㄷ   ④ ㄱ, ㄴ   ⑤ ㄴ, ㄷ

070

함수

$$f(x) = \begin{cases} 4x^2 - a & (x < 1) \\ x^3 + a & (x \ge 1) \end{cases}$$

이 실수 전체의 집합에서 연속일 때, 상수 a의 값은?

① $\dfrac{3}{2}$ ② 2 ③ $\dfrac{5}{2}$ ④ 3 ⑤ $\dfrac{7}{2}$

071

함수

$$f(x) = \begin{cases} x^2 - 3x & (x < a) \\ 3x + a & (x \ge a) \end{cases}$$

이 실수 전체의 집합에서 연속이 되도록 하는 모든 실수 a의 값의 합을 구하시오.

072

함수 $f(x)$가 $x = 1$에서 연속이고

$$\lim_{x \to 1-} f(x) = a + 3, \quad \lim_{x \to 1+} f(x) = 3a - 1$$

를 만족시킬 때, $a + f(1)$의 값을 구하시오.
(단, a는 상수이다.)

073

함수

$$f(x) = \begin{cases} \dfrac{x^2 + ax + b}{x - 1} & (x \neq 1) \\ 2 & (x = 1) \end{cases}$$

이 $x = 1$에서 연속이 되도록 하는 두 상수 a, b에 대하여 $a + b$의 값은?

① 4　　　② 2　　　③ 1　　　④ -1　　　⑤ -2

074

함수

$$f(x) = \begin{cases} x^2 + 3x - a & (x < 1) \\ \sqrt{x + 3} + a & (x \geq 1) \end{cases}$$

가 모든 실수에서 연속일 때, 상수 a의 값을 구하시오.

075

실수 전체의 집합에서 연속인 함수 $f(x)$에 대하여
$(x - 1)f(x) = x^3 - x^2 + x - 1$이 성립할 때, $f(1)$의 값을 구하시오.

076

함수 $f(x)=\begin{cases} x^2-x+b & (x \geq a) \\ 3x+2b & (x < a) \end{cases}$ 가 모든 실수 x에 대하여 연속이 되도록 하는 두 실수 a, b에 대하여 b가 최소가 될 때의 a의 값을 p, 그때 b의 최솟값은 q라 하자. $p-q$의 값을 구하시오.

077

함수 $f(x) = \begin{cases} \dfrac{x^2-6x+8}{x-2} & (x \neq 2) \\ k & (x=2) \end{cases}$ 가

$x=2$에서 연속일 때, 상수 k의 값은?

① -4 ② -3 ③ -2 ④ -1 ⑤ 0

078

함수 $f(x)=\begin{cases} x+3a & (x \leq 1) \\ x^2+a^2 & (x > 1) \end{cases}$ 이 실수 전체의 집합에서 연속이 되도록 하는 모든 상수 a의 값의 합을 구하시오.

079

연속함수 $f(x)$ 가 다음 조건을 만족시킨다.

> (가) 모든 실수 x에 대하여 $f(x+5)=f(x)$
> (나) $f(x)=\begin{cases} 4x+a & (-2 \leq x < 1) \\ x^2+bx+2 & (1 \leq x \leq 3) \end{cases}$

이때, $f(2022)$의 값은?

① -12 ② -14 ③ -16 ④ -18 ⑤ -22

080

연속함수 $f(x)$에 대하여 함수 $g(x)$를

$$g(x) = \begin{cases} x^2 - x + 2 & (x \le 1) \\ f(x) + a & (x > 1) \end{cases}$$

라 하자. $\lim_{x \to 1} f(x) = 4$이고, 함수 $g(x)$는 모든 실수

x에서 연속일 때, 상수 a의 값은?

① -1 ② -2 ③ -3 ④ -4 ⑤ -5

081

다항함수 $f(x)$가 $\lim_{x \to \infty} \dfrac{f(x)}{x^2 + 3} = 1$을 만족하고, 함수

$$g(x) = \begin{cases} \dfrac{f(x)}{x-1} & (x \ne 1) \\ 2 & (x = 1) \end{cases}$$

가 모든 실수 x에서 연속일 때, $\lim_{x \to -1} \dfrac{f(x)}{x+1}$의 값은?

① -1 ② -2 ③ -3 ④ -4 ⑤ -5

082

모든 양수 x에서 연속인 함수 $f(x)$가 다음 두 조건을 만족시킨다.

(가) $f(1) = 1$

(나) $(x-1)f(x) = a\sqrt{x} + b$

이때, $a^2 + b^2$의 값을 구하시오. (단, a, b는 상수이다.)

출제유형 | 연속 또는 불연속인 함수들의 합, 차, 곱 또는 몫의 연속성을 묻는 문제가 출제된다.

출제유형잡기 | $f(a)$, $\lim\limits_{x \to a} f(x)$의 값을 비교하여 $x = a$에서 연속성을 조사하고 구간에 따라 나누어 정의된 함수의 경우는 구간의 경계인 x의 값에서 좌극한과 우극한의 값을 비교하여 연속성을 조사한다.

083
2017학년도 9월 모평

실수 전체의 집합에서 연속인 함수 $f(x)$가

$$\lim_{x \to 2} \frac{(x^2 - 4)f(x)}{x - 2} = 12$$

를 만족시킬 때, $f(2)$의 값은?

① 1　　② 2　　③ 3　　④ 4　　⑤ 5

084
2006학년도 6월 모평

두 함수 $f(x)$, $g(x)$에 대하여 보기에서 옳은 것을 모두 고른 것은?

| 보기 |

ㄱ. $\lim\limits_{x \to 0} f(x)$와 $\lim\limits_{x \to 0} g(x)$가 모두 존재하지 않으면 $\lim\limits_{x \to 0} \{f(x) + g(x)\}$도 존재하지 않는다.

ㄴ. $y = f(x)$가 $x = 0$에서 연속이면 $y = |f(x)|$도 $x = 0$에서 연속이다.

ㄷ. $y = |f(x)|$가 $x = 0$에서 연속이면 $y = f(x)$도 $x = 0$에서 연속이다.

---

① ㄴ　　② ㄷ　　③ ㄱ, ㄴ　④ ㄱ, ㄷ　⑤ ㄴ, ㄷ

085

두 함수 $f(x)$, $g(x)$에 대하여 보기에서 항상 옳은 것을 모두 고른 것은?

| 보기 |

ㄱ. $f(x) = \begin{cases} 1 & (x \geq 0) \\ -1 & (x < 0) \end{cases}$, $g(x) = |x|$ 일 때, $(g \circ f)(x)$는 $x = 0$에서 연속이다.

ㄴ. $(g \circ f)(x)$가 $x = 0$에서 연속이면 $f(x)$는 $x = 0$에서 연속이다.

ㄷ. $(f \circ f)(x)$가 $x = 0$에서 연속이면 $f(x)$는 $x = 0$에서 연속이다.

① ㄱ   ② ㄴ   ③ ㄱ, ㄴ

④ ㄱ, ㄷ   ⑤ ㄴ, ㄷ

086

함수

$$f(x) = \begin{cases} x + 1 & (x \leq 0) \\ -\dfrac{1}{2}x + 7 & (x > 0) \end{cases}$$

에 대하여 함수 $f(x)f(x-a)$가 $x = a$에서 연속이 되도록 하는 모든 실수 a의 값의 합을 구하시오.

087

$0 < x < 4$ 에서 정의된 함수 $y = f(x)$의 그래프가 그림과 같을 때, 보기 중 옳은 것을 모두 고르면?

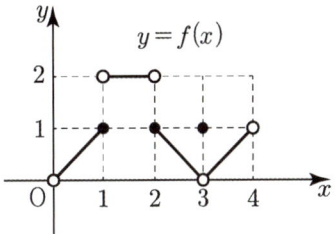

| 보기 |

ㄱ. $\displaystyle\lim_{x \to 3} f(x) = 1$

ㄴ. $x = 1$ 에서 $f(x)$의 극한값은 존재하지 않는다.

ㄷ. 함수 $f(x)$는 3개의 점에서 불연속이다.

① ㄱ   ② ㄴ   ③ ㄷ

④ ㄱ, ㄷ   ⑤ ㄴ, ㄷ

삼차함수 $y = f(x)$의 그래프와 함수

$$g(x) = \begin{cases} \dfrac{1}{2}x - 1 & (x > 0) \\ -x - 2 & (x \leq 0) \end{cases}$$

의 그래프가 그림과 같을 때, 보기에서 옳은 것을 모두 고른 것은?

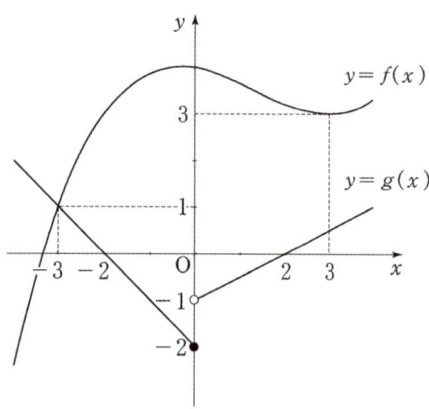

| 보기 |

ㄱ. $\displaystyle\lim_{x \to 0+} g(x) = -2$

ㄴ. 함수 $g(f(x))$는 $x = 0$에서 연속이다.

ㄷ. 방정식 $g(f(x)) = 0$은 닫힌구간 $[-3, 3]$에서 적어도 하나의 실근을 갖는다.

① ㄱ   ② ㄴ   ③ ㄷ
④ ㄴ, ㄷ   ⑤ ㄱ, ㄴ, ㄷ

함수

$$f(x) = \begin{cases} x + 2 & (x < -1) \\ 0 & (x = -1) \\ x^2 & (-1 < x < 1) \\ x - 2 & (x \geq 1) \end{cases}$$

에 대하여 옳은 것만을 보기에서 있는 대로 고른 것은?

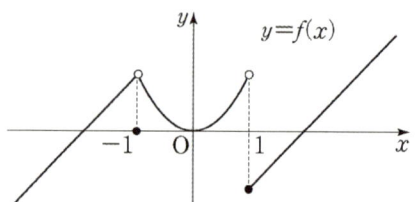

| 보기 |

ㄱ. $\displaystyle\lim_{x \to 1+} \{f(x) + f(-x)\} = 0$

ㄴ. 함수 $f(x) - |f(x)|$가 불연속인 점은 1개다.

ㄷ. 함수 $f(x)f(x-a)$가 실수 전체의 집합에서 연속이 되는 상수 a는 없다.

① ㄱ   ② ㄱ, ㄴ   ③ ㄱ, ㄷ
④ ㄴ, ㄷ   ⑤ ㄱ, ㄴ, ㄷ

090

최고차항의 계수가 1 인 이차함수 $f(x)$ 와 함수

$$g(x) = \begin{cases} -1 & (x \le 0) \\ -x+1 & (0 < x < 2) \\ 1 & (x \ge 2) \end{cases}$$

에 대하여 함수 $f(x)g(x)$ 가 실수 전체의 집합에서 연속이다. $f(5)$ 의 값은?

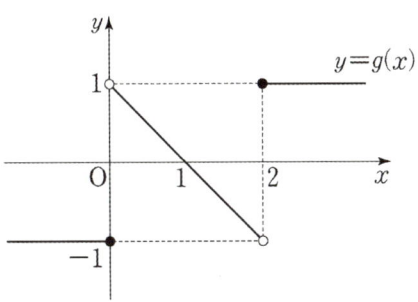

① 15   ② 17   ③ 19   ④ 21   ⑤ 23

091

실수 전체의 집합에서 정의된 함수 $f(x)$의 그래프가 그림과 같다.

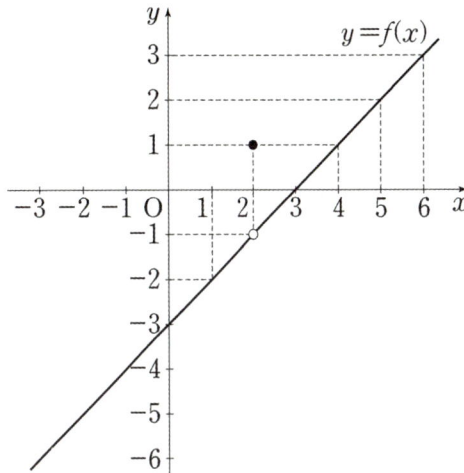

합성함수 $(f \circ f)(x)$가 $x = a$에서 불연속이 되는 모든 a의 값의 합은? (단, $0 \le a \le 6$이다.)

① 3   ② 4   ③ 5   ④ 6   ⑤ 7

함수 $y = f(x)$의 그래프가 그림과 같다.

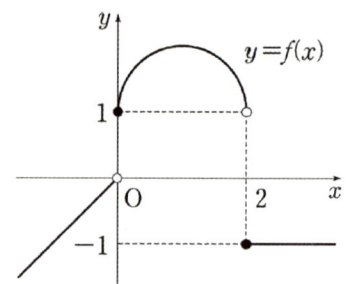

보기에서 옳은 것을 있는 대로 고른 것은?

─── | 보기 | ───

ㄱ. $\lim\limits_{x \to 0+} f(x) = 1$

ㄴ. $\lim\limits_{x \to 2-} f(x) = -1$

ㄷ. 함수 $|f(x)|$는 $x = 2$에서 연속이다.

① ㄱ   ② ㄴ   ③ ㄱ, ㄷ

④ ㄴ, ㄷ   ⑤ ㄱ, ㄴ, ㄷ

함수

$$f(x) = \begin{cases} x + 2 & (x \le 0) \\ -\dfrac{1}{2}x & (x > 0) \end{cases}$$

그래프가 그림과 같다.

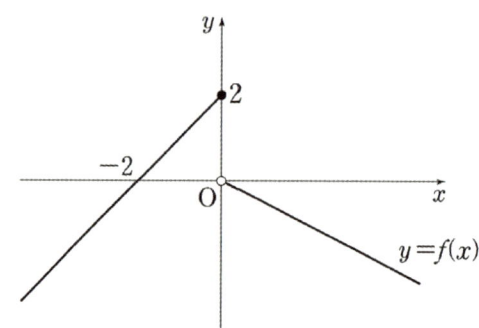

함수 $g(x) = f(x)\{f(x) + k\}$가 $x = 0$에서 연속이 되도록 하는 상수 k의 값은?

① -2 ② -1 ③ 0 ④ 1 ⑤ 2

집합 $\{x \mid 0 < x < 2\}$ 에서 정의된 함수 $f(x)$ 가

$$f(x) = \begin{cases} \dfrac{1}{x} - 1 & (0 < x \le 1) \\ \dfrac{1}{x-1} - 1 & (1 < x < 2) \end{cases}$$

일 때, 함수 $y = f(x)g(x)$ 가 $x = 1$ 에서 연속이 되도록 하는 함수 $g(x)$ 를 보기에서 모두 고른 것은?

─── | 보기 | ───

ㄱ. $g(x) = (x-1)^2$ $(0 < x < 2)$

ㄴ. $g(x) = (x-1)^3 + 1$ $(0 < x < 2)$

ㄷ. $g(x) = \begin{cases} x^2 + 1 & (0 < x \le 1) \\ (x-1)^3 & (1 < x < 2) \end{cases}$

① ㄱ   ② ㄴ   ③ ㄱ, ㄷ

④ ㄴ, ㄷ   ⑤ ㄱ, ㄴ, ㄷ

함수 $f(x)$ 가

$$f(x) = \begin{cases} \dfrac{x^2}{2x - |x|} & (x \ne 0) \\ a & (x = 0) \end{cases}$$

일 때, 보기에서 옳은 것을 모두 고른 것은?
(단, a 는 실수이다.)

─── | 보기 | ───

ㄱ. $f(-3) = 1$ 이다.

ㄴ. $x > 0$ 일 때, $f(x) = x$ 이다.

ㄷ. 함수 $f(x)$ 가 $x = 0$ 에서 연속이 되도록 하는 a 가 존재한다.

① ㄴ   ② ㄷ   ③ ㄱ, ㄴ

④ ㄱ, ㄷ   ⑤ ㄴ, ㄷ

096

2010학년도 11월 수능

실수 a 에 대하여 집합

$\{x \mid ax^2 + 2(a-2)x - (a-2) = 0,\ x$는 실수$\}$의

원소의 개수를 $f(a)$ 라 할 때, 옳은 것만을 보기에서

있는 대로 고른 것은?

| 보기 |

ㄱ. $\lim\limits_{a \to 0} f(a) = f(0)$

ㄴ. $\lim\limits_{a \to c+} f(a) \neq \lim\limits_{a \to c-} f(a)$ 인 실수 c 는 2개다.

ㄷ. 함수 $f(a)$ 가 불연속인 점은 3개이다.

① ㄴ   ② ㄷ   ③ ㄱ, ㄴ

④ ㄴ, ㄷ   ⑤ ㄱ, ㄴ, ㄷ

098

두 함수

$$f(x) = \begin{cases} -x^2 + 4 & (x < a) \\ 4x - 8 & (x \geq a) \end{cases},$$

$$g(x) = ax - 2a - 1$$

에 대하여 함수 $f(x)g(x)$가 실수 전체의 집합에서

연속이 되도록 하는 모든 실수 a의 값의 곱을 구하시오.

097

2013학년도 9월 모평

함수 $f(x)$가

$$f(x) = \begin{cases} a & (x \leq 1) \\ -x + 2 & (x > 1) \end{cases}$$

일 때, 옳은 것만을 보기에서 있는 대로 고른 것은? (단,

a는 상수이다.)

| 보기 |

ㄱ. $\lim\limits_{x \to 1+} f(x) = 1$

ㄴ. $a = 0$이면 함수 $f(x)$는 $x = 1$에서 연속이다.

ㄷ. 함수 $y = (x-1)f(x)$는 실수 전체의 집합에서
연속이다.

① ㄱ   ② ㄴ   ③ ㄱ, ㄷ

④ ㄴ, ㄷ   ⑤ ㄱ, ㄴ, ㄷ

099

함수

$$f(x) = \begin{cases} x^2 + x & (x < 0) \\ -x + k & (x \geq 0) \end{cases}$$

에 대하여 함수 $f(x)f(1-x)$가 모든 실수에서 연속이

되도록 하는 모든 실수 k의 값의 합을 구하시오.

100

두 함수 $f(x) = x^3 - 9x^2 + 23x - 15$,

$g(x) = \begin{cases} 1 & (|x| \geq 1) \\ -1 & (|x| < 1) \end{cases}$ 에 대하여 $f(x)g(a-x)$가 모든

x에 대하여 연속이 되도록 하는 모든 실수 a의 값의
곱은?

① 3   ② 5   ③ 8   ④ 12   ⑤ 15

101

두 함수 $f(x)$, $g(x)$ 에 대하여 옳은 것만을 보기에서
있는 대로 고른 것은?(단, a 는 실수, n은 자연수이다.)

| 보기 |

ㄱ. $y = f(x)$ 가 $x = a$ 에서 연속이면
  $y = \{f(x)\}^2$ 은 $x = a$ 에서 연속이다.
ㄴ. $y = |f(x)|$ 가 $x = a$ 에서 연속이면
  $y = f(x)$ 는 $x = a$ 에서 연속이다.
ㄷ. $y = f(x)$ 와 $y = g(x)$ 가 모두 $x = a$ 에서
  연속이면 $y = f(g(x))$ 는 $x = a$ 에서 연속이다.

---

① ㄱ   ② ㄴ   ③ ㄷ
④ ㄱ, ㄴ   ⑤ ㄱ, ㄷ

102

함수 $y = f(x)$의 그래프가 그림과 같다. 최고차항의
계수가 1인 이차함수 $g(x)$에 대하여 함수
$h(x) = f(x)g(x)$가 모든 실수에서 연속일 때,
$g(-1)$의 값은?

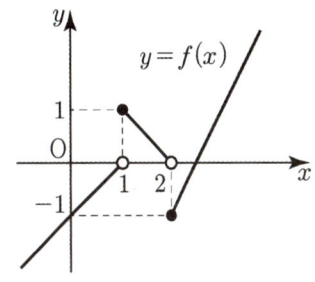

① 2   ② 3   ③ 4   ④ 5   ⑤ 6

유형 9 최대 · 최소 정리와 사잇값 정리

출제유형 | 최대 · 최소 정리 또는 사잇값 정리를 이용하는 문제가 출제된다.

출제유형잡기 | 함수 $f(x)$가 닫힌구간 $[a, b]$에서 연속일 때
(1) 함수 $f(x)$는 이 닫힌구간에서 최댓값과 최솟값을 갖는다.
(2) $f(a)f(b) < 0$이면 방정식 $f(x) = 0$은 열린구간 (a, b)에서 적어도 하나의 실근을 갖는다.

103

다음은 구간 $(0, 1)$에서 두 함수
$$f(x) = x^3 - 2x^2 + 4x - 4 \text{와 } g(x) = x^2 - 2x - 3 \text{ 의}$$
그래프가 오직 한 점에서 만남을 증명한 것이다.

〈증명〉
$h(x) = f(x) - g(x)$ 라 하면
$h(x) = x^3 - 3x^2 + 6x - 1$ 은 모든 실수 x 에 대하여 연속이다.
$h(0) \times h(1)$ (가) 0 이므로, 사잇값 정리에 의해 방정식 $h(x) = 0$ 은 0과 1 사이에서 적어도 하나의 실근을 갖는다.
모든 실수 x 에 대하여 $h'(x)$ (나) 0 이므로 $h(x)$ 는 (다) 이다.
따라서 $h(x) = 0$ 은 0과 1 사이에서 오직 하나의 실근을 갖게 된다. 즉, 구간 $(0, 1)$에서 $f(x)$ 와 $g(x)$ 의 그래프는 오직 한 점에서 만난다.

위의 증명에서 (가), (나), (다)에 알맞은 것을 차례로 나열한 것은?

	(가)	(나)	(다)
①	<	>	증가함수
②	<	>	감소함수
③	<	<	감소함수
④	>	<	감소함수
⑤	>	>	증가함수

104

2025학년도 11월 수능 21

함수 $f(x) = x^3 + ax^2 + bx + 4$가 다음 조건을 만족시키도록 하는 두 정수 a, b에 대하여 $f(1)$의 최댓값을 구하시오. [4점]

> 모든 실수 α에 대하여 $\displaystyle\lim_{x \to \alpha} \frac{f(2x+1)}{f(x)}$의 값이 존재한다.

105

2025학년도 11월 수능 21

함수 $f(x) = x^4 + ax^3 + bx^2 + 9$가 다음 조건을 만족시킬 때, $f(3)$의 값을 구하시오. [4점]

> (가) $f(x) = 0$을 만족시키는 x가 적어도 하나 존재한다.
>
> (나) 모든 실수 α에 대하여 $\displaystyle\lim_{x \to \alpha} \frac{f(2x+3)}{f(x)}$의 값이 존재한다.

함수

$$f(x) = \begin{cases} x - \dfrac{1}{2} & (x < 0) \\ -x^2 + 3 & (x \geq 0) \end{cases}$$

에 대하여 함수 $(f(x)+a)^2$이 실수 전체의 집합에서 연속일 때, 상수 a의 값은? [4점]

① $-\dfrac{9}{4}$ ② $-\dfrac{7}{4}$ ③ $-\dfrac{5}{4}$ ④ $-\dfrac{3}{4}$ ⑤ $-\dfrac{1}{4}$

함수

$$f(x) = \begin{cases} -x + 1 & (|x| < 1) \\ x^2 + a & (|x| \geq 1) \end{cases}$$

에 대하여 함수 $(f(x)+b)^2$이 실수 전체의 집합에서 연속일 때, 모든 $a+b$의 값의 합은? (단, a, b는 상수이다.) [4점]

① -2 ② -1 ③ 0 ④ 1 ⑤ 2

108

그림과 같이 실수 $t \ (0 < t < 1)$에 대하여 곡선 $y = x^2$ 위의 점 중에서 직선 $y = 2tx - 1$과의 거리가 최소인 점을 P라 하고, 직선 OP가 직선 $y = 2tx - 1$과 만나는 점을 Q라 할 때, $\lim\limits_{t \to 1-} \dfrac{\overline{PQ}}{1-t}$의 값은? (단, O는 원점이다.) [4점]

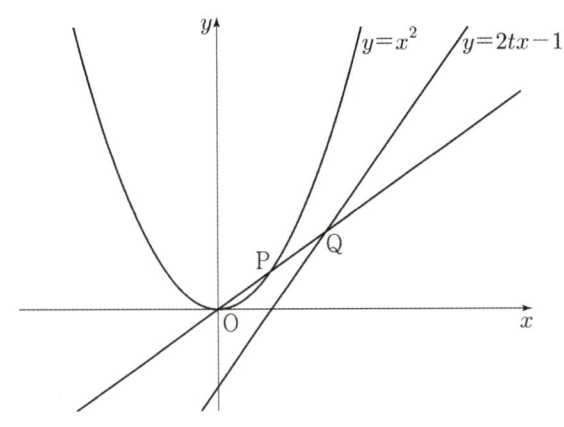

① $\sqrt{6}$ ② $\sqrt{7}$ ③ $2\sqrt{2}$ ④ 3 ⑤ $\sqrt{10}$

109

그림과 같이 실수 $t \ (0 < t < 1)$에 대하여 곡선 $y = -x^2 + 4$ 위의 점 중에서 직선 $y = 2tx + 5$와의 거리가 최소인 점을 P라 하고, 곡선 $y = -x^2 + 4$의 꼭짓점을 Q라 할 때, 직선 PQ가 직선 $y = 2tx + 5$와 만나는 점을 R라 할 때, $\lim\limits_{t \to 1-} \dfrac{\overline{PR}}{1-t}$의 값은? [4점]

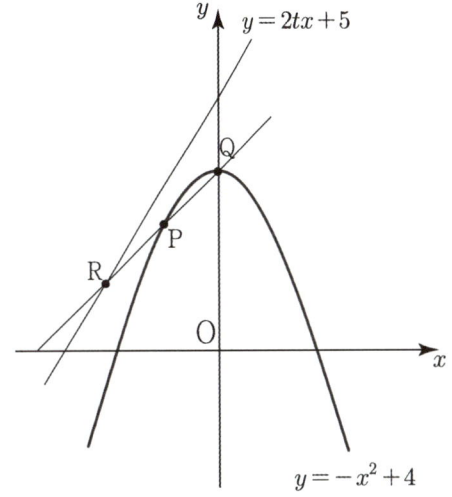

① $\sqrt{2}$ ② 2 ③ $\sqrt{6}$ ④ $2\sqrt{2}$ ⑤ $\sqrt{10}$

110

실수 t $(t > 0)$에 대하여 직선 $y = x + t$와 곡선 $y = x^2$이 만나는 두 점을 A, B라 하자. 점 A를 지나고 x축에 평행한 직선이 곡선 $y = x^2$과 만나는 점 중 A가 아닌 점을 C, 점 B에서 선분 AC에 내린 수선의 발을 H라 하자. $\lim_{t \to 0+} \dfrac{\overline{\text{AH}} - \overline{\text{CH}}}{t}$의 값은? (단, 점 A의 x좌표는 양수이다.) [4점]

① 1   ② 2   ③ 3   ④ 4   ⑤ 5

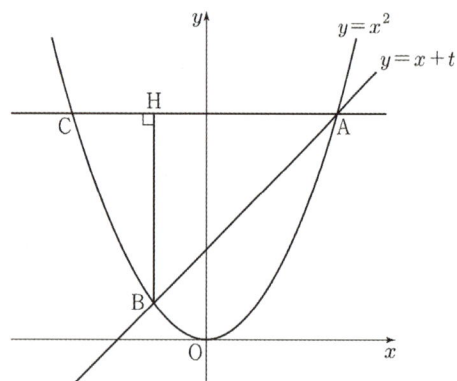

111

점 P $(t, 0)$ $(t > 0)$을 지나고 x축에 수직인 직선이 곡선 $y = \sqrt{x}$ 과 만나는 점을 Q 라 하자. 원점 O 를 중심으로 하고 선분 OQ 를 반지름으로 하는 원이 y축의 양의 방향과 만나는 점을 R 라 할 때, $\lim_{t \to \infty} \left(\dfrac{\overline{\text{PR}}}{\sqrt{2}} - \overline{\text{OP}} \right)$의 값은? [4점]

① $\dfrac{1}{4}$ ② $\dfrac{1}{3}$ ③ $\dfrac{1}{2}$ ④ 1   ⑤ 2

112

[2022학년도 11월 수능 12번]

실수 전체의 집합에서 연속인 함수 $f(x)$가 모든 실수 x에 대하여

$$\{f(x)\}^3 - \{f(x)\}^2 - x^2 f(x) + x^2 = 0$$

을 만족시킨다. 함수 $f(x)$의 최댓값이 1이고 최솟값이 0일 때, $f\left(-\dfrac{4}{3}\right) + f(0) + f\left(\dfrac{1}{2}\right)$의 값은? [4점]

① $\dfrac{1}{2}$ ② 1 ③ $\dfrac{3}{2}$ ④ 2 ⑤ $\dfrac{5}{2}$

113

2022학년도 11월 수능 12번-변형

실수 전체의 집합에서 연속인 함수 $f(x)$가 모든 실수 x에 대하여

$$2^{\{f(x)\}^3 + x} - \left(\dfrac{1}{2}\right)^{-x\{f(x)\}^2 - f(x)} = 0$$

을 만족시킨다. 함수 $f(x)$의 최댓값이 1이고 최솟값이 -1일 때, $\displaystyle\int_{-1}^{2} f(x)dx$의 값은? [4점]

① -2 ② -1 ③ 0 ④ 1 ⑤ 2

114

함수

$$f(x) = \begin{cases} -3x + a & (x \leq 1) \\ \dfrac{x+b}{\sqrt{x+3}-2} & (x > 1) \end{cases}$$

이 실수 전체의 집합에서 연속일 때, $a+b$의 값을 구하시오. [4점]

115

함수

$$f(x) = \begin{cases} 2x + a & (x \leq 2) \\ \dfrac{2x+b}{\sqrt{x+2}-2} & (x > 2) \end{cases}$$

이 실수 전체의 집합에서 연속일 때, $a-b$의 값을 구하시오. (단, a와 b는 상수이다.) [4점]

116

다항함수 $f(x)$가

$$\lim_{x \to \infty} \frac{f(x)}{x^3} = 1, \quad \lim_{x \to -1} \frac{f(x)}{x+1} = 2$$

를 만족시킨다. $f(1) \le 12$일 때, $f(2)$의 최댓값은? [4점]

① 27　　② 30　　③ 33　　④ 36　　⑤ 39

117

다항함수 $f(x)$가

$$\lim_{x \to \infty} \frac{f(x)}{x^3} = -1, \quad \lim_{x \to 1} \frac{f(x)}{x-1} = 1$$

를 만족시킨다. $f(2) \ge -1$일 때, $f(-1)$의 최솟값은? [4점]

① 2　　② 4　　③ 6　　④ 8　　⑤ 10

118

이차함수 $f(x)$ 가 다음 조건을 만족시킨다.

> (가) 함수 $\dfrac{x}{f(x)}$ 는 $x = 1,\ x = 2$ 에서 불연속이다.
>
> (나) $\displaystyle\lim_{x \to 2} \dfrac{f(x)}{x-2} = 4$

$f(4)$ 의 값을 구하시오. [4점]

119

최고차항의 계수가 1인 삼차함수 $f(x)$ 가 다음 조건을 만족시킨다.

> (가) 함수 $\dfrac{1}{f(x)}$ 는 $x = 1$ 에서만 불연속이다.
>
> (나) $\displaystyle\lim_{x \to 1} \dfrac{f(x)}{x-1} = 1$

이때, $p < f(2) < q$ 이다. $q - p$ 의 값을 구하시오.
(단, $p,\ q$ 는 상수이다.) [4점]

실수 전체의 집합에서 정의된 두 함수 $f(x)$와 $g(x)$에 대하여

$$x < 0 일 때, \ f(x) + g(x) = x^2 + 4$$

$$x > 0 일 때, \ f(x) - g(x) = x^2 + 2x + 8$$

이다. 함수 $f(x)$가 $x = 0$에서 연속이고

$\displaystyle \lim_{x \to 0-} g(x) - \lim_{x \to 0+} g(x) = 6$ 일 때, $f(0)$의 값은? [4점]

① -3　　② -1　　③ 0　　④ 1　　⑤ 3

실수 전체의 집합에서 정의된 두 함수 $f(x)$와 $g(x)$에 대하여

$$x < 0 일 때, \ f(x) + g(x) = x^2 + x + 1$$

$$x > 0 일 때, \ f(x) - 2g(x) = x^2 - 2x + 9$$

이다.
함수 $f(x)$가 $x = 0$에서 연속이고
$\displaystyle \lim_{x \to 0-} g(x) + \lim_{x \to 0+} g(x) = -4$ 일 때, $f(0)$의 값은?
[4점]

① -3　　② -1　　③ 0　　④ 1　　⑤ 3

122

최고차항의 계수가 1인 이차함수 $f(x)$가

$$\lim_{x \to a} \frac{f(x) - (x-a)}{f(x) + (x-a)} = \frac{3}{5}$$

을 만족시킨다. 방정식 $f(x) = 0$의 두 근을 α, β 라 할 때, $|\alpha - \beta|$ 의 값은? (단, a는 상수이다.) [4점]

① 1   ② 2   ③ 3   ④ 4   ⑤ 5

123

최고차항의 계수가 1인 이차함수 $f(x)$가

$$\lim_{x \to a} \frac{f(x) - (x^2 - a^2)}{f(x) + (x^2 - a^2)} = \frac{1}{2}$$

을 만족시킨다. 이때, $\displaystyle\lim_{x \to a} \frac{f(x)}{x(x-a)}$ 의 값은? (단, a는 상수이다.) [4점]

① $\dfrac{1}{4}$ ② $\dfrac{1}{2}$ ③ 2   ④ 4   ⑤ 6

최고차항의 계수가 1인 이차함수 $f(x)$가

124

그림과 같이 길이가 2인 선분 AB를 지름으로 하는 반원과 선분 AB의 중점 O가 있다. 호 AB 위의 점 P에 대하여 점 P를 지나고 직선 AB와 평행한 직선과 점 B를 지나고 직선 OP와 평행한 직선이 만나는 점을 Q라 하자. $\overline{BP} = t$라 할 때,

$$\lim_{t \to 0+} \frac{3 - \overline{AQ}}{t^2}$$의 값은? (단, $0 < t < \sqrt{2}$) [4점]

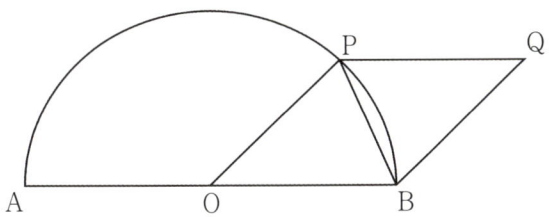

① $\frac{1}{6}$ ② $\frac{1}{3}$ ③ $\frac{1}{2}$ ④ $\frac{2}{3}$ ⑤ $\frac{5}{6}$

125

그림과 같이 길이가 2인 선분 AB를 지름으로 하는 반원과 선분 AB의 중점 O가 있다. 호 AB 위의 점 P에 대하여 점 P를 지나고 직선 AB와 평행한 직선과 점 B를 지나고 직선 OP와 평행한 직선이 만나는 점을 Q라 하자. $\overline{AP} = t$라 할 때, $\lim_{t \to 2-} \dfrac{4 - t^2}{3 - \overline{AQ}}$의 값은? (단, $\sqrt{2} < t < 2$) [4점]

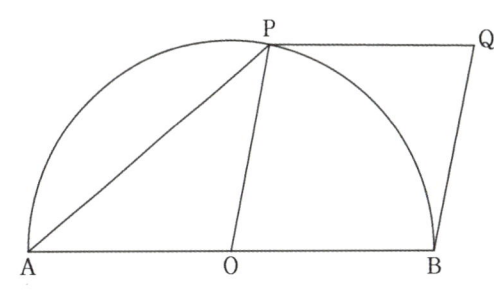

① 2 ② $\frac{5}{2}$ ③ 3 ④ $\frac{7}{2}$ ⑤ 4

126

함수 $f(x) = x^2 - x + a$ 에 대하여 함수 $g(x)$ 를

$$g(x) = \begin{cases} f(x+1) & (x \le 0) \\ f(x-1) & (x > 0) \end{cases}$$

이라 하자. 함수 $y = \{g(x)\}^2$ 이 $x = 0$ 에서 연속일 때, 상수 a 의 값은? [4점]

① -2　② -1　③ 0　④ 1　⑤ 2

127

함수 $f(x) = x^3 - 2x + a$ 에 대하여 함수 $g(x)$ 를

$$g(x) = \begin{cases} \sqrt{n}\, f(x+1) & (x \le 0) \\ \dfrac{1}{3} f(x-1) & (x > 0) \end{cases}$$

이라 하자. 함수 $y = \{g(x)\}^2$ 이 $x = 0$ 에서 연속일 때, $\displaystyle\lim_{a \to \infty} n$의 값은? (단, $n > 0$) [4점]

① $\dfrac{1}{9}$　② $\dfrac{1}{3}$　③ 1　④ 3　⑤ 9

128

두 함수

$$f(x)= \begin{cases} x^2 - 4x + 6 & (x < 2) \\ 1 & (x \geq 2) \end{cases}, \ g(x) = ax + 1$$

에 대하여 함수 $\dfrac{g(x)}{f(x)}$ 가 실수 전체의 집합에서 연속일

때, 상수 a의 값은? [4점]

① $-\dfrac{5}{4}$ ② -1 ③ $-\dfrac{3}{4}$ ④ $-\dfrac{1}{2}$ ⑤ $-\dfrac{1}{4}$

129

두 함수

$$f(x)= \begin{cases} x^2 - 5x - 6 & (x < k) \\ -10 & (x \geq k) \end{cases}, \ g(x) = ax + 1$$

와 모든 실수 p에 대하여 $\lim\limits_{x \to p} \dfrac{g(x)}{f(x)}$ 의 값이 항상 존재할

때, $a+k$의 최댓값은? (단, $-1 < k < 6$이고 a는

상수이다.) [4점]

① 2 ② 3 ③ 4 ④ 5 ⑤ 6

두 함수

130

함수 $y = f(x)$ 의 그래프가 그림과 같을 때, 옳은 것만을 〈보기〉에서 있는 대로 고른 것은? [4점]

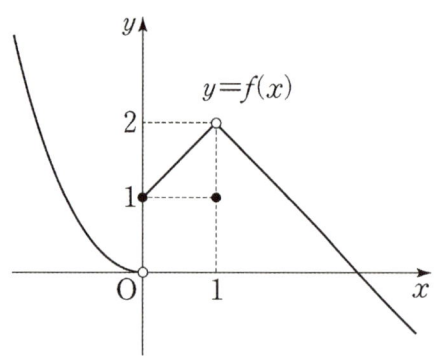

ㄱ. $\displaystyle\lim_{x \to 0+} f(x) = 1$

ㄴ. $\displaystyle\lim_{x \to 1} f(x) = f(1)$

ㄷ. 함수 $(x-1)f(x)$ 는 $x = 1$ 에서 연속이다.

---

① ㄱ   ② ㄱ, ㄴ   ③ ㄱ, ㄷ

④ ㄴ, ㄷ   ⑤ ㄱ, ㄴ, ㄷ

131

함수 $f(x)$ 가

$$f(x) = \begin{cases} x+2 & (x < 0) \\ 0 & (x = 0) \\ x-2 & (0 < x < 1) \\ 1 & (x = 1) \\ -x+2 & (x > 1) \end{cases}$$

일 때, 다음 중 옳은 것만을 〈보기〉에서 있는 대로 고른 것은? [4점]

ㄱ. $\displaystyle\lim_{x \to 0-} f(x) + \lim_{x \to 0+} f(x) = 0$

ㄴ. $\displaystyle\lim_{x \to 1+} f(x) = f(1)$

ㄷ. 함수 $x(x-1)f(x)$ 는 실수 전체의 집합에서 연속이다.

---

① ㄱ   ② ㄱ, ㄴ   ③ ㄱ, ㄷ

④ ㄴ, ㄷ   ⑤ ㄱ, ㄴ, ㄷ

132

닫힌구간 $[-2, 5]$ 에서 정의된 함수 $y = f(x)$ 의
그래프가 그림과 같다.

$\lim\limits_{n \to \infty} \dfrac{|nf(a)-1| - nf(a)}{2n+3} = 1$ 을 만족시키는 상수

a 의 개수는? [4점]

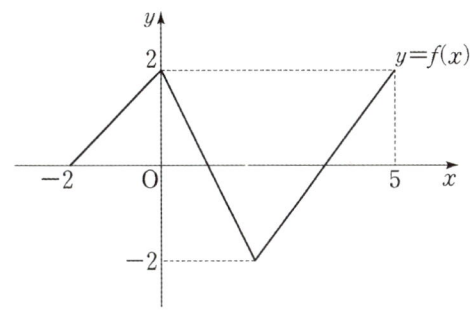

① 1   ② 2   ③ 3   ④ 4   ⑤ 5

133

최고차항의 계수가 1인 삼차함수 $f(x)$가 다음 조건을
만족시킨다.

> (가) $f(0) = f'(0) = 0$
>
> (나) $\lim\limits_{t \to \infty} \dfrac{|tf(a)-2| - tf(a)}{t+1} = 1$을 만족시키는
>
> a의 개수는 2이다.

a의 값의 합은? (단, t와 a는 실수이다.) [4점]

① $-\dfrac{1}{2}$ ② $\dfrac{1}{2}$ ③ $\dfrac{3}{2}$ ④ $\dfrac{5}{2}$ ⑤ $\dfrac{7}{2}$

134

최고차항의 계수가 1인 두 삼차함수 $f(x)$, $g(x)$가 다음 조건을 만족시킨다.

> (가) $g(1) = 0$
>
> (나) $\lim\limits_{x \to n} \dfrac{f(x)}{g(x)} = (n-1)(n-2)$
>
> $(n = 1,\ 2,\ 3,\ 4)$

$g(5)$의 값은? [4점]

① 4   ② 6   ③ 8   ④ 10   ⑤ 12

135

최고차항의 계수가 1인 두 삼차함수 $f(x)$, $g(x)$가 다음 조건을 만족시킨다.

> (가) $g(4) = 0$
>
> (나) $1 < n < 5$인 자연수 n에 대하여 두 식
>
> $\lim\limits_{x \to n} \dfrac{f(x)}{g(x)}$ 와 $\lim\limits_{x \to n} \dfrac{x-4}{x-2}$ 은 수렴과 발산 상황이
>
>   같고 서로 같은 수렴값을 갖는다.

$\dfrac{g(5)}{f(5)}$ 의 값은? [4점]

① 1   ② 2   ③ 3   ④ 4   ⑤ 5

136

함수 $f(x) = \begin{cases} x & (\,|x|\, \geq 1) \\ -x & (\,|x|\, < 1) \end{cases}$ 에 대하여,

옳은 것만을 〈보기〉에서 있는 대로 고른 것은? [4점]

— | 보기 | —————————————

ㄱ. 함수 $f(x)$ 가 불연속인 점은 2 개다.
ㄴ. 함수 $(x-1)f(x)$ 는 $x=1$ 에서 연속이다.
ㄷ. 함수 $\{f(x)\}^2$ 은 실수 전체의 집합에서
연속이다.

① ㄱ   ② ㄴ   ③ ㄱ, ㄴ
④ ㄱ, ㄷ   ⑤ ㄱ, ㄴ, ㄷ

137

함수 $f(x) = \begin{cases} |x^2 - 1| & (\,|x| \leq \sqrt{2}) \\ -\left|\dfrac{1}{\sqrt{2}}x\right| & (\,|x| > \sqrt{2}) \end{cases}$ 에 대하여,

옳은 것만을 〈보기〉에서 있는 대로 고른 것은? [4점]

— | 보기 | —————————————

ㄱ. 함수 $f(x)$ 가 불연속인 점은 2 개다.
ㄴ. 함수 $(x^2 - 2)f(x)$ 는 실수 전체의 집합에서
연속이다.
ㄷ. 함수 $\{f(x)\}^2$ 은 실수 전체의 집합에서
미분가능하다.

① ㄱ   ② ㄴ   ③ ㄱ, ㄴ
④ ㄱ, ㄷ   ⑤ ㄱ, ㄴ, ㄷ

138

최고차항의 계수가 1인 삼차함수 $f(x)$에 대하여 함수 $g(x)$를

$$g(x) = \begin{cases} \dfrac{f(x+3)\{f(x)+1\}}{f(x)} & (f(x) \neq 0) \\ 3 & (f(x) = 0) \end{cases}$$

이라 하자. $\displaystyle\lim_{x \to 3} g(x) = g(3) - 1$일 때, $g(5)$의 값은? [4점]

① 14 ② 16 ③ 18 ④ 20 ⑤ 22

139

최고차항의 계수가 1인 삼차함수 $f(x)$에 대하여 함수 $g(x)$를

$$g(x) = \begin{cases} \dfrac{f(x)+1}{f(x)f(x-2)} & (f(x)f(x-2) \neq 0) \\ 3 & (f(x)f(x-2) = 0) \end{cases}$$

이라 하자. $\displaystyle\lim_{x \to 2} g(x) = g(2) - 1$일 때, $f(4)$의 값은? [4점]

① 38 ② 40 ③ 42 ④ 44 ⑤ 46

140

다음 조건을 만족시키는 모든 다항함수 $f(x)$에 대하여 $f(1)$의 최댓값은? [4점]

$$\lim_{x \to \infty} \frac{f(x) - 4x^3 + 3x^2}{x^{n+1} + 1} = 6, \lim_{x \to 0} \frac{f(x)}{x^n} = 4$$ 인 자연수 n이 존재한다.

① 12 ② 13 ③ 14 ④ 15 ⑤ 16

141

다음 조건을 만족시키는 모든 다항함수 $f(x)$에 대하여 $f(-1)$의 최댓값은? [4점]

$$\lim_{x \to \infty} \frac{f(x) - 3x^4 + 4x^2}{x^{n+1} - 1} = 4, \lim_{x \to 0} \frac{f(x)}{x^n} = 6$$ 인 자연수 n이 존재한다.

① -3 ② 3 ③ 5 ④ 7 ⑤ 9

닫힌구간 $[-1,\ 1]$ 에서 정의된 함수 $y=f(x)$ 의
그래프가 그림과 같다.

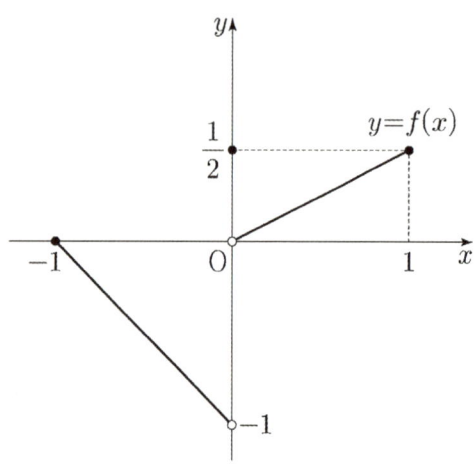

닫힌구간 $[-1,\ 1]$ 에서 두 함수 $g(x),\ h(x)$ 가

$$g(x)=f(x)+|f(x)|,\quad h(x)=f(x)+f(-x)$$

일 때, 보기에서 옳은 것만을 있는 대로 고른 것은? [4점]

—— | 보기 | ——

ㄱ. $\displaystyle\lim_{x\to 0}g(x)=0$

ㄴ. 함수 $|h(x)|$ 는 $x=0$ 에서 연속이다.

ㄷ. 함수 $g(x)|h(x)|$ 는 $x=0$ 에서 연속이다.

① ㄱ   ② ㄷ   ③ ㄱ, ㄴ
④ ㄴ, ㄷ   ⑤ ㄱ, ㄴ, ㄷ

닫힌구간 $[-2,\ 2]$ 에서 정의된 함수 $y=f(x)$ 의
그래프가 그림과 같다.

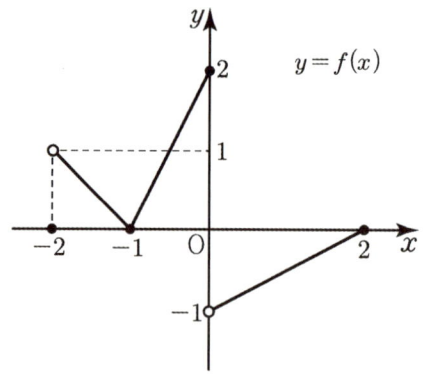

닫힌구간 $[-2,2]$ 에서 두 함수 $g(x),\ h(x)$ 가

$$g(x)=|f(x)|-f(x),\quad h(x)=f(x)+f(-x)$$

일 때, 보기에서 옳은 것만을 있는 대로 고른 것은? [4점]

—— | 보기 | ——

ㄱ. $\displaystyle\lim_{x\to 0}g(x)=0$

ㄴ. 함수 $|h(x)-1|$ 는 닫힌구간 $[-2,2]$ 에서
연속이다.

ㄷ. 함수 $g(x)|h(x)-1|$ 는 닫힌구간
$[-2,2]$ 에서 연속이다.

① ㄱ   ② ㄴ   ③ ㄷ
④ ㄴ, ㄷ   ⑤ ㄱ, ㄴ, ㄷ

2

미분법

미분법
**Level
1**

유형
1 **미분계수의 뜻과 정의**

출제유형 | 주어진 극한값의 식의 변형을 응용하여 미분계수를 구하거나 미분계수의 기하학적 의미가 접선의 기울기임을 이용하여 미분계수를 구하는 문제가 출제된다.

출제유형잡기 | 미분계수의 정의를 여러 변형된 식으로 활용할 수 있어야 하고 미분계수가 곡선에 접하는 접선의 기울기임을 이해하고 활용할 줄 알아야 한다.

(1) 함수 $y = f(x)$의 $x = a$에서의 미분계수

$$f'(a) = \lim_{h \to 0} \frac{f(a+h) - f(a)}{h} = \lim_{h \to 0} \frac{f(a+kh) - f(a)}{kh}$$

(단, k는 0이 아닌 상수)

(2) 곡선 $y = f(x)$위의 점 $(a, f(a))$에서의 접선의 기울기가 p이면

$$f'(a) = \lim_{h \to 0} \frac{f(a+h) - f(a)}{h} = \lim_{x \to a} \frac{f(x) - f(a)}{x - a} = p$$

144 2009학년도 11월 수능

다항함수 $f(x)$에 대하여 $\lim\limits_{x \to 2} \dfrac{f(x+1) - 8}{x^2 - 4} = 5$일 때, $f(3) + f'(3)$의 값을 구하시오.

145 2012학년도 6월 모평

다항함수 $f(x)$에 대하여 $\lim\limits_{x \to 1} \dfrac{f(x) - 2}{x^2 - 1} = 3$ 일 때, $\dfrac{f'(1)}{f(1)}$ 의 값은?

① 3 ② $\dfrac{7}{2}$ ③ 4 ④ $\dfrac{9}{2}$ ⑤ 5

146

함수 $f(x)$ 에 대하여 $\lim\limits_{x \to 2} \dfrac{f(x-2)}{x^2 - 2x} = 4$ 일 때,

$\lim\limits_{x \to 0} \dfrac{f(x)}{x}$ 의 값은?

① 2　　② 4　　③ 6　　④ 8　　⑤ 10

147

이차함수 $y = f(x)$ 의 그래프가 직선 $x = 3$ 에 대하여 대칭일 때, 보기에서 옳은 것을 모두 고른 것은?

| 보기 |

ㄱ. $y = f(x)$ 에서 x 의 값이 -1 에서 7 까지 변할 때의 평균변화율은 0 이다.

ㄴ. 두 실수 a, b 에 대하여 $a + b = 6$ 이면 $f'(a) + f'(b) = 0$ 이다.

ㄷ. $\sum\limits_{k=1}^{15} f'(k-3) = 0$

---

① ㄱ　　　　② ㄷ　　　　③ ㄱ, ㄴ
④ ㄴ, ㄷ　　　⑤ ㄱ, ㄴ, ㄷ

148

함수 $f(x) = x^3 - 6x^2 + ax$ 에서 x 의 값이 0에서 b까지 변할 때의 평균변화율이 $x = 1$ 에서의 순간변화율과 같게 되도록 하는 b의 값을 구하시오. (단, a, b는 상수이다.)

149

미분가능한 함수 $g(x)$ 에서 $g'(x) = x^2 + k$ 이다.

$$\lim\limits_{h \to 1} \dfrac{g(h^2 + h) - g(2)}{h - 1} = 9$$

이 성립할 때, k의 값은?

① -3　　② -2　　③ -1　　④ 0　　⑤ 1

출제유형 | 함수가 특정한 x에서 미분가능한지, 즉 미분계수가 존재하는지에 대하여 묻는 문제, 구간에 따라 주어진 함수가 다르고 미정계수를 포함한 미분가능함을 이용하여 미정계수를 구할 수 있는지를 묻는 문제가 출제된다.

출제유형잡기 |

$\lim\limits_{x \to a-} \dfrac{f(x)-f(a)}{x-a} = \lim\limits_{x \to a+} \dfrac{f(x)-f(a)}{x-a}$ 이면 미분계수 $f'(a)$가 존재하고, 미분가능하면 연속임을 이용한다.

150 2021학년도 9월 모평

$f(x) = \begin{cases} x^3 + ax + b & (x < 1) \\ bx + 4 & (x \geq 1) \end{cases}$ 이 실수 전체의

집합에서 미분가능할 때, $a + b$의 값은? (단, a, b는 상수이다.)

① 6   ② 7   ③ 8   ④ 9   ⑤ 10

151 2004학년도 9월 모평

함수

$$f(x) = \begin{cases} x^3 + ax^2 + bx & (x \geq 1) \\ 2x^2 + 1 & (x < 1) \end{cases}$$

가 모든 실수 x에서 미분가능하도록 상수 a, b를 정할 때, ab의 값은?

① -5 ② -3 ③ -1 ④ 0 ⑤ 1

152
2007학년도 11월 수능

함수 $f(x)$가

$$f(x) = \begin{cases} 1-x & (x < 0) \\ x^2 - 1 & (0 \le x < 1) \\ \dfrac{2}{3}(x^3 - 1) & (x \ge 1) \end{cases}$$

일 때, 보기에서 옳은 것을 모두 고른 것은?

──── | 보기 | ────

ㄱ. $f(x)$는 $x = 1$에서 미분가능하다.

ㄴ. $|f(x)|$는 $x = 0$에서 미분가능하다.

ㄷ. $x^k f(x)$가 $x = 0$에서 미분가능하도록 하는 최소의 자연수 k는 2이다.

① ㄱ ② ㄴ ③ ㄱ, ㄷ

④ ㄴ, ㄷ ⑤ ㄱ, ㄴ, ㄷ

153
2008학년도 6월 모평

함수 $f(x)$에 대하여 보기에서 항상 옳은 것을 모두 고른 것은?

──── | 보기 | ────

ㄱ. $\displaystyle\lim_{h \to 0} \frac{f(1+h) - f(1)}{h} = 0$이면
$\displaystyle\lim_{x \to 1} f(x) = f(1)$이다.

ㄴ. $\displaystyle\lim_{h \to 0} \frac{f(1+h) - f(1)}{h} = 0$이면
$\displaystyle\lim_{h \to 0} \frac{f(1+h) - f(1-h)}{2h} = 0$이다.

ㄷ. $f(x) = |x - 1|$일 때,
$\displaystyle\lim_{h \to 0} \frac{f(1+h) - f(1-h)}{2h} = 0$이다.

① ㄱ ② ㄷ ③ ㄱ, ㄴ

④ ㄴ, ㄷ ⑤ ㄱ, ㄴ, ㄷ

154
2013학년도 11월 수능

함수 $f(x) = \begin{cases} x^3 + ax & (x < 1) \\ bx^2 + x + 1 & (x \ge 1) \end{cases}$ 이 $x = 1$에서

미분가능할 때, $a + b$의 값은? (단, a, b는 상수이다.)

① 5 ② 6 ③ 7 ④ 8 ⑤ 9

155
2017학년도 9월 모평

함수

$$f(x) = \begin{cases} ax^2 + 1 & (x < 1) \\ x^4 + a & (x \ge 1) \end{cases}$$

이 $x = 1$에서 미분가능할 때, 상수 a의 값을 구하시오.

156

함수

$$f(x) = \begin{cases} x^2 + ax + b & (x \le -2) \\ 2x & (x > -2) \end{cases}$$

가 실수 전체의 집합에서 미분가능할 때, $a+b$ 의 값은?
(단, a와 b는 상수이다.)

① 6　　② 7　　③ 8　　④ 9　　⑤ 10

157

함수 $f(x) = |x-1|(x+a)$가 $x=1$에서
미분가능하도록 하는 a의 값은?

① -2　② -1　③ 0　④ 1　⑤ 2

158

함수 $f(x) = \begin{cases} ax^3 + x^2 & (x \ge 1) \\ x^4 + b & (x < 1) \end{cases}$ 가 모든 실수 x에

대하여 미분가능하도록 두 상수 a, b의 값을 정할 때,
ab의 값은?

① $\dfrac{1}{8}$　② $\dfrac{1}{6}$　③ $\dfrac{1}{3}$　④ $\dfrac{4}{9}$　⑤ $\dfrac{6}{9}$

159

함수 $f(x)$가 다음과 같다.

$$f(x) = \begin{cases} a(x-1)^2 + 1 & (x < -1) \\ bx^4 - x - 2 & (x \ge -1) \end{cases}$$

함수 $f(x)$가 모든 실수에서 미분가능할 때, 두 상수 a,
b의 합 $a+b$의 값은?

① $-\dfrac{9}{4}$　② $-\dfrac{7}{4}$　③ $-\dfrac{5}{4}$　④ $-\dfrac{3}{4}$　⑤ $-\dfrac{1}{4}$

160

함수 $f(x) = 2|x+3|$에 대하여

$\displaystyle\lim_{x \to -3} \frac{f(x-k) - f(k-3)}{x+3} = 2$를 만족시키는 정수 k의

최댓값은?

① -3 ② -2 ③ -1 ④ 1 ⑤ 2

유형 3 도함수와 미분법

출제유형 | 미분법을 이용하여 미분계수를 구하거나 여러 식의 값을 구하는 문제가 출제된다.

출제유형잡기 | 도함수를 구하고 이 도함수를 이용하여 미분계수를 구할 수 있어야 하며 여러 변형된 식에서도 활용할 수 있어야 한다.

두 함수 $f(x)$, $g(x)$가 미분가능할 때

(1) $y = x^n$ ($n \geq 2$인 정수)이면 $y' = nx^{n-1}$

(2) $y = x$이면 $y' = 1$

(3) $y = c$ (c는 상수)이면 $y' = 0$

(4) $\{cf(x)\}' = cf'(x)$ (단, c는 상수)

(5) $\{f(x)+g(x)\}' = f'(x)+g'(x)$

(6) $\{f(x)-g(x)\}' = f'(x)-g'(x)$

(7) $\{f(x)g(x)\}' = f'(x)g(x)+f(x)g'(x)$

161
2025학년도 11월 수능

함수 $f(x) = (x^2+1)(3x^2-x)$에 대하여 $f'(1)$의 값은?

① 8   ② 10   ③ 12   ④ 14   ⑤ 16

162
2024학년도 6월 평가원

다항함수 $f(x)$에 대하여 함수 $g(x)$를

$$g(x) = (x^3+1)f(x)$$

라 하자. $f(1)=2$, $f'(1)=3$일 때, $g'(1)$의 값은?

① 12   ② 14   ③ 16   ④ 18   ⑤ 20

163

함수 $f(x) = (x^2+1)(x^2+ax+3)$에 대하여
$f'(1) = 32$일 때, 상수 a의 값을 구하시오.

165

다항함수 $f(x)$에 대하여 함수 $g(x)$를

$$g(x) = x^2 f(x)$$

라 하자. $f(2) = 1$, $f'(2) = 3$일 때, $g'(2)$의 값은?

① 12   ② 14   ③ 16   ④ 18   ⑤ 20

164

함수 $f(x) = (x+1)(x^2+3)$에 대하여 $f'(1)$의 값을
구하시오.

166

함수 $f(x) = x^3 - 6x^2 + 5x$에서 x의 값이 0에서 4까지
변할 때의 평균변화율과 $f'(a)$의 값이 같게 되도록 하는
$0 < a < 4$인 모든 실수 a의 값의 곱은 $\dfrac{q}{p}$이다. $p+q$의
값을 구하시오. (단, p와 q는 서로소인 자연수이다.)

167

다항함수 $f(x)$에 대하여 함수 $g(x)$를

$$g(x) = (x^2 + 3)f(x)$$

라 하자. $f(1) = 2$, $f'(1) = 1$일 때, $g'(1)$의 값은?

① 6 ② 7 ③ 8 ④ 9 ⑤ 10

169

두 다항함수 $f(x)$, $g(x)$가 다음 조건을 만족시킬 때, $g'(0)$의 값을 구하시오.

(가) $f(0) = 1$, $f'(0) = -6$, $g(0) = 4$

(나) $\displaystyle\lim_{x \to 0} \frac{f(x)g(x) - 4}{x} = 0$

168

다항함수 $f(x)$, $g(x)$가

$$\lim_{x \to 3} \frac{f(x) - 2}{x - 3} = 1, \quad \lim_{x \to 3} \frac{g(x) - 1}{x - 3} = 2$$

를 만족시킬 때, 함수 $y = f(x)g(x)$의 $x = 3$에서의 미분계수는?

① 5 ② 6 ③ 7 ④ 8 ⑤ 9

170

삼차함수 $f(x)$가 다음 두 식을 만족시킨다.

$$\lim_{x \to 2} \frac{f(x)}{(x - 2)^2} = 3, \quad f(3) = 5$$

이때, $f'(3)$의 값을 구하시오.

171

등차수열 $\{x_n\}$ 과 이차함수 $f(x) = ax^2 + bx + c$ 에 대하여 보기에서 옳은 것을 모두 고른 것은?

--- | 보기 | ---------

ㄱ. 수열 $\{f'(x_n)\}$ 은 등차수열이다.

ㄴ. 수열 $\{f(x_{n+1}) - f(x_n)\}$ 은 등차수열이다.

ㄷ. $f(0) = 3$, $f(2) = 5$, $f(4) = 9$ 이면
    $f(6) = 15$ 이다.

① ㄱ   ② ㄴ   ③ ㄱ, ㄷ

④ ㄴ, ㄷ   ⑤ ㄱ, ㄴ, ㄷ

172

함수 $f(x) = x^4 + 4x^2 + 1$ 에 대하여
$\lim\limits_{h \to 0} \dfrac{f(1 + 2h) - f(1)}{h}$ 의 값을 구하시오.

173

함수 $f(x) = 2x^4 - 3x + 1$ 에 대하여
$\lim\limits_{x \to \infty} x\left\{ f\left(1 + \dfrac{3}{x}\right) - f\left(1 - \dfrac{2}{x}\right) \right\}$ 의 값을 구하시오.

174

함수 $f(x)$ 가 $f(x+2) - f(2) = x^3 + 6x^2 + 14x$ 를 만족시킬 때, $f'(2)$의 값을 구하시오.

175

2013학년도 6월 모평

다항함수 $f(x)$ 가 $\displaystyle\lim_{x \to 1} \frac{f(x) - 5}{x - 1} = 9$ 를 만족시킨다.

$g(x) = x f(x)$ 라 할 때, $g'(1)$ 의 값을 구하시오.

176

2010학년도 6월 모평

함수 $y = f(x)$ 의 그래프는 y축에 대하여 대칭이고,

$f'(2) = 3$, $f'(4) = 6$일 때, $\displaystyle\lim_{x \to -2} \frac{f(x^2) - f(4)}{f(x) - f(-2)}$ 의

값은?

① -8 ② -4 ③ 4 ④ 8 ⑤ 12

177

실수 a, b에 대하여 $\displaystyle\lim_{x \to -1} \frac{2x^{10} + x^9 + a}{x + 1} = b$ 일 때,

$a - b$의 값을 구하시오.

178

함수

$$f(x) = \begin{cases} x^2 + 2x & (x < a) \\ x^2 + 3x - 6 & (x \geq a) \end{cases}$$

가 실수 전체의 집합에서 연속일 때, $\displaystyle\lim_{x \to a-} f'(x)$ 의 값을

구하시오.(단, a 는 상수이다.)

179

함수 $f(x)=(x-1)(x-2)(x^2-a^2)$에 대하여
$f'(a)=af'(1)+af'(2)$를 만족시키는 모든 실수 a의
값의 합을 구하시오.

180

함수 $f(x)=x^3$의 $x=a$에서의 미분계수와 닫힌구간
$[a,\ 2]$에서의 평균변화율이 같을 때, 상수 a의 값은?
(단, $a<2$)

① -1　② $-\dfrac{1}{2}$　③ $-\dfrac{1}{4}$　④ 0　⑤ $\dfrac{1}{4}$

181

다항함수 $f(x)$가 다음 조건을 만족시킨다.

> (가) 모든 실수 x에 대하여 $f(x)=-f(-x)$이다.
> (나) $\displaystyle\lim_{x\to 1}\dfrac{f(x)+5}{x-1}=4$

$f(1)+f'(-1)$의 값은?

① -2　② -1　③ 0　④ 1　⑤ 2

182

다항함수 $f(x)$가 $\displaystyle\lim_{x\to 1}\dfrac{f(x)-2}{x-1}=-3$을 만족시킬 때,
함수 $g(x)=(x^2-3x)f(x)$에 대하여 $g'(1)$의 값을
구하시오.

183

함수 $f(x) = x^3 - 3x^2 + x + 1$ 에 대하여

$\lim\limits_{h \to 0} \dfrac{f(1-h) + f(1+h^2)}{h}$ 의 값을 구하시오.

184

함수 $f(x) = x^3 + x^2 + x$에 대하여 등식

$\lim\limits_{h \to 0} \dfrac{1}{h}\{f(1+ah) - f(1-h)\} = 18$을 성립시키는 상수 a의 값을 구하시오.

185

다항함수 $f(x)$가 $f(x) - x = 2(x-1)f'(x)$를 만족시킬 때, $f'(1)$의 값은?

① -1 ② $-\dfrac{3}{2}$ ③ -2 ④ $-\dfrac{5}{2}$ ⑤ -3

186

다항함수 $f(x)$가 모든 실수 x에 대하여 등식

$$2f(x) - (x-1)f'(x) - 3 = 0$$

을 만족시키고, $f(0) = 1$일 때, $f(2)$의 값을 구하시오.

187

두 다항함수 $f(x)$, $g(x)$가 다음 조건을 만족시킨다.

(가) $\displaystyle\lim_{x \to 1} \frac{f(x)-2}{x^2-x} = 3$

(나) $\displaystyle\lim_{h \to 0} \frac{h}{g(1+h)-1} = \frac{1}{3}$

함수 $h(x) = f(x)g(x)$에 대하여 $h'(1)$의 값을 구하시오.

188

최고차항의 계수가 1인 이차함수 $f(x)$에 대하여 함수 $g(x)$를 다음과 같이 정의하자.

$$g(x) = \begin{cases} \dfrac{f(x)-f(-1)}{x+1} & (x \neq -1) \\ f(-1) & (x = -1) \end{cases}$$

함수 $g(x)$가 $x = -1$에서 연속일 때, $f(-2)$의 값을 구하시오.

유형 4 접선의 방정식

출제유형 | 곡선 위의 점에서의 접선의 기울기와
미분계수가 같음을 이용하여 접점의 좌표, 접선의 기울기,
접선의 방정식을 구하는 문제가 출제된다.

출제유형잡기 | 곡선 $y = f(x)$위의 점 $(t, \ f(t))$에서의
접선의 기울기가 $f'(t)$임을 이해하고 이를 이용하여 여러
형태로 제시된 문제를 해결할 수 있어야 한다. 특히
접선의 방정식은 직선의 방정식임을 이해하고 이와
관련된 기본적인 사항을 활용할 줄 알아야 한다.

189
2023학년도 11월 수능

점 $(0, \ 4)$에서 곡선 $y = x^3 - x + 2$에 그은 접선의
x절편은?

① $-\dfrac{1}{2}$ ② -1 ③ $-\dfrac{3}{2}$ ④ -2 ⑤ $-\dfrac{5}{2}$

190
2023학년도 9월 모평

곡선 $y = x^3 - 4x + 5$ 위의 점 $(1, \ 2)$에서의 접선이 곡선
$y = x^4 + 3x + a$ 에 접할 때, 상수 a의 값은?

① 6 ② 7 ③ 8 ④ 9 ⑤ 10

191

곡선 $y = x^3 - 3x^2 + 2x + 2$ 위의 점 $A(0,\ 2)$에서의 접선과 수직이고 점 A를 지나는 직선의 x절편은?

① 4　　② 6　　③ 8　　④ 10　　⑤ 12

192

곡선 $y = x^3 - 6x^2 + 6$ 위의 점 $(1,\ 1)$ 에서의 접선이 점 $(0,\ a)$를 지날 때, a의 값을 구하시오.

193

곡선 $y = x^3 - x^2 + a$ 위의 점 $(1,\ a)$ 에서의 접선이 점 $(0,\ 12)$ 를 지날 때, 상수 a 의 값을 구하시오.

194

점 $(0,\ -4)$ 에서 곡선 $y = x^3 - 2$ 에 그은 접선이 x 축과 만나는 점의 좌표를 $(a,\ 0)$ 이라 할 때, a 의 값은?

① $\dfrac{7}{6}$　　② $\dfrac{4}{3}$　　③ $\dfrac{3}{2}$　　④ $\dfrac{5}{3}$　　⑤ $\dfrac{11}{6}$

195

곡선 $y = x^3 - ax + b$ 위의 점 $(1, 1)$에서의 접선과 수직인 직선의 기울기가 $-\frac{1}{2}$이다. 두 상수 a, b에 대하여 $a + b$의 값을 구하시오.

196

곡선 $y = x^3 + 2x + 7$ 위의 점 $\mathrm{P}\,(-1,\ 4)$에서의 접선이 점 P 가 아닌 점 $(a,\ b)$에서 곡선과 만난다. $a + b$ 의 값을 구하시오.

197

함수 $f(x)$가

$$f(x) = (x - 3)^2$$

일 때, 함수 $g(x)$의 도함수가 $f(x)$이고 곡선 $y = g(x)$ 위의 점 $(2, g(2))$에서의 접선의 y절편이 -5일 때, 이 접선의 x절편은?

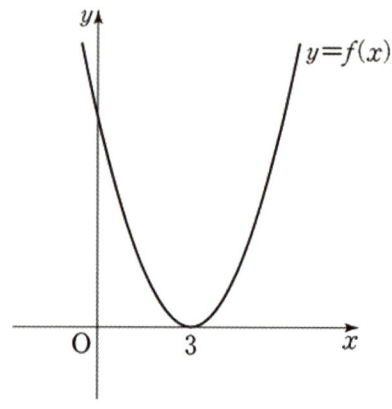

① 1   ② 2   ③ 3   ④ 4   ⑤ 5

곡선 $y = x^3$ 위의 점 P $(t,\ t^3)$ 에서의 접선과 원점 사이의 거리를 $f(t)$ 라 하자. $\displaystyle\lim_{t \to \infty} \frac{f(t)}{t} = \alpha$ 일 때, 30α 의 값을 구하시오.

곡선 $y = x^2$ 위의 점 $(-2,\ 4)$ 에서의 접선이 곡선 $y = x^3 + ax - 2$ 에 접할 때, 상수 a 의 값은?

① -9 ② -7 ③ -5 ④ -3 ⑤ -1

양수 a 에 대하여 점 $(a,\ 0)$ 에서 곡선 $y = 3x^3$ 에 그은 접선과 점 $(0,\ a)$ 에서 곡선 $y = 3x^3$ 에 그은 접선이 서로 평행할 때, $90a$ 의 값을 구하시오.

201

곡선 $y = x^2 + 2$ 위의 점 $(a,\ a^2 + 2)$에서의 접선이 원 $x^2 + y^2 - 2y = 0$의 넓이를 이등분할 때, 양수 a의 값은?

① 1 ② $\sqrt{2}$ ③ $\sqrt{3}$ ④ 2 ⑤ $\sqrt{5}$

202

다항함수 $y = f(x)$의 그래프 위의 점 $(0,\ 2)$에서의 접선의 기울기가 2일 때, $\displaystyle\lim_{h \to 0}\frac{f(3h)-2}{h}$ 의 값을 구하시오.

203

미분가능한 함수 $y = f(x)$ 의 그래프 위의 점 $(1,\ 2)$ 에서의 접선의 기울기가 3 일 때, 함수 $y = f(x)\{f(x)+x\}$ 의 그래프 위의 점 $(1,\ a)$ 에서의 접선의 기울기는 b 이다. $a+b$ 의 값을 구하시오.

204

곡선 $y = x^3 - 2x^2$ 위의 점 $(2,\ 0)$에서의 접선과 x축, y축으로 둘러싸인 도형의 넓이는?

① 7 ② 8 ③ 9 ④ 10 ⑤ 11

205

함수 $f(x) = x^3 - 2x^2 + x$의 그래프 위의 점
$(0, 0)$에서의 접선과 평행한 접선이 존재할 때, 이 접선의
접점의 0이 아닌 x좌표는?

① $\dfrac{2}{3}$ ② $\dfrac{4}{3}$ ③ 2 ④ $\dfrac{6}{3}$ ⑤ $\dfrac{8}{3}$

206

곡선 $y = \dfrac{1}{3}x^3 + x^2 + 1$ 에 접하고 x 축에 평행한 직선은
두 개 있다. 이 두 직선의 y 절편의 차를 m 이라 할 때,
$9m$ 의 값을 구하시오. (단, $m > 0$)

유형 5 함수의 증가와 감소

출제유형 | 함수의 증가와 감소를 문제에서 주어진 조건이나 그래프 등을 이용하여 구하는 다양한 형태의 문제가 출제된다.

출제유형잡기 | 함수의 증가와 감소를 문제에서 주어진 조건이나 그래프 등을 이용하여 판단할 수 있어야 한다.

함수 $f(x)$가 어떤 열린구간에서 미분가능하고, 이 구간의 모든 x에 대하여

(1) $f'(x) > 0$이면 $f(x)$는 이 구간에서 증가한다.

(2) $f'(x) < 0$이면 $f(x)$는 이 구간에서 감소한다.

207   2023학년도 6월 모평 8번

실수 전체의 집합에서 미분가능하고 다음 조건을 만족시키는 모든 함수 $f(x)$에 대하여 $f(5)$의 최솟값은?

> (가) $f(1) = 3$
> (나) $1 < x < 5$인 모든 실수 x에 대하여
> $f'(x) \geq 5$이다.

① 21   ② 22   ③ 23   ④ 24   ⑤ 25

208   2022학년도 11월 대수능

함수 $f(x) = x^3 + ax^2 - (a^2 - 8a)x + 3$이 실수 전체의 집합에서 증가하도록 하는 실수 a의 최댓값을 구하시오.

209

함수 $f(x) = x^3 - (a+2)x^2 + ax$에 대하여 곡선 $y = f(x)$위의 점 $(t, f(t))$에서의 접선의 y절편을 $g(t)$라 하자. 함수 $g(t)$가 열린구간 $(0, 5)$에서 증가할 때, a의 최솟값을 구하시오.

210

함수 $f(x) = \dfrac{1}{3}x^3 - ax^2 + 3ax$ 의 역함수가 존재하도록 하는 상수 a 의 최댓값은?

① 3   ② 4   ③ 5   ④ 6   ⑤ 7

211

함수 $f(x) = x^3 + nx^2 + 4nx + 1$가 실수 전체의 집합에서 증가하도록 하는 정수 n의 개수를 구하시오.

212

실수 전체의 집합에서 미분가능하고 다음 조건을 만족시키는 모든 함수 $f(x)$에 대하여 $f(3)$의 최댓값은?

> (가) $f(-1) = 4$
> (나) $-1 < x < 3$인 모든 실수 x에 대하여
> $f'(x) \leq -2$이다.

① -2 ② -4 ③ -6 ④ -8 ⑤ -10

유형 6 함수의 극대와 극소

출제유형 | 문제에서 주어진 조건이나 그래프 등을 이용하여 함수의 극대, 극댓값과 극소, 극솟값을 구하는 다양한 형태의 문제가 출제된다.

출제유형잡기 | 문제에서 주어진 조건이나 그래프 등을 이용하여 함수의 극대, 극댓값과 극소, 극솟값을 판단할 수 있어야 한다.

미분가능한 함수 $f(x)$에 대하여 $f'(a) = 0$일 때,

$x = a$의 좌우에서 $f'(x)$의 부호가

① 양$(+)$에서 음$(-)$으로 바뀌면 $f(x)$는 $x = a$에서 극대이다.

② 음$(-)$에서 양$(+)$으로 바뀌면 $f(x)$는 $x = a$에서 극소이다.

---

213 2025학년도 11월 수능

양수 a에 대하여 함수 $f(x)$를

$$f(x) = 2x^3 - 3ax^2 - 12a^2x$$

라 하자. 함수 $f(x)$의 극댓값이 $\dfrac{7}{27}$일 때, $f(3)$의 값을 구하시오.

---

214 2025학년도 9월 모평

함수 $f(x) = x^3 + ax^2 - 9x + b$는 $x = 1$에서 극소이다. 함수 $f(x)$의 극댓값이 28일 때, $a + b$의 값을 구하시오. (단, a와 b는 상수이다.)

215

함수 $f(x) = \dfrac{1}{3}x^3 - 2x^2 - 12x + 4$ 가 $x = \alpha$ 에서

극대이고, $x = \beta$ 에서 극소일 때, $\beta - \alpha$ 의 값은? (단, α 와 β 는 상수이다.)

① -4 ② -1 ③ 2 ④ 5 ⑤ 8

216

두 상수 a, b 에 대하여 삼차함수 $f(x) = ax^3 + bx + a$ 는 $x = 1$ 에서 극소이다. 함수 $f(x)$ 의 극솟값이 -2 일 때, 함수 $f(x)$ 의 극댓값을 구하시오.

217

함수 $f(x) = x^3 + ax^2 + bx + 1$ 은 $x = -1$ 에서 극대이고, $x = 3$ 에서 극소이다. 함수 $f(x)$ 의 극댓값은? (단, a, b 는 상수이다.)

① 0 ② 3 ③ 6 ④ 9 ⑤ 12

218

함수 $f(x) = 2x^3 - 9x^2 + ax + 5$ 는 $x = 1$ 에서 극대이고, $x = b$ 에서 극소이다. $a + b$ 의 값은? (단, a, b 는 상수이다.)

① 12 ② 14 ③ 16 ④ 18 ⑤ 20

219

함수 $f(x) = x^3 - 3x^2 + k$의 극댓값이 9일 때, 함수 $f(x)$의 극솟값은? (단, k는 상수이다.)

① 1   ② 2   ③ 3   ④ 4   ⑤ 5

221

함수 $f(x) = 2x^3 + 3x^2 - 12x + 1$의 극댓값과 극솟값을 각각 M, m이라 할 때, $M + m$의 값은?

① 13   ② 14   ③ 15   ④ 16   ⑤ 17

220

함수 $f(x) = x^4 + ax^2 + b$는 $x = 1$에서 극소이다. 함수 $f(x)$의 극댓값이 4일 때, $a + b$의 값을 구하시오. (단, a와 b는 상수이다.)

222

함수 $f(x) = x^3 - 3x + 12$가 $x = a$에서 극소일 때, $a + f(a)$의 값을 구하시오. (단, a는 상수이다.)

223

함수 $f(x) = -\dfrac{1}{3}x^3 + 2x^2 + mx + 1$이 $x = 3$에서 극대일 때, 상수 m의 값은?

① -3 ② -1 ③ 1 ④ 3 ⑤ 5

225

함수 $f(x) = x^3 - ax + 6$이 $x = 1$에서 극소일 때, 상수 a의 값은?

① 1 ② 3 ③ 5 ④ 7 ⑤ 9

224

함수 $f(x) = -x^4 + 8a^2x^2 - 1$이 $x = b$와 $x = 2 - 2b$에서 극대일 때, $a + b$의 값은? (단, a, b는 $a > 0$, $b > 1$인 상수이다.)

① 3 ② 5 ③ 7 ④ 9 ⑤ 11

226

함수 $f(x) = x^3 - 3x + a$의 극댓값이 7일 때, 상수 a의 값은?

① 1 ② 2 ③ 3 ④ 4 ⑤ 5

227

모든 계수가 정수인 삼차함수 $y = f(x)$는 다음 조건을 만족시킨다.

(가) 모든 실수 x에 대하여 $f(-x) = -f(x)$이다.

(나) $f(1) = 5$

(다) $1 < f'(1) < 7$

함수 $y = f(x)$의 극댓값은 m이다. m^2의 값을 구하시오.

228

삼차함수 $y = x^3 - 3ax^2 + 4a$의 그래프가 x축에 접할 때, a의 값은? (단, $a > 0$)

① $\dfrac{1}{4}$ ② $\dfrac{1}{3}$ ③ $\dfrac{1}{2}$ ④ 1 ⑤ $\dfrac{4}{3}$

229

$x = 0$에서 극댓값을 갖는 모든 다항함수 $f(x)$에 대하여 옳은 것만을 보기에서 있는 대로 고른 것은?

| 보기 |

ㄱ. 함수 $|f(x)|$은 $x = 0$에서 극댓값을 갖는다.

ㄴ. 함수 $f(|x|)$은 $x = 0$에서 극댓값을 갖는다.

ㄷ. 함수 $f(x) - x^2|x|$은 $x = 0$에서 극댓값을 갖는다.

---

① ㄴ   ② ㄷ   ③ ㄱ, ㄴ

④ ㄱ, ㄷ   ⑤ ㄴ, ㄷ

230

함수 $f(x) = (x-1)^2(x-4) + a$의 극솟값이 10일 때, 상수 a의 값을 구하시오.

231

함수 $f(x) = x^3 - 3x^2 + a$의 모든 극값의 곱이 -4일 때, 상수 a의 값은?

① 2   ② 4   ③ 6   ④ 8   ⑤ 10

233

함수 $f(x)$의 도함수 $f'(x)$가 $f'(x) = x^2 - 1$이고, 함수 $g(x) = f(x) - kx$가 $x = -3$에서 극값을 가질 때, 상수 k의 값은?

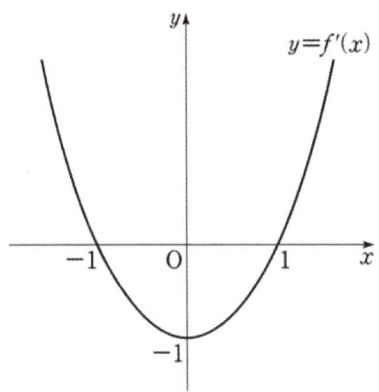

① 4   ② 5   ③ 6   ④ 7   ⑤ 8

232

삼차함수 $y = f(x)$는 $x = 1$에서 극값을 갖고, 그 그래프가 원점에 대하여 대칭일 때, 이 그래프와 x 축과의 교점의 x 좌표 중에서 양수인 것은?

① $\sqrt{2}$ ② $\sqrt{3}$ ③ 2   ④ $\sqrt{5}$ ⑤ $\sqrt{6}$

234

삼차함수 $f(x) = -x^3 + 3x + 1$이 $x = \alpha$, $x = \beta$에서 극값을 가질 때, 두 점 $(\alpha, f(\alpha))$, $(\beta, f(\beta))$를 지나는 직선의 기울기는?

① 1   ② 2   ③ 3   ④ 4   ⑤ 5

235

최고차항의 계수가 1인 삼차함수 $f(x)$가 두 상수 a, b에 대하여 $f(-1)=0$, $f(2)=0$을 만족시킨다. 함수 $f(x)$가 $x=2$에서 극소일 때, 함수 $f(x)$의 극댓값을 구하시오.

236

함수 $f(x)=x^4-18a^2x^2-1$이 $x=b$와 $x=4+3b$에서 극소일 때, $a+b$의 값은?(단, a, b는 상수이고 $a>0$이다.)

① $-\dfrac{1}{3}$ ② $-\dfrac{2}{3}$ ③ $\dfrac{1}{3}$ ④ $\dfrac{2}{3}$ ⑤ 1

237

함수 $f(x)=2x^3+3x^2-12x+a$의 극댓값과 극솟값의 차를 구하시오.

238

함수 $f(x)=x^3+ax^2+(a^2-4a)x+3$이 극값을 갖도록 하는 모든 정수 a의 합은?

① 11 ② 12 ③ 13 ④ 14 ⑤ 15

239

삼차함수 $f(x)$의 두 극점을 지나는 직선의 방정식은 $y = -4x + 5$이고 다항식 $f(x)$을 $f'(x)$로 나눈 몫은 $\frac{1}{3}x$이다. 이때 삼차함수 $f(x)$의 y절편의 값을 구하시오.

240

최고차항의 계수가 1인 삼차함수 $f(x)$가 다음 조건을 모두 만족시킨다.

(가) 모든 실수 x에 대하여 $f(-x) = -f(x)$이다.
(나) 함수 $y = f(x)$의 그래프는 점 $(1, 0)$을 지난다.

함수 $g(x)$를 $g(x) = f(x) - f'(x)$라 할 때, 함수 $g(x)$가 극값을 갖는 x값을 α, β라 할 때, $\alpha + \beta$의 값을 구하시오.

241

삼차함수 $f(x) = x^3 + ax^2 + bx + c$는 $x = -1$에서 극댓값 M을 갖고 $x = 1$에서 극솟값 m을 갖는다. $M = 2m$일 때, $f(2)$의 값을 구하시오. (단, a, b, c는 상수이다.)

242

최고차항의 계수가 1인 삼차함수 $f(x)$는 $f(-1) = 0$, $f'(0) = 0$을 만족시키고 방정식 $f(x) = 0$의 서로 다른 실근의 개수는 2이다. 이때 $f(3)$의 값으로 가능한 모든 값의 합을 구하시오.

243

최고차항의 계수가 1인 삼차함수 $f(x)$에 대하여 세 개의 수 $f(-2)$, $f(0)$, $f(2)$가 이 순서대로 공차가 2인 등차수열을 이루고, 함수 $f(x)$는 극댓값 3을 가진다. $f(x)$의 극솟값은?

① -1　　② $-\dfrac{3}{2}$　　③ -2　　④ $-\dfrac{5}{2}$　　⑤ -3

유형
7
함수의 그래프와 최대, 최소

출제유형 | 다양하게 주어진 조건을 이용하여 그래프를
추론하고 닫힌구간에서 함수의 최댓값과 최솟값을 구하는
문제와 도형의 길이, 넓이, 부피의 최댓값과 최솟값을
구하는 문제 등이 출제된다.

출제유형잡기 | 그래프를 추론하고 닫힌구간에서 극댓값,
극솟값을 구하고 닫힌구간의 양 끝 값에서의 함숫값과
비교하여 최댓값과 최솟값을 구한다. 도형의 길이, 넓이,
부피 등의 최댓값과 최솟값은 주어진 조건에 따라 미지수
x로 놓고 x에 대한 함수 $f(x)$로 나타내어 함수 $f(x)$의
최댓값과 최솟값을 구한다.

244   2009학년도 9월 모평

구간 $[-2,\ 0]$에서 함수 $f(x)=x^3-3x^2-9x+8$ 의
최댓값을 구하시오.

245   2018학년도 6월 모평

닫힌구간 $[-1,\ 3]$에서 함수 $f(x)=x^3-3x+5$ 의
최솟값은?

① 1   ② 2   ③ 3   ④ 4   ⑤ 5

246

미분가능한 두 함수 $f(x)$와 $g(x)$의 그래프는 $x=a$와 $x=b$에서 만나고, $a<c<b$인 $x=c$에서 두 함숫값의 차가 최대가 된다. 다음 중 항상 옳은 것은?

① $f'(c) = -g'(c)$ ② $f'(c) = g'(c)$
③ $f'(a) = g'(b)$ ④ $f'(b) = g'(b)$
⑤ $f'(a) = g'(a)$

248

곡선 $y = -x^2 + 1$ 위의 동점 P와 점 A$(14, 0)$이 있다. 이 때, $\overline{PA}$의 최솟값은?

① 11   ② $\sqrt{135}$ ③ 12   ④ $\sqrt{153}$ ⑤ 13

247

좌표평면 위에 점 A$(0, 2)$가 있다. $0<t<2$일 때, 원점 O와 직선 $y=2$ 위의 점 P$(t, 2)$를 잇는 선분 OP의 수직이등분선과 y축의 교점을 B라 하자. 삼각형 ABP의 넓이를 $f(t)$라 할 때, $f(t)$의 최댓값은 $\dfrac{b}{a}\sqrt{3}$이다. $a+b$의 값을 구하시오. (단, a, b는 서로소인 자연수이다.)

249

구간 $[1, \infty)$에서 함수 $f(x) = \dfrac{1}{3}x^3 - ax^2 + 2$의 최솟값이 2가 되도록 하는 양수 a의 값은?

① $\dfrac{1}{3}$ ② $\dfrac{1}{2}$ ③ 1   ④ $\dfrac{4}{3}$ ⑤ $\dfrac{3}{2}$

250

함수 $f(x) = -3x^4 - 4x^3 + 12x^2 + a$의 최댓값이 35일 때, 상수 a의 값을 구하시오.

251

집합 $\{x \mid 0 \leq x \leq 3\}$에서 정의된 함수
$f(x) = a^{x^3 - 3x}$ $(0 < a < 1)$의 최댓값이 25일 때,
$\dfrac{1}{a}$의 값을 구하시오.

252

$f(0) = 1$인 최고차항의 계수가 1인 삼차함수 $f(x)$가
$x \neq -1$인 모든 실수 x에 대하여 $\dfrac{f(x)}{x+1} \geq 0$을 만족할
때, $f'(2)$의 최댓값을 구하시오.

253

두 함수 $f(x) = x^3 + 3x^2 + 1$, $g(x) = \sin x$에 대하여
합성함수 $(f \circ g)(x)$의 최댓값과 최솟값을 각각
M, m이라 하자. $M + m$의 값을 구하시오.

유형 8 방정식에의 활용

출제유형 | 함수 $y = f(x)$의 그래프의 개형을 파악하여 방정식의 실근의 개수, 근의 종류를 구하는 문제가 출제된다.

출제유형잡기 | 함수 $f(x)$의 증가, 감소, 극대, 극소를 조사하여 함수 $y = f(x)$의 그래프를 그려서 x축, 직선 $y = k$와 만나는 점 등을 이용하여 방정식의 실근의 개수 등을 구한다.

254
2025학년도 6월 모평

x에 대한 방정식 $x^3 - 3x^2 - 9x + k = 0$의 서로 다른 실근의 개수가 2가 되도록 하는 모든 실수 k의 값의 합은?

① 13 ② 16 ③ 19 ④ 22 ⑤ 25

255
2024학년도 6월 평가원

두 곡선 $y = 2x^2 - 1$, $y = x^3 - x^2 + k$가 만나는 점의 개수가 2가 되도록 하는 양수 k의 값은?

① 1 ② 2 ③ 3 ④ 4 ⑤ 5

256

방정식 $2x^3 - 6x^2 + k = 0$의 서로 다른 양의 실근의 개수가 2가 되도록 하는 정수 k의 개수를 구하시오.

258

방정식 $2x^3 - 3x^2 - 12x + k = 0$이 서로 다른 세 실근을 갖도록 하는 정수 k의 개수는?

① 20   ② 23   ③ 26   ④ 29   ⑤ 32

257

방정식 $3x^4 - 4x^3 - 12x^2 + k = 0$이 서로 다른 4개의 실근을 갖도록 하는 자연수 k의 개수를 구하시오.

259

곡선 $y = 4x^3 - 12x + 7$과 직선 $y = k$가 만나는 점의 개수가 2가 되도록 하는 양수 k의 값을 구하시오.

260

x에 대한 삼차방정식 $x^3 - 6x^2 - n = 0$이 서로 다른 세 실근을 갖도록 하는 정수 n의 개수를 구하시오.

262

삼차함수 $f(x) = x(x-1)(ax+1)$의 그래프 위의 점 $P(1, 0)$을 접점으로 하는 접선을 l이라 하자. 직선 l에 수직이고 점 P를 지나는 직선이 곡선 $y = f(x)$와 서로 다른 세 점에서 만나도록 하는 a의 값의 범위는?

① $-1 < a < -\dfrac{1}{3}$ 또는 $0 < a < 1$

② $-\dfrac{1}{3} < a < 0$ 또는 $0 < a < 1$

③ $-1 < a < 0$ 또는 $0 < a < \dfrac{1}{3}$

④ $-1 < a < 0$ 또는 $\dfrac{1}{3} < a < 1$

⑤ $-2 < a < -\dfrac{1}{3}$ 또는 $\dfrac{1}{3} < a < 2$

261

두 함수 $f(x) = x^4 - 4x + a$, $g(x) = -x^2 + 2x - a$의 그래프가 오직 한 점에서 만날 때, a의 값은?

① 1   ② 2   ③ 3   ④ 4   ⑤ 5

263

두 함수

$$f(x) = 3x^3 - x^2 - 3x, \quad g(x) = x^3 - 4x^2 + 9x + a$$

에 대하여 방정식 $f(x) = g(x)$가 서로 다른 두 개의 양의 실근과 한 개의 음의 실근을 갖도록 하는 모든 정수 a의 개수는?

① 6   ② 7   ③ 8   ④ 9   ⑤ 10

264

방정식 $x^3 - 3x^2 - 9x - k = 0$ 의 서로 다른 실근의 개수가 3이 되도록 하는 정수 k의 최댓값은?

① 2   ② 4   ③ 6   ④ 8   ⑤ 10

266

삼차함수 $y = f(x)$ 가 서로 다른 세 실수 a, b, c에 대하여

$$f(a) = f(b) = 0, \quad f'(a) = f'(c) = 0$$

을 만족시킨다. c를 a와 b로 나타내면?

① $a + b$ ② $\dfrac{a+b}{2}$ ③ $\dfrac{a+b}{3}$

④ $\dfrac{a+2b}{3}$ ⑤ $\dfrac{2a+b}{3}$

265

함수 $f(x) = 2x^3 - 3x^2 - 12x - 10$ 의 그래프를 y 축의 방향으로 a 만큼 평행이동시켰더니 함수 $y = g(x)$의 그래프가 되었다. 방정식 $g(x) = 0$이 서로 다른 두 실근만을 갖도록 하는 모든 a 의 값의 합을 구하시오.

267

방정식 $x^4 - 2x^2 + a = 0$이 $-2 \leq x \leq 2$에서 서로 다른 두 실근을 갖도록 하는 정수 a의 개수는?

① 6   ② 7   ③ 8   ④ 9   ⑤ 10

268

삼차함수 $f(x)$가 다음 조건을 만족시킨다.

> (가) $f(-x)=-f(x)$
> (나) 방정식 $f'(x)=0$의 서로 다른 두 실근의 차는 1이다.

$\dfrac{f(2)}{f(1)}$의 값은?

① 24   ② 26   ③ 28   ④ 30   ⑤ 32

269

곡선 $y=x^3-11x+1$과 직선 $y=x+k$가 서로 다른 세 점에서 만날 때, 자연수 k의 최댓값은?

① 13   ② 14   ③ 15   ④ 16   ⑤ 17

출제유형 | 부등식

$f(x) > 0, f(x) \geq 0, f(x) < 0, f(x) \leq 0$의 해를 구하는 문제와 부등식이 항상 성립하기 위한 조건을 구하는 문제가 출제된다.

출제유형잡기 | 함수 $f(x)$의 증가, 감소, 극대, 극소를 조사하여 함수 $y = f(x)$의 그래프를 그려서 부등식을 만족시키는 해를 구한다.

270 2007학년도 6월 모평

세 다항함수 $f(x)$, $g(x)$, $h(x)$에 대하여 보기에서 항상 옳은 것을 모두 고른 것은?

> | 보기 |
>
> ㄱ. $f(0) = 0$이면 $f'(0) = 0$이다.
> ㄴ. 모든 실수 x에 대하여 $g(x) = g(-x)$이면 $g'(0) = 0$ 이다.
> ㄷ. 모든 실수 x에 대하여 $|h(2x) - h(x)| \leq x^2$이면 $h'(0) = 0$ 이다.

① ㄱ 　　② ㄴ 　　③ ㄷ
④ ㄱ, ㄴ 　　⑤ ㄴ, ㄷ

271 2004학년도 9월 모평

함수 $f(x)$가 다음과 같다.

$$f(x) = \begin{cases} -x + 2 & (x \leq 1) \\ x^3 & (x > 1) \end{cases}$$

모든 실수 x에 대하여 부등식

$$f(x) \geq k(x-1) + 1$$

이 성립하도록 하는 실수 k의 최댓값과 최솟값의 합은?

① -2 　② -1 　③ 0 　　④ 1 　　⑤ 2

출제유형 | 수직선 위를 움직이는 점의 함수식이나 그래프에서 물체의 위치, 속도를 구할 수 있는지를 묻는 문제가 출제된다.

출제유형잡기 | 수직선 위를 움직이는 점 P의 시각 t에서의 위치가 $x = f(t)$일 때, 점 P의 시각 t에서의 속도 v와 가속도 a는

$$v = \lim_{\Delta t \to 0} \frac{\Delta x}{\Delta t} = \frac{dx}{dt} = f'(t)$$

$$a = \lim_{\Delta t \to 0} \frac{\Delta v}{\Delta t} = \frac{dv}{dt}$$

272 2020학년도 6월 모평

수직선 위를 움직이는 점 P의 시각 t $(t > 0)$에서의 위치 x가

$$x = t^3 - 5t^2 + 6t$$

이다. $t = 3$에서 점 P의 가속도를 구하시오.

273 2009학년도 6월 모평

수직선 위를 움직이는 두 점 P, Q의 시각 t일 때의 위치는 각각

$$P(t) = \frac{1}{3}t^3 + 4t - \frac{2}{3}, \quad Q(t) = 2t^2 - 10$$이다. 두 점 P, Q의 속도가 같아지는 순간 두 점 P, Q 사이의 거리를 구하시오.

274

수직선 위를 움직이는 두 점 P, Q의 시각 t 일 때의 위치는 각각 $f(t) = 2t^2 - 2t$, $g(t) = t^2 - 8t$ 이다. 두 점 P 와 Q 가 서로 반대 방향으로 움직이는 시각 t 의 범위는?

① $\dfrac{1}{2} < t < 4$ ② $1 < t < 5$ ③ $2 < t < 5$

④ $\dfrac{3}{2} < t < 6$ ⑤ $2 < t < 8$

275

수직선 위를 움직이는 점 P 의 시각 t에서의 위치 x가 $x = -t^2 + 4t$ 이다. $t = a$에서 점 P 의 속도가 0일 때, 상수 a의 값은?

① 1   ② 2   ③ 3   ④ 4   ⑤ 5

276

수직선 위를 움직이는 점 P 의 시각 t $(t \geq 0)$에서의 위치 x가

$$x = 2t^3 - kt^2 \ (k는 상수)$$

이다. 시각 $t = 1$에서 점 P 가 운동 방향을 바꿀 때, 시각 $t = k$에서의 점 P 의 가속도를 구하시오.

277

수직선 위를 움직이는 점 P 의 시각 t $(t \geq 0)$에서의 위치 x 가

$$x = t^3 + at^2 + bt \ (a, b 는 상수)$$

이다. 시각 $t = 1$에서의 점 P 가 운동 방향을 바꾸고, 시각 $t = 2$ 에서 점 P 의 가속도는 0 이다. $a + b$의 값은?

① 3   ② 4   ③ 5   ④ 6   ⑤ 7

278

수직선 위를 움직이는 점 P의 시각 t $(t \ge 0)$에서의 위치 x가

$$x = t^3 - 5t^2 + at + 5$$

이다. 점 P가 움직이는 방향이 바뀌지 않도록 하는 자연수 a의 최솟값은?

① 9   ② 10   ③ 11   ④ 12   ⑤ 13

279

두 자동차 A, B가 같은 지점에서 동시에 출발하여 직선 도로를 한 방향으로만 달리고 있다. t초 동안 A, B가 움직인 거리는 각각 미분가능한 함수 $f(t)$, $g(t)$로 주어지고, 다음이 성립한다고 한다.

(가) $f(20) = g(20)$
(나) $10 \le t \le 30$에서 $f'(t) < g'(t)$

이로부터, $10 \le t \le 30$에서의 A와 B의 위치에 관한 다음 설명 중 옳은 것은?

① B가 항상 A의 앞에 있다.
② A가 항상 B의 앞에 있다.
③ B가 A를 한 번 추월한다.
④ A가 B를 한 번 추월한다.
⑤ A가 B를 추월한 후 B가 다시 A를 추월한다.

280

수직선 위를 움직이는 점 P의 시각 t $(t \ge 0)$에서의 위치 x가

$$x = t^3 + kt^2 + kt \quad (k는 상수)$$

이다. 시각 $t = 1$에서 점 P가 운동 방향을 바꿀 때, 시각 $t = 2$에서 점 P의 가속도는?

① 4   ② 6   ③ 8   ④ 10   ⑤ 12

281

수직선 위를 움직이는 점 P의 시각 t $(t > 0)$에서의 위치 x가

$$x = t^3 - 3t^2$$

이다. 출발 후 점 P의 속도가 0인 시각에서의 점 P의 가속도를 구하시오.

282

수직선 위를 움직이는 점 P의 시각 t $(t \ge 0)$에서의 위치 x가

$$x = t^3 - 12t^2 + mt + n$$

이다. 점 P의 가속도가 0일 때 점 P의 속도는 -30이고, 점 P의 위치는 -50이다. $m+n$의 값은? (단, m, n는 상수이다.)

① 24　　② 25　　③ 26　　④ 27　　⑤ 28

283

수직선 위를 움직이는 점 P의 시각 t $(t \ge 0)$에서의 위치 x가

$$x = 3t^4 - (40 + 4k)t^3 + 60kt^2 + 60$$

이다. 점 P가 움직이는 방향이 바뀌지 않도록 하는 k의 값을 구하시오.

284

수직선 위를 움직이는 물체 P의 위치는 시각 t (초)에 대한 함수 $x(t) = 2t^3 - at^2 + at$ 로 나타내어진다. 물체 P가 원점을 출발한 후 움직이는 방향을 바꾸는 순간이 존재하도록 하는 자연수 a의 최솟값은?

① 4　　② 5　　③ 6　　④ 7　　⑤ 8

285

수직선 위를 움직이는 점 P의 시각 t에서의 위치 x가 $x = t^3 - t^2 + 2t$ 이다. $t=1$에서 $t=4$까지의 점 P의 평균속도와 $t=a$에서 점 P의 속도가 같을 때, 상수 a의 값을 구하면?

① $\dfrac{8}{3}$　　② $\dfrac{5}{12}$　　③ $\dfrac{11}{24}$　　④ $\dfrac{1}{2}$　　⑤ $\dfrac{13}{24}$

286

수직선 위를 움직이는 두 점 P, Q의 시각 t일 때의 위치는 각각

$$P(t) = \frac{1}{3}t^3 + 4t + 1, \quad Q(t) = 2t^2 + \frac{2}{3}$$이다.

두 점 P, Q의 속도가 같아지는 순간 두 점 P, Q 사이의 거리를 구하시오.

287

수직선 위를 움직이는 물체 P 의 위치는 시각 t(초)에 대한 함수 $x(t) = t^3 - 2at^2 + 6at$ 로 나타내어진다. 물체 P 가 원점을 출발한 후 움직이는 방향을 바꾸는 순간이 존재하도록 하는 자연수 a 의 최솟값은?

① 4 　　② 5 　　③ 6 　　④ 7 　　⑤ 8

288

수직선 위를 움직이는 점 P 의 시각 t $(t \geq 0)$에서의 위치 x 가 $x = 2t^3 - t^2$이다. $t = 2$일 때, 점 P 의 속도는?

① 20 　　② 18 　　③ 16 　　④ 14 　　⑤ 12

289

수직선 위를 움직이는 점 P 와 시각 t 에서의 위치를 $x(t)$ 라 하면

$$x(t) = -t^4 + 4t^3$$

이 성립한다. 점 P 가 $t = \alpha$ 에서 운동방향을 바꿀 때, $t = \frac{1}{3}\alpha$ 에서의 점 P 의 속력을 구하시오.

290

2025학년도 11월 수능 11

시각 $t = 0$일 때 출발하여 수직선 위를 움직이는 점 P 의 시각 $t\,(t \geq 0)$에서의 위치 x가

$$x = t^3 - \frac{3}{2}t^2 - 6t$$

이다. 출발한 후 점 P 의 운동 방향이 바뀌는 시각에서의 점 P 의 가속도는? [4점]

① 6   ② 9   ③ 12   ④ 15   ⑤ 18

291

2025학년도 11월 수능 11−변형

시각 $t = 0$일 때 출발하여 수직선 위를 움직이는 점 P 의 시각 $t\,(t \geq 0)$에서의 위치 x가

$$x = t^4 - \frac{4a}{3}t^3 + 4at^2$$

이고 출발한 후 점 P 의 운동 방향이 두 번 바뀐다. 정수 a의 값이 최소일 때, 점 P 가 처음으로 운동 방향을 바뀌는 시각에서의 점 P 의 가속도는? [4점]

① -44 ② -42 ③ -40 ④ -38 ⑤ -36

292

수직선 위를 움직이는 두 점 P, Q의 시각 $t\,(t \geq 0)$에서의 위치가 각각

$$x_1 = t^2 + t - 6, \quad x_2 = -t^3 + 7t^2$$

이다. 두 점 P, Q의 위치가 같아지는 순간 두 점 P, Q의 가속도를 각각 p, q라 할 때, $p - q$의 값은? [4점]

① 24   ② 27   ③ 30   ④ 33   ⑤ 36

293

시각 $t = 0$일 때 출발하여 수직선 위를 움직이는 두 점 P, Q의 시각 $t\,(t \geq 0)$에서의 위치 x_1, x_2가

$$x_1 = -t^3 + 6t^2, \quad x_2 = at + b$$

이다. 다음 조건을 만족시키는 상수 a, b에 대하여 $a - b$의 값은? (단, $a > 0$, $b < 0$) [4점]

> 두 점 P, Q가 $t > 0$에서 두 번만 만나고 두 번째 만나는 순간의 점 P의 속도는 0이다.

① 11   ② 12   ③ 13   ④ 14   ⑤ 15

수직선 위를 움직이는 두 점 P, Q의 시각

시각 $t = 0$일 때 출발하여 수직선 위를 움직이는 두 점 P, Q의 시각 $t\,(t \geq 0)$에서의 위치 x_1, x_2가

최고차항의 계수가 1인 삼차함수 $f(x)$가 모든 정수 k에 대하여

$$2k-8 \le \frac{f(k+2)-f(k)}{2} \le 4k^2 + 14k$$

를 만족시킬 때, $f'(3)$의 값을 구하시오. [4점]

최고차항의 계수가 1인 삼차함수 $f(x)$가 모든 정
최고차항의 계수가 1인 삼차함수 $f(x)$가 2가 아닌 모든
정수 k에 대하여

$$|k-2| \le \frac{f(k+1)-f(k)}{3} \le (k-2)^4$$

를 만족시킨다. $f'(1) = \dfrac{q}{p}$ 일 때, $p+q$의 값을 구하시오.

(단, p와 q는 서로소인 자연수이다.) [4점]

최고차항의 계수가 1인 삼차함수 $f(x)$가 모든 정수 k에
대하여

최고차항의 계수가 1이고 $f(0)=0$인 삼차함수 $f(x)$가

$$\lim_{x \to a} \frac{f(x)-1}{x-a} = 3$$

을 만족시킨다. 곡선 $y=f(x)$ 위의 점 $(a,\ f(a))$에서의 접선의 y절편이 4일 때, $f(1)$의 값은? (단, a는 상수이다.) [4점]

① -1 ② -2 ③ -3 ④ -4 ⑤ -5

최고차항의 계수가 1인 삼차함수 $f(x)$가

$$\lim_{x \to a} \frac{f(x)-1}{(x-a)^2} = 3$$

을 만족시킨다. 곡선 $y=f(x)$ 위의 점 $(a,\ f(a))$에서의 접선과 곡선 $y=f(x)$로 둘러싸인 부분의 넓이는? [4점]

① $\dfrac{23}{4}$ ② $\dfrac{25}{4}$ ③ $\dfrac{27}{4}$ ④ $\dfrac{29}{4}$ ⑤ $\dfrac{31}{4}$

최고차항의 계수가 1인 삼차함수 $f(x)$가

최고차항의 계수가 1인 사차함수 $f(x)$가 다음 조건을 만족시킨다.

(가) $f'(a) \leq 0$인 실수 a의 최댓값은 2이다.

(나) 집합 $\{x \mid f(x) = k\}$의 원소의 개수가 3 이상이

되도록 하는 실수 k의 최솟값은 $\dfrac{8}{3}$이다.

$f(0) = 0$, $f'(1) = 0$일 때, $f(3)$의 값을 구하시오.
[4점]

최고차항의 계수가 1인 사차함수 $f(x)$가 다음 조건을 만족시킨다.

(가) 모든 실수 x에 대하여 $f(x) \geq 0$이다.

(나) $f'(a) \geq 0$인 실수 a의 최솟값은 0이다.

(다) 실수 t에 대하여 곡선 $y = f(x)$와 $y = t$가

만나는 점의 개수를 $g(t)$라 할 때, 집합

$\{t \mid g(t) \geq 3\}$의 원소의 최솟값은 4이다.

$f(2) = 0$일 때, $f(1)$의 값을 구하시오. [4점]

두 자연수 a, b에 대하여 함수 $f(x)$는

$$f(x) = \begin{cases} 2x^3 - 6x + 1 & (x \leq 2) \\ a(x-2)(x-b) + 9 & (x > 2) \end{cases}$$

이다. 실수 t에 대하여 함수 $y = f(x)$의 그래프와 직선 $y = t$가 만나는 점의 개수를 $g(t)$라 하자.

$$g(k) + \lim_{t \to k-} g(t) + \lim_{t \to k+} g(t) = 9$$

를 만족시키는 실수 k의 개수가 1이 되도록 하는 두 자연수 a, b의 순서쌍 $(a,\ b)$에 대하여 $a + b$의 최댓값은? [4점]

① 51   ② 52   ③ 53   ④ 54   ⑤ 55

최고차항의 계수가 1인 이차함수 $f(x)$에 대하여 함수 $g(x)$는

$$g(x) = \begin{cases} -(x+2)^2 x^2 + 4 & (x \leq 0) \\ f(x) & (x > 0) \end{cases}$$

이다. 실수 t에 대하여 함수 $y = g(x)$의 그래프와 직선 $y = t$가 만나는 점의 개수를 $h(t)$라 하자.

$$h(k) + \lim_{t \to k-} h(t) + \lim_{t \to k+} h(t) = 9$$

을 만족시키는 실수 k의 개수가 2일 때, $g(3)$의 값은? [4점]

① 6   ② 7   ③ 8   ④ 9   ⑤ 10

$a > \sqrt{2}$ 인 실수 a에 대하여 함수 $f(x)$를

$$f(x) = -x^3 + ax^2 + 2x$$

라 하자. 곡선 $y = f(x)$ 위의 점 $O(0, 0)$에서의 접선이 곡선 $y = f(x)$와 만나는 점 중 O가 아닌 점을 A라 하고, 곡선 $y = f(x)$ 위의 점 A에서의 접선이 x축과 만나는 점을 B라 하자. 점 A가 선분 OB를 지름으로 하는 원 위의 점일 때, $\overline{OA} \times \overline{AB}$의 값을 구하시오. [4점]

$a > \sqrt{2}$ 인 실수 a에 대하여 함수 $f(x)$를 $f(x) = x^3 - a^2 x$라 하자. 곡선 $y = f(x)$과 직선 $y = -2x$와 만나는 점 제2사분면 위의 점을 A라 하고, 곡선 $y = f(x)$ 위의 점 A에서의 접선이 x축과 만나는 점을 B라 하자. 점 A가 선분 OB를 지름으로 하는 원 위의 점일 때, $10 \times \overline{OA} \times \overline{AB}$의 값을 구하시오. (단, O는 원점이다.) [4점]

최고차항의 계수가 1인 삼차함수 $f(x)$에 대하여 곡선 $y = f(x)$ 위의 점 $(-2, f(-2))$에서의 접선과 곡선 $y = f(x)$ 위의 점 $(2, 3)$에서의 접선이 $(1, 3)$에서 만날 때, $f(0)$의 값은? [4점]

① 31   ② 33   ③ 35   ④ 37   ⑤ 39

최고차항의 계수가 1인 삼차함수 $f(x)$에 대하여 곡선 $y = f(x)$위의 점 $x = 0$에서의 접선과 곡선 $y = f(x)$위의 점 $(3, 4)$에서의 접선이 점 $(2, 4)$에서 만날 때, $f(2)$의 값은? [4점]

① 12   ② 13   ③ 14   ④ 15   ⑤ 16

최고차항의 계수가 1인 삼차함수 $f(x)$에 대하여 곡선 $y = f(x)$ 위의 점 $(-2, f(-2))$에서의 접선

최고차항의 계수가 1인 삼차함수 $f(x)$에 대하여 곡선 $y = f(x)$위의 점 $x = 0$에서의 접선과 곡선 $y = f(x)$위의 점 $(3, 4)$에서의 접선이 점 $(2, 4)$에서 만날 때, $f(2)$의 값은? [4점]

두 실수 a, b에 대하여 함수

$$f(x) = \begin{cases} -\dfrac{1}{3}x^3 - ax^2 - bx & (x < 0) \\ \dfrac{1}{3}x^3 + ax^2 - bx & (x \geq 0) \end{cases}$$

이 구간 $(-\infty, -1]$에서 감소하고 구간 $[-1, \infty)$에서 증가할 때, $a + b$의 최댓값을 M, 최솟값을 m이라 하자. $M - m$의 값은? [4점]

① $\dfrac{3}{2} + 3\sqrt{2}$ ② $3 + 3\sqrt{2}$ ③ $\dfrac{9}{2} + 3\sqrt{2}$

④ $6 + 3\sqrt{2}$ ⑤ $\dfrac{15}{2} + 3\sqrt{2}$

세 실수 a, b, c에 대하여 함수

$$f(x) = \begin{cases} x^3 + ax^2 + bx + c & (x < 0) \\ -x^3 - ax^2 + bx + c & (x \geq 0) \end{cases}$$

이 구간 $(-\infty, 2]$에서 증가하고 구간 $[2, \infty)$에서 감소할 때, $f(1)$의 최댓값과 최솟값을 각각 M, m이라 하자. $M - m$의 값은? [4점]

① $6(3 + 2\sqrt{2})$ ② $7(3 + 2\sqrt{2})$

③ $8(3 + 2\sqrt{2})$ ④ $9(3 + 2\sqrt{2})$

⑤ $10(3 + 2\sqrt{2})$

308

두 함수

$$f(x) = x^3 - x + 6, \ g(x) = x^2 + a$$

가 있다. $x \geq 0$인 모든 실수 x에 대하여 부등식

$$f(x) \geq g(x)$$

가 성립할 때, 실수 a의 최댓값은? [4점]

① 1　　　② 2　　　③ 3　　　④ 4　　　⑤ 5

309

두 함수

$$f(x) = -x^3 + 4x, \ g(x) = 2x^2 + a$$

가 있다. $x \leq 0$인 모든 실수 x에 대하여 부등식

$$f(x) \geq g(x)$$

가 성립할 때, 실수 a의 최댓값은? [4점]

① -6　② -8　③ -10　④ -12　⑤ -14

두 함수

310

삼차함수 $f(x)$에 대하여 곡선 $y = f(x)$ 위의 점 $(0,\ 0)$에서의 접선과 곡선 $y = xf(x)$ 위의 점 $(1,\ 2)$에서의 접선이 일치할 때, $f'(2)$의 값은? [4점]

① -18 ② -17 ③ -16 ④ -15 ⑤ -14

311

삼차함수 $f(x)$에 대하여 곡선 $y = f(x)$위의 점 $(0,\ 0)$에서의 접선과 곡선 $y = f(x)+x$위의 점 $(1,\ -1)$에서의 접선이 일치할 때, $f(2)$의 값은? [4점]

① -2 ② -1 ③ 0 ④ 1 ⑤ 2

함수 $f(x)=\dfrac{1}{2}x^3-\dfrac{9}{2}x^2+10x$ 에 대하여 x에 대한

방정식

$$f(x)+|f(x)+x|=6x+k$$

의 서로 다른 실근의 개수가 4가 되도록 하는 모든 정수 k의 값의 합을 구하시오. [4점]

열린구간 $(-2,\ 2)$에서 함수 $f(x)=-x^2+2$와 실수 t에 대하여 x에 대한 방정식

$$|f(x)+x|-|f(x)-x|=2x-f(x)+t$$

의 서로 다른 실근의 개수를 $g(t)$라 하자.

$\lim\limits_{t\to\alpha-}g(t)-\lim\limits_{t\to\beta-}g(t)=2$을 만족시키는 $\alpha,\ \beta$의

최댓값을 각각 $M_1,\ M_2$라 할 때, $2M_1+M_2$의 값을 구하시오. [4점]

314

두 양수 p, q와 함수 $f(x) = x^3 - 3x^2 - 9x - 12$에 대하여 실수 전체의 집합에서 연속인 함수 $g(x)$가 다음 조건을 만족시킬 때, $p + q$의 값은? [4점]

(가) 모든 실수 x에 대하여
$xg(x) = |xf(x-p) + qx|$ 이다.

(나) 함수 $g(x)$가 $x = a$에서 미분가능하지 않은 실수 a의 개수는 1이다.

① 6 ② 7 ③ 8 ④ 9 ⑤ 10

315

사차함수 $f(x) = (x-1)^2(x-3)^2 - 2$와 실수 전체의 집합에서 미분가능한 함수 $g(x)$가 두 실수 p, q에 대하여

$$xg(x) = |xf(|x| - p) + qx|$$

을 만족시킨다. 함수 $g(x)$가 역함수가 존재하지 않을 때, 함수 $|g(x) - t|$의 미분가능하지 않은 점의 개수를 $h(t)$라 하자. $\lim\limits_{t \to p+} h(t) + h(q)$의 값은? [4점]

① 3 ② 4 ③ 5 ④ 6 ⑤ 7

316

두 다항함수 $f(x)$, $g(x)$가

$$\lim_{x \to 0} \frac{f(x)+g(x)}{x} = 3, \quad \lim_{x \to 0} \frac{f(x)+3}{xg(x)} = 2$$

를 만족시킨다. 함수 $h(x) = f(x)g(x)$에 대하여 $h'(0)$의 값은? [4점]

① 27   ② 30   ③ 33   ④ 36   ⑤ 39

317

두 다항함수 $f(x)$, $g(x)$가

$$\lim_{x \to 1} \frac{f(x)+g(x)}{x-1} = 2, \quad \lim_{x \to 1} \frac{g(x)+2}{(x-1)f(x)} = 3$$

를 만족시킨다. 이때, $\displaystyle\lim_{x \to 1} \frac{f(x)g(x)+4}{x-1}$ 의 값은? [4점]

① 18   ② 20   ③ 22   ④ 24   ⑤ 26

두 다항함수 $f(x)$, $g(x)$가

318

최고차항의 계수가 a인 이차함수 $f(x)$가 모든 실수 x에 대하여

$$|f'(x)| \leq 4x^2 + 5$$

를 만족시킨다. 함수 $y = f(x)$의 그래프의 대칭축이 직선 $x = 1$일 때, 실수 a의 최댓값은? [4점]

① $\dfrac{3}{2}$ ② 2 ③ $\dfrac{5}{2}$ ④ 3 ⑤ $\dfrac{7}{2}$

319

최고차항의 계수가 a인 이차함수 $f(x)$가 모든 실수 x에 대하여

$$|f'(x)| \leq \frac{1}{4}|x|^3(|x| - 1) + 8$$

를 만족시킨다. 함수 $f(x)$의 그래프가 y축에 대하여 대칭일 때, 실수 a의 최댓값은? [4점]

① $\dfrac{3}{2}$ ② 2 ③ $\dfrac{5}{2}$ ④ 3 ⑤ $\dfrac{7}{2}$

최고차항의 계수가 a인 이차함수 $f(x)$가 모든 실수 x에

320

방정식 $2x^3 + 6x^2 + a = 0$이 $-2 \leq x \leq 2$에서 서로 다른 두 실근을 갖도록 하는 정수 a의 개수는? [4점]

① 6   ② 7   ③ 8   ④ 9   ⑤ 10

321

함수 $f(x) = 2x^4 - 4x^2 + k$의 그래프가 직선 $y = t$와 만나는 서로 다른 점의 개수가 4가 되도록 하는 정수 t의 최솟값이 6일 때, k의 최솟값을 구하시오. [4점]

322

함수 $f(x) = x^3 - 3x^2 + 5x$에서 x의 값이 0에서 a까지 변할 때의 평균변화율이 $f'(2)$의 값과 같게 되도록 하는 양수 a의 값을 구하시오. [4점]

323

미분가능한 두 함수 $f(x)$, $g(x)$가 모든 실수 x에 대하여

$$f(x) = f\left(\frac{1}{2}x + 1\right) + x^2 + kx,$$
$$g(x) = ax^2 + 4x$$

를 만족시킬 때, 함수 $f(x)$에서 x의 값이 $\frac{5}{2}$에서 6까지 변할 때의 평균변화율과 함수 $g(x)$의 $x = 3$에서의 미분계수가 같다. $a + k$의 값은? (단, a, k는 상수이다.) [4점]

① -2　② -1　③ 0　④ 1　⑤ 2

324

상수항과 계수가 모두 정수인 두 다항함수 $f(x)$, $g(x)$가 다음 조건을 만족시킬 때, $f(2)$의 최댓값은? [4점]

(가) $\lim\limits_{x \to \infty} \dfrac{f(x)g(x)}{x^3} = 2$

(나) $\lim\limits_{x \to 0} \dfrac{f(x)g(x)}{x^2} = -4$

① 4   ② 6   ③ 8   ④ 10   ⑤ 12

325

최고차항의 계수가 양수이고 상수항과 계수가 모두 정수인 두 다항함수 $f(x)$, $g(x)$가 다음 조건을 만족시킬 때, $f\left(\dfrac{3}{2}\right)$의 최솟값은? [4점]

(가) $\lim\limits_{x \to \infty} \dfrac{f(x)g(x)}{x^4} = 2$

(나) $\lim\limits_{x \to 0} \dfrac{f(x)g(x)}{2x^2} = 4$

(다) $y = f(x)g(x)$의 그래프가 x축과 만나는 점의 개수는 2이다.

① $-\dfrac{9}{4}$ ② -2 ③ $-\dfrac{7}{4}$ ④ $-\dfrac{3}{2}$ ⑤ -1

함수

$$f(x)=\begin{cases} -x & (x \le 0) \\ x-1 & (0 < x \le 2) \\ 2x-3 & (x > 2) \end{cases}$$

와 상수가 아닌 다항식 $p(x)$에 대하여 〈보기〉에서 옳은 것만을 있는 대로 고른 것은? [4점]

| 보기 |

ㄱ. 함수 $p(x)f(x)$가 실수 전체의 집합에서 연속이면 $p(0)=0$이다.

ㄴ. 함수 $p(x)f(x)$가 실수 전체의 집합에서 미분가능하면 $p(2)=0$이다.

ㄷ. 함수 $p(x)\{f(x)\}^2$이 실수 전체의 집합에서 미분가능하면 $p(x)$는 $x^2(x-2)^2$으로 나누어떨어진다.

---

① ㄱ   ② ㄱ, ㄴ   ③ ㄱ, ㄷ
④ ㄴ, ㄷ   ⑤ ㄱ, ㄴ, ㄷ

함수

$$f(x)=\begin{cases} -x & (x < 0) \\ x & (0 \le x < 1) \\ -x+1 & (x \ge 1) \end{cases}$$

와 상수가 아닌 다항식 $p(x)$에 대하여 〈보기〉에서 옳은 것만을 있는 대로 고른 것은? [4점]

| 보기 |

ㄱ. 함수 $p(x)f(x)$가 실수 전체의 집합에서 연속이면 $p(1)=0$이다.

ㄴ. 함수 $p(x)f(x)$가 실수 전체의 집합에서 미분가능하면 $p(x)$는 $x(x-1)^2$으로 나누어떨어진다.

ㄷ. 함수 $p(x)\{f(x)\}^2$이 실수 전체의 집합에서 미분가능하면 $p(x)$는 $(x-1)^2$으로 나누어떨어진다.

---

① ㄱ   ② ㄱ, ㄴ   ③ ㄱ, ㄷ
④ ㄴ, ㄷ   ⑤ ㄱ, ㄴ, ㄷ

328

2020학년도 11월 수능 나형 27번

수직선 위를 움직이는 두 점 P, Q 의 시각

$t \; (t \geq 0)$ 에서의 위치 x_1, x_2가

$$x_1 = t^3 - 2t^2 + 3t, \quad x_2 = t^2 + 12t$$

이다. 두 점 P, Q의 속도가 같아지는 순간 두 점 P, Q 사이의 거리를 구하시오. [4점]

329

2020학년도 11월 수능 나형 27번-변형

수직선 위를 움직이는 두 점 P, Q 의 시각

$t \; (t \geq 0)$ 에서의 위치 x_1, x_2가

$$x_1 = -3t^2 + 36t, \quad x_2 = 2t^3 - 36t + a$$

이다. 두 점 P, Q의 속도가 같아지는 순간 두 점 P, Q 사이 거리가 100일 때, 가능한 모든 a의 값의 합을 구하시오. (단, a는 상수이다.) [4점]

330

함수 $f(x) = x^3 - 3ax^2 + 3(a^2 - 1)x$의 극댓값이 4이고 $f(-2) > 0$일 때, $f(-1)$의 값은? (단, a는 상수이다.) [4점]

① 1   ② 2   ③ 3   ④ 4   ⑤ 5

331

함수 $f(x) = x^3 - \left(3a - \dfrac{3}{2}\right)x^2 + 3(a^2 - a)x$의 극솟값이 2일 때, $f(x)$의 극댓값은? (단, a는 실수이다.) [4점]

① 4   ② $\dfrac{7}{2}$ ③ 3   ④ $\dfrac{11}{4}$ ⑤ $\dfrac{5}{2}$

함수 $f(x) = x^3 - 3ax^2 + 3(a^2 - 1)x$의 극댓값이 4이고

함수 $f(x) = x^3 - \left(3a - \dfrac{3}{2}\right)x^2 + 3(a^2 - a)x$의 극솟값이

332

곡선 $y = x^3 - 3x^2 + 2x - 3$과 직선 $y = 2x + k$가 서로 다른 두 점에서만 만나도록 하는 모든 실수 k의 값의 곱을 구하시오. [4점]

333

곡선 $y = x^3 - 9x - 3$과 직선 $y = 3x^2 + k$가 서로 다른 두 점에서만 만나도록 하는 두 실수 k의 값의 차를 구하시오. [4점]

곡선 $y = x^3 - 3x^2 + 2x - 3$과 직선 $y = 2x + k$가 서로 다른 두 점에서만 만나도록

곡선 $y = x^3 - 9x - 3$과 직선 $y = 3x^2 + k$가 서로 다른 두 점에서만 만나도록 하는 두 실수 k의 값의 차를 구하시오. [4점]

334

2020학년도 6월 모평 나형 18번

최고차항의 계수가 1인 삼차함수 $f(x)$에 대하여 함수 $g(x)$는

$$g(x)=\begin{cases} \frac{1}{2} & (x<0) \\ f(x) & (x \geq 0) \end{cases}$$

이다. $g(x)$가 실수 전체의 집합에서 미분가능하고 $g(x)$의 최솟값이 $\frac{1}{2}$보다 작을 때, 보기에서 옳은 것만을 있는 대로 고른 것은? [4점]

| 보기 |

ㄱ. $g(0)+g'(0)=\frac{1}{2}$

ㄴ. $g(1)<\frac{3}{2}$

ㄷ. 함수 $g(x)$의 최솟값이 0일 때, $g(2)=\frac{5}{2}$이다.

① ㄱ　② ㄱ, ㄴ　③ ㄱ, ㄷ　④ ㄴ, ㄷ　⑤ ㄱ, ㄴ, ㄷ

335

2020학년도 6월 모평 나형 18번-변형

최고차항의 계수가 1인 삼차함수 $f(x)$에 대하여 함수 $g(x)$는

$$g(x)=\begin{cases} f(x) & (x \leq 0) \\ -1 & (x>0) \end{cases}$$

이다. $g(x)$가 실수 전체의 집합에서 미분가능하고 $g(x)$의 최댓값이 -1보다 클 때, 보기에서 옳은 것만을 있는 대로 고른 것은? [4점]

| 보기 |

ㄱ. $g(0)+g'(0)=-1$

ㄴ. $g(-1)>-2$

ㄷ. 방정식 $g(x)=0$의 서로 다른 실근의 개수가 2일 때, $g(-2)>6\sqrt[3]{2}-7$이다.

① ㄱ　② ㄱ, ㄴ　③ ㄱ, ㄷ　④ ㄴ, ㄷ　⑤ ㄱ, ㄴ, ㄷ

336

두 함수

$$f(x) = x^3 + 3x^2 - k, \ g(x) = 2x^2 + 3x - 10$$

에 대하여 부등식

$$f(x) \geq 3g(x)$$

가 닫힌구간 $[-1, 4]$에서 항상 성립하도록 하는 실수 k의 최댓값을 구하시오. [4점]

337

두 함수

$$f(x) = x^3 + 2x^2 - 6x + 3k - 4,$$
$$g(x) = 2x^2 - x + k - 4$$

에 대하여 부등식

$$f(x) \geq 2g(x) + 1$$

가 닫힌구간 $[-1, 3]$에서 항상 성립하도록 하는 실수 k의 최솟값을 구하시오. [4점]

338

수직선 위를 움직이는 점 P의 시각 t $(t \geq 0)$에서의 위치 x가

$$x = -\frac{1}{3}t^3 + 3t^2 + k \quad (k는 \ 상수)$$

이다. 점 P의 가속도가 0일 때, 점 P의 위치는 40이다. k의 값을 구하시오. [4점]

339

수직선 위를 움직이는 점 P의 시각 t $(t \geq 0)$에서의 위치 x가

$$x = -t^3 + 6t^2 + at + b \quad (a, b는 \ 상수)$$

이다. 점 P의 가속도가 0일 때, 점 P의 속도와 위치가 모두 20이다. $a - b$의 값을 구하시오. [4점]

수직선 위를 움직이는 점 P의 시각 t $(t \geq 0)$에서의 위치 x가

340

함수 $f(x) = ax^2 + b$ 가 모든 실수 x 에 대하여

$$4f(x) = \{f'(x)\}^2 + x^2 + 4$$

를 만족시킨다. $f(2)$ 의 값은? (단, a 와 b 는 상수이다.) [4점]

① 3   ② 4   ③ 5   ④ 6   ⑤ 7

341

함수 $f(x) = ax^2 + x + b$ 가 모든 실수 x 에 대하여

$$4f(x) = \{f'(x)\}^2 + x^2 + cx + 7$$

를 만족시킨다. $c \times f(1)$ 의 값은? (단, a, b, c 는 상수이다.) [4점]

① 3   ② 4   ③ 5   ④ 6   ⑤ 7

342

최고차항의 계수가 1이고 $f(1)=0$인 삼차함수 $f(x)$가

$$\lim_{x \to 2} \frac{f(x)}{(x-2)\{f'(x)\}^2} = \frac{1}{4}$$

을 만족시킬 때, $f(3)$의 값은? [4점]

① 4 ② 6 ③ 8 ④ 10 ⑤ 12

343

최고차항의 계수가 1이고 $f(-1)=0$인 삼차함수 $f(x)$가

$$\lim_{x \to 1} \frac{(x-1)\{f'(x)\}^2}{f(x)} = 6$$

을 만족시킬 때, $f(4)$의 값은? [4점]

① 40 ② 60 ③ 90 ④ 100 ⑤ 120

344

두 삼차함수 $f(x)$와 $g(x)$가 모든 실수 x에 대하여

$$f(x)g(x) = (x-1)^2 (x-2)^2 (x-3)^2$$

을 만족시킨다. $g(x)$의 최고차항의 계수가 3이고,

$g(x)$가 $x=2$에서 극댓값을 가질 때, $f'(0) = \dfrac{q}{p}$이다.

$p+q$의 값을 구하시오. (단, p와 q는 서로소인

자연수이다.) [4점]

345

두 삼차함수 $f(x)$와 $g(x)$가 모든 실수 x에 대하여

$$f(x)g(x) = (x-1)^2 (x-3)^2 (x-5)^2$$

을 만족시킨다. $f(x)$의 최고차항의 계수가 1이고,

$f(x)$가 $x=1$에서 극댓값을 가질 때, $y=g(x)$와

x축으로 둘러싸인 부분의 넓이는 $\dfrac{q}{p}$이다. $p+q$의 값을

구하시오. (단, p와 q는 서로소인 자연수이다.) [4점]

346

수직선 위를 움직이는 점 P 의 시각 $t \, (t > 0)$ 에서의 위치 x 가

$$x = t^3 - 12t + k \quad (k \text{는 상수})$$

이다. 점 P 의 운동 방향이 원점에서 바뀔 때, k 의 값은? [4점]

① 10 　　② 12 　　③ 14 　　④ 16 　　⑤ 18

347

수직선 위를 움직이는 점 P 의 시각 $t \, (t > 0)$ 에서의 위치 x 가

$$x = \frac{1}{4}t^4 - t^3 + t^2 + k \quad (k \text{는 상수})$$

이다. 점 P 의 운동 방향이 원점에서 처음으로 바뀔 때, 운동 방향이 두 번째로 바뀌는 점 P 의 좌표는? [4점]

① $-\dfrac{13}{4}$ 　　　② $-\dfrac{5}{4}$ 　　　③ $-\dfrac{1}{4}$

④ $\dfrac{5}{4}$ 　　　　⑤ $\dfrac{13}{4}$

함수

$$f(x) = \frac{1}{3}x^3 - kx^2 + 1 \ (k > 0 \text{인 상수})$$

의 그래프 위의 서로 다른 두 점 A, B에서의 접선 l, m의 기울기가 모두 $3k^2$이다. 곡선 $y = f(x)$에 접하고 x축에 평행한 두 직선과 접선 l, m으로 둘러싸인 도형의 넓이가 24일 때, k의 값은? [4점]

① $\frac{1}{2}$　　② 1　　③ $\frac{3}{2}$　　④ 2　　⑤ $\frac{5}{2}$

함수 $f(x) = x^3 + kx + k \ (k > 0)$의 그래프 위의 서로 다른 두 점 A, B에서의 접선 l, m의 기울기가 모두 $4k$이다. $(0, k)$을 지나고 x축에 평행한 직선과 접선 l, m 그리고 x축으로 둘러싸인 사각형의 넓이가 8일 때, k의 값은? [4점]

① $\frac{5}{2}$　　② 3　　③ $\frac{7}{2}$　　④ 4　　⑤ $\frac{9}{2}$

350

2017학년도 9월 모평 나형 20번

삼차함수 $f(x)$가 다음 조건을 만족시킨다.

> (가) $x=-2$에서 극댓값을 갖는다.
> (나) $f'(-3)=f'(3)$

〈보기〉에서 옳은 것만을 있는 대로 고른 것은? [4점]

| 보기 |

ㄱ. 도함수 $f'(x)$는 $x=0$에서 최솟값을 갖는다.
ㄴ. 방정식 $f(x)=f(2)$는 서로 다른 두 실근을 갖는다.
ㄷ. 곡선 $y=f(x)$위의 점 $(-1,\ f(-1))$에서의 접선은 점 $(2,\ f(2))$를 지난다.

① ㄱ ② ㄷ ③ ㄱ, ㄴ
④ ㄴ, ㄷ ⑤ ㄱ, ㄴ, ㄷ

351

2017학년도 9월 모평 나형 20번–변형

최고차항의 계수가 $a(a\neq 0)$인 삼차함수 $f(x)$가 다음 조건을 만족시킨다.

> (가) $x=2$에서 극솟값을 갖는다.
> (나) $f'(-1)=f'(3)$

〈보기〉에서 옳은 것만을 있는 대로 고른 것은? [4점]

| 보기 |

ㄱ. 도함수 $f'(x)$는 $x=1$에서 최솟값 a를 갖는다.
ㄴ. 곡선 $y=f(x)$위의 점 $(1,\ f(1))$에서의 접선은 $y=f(x)$와 한 점에서 만난다.
ㄷ. 곡선 $y=f(x)$위의 점 $\left(\frac{1}{2},\ f\left(\frac{1}{2}\right)\right)$에서의 접선은 $(2,\ f(2))$을 지난다.

① ㄱ ② ㄷ ③ ㄱ, ㄴ
④ ㄴ, ㄷ ⑤ ㄱ, ㄴ, ㄷ

삼차함수 $y=f(x)$ 와 일차함수 $y=g(x)$ 의 그래프가 그림과 같고, $f'(b)=f'(d)=0$ 이다.

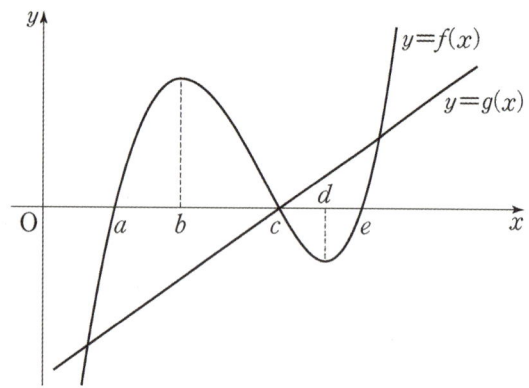

함수 $y=f(x)g(x)$ 는 $x=p$ 와 $x=q$ 에서 극소이다. 다음 중 옳은 것은? (단, $p<q$) [4점]

① $a<p<b$ 이고 $c<q<d$

② $a<p<b$ 이고 $d<q<e$

③ $b<p<c$ 이고 $c<q<d$

④ $b<p<c$ 이고 $d<q<e$

⑤ $c<p<d$ 이고 $d<q<e$

삼차함수 $y=f(x)$ 와 일차함수 $y=g(x)$ 의 그래프가 그림과 같고, $f'(b)=f'(d)=0$ 이다.

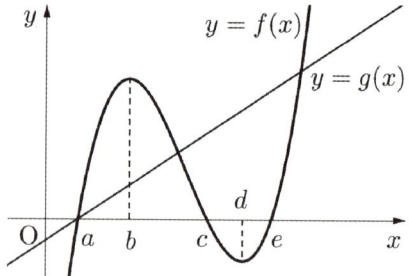

함수 $y=f(x)g(x)$ 는 $x=p$ 에서 극대, $x=q$ 에서 극소이다. 다음 중 옳은 것은? (단, $p<q$) [4점]

① $a<p<b$ 이고 $c<q<d$

② $a<p<b$ 이고 $d<q<e$

③ $b<p<c$ 이고 $c<q<d$

④ $b<p<c$ 이고 $d<q<e$

⑤ $c<p<d$ 이고 $d<q<e$

354

양수 a에 대하여 함수 $f(x) = x^3 + ax^2 - a^2x + 2$가 닫힌구간 $[-a, \ a]$에서 최댓값 M, 최솟값 $\dfrac{14}{27}$를 갖는다. $a + M$의 값을 구하시오. [4점]

355

양수 a에 대하여 함수 $f(x) = x^3 + ax^2 - a^2x + 5$가 닫힌구간 $[-a, \ a]$에서 최댓값 M, 최솟값 0을 갖는다. $a + M$의 값을 구하시오. [4점]

356

두 다항함수 $f(x)$, $g(x)$가 다음 조건을 만족시킨다.

> (가) $g(x) = x^3 f(x) - 7$
>
> (나) $\lim\limits_{x \to 2} \dfrac{f(x) - g(x)}{x - 2} = 2$

곡선 $y = g(x)$위의 점 $(2, g(2))$에서의 접선의 방정식이 $y = ax + b$ 일 때, $a^2 + b^2$의 값을 구하시오. (단, a, b는 상수이다.) [4점]

357

두 다항함수 $f(x)$, $g(x)$가 다음 조건을 만족시킨다.

> (가) $g(x) = (x^2 + 1)f(x) - 3$
>
> (나) $\lim\limits_{x \to 1} \dfrac{g(x) - f(x)}{x - 1} = 4$

곡선 $y = f(x)$위의 점 $(1, f(1))$에서의 접선 l_1과 곡선 $y = g(x)$위의 점 $(1, g(1))$에서의 접선 l_2가 있다. 세 직선 l_1, l_2, x축으로 둘러싸인 삼각형의 넓이를 S라 할 때, $10S$의 값을 구하시오. [4점]

358

두 다항함수 $f(x)$와 $g(x)$가 모든 실수 x에 대하여

$$g(x) = (x^3 + 2)f(x)$$

를 만족시킨다. $g(x)$가 $x = 1$에서 극솟값 24를 가질 때, $f(1) - f'(1)$의 값을 구하시오. [4점]

359

두 다항함수 $f(x)$와 $g(x)$가 모든 실수 x에 대하여

$$g(x) = (x^3 + 2x + 1)f(x)$$

를 만족시킨다. $g(x)$가 $x = 0$에서 극값 4를 가질 때, $f(0) - f'(0)$의 값을 구하시오. [4점]

두 다항함수 $f(x)$와 $g(x)$가 모든 실수 x에 대하여

360

실수에서 정의된 미분가능한 함수 $f(x)$는 다음 두 조건을 만족한다.

(가) 임의의 실수 x, y에 대하여
$$f(x-y)=f(x)-f(y)+xy(x-y)$$
(나) $f'(0)=8$

함수 $f(x)$가 $x=a$에서 극댓값을 갖고 $x=b$에서 극솟값을 가질 때, a^2+b^2의 값을 구하시오. [4점]

361

실수에서 정의된 미분가능한 함수 $f(x)$는 다음 두 조건을 만족한다.

(가) 임의의 실수 x, y에 대하여
$$f(x-y)=f(x)-f(y)-2xy(x-y)$$
(나) $f'(0)=-6$

함수 $f(x)$의 극솟값은? [4점]

① $f(-3)$ 　② $f(-\sqrt{3})$ 　③ $f(\sqrt{3})$

④ $f(3-\sqrt{3})$ 　⑤ $f(3)$

362

좌표평면에서 삼차함수 $f(x) = x^3 + ax^2 + bx$와 실수 t에 대하여 곡선 $y = f(x)$ 위의 점 $(t, f(t))$에서 접선이 y축과 만나는 점을 P 라 할 때, 원점에서 P 까지의 거리를 $g(t)$라 하자. 함수 $f(x)$와 함수 $g(t)$는 다음 조건을 만족시킨다.

(가) $f(1) = 2$
(나) 함수 $g(t)$는 실수 전체의 집합에서 미분가능하다.

$f(3)$의 값은? (단, a, b는 상수이다.) [4점]

① 21   ② 24   ③ 27   ④ 30   ⑤ 33

363

좌표평면에서 $f(-1) = 0$인 사차함수 $f(x) = x^4 + ax^2 + bx$와 실수 t에 대하여 곡선 $y = f(x)$ 위의 점 $(t, f(t))$에서 접선이 y축과 만나는 점을 P 라 할 때, 원점에서 P 까지의 거리를 $g(t)$라 하자. 함수 $g(t)$는 실수 전체의 집합에서 미분가능할 때, $f(2)$의 최솟값을 구하시오. (단, a, b는 상수이다.) [4점]

364

2012학년도 11월 수능 21번

최고차항의 계수가 1 인 삼차함수 $f(x)$ 가 모든 실수 x 에 대하여 $f(-x) = -f(x)$ 를 만족시킨다. 방정식 $|f(x)| = 2$ 의 서로 다른 실근의 개수가 4 일 때, $f(3)$ 의 값은? [4점]

① 12   ② 14   ③ 16   ④ 18   ⑤ 20

365

2012학년도 11월 수능 21번-변형

최고차항의 계수가 1 인 사차함수 $f(x)$ 가 모든 실수 x 에 대하여 $f(-x) = f(x)$ 를 만족시킨다. 방정식 $|f(x)| = 2$ 의 서로 다른 실근의 개수가 5일 때, $f(2)$의 값은? (단, $f(x)$의 극댓값은 양수이다.) [4점]

① 2   ② 4   ③ 6   ④ 8   ⑤ 10

실수 t 에 대하여 직선 $y = t$ 가 함수 $y = \left| x^2 - 1 \right|$ 의 그래프와 만나는 점의 개수를 $f(t)$ 라 할 때, $\lim\limits_{t \to 1-} f(t)$ 의 값은? [4점]

① 1   ② 2   ③ 3   ④ 4   ⑤ 5

최고차항의 계수가 1인 사차함수 $f(x)$에 대하여 직선 $y = t$ 가 함수 $y = f(x)$의 그래프와 만나는 점의 개수를 $g(t)$라 할 때, 함수 $f(x)$와 함수 $g(t)$는 다음 조건을 만족시킨다.

(가) $f(0) = f'(0) = 0$

(나) 함수 $g(t)$가 $t = -\dfrac{27}{16}$에서만 불연속이다.

가능한 $f(3)$의 최댓값은? [4점]

① 27   ② 54   ③ 81   ④ 135   ⑤ 162

368

최고차항의 계수가 1인 다항함수 $f(x)$가 다음 조건을 만족시킬 때, $f(3)$의 값은? [4점]

(가) $f(0)=-3$
(나) 모든 양의 실수 x에 대하여
$6x-6 \le f(x) \le 2x^3-2$ 이다.

① 36 　　② 38 　　③ 40 　　④ 42 　　⑤ 44

369

최고차항의 계수가 1인 삼차함수 $f(x)$가 다음 조건을 만족시킨다.

(가) $\lim\limits_{x \to \infty} \dfrac{xf(x)-x^4}{x^4}=f(0)$
(나) $a>k$인 어떤 실수 a에 대하여 열린구간 (k, a)에 속하는 모든 실수 x는
$x-k < f(x) < x^2+2kx-3k^2$를 만족시킨다.

$f'(k)=2k^2$일 때, $f(1)$의 값으로 가능한 모든 정수의 개수를 구하시오. [4점]

곡선 $y = \dfrac{1}{3}x^3 + \dfrac{11}{3}$ $(x > 0)$ 위를 움직이는 점 P와

직선 $x - y - 10 = 0$ 사이의 거리를 최소가 되게 하는

곡선 위의 점 P의 좌표를 $(a,\ b)$라 할 때, $a + b$의 값을

구하시오. [4점]

곡선 $y = x^3 + x$ $(x > 0)$ 위를 움직이는 점 P와 직선

$4x - y - 5 = 0$ 사이의 거리를 최소가 되게 하는 곡선

위의 점 P의 좌표를 $(a,\ b)$라 할 때, $a + b$의 값은?

[4점]

① 1   ② 2   ③ 3   ④ 4   ⑤ 5

곡선 $y = \dfrac{1}{3}x^3 + \dfrac{11}{3}$ $(x > 0)$ 위를 움직이는 점 P와

직선 $x - y - 10 = 0$ 사이의 거리를 최소가 되게 하는

곡선 위의 점 P의 좌표를 $(a,\ b)$라 할 때, $a + b$의 값을

구하시오. [4점]

곡선 $y = x^3 + x$ $(x > 0)$ 위를 움직이는 점 P와 직선

$4x - y - 5 = 0$ 사이의 거리를 최소가 되게 하는 곡선

위의 점 P의 좌표를 $(a,\ b)$라 할 때, $a + b$의 값은?

372

함수

$$f(x) = \begin{cases} a(3x - x^3) & (x < 0) \\ x^3 - ax & (x \geq 0) \end{cases}$$

의 극댓값이 5일 때, $f(2)$의 값은? (단 a는 상수이다.)
[4점]

① 5   ② 7   ③ 9   ④ 11   ⑤ 13

373

함수

$$f(x) = \begin{cases} a(x^4 - 4ax^3) & (x < 0) \\ ax(x - 3a)^2 & (x \geq 0) \end{cases}$$

의 극댓값이 27이 되도록 하는 모든 a값의 곱은? (단 a는 상수이다.) [4점]

① $-\sqrt[4]{\dfrac{27}{4}}$ ② $-\sqrt{\dfrac{27}{2}}$ ③ $-\sqrt[4]{\dfrac{9}{4}}$

④ $-\sqrt[4]{\dfrac{27}{2}}$ ⑤ $-\sqrt{\dfrac{9}{2}}$

374

닫힌구간 $[0, 2]$에서 정의된 함수

$$f(x) = ax(x-2)^2 \left(a > \frac{1}{2}\right)$$

에 대하여 곡선 $y = f(x)$와 직선 $y = x$의 교점 중 원점 O가 아닌 점을 A라 하자. 점 P가 원점으로부터 점 A까지 곡선 $y = f(x)$ 위를 움직일 때, 삼각형 OAP의 넓이가 최대가 되는 점 P의 x좌표가 $\frac{1}{2}$이다. 상수 a의 값은? [4점]

① $\frac{5}{4}$ ② $\frac{4}{3}$ ③ $\frac{17}{12}$ ④ $\frac{3}{2}$ ⑤ $\frac{19}{12}$

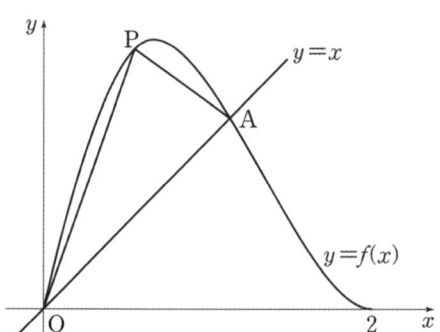

375

함수 $f(x) = x^4 - 2ax^3 + a^2x^2 + bx \ (a > 0, b > 0)$에 대하여 곡선 $y = f(x)$와 직선 $y = bx$의 교점 중 원점 O가 아닌 점을 A라 하자. 점 P가 원점으로부터 점 A까지 곡선 $y = f(x)$ 위를 움직일 때, 삼각형 OAP의 넓이가 최대가 되는 점 P의 x좌표가 1이다. 삼각형 OAP의 넓이의 최댓값을 M이라 할 때, $a + M$의 값은? [4점]

① $\frac{5}{4}$ ② 2   ③ $\frac{9}{4}$ ④ 3   ⑤ $\frac{15}{4}$

376

그림과 같이 한 변의 길이가 1 인 정사각형 ABCD 의 두 대각선의 교점의 좌표는 $(0, 1)$ 이고, 한 변의 길이가 1 인 정사각형 EFGH 의 두 대각선의 교점은 곡선 $y = x^2$ 위에 있다. 두 정사각형의 내부의 공통부분의 넓이의 최댓값은? (단, 정사각형의 모든 변은 x 축 또는 y 축에 평행하다.) [4점]

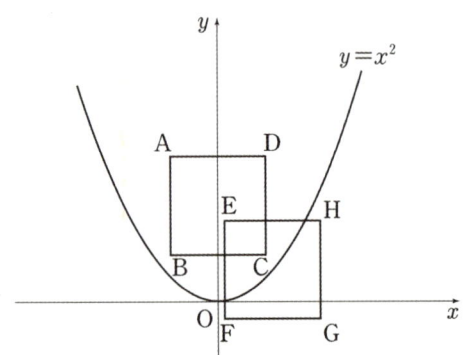

① $\dfrac{4}{27}$　② $\dfrac{1}{6}$　③ $\dfrac{5}{27}$　④ $\dfrac{11}{54}$　⑤ $\dfrac{2}{9}$

377

그림과 같이 한 변의 길이가 $\sqrt{3}$ 인 정삼각형 ABC의 무게중심의 좌표는 $(0, 1)$ 이고 한 변 BC는 x축과 평행하다. 한 변의 길이가 $\dfrac{4}{3}$ 인 정사각형 DEFG 의 두 대각선의 교점은 곡선 $y = \dfrac{\sqrt{3}}{3}x$ 위에 있고 한 변 EF는 x축과 평행하다. 점 D가 정삼각형 ABC의 내부에 있을 때, 정사각형 DEFG 의 두 대각선의 교점의 x좌표를 t라 하자. 정삼각형 ABC와 정사각형 DEFG 의 내부의 공통부분인 사다리꼴의 둘레 길이를 $f(t)$라 할 때, $f'(t)$의 값은? (단, O 는 원점이다.) [4점]

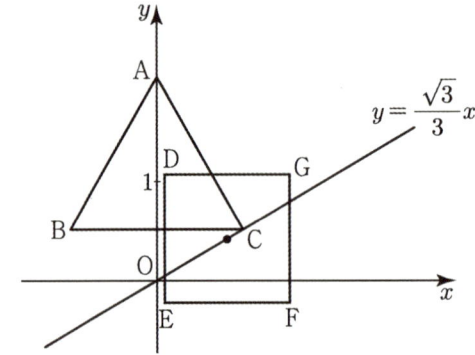

① $\dfrac{-3+\sqrt{3}}{4}$　② $\dfrac{-5+\sqrt{3}}{4}$　③ $\dfrac{-3+\sqrt{3}}{3}$

④ $\dfrac{-4+\sqrt{3}}{3}$　⑤ $\dfrac{-5+\sqrt{3}}{3}$

미분법
Level 3

378

상수 $a\,(a \neq 3\sqrt{5})$와 최고차항의 계수가 음수인 이차함수 $f(x)$에 대하여 함수

$$g(x) = \begin{cases} x^3 + ax^2 + 15x + 7 & (x \leq 0) \\ f(x) & (x > 0) \end{cases}$$

이 다음 조건을 만족시킨다. [4점]

> (가) 함수 $g(x)$는 실수 전체의 집합에서 미분가능하다.
> (나) x에 대한 방정식 $g'(x) \times g'(x-4) = 0$의 서로 다른 실근의 개수는 4이다.

$g(-2) + g(2)$의 값은? [4점]

① 30　　② 32　　③ 34　　④ 36　　⑤ 38

379

상수 $a\,(a > 0)$와 최고차항의 계수가 1인 삼차함수 $f(x)$에 대하여 함수

$$g(x) = \begin{cases} ax^2 + 9x + 7 & (x \leq 0) \\ f(x) & (x > 0) \end{cases}$$

이 다음 조건을 만족시킨다.

> (가) 함수 $g(x)$는 실수 전체의 집합에서 미분가능하다.
> (나) x에 대한 방정식 $g'(x) \times g'(x+2) = 0$의 서로 다른 실근의 개수는 4이다.

$g\left(\dfrac{2a}{3}\right)$의 값은? [4점]

① 15　　② 13　　③ 11　　④ 9　　⑤ 7

380

최고차항의 계수가 1인 삼차함수 $f(x)$가 다음 조건을 만족시킨다.

> 함수 $f(x)$에 대하여
> $$f(k-1)f(k+1) < 0$$
> 을 만족시키는 정수 k는 존재하지 않는다.

$f'\left(-\dfrac{1}{4}\right) = -\dfrac{1}{4}$, $f'\left(\dfrac{1}{4}\right) < 0$일 때, $f(8)$의 값을 구하시오. [4점]

381

최고차항의 계수가 -1인 삼차함수 $f(x)$가 다음 조건을 만족시킨다.

> 함수 $f(x)$에 대하여 모든 정수 k에서
> $$f(k)f(k+2) \geq 0$$
> 을 만족시킨다.

$f'\left(-\dfrac{1}{5}\right) = \dfrac{19}{25}$, $f'\left(\dfrac{1}{5}\right) > 0$, $f'\left(\dfrac{1}{2}\right) < 0$일 때, $-f(5)$의 값을 구하시오. [4점]

382

정수 $a\,(a \neq 0)$에 대하여 함수 $f(x)$를

$$f(x) = x^3 - 2ax^2$$

이라 하자. 다음 조건을 만족시키는 모든 정수 k의 값의 곱이 -12가 되도록 하는 a에 대하여 $f'(10)$의 값을 구하시오. [4점]

함수 $y = f(x)$에 대하여

$$\left\{ \frac{f(x_1) - f(x_2)}{x_1 - x_2} \right\} \times \left\{ \frac{f(x_2) - f(x_3)}{x_2 - x_3} \right\} < 0$$

을 만족시키는 세 실수 x_1, x_2, x_3이 열린구간 $\left(k,\ k + \dfrac{3}{2} \right)$에 존재한다.

383

정수 $a\ (a \neq 4n,\ n$은 정수, $-15 \leq a \leq 21)$에 대하여 함수 $f(x)$를

$$f(x) = x^4 - ax^3 + \frac{a^2 x^2}{4}$$

이라 하자. 다음 조건을 만족시키는 a의 값에 따라 결정되는 모든 정수 k의 값의 곱을 α라 하자.

함수 $f(x)$에 대하여

$$\left\{ \frac{f(x_1) - f(x_2)}{x_1 - x_2} \right\} \times \left\{ \frac{f(x_2) - f(x_3)}{x_2 - x_3} \right\} < 0$$

을 만족시키는 세 실수 x_1, x_2, x_3이 열린구간 $\left(k,\ k + \dfrac{3}{2} \right)$에 존재한다.

$||\alpha| - 80|$의 값이 최소가 되도록 하는 a에 대하여 $f(2)$의 값을 구하시오. [4점]

384

최고차항의 계수가 1인 삼차함수 $f(x)$와 실수 전체의 집합에서 연속인 함수 $g(x)$가 다음 조건을 만족시킬 때, $f(4)$의 값을 구하시오. [4점]

(가) 모든 실수 x에 대하여
$$f(x) = f(1) + (x-1)f'(g(x)) \text{이다.}$$

(나) 함수 $g(x)$의 최솟값은 $\dfrac{5}{2}$이다.

(다) $f(0) = -3$, $f(g(1)) = 6$

385

최고차항의 계수가 양수이고 $x = -1$에서 극값을 갖는 삼차함수 $f(x)$와 실수 전체의 집합에서 연속인 함수 $g(x)$가 다음 조건을 만족시킨다.

(가) 모든 실수 x에 대하여
$$f(x) = xf'(g(x)) + 1 \text{이다.}$$

(나) $\displaystyle\lim_{x \to 0} f'(g(x)) = 0$

(다) 모든 실수 x에 대하여 $g(x) < 0$이다.

방정식 $g(x) = -1$의 해가 $x = \alpha$과 $x = \beta$일 때, $\alpha - 2\beta$의 값을 구하시오. (단, $\alpha > \beta$) [4점]

386

다항함수 $f(x)$에 대하여 함수 $g(x)$를 다음과 같이 정의한다.

$$g(x) = \begin{cases} x & (x < -1 \text{ 또는 } x > 1) \\ f(x) & (-1 \leq x \leq 1) \end{cases}$$

함수 $h(x) = \lim_{t \to 0+} g(x+t) \times \lim_{t \to 2+} g(x+t)$에 대하여 〈보기〉에서 옳은 것만을 있는 대로 고른 것은? [4점]

| 보기 |

ㄱ. $h(1) = 3$

ㄴ. 함수 $h(x)$는 실수 전체의 집합에서 연속이다.

ㄷ. 함수 $g(x)$가 닫힌구간 $[-1, 1]$에서 감소하고 $g(-1) = -2$이면 함수 $h(x)$는 실수 전체의 집합에서 최솟값을 갖는다.

---

① ㄱ   ② ㄴ   ③ ㄱ, ㄴ
④ ㄱ, ㄷ   ⑤ ㄴ, ㄷ

387

다항함수 $f(x)$에 대하여 함수 $g(x)$를 다음과 같이 정의한다.

$$g(x) = \begin{cases} x & (x < -2 \text{ 또는 } x > 1) \\ f(x) & (-2 \leq x \leq 1) \end{cases}$$

함수 $h(x) = \lim_{t \to 0+} g(x+t) \times \lim_{t \to 3+} g(x+t)$에 대하여 〈보기〉에서 옳은 것만을 있는 대로 고른 것은? [4점]

| 보기 |

ㄱ. 함수 $g(x)$가 $x = -2$에서 연속이면 $h(-2) = -2$

ㄴ. 함수 $h(x)$가 $x = 1$에서 미분가능하면 $h'(1) = 5$

ㄷ. 함수 $g(x)$가 닫힌구간 $[-2, 1]$에서 $g(-2) = 1$, $g(1) = -2$, $g'(x) \geq -1$이면 함수 $h(x)$는 실수 전체의 집합에서 극솟값과 최솟값을 갖는다.

---

① ㄱ   ② ㄴ   ③ ㄱ, ㄴ
④ ㄱ, ㄷ   ⑤ ㄴ, ㄷ

최고차항의 계수가 1이고 $x = 3$에서 극댓값 8을 갖는 삼차함수 $f(x)$가 있다. 실수 t에 대하여 함수 $g(x)$를

$$g(x) = \begin{cases} f(x) & (x \geq t) \\ -f(x) + 2f(t) & (x < t) \end{cases}$$

라 할 때, 방정식 $g(x) = 0$의 서로 다른 실근의 개수를 $h(t)$라 하자. $h(t)$가 $t = a$에서 불연속인 a의 값이 두 개일 때, $f(8)$의 값을 구하시오. [4점]

$f(0) = 4$이고 최고차항의 계수가 1인 삼차함수 $f(x)$에 대하여 함수 $g(x)$를

$$g(x) = \begin{cases} f(x) & (x \leq a) \\ -f(2a - x) + 2f(a) & (x > a) \end{cases}$$

라 할 때, 함수 $g(x)$의 극값의 개수를 $h(a)$, 방정식 $g(x) = 0$의 서로 다른 실근의 개수를 $k(a)$라 하자. $h(a) + k(a) = 4$을 만족시키는 함수 $g(x)$의 극댓값을 M이라 하자. $M \leq 8$일 때, 방정식 $g(x) = 4$의 모든 실근의 합의 최댓값을 구하시오. (단, $a > 0$) [4점]

390

두 양수 a, $b(b > 3)$과 최고차항의 계수가 1인 이차함수 $f(x)$에 대하여 함수

$$g(x) = \begin{cases} (x+3)f(x) & (x < 0) \\ (x+a)f(x-b) & (x \geq 0) \end{cases}$$

이 실수 전체의 집합에서 연속이고 다음 조건을 만족시킬 때, $g(4)$의 값을 구하시오. [4점]

$\displaystyle\lim_{x \to -3} \dfrac{\sqrt{|g(x)| + \{g(t)\}^2} - |g(t)|}{(x+3)^2}$ 의 값이 존재하지 않는 실수 t의 값은 -3과 6뿐이다.

391

삼차함수 $f(x)$와 최고차항의 계수가 1인 사차함수 $g(x)$가 다음 조건을 만족시킨다.

(가) $f(0) = f(3) = g(0) = g'(0) = 0$

(나) $\displaystyle\lim_{x \to 0} \dfrac{g(x)}{g(f(x))}$ 의 값은 존재하지 않고

　　 $\displaystyle\lim_{x \to 3} \dfrac{g(x)}{g(f(x))}$ 의 값은 존재한다.

(다) $\displaystyle\lim_{x \to 3} \dfrac{(x+\alpha)\{\sqrt{|f(x)| + \{f(t)-3\}^2} - |f(t)-3|\}}{g(x)}$ 의

　　 값이 존재하지 않는 실수 t의 값의 개수는 2이다. (단, α는 상수이다.)

$f(\alpha + 1) + g(\alpha + 1)$의 값을 구하시오. [4점]

최고차항의 계수가 1인 삼차함수 $f(x)$에 대하여 함수

$$g(x) = f(x-3) \times \lim_{h \to 0+} \frac{|f(x+h)| - |f(x-h)|}{h}$$

가 다음 조건을 만족시킬 때, $f(5)$의 값을 구하시오.
[4점]

(가) 함수 $g(x)$는 실수 전체의 집합에서 연속이다.

(나) 방정식 $g(x) = 0$은 서로 다른 네 실근 α_1, α_2, α_3, α_4를 갖고 $\alpha_1 + \alpha_2 + \alpha_3 + \alpha_4 = 7$이다.

쌍둥이 문제 - 풀이 없음

최고차항의 계수가 1인 삼차함수 $f(x)$에 대하여 함수

$$g(x) = f(x-6) \times \lim_{h \to 0+} \frac{|f(x+h)| - |f(x-h)|}{h}$$

가 다음 조건을 만족시킬 때, $f(4)$의 값을 구하시오.

(가) 함수 $g(x)$는 실수 전체의 집합에서 연속이다.

(나) 방정식 $g(x) = 0$은 서로 다른 네 실근 α_1, α_2, α_3, α_4를 갖고 $\alpha_1 + \alpha_2 + \alpha_3 + \alpha_4 = 10$이다.

정답 49

최고차항의 계수가 양수인 사차함수 $f(x)$에 대하여 함수

$$g(x) = \lim_{h \to 0} \frac{|f(x+h)| - |f(x-h)|}{h}$$

가 실수 a에 대하여 다음 조건을 만족시킨다.

(가) 함수 $g(x)$는 $x = a$에서만 불연속이다.

(나) 함수 $f(x+4)g(x)$은 실수 전체의 집합에서 연속이고 방정식 $f(x+4)g(x) = 0$은 서로 다른 네 실근을 갖고 네 실근의 합은 1이다.

$\lim\limits_{x \to a+} g(x) = 128$일 때, $f(5)$의 값을 구하시오. [4점]

삼차함수 $f(x)$가 다음 조건을 만족시킨다.

> (가) 방정식 $f(x) = 0$의 서로 다른 실근의 개수는 2이다.
> (나) 방정식 $f(x - f(x)) = 0$의 서로 다른 실근의 개수는 3이다.

$f(1) = 4$, $f'(1) = 1$, $f'(0) > 1$일 때, $f(0) = \dfrac{q}{p}$이다. $p + q$의 값을 구하시오. (단, p와 q는 서로소인 자연수이다.) [4점]

쌍둥이 문제 – 풀이 없음

삼차함수 $f(x)$가 다음 조건을 만족시킨다.

> (가) 방정식 $f(x) = 0$의 서로 다른 실근의 개수는 2이다.
> (나) 방정식 $f(x + f(x)) = 0$의 서로 다른 실근의 개수는 3이다.

$f(1) = 4$, $f'(1) = -1$일 때, $f(6) = \dfrac{q}{p}$이다. $p + q$의 값을 구하시오. (단, p와 q는 서로소인 자연수이다.)

정답 25

최고차항의 계수가 양수인 삼차함수 $f(x)$가 다음 조건을 만족시킨다.

> (가) 방정식 $f(x) - 2x = 0$의 서로 다른 실근의 개수는 2이다.
> (나) 방정식 $f(f(x) - x) - 2f(x) + 2x = 0$의 서로 다른 실근의 개수는 3이다.

$f(0) = 0$, $f'(2) = 2$일 때, $f(1)$의 최솟값은 $\dfrac{q}{p}$이다. $p + q$의 값을 구하시오. (단, p와 q는 서로소인 자연수이다.) [4점]

함수

$$f(x) = x^3 - 3px^2 + q$$

가 다음 조건을 만족시키도록 하는 25이하의 두 자연수 p, q의 모든 순서쌍 (p, q)의 개수를 구하시오. [4점]

> (가) 함수 $|f(x)|$가 $x = a$에서 극대 또는 극소가
> 되도록 하는 모든 실수 a의 개수는 5이다.
> (나) 닫힌구간 $[-1, 1]$에서 함수 $|f(x)|$의
> 최댓값과 닫힌구간 $[-2, 2]$에서 함수
> $|f(x)|$의 최댓값은 같다.

쌍둥이 문제 - 풀이 없음

함수

$$f(x) = -2x^3 + 6px^2 - \frac{q}{2}$$

가 다음 조건을 만족시키도록 하는 30이하의 두 자연수 p, q의 모든 순서쌍 (p, q)의 개수를 구하시오.

> (가) 함수 $|f(x)|$가 $x = a$에서 극대 또는 극소가
> 되도록 하는 모든 실수 a의 개수는 5이다.
> (나) 닫힌구간 $\left[-\frac{1}{2}, \frac{1}{2}\right]$에서 함수 $|f(x)|$의
> 최댓값과 닫힌구간 $[-1, 1]$에서 함수
> $|f(x)|$의 최댓값은 같다.

정답 41

함수

$$f(x) = \frac{1}{4}x^4 - \frac{4}{3}px^3 + \frac{3}{2}p^2x^2 + q$$

가 다음 조건을 만족시키도록 하는 100이하의 두 자연수 p, q의 모든 순서쌍 (p, q)의 개수를 구하시오. [4점]

> (가) 함수 $|f(x)|$가 $x = a$에서 극대 또는 극소가
> 되도록 하는 모든 실수 a의 개수는 5이다.
> (나) 닫힌구간 $[0, p]$에서 함수 $|f(x)|$의 최댓값과
> 닫힌구간 $[0, 3p]$에서 함수 $|f(x)|$의 최댓값은
> 같다.

함수 $f(x)$는 최고차항의 계수가 1인 삼차함수이고, 함수 $g(x)$는 일차함수이다. 함수 $h(x)$를

$$h(x) = \begin{cases} |f(x) - g(x)| & (x < 1) \\ f(x) + g(x) & (x \geq 1) \end{cases}$$

이라 하자. 함수 $h(x)$가 실수 전체의 집합에서 미분가능하고, $h(0) = 0$, $h(2) = 5$일 때, $h(4)$의 값을 구하시오. [4점]

쌍둥이 문제 - 풀이 없음

함수 $f(x)$는 최고차항의 계수가 1인 삼차함수이고, 함수 $g(x)$는 일차함수이다. 함수 $h(x)$를

$$h(x) = \begin{cases} |f(x) - g(x)| & (x < 2) \\ f(x) + g(x) & (x \geq 2) \end{cases}$$

이라 하자. 함수 $h(x)$가 실수 전체의 집합에서 미분가능하고, $h(0) = 0$, $h(3) = 1$일 때, $h(4)$의 값을 구하시오.

정답 16

함수 $f(x)$는 최고차항의 계수가 -1인 사차함수이고, 함수 $g(x)$는 일차함수이다. 함수 $h(x)$를

$$h(x) = \begin{cases} |f(x) - g(x)| & (x < 0) \\ f(x) + g(x) & (x \geq 0) \end{cases}$$

이라 하자. 함수 $h(x)$가 실수 전체의 집합에서 미분가능하고, $h(-1) = h(1) = 0$이다.

$\displaystyle\lim_{x \to 0} \frac{f'(x)}{x} = 0$일 때, $16 \times h\left(\dfrac{1}{2}\right)$의 값을 구하시오.

[4점]

삼차함수 $f(x)$가 다음 조건을 만족시킨다.

(가) $f(1) = f(3) = 0$

(나) 집합 $\{x \,|\, x \geq 1$이고 $f'(x) = 0\}$의 원소의
    개수는 1이다.

상수 a에 대하여 함수 $g(x) = |f(x)f(a-x)|$가 실수

전체의 집합에서 미분가능할 때, $\dfrac{g(4a)}{f(0) \times f(4a)}$의 값을

구하시오. [4점]

쌍둥이 문제 - 풀이 없음

삼차함수 $f(x)$가 다음 조건을 만족시킨다.

(가) $f(-1) = f(0) = 0$

(나) 집합 $\{x \mid x > 0,\ f'(x) = 0\}$의 원소의
    개수는 1이다.

상수 a에 대하여 함수 $g(x) = |f(x)f(2a-x)|$가
실수 전체의 집합에서 미분가능할 때,

$\dfrac{g(4+a)}{f(2) \times f(4+a)}$의 값을 구하시오.

정답 10

$f(2) = 0$인 삼차함수 $f(x)$와 실수 t에 대하여 함수
$g(t)$는 다음 조건을 만족시킨다.

함수 $|f(x) - t|$의 미분가능하지 않은 점의 개수를
$g(t)$라 할 때, 함수 $g(t)$는 $t = -\sqrt{3}$,
$t = \sqrt{3}$에서만 불연속이다.

함수 $|f(x)f(2-x)|$가 실수 전체의 집합에서
미분가능할 때, $|f(3)|$의 값을 구하시오. [4점]

이차함수 $f(x)$는 $x=-1$에서 극대이고, 삼차함수 $g(x)$는 이차항의 계수가 0이다. 함수

$$h(x)= \begin{cases} f(x) & (x \leq 0) \\ g(x) & (x > 0) \end{cases}$$

이 실수 전체의 집합에서 미분가능하고 다음 조건을 만족시킬 때, $h'(-3)+h'(4)$의 값을 구하시오. [4점]

(가) 방정식 $h(x)=h(0)$의 모든 실근의 합은 1이다.

(나) 닫힌구간 $[-2, 3]$에서 함수 $h(x)$의 최댓값과 최솟값의 차는 $3+4\sqrt{3}$이다.

쌍둥이 문제 – 풀이 없음

이차함수 $f(x)$는 $x=-\dfrac{3}{2}$에서 극대이고, 삼차함수 $g(x)$는 이차항의 계수가 0이다. 함수

$$h(x)= \begin{cases} f(x) & (x \leq 0) \\ g(x) & (x > 0) \end{cases}$$

이 실수 전체의 집합에서 미분가능하고 다음 조건을 만족시킬 때, $h(-1)-h(1)$의 값을 구하시오.

(가) 방정식 $h(x)=h(0)$의 모든 실근의 합은 -1이다.

(나) 닫힌구간 $[-3, 2]$에서 함수 $h(x)$의 최댓값과 최솟값의 차는 $27+16\sqrt{3}$이다.

정답 51

극값의 개수가 1인 사차함수 $f(x)$와 최고차항의 계수가 양수인 삼차함수 $g(x)$에 대하여 함수

$$h(x)= \begin{cases} f(x) & (x \leq 0) \\ g(x) & (x > 0) \end{cases}$$

이 실수 전체의 집합에서 미분가능하고 다음 조건을 만족시킬 때, $h'(-3)+h'(4)$의 값을 구하시오. [4점]

(가) 함수 $|h(x)-t|$가 미분가능하지 않은 실수 x의 개수를 $k(t)$라 할 때 함수 $k(t)$가 불연속인 t의 개수는 2이다.

(나) 두 방정식 $h(x)=h(0)$와 $h'(x)=0$의 실근의 개수의 합은 6이하이고 모든 실근의 합은 각각 -1이다.

(다) 닫힌구간 $[-4, 3]$에서 함수 $h(x)$의 최댓값과 최솟값의 차는 1이다.

404

최고차항의 계수가 양수인 삼차함수 $f(x)$가 다음 조건을 만족시킨다.

(가) 방정식 $f(x) - x = 0$의 서로 다른 실근의 개수는 2이다.

(나) 방정식 $f(x) + x = 0$의 서로 다른 실근의 개수는 2이다.

$f(0) = 0$, $f'(1) = 1$일 때, $f(3)$의 값을 구하시오. [4점]

쌍둥이 문제 - 풀이 없음

최고차항의 계수가 양수인 삼차함수 $f(x)$가 다음 조건을 만족시킨다.

(가) 방정식 $f(x) - 2x = 0$의 서로 다른 실근의 개수는 2이다.

(나) 방정식 $f(x) + x = 0$의 서로 다른 실근의 개수는 2이다.

$f(0) = 0$, $f'(2) = 2$일 때, $f(6)$의 값을 구하시오.

정답 156

405

최고차항의 계수가 양수인 삼차함수 $f(x)$가 다음 조건을 만족시킨다.

(가) 방정식 $f(x) + x = 0$의 서로 다른 실근의 개수는 2이다.

(나) 방정식 $f(x) - 2x = 0$의 서로 다른 실근의 개수는 2이다.

$f(0) = 0$, $f'(2) = -1$일 때, $f(12)$의 최댓값을 구하시오. [4점]

최고차항의 계수가 1인 사차함수 $f(x)$에 대하여 네 개의 수 $f(-1)$, $f(0)$, $f(1)$, $f(2)$가 이 순서대로 등차수열을 이루고, 곡선 $y = f(x)$위의 점 $(-1, f(-1))$에서의 접선과 점 $(2, f(2))$에서의 접선이 점 $(k, 0)$에서 만난다. $f(2k) = 20$일 때, $f(4k)$의 값을 구하시오. (단, k는 상수이다.) [4점]

쌍둥이 문제 - 풀이 없음

최고차항의 계수가 1인 사차함수 $f(x)$에 대하여 네 개의 수 $f(-2)$, $f(-1)$, $f(0)$, $f(1)$가 이 순서대로 등차수열을 이루고, 곡선 $y = f(x)$위의 점 $(-2, f(-2))$에서의 접선과 점 $(1, f(1))$에서의 접선이 점 $\left(\dfrac{k}{2}, 0 \right)$에서 만난다. $f(2k) = -6$일 때, $f(3)$의 값을 구하시오. (단, k는 상수이다.)

정답 164

최고차항의 계수가 1인 사차함수 $f(x)$에 대하여 네 개의 수 $f(-2)$, $f(-1)$, $f(0)$, $f(1)$가 이 순서대로 등차수열을 이루고, 곡선 $y = f(x)$위의 점 $(-1, f(-1))$에서의 접선과 점 $(0, f(0))$에서의 접선이 점 $(k, 1)$에서 만난다. $f(2k) = 4$일 때, $f(-6k)$의 값을 구하시오. (단, k는 상수이다.) [4점]

408

최고차항의 계수가 1이고 $f(2)=3$인 삼차함수 $f(x)$에 대하여 함수

$$g(x)=\begin{cases}\dfrac{ax-9}{x-1} & (x<1)\\ f(x) & (x\ge 1)\end{cases}$$

이 다음 조건을 만족시킨다.

> 함수 $y=g(x)$의 그래프와 직선 $y=t$가 서로 다른 두 점에서만 만나도록 하는 모든 실수 t의 값의 집합은 $\{t\,|\,t=-1$ 또는 $t\ge 3\}$이다.

$(g\circ g)(-1)$의 값을 구하시오. (단, a는 상수이다.) [4점]

쌍둥이 문제 - 풀이 없음

최고차항의 계수가 1이고 $f'(0)=0$, $f(0)=2$인 삼차함수 $f(x)$에 대하여 함수

$$g(x)=\begin{cases}f(x) & (x\le 4)\\ \dfrac{ax+7}{x-4} & (x>4)\end{cases}$$

이 다음 조건을 만족시킨다.

> 함수 $y=g(x)$의 그래프와 직선 $y=t$가 서로 다른 두 점에서만 만나도록 하는 모든 실수 t의 값의 집합은 $\{t\,|\,t=2$ 또는 $t\le -2\}$이다.

$a\times (g\circ g)(5)$의 값을 구하시오. (단, a는 상수이다.)

정답 104

409

최고차항의 계수가 1이고, $f(1)=2$, $f'(1)=0$인 사차함수 $f(x)$에 대하여 함수

$$g(x)=\begin{cases}\dfrac{ax-17}{x-1} & (x<1)\\ f(x) & (x\ge 1)\end{cases}$$

이 다음 조건을 만족시킨다.

> (가) 함수 $y=g(x)$의 그래프와 직선 $y=t$가 서로 다른 네 점에서만 만나도록 하는 모든 실수 t의 값의 집합은 $\{t\,|\,2<t<18\}$이다.
>
> (나) 함수 $y=|g(x)-t|$가 미분가능하지 않은 실수 x의 개수를 $h(t)$라 하면 함수 $h(t)$가 불연속인 t의 개수는 2개다.

$(g\circ g)\left(\dfrac{11}{12}\right)$의 값을 구하시오. (단, $a>2$) [4점]

410

최고차항의 계수가 1인 삼차함수 $f(x)$에 대하여 실수 전체의 집합에서 연속인 함수 $g(x)$가 다음 조건을 만족시킨다.

> (가) 모든 실수 x에 대하여
> $$f(x)g(x) = x(x+3)$$이다.
> (나) $g(0) = 1$

$f(1)$이 자연수일 때, $g(2)$의 최솟값은? [4점]

① $\dfrac{5}{13}$ ② $\dfrac{5}{14}$ ③ $\dfrac{1}{3}$ ④ $\dfrac{5}{16}$ ⑤ $\dfrac{5}{17}$

쌍둥이 문제 – 풀이 없음

최고차항의 계수가 1인 삼차함수 $f(x)$에 대하여 실수 전체의 집합에서 연속인 함수 $g(x)$가 다음 조건을 만족시킨다.

> (가) 모든 실수 x에 대하여 $f(x)g(x) = x+1$이다.
> (나) $g(0) = 1$

$f(1)$이 자연수일 때, $g(2)$의 최솟값은?

① $\dfrac{1}{8}$ ② $\dfrac{1}{7}$ ③ $\dfrac{1}{6}$ ④ $\dfrac{1}{5}$ ⑤ $\dfrac{1}{4}$

정답 ①

411

최고차항의 계수가 1인 삼차함수 $f(x)$에 대하여 실수 전체의 집합에서 연속인 함수 $g(x)$가 다음 조건을 만족시킨다.

> (가) 모든 실수 x에 대하여
> $$f(x)g(x) = (x-1)(x+1)$$이다.
> (나) $g(0) = 1$

$f(2)$이 자연수일 때, $g(1)$의 최댓값을 M, 최솟값을 m이라 할 때 $\dfrac{M}{m}$의 값을 구하시오. [4점]

최고차항의 계수가 1인 삼차함수 $f(x)$와 최고차항의
계수가 -1인 이차함수 $g(x)$가 다음 조건을 만족시킨다.

(가) 곡선 $y = f(x)$위의 점 $(0, 0)$에서의 접선과 곡선
    $y = g(x)$위의 점 $(2, 0)$에서의 접선은 모두
    x축이다.

(나) 점 $(2, 0)$에서 곡선 $y = f(x)$에 그은 접선의
    개수는 2이다.

(다) 방정식 $f(x) = g(x)$는 오직 하나의 실근을
    가진다.

$x > 0$인 모든 실수 x에 대하여

$$g(x) \leq kx - 2 \leq f(x)$$

를 만족시키는 실수 k의 최댓값과 최솟값을 각각 α, β라
할 때, $\alpha - \beta = a + b\sqrt{2}$ 이다. $a^2 + b^2$의 값을 구하시오.
(단, a, b는 유리수이다.) [4점]

쌍둥이 문제 – 풀이 없음

함수 $f(x) = -x^3 - 3x^2 + 9x + 27$과 실수 t에 대하여
점 $\mathrm{P}(t, 0)$을 지나고 $y = f(x)$의 그래프에 접하는 서로
다른 접선의 개수를 $g(t)$라 할 때, 함수 $g(t)$는
$t = \alpha$, $t = \beta$, $t = \gamma$에서 불연속이다. 이때, $\alpha\beta\gamma$의 값을
구하시오.

정답 21

최고차항의 계수가 -1인 삼차함수 $f(x)$와 최고차항의
계수가 -5인 이차함수 $g(x)$가 다음 조건을 만족시킨다.

(가) 곡선 $y = f(x)$위의 점 $(0, 0)$에서의 접선과 곡선
    $y = g(x)$위의 점 $(2, 0)$에서의 접선은 모두
    x축이다.

(나) 점 $(2, 0)$에서 곡선 $y = f(x)$에 그은 접선의
    개수는 2이다.

(다) 방정식 $f(x) = g(x)$는 오직 하나의 실근 $x = p$
    $(p > 2)$을 가진다.

$0 \leq x \leq 12$인 모든 실수 x에 대하여

$$g(x) \leq kx - 16 \leq f(x)$$

를 만족시키는 실수 k의 최댓값과 최솟값을 각각 α, β라
할 때, $\alpha - \beta = a + b\sqrt{5}$ 이다. $a + b$의 값을 구하시오.
(단, a, b는 유리수이다.) [4점]

414

최고차항의 계수가 양수인 삼차함수 $f(x)$에 대하여 방정식

$$(f \circ f)(x) = x$$

의 모든 실근이 $0, 1, a, 2, b$이다.

$$f'(1) < 0, \ f'(2) < 0, \ f'(0) - f'(1) = 6$$

일 때, $f(5)$의 값을 구하시오. (단, $1 < a < 2 < b$) [4점]

쌍둥이 문제 – 풀이 없음

최고차항의 계수가 양수인 삼차함수 $f(x)$에 대하여 방정식

$$(f \circ f)(x) = x$$

의 모든 실근이 $-1, 0, a$이다.

$$f'(-1) = 4, \ f(a) - f(-1) = 3$$

일 때, $f(3)$의 값을 구하시오. (단, $a > 0$)

정답 15

415

최고차항의 계수가 양수인 삼차함수 $f(x)$에 대하여 방정식

$$(f \circ f)(x) = x$$

의 모든 실근이 $-1, \dfrac{1}{2}, a, 2, b$이다.

$$f'\!\left(\dfrac{1}{2}\right) < 0, \ f'(2) > 0, \ f'(2) - f'(0) = 2$$

일 때, $f(3)$의 값을 구하시오. (단, $\dfrac{1}{2} < a < 2 < b$)

[4점]

최고차항의 계수가 양수인 삼차함수 $f(x)$에 대하여 방정식

$$(f \circ f)(x) = x$$

상수 a, b에 대하여 삼차함수 $f(x) = x^3 + ax^2 + bx$ 가 다음 조건을 만족시킨다.

> (가) $f(-1) > -1$
> (나) $f(1) - f(-1) > 8$

보기에서 옳은 것만을 있는 대로 고른 것은? [4점]

―― | 보기 | ――

ㄱ. 방정식 $f'(x) = 0$은 서로 다른 두 실근을 갖는다.

ㄴ. $-1 < x < 1$일 때, $f'(x) \geq 0$이다.

ㄷ. 방정식 $f(x) - f'(k)x = 0$의 서로 다른 실근의 개수가 2가 되도록 하는 모든 실수 k의 개수는 4이다.

① ㄱ ② ㄱ, ㄴ ③ ㄱ, ㄷ
④ ㄴ, ㄷ ⑤ ㄱ, ㄴ, ㄷ

쌍둥이 문제 – 풀이 없음

상수 a에 대하여 삼차함수 $f(x) = x^3 + ax^2 + x$에 대하여 방정식 $f(x) - f'(k)x = 0$의 서로 다른 실근의 개수가 2가 되도록 하는 모든 실수 k의 합이 -8일 때, a의 값을 구하시오.

정답 6

상수 a, b에 대하여 삼차함수

$$f(x) = x^3 + ax^2 + bx + 2$$가 다음 조건을 만족시킨다.

> (가) $f(-1) > 1$
> (나) $f(-1) - f(1) \leq -8$

보기에서 옳은 것만을 있는 대로 고른 것은? [4점]

―― | 보기 | ――

ㄱ. 방정식 $f'(x) = 0$은 서로 다른 두 실근을 갖는다.

ㄴ. $x < -2$일 때, $f'(x) > 3$이다.

ㄷ. 방정식 $f(x) - f'(k)x = 1$의 서로 다른 실근의 개수가 2가 되도록 하는 모든 실수 k의 개수는 6이다.

① ㄱ ② ㄱ, ㄴ ③ ㄱ, ㄷ
④ ㄴ, ㄷ ⑤ ㄱ, ㄴ, ㄷ

상수 a, b에 대하여 삼차함수

418

사차함수 $f(x)$가 다음 조건을 만족한다.

(가) 5 이하의 모든 자연수 n에 대하여
$$\sum_{k=1}^{n} f(k) = f(n)f(n+1) \text{ 이다.}$$

(나) $n = 3$, 4일 때, $f(x)$에서 x의 값이 n에서 $n+2$까지 변할 때의 평균변화율은 양수가 아니다.

$128 \times f\left(\dfrac{5}{2}\right)$의 값을 구하시오. [4점]

쌍둥이 문제 – 풀이 없음

삼차함수 $f(x)$가 다음 조건을 만족한다.

(가) 4 이하의 모든 자연수 n에 대하여
$f(n)\{f(n+2) - f(n) - 1\} = 0$이 성립한다.

(나) $n = 3$, 4일 때, $f(x)$에서 x의 값이 n에서 $n+2$까지 변할 때의 평균변화율은 양수가 아니다.

$f\left(\dfrac{2}{3}\right) < 0$일 때, $f(0)$의 값을 구하시오.

정답 2

419

사차함수 $f(x)$가 다음 조건을 만족한다.

(가) 5 이하의 모든 자연수 n에 대하여
$$\sum_{k=1}^{n} f(n-k) = f(n)f(n-1) \text{ 이다.}$$

(나) $n = 2$, 3일 때, $f(x)$에서 x의 값이 n에서 $n+2$까지 변할 때의 평균변화율은 양수가 아니다.

$f(5) = m$이라 할 때 m^2의 값을 구하시오. [4점]

두 실수 a와 k에 대하여 두 함수 $f(x)$와 $g(x)$는

$$f(x)=\begin{cases} 0 & (x \le a) \\ (x-1)^2(2x+1) & (x > a) \end{cases},$$

$$g(x)=\begin{cases} 0 & (x \le k) \\ 12(x-k) & (x > k) \end{cases}$$

이고, 다음 조건을 만족시킨다.

(가) 함수 $f(x)$는 실수 전체의 집합에서
　　미분가능하다.
(나) 모든 실수 x에 대하여 $f(x) \ge g(x)$이다.

---

k의 최솟값이 $\dfrac{q}{p}$일 때, $a+p+q$의 값을 구하시오. (단,
p와 q는 서로소인 자연수이다.) [4점]

쌍둥이 문제 – 풀이 없음

두 실수 a와 k에 대하여 두 함수 $f(x)$와 $g(x)$는

$$f(x)=-(x-a)^2, \ g(x)=\begin{cases} 0 & (x \le k) \\ -x+k & (x > k) \end{cases}$$

이다. 모든 실수 x에 대하여 $f(x) \le g(x)$을 만족시키는
k의 최솟값을 $h(a)$라 할 때, $h\left(h\left(\dfrac{1}{2}\right)\right)$의 값을 구하시오.

정답 1

두 실수 a와 k에 대하여 두 함수 $f(x)$와 $g(x)$는

$$f(x)=\begin{cases} -(x-1)^2(x-4) & (x \le a) \\ 4 & (x > a) \end{cases},$$

$$g(x)=\begin{cases} 4-|x-t| & (|x-t| \le 4) \\ 0 & (|x-t| > 4) \end{cases}$$

이고, 다음 조건을 만족시킨다.

(가) 함수 $f(x)$는 실수 전체의 집합에서
　　미분가능하다.
(나) 모든 실수 x에 대하여 $f(x) \ge g(x)$이다.

조건을 만족하는 어떤 실수 t에 대하여 열린구간
$(0, 3)$에서 방정식 $f(x)=g(x)$의 해를 α, β
$(0 < \alpha < 1 < \beta < 3)$라 하자. $\beta - \alpha = \dfrac{2\sqrt{p}-\sqrt{q}}{3}$일
때, $a+p+q$의 값을 구하시오. (단, p와 q는
자연수이다.) [4점]

422

삼차함수 $f(x)$와 실수 t에 대하여 곡선 $y = f(x)$와 직선 $y = -x + t$의 교점의 개수를 $g(t)$라 하자. 〈보기〉에서 옳은 것만을 있는 대로 고른 것은? [4점]

—— | 보기 | ——

ㄱ. $f(x) = x^3$이면 함수 $g(t)$는 상수함수이다.

ㄴ. 삼차함수 $f(x)$에 대하여, $g(1) = 2$이면 $g(t) = 3$인 t가 존재한다.

ㄷ. 함수 $g(t)$가 상수함수이면, 삼차함수 $f(x)$의 극값은 존재하지 않는다.

① ㄱ   ② ㄷ   ③ ㄱ, ㄴ

④ ㄴ, ㄷ   ⑤ ㄱ, ㄴ, ㄷ

쌍둥이 문제 – 풀이 없음

삼차함수 $f(x) = x^3 - 3x^2 + ax + b$와 실수 t에 대하여 곡선 $y = f(x)$와 직선 $y = ax + t$의 교점의 개수를 $g(t)$라 하자. 함수 $g(t)$가 $t = 0$과 $t = 4$에서 불연속이 되게 하는 a, b에 대하여 $f(b) = 0$일 때, $a^2 + b^2$의 값을 구하시오. (단, a, b는 상수이다.)

정답 41

423

삼차함수 $f(x)$와 실수 t에 대하여 곡선 $y = f(x)$와 곡선 $y = x^2 + t$의 교점의 개수를 $g(t)$라 하자. 〈보기〉에서 옳은 것만을 있는 대로 고른 것은? [4점]

—— | 보기 | ——

ㄱ. $f(x) = x^3 + x$이면 함수 $g(t)$는 상수함수이다.

ㄴ. 함수 $g(t)$가 상수함수이면, 삼차함수 $f(x)$의 극값은 존재하지 않는다.

ㄷ. $f(x) = x^3 + ax^2 + ax$이고 함수 $g(t)$가 $t = m$, $t = m + 4$에서 불연속이 되게 하는 모든 a 값의 합은 5이다.

① ㄱ   ② ㄷ   ③ ㄱ, ㄴ

④ ㄴ, ㄷ   ⑤ ㄱ, ㄴ, ㄷ

424

최고차항의 계수가 1인 삼차함수 $f(x)$와 최고차항의 계수가 2인 이차함수 $g(x)$가 다음 조건을 만족시킨다.

> (가) $f(\alpha) = g(\alpha)$이고
> $\quad f'(\alpha) = g'(\alpha) = -16$인 실수 α가 존재한다.
> (나) $f'(\beta) = g'(\beta) = 16$인 실수 β가 존재한다.

$g(\beta + 1) - f(\beta + 1)$의 값을 구하시오. [4점]

쌍둥이 문제 – 풀이 없음

최고차항의 계수가 2인 이차함수 $f(x)$가 두 실수 α, β에 대하여 $f'(\alpha) = -8$, $f'(\beta) = 8$을 만족시킨다. 함수 $f(x)$의 그래프가 x축과 한 점에서 만날 때 $y = f(x)$와 x축 y축으로 둘러싸인 도형의 넓이가 $\dfrac{16}{3}$일 때, $f(7)$의 값을 구하시오.

정답 50

425

최고차항의 계수가 1인 사차함수 $f(x)$와 최고차항의 계수가 4인 이차함수 $g(x)$가 다음 조건을 만족시킨다.

> (가) $f(\alpha) = g(\alpha)$이고 $f'(\alpha) = g'(\alpha) = -8$인 실수 α가 존재한다.
> (나) $f(\beta + 1) = g(\beta + 1)$이고
> $\quad f'(\beta) = g'(\beta) = 16$인 실수 β가 존재한다.

$f(\beta + 2) - g(\beta + 2)$의 값을 구하시오. [4점]

실수 k에 대하여 함수

$$f(x) = x^3 - 3x^2 + 6x + k$$

의 역함수를 $g(x)$라 하자. 방정식

$$4f'(x) + 12x - 18 = (f' \circ g)(x)$$

가 닫힌구간 $[0, 1]$에서 실근을 갖기 위한 k의 최솟값을 m, 최댓값을 M이라 할 때, $m^2 + M^2$의 값을 구하시오. [4점]

쌍둥이 문제 – 풀이 없음

실수 k에 대하여 함수

$$f(x) = x^3 + k$$

의 역함수를 $g(x)$라 하자. 방정식

$$f'(x) = (f' \circ g)(x)$$

가 닫힌구간 $[-1, 1]$에서 실근을 갖기 위한 k의 최솟값을 m, 최댓값을 M이라 할 때, $m^2 + M^2$의 값을 구하시오.

정답 8

실수 k에 대하여 함수

$$f(x) = \frac{1}{3}x^3 + x^2 + 4x + k$$

의 역함수를 $g(x)$라 하자. 방정식

$$xf'(x) - x^3 + 8 = 2(f' \circ g)(x)$$

가 닫힌구간 $[-2, 1]$에서 $f(x) \neq g(x)$인 실근을 갖기 위한 k의 최솟값을 m, 최댓값을 M이라 할 때, $M - m$의 값을 구하시오. [4점]

실수 k에 대하여 함수

428

다음 조건을 만족시키며 최고차항의 계수가 음수인 모든 사차함수 $f(x)$에 대하여 $f(1)$의 최댓값은? [4점]

(가) 방정식 $f(x)=0$의 실근은 0, 2, 3뿐이다.

(나) 실수 x에 대하여 $f(x)$와 $|x(x-2)(x-3)|$ 중 크지 않은 값을 $g(x)$라 할 때, 함수 $g(x)$는 실수 전체의 집합에서 미분가능하다.

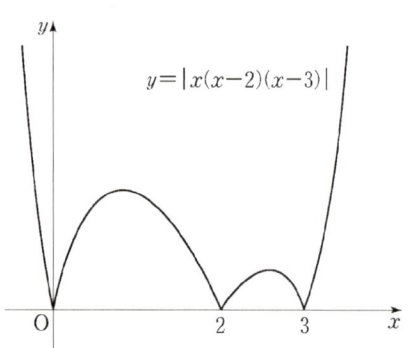

① $\dfrac{7}{6}$ ② $\dfrac{4}{3}$ ③ $\dfrac{3}{2}$ ④ $\dfrac{5}{3}$ ⑤ $\dfrac{11}{6}$

쌍둥이 문제 - 풀이 없음

다음 조건을 만족시키며 최고차항의 계수가 음수인 모든 사차함수 $f(x)$에 대하여 $f(1)$의 최댓값은?

(가) 방정식 $f(x)=0$의 실근은 0, 2뿐이며 $y=f(x)$의 그래프는 x축에 접한다.

(나) 실수 x에 대하여 $f(x)$와 $|x(x-2)^2|$ 중 크지 않은 값을 $g(x)$라 할 때, 함수 $g(x)$는 실수 전체의 집합에서 미분가능하다.

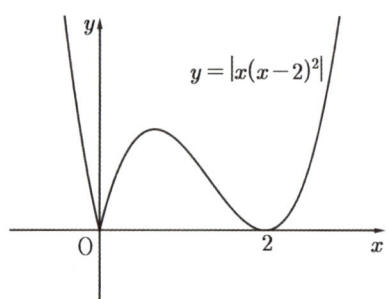

① 1   ② $\dfrac{3}{4}$ ③ $\dfrac{2}{3}$ ④ $\dfrac{1}{2}$ ⑤ $\dfrac{1}{3}$

429

다음 조건을 만족시키며 최고차항의 계수가 음수인 모든 사차함수 $f(x)$에 대하여 $f(2)$의 최댓값은? [4점]

(가) 방정식 $f(x)=0$의 실근은 0, 1, 3뿐이다.

(나) 실수 x에 대하여 $f(x)$와 $|x(x-1)(x-3)|$ 중 크지 않은 값을 $g(x)$라 할 때, 함수 $g(x)$는 실수 전체의 집합에서 미분가능하다.

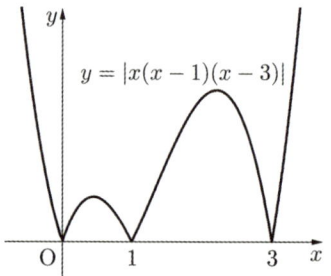

① $\dfrac{7}{6}$ ② $\dfrac{4}{3}$ ③ $\dfrac{3}{2}$ ④ $\dfrac{5}{3}$ ⑤ $\dfrac{11}{6}$

430

삼차함수 $f(x)$ 의 도함수 $y = f'(x)$ 의 그래프가 그림과 같을 때, 〈보기〉에서 옳은 것만을 있는 대로 고른 것은? [4점]

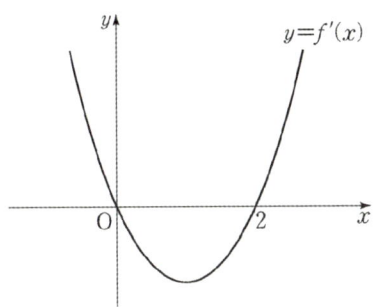

| 보기 |

ㄱ. $f(0) < 0$ 이면 $|f(0)| < |f(2)|$ 이다.

ㄴ. $f(0)f(2) \geq 0$ 이면 함수 $|f(x)|$ 가 $x = a$ 에서 극소인 a 의 값의 개수는 2 이다.

ㄷ. $f(0) + f(2) = 0$ 이면 방정식 $|f(x)| = f(0)$ 의 서로 다른 실근의 개수는 4 이다.

① ㄱ   ② ㄱ, ㄴ   ③ ㄱ, ㄷ
④ ㄴ, ㄷ   ⑤ ㄱ, ㄴ, ㄷ

쌍둥이 문제 – 풀이 없음

최고차항의 계수가 양수인 삼차함수 $f(x)$ 가 $f(-1) + f(1) = 0$ 을 만족하고 도함수 $f'(x)$ 가 $f'(-1) = f'(1) = 0$ 이 성립할 때, 방정식 $|f(x)| = f(-1)$ 의 서로 다른 실근의 개수는?

① 0   ② 1   ③ 2   ④ 3   ⑤ 4

정답 ⑤

431

사차함수 $f(x)$ 의 도함수 $y = f'(x)$ 의 그래프가 그림과 같을 때, 〈보기〉에서 옳은 것만을 있는 대로 고른 것은? [4점]

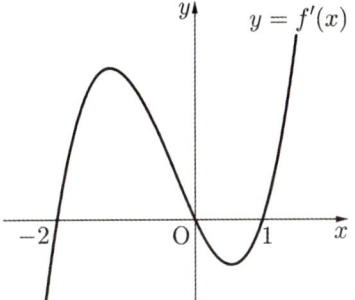

| 보기 |

ㄱ. $f(0) < 0$ 이면 $|f(-2)| < |f(1)|$ 이다.

ㄴ. $f(-2)f(1) \geq 0$ 이면 함수 $|f(x)|$ 가 $x = a$ 에서 극소인 a 의 값의 개수의 최대는 4 이다.

ㄷ. $f(-2) + f(0) = 0$ 이면 함수 $|f(x)|$ 가 $x = a$ 에서 극대인 a 의 값의 개수는 2 이다.

① ㄱ   ② ㄴ   ③ ㄷ
④ ㄴ, ㄷ   ⑤ ㄱ, ㄴ, ㄷ

432 2017학년도 6월 모평 나형 29번

함수 $f(x)$는

$$f(x) = \begin{cases} x+1 & (x < 1) \\ -2x+4 & (x \geq 1) \end{cases}$$

이고, 좌표평면 위에 두 점 A$(-1, -1)$, B$(1, 2)$가 있다. 실수 x에 대하여 점 $(x, f(x))$에서 점 A 까지의 거리의 제곱과 점 B까지의 거리의 제곱 중 크지 않은 값을 $g(x)$라 하자. 함수 $g(x)$가 $x = a$에서 미분가능하지 않은 모든 a의 값의 합이 p일 때, $80p$의 값을 구하시오. [4점]

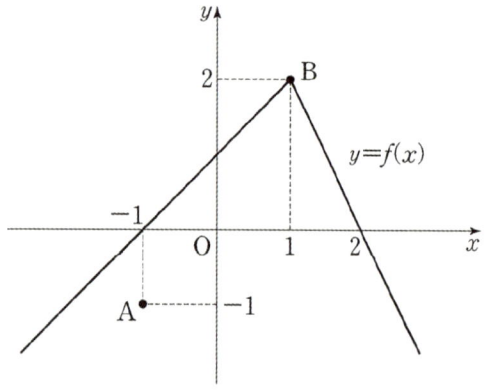

쌍둥이 문제 - 풀이 없음

함수 $f(x) = -2x+3$와 좌표평면 위에 두 점 A$(-2, -1)$, B$(0, 3)$가 있다. 실수 x에 대하여 점 $(x, f(x))$에서 점 A까지의 거리의 제곱과 점 B까지의 거리의 제곱 중 크지 않은 값을 $g(x)$라 하자. 함수 $g(x)$가 $x = a$에서 미분가능하지 않는다. $30a$의 값을 구하시오.

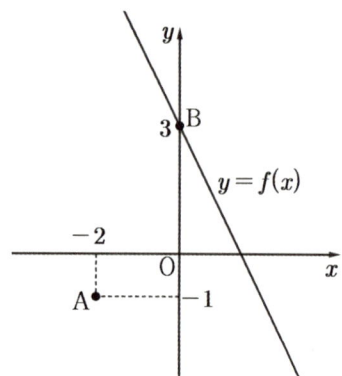

정답 50

433 2017학년도 6월 모평 나형 29번-변형

함수 $f(x)$는

$$f(x) = \begin{cases} x^2 - 2x & (x < 1) \\ 2x - 3 & (x \geq 1) \end{cases}$$

이고, 좌표평면 위에 두 점 A$(1, -1)$, B$(7, 1)$가 있다. 실수 x에 대하여 점 $(x, f(x))$에서 점 A까지의 거리의 제곱과 점 B까지의 거리의 제곱 중 크지 않은 값을 $g(x)$라 하자. 함수 $g(x)$가 $x = a$에서 미분가능하지 않은 모든 a의 값의 제곱의 합의 값을 구하시오. [4점]

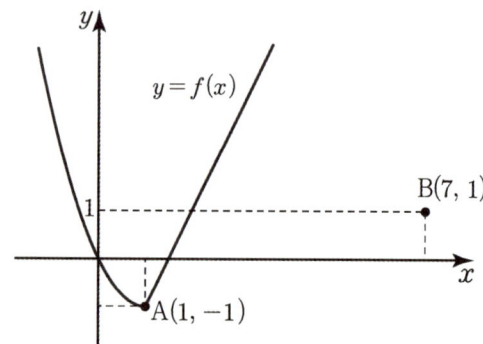

다음 조건을 만족시키는 모든 삼차함수 $f(x)$에 대하여 $\dfrac{f'(0)}{f(0)}$의 최댓값을 M, 최솟값을 m이라 하자.
Mm의 값은? [4점]

> (가) 함수 $|f(x)|$는 $x=-1$에서만 미분가능하지 않다.
> (나) 방정식 $f(x)=0$은 닫힌구간 $[3,\,5]$에서 적어도 하나의 실근을 갖는다.

① $\dfrac{1}{15}$ ② $\dfrac{1}{10}$ ③ $\dfrac{2}{15}$ ④ $\dfrac{1}{6}$ ⑤ $\dfrac{1}{5}$

쌍둥이 문제 – 풀이 없음

다음 조건을 만족시키는 모든 사차함수 $f(x)$에 대하여 $\dfrac{f'(0)}{f(0)}$의 최댓값을 M, 최솟값을 m이라 하자.
$M \times m$의 값은?

> (가) 함수 $|f(x)|$는 $x=-1$에서만 미분가능하지 않다.
> (나) 방정식 $f(x)=0$은 닫힌구간 $[2,\,4]$에서 적어도 하나의 실근을 갖는다.

① $-\dfrac{1}{10}$ ② $-\dfrac{1}{8}$ ③ $-\dfrac{1}{6}$

④ $-\dfrac{1}{4}$ ⑤ $-\dfrac{1}{2}$

정답 ②

다음 조건을 만족시키는 최고차항의 계수가 1인 모든 사차함수 $f(x)$에 대하여 $f(0)-f'(0)$의 최댓값을 M, 최솟값을 m이라 하자. $M-m$의 값은? [4점]

> (가) 함수 $|f(x)|$는 $x=1$에서만 미분가능하지 않다.
> (나) 방정식 $f(x)=0$은 닫힌구간 $[-2,\,0]$에서 적어도 하나의 실근을 갖는다.

① 10 ② $\dfrac{15}{2}$ ③ 5

④ $\dfrac{9}{2}$ ⑤ 4

436

실수 t에 대하여 직선 $x = t$가 두 함수

$$y = x^4 - 4x^3 + 10x - 30, \quad y = 2x + 2$$

의 그래프와 만나는 점을 각각 A, B라 할 때, 점 A와 점 B 사이의 거리를 $f(t)$라 하자.

$$\lim_{h \to +0} \frac{f(t+h) - f(t)}{h} \times \lim_{h \to -0} \frac{f(t+h) - f(t)}{h} \leq 0$$

을 만족시키는 모든 실수 t의 값의 합은? [4점]

① -7 ② -3 ③ 1 ④ 5 ⑤ 9

쌍둥이 문제 - 풀이 없음

$f(x) = x^4 - 4x^3 + 3x^2$에 대하여

$$\lim_{h \to 0+} \frac{|f(x+h)| - |f(x)|}{h} \times \lim_{h \to 0-} \frac{|f(x+h)| - |f(x)|}{h} \leq 0$$

을 만족시키는 모든 실수 x값들의 합을 구하시오.

정답 7

437

실수 t에 대하여 직선 $x = t$가 두 함수

$$y = x^3 - 2x^2 + 10x + 1, \quad y = 4x^2 + x + 1$$

의 그래프와 만나는 점을 각각 A, B라 할 때, 점 A와 점 B 사이의 거리를 $f(t)$라 하자.

$$\lim_{h \to 0+} \frac{f(t+h) - f(t)}{h} \times \lim_{h \to 0-} \frac{f(t+h) - f(t)}{h} \leq 0$$

을 만족시키는 모든 실수 t중에서 가장 큰 값과 가장 작은 값의 차는? [4점]

① 2 ② 3 ③ 4 ④ 5 ⑤ 6

자연수 n에 대하여 최고차항의 계수가 1이고 다음 조건을
만족시키는 삼차함수 $f(x)$의 극댓값을 a_n이라 하자.

> (가) $f(n) = 0$
> (나) 모든 실수 x에 대하여 $(x+n)f(x) \geq 0$이다.

a_n이 자연수가 되도록 하는 n의 최솟값은? [4점]

① 1   ② 2   ③ 3   ④ 4   ⑤ 5

쌍둥이 문제 - 풀이 없음

자연수 n에 대하여 최고차항의 계수가 1이고 다음 조건을
만족시키는 이차함수 $f(x)$의 극솟값을 a_n이라 하자.

> 모든 실수 x에 대하여
> $(x+n)\displaystyle\int_n^x f(t)\,dt \geq 0$이다.

$a_n = -4$ 을 만족하는 n의 값을 구하시오.

정답 3

자연수 n에 대하여 최고차항의 계수가 -1이고 다음
조건을 만족시키는 삼차함수 $f(x)$의 극댓값을 a_n이라
하자.

> (가) $f(n) = 0$
> (나) 모든 실수 x에 대하여 $(x-2n)f(x) \leq 0$이다.

a_n이 자연수일 때 a_n의 최솟값은? [4점]

① 3   ② 4   ③ 13   ④ 15   ⑤ 25

최고차항의 계수가 1이고, $f(0) = 3$, $f'(3) < 0$인 사차함수 $f(x)$가 있다. 실수 t에 대하여 집합 S를

$S = \{a \,|\,$함수 $|f(x) - t|$가 $x = a$에서 미분가능하지 않다. $\}$

라 하고, 집합 S의 원소의 개수를 $g(t)$라 하자. 함수 $g(t)$가 $t = 3$과 $t = 19$에서만 불연속일 때, $f(-2)$의 값을 구하시오. [4점]

최고차항의 계수가 1이고, $f(2) = -16$인 사차함수 $f(x)$가 있다. 실수 t에 대하여 집합 S를

$S = \{a \,|\,$함수 $|f(x) - t|$가 $x = a$에서 미분가능하지 않다. $\}$

라 하고, 집합 S의 원소의 개수를 $g(t)$라 하자. 함수 $g(t)$에 대하여 $\lim\limits_{t \to k+} g(t) \neq \lim\limits_{t \to k-} g(t)$을 만족시키는 k의 값이 $k = -16$, $k = 0$뿐일 때, $f(3)$의 최댓값을 구하시오. [4점]

442

다음 조건을 만족시키는 모든 삼차함수 $f(x)$에 대하여 $f(2)$의 최솟값은? [4점]

(가) $f(x)$의 최고차항의 계수는 1이다.

(나) $f(0) = f'(0)$

(다) $x \geq -1$인 모든 실수 x에 대하여
　　$f(x) \geq f'(x)$이다.

---

① 28　　② 33　　③ 38　　④ 43　　⑤ 48

쌍둥이 문제 - 풀이 없음

다음 조건을 만족시키는 모든 삼차함수 $f(x)$에 대하여 $f(2)$의 최솟값을 구하시오.

(가) $f(x)$의 최고차항의 계수는 1이다.

(나) $f(0) = f'(0) = 0$

(다) $x \geq -1$인 모든 실수 x에 대하여
　　$f(x) \geq 0$이다.

정답 12

443

다음 조건을 만족시키는 모든 삼차함수 $f(x)$에 대하여 $f(3)$의 최댓값을 구하시오. [4점]

(가) $f(x)$의 최고차항의 계수는 1이다.

(나) $f(0) = f'(0)$

(다) $x \leq 2$인 모든 실수 x에 대하여
　　$f(x) \leq f'(x)$이다.

기출과 변형

•

수학 II

3

적분법

적분법
Level 1

유형 1 **부정적분의 정의와 성질**

출제유형 | $y = x^n$ (n은 양의 정수)의 부정적분과 부정적분의 성질을 이용하여 부정적분을 구하는 문제가 출제된다.

출제유형잡기 | (1) n이 양의 정수일 때

$$\int x^n dx = \frac{1}{n+1} x^{n+1} + C \ (C\text{는 적분상수})$$

(2) 두 함수 $f(x), g(x)$의 부정적분이 각각 존재할 때

① $\int k f(x) dx = k \int f(x) dx$ (k는 0이 아닌 상수)

② $\int \{f(x) + g(x)\} dx = \int f(x) dx + \int g(x) dx$

③ $\int \{f(x) - g(x)\} dx = \int f(x) dx - \int g(x) dx$

444
2025학년도 11월 수능

다항함수 $f(x)$에 대하여 $f'(x) = 9x^2 + 4x$이고 $f(1) = 6$일 때, $f(2)$의 값을 구하시오.

445
2024학년도 11월 수능

다항함수 $f(x)$가

$$f'(x) = 3x(x-2), \ f(1) = 6$$

을 만족시킬 때, $f(2)$의 값은?

① 1   ② 2   ③ 3   ④ 4   ⑤ 5

446

함수 $f(x)$에 대하여 $f'(x) = 8x^3 - 1$이고 $f(0) = 3$일 때, $f(2)$의 값을 구하시오.

447

다항함수 $f(x)$가

$$f'(x) = 6x^2 - 2f(1)x, \ f(0) = 4$$

를 만족시킬 때, $f(2)$의 값은?

① 5   ② 6   ③ 7   ④ 8   ⑤ 9

448

함수 $f(x)$에 대하여 $f'(x) = 6x^2 - 4x + 3$이고 $f(1) = 5$일 때, $f(2)$의 값을 구하시오.

449

함수 $f(x)$에 대하여 $f'(x) = 8x^3 + 6x^2$이고 $f(0) = -1$일 때, $f(-2)$의 값을 구하시오.

450

함수 $f(x)$ 가

$$f(x) = \int \left(\frac{1}{2}x^3 + 2x + 1\right)dx - \int \left(\frac{1}{2}x^3 + x\right)dx$$

이고 $f(0) = 1$ 일 때, $f(4)$ 의 값은?

① $\dfrac{23}{2}$　② 12　③ $\dfrac{25}{2}$　④ 13　⑤ $\dfrac{27}{2}$

452

다항함수 $f(x)$ 의 도함수 $f'(x)$ 가 $f'(x) = 6x^2 + 4$ 이다.
함수 $y = f(x)$ 의 그래프가 점 $(0, 6)$ 을 지날 때, $f(1)$ 의
값을 구하시오.

451

다항함수 $f(x)$ 의 도함수가 $f'(x) = 3x(x-4)$ 이다.
$f(x)$ 의 극댓값이 5 일 때, 극솟값은?

① 0　② -5　③ -16　④ -27　⑤ -32

453

미분가능한 함수 $f(x)$ 에 대하여

$$\lim_{x \to 1}\frac{f(x)}{x-1} = 2 \, , \quad f'(x) = 3x^2 + 2x + a$$

일 때, $f(3)$ 의 값을 구하시오. (단, a 는 상수이다.)

454

최고차항의 계수가 1인 삼차함수 $f(x)$가 다음 조건을 만족시킨다.

(가) $f(x)+1$는 $(x-1)^2$으로 나누어떨어진다.
(나) $f(x)-a$는 $(x+1)^2$으로 나누어떨어진다.

a의 값을 구하시오. (단, a는 상수이다.)

455

최고차항의 계수가 양수인 삼차함수 $f(x)$의 도함수의 그래프가 그림과 같다.

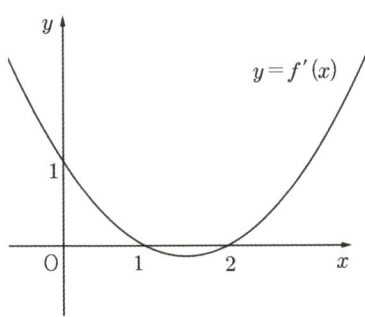

삼차함수 $f(x)$의 극댓값과 극솟값의 차는?

① $\dfrac{1}{12}$ ② $\dfrac{1}{6}$ ③ $\dfrac{1}{3}$ ④ $\dfrac{1}{2}$ ⑤ 1

456

최고차항의 계수가 -1인 삼차함수 $f(x)$의 도함수 $y=f'(x)$의 그래프가 그림과 같다.

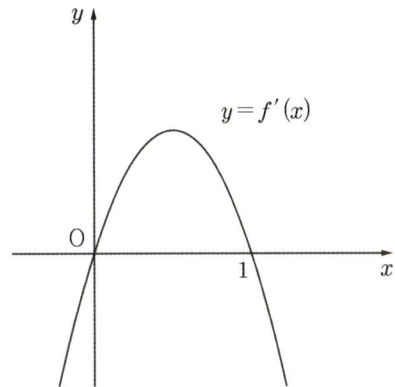

함수 $f(x)$의 극댓값과 극솟값의 합이 1일 때, 함수 $f(x)$의 극댓값은?

① $\dfrac{1}{4}$ ② $\dfrac{1}{2}$ ③ $\dfrac{3}{4}$ ④ 1   ⑤ $\dfrac{5}{4}$

457

최고차항의 계수가 1이고 $f'(0)=0$, $f(0)=2$인 삼차함수 $f(x)$에 대하여 방정식 $f(x)-k=0$의 해의 개수가 2인 k의 값이 2 또는 -2이다. $f(4)$의 값을 구하시오.

유형 2 정적분의 성질과 계산

출제유형 | 정적분의 성질을 이용한 계산 문제와 활용 문제가 출제된다.

출제유형잡기 | (1) 두 함수 $f(x)$, $g(x)$가 닫힌구간 $[a, b]$에서 연속일 때

① $\displaystyle\int_a^b kf(x)dx = k\int_a^b f(x)dx$ (k는 0이 아닌 상수)

② $\displaystyle\int_a^b \{f(x)+g(x)\}dx = \int_a^b f(x)dx + \int_a^b g(x)dx$

③ $\displaystyle\int_a^b \{f(x)-g(x)\}dx = \int_a^b f(x)dx - \int_a^b g(x)dx$

(2) 함수 $f(x)$가 임의의 세 실수 a, b, c를 포함하는 구간에서 연속일 때

$$\int_a^c f(x)dx + \int_c^b f(x)dx = \int_a^b f(x)dx$$

458   2020학년도 9월 모평

$\displaystyle\int_0^2 (3x^2 + 6x)\,dx$의 값은?

① 20   ② 22   ③ 24   ④ 26   ⑤ 28

459   2019학년도 9월 모평

$\displaystyle\int_0^2 (3x^2 + 2x)\,dx$ 의 값은?

① 6   ② 8   ③ 10   ④ 12   ⑤ 14

460

정적분 $\int_0^1 \left(\dfrac{x^4}{x^2+1} - \dfrac{1}{x^2+1} \right) dx$ 의 값은?

① $-\dfrac{5}{6}$ ② $-\dfrac{2}{3}$ ③ $\dfrac{1}{2}$ ④ $\dfrac{2}{3}$ ⑤ $\dfrac{5}{6}$

461

$\int_1^4 (x + |x-3|) \, dx$ 의 값을 구하시오.

462

$\int_0^2 |x^2(x-1)| dx$ 의 값은?

① $\dfrac{3}{2}$ ② 2 ③ $\dfrac{5}{2}$ ④ 3 ⑤ $\dfrac{7}{2}$

463

함수 $f(x) = 6x^2 + 2ax$ 가 $\int_0^1 f(x) \, dx = f(1)$ 을 만족시킬 때, 상수 a 의 값은?

① -4 ② -2 ③ 0 ④ 2 ⑤ 4

464

함수 $f(x) = x + 1$에 대하여

$$\int_{-1}^{1} \{f(x)\}^2 dx = k\left(\int_{-1}^{1} f(x)\, dx\right)^2$$

일 때, 상수 k의 값은?

① $\dfrac{1}{6}$ ② $\dfrac{1}{3}$ ③ $\dfrac{1}{2}$ ④ $\dfrac{2}{3}$ ⑤ $\dfrac{5}{6}$

465

$\displaystyle\int_{0}^{2} \dfrac{x^3}{x^2 + x + 1}dx - \int_{0}^{2} \dfrac{1}{x^2 + x + 1}dx$의 값을 구하면?

① 0   ② 1   ③ 2   ④ 3   ⑤ 4

466

$\displaystyle\int_{0}^{1} \dfrac{27x^3}{3x + 1}dx + \int_{0}^{1} \dfrac{1}{3x + 1}dx$의 값은?

① 2   ② $\dfrac{5}{2}$ ③ 3   ④ $\dfrac{7}{2}$ ⑤ 4

467

정적분 $\displaystyle\int_{0}^{a} (3x^2 - 9)dx = 0$일 때, 상수 a의 값은? (단, $a > 0$)

① 2   ② 3   ③ 4   ④ 5   ⑤ 6

468

$\int_1^3 (2x - |x-2|)\,dx$ 의 값을 구하시오.

469

$\int_0^2 |x^2 - x|\,dx$ 의 값을 구하시오.

470

함수 $f(x)$ 가

$$2\int_0^1 x\,f(x)dx + \int_0^1 (x^2+2)f'(x)dx = 6,$$
$$f(0) = 3$$

를 만족시킬 때, $f(1)$ 의 값을 구하시오.

471

함수 $f(x) = x^3 - 3x + 1$ 이 $x = a$ 에서 극댓값을 가질 때, $\int_0^a f(x)dx$ 의 값은?(단, a 는 상수이다.)

① $-\dfrac{5}{2}$ ② $-\dfrac{9}{4}$ ③ -2 ④ $\dfrac{9}{4}$ ⑤ $\dfrac{5}{2}$

472

이차함수 $f(x)$가 다음 조건을 만족시킨다.

(가) $f(0) = 0$, $f(4) = 4$

(나) $\int_0^4 f(x)dx = 0$

$f'(4)$의 값을 구하시오.

473

함수 $f(x) = 3x^2 + 2x$에 대하여

$\int_0^1 f(x)dx - \int_2^1 f(x)dx$의 값은?

① 10   ② 11   ③ 12   ④ 13   ⑤ 14

474

함수 $f(x) = 3x^3 + 1$일 때,

$$\int_{-2}^{-1} f(x)dx - \int_1^{-1} f(x)dx + \int_1^2 f(x)dx$$

의 값을 구하시오.

475

함수 $f(x)$가 모든 실수 x에 대하여
$f(x) + f(x+2) = 4x^3 - 2x$를 만족할 때,
$\int_{-2}^2 f(x)dx$의 값은?

① -14 ② -12 ③ -10 ④ -8 ⑤ -6

476

실수 전체의 집합에서 미분가능한 함수 $f(x)$에 대하여 함수 $g(x)$를

$$g(x) = f(x) + (x-3)f'(x)$$

라 하자. $f(0) = 1$일 때, $\displaystyle\int_0^3 g(x)dx$의 값은?

① 1 ② $\dfrac{3}{2}$ ③ 2 ④ $\dfrac{5}{2}$ ⑤ 3

477

x에 대한 5차 다항함수 $f(x)$가 두 자연수 m, n에 대하여 $f(x) = x^m(x-1)^n$을 만족시킨다. $f'(0) > 0$이고 $F(x) = \displaystyle\int f(x)dx$일 때, $F(1) - F(0) = \dfrac{q}{p}$이다. $p+q$의 값을 구하시오. (단, p, q는 서로소인 자연수)

유형 3

함수의 성질을 이용한 정적분

출제유형 | 함수의 그래프가 y축 또는 원점에 대하여 대칭일 때, 함수의 성질을 이용하여 정적분의 값을 구하는 문제가 출제된다.

출제유형잡기 | (1) 연속함수 $y = f(x)$의 그래프가 y축에 대하여 대칭, 즉 모든 실수 x에 대하여 $f(-x) = f(x)$이면

$$\int_{-a}^{a} f(x)dx = 2\int_{0}^{a} f(x)dx$$

(2) 연속함수 $y = f(x)$의 그래프가 원점에 대하여 대칭, 즉 모든 실수 x에 대하여 $f(-x) = -f(x)$이면

$$\int_{-a}^{a} f(x)dx = 0$$

478

2024학년도 11월 수능

삼차함수 $f(x)$가 모든 실수 x에 대하여

$$xf(x) - f(x) = 3x^4 - 3x$$

를 만족시킬 때, $\int_{-2}^{2} f(x)dx$의 값은?

① 12   ② 16   ③ 20   ④ 24   ⑤ 28

479

2014학년도 11월 수능

실수 a에 대하여 $\int_{-a}^{a} (3x^2 + 2x)dx = \frac{1}{4}$일 때, $50a$의 값을 구하시오.

480

함수 $f(x) = 2x^3 + 6x^2 + ax$ 가

$\int_{-1}^{1} f(x)dx = f'(0) + f(1)$ 을 만족시킬 때, 상수 a의

값은?

① -2 ② 0 ③ 2 ④ 4 ⑤ 6

481

실수 a에 대하여 $\int_{-3}^{3} (ax^2 + 5x)dx = 18$일 때, a의

값을 구하시오.

482

함수 $f(x) = 7x^3 + 3x^2 - 5x - 1$에 대하여

$\int_{-2}^{1} f(x)dx + \int_{1}^{2} f(x)dx$ 의 값을 구하시오.

출제유형 | 정적분으로 표현된 함수의 미분을 이용하는 문제가 출제 된다.

출제유형잡기 | 함수 $f(t)$가 닫힌구간 $[a, b]$에서 연속일 때,

$$\frac{d}{dx}\int_a^x \{f(t)\}dt = f(x) \text{ (단, } a < x < b)$$

483   2025학년도 11월 수능

다항함수 $f(x)$가 모든 실수 x에 대하여

$$\int_0^x f(t)dt = 3x^3 + 2x$$

를 만족시킬 때, $f(1)$의 값은?

① 7   ② 9   ③ 11   ④ 13   ⑤ 15

484   2000학년도 11월 수능

다항함수 $f(x)$가 $\int_2^x f(t)dt = x^2 + ax + 2$를 만족시킬 때, $f(10)$의 값을 구하시오.

485

다항함수 $f(x)$ 가 모든 실수 x 에 대하여

$$\int_1^x f(t)dt = x^3 - 2ax^2 + ax$$

를 만족시킬 때, $f(3)$의 값을 구하시오. (단, a는 상수이다.)

486

함수 $F(x) = \int_0^x (t^3 - 1)\,dt$ 에 대하여 $F'(2)$ 의 값은?

① 11 ② 9 ③ 7 ④ 5 ⑤ 3

487

다항함수 $f(x)$ 에 대하여

$$\int_0^x f(t)dt = x^3 - 2x^2 - 2x \int_0^1 f(t)\,dt$$

일 때, $f(0) = a$ 라 하자. $60a$ 의 값을 구하시오.

488

다항함수 $f(x)$ 가 모든 실수 x 에 대하여

$$\int_0^x f(t)dt = x^3 + 4x$$

를 만족시킬 때, $f(10)$의 값을 구하시오.

489

함수 $f(x)$ 가

$$f(x) = \int_0^x (2at+1)\,dt$$

이고 $f'(2) = 17$ 일 때, 상수 a 의 값을 구하시오.

490

이차함수 $f(x)$ 가

$$f(x) = \frac{12}{7}x^2 - 2x\int_1^2 f(t)\,dt + \left\{\int_1^2 f(t)\,dt\right\}^2$$

일 때, $10\displaystyle\int_1^2 f(x)\,dx$ 의 값을 구하시오.

491

다항함수 $f(x)$ 가 모든 실수 x 에 대하여

$$\int_1^x f(t)\,dt = ax^2 + bx + 1$$

을 만족시킬 때, $f\left(\dfrac{1}{2}\right)$ 의 값은? (단, a, b는 상수이다.)

① -2 ② -1 ③ 0 ④ 1 ⑤ 2

492

다항함수 $f(x)$가 모든 실수 x에 대하여

$$\int_1^x f'(t)\,dt = x^3 - ax + 1$$

를 만족시킨다. $f(0) = 2f(1)$일 때, $f(a)$의 값을 구하시오.

493

다항함수 $f(x)$가 모든 실수 x에 대하여

$$xf(x) = 4\int_1^x f(t)dt + 2x^2$$

를 만족시킬 때, $f'(1)$의 값은?

① 9　　② 10　　③ 11　　④ 12　　⑤ 13

494

함수 $f(x) = \int_1^x \left(\dfrac{1}{t(t+1)}\right)dt$ 에 대하여

$\displaystyle\sum_{k=1}^{10}\left\{\lim_{h\to 0}\dfrac{f(k+h)-f(k)}{h}\right\} = \dfrac{q}{p}$ 일 때, $p+q$의 값을 구하시오. (단, p, q는 서로소인 자연수이다.)

495

다항함수 $f(x)$가 모든 실수 x에 대하여

$$\int_1^x \left\{\dfrac{d}{dt}f(t)\right\}dt = ax^3 + bx^2 - 1$$

를 만족시키고 $f'(1) = 0$일 때, $a^2 + b^2$의 값은? (단, a, b는 상수이다.)

① 11　　② 12　　③ 13　　④ 14　　⑤ 15

496

이차함수 $f(x)$가

$$f(x) = -\dfrac{36}{7}x^2 - 2x\int_1^2 f(t)dt + \left\{\int_1^2 f(t)dt\right\}^2$$

일 때, $\displaystyle\int_1^2 f(x)dx$ 의 최댓값은?

① -2　　② 2　　③ 4　　④ 6　　⑤ 8

497

함수 $f(x) = x^2 + 2ax - 4a - 4$에 대하여 함수

$$g(x) = \int_0^x f(t)dt$$

가 닫힌구간 $[0, 2]$에서 증가하도록 하는 실수 a의 최댓값을 k라 할 때, $10k^2$의 값을 구하시오.

498

다항함수 $f(x)$가 모든 실수 x에 대하여 등식

$$\int_1^x f(t)dt = x^3 + ax^2 + 2$$

을 만족시킬 때, $\displaystyle\lim_{h \to 0}\frac{f(2+h) - f(2)}{h}$의 값을 구하시오. (단, a는 상수이다.)

① 1   ② 2   ③ 4   ④ 6   ⑤ 8

499

다항함수 $f(x)$, $g(x)$가 모든 실수 x에 대하여 등식

$$g(x) = xf(x) + 4x^3 + x\int_1^x f(t)dt$$

를 만족시킨다. $g(1) = g'(1) = 0$일 때, $f(1)f'(1)$의 값을 구하시오.

유형 5 정적분으로 표현된 함수의 극한

출제유형 | 정적분으로 표현된 함수의 극한값을 구하는 문제가 출제된다.

출제유형잡기 | 실수 전체의 집합에서 연속인 함수 $f(x)$와 상수 a에 대하여

(1) $\displaystyle\lim_{x \to 0}\frac{1}{x}\int_{a}^{x+a}f(t)dt = f(a)$

(2) $\displaystyle\lim_{x \to a}\frac{1}{x-a}\int_{a}^{x}f(t)dt = f(a)$

500

함수 $f(x)=\displaystyle\int_{1}^{x}(t^2-4t+5)dt$ 에 대하여

$\displaystyle\lim_{n \to \infty} n\left\{f\left(1+\frac{3}{n}\right)-f\left(1-\frac{2}{n}\right)\right\}$의 값을 구하시오.

501

다항함수 $f(x)$에 대하여 $f'(1)=3$일 때,

$$\lim_{x \to 1}\frac{1}{x-1}\int_{1}^{x}(2x-t)f'(t)dt$$

의 값은?

① 1　　　② 2　　　③ 3　　　④ 4　　　⑤ 5

502

다항함수 $f(x)$가 $\lim\limits_{x \to 1} \dfrac{\displaystyle\int_1^x f(t)\,dt - f(x)}{x^2-1} = -1$ 를

만족할 때, $f'(1)$의 값은?

① -4 ② -2 ③ 0 ④ 2 ⑤ 4

503

삼차함수 $f(x)$ 의 도함수가

$f'(x) = (x-1)(x-2)$ 이고,

$\lim\limits_{x \to 1} \dfrac{1}{x-1} \displaystyle\int_1^x f(t)\,dt = \dfrac{1}{2}$ 일 때,

$\lim\limits_{x \to 0} \dfrac{3}{x} \displaystyle\int_x^0 f(t)\,dt$ 의 값을 구하시오.

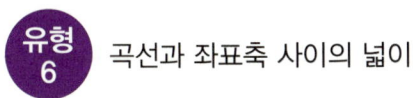

출제유형 | 곡선과 x축으로 둘러싸인 부분의 넓이를 구하는 문제가 주로 출제된다.

출제유형잡기 | 곡선이 주어지고 이 곡선과 x축으로 둘러싸인 부분의 넓이를 구하는 문제가 주로 출제되지만 문제에 주어지는 조건이 도함수, 함수의 성질 등을 이용하도록 주어지는 경우도 있으므로 이런 조건에 대비하여야 한다.

504 2024학년도 9월 평가원

두 곡선 $y = 3x^3 - 7x^2$과 $y = -x^2$으로 둘러싸인 부분의 넓이를 구하시오.

505 2021학년도 6월 모평

곡선 $y = x^3 - 2x^2$과 x축으로 둘러싸인 부분의 넓이는?

① $\dfrac{7}{6}$ ② $\dfrac{4}{3}$ ③ $\dfrac{3}{2}$ ④ $\dfrac{5}{3}$ ⑤ $\dfrac{11}{6}$

506

곡선 $y = 6x^2 + 1$과 x축 및 두 직선 $x = 1 - h$, $x = 1 + h$ $(h > 0)$로 둘러싸인 부분의 넓이를 $S(h)$라 할 때, $\displaystyle\lim_{h \to 0+} \frac{S(h)}{h}$의 값을 구하시오.

507

곡선 $y = x^2 - 1$와 x축 및 직선 $x = \sqrt{3}$으로 둘러싸인 부분의 넓이는 a이다. $9a$의 값을 구하시오.

508

곡선 $y = (x - 2)^2$과 x축 및 y축으로 둘러싸인 부분의 넓이는?

① $\dfrac{4}{3}$　　② 2　　③ $\dfrac{8}{3}$　　④ $\dfrac{10}{3}$　　⑤ 4

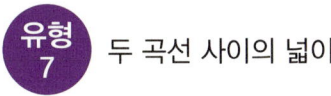

유형 7 두 곡선 사이의 넓이

출제유형 | 두 곡선으로 둘러싸인 부분의 넓이를 구하는 문제가 출제된다.

출제유형잡기 | 두 곡선이 만나는 점을 구할 필요가 있을 때는 방정식을 이용하여 만나는 점의 x좌표를 구하여 두 곡선으로 둘러싸인 부분의 넓이를 구한다. 닫힌구간 $[a, b]$에서 연속인 두 함수 $y = f(x)$와 $y = g(x)$의 두 직선 $x = a$, $x = b$로 둘러싸인 부분의 넓이 S 는

$$S = \int_a^b |f(x) - g(x)| dx$$

509
2022학년도 6월 모평

곡선 $y = 3x^2 - x$와 직선 $y = 5x$로 둘러싸인 부분의 넓이는?

① 1 ② 2 ③ 3 ④ 4 ⑤ 5

510
2012학년도 9월 모평

곡선 $y = x^2 - x + 2$ 와 직선 $y = 2$ 로 둘러싸인 부분의 넓이는?

① $\dfrac{1}{9}$ ② $\dfrac{1}{6}$ ③ $\dfrac{2}{9}$ ④ $\dfrac{5}{18}$ ⑤ $\dfrac{1}{3}$

511

2014학년도 11월 수능

곡선 $y = x^2 - 4x + 3$과 직선 $y = 3$으로 둘러싸인 부분의 넓이는?

① 10 ② $\dfrac{31}{3}$ ③ $\dfrac{32}{3}$ ④ 11 ⑤ $\dfrac{34}{3}$

513

곡선 $y = x^2 - x$과 직선 $y = -x + 4$로 둘러싸인 부분의 넓이를 S라 할 때, $3S$의 값을 구하시오.

512

2018학년도 11월 수능

곡선 $y = -2x^2 + 3x$ 와 직선 $y = x$로 둘러싸인 부분의 넓이가 $\dfrac{q}{p}$일 때, $p + q$의 값을 구하시오.

(단, p와 q는 서로소인 자연수이다.)

514

두 곡선 $y = x^2$, $y = \dfrac{2}{3}x^2$과 직선 $x = 3$으로 둘러싸인 도형의 넓이를 구하시오.

515

두 곡선 $y = x^2 - 5x - 15$과 $y = -2x^2 + x - 6$로 둘러싸인 부분의 넓이를 구하시오.

출제유형 | 함수의 성질, 정적분의 정의와 성질, 역함수의 관계 등을 이용하여 넓이를 구하는 문제가 출제된다.

출제유형잡기 | 주어진 함수의 성질과 특징, 정적분의 정의와 넓이의 관계, 주어진 함수의 그래프와 그 역함수의 그래프의 특징을 이용하여 넓이를 구한다.

516
2022학년도 11월 대수능

곡선 $y = x^2 - 5x$와 $y = x$로 둘러싸인 부분의 넓이를 직선 $x = k$가 이등분할 때, 상수 k의 값은?

① 3   ② $\dfrac{13}{4}$ ③ $\dfrac{7}{2}$ ④ $\dfrac{15}{4}$ ⑤ 4

517
2010학년도 9월 모평

두 곡선 $y = x^4 - x^3$, $y = -x^4 + x$로 둘러싸인 도형의 넓이가 곡선 $y = ax(1 - x)$에 의하여 이등분할 때, 상수 a의 값은? (단, $0 < a < 1$)

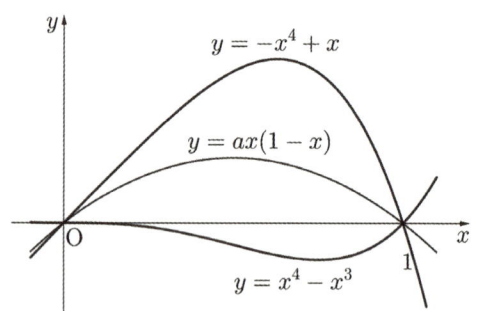

① $\dfrac{1}{4}$ ② $\dfrac{3}{8}$ ③ $\dfrac{5}{8}$ ④ $\dfrac{3}{4}$ ⑤ $\dfrac{7}{8}$

518

자연수 n 에 대하여 좌표가 $(0,\ 2n+1)$인 점을 P 라 하고, 함수 $f(x)=nx^2$의 그래프 위의 점 중 y좌표가 1 이고 제 1 사분면에 있는 점을 Q 라 하자.

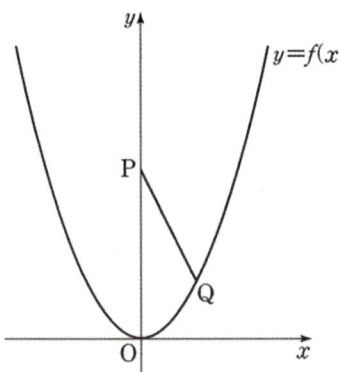

$n=1$일 때, 선분 PQ 와 곡선 $y=f(x)$ 및 y축으로 둘러싸인 부분의 넓이는?

① $\dfrac{3}{2}$ ② $\dfrac{19}{12}$ ③ $\dfrac{5}{3}$ ④ $\dfrac{7}{4}$ ⑤ $\dfrac{11}{6}$

519

그림은 두 곡선 $y=x^2$, $y=\dfrac{1}{4}x^2$ 과 꼭짓점의 좌표가 O $(0,\ 0)$, A $(n,\ 0)$, B $(n,\ n^2)$, C $(0,\ n^2)$ 인 직사각형 OABC 를 나타낸 것이다. (단, n 은 자연수)

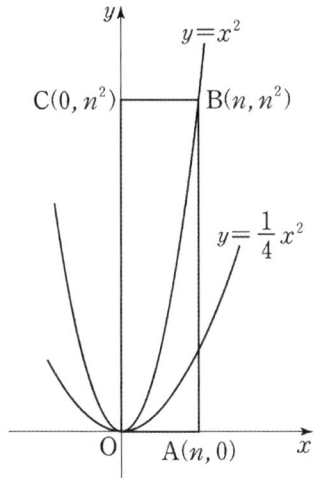

$n=4$ 일 때, 두 곡선 $y=x^2$, $y=\dfrac{1}{4}x^2$ 과 직선 AB 로 둘러싸인 부분의 넓이는?

① 14 ② 16 ③ 18 ④ 20 ⑤ 22

520

함수 $f(x) = x^3 - 12x + 16$에 대하여 곡선
$y = f(x)$위의 점 $A(2, f(2))$에서의 접선과 곡선
$y = f(x)$로 둘러싸인 부분의 넓이를 구하시오.

521

사차함수 $f(x)$와 삼차함수 $g(x)$가 다음 조건을
만족시킨다. 곡선 $y = f(x)$와 x축으로 둘러싸인 부분의
넓이를 S_1, 곡선 $y = g(x)$와 x축으로 둘러싸인 부분의
넓이를 S_2라 할 때, $24 \times \dfrac{S_2}{S_1}$의 값을 구하시오.

(가) $f'(x) = 4(x-2)(x-8)^2$, $f(0) = 0$

(나) $g(x) = \dfrac{f(x)}{(x-8)}$ $(x \neq 8)$

유형 9 수직선 위를 움직이는 점의 속도와 거리

출제유형 | 수직선 위를 움직이는 점 또는 물체의 시각 t 에서의 속도에 대한 식이나 그래프가 주어질 때, 점 또는 물체의 위치, 위치의 변화량, 움직인 거리를 구하는 문제가 출제된다.

출제유형잡기 | 수직선 위를 움직이는 점 P 의 위치와 위치의 변화량, 움직인 거리의 차이점을 이해하고 이를 이용하여 문제를 해결한다.

522   2025학년도 6월 모평

시각 $t = 0$일 때 원점을 출발하여 수직선 위를 움직이는 점 P 의 시각 $t \, (t \geq 0)$에서의 속도 $v(t)$가

$$v(t) = \begin{cases} -t^2 + t + 2 & (0 \leq t \leq 3) \\ k(t-3) - 4 & (t > 3) \end{cases}$$

이다. 출발한 후 점 P 의 운동 방향이 두 번째로 바뀌는 시각에서의 점 P 의 위치가 1일 때, 양수 k의 값을 구하시오.

523   2022학년도 6월 모평

수직선 위를 움직이는 점 P 의 시각 $t \, (t \geq 0)$에서의 속도 $v(t)$가

$$v(t) = 3t^2 - 4t + k$$

이다. 시각 $t = 0$에서 점 P 의 위치는 0 이고, 시각 $t = 1$에서 점 P 의 위치는 -3 이다. 시각 $t = 1$에서 $t = 3$까지 점 P 의 위치의 변화량을 구하시오. (단, k는 상수이다.)

524

수직선 위를 움직이는 점 P의 시각 $t(t \geq 0)$에서의 속도 $v(t)$가

$$v(t) = t^2 - at \quad (a > 0)$$

이다. 점 P가 시각 $t = 0$일 때부터 움직이는 방향이 바뀔 때까지 움직인 거리가 $\dfrac{9}{2}$이다. 상수 a의 값은?

① 1   ② 2   ③ 3   ④ 4   ⑤ 5

526

시각 $t = 0$일 때 동시에 원점을 출발하여 수직선 위를 움직이는 두 점 P, Q의 시각 $t(t \geq 0)$에서의 속도가 각각

$$v_1(t) = 3t^2 + t, \quad v_2(t) = 2t^2 + 3t$$

이다. 출발한 두 점 P, Q의 속도가 같아지는 순간 두 점 P, Q 사이의 거리를 a라 할 때, $9a$의 값을 구하시오.

525

수직선 위를 움직이는 점 P의 시각 t $(t \geq 0)$에서의 속도 $v(t)$가

$$v(t) = -2t + 4$$

이다. $t = 0$부터 $t = 4$까지 점 P가 움직인 거리는?

① 8   ② 9   ③ 10   ④ 11   ⑤ 12

527

수직선 위를 움직이는 점 P의 시각 t $(t \geq 0)$에서의 속도 $v(t)$가

$$v(t) = t^2 - 4t + 1$$

이다. 시각 $t = 4$에서 점 P의 위치가 0일 때, 시각 $t = 1$에서 점 P의 위치는?

① 4   ② 5   ③ 6   ④ 7   ⑤ 8

528

수직선 위를 움직이는 점 P 의 시각 t $(t \geq 0)$ 에서의 위치 x 가

$$x = \frac{1}{4}t^4 + at^3 \ (a \text{ 는 상수})$$

이다. $t = 3$ 에서 점 P의 속도가 0 일 때, $t = 0$ 에서 $t = 3$ 까지 점 P가 움직인 거리는?

① $\dfrac{23}{4}$ ② $\dfrac{25}{4}$ ③ $\dfrac{27}{4}$ ④ $\dfrac{29}{4}$ ⑤ $\dfrac{31}{4}$

529

지면 위의 한 지점 A에서 지점 B를 향하여 $20\,m/$초 의 속도로 공을 굴렸다. 공의 속도가 매초 $4\,m/$초 씩 줄어들고, 공이 구르기 시작한 후 운동방향을 바꾸지 않는다고 할 때, 지점 A로부터 $48\,m$ 떨어진 지점 B를 지나는 순간, 공의 속도는? (단, 공은 직선 운동을 하고, 공의 크기는 무시한다.)

① $2\,m/$초 ② $2.5\,m/$초 ③ $3\,m/$초
④ $3.5\,m/$초 ⑤ $4\,m/$초

530

원점을 출발하여 수직선 위를 움직이는 점 P 의 시각 t 에서의 속도 $v(t)$ 는

$$v(t) = t^2 - 7t + 12$$

이다. 점 P 가 출발한 후 운동 방향이 두 번째로 바뀌는 순간의 점 P 의 위치는?

① $\dfrac{32}{3}$ ② $\dfrac{34}{3}$ ③ 12 ④ $\dfrac{38}{3}$ ⑤ $\dfrac{40}{3}$

531

수직선 위를 움직이는 두 점 P, Q 가 원점을 출발한 지 t 초가 되는 순간, 두 점 P, Q 의 속도를 각각 $v_P(t)$, $v_Q(t)$ 라 하면

$$v_P(t) = -2t + 3, \ v_Q(t) = 3t^2 - 3$$

이 성립한다. 두 점 P, Q 가 원점을 동시에 출발한 지 s 초 후에 다시 만난다고 할 때, s 의 값은? (단, $t > 0, \ s > 0$)

① 1 ② $\dfrac{3}{2}$ ③ 2 ④ $\dfrac{5}{2}$ ⑤ 3

532

원점을 출발하여 수직선 위를 움직이는 점 P의 t 초 후의 x 좌표가 $x = t^3 - \dfrac{9}{2}t^2 + 6t$ 로 주어질 때, 원점을 출발한 후 처음 3 초 동안 점 P가 움직인 거리는 a이다. $10a$의 값을 구하시오.

적분법
Level
2

533

함수 $f(x) = 3x^2 - 16x - 20$에 대하여

$$\int_{-2}^{a} f(x)dx = \int_{-2}^{0} f(x)dx$$

일 때, 양수 a의 값은? [4점]

① 16   ② 14   ③ 12   ④ 10   ⑤ 8

534

실수 전체의 집합에서 미분가능한 함수 $f(x)$의 도함수 $f'(x)$가

$$f'(x) = \begin{cases} -x + 2 & (x < 0) \\ x^2 + a & (x > 0) \end{cases}$$

일 때 양의 상수 a에 대하여

$$\int_{-a}^{0} f(x)dx = \int_{0}^{2a} f(x)dx$$

일 때, $f(0)$의 값은? [4점]

① $-\dfrac{64}{3}$ ② $-\dfrac{62}{3}$ ③ -20

④ $-\dfrac{58}{3}$ ⑤ $-\dfrac{56}{3}$

535

최고차항의 계수가 1인 삼차함수 $f(x)$가

$$f(1) = f(2) = 0,\ f'(0) = -7$$

을 만족시킨다. 원점 O와 점 P$(3,\ f(3))$에 대하여 선분 OP가 곡선 $y = f(x)$와 만나는 점 중 P가 아닌 점을 Q라 하자. 곡선 $y = f(x)$와 y축 및 선분 OQ로 둘러싸인 부분의 넓이를 A, 곡선 $y = f(x)$와 선분 PQ로 둘러싸인 부분의 넓이를 B라 할 때, $B - A$의 값은? [4점]

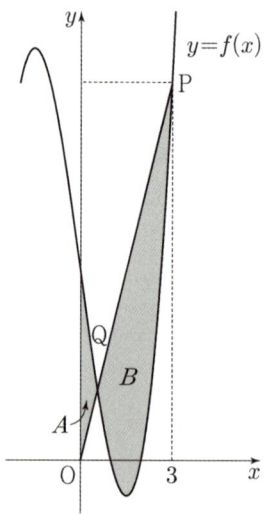

① $\dfrac{37}{4}$　② $\dfrac{39}{4}$　③ $\dfrac{41}{4}$　④ $\dfrac{43}{4}$　⑤ $\dfrac{45}{4}$

536

최고차항의 계수가 1인 삼차함수 $y = f(x)$가

$$f(2) = f'(2) = 0,\ f'(0) = -2$$

을 만족시킨다. 점 $(0,\ f(0))$에서의 접선의 방정식을 $y = g(x)$라 하자. $y = g(x)$가 x축과 만나는 점을 P, 점 P를 지나고 y축에 평행한 직선이 $y = f(x)$와 만나는 점을 Q라고 하자.
곡선 $y = f(x)$와 $y = g(x)$ 둘러싸인 부분의 넓이를 A, 곡선 $y = f(x)$, $y = g(x)$와 선분 PQ로 둘러싸인 부분의 넓이를 B라 할 때, $A - B$의 값은? [4점]

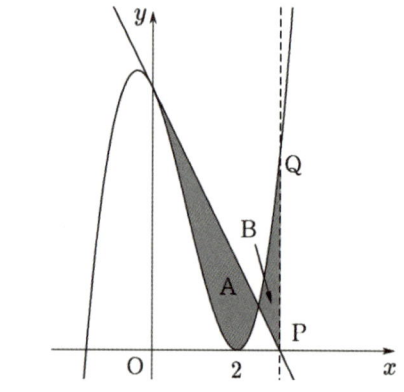

① $\dfrac{1}{4}$　② $\dfrac{3}{4}$　③ $\dfrac{5}{4}$　④ $\dfrac{7}{4}$　⑤ $\dfrac{9}{4}$

함수 $f(x) = x^2 + x$에 대하여

$$5\int_0^1 f(x)dx - \int_0^1 (5x + f(x))dx$$

의 값은? [4점]

① $\dfrac{1}{6}$ ② $\dfrac{1}{3}$ ③ $\dfrac{1}{2}$ ④ $\dfrac{2}{3}$ ⑤ $\dfrac{5}{6}$

함수 $f(x) = x^3 + ax + 1$에 대하여 함수 $g(x)$를

$$g(x) = f(x) + (x-5)f'(x)$$

라 하자. $2\int_0^5 g(x)dx - \int_0^5 (g(x) - 2x)dx$의 값은? (단, a는 상수이다.) [4점]

① 10   ② 15   ③ 20   ④ 25   ⑤ 30

함수 $f(x) = x^2 + x$에 대하여

함수 $f(x) = x^3 + ax + 1$에 대하여 함수 $g(x)$를

함수

$$f(x) = \begin{cases} -x^2 - 2x + 6 & (x < 0) \\ -x^2 + 2x + 6 & (x \geq 0) \end{cases}$$

의 그래프가 x축과 만나는 서로 다른 두 점을 P, Q라 하고, 상수 $k \, (k > 4)$에 대하여 직선 $x = k$가 x축과 만나는 점을 R이라 하자. 곡선 $y = f(x)$와 선분 PQ로 둘러싸인 부분의 넓이를 A, 곡선 $y = f(x)$와 직선 $x = k$ 및 선분 QR로 둘러싸인 부분의 넓이를 B라 하자. $A = 2B$일 때, k의 값은? (단, 점 P의 x좌표는 음수이다.) [4점]

① $\dfrac{9}{2}$ ② 5   ③ $\dfrac{11}{2}$ ④ 6   ⑤ $\dfrac{13}{2}$

함수 $f(x) = -|x - 2| + 2$에 대하여

$$g(x) = \begin{cases} f(x) & (x \geq 0) \\ f(-x) & (x < 0) \end{cases}$$

의 그래프가 x축과 만나는 원점이 아닌 서로 다른 두 점을 P, Q라 하고, 상수 $k \, (k > 4)$에 대하여 직선 $x = k$가 x축과 만나는 점을 R이라 하자. 곡선 $y = g(x)$와 선분 PQ로 둘러싸인 부분의 넓이를 A, 곡선 $y = f(x)$와 직선 $x = k$ 및 선분 QR로 둘러싸인 부분의 넓이를 B라 하자. $A = B$일 때, k의 값은? (단, 점 P의 x좌표는 음수이다.) [4점]

① 2   ② 4   ③ 6   ④ 8   ⑤ 10

541

두 다항함수 $f(x)$, $g(x)$는 모든 실수 x에 대하여 다음 조건을 만족시킨다.

> (가) $\displaystyle\int_1^x tf(t)dt + \int_{-1}^x tg(t)dt = 3x^4 + 8x^3 - 3x^2$
>
> (나) $f(x) = xg'(x)$

$\displaystyle\int_0^3 g(x)dx$의 값은? [4점]

① 72　　② 76　　③ 80　　④ 84　　⑤ 88

542

두 다항함수 $f(x)$, $g(x)$는 모든 실수 x에 대하여 다음 조건을 만족시킨다.

> (가) $g(x) = x^2 f'(x)$
>
> (나) $\displaystyle\int_2^x f(t)dt + \int_{-2}^x \frac{g(t)}{t}dt = x^4 - 2x^2 + ax$

상수 a의 값은? [4점]

① -2　　② -4　　③ -6　　④ -8　　⑤ -10

543

곡선 $y = \frac{1}{4}x^3 + \frac{1}{2}x$와 직선 $y = mx + 2$ 및 y축으로

둘러싸인 부분의 넓이를 A, 곡선 $y = \frac{1}{4}x^3 + \frac{1}{2}x$와 두

직선 $y = mx + 2$, $x = 2$로 둘러싸인 부분의 넓이를 B라

하자. $B - A = \frac{2}{3}$일 때, 상수 m의 값은? (단,

$m < -1$) [4점]

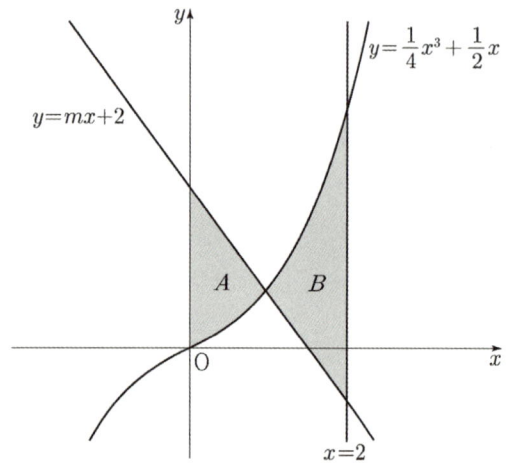

① $-\frac{3}{2}$ ② $-\frac{17}{12}$ ③ $-\frac{4}{3}$ ④ $-\frac{5}{4}$ ⑤ $-\frac{7}{6}$

544

곡선 $y = x^3 + 5x$와 직선 $y = mx + 3$ 및 y축으로

둘러싸인 부분의 넓이를 A, 곡선 $y = x^3 + 5x$와 두 직선

$y = mx + 3$, $x = 3$으로 둘러싸인 부분의 넓이를 B라

하자. $A = B$일 때, 상수 m의 값은? [4점]

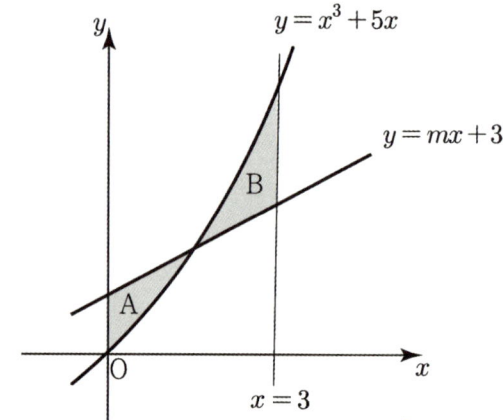

① 3   ② $\frac{11}{2}$ ③ 6   ④ $\frac{15}{2}$ ⑤ 8

545

시각 $t = 0$일 때 동시에 원점을 출발하여 수직선 위를 움직이는 두 점 P, Q의 시각 $t(t \geq 0)$에서의 속도가 각각

$$v_1(t) = t^2 - 6t + 5, \ v_2(t) = 2t - 7$$

이다. 시각 t에서의 두 점 P, Q사이의 거리를 $f(t)$라 할 때, 함수 $f(t)$는 구간 $[0, \ a]$에서 증가하고, 구간 $[a, \ b]$에서 감소하고, 구간 $[b, \ \infty)$에서 증가한다. 시각 $t = a$에서 $t = b$까지 점 Q가 움직인 거리는? (단, $0 < a < b$) [4점]

① $\dfrac{15}{2}$ ② $\dfrac{17}{2}$ ③ $\dfrac{19}{2}$ ④ $\dfrac{21}{2}$ ⑤ $\dfrac{23}{2}$

546

시각 $t = 0$일 때 원점을 동시에 출발하여 수직선 위를 움직이는 두 점 A, B의 시각 $t(t \geq 0)$에서의 속도가 각각 $v_A = 3t^2 - 4t, v_B = 4t - 3$이다. 시각 t에서의 두 점 A, B 사이의 거리를 $f(t)$라 할 때, $y = f(t)$는 $t = a, b$에서 $f'(t)$가 존재하지 않는다. 두 점 A, B가 두 번째로 만날 때까지 점 A가 움직인 거리를 P, 시각 $t = a$에서 $t = b$까지 점 B가 움직인 거리를 Q라고 할 때, P − Q의 값은? (단, $0 < a < b$) [4점]

① $\dfrac{22}{27}$ ② $\dfrac{10}{9}$ ③ $\dfrac{37}{27}$ ④ 2 ⑤ $\dfrac{20}{9}$

547

함수 $f(x) = \dfrac{1}{9}x(x-6)(x-9)$와 실수

$t\,(0 < t < 6)$에 대하여 함수 $g(x)$는

$$g(x) = \begin{cases} f(x) & (x < t) \\ -(x-t) + f(t) & (x \geq t) \end{cases}$$

이다. 함수 $y = g(x)$의 그래프와 x축으로 둘러싸인 영역의 넓이의 최댓값은? [4점]

① $\dfrac{124}{4}$ ② $\dfrac{127}{4}$ ③ $\dfrac{129}{4}$ ④ $\dfrac{131}{4}$ ⑤ $\dfrac{133}{4}$

548

함수 $f(x) = \dfrac{1}{12}x^2\left(x - \dfrac{9}{2}\right)$와 실수 $t\,\left(0 < t < \dfrac{9}{2}\right)$에

대하여 함수 $g(x)$는

$$g(x) = \begin{cases} f(x) & (x < t) \\ x + f(t) - t & (x \geq t) \end{cases}$$

이다. 함수 $y = g(x)$의 그래프와 x축으로 둘러싸인 영역의 넓이의 최댓값은? [4점]

① $\dfrac{20}{9}$ ② $\dfrac{22}{9}$ ③ $\dfrac{24}{9}$ ④ $\dfrac{26}{9}$ ⑤ $\dfrac{28}{9}$

549

양수 k에 대하여 함수 $f(x)$는

$$f(x) = kx(x-2)(x-3)$$

이다. 곡선 $y = f(x)$와 x축이 원점 O와 두 점 P, Q $(\overline{\text{OP}} < \overline{\text{OQ}})$에서 만난다. 곡선 $y = f(x)$와 선분 OP로 둘러싸인 영역을 A, 곡선 $y = f(x)$와 선분 PQ로 둘러싸인 영역을 B라 하자.

$$(A의\ 넓이) - (B의\ 넓이) = 3$$

일 때, k의 값은? [4점]

① $\dfrac{7}{6}$ ② $\dfrac{4}{3}$ ③ $\dfrac{3}{2}$ ④ $\dfrac{5}{3}$ ⑤ $\dfrac{11}{6}$

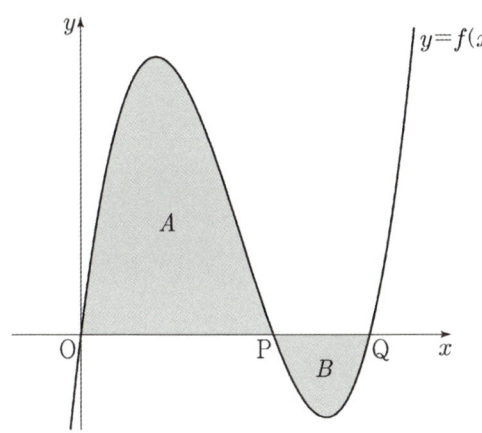

550

양수 a, k에 대하여 함수 $f(x)$는

$$f(x) = k(x-a)(x-a-1)$$

이다. 곡선 $y = f(x)$와 x축으로 둘러싸인 부분의 넓이가 $\dfrac{1}{2}$일 때, $y = \{f(x)\}^2$와 x축으로 둘러싸인 부분의 넓이는? [4점]

① $\dfrac{1}{5}$ ② $\dfrac{3}{10}$ ③ $\dfrac{1}{2}$ ④ $\dfrac{5}{6}$ ⑤ $\dfrac{4}{3}$

551

실수 $a(a \geq 0)$에 대하여 수직선 위를 움직이는 점 P 의 시각 t $(t \geq 0)$에서의 속도 $v(t)$를

$$v(t) = -t(t-1)(t-a)(t-2a)$$

라 하자. 점 P 가 시각 $t=0$일 때 출발한 후 운동 방향을 한 번만 바꾸도록 하는 a에 대하여, 시각 $t=0$에서 $t=2$까지 점 P 의 위치의 변화량의 최댓값은? [4점]

① $\dfrac{1}{5}$ ② $\dfrac{7}{30}$ ③ $\dfrac{4}{15}$ ④ $\dfrac{3}{10}$ ⑤ $\dfrac{1}{3}$

552

음이 아닌 실수 a에 대하여 수직선 위를 움직이는 점 P 의 시각 t $(t \geq 0)$에서의 속도 $v(t)$를

$$v(t) = t(t-1)(t-2a)(t-4a)$$

라 하자. 점 P 가 $t=0$에서 출발한 후 운동 방향을 한 번만 바꾸도록 하는 a에 대하여, 시각 $t=0$에서 $t=1$까지 점 P 의 위치의 변화량의 최댓값은? [4점]

① $-\dfrac{1}{120}$ ② $-\dfrac{1}{60}$ ③ $-\dfrac{2}{15}$

④ $-\dfrac{1}{20}$ ⑤ $-\dfrac{1}{15}$

553

최고차항의 계수가 1인 이차함수 $f(x)$에 대하여 함수

$$g(x) = \int_0^x f(t)dt$$

가 다음 조건을 만족시킬 때, $f(9)$의 값을 구하시오.
[4점]

$x \geq 1$인 모든 실수 x에 대하여
$g(x) \geq g(4)$이고 $|g(x)| \geq |g(3)|$이다.

554

실수 a와 최고차항의 계수가 -1인 이차함수 $f(x)$에 대하여 함수

$$g(x) = \int_a^x f(t)dt$$

가 다음 조건을 만족시킬 때, $f(a) = -\dfrac{q}{p}$이다. $p+q$의 값을 구하시오. (단, p와 q는 서로소인 자연수이다.)
[4점]

$x \geq a$인 모든 실수 x에 대하여
$g(x) \leq g(a+5)$이고 $|g(x)| \geq |g(a+4)|$이다.

555

두 점 P와 Q는 시각 $t=0$일 때 각각 점 A(1)과 점 B(8)에서 출발하여 **수직선** 위를 움직인다. 두 점 P, Q의 시각 $t(t \geq 0)$에서의 속도는 각각

$$v_1(t) = 3t^2 + 4t - 7,\ v_2(t) = 2t + 4$$

이다. 출발한 시각부터 두 점 P, Q 사이의 거리가 처음으로 4가 될 때까지 점 P가 움직인 거리는? [4점]

① 10　　② 14　　③ 19　　④ 25　　⑤ 32

556

두 점 P와 Q는 시각 $t=0$일 때 각각 점 A(-5), B(3)에서 출발하여 수직선 위를 움직인다. 두 점 P, Q의 시각 $t(t \geq 0)$에서의 속도는 각각

$$v_1(t) = -6t^2 - 2t + 8,\ v_2(t) = -2t - 1$$

이다. 출발한 시각부터 두 점 P, Q 사이의 거리가 처음으로 1이 될 때까지 점 P가 움직인 거리와 점 Q가 움직인 거리의 합은? [4점]

① 7　　② 8　　③ 9　　④ 10　　⑤ 11

수직선 위를 움직이는 점 P 의 시각 $t\,(t \geq 0)$에서의 속도 $v(t)$와 가속도 $a(t)$가 다음 조건을 만족시킨다.

(가) $0 \leq t \leq 2$일 때, $v(t) = 2t^3 - 8t$이다.

(나) $t \geq 2$일 때, $a(t) = 6t + 4$이다.

시각 $t = 0$에서 $t = 3$까지 점 P 가 움직인 거리를 구하시오. [4점]

수직선 위를 움직이는 점 P 의 시각 $t\,(t \geq 0)$에서의 속도 $v(t)$와 가속도 $a(t)$가 다음 조건을 만족시킨다.

(가) $0 \leq t \leq 1$일 때, $a(t) = -2t + 1$이다.

(나) $1 \leq t \leq 2$일 때, $v(t) = t^2 - 3t + 2$이다.

(다) $2 \leq t \leq 3$일 때, $a(t) = 2t - 1$이다.

시각 $t = 0$에서 $t = 3$까지 점 P 가 움직인 거리는 $\dfrac{q}{p}$이다. $p + q$의 값을 구하시오. (단, p와 q는 서로소인 자연수이다.) [4점]

559

실수 전체의 집합에서 연속인 함수 $f(x)$가 다음 조건을 만족시킨다.

$n-1 \le x < n$일 때,
$|f(x)| = |6(x-n+1)(x-n)|$이다.
(단, n은 자연수이다.)

열린구간 $(0, 4)$에서 정의된 함수

$$g(x) = \int_0^x f(t)dt - \int_x^4 f(t)dt$$

가 $x = 2$에서 최솟값 0을 가질 때, $\int_{\frac{1}{2}}^{4} f(x)dx$의 값은? [4점]

① $-\dfrac{3}{2}$　② $-\dfrac{1}{2}$　③ $\dfrac{1}{2}$　④ $\dfrac{3}{2}$　⑤ $\dfrac{5}{2}$

560

실수 전체의 집합에서 연속인 함수 $f(x)$가 다음 조건을 만족시킨다.

모든 자연수 n에 대하여
$n-1 \le x < n$일 때,
$|f(x)| = |(x-n+1)(x-n)|$이다.

열린구간 $(0, 6)$에서 정의된 함수

$$g(x) = \int_0^x f(t)dt - \int_x^6 f(t)dt$$

가 $x = 3$에서만 최솟값 $-\dfrac{1}{3}$을 가질 때, 방정식 $6g(x)+1 = 0$의 모든 해의 합은? [4점]

① $\dfrac{11}{2}$　② $\dfrac{17}{3}$　③ $\dfrac{35}{6}$　④ 6　⑤ $\dfrac{37}{6}$

561

두 곡선 $y = x^3 + x^2$, $y = -x^2 + k$와 y축으로 둘러싸인 부분의 넓이를 A, 두 곡선 $y = x^3 + x^2$, $y = -x^2 + k$와 직선 $x = 2$로 둘러싸인 부분의 넓이를 B라 하자. $A = B$일 때, 상수 k의 값은? (단, $4 < k < 5$) [4점]

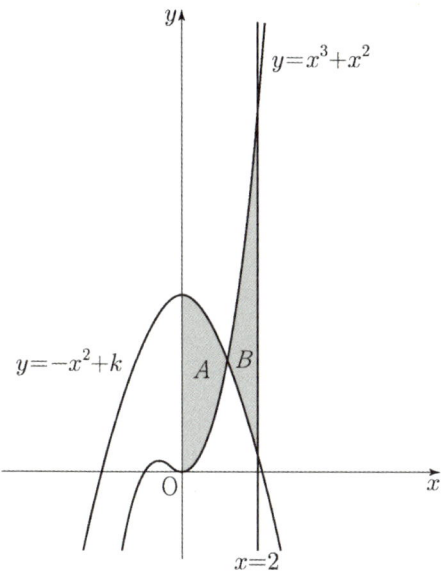

① $\dfrac{25}{6}$ ② $\dfrac{13}{3}$ ③ $\dfrac{9}{2}$ ④ $\dfrac{14}{3}$ ⑤ $\dfrac{29}{6}$

562

그림에서 두 곡선 $y = x^3$, $y = x^2 + 1$과 y 축으로 둘러싸인 부분 A 의 넓이를 a, 두 곡선 $y = x^3$, $y = x^2 + 1$과 직선 $x = 2$ 로 둘러싸인 부분 B 의 넓이를 b 라 할 때, $b - a$ 의 값은? [4점]

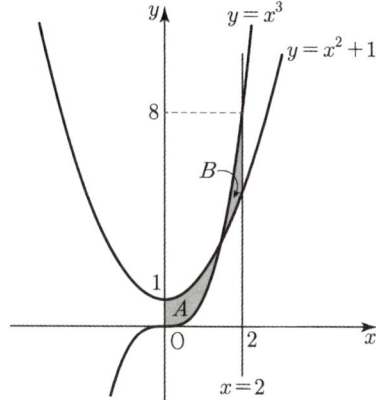

① -1 ② $-\dfrac{2}{3}$ ③ $-\dfrac{1}{3}$ ④ $-\dfrac{1}{4}$ ⑤ $-\dfrac{1}{6}$

상수 $k(k < 0)$에 대하여 두 함수

$$f(x) = x^3 + x^2 - x, \quad g(x) = 4|x| + k$$

의 그래프가 만나는 점의 개수가 2일 때,

두 함수의 그래프로 둘러싸인 부분의 넓이를 S라 하자.
$30 \times S$의 값을 구하시오. [4점]

좌표평면에서 두 함수

$$f(x) = \frac{1}{4}x^4 - \frac{1}{2}x^2 + \frac{1}{4}, \quad g(x) = |6x| + a$$

의 그래프가 만나는 점의 개수가 2일 때, 두 함수의
그래프로 둘러싸인 부분의 넓이를 S라 하자. $15 \times S$의
값을 구하시오. (단, $a < 0$) [4점]

565

최고차항의 계수가 1이고 $f(0)=0$, $f(1)=0$인 삼차함수 $f(x)$에 대하여 함수 $g(t)$를

$$g(t)=\int_{t}^{t+1}f(x)dx-\int_{0}^{1}|f(x)|dx$$

라 할 때, 〈보기〉에서 옳은 것만을 있는 대로 고른 것은? [4점]

---- | 보기 | ----

ㄱ. $g(0)=0$이면 $g(-1)<0$이다.

ㄴ. $g(-1)>0$이면 $f(k)=0$을 만족시키는 $k<-1$인 실수 k가 존재한다.

ㄷ. $g(-1)>1$이면 $g(0)<-1$이다.

① ㄱ   ② ㄱ, ㄴ   ③ ㄱ, ㄷ
④ ㄴ, ㄷ   ⑤ ㄱ, ㄴ, ㄷ

566

함수 $f(x)=\begin{cases}3x+a & (x<2)\\ x^2+2x-a^2 & (x\geq 2)\end{cases}$와 모든 실수 x에

대하여 $(x-1)g(x)=x^3+(a-1)x^2+ax-2a$을 만족시키는 연속함수 $g(x)$에 대하여 보기에서 옳은 것만을 있는 대로 고른 것은? (단, a는 실수이다.) [4점]

---- | 보기 | ----

ㄱ. 함수 $f(x)$가 실수 전체의 집합에서 연속이 되도록 하는 a의 값이 존재한다.

ㄴ. 함수 $\dfrac{x-1}{g(x)}$이 실수 전체의 집합에서 연속이 되도록 하는 모든 정수 a의 값의 합은 25이다.

ㄷ. 함수 $\dfrac{f(x)}{g(x)}$가 실수 전체의 집합에서 연속일 때,

방정식 $\dfrac{f(x)}{g(x)}=0$은 열린구간

$(a-2,\ a-1)$에서 적어도 하나의 실근을 갖는다.

① ㄱ   ② ㄱ, ㄴ   ③ ㄱ, ㄷ
④ ㄴ, ㄷ   ⑤ ㄱ, ㄴ, ㄷ

수직선 위의 점 $A(6)$과 시각 $t=0$일 때 원점을 출발하여 수직선 위를 움직이는 점 P가 있다. 시각 $t\,(t \geq 0)$에서의 점 P의 속도 $v(t)$를

$$v(t)=3t^2+at \quad (a>0)$$

이라 하자, 시각 $t=2$에서 점 P와 점 A 사이의 거리가 10일 때, 상수 a의 값은? [4점]

① 1   ② 2   ③ 3   ④ 4   ⑤ 5

수직선 위의 점 $A(3)$과 시각 $t=0$일 때 원점을 출발하여 수직선 위를 움직이는 점 P가 있다. 시각 $t\,(t \geq 0)$에서의 점 P의 속도 $v(t)$를

$$v(t)=3t^2+2at+a \quad (a>0)$$

이라 하자, 시각 $t=3$에서 점 P와 점 A 사이의 거리가 36일 때, 상수 a의 값은? [4점]

① 1   ② 2   ③ 3   ④ 4   ⑤ 5

수직선 위의 점 $A(6)$과 시각 $t=0$일 때 원점을 출발하여 수직선 위를 움직이는 점 P가 있다. 시각

수직선 위의 점 $A(3)$과 시각 $t=0$일 때 원점을 출발하여 수직선 위를 움직이는 점 P가 있다. 시각

최고차항의 계수가 2인 이차함수 $f(x)$에 대하여

함수 $g(x) = \displaystyle\int_{x}^{x+1} |f(t)|\,dt$는 $x = 1$과 $x = 4$에서

극소이다. $f(0)$의 값을 구하시오. [4점]

$f(-x) = f(x)$이고 최고차항의 계수가 1인 사차함수

$f(x)$에 대하여 함수 $g(x) = \displaystyle\int_{x}^{x+1} |f(t)|\,dt$는 $x = 0$과

$x = 2$에서 극값을 갖는다. $|2f(1)|$의 값을 구하시오.
[4점]

571

실수 전체의 집합에서 연속인 함수 $f(x)$와 최고차항의 계수가 1인 삼차함수 $g(x)$가

$$g(x) = \begin{cases} -\displaystyle\int_0^x f(t)dt & (x < 0) \\ \displaystyle\int_0^x f(t)dt & (x \geq 0) \end{cases}$$

을 만족시킬 때, 〈보기〉에서 옳은 것만을 있는 대로 고른 것은? [4점]

---- | 보기 | ----

ㄱ. $f(0) = 0$

ㄴ. 함수 $f(x)$는 극댓값을 갖는다.

ㄷ. $2 < f(1) < 4$일 때, 방정식 $f(x) = x$의 서로 다른 실근의 개수는 3이다.

---

① ㄱ   ② ㄷ   ③ ㄱ, ㄴ

④ ㄱ, ㄷ   ⑤ ㄱ, ㄴ, ㄷ

572

삼차함수 $f(x)$에 대하여 함수 $g(x)$가

$$g(x) = \begin{cases} f(x) & (x < -2) \\ -\dfrac{1}{2}\displaystyle\int_1^x |f'(t)|dt & (x \geq -2) \end{cases}$$

다음 조건을 만족시킬 때, 〈보기〉에서 옳은 것만을 있는 대로 고른 것은? [4점]

(가) $g(-2) = 4$

(나) 함수 $g(x)$는 실수 전체의 집합에서 미분가능하고 $g(x) \leq 4$이다.

(다) $g'(a) = 0$, $g(a) = 2$

---- | 보기 | ----

ㄱ. $-2 < a < 1$

ㄴ. $f'(-2) = 0$

ㄷ. $g(2) = -9$

---

① ㄱ   ② ㄷ   ③ ㄱ, ㄴ

④ ㄱ, ㄷ   ⑤ ㄱ, ㄴ, ㄷ

시각 $t = 0$일 때 동시에 원점을 출발하여 수직선 위를 움직이는 두 점 P, Q의 시각 t $(t \geq 0)$에서의 속도가 각각

$$v_1(t) = 2 - t, \quad v_2(t) = 3t$$

이다. 출발한 시각부터 점 P가 원점으로 돌아올 때까지 점 Q가 움직인 거리는? [4점]

① 16   ② 18   ③ 20   ④ 22   ⑤ 24

시각 $t = 0$일 때, 동시에 원점을 출발하여 수직선 위를 움직이는 세 점 P, Q, R의 시각 t $(t \geq 0)$에서의 속도가 각각

$$v_1(t) = 3 - t, \quad v_2(t) = 2t, \quad v_3(t) = t(t - 6)$$

이다. 출발한 시각으로부터 점 P가 원점으로 돌아올 때의 점 Q의 위치와 점 R의 위치의 차는? [4점]

① 36   ② 48   ③ 60   ④ 72   ⑤ 84

수직선 위를 움직이는 점 P 의 시각 t에서의 위치 $x(t)$가 두 상수 a, b에 대하여

$$x(t)= t(t-1)(at+b)\ (a \neq 0)$$

이다. 점 P 의 시각 t에서의 속도 $v(t)$가

$$\int_0^1 |v(t)|\,dt = 2$$를 만족시킬 때, 〈보기〉에서 옳은 것만을 있는 대로 고른 것은? [4점]

─── | 보기 | ───

ㄱ. $\displaystyle\int_0^1 v(t)\,dt = 0$

ㄴ. $|x(t_1)| > 1$인 t_1이 열린구간 $(0,\ 1)$에 존재한다.

ㄷ. $0 \leq t \leq 1$인 모든 t에 대하여 $|x(t)| < 1$이면 $x(t_2) = 0$인 t_2가 열린구간 $(0,\ 1)$에 존재한다.

① ㄱ   ② ㄱ, ㄴ   ③ ㄱ, ㄷ
④ ㄴ, ㄷ   ⑤ ㄱ, ㄴ, ㄷ

수직선 위를 움직이는 점 P 의 시각 t에서의 위치 $x(t)$가 두 상수 a, b에 대하여

$$x(t)= t(t-2)(at+b)+1\ (a > 0)$$

이다. 점 P 의 시각 t에서의 속도 $v(t)$가

$$\int_0^2 |v(t)|\,dt = 4$$를 만족시킬 때, 〈보기〉에서 옳은 것만을 있는

것만을 있는 대로 고른 것은? [4점]

─── | 보기 | ───

ㄱ. $\displaystyle\int_0^2 v(t)\,dt = 0$

ㄴ. $b < 0$이고 $x(t_1) = 0$인 t_1이 열린구간 $(0,\ 2)$에 오직 하나 존재할 때, $x(t_2) \geq 2$인 t_2가 열린구간 $(0,\ 2)$에 존재한다.

ㄷ. $x(t_3) = 1$인 t_3가 열린구간 $(0,\ 2)$에 존재한다.

① ㄱ   ② ㄴ   ③ ㄱ, ㄴ
④ ㄱ, ㄷ   ⑤ ㄱ, ㄴ, ㄷ

577

실수 전체의 집합에서 미분가능한 함수 $f(x)$가 다음 조건을 만족시킨다.

(가) 닫힌구간 $[0, 1]$에서 $f(x) = x$이다.

(나) 어떤 상수 a, b에 대하여 구간 $[0, \infty)$에서
$f(x+1) - xf(x) = ax + b$이다.

$60 \times \displaystyle\int_1^2 f(x)dx$의 값을 구하시오. [4점]

578

실수 전체의 집합에서 미분가능한 함수 $f(x)$가 다음 조건을 만족시킨다.

(가) 닫힌구간 $[0, 1]$에서 함수 $f(x) = 2x$이다.

(나) 어떤 상수 a, b에 대하여 구간 $[0, \infty)$에서
$f(x+1) + xf(x) = ax + b$이다.

(다) 어떤 상수 c, d에 대하여 구간 $(-\infty, 1]$에서
$f(x-1) - xf(x) = cx + d$이다.

$f(a + b + c + 2d)$의 값을 구하시오. [4점]

579

수직선 위를 움직이는 점 P의 시각 $t(t > 0)$에서의 속도 $v(t)$가

$$v(t) = -4t^3 + 12t^2$$

이다. 시각 $t = k$에서 점 P의 가속도가 12일 때, 시각 $t = 3k$에서 $t = 4k$까지 점 P가 움직인 거리는? (단, k는 상수이다.) [4점]

① 23　　② 25　　③ 27　　④ 29　　⑤ 31

580

시각 $t = 0$일 때 원점을 출발하여 수직선 위를 움직이는 점 P의 시각 t $(t \geq 0)$에서의 속도가

$$v(t) = 4t(t-1)(t-3)$$

이다. 시각 $t = a$ $(a > 0)$에서의 점 P의 위치가 10일 때, 시각 $t = 0$에서 $t = a$까지 점 P가 움직인 거리는? [4점]

① 30　　② $\dfrac{92}{3}$　　③ $\dfrac{94}{3}$　　④ 32　　⑤ $\dfrac{98}{3}$

581

다항함수 $f(x)$가 모든 실수 x에 대하여

$$xf(x) = 2x^3 + ax^2 + 3a + \int_1^x f(t)dt$$

을 만족시킨다. $f(1) = \displaystyle\int_0^1 f(t)dt$ 일 때, $a + f(3)$의 값은? (단, a는 상수이다.) [4점]

① 5   ② 6   ③ 7   ④ 8   ⑤ 9

582

다항함수 $f(x)$가 등식

$$\int_1^x xf(t)dt = px^3 - x^2 + qx + \int_1^x tf(t)dt$$

를 만족시킬 때, 상수 p, q에 대하여 $f(p+q)$의 값은? [4점]

① 5   ② 4   ③ 3   ④ 2   ⑤ 1

583

최고차항의 계수가 1이고 $f'(0) = f'(2) = 0$인 삼차함수 $f(x)$와 양수 p에 대하여 함수 $g(x)$를

$$g(x) = \begin{cases} f(x) - f(0) & (x \le 0) \\ f(x+p) - f(p) & (x > 0) \end{cases}$$

이라 하자. 〈보기〉에서 옳은 것만을 있는 대로 고른 것은? [4점]

—— | 보기 | ——

ㄱ. $p = 1$일 때, $g'(1) = 0$이다.

ㄴ. $g(x)$가 실수 전체의 집합에서 미분가능하도록 하는 양수 p의 개수는 1이다.

ㄷ. $p \ge 2$일 때, $\displaystyle\int_{-1}^{1} g(x)dx \ge 0$이다.

① ㄱ　　　　② ㄱ, ㄴ　　　　③ ㄱ, ㄷ

④ ㄴ, ㄷ　　　　⑤ ㄱ, ㄴ, ㄷ

584

최고차항의 계수가 양수이고 $f'(0) = f'(1) = f'(a) = 0$ $(a > 1)$인 사차함수 $f(x)$와 양수 k에 대하여 함수 $g(x)$를

$$g(x) = \begin{cases} f(x) - f(0) & (x \le 0) \\ f(x+k) - f(k) & (x > 0) \end{cases}$$

이라 하자. 〈보기〉에서 옳은 것만을 있는 대로 고른 것은? [4점]

—— | 보기 | ——

ㄱ. 함수 $|g(x)|$가 실수 전체의 집합에서 미분가능하도록 하는 k의 개수는 2이다.

ㄴ. $k = 1$일 때, 함수
$$\lim_{h \to 0} \frac{|g(x+h)| - |g(x-h)|}{h}$$의 불연속인 점의 개수는 1이다.

ㄷ. $a > 2$, $k = a$일 때,
$$\int_{-a}^{0} g(x)dx < \int_{0}^{a} g(x)dx$$이다.

① ㄱ　　　　② ㄴ　　　　③ ㄷ

④ ㄴ, ㄷ　　　　⑤ ㄱ, ㄴ, ㄷ

585

닫힌구간 $[0,\ 1]$에서 연속인 함수 $f(x)$가

$$f(0)=0,\quad f(1)=1,\quad \int_0^1 f(x)\,dx=\frac{1}{6}$$

을 만족시킨다. 실수 전체의 집합에서 정의된 함수 $g(x)$가 다음 조건을 만족시킬 때, $\displaystyle\int_{-3}^2 g(x)\,dx$의 값은? [4점]

(가) $g(x)=\begin{cases} -f(x+1)+1 & (-1<x<0) \\ f(x) & (0\le x\le 1)\end{cases}$

(나) 모든 실수 x에 대하여 $g(x+2)=g(x)$이다.

① $\dfrac{5}{2}$　② $\dfrac{17}{6}$　③ $\dfrac{19}{6}$　④ $\dfrac{7}{2}$　⑤ $\dfrac{23}{6}$

586

닫힌구간 $[0,\ 2]$에서 정의된 함수 $f(x)$가

$$f(0)=0,\quad f(1)=1,\quad \int_0^1 f(x)\,dx=\frac{1}{3},$$
$$f(1+x)=f(1-x)$$

을 만족시킨다. 실수 전체의 집합에서 정의된 함수 $g(x)$가 다음 조건을 만족시킬 때, $\displaystyle\sum_{n=1}^{8}\int_{n-4}^{n-3} g(x)\,dx$의 값은? [4점]

(가) $g(x)=\begin{cases} -f(x+2)+1 & (-2<x<0) \\ f(x) & (0\le x\le 2)\end{cases}$

(나) 모든 실수 x에 대하여 $g(x)=g(x+4)$이다.

① 3　② $\dfrac{10}{3}$　③ $\dfrac{11}{3}$　④ 4　⑤ $\dfrac{13}{3}$

587

실수 a와 함수 $f(x) = x^3 - 12x^2 + 45x + 3$에 대하여 함수

$$g(x) = \int_a^x \{f(x) - f(t)\} \times \{f(t)\}^4 dt$$

가 오직 하나의 극값을 갖도록 하는 모든 a의 값의 합을 구하시오. [4점]

588

실수 a와 함수 $f(x) = x^3 - 9x^2 + 24x + 34$에 대하여 함수

$$g(x) = \int_a^x \{f(x) - f(t)\} \times \{f(t)\}^2 dt$$

가 오직 하나의 극값을 가질 때, 함수 $g(x)$의 가능한 극댓값의 개수를 m, 가능한 극솟값의 개수를 n이라 하자. $m^2 + n^2$의 값을 구하시오. [4점]

589　　　　　　　2022학년도 대수능 예시문항 14번

수직선 위를 움직이는 점 P 의 시각 t에서의 가속도가

$$a(t) = 3t^2 - 12t + 9 \ (t \geq 0)$$

이고, 시각 $t = 0$에서의 속도가 k일 때, 〈보기〉에서 옳은 것만을 있는 대로 고른 것은? [4점]

―――| 보기 |―――

ㄱ. 구간 $(3, \infty)$에서 점 P 의 속도는 증가한다.

ㄴ. $k = -4$이면 구간 $(0, \infty)$에서 점 P 의 운동 방향이 두 번 바뀐다.

ㄷ. 시각 $t = 0$에서 시각 $t = 5$까지 점 P 의 위치의 변화량과 점 P 가 움직인 거리가 같도록 하는 k의 최솟값은 0이다.

① ㄱ　　　　② ㄴ　　　　③ ㄱ, ㄴ
④ ㄱ, ㄷ　　　⑤ ㄱ, ㄴ, ㄷ

590　　　　　　2022학년도 대수능 예시문항 14번－변형

수직선 위를 움직이는 점 P 의 시각 t에서의 가속도가

$$a(t) = 4t^3 - 12t^2 + 8t \ (t \geq 0)$$

이고, 시각 $t = 0$에서의 속도가 k일 때, 〈보기〉에서 옳은 것만을 있는 대로 고른 것은? (단, $t = 0$일 때, 점 P 의 위치는 원점이다.) [4점]

―――| 보기 |―――

ㄱ. 구간 $(2, \infty)$에서 점 P 의 속도는 증가한다.

ㄴ. $-1 < k < 0$이면 구간 $(0, \infty)$에서 점 P 의 운동 방향이 세 번 바뀐다.

ㄷ. 시각 $t = 3$에서 점 P 의 위치가 원점일 때, $t = 0$에서 $t = 2$까지 점 P 가 움직인 거리는 $\dfrac{4}{3}$이다.

① ㄱ　　　　② ㄴ　　　　③ ㄱ, ㄴ
④ ㄱ, ㄷ　　　⑤ ㄱ, ㄴ, ㄷ

591

수직선 위를 움직이는 점 P의 시각 $t(t \geq 0)$에서의 속도 $v(t)$가

$$v(t) = 2t - 6$$

이다. 점 P가 시각 $t = 3$에서 $t = k \, (k > 3)$까지 움직인 거리가 25일 때, 상수 k의 값은? [4점]

① 6   ② 7   ③ 8   ④ 9   ⑤ 10

592

수직선 위를 움직이는 점 P의 시각 $t(t \geq 0)$에서의 속도 $v(t)$가

$$v(t) = t^2 - 2t$$

이다. 점 P가 시각 $t = 2$에서 $t = k \, (k > 3)$까지 움직인 거리가 $\frac{112}{3}$일 때, 상수 k의 값은? [4점]

① $\frac{17}{3}$ ② 6   ③ $\frac{19}{3}$ ④ $\frac{20}{3}$ ⑤ 7

수직선 위를 움직이는 점 P의 시각 $t(t \geq 0)$에서의 속도 $v(t)$가

593

실수 $a(a > 1)$에 대하여 함수 $f(x)$를

$$f(x) = (x+1)(x-1)(x-a)$$

라 하자. 함수

$$g(x) = x^2 \int_0^x f(t)\,dt - \int_0^x t^2 f(t)\,dt$$

가 오직 하나의 극값을 갖도록 하는 a의 최댓값은? [4점]

① $\dfrac{9\sqrt{2}}{8}$　　② $\dfrac{3\sqrt{6}}{4}$　　③ $\dfrac{3\sqrt{2}}{2}$

④ $\sqrt{6}$　　⑤ $2\sqrt{2}$

594

실수 $a(a > 0)$에 대하여 함수 $f(x)$를

$$f(x) = (x+1)(x-a)$$

라 하자. 함수

$$g(x) = x \int_{-1}^x t f(t)\,dt - \int_{-1}^x t^2 f(t)\,dt$$

의 역함수가 존재할 때, $f(2)$의 최솟값을 구하시오. [4점]

곡선 $y = x^2 - 7x + 10$과 직선 $y = -x + 10$으로
둘러싸인 부분의 넓이를 구하시오. [4점]

두 곡선 $y = x^3 - x^2$, $y = x^2 - x$으로 둘러싸인 부분의
넓이는? [4점]

① $\dfrac{1}{24}$　② $\dfrac{1}{12}$　③ $\dfrac{1}{6}$　④ $\dfrac{1}{3}$　⑤ $\dfrac{2}{3}$

597

실수 전체의 집합에서 연속인 두 함수 $f(x)$와 $g(x)$가 모든 실수 x에 대하여 다음 조건을 만족시킨다.

> (가) $f(x) \geq g(x)$
> (나) $f(x) + g(x) = x^2 + 3x$
> (다) $f(x)g(x) = (x^2 + 1)(3x - 1)$

$\int_0^2 f(x)dx$ 의 값은? [4점]

① $\dfrac{23}{6}$ ② $\dfrac{13}{3}$ ③ $\dfrac{29}{6}$ ④ $\dfrac{16}{3}$ ⑤ $\dfrac{35}{6}$

598

실수 전체의 집합에서 연속인 두 함수 $f(x)$와 $g(x)$가 모든 실수 x에 대하여 다음 조건을 만족시킨다.

> (가) $f(x) \geq g(x)$
> (나) $f(x) - g(x) = |x(x-1)|$
> (다) $f(x)g(x) = -x^2(x-2)$

$f(-1) < 0$일 때, $\int_0^2 f(x)dx$ 의 값은? [4점]

① $\dfrac{4}{3}$ ② $\dfrac{13}{6}$ ③ $\dfrac{7}{3}$ ④ $\dfrac{5}{2}$ ⑤ $\dfrac{8}{3}$

599

함수 $f(x) = -x^2 - 4x + a$에 대하여 함수

$$g(x) = \int_0^x f(t)dt$$

가 닫힌구간 $[0, 1]$에서 증가하도록 하는 실수 a의 최솟값을 구하시오. [4점]

600

함수 $f(x) = (x+1)(x-2)^2$에 대하여 함수

$$g(x) = \int_a^x f(t)dt$$

가 실수 전체의 집합에서 $g(x) \geq 0$일 때, a^2의 값을 구하시오. (단, a는 실수이다.) [4점]

601

수직선 위를 움직이는 점 P의 시각 t $(t \geq 0)$에서의 속도 $v(t)$가

$$v(t) = -4t + 5$$

이다. 시각 $t = 3$에서 점 P의 위치가 11일 때, 시각 $t = 0$에서 점 P의 위치는? [4점]

① 11   ② 12   ③ 13   ④ 14   ⑤ 15

602

수직선 위를 움직이는 점 P의 시각 t $(t \geq 0)$에서의 속도 $v(t)$가

$$v(t) = t^2 - 4t + 1$$

이다. 시각 $t = 4$에서 점 P의 위치가 0일 때, 시각 $t = 1$에서 점 P의 위치는? [4점]

① 4   ② 5   ③ 6   ④ 7   ⑤ 8

603

함수 $f(x)$가 모든 실수 x에 대하여

$$f(x) = 4x^3 + x \int_0^1 f(t)dt$$

를 만족시킬 때, $f(1)$의 값은? [4점]

① 6   ② 7   ③ 8   ④ 9   ⑤ 10

604

함수 $f(x)$가 모든 실수 x에 대하여

$$f(x) = 3x^2 + \int_0^k f(t)dt, \quad f(2) = 4$$

를 만족시킬 때, 가능한 k의 값의 합은? (단, $k > 1$) [4점]

① -4 ② 0 ③ $\sqrt{5} - 1$

④ 2 ⑤ $\sqrt{5} + 1$

605

다항함수 $f(x)$가 다음 조건을 만족시킨다.

> (가) 모든 실수 x에 대하여
> $$\int_{1}^{x} f(t)\,dt = \frac{x-1}{2}\{f(x)+f(1)\}\text{이다.}$$
> (나) $\displaystyle\int_{0}^{2} f(x)\,dx = 5\int_{-1}^{1} xf(x)\,dx$

$f(0)=1$일 때, $f(4)$의 값을 구하시오. [4점]

606

다항함수 $f(x)$가 다음 조건을 만족시킨다.

> (가) 모든 실수 x에 대하여
> $$\int_{0}^{x} tf(t)\,dt = \frac{x^2}{3}\{f(x)+f(0)\}\text{이다.}$$
> (나) $\displaystyle 2\int_{0}^{1} f(x)\,dx = \int_{-2}^{2} x^2\{f(x)+1\}\,dx$

$f(3)$의 값을 구하시오. [4점]

607

함수 $f(x) = x^2 - 2x$에 대하여 두 곡선 $y = f(x)$, $y = -f(x-1) - 1$로 둘러싸인 부분의 넓이는? [4점]

① $\dfrac{1}{6}$ ② $\dfrac{1}{4}$ ③ $\dfrac{1}{3}$ ④ $\dfrac{1}{12}$ ⑤ $\dfrac{1}{2}$

608

함수 $f(x) = x^2 + 2x$에 대하여 두 곡선

$y = f(x)$, $y = -f(x+1) + 1$로 둘러싸인 부분의 넓이는? [4점]

① $\dfrac{4\sqrt{5}}{3}$ ② $\dfrac{5\sqrt{5}}{3}$ ③ $2\sqrt{5}$

④ $\dfrac{7\sqrt{5}}{3}$ ⑤ $\dfrac{8\sqrt{5}}{3}$

실수 전체의 집합에서 증가하는 연속함수 $f(x)$가 다음 조건을 만족시킨다.

> (가) 모든 실수 x에 대하여
> $$f(x) = f(x-3) + 4 \text{이다.}$$
> (나) $\displaystyle\int_0^6 f(x)\,dx = 0$

함수 $f(x)$의 그래프와 x축 및 두 직선 $x=6$, $x=9$로 둘러싸인 부분의 넓이는? [4점]

① 9   ② 12   ③ 15   ④ 18   ⑤ 21

실수 전체의 집합에서 증가하는 연속함수 $f(x)$가 다음 조건을 만족시킨다.

> (가) 모든 실수 x에 대하여
> $$f(x) = 2f(x-4) + 3 \text{이다.}$$
> (나) $\displaystyle\int_0^8 f(x)\,dx = 0$

함수 $f(x)$의 그래프와 x축 및 두 직선 $x=8$, $x=12$로 둘러싸인 부분의 넓이는? [4점]

① 16   ② 18   ③ 20   ④ 22   ⑤ 24

시각 $t = 0$ 일 때 동시에 원점을 출발하여 수직선 위를 움직이는 두 점 P, Q 의 시각 $t\,(t \geq 0)$ 에서의 속도가 각각

$$v_1(t) = 3t^2 + t, \ \ v_2(t) = 2t^2 + 3t$$

이다. 출발한 두 점 P, Q 의 속도가 같아지는 순간 두 점 P, Q 사이의 거리를 a 라 할 때, $9a$ 의 값을 구하시오. [4점]

시각 $t = 0$ 일 때 원점을 출발하여 수직선 위를 움직이는 점 P와 $x = -2$를 출발하여 수직선 위를 움직이는 점 Q 의 시각 $t\,(t \geq 0)$ 에서의 속도가 각각

$$v_1(t) = 2t^3 + 3t - 2, \ \ v_2(t) = 4t^2 - 3t + 10$$

이다. 출발한 두 점 P, Q 의 속도가 같아지는 순간 두 점 P, Q 사이의 거리를 a 라 할 때, $3a$ 의 값을 구하시오. [4점]

613

최고차항의 계수가 1인 사차함수 $f(x)$가 다음 조건을 만족시킨다.

> (가) $f'(0)=0$, $f'(2)=16$
> (나) 어떤 양수 k에 대하여 두 열린구간
> $(-\infty,\ 0)$, $(0,\ k)$에서 $f'(x)<0$이다.

〈보기〉에서 옳은 것만을 있는 대로 고른 것은? [4점]

— | 보기 | —

ㄱ. 방정식 $f'(x)=0$은 열린구간 $(0,\ 2)$에서 한 개의 실근을 갖는다.

ㄴ. 함수 $f(x)$는 극댓값을 갖는다.

ㄷ. $f(0)=0$이면, 모든 실수 x에 대하여
 $f(x) \geq -\dfrac{1}{3}$이다.

① ㄱ ② ㄴ ③ ㄱ, ㄷ
④ ㄴ, ㄷ ⑤ ㄱ, ㄴ, ㄷ

614

최고차항의 계수가 $-\dfrac{1}{3}$인 사차함수 $f(x)$가 다음 조건을 만족시킨다.

> (가) $f'(-6)=144$, $f'(0)=0$
> (나) 어떤 음수 k에 대하여 두 열린구간 $(k,\ 0)$,
> $(0,\ \infty)$에서 $f'(x)<0$이다.

〈보기〉에서 옳은 것만을 있는 대로 고른 것은? [4점]

— | 보기 | —

ㄱ. 방정식 $f'(x)=0$은 열린구간 $(-6,\ 0)$에서 한 개의 실근을 갖는다.

ㄴ. 함수 $f(x)$는 극값을 3개 갖는다.

ㄷ. $f(0)=0$이면, 모든 실수 x에 대하여
 $f(x) \leq 9$이다.

① ㄱ ② ㄴ ③ ㄱ, ㄷ
④ ㄴ, ㄷ ⑤ ㄱ, ㄴ, ㄷ

615

최고차항의 계수가 양수인 삼차함수 $f(x)$가 다음 조건을
만족시킨다.

(가) 함수 $f(x)$는 $x = 0$에서 극댓값, $x = k$
에서 극솟값을 가진다. (단, k는 상수이다.)

(나) 1보다 큰 모든 실수 t에 대하여

$$\int_0^t |f'(x)|\, dx = f(t) + f(0)$$

이다.

〈보기〉에서 옳은 것만을 있는 대로 고른 것은? [4점]

| 보기 |

ㄱ. $\displaystyle\int_0^k f'(x)\, dx < 0$

ㄴ. $0 < k \leq 1$

ㄷ. 함수 $f(x)$의 극솟값은 0이다.

---

① ㄱ   ② ㄷ   ③ ㄱ, ㄴ

④ ㄴ, ㄷ   ⑤ ㄱ, ㄴ, ㄷ

616

$f'(0) = 0$이고 최고차항의 계수가 양수인 사차함수
$f(x)$가 다음 조건을 만족시킨다.

(가) 함수 $f(x)$는 $x = k$에서 유일한 극값을 가진다.
(단, k는 양수이다.)

(나) 1보다 큰 어떤 실수 t에 대하여

$$\int_0^t |f'(x)|\, dx = -f(t) + f(2)$$ 이다.

보기에서 옳은 것만을 있는 대로 고른 것은? [4점]

| 보기 |

ㄱ. $\displaystyle\int_0^k f'(x)\, dx < 0$

ㄴ. $0 < k \leq 1$

ㄷ. 함수 $f'(x)$은 $x = 1$에서 극솟값을 갖는다.

---

① ㄱ   ② ㄷ   ③ ㄱ, ㄴ

④ ㄱ, ㄷ   ⑤ ㄱ, ㄴ, ㄷ

617

이차함수 $f(x)$ 가 $f(0) = 0$ 이고 다음 조건을 만족시킨다.

> (가) $\displaystyle\int_0^2 |f(x)|dx = -\int_0^2 f(x)dx = 4$
>
> (나) $\displaystyle\int_2^3 |f(x)|dx = \int_2^3 f(x)dx$

$f(5)$ 의 값을 구하시오. [4점]

618

삼차함수 $f(x)$ 가 $f(0) = 0$ 이고 다음 조건을 만족시킨다.

> (가) $\displaystyle\int_0^3 |f(x)|dx = -\int_0^3 f(x)dx = 27$
>
> (나) $\displaystyle\int_3^4 |f(x)|dx = \int_3^4 f(x)dx$
>
> (다) 방정식 $f(x) = 0$ 의 실근의 개수는 2이다.

$f'(4)$ 의 값을 구하시오. [4점]

619

두 다항함수 $f(x)$, $g(x)$가 모든 실수 x에 대하여

$$f(-x) = -f(x), \quad g(-x) = g(x)$$

를 만족시킨다. 함수 $h(x) = f(x)g(x)$에 대하여

$$\int_{-3}^{3} (x+5)h'(x)dx = 10$$

일 때, $h(3)$의 값은? [4점]

① 1   ② 2   ③ 3   ④ 4   ⑤ 5

620

두 다항함수 $f(x)$, $g(x)$가 모든 실수 x에 대해서

$$f(-x) = -f(x), \quad g(-x) = g(x)$$

를 만족시킨다. 함수 $h(x) = f(x)\{g(x)+1\}$에 대하여

$$\int_{-4}^{4} (x^3+4)h'(x)dx = 16$$

일 때, $h(4)$의 값은? [4점]

① 1   ② 2   ③ 3   ④ 4   ⑤ 5

621

실수 t에 대하여 직선 $y=t$가 곡선 $y=|x^2-2x|$와 만나는 점의 개수를 $f(t)$라 하자. 최고항수의 계수가 1인 이차함수 $g(t)$에 대하여 함수 $f(t)g(t)$가 모든 실수 t에서 연속일 때, $f(3)+g(3)$의 값을 구하시오. [4점]

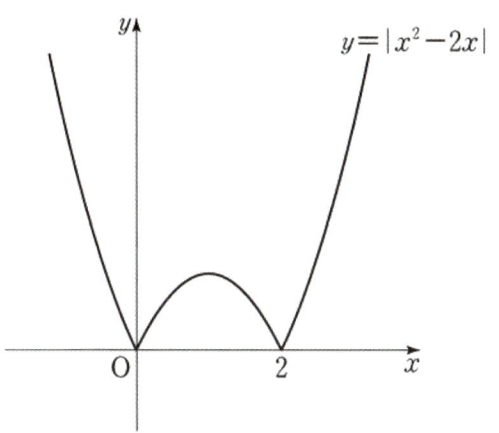

622

실수 t에 대하여 직선 $y=t$가 곡선 $y=|x^2-1|$와 만나는 점의 개수를 $f(t)$라 하자. 최고차항의 계수가 1인 사차함수 $g(t)$에 대하여 함수 $g(f(t))$가 모든 실수 t에서 연속일 때, $f(3)+g(3)-g(1)$의 값을 구하시오. [4점]

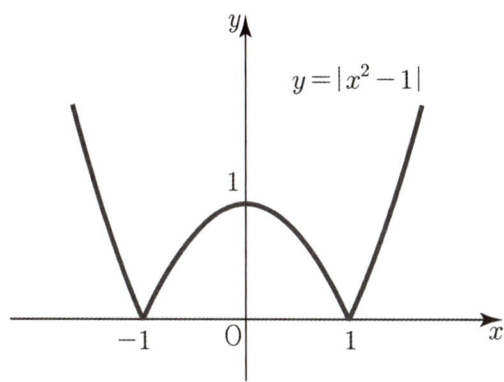

623

함수 $f(x)$는 모든 실수 x에 대하여 $f(x+3)=f(x)$를 만족시키고,

$$f(x)=\begin{cases} x & (0 \le x < 1) \\ 1 & (1 \le x < 2) \\ -x+3 & (2 \le x < 3) \end{cases}$$

이다. $\displaystyle\int_{-a}^{a} f(x)dx = 13$일 때, 상수 a의 값은? [4점]

① 10 ② 12 ③ 14 ④ 16 ⑤ 18

624

함수 $f(x)$는 $x \ge 0$인 x에 대하여 $f(x+3)=f(x)$를 만족시키고,

$$f(x)=\begin{cases} 2x & (0 \le x < 1) \\ 2 & (1 \le x < 2) \\ -2x+6 & (2 \le x < 3) \end{cases}$$

이다.

$f(-x)=-f(x)$일 때, $\displaystyle\int_{-a}^{a+1} f(x)dx = 2$을 만족하는

모든 자연수 a의 값을 작은 수부터 크기순으로 나열하면 $a_1, a_2, a_3, \cdots$이다. a_{100}의 값은? [4점]

① 198 ② 200 ③ 260 ④ 298 ⑤ 300

625

삼차함수 $f(x)$는 $f(0) > 0$을 만족시킨다. 함수 $g(x)$를

$$g(x) = \left| \int_0^x f(t)\,dt \right|$$

라 할 때, 함수 $g(x)$의 그래프가 그림과 같다.

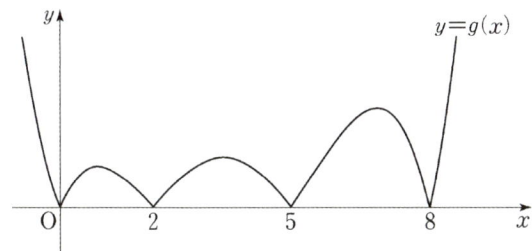

보기에서 옳은 것만을 있는 대로 고른 것은? [4점]

―| 보기 |―

ㄱ. 방정식 $f(x) = 0$은 서로 다른 3개의 실근을 갖는다.

ㄴ. $f'(0) < 0$

ㄷ. $\displaystyle\int_m^{m+2} f(x)\,dx > 0$을 만족시키는 자연수 m의 개수는 3이다.

① ㄴ   ② ㄷ   ③ ㄱ, ㄴ
④ ㄱ, ㄷ   ⑤ ㄱ, ㄴ, ㄷ

626

삼차함수 $f(x)$는 $f(0) > 0$을 만족시킨다. 함수 $g(x)$를

$$g(x) = \left| \int_0^x f(t)\,dt \right|$$

라 할 때, 함수 $g(x)$의 그래프가 그림과 같다.

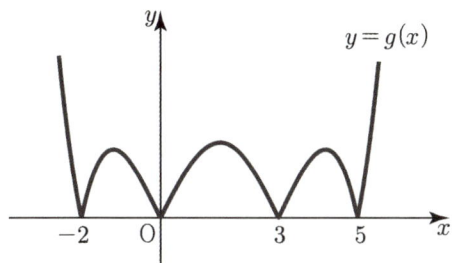

보기에서 옳은 것만을 있는 대로 고른 것은? [4점]

―| 보기 |―

ㄱ. 방정식 $f(x) = 0$은 서로 다른 3개의 실근을 갖는다.

ㄴ. $f'(-2) < 0$

ㄷ. $\displaystyle\int_m^{m+2} f(x)\,dx < 0$을 만족시키는 자연수 m의 개수는 3이다.

① ㄱ   ② ㄷ   ③ ㄱ, ㄴ
④ ㄱ, ㄷ   ⑤ ㄱ, ㄴ, ㄷ

627

원점을 출발하여 수직선 위를 움직이는 점 P 의 시각
$t \, (0 \le t \le 5)$ 에서의 속도 $v(t)$ 가 다음과 같다.

$$v(t) = \begin{cases} 4t & (0 \le t < 1) \\ -2t+6 & (1 \le t < 3) \\ t-3 & (3 \le t \le 5) \end{cases}$$

$0 < x < 3$ 인 실수 x 에 대하여 점 P 가
시각 $t = 0$ 에서 $t = x$ 까지 움직인 거리,
시각 $t = x$ 에서 $t = x+2$ 까지 움직인 거리,
시각 $t = x+2$ 에서 $t = 5$ 까지 움직인 거리
중에서 최소인 값을 $f(x)$ 라 할 때, 옳은 것만을
〈보기〉에서 있는 대로 고른 것은? [4점]

| 보기 |

ㄱ. $f(1) = 2$

ㄴ. $f(2) - f(1) = \displaystyle\int_{1}^{2} v(t)dt$

ㄷ. 함수 $f(x)$ 는 $x = 1$ 에서 미분가능하다.

① ㄱ   ② ㄴ   ③ ㄱ, ㄴ

④ ㄱ, ㄷ   ⑤ ㄴ, ㄷ

628

원점을 출발하여 수직선 위를 움직이는 점 P 의 시각
$t \, (0 \le t \le 5)$ 에서의 속도 $v(t)$ 가 그림과 같다.

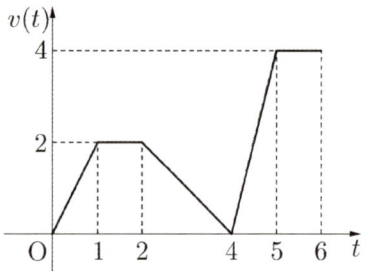

$0 < x < 3$ 인 실수 x 에 대하여 점 P 가
시각 $t = 0$ 에서 $t = x$ 까지 움직인 거리,
시각 $t = x$ 에서 $t = x+3$ 까지 움직인 거리,
시각 $t = x+3$ 에서 $t = 6$ 까지 움직인 거리
중에서 최소인 값을 $f(x)$ 라 할 때, 옳은 것만을
〈보기〉에서 있는 대로 고른 것은? [4점]

| 보기 |

ㄱ. $f(2) = 3$

ㄴ. $f'(2) = 2$이다.

ㄷ. $f(x)$의 최댓값은 $f(8 - \sqrt{34})$이다.

① ㄱ   ② ㄱ, ㄴ   ③ ㄱ, ㄷ

④ ㄴ, ㄷ   ⑤ ㄱ, ㄴ, ㄷ

629

최고차항의 계수가 1인 삼차함수 $f(x)$와 상수 $k\,(k \geq 0)$에 대하여 함수

$$g(x) = \begin{cases} 2x - k & (x \leq k) \\ f(x) & (x > k) \end{cases}$$

가 다음 조건을 만족시킨다. [4점]

> (가) 함수 $g(x)$는 실수 전체의 집합에서 증가하고 미분가능하다.
> (나) 모든 실수 x에 대하여
> $$\int_0^x g(t)\{|t(t-1)| + t(t-1)\}dt \geq 0$$ 이고
> $$\int_3^x g(t)\{|(t-1)(t+2)| - (t-1)(t+2)\}dt \geq 0$$
> 이다.

$g(k+1)$의 최솟값은? [4점]

① $4 - \sqrt{6}$ ② $5 - \sqrt{6}$ ③ $6 - \sqrt{6}$
④ $7 - \sqrt{6}$ ⑤ $8 - \sqrt{6}$

630

모든 실수 x에 대하여

$$\int_0^x (t-k)\{|t(t-2)| + t(t-2)\}dt \geq 0,$$

$$\int_3^x (t-k)\{|(t+2)(t-2)| - (t+2)(t-2)\}dt \geq 0$$

일 때, 함수

$$\int_3^x (t-k)\{|(t+2)(t-2)| - (t+2)(t-2)\}dt 의$$

최댓값은? [4점]

① $\dfrac{32}{3}$ ② $\dfrac{64}{3}$ ③ 32
④ $\dfrac{128}{3}$ ⑤ $\dfrac{160}{3}$

631

두 다항함수 $f(x)$, $g(x)$에 대하여 $f(x)$의 한 부정적분을 $F(x)$라 하고 $g(x)$의 한 부정적분을 $G(x)$라 할 때, 이 함수들은 모든 실수 x에 대하여 다음 조건을 만족시킨다.

(가) $\displaystyle\int_{1}^{x} f(t)\,dt = xf(x) - 2x^2 - 1$

(나) $f(x)G(x) + F(x)g(x) = 8x^3 + 3x^2 + 1$

$\displaystyle\int_{1}^{3} g(x)\,dx$의 값을 구하시오. [4점]

632

두 다항함수 $f(x)$, $g(x)$에 대하여 $f(x)$의 한 부정적분을 $F(x)$라 하고 $g(x)$의 한 부정적분을 $G(x)$라 할 때, 두 함수 $F(x)$와 $G(x)$의 최고차항의 계수가 서로 다르고 이 함수들은 모든 실수 x에 대하여 다음 조건을 만족시킨다.

(가) $f(x)G(x) + F(x)g(x) = 4x^3 - 3x^2 - 2x - 1$

(나) 두 함수 $F(x)$, $G(x)$는 역함수를 갖는다.

(다) $F(0) = -1$, $f(0)g(0) = 1$

$\displaystyle\lim_{x \to \infty} \frac{F(x)}{G(x)}$의 값이 존재할 때, $F(3) \times G(1)$의 값을 구하시오. [4점]

최고차항의 계수가 $\dfrac{1}{2}$인 삼차함수 $f(x)$와 실수 t에 대하여 방정식 $f'(x)=0$이 닫힌구간 $[t,\,t+2]$에서 갖는 실근의 개수를 $g(t)$라 할 때, 함수 $g(t)$는 다음 조건을 만족시킨다.

(가) 모든 실수 a에 대하여
$$\lim_{t \to a+} g(t) + \lim_{t \to a-} g(t) \le 2 \text{ 이다.}$$
(나) $g(f(1))=g(f(4))=2$, $g(f(0))=1$

$f(5)$의 값을 구하시오. [4점]

쌍둥이 문제 - 풀이 없음

최고차항의 계수가 1인 삼차함수 $f(x)$와 실수 t에 대하여 방정식 $f'(x)=0$이 닫힌구간 $[t,\,t+4]$에서 갖는 실근의 개수를 $g(t)$라 할 때, 함수 $g(t)$는 다음 조건을 만족시킨다.

(가) $\displaystyle\lim_{t \to a+} g(t) = \lim_{t \to a-} g(t) \ne g(a)$를 만족하는 실수 a의 값이 존재한다.

(나) $g(f(0))+g(f(6))=4$

(다) $\displaystyle\int_0^2 f(x)dx < 0$

$f(8)$의 값을 구하시오.

정답 128

최고차항의 계수가 1인 사차함수 $f(x)$와 실수 t에 대하여 방정식 $f'(x)=0$이 닫힌구간 $[t,\,t+3]$에서 갖는 실근의 개수를 $g(t)$라 할 때, 함수 $g(t)$는 다음 조건을 만족시킨다.

(가) 모든 실수 a에 대하여
$$\lim_{t \to a+} g(t) + \lim_{t \to a-} g(t) \le 2 \text{ 이다.}$$
(나) $g(f(0))=g(f(4))=2$
(다) $\displaystyle\lim_{t \to b} g(t) \ne g(b)$를 만족시키는 실수 b의 개수는 3이다.

$f(2)$의 최댓값을 M, 최솟값을 m이라 할 때, $M \times m$의 값을 구하시오. [4점]

635

함수 $f(x) = x^3 + x^2 + ax + b$에 대하여 함수 $g(x)$를

$$g(x) = f(x) + (x-1)f'(x)$$

라 하자. 〈보기〉에서 옳은 것만을 있는 대로 고른 것은? (단, a, b는 상수이다.) [4점]

―― | 보기 | ――――

ㄱ. 함수 $h(x)$가 $h(x) = (x-1)f(x)$이면 $h'(x) = g(x)$이다.

ㄴ. 함수 $f(x)$가 $x = -1$에서 극값 0을 가지면 $\int_0^1 g(x)dx = -1$이다.

ㄷ. $f(0) = 0$이면 방정식 $g(x) = 0$은 열린구간 $(0, 1)$에서 적어도 하나의 실근을 갖는다.

① ㄱ   ② ㄴ   ③ ㄱ, ㄴ

④ ㄱ, ㄷ   ⑤ ㄱ, ㄴ, ㄷ

쌍둥이 문제 – 풀이 없음

실수 전체의 집합에서 미분가능한 함수 $f(x)$에 대하여 함수 $g(x)$를

$$g(x) = f(x) + (x-3)f'(x)$$

라 하자. $f(0) = 1$일 때, $\int_0^3 g(x)dx$의 값은?

① 1   ② $\dfrac{3}{2}$ ③ 2   ④ $\dfrac{5}{2}$ ⑤ 3

정답 ⑤

636

함수 $f(x) = x^4 + ax^2 + b$에 대하여 함수 $g(x)$를

$$g(x) = f(x) + (x-2)f'(x)$$

라 하자. 〈보기〉에서 옳은 것만을 있는 대로 고른 것은? (단, a, b는 상수이다.) [4점]

―― | 보기 | ――――

ㄱ. 함수 $h(x)$가 $h(x) = (x-2)f(x)$이면 $h'(x) = g(x)$이다.

ㄴ. 함수 $f(x)$가 $x = 1$에서 극값 0을 가지면 $\int_0^2 g(x)dx = 1$이다.

ㄷ. $f(0) = 0$이면 방정식 $g(x) = 0$은 열린구간 $(0, 2)$에서 적어도 하나의 실근을 갖는다.

① ㄱ   ② ㄴ   ③ ㄱ, ㄴ

④ ㄱ, ㄷ   ⑤ ㄱ, ㄴ, ㄷ

4차 함수 $f(x) = x^4 + ax^2 + b$ 에 대하여 $x \geq 0$ 에서 정의된 함수

$$g(x) = \int_{-x}^{2x} \{f(t) - |f(t)|\} \, dt$$

가 다음 조건을 만족시킨다.

(가) $0 < x < 1$ 에서 $g(x) = c_1$ (c_1 은 상수)

(나) $1 < x < 5$ 에서 $g(x)$ 는 감소한다.

(다) $x > 5$ 에서 $g(x) = c_2$ (c_2 는 상수)

$f(\sqrt{2})$ 의 값은? (단, a, b 는 상수이다.) [4점]

① 40　　② 42　　③ 44　　④ 46　　⑤ 48

쌍둥이 문제 – 풀이 없음

4차 함수 $f(x) = -x^4 + 5x^2 - 4$ 에 대하여 $x \geq 0$ 에서 정의된 함수

$$g(x) = \int_{-x}^{2x} \{f(t) + |f(t)|\} \, dt$$

는 구간 (a, b) 에서 증가한다. $b - a$ 의 최댓값은?
(단, a, b 는 상수이다.)

① 1　　② $\frac{3}{2}$　　③ 2　　④ $\frac{5}{2}$　　⑤ 3

정답 ②

4차 함수 $f(x) = x^4 + ax^2 + b$ 에 대하여 $x \geq 0$ 에서 정의된 함수

$$g(x) = \int_{-2x}^{x} \{|f(t)| - f(t)\} \, dt$$

가 다음 조건을 만족시킨다.

(가) $0 < x < \dfrac{3}{2}$ 에서 $g(x) = c_1$ (c_1 은 상수)

(나) $\dfrac{3}{2} < x < 7$ 에서 $g(x)$ 는 증가한다.

(다) $x > 7$ 에서 $g(x) = c_2$ (c_2 는 상수)

$f(2\sqrt{2})$ 의 값은? (단, a, b 는 상수이다.) [4점]

① 35　　② 41　　③ 47　　④ 53　　⑤ 59

이차함수 $f(x)=\dfrac{3x-x^2}{2}$ 에 대하여 구간 $[0,\ \infty)$ 에서 정의된 함수 $g(x)$가 다음 조건을 만족시킨다.

(가) $0 \le x < 1$일 때, $g(x)=f(x)$이다.

(나) $n \le x < n+1$일 때,

$$g(x)=\dfrac{1}{2^n}\{f(x-n)-(x-n)\}+x \text{이다.}$$

(단, n은 자연수이다.)

어떤 자연수 $k\ (k \ge 4)$에 대하여 함수 $h(x)$는

$$h(x)=\begin{cases} g(x) & (0 \le x < 3 \text{ 또는 } x \ge k) \\ 2x-g(x) & (3 \le x < k) \end{cases}$$

이다. 두 수열 $\{a_n\}$, $\{b_n\}$을 $a_n=\displaystyle\int_0^n h(x)\,dx$,

$b_n=2a_n-n^2$이라 하자. $b_8=\dfrac{199}{768}$일 때,

k의 값을 구하시오. [4점]

쌍둥이 문제 - 풀이 없음

이차함수 $f(x)=\dfrac{3x-x^2}{2}$ 에 대하여 구간 $[0,\ \infty)$에서 정의된 함수 $g(x)$가 다음 조건을 만족시킨다.

(가) $0 \le x < 1$일 때, $g(x)=f(x)$이다.

(나) $n \le x < n+1$일 때,

$$g(x)=\dfrac{1}{2^n}\{f(x-n)-(x-n)\}+x \text{이다. (단,}$$

n은 자연수이다.)

$\displaystyle\int_0^4 g(x)dx=\dfrac{q}{p}$ 일 때, $p+q$의 값을 구하시오. (단, p,

q는 서로소인 자연수이다.)

정답 293

삼차함수 $f(x)=\dfrac{x^3-3x^2}{2}$ 에 대하여 구간 $[0,\ \infty)$에서 정의된 함수 $g(x)$가 다음 조건을 만족시킨다.

(가) $0 \le x < 1$일 때, $g(x)=f(x)$이다.

(나) $n \le x < n+1$일 때,

$$g(x)=\dfrac{1}{2^n}\{f(x-n)+(x-n)^2\}-x^2 \text{이다.}$$

(단, n은 자연수이다.)

어떤 자연수 $k\ (k \ge 4)$에 대하여 함수 $h(x)$는

$$h(x)=\begin{cases} g(x) & (0 \le x < 3 \text{ 또는 } x \ge k) \\ -g(x)-2x^2 & (3 \le x < k) \end{cases}$$

이다. 두 수열 $\{a_n\}$, $\{b_n\}$을 $a_n=\displaystyle\int_0^n h(x)\,dx$,

$b_n=3a_n+n^3$이라 하자. $b_8=-\dfrac{199}{1024}$일 때, k의 값을

구하시오. [4점]

641 2018학년도 9월 모평 나형 30번

두 함수 $f(x)$와 $g(x)$가

$$f(x) = \begin{cases} 0 & (x \le 0) \\ x & (x > 0) \end{cases},$$

$$g(x) = \begin{cases} x(2-x) & (|x-1| \le 1) \\ 0 & (|x-1| > 1) \end{cases}$$

이다. 양의 실수 k, a, b $(a < b < 2)$에 대하여, 함수 $h(x)$를

$$h(x) = k\{f(x) - f(x-a) - f(x-b) + f(x-2)\}$$

라 정의하자. 모든 실수 x에 대하여 $0 \le h(x) \le g(x)$일 때,

$$\int_0^2 \{g(x) - h(x)\}dx$$ 의 값이 최소가 되게 하는

k, a, b에 대하여 $60(k+a+b)$의 값을 구하시오. [4점]

쌍둥이 문제 – 풀이 없음

양의 실수 k에 대하여 함수 $f(x)$가

$$f(x) = \begin{cases} 0 & (x \le 0) \\ kx & (x > 0) \end{cases}$$

이다. 함수 $g(x)$를

$$g(x) = f(x) - f(x-1) - f(x-2) + f(x-4)$$ 라 정의

하자. $\int_0^4 g(x)dx = 12$일 때, k의 값을 구하시오.

정답 8

642 2018학년도 9월 모평 나형 30번–변형

세 함수 $f(x)$, $g(x)$, $h(x)$가

$$f(x) = \begin{cases} 0 & (x \le 0) \\ mx & (x > 0) \end{cases},$$

$$g(x) = \begin{cases} \sqrt{-x^2 + 4x - 3} & (|x-2| \le 1) \\ 0 & (|x-2| > 1) \end{cases},$$

$$h(x) = \begin{cases} kx(4-x) & (|x-2| \le 2) \\ 0 & (|x-2| > 2) \end{cases}$$

이다. 양의 실수 a, b $(1 < a < b < 4)$에 대하여 함수 $I(x)$를

$$I(x) = f(x) - f(x-a) - f(x-b) + f(x-4)$$ 라 정의하자.

모든 실수 x에 대하여 $g(x) \le I(x) \le h(x)$일 때,

$$\int_0^4 \{I(x) - g(x)\}dx$$ 의 값이 최소가 되게 하는

m, a, b와 그 때의 $I(x)$에 대하여

$$\int_0^4 \{h(x) - I(x)\}dx$$ 의 값이 최소가 되게 하는 k의

값을 k_m이라 하자. $30(m^2 + abk_m)$의 값을 구하시오.

[4점]

643

구간 $[0, 8]$에서 정의된 함수 $f(x)$는

$$f(x) = \begin{cases} -x(x-4) & (0 \leq x < 4) \\ x-4 & (4 \leq x \leq 8) \end{cases}$$

이다. 실수 a $(0 \leq a \leq 4)$에 대하여 $\int_{a}^{a+4} f(x)\,dx$의 최솟값은 $\dfrac{q}{p}$이다. $p+q$의 값을 구하시오. (단, p와 q는 서로소인 자연수이다.) [4점]

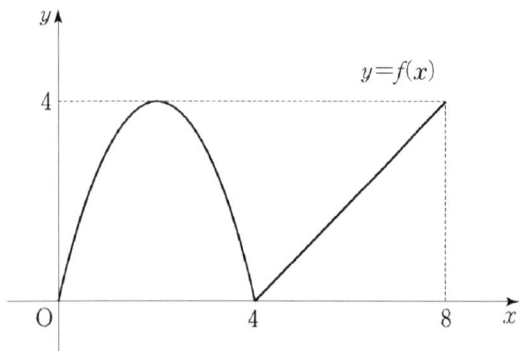

쌍둥이 문제 – 풀이 없음

구간 $[0, 4]$에서 정의된 함수 $f(x)$는

$$f(x) = -|x-2| + 2$$

이다. 실수 a $(0 \leq a \leq 2)$에 대하여 $\int_{a}^{a+2} f(x)\,dx$의 최댓값을 구하시오.

정답 3

644

구간 $[0, 12]$에서 정의된 함수 $f(x)$는

$$f(x) = \begin{cases} x-6 & (0 \leq x < 6) \\ \dfrac{2}{3}(x-6)(x-12) & (6 \leq x \leq 12) \end{cases}$$

이다. 실수 a $(0 \leq a \leq 6)$에 대하여 $\int_{a}^{a+6} f(x)\,dx$의 최댓값은 $-\dfrac{q}{p}$이다. $p+q$의 값을 구하시오. (단, p와 q는 서로소인 자연수이다.) [4점]

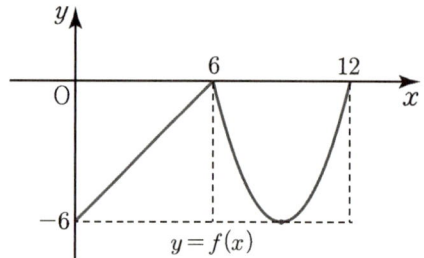